Wolfgang Fischer
Ingo Lieb

# Ausgewählte Kapitel aus der Funktionentheorie

# vieweg studium

## Aufbaukurs Mathematik

Herausgegeben von Gerd Fischer

Manfredo P. do Carmo
Differentialgeometrie von Kurven und Flächen

Wolfgang Fischer / Ingo Lieb
Funktionentheorie

Wolfgang Fischer / Ingo Lieb
Ausgewählte Kapitel aus der Funktionentheorie

Otto Forster
Analysis 3

Ulrich Krengel
Einführung in die Wahrscheinlichkeitstheorie und Statistik

Alexander Prestel
Einführung in die mathematische Logik und Modelltheorie

## Grundkurs Mathematik

Gerd Fischer
Lineare Algebra

Gerd Fischer
Analytische Geometrie

Otto Forster
Analysis 1

Otto Forster
Analysis 2

Gerhard Frey
Elementare Zahlentheorie

U. Friedrichsdorf / A. Prestel
Mengenlehre für den Mathematiker

---

VIEWEG MATHEMATIK LEXIKON
Begriffe / Definitionen / Sätze / Beispiele
für das Grundstudium

Wolfgang Fischer

Ingo Lieb

# Ausgewählte Kapitel aus der Funktionentheorie

Mit 48 Abbildungen

Friedr. Vieweg & Sohn     Braunschweig / Wiesbaden

CIP-Titelaufnahme der Deutschen Bibliothek

**Fischer, Wolfgang:**
Ausgewählte Kapitel aus der Funktionen-
theorie/Wolfgang Fischer; Ingo Lieb. —
Braunschweig; Wiesbaden: Vieweg, 1988.
   (Vieweg-Studium; 48: Aufbaukurs
   Mathematik)
ISBN-13: 978-3-528-07248-3         e-ISBN-13: 978-3-322-89857-9
DOI: 10.1007/978-3-322-89857-9
NE: Lieb, Ingo:; GT

**Quellenhinweis:**   Bild VI-27 (Ikosaedernetz) ist entnommen: C. Carathéodory, Funktionentheorie Bd. 2, Birkhäuser, Basel 1950 (Fig. 89, Seite 157).

Der Verlag Vieweg ist ein Unternehmen der Verlagsgruppe Bertelsmann.



Satz: Vieweg, Braunschweig und Wiesbaden

# Inhaltsverzeichnis

# Vorwort

Das vorliegende Buch ist einigen Ergebnissen und Methoden der geometrischen Funktionentheorie gewidmet: Holomorphe Funktionen werden also als spezielle Abbildungen ebener Gebiete angesehen und unter diesem Blickwinkel untersucht. Die Stoffauswahl ist (außer durch den persönlichen Geschmack der Autoren) durch folgende Überlegungen bestimmt:

1. Da Gebiete durch ihren Rand gegeben werden, ist das Randverhalten konformer Abbildungen ein Hauptthema der Darstellung. Es wird in Kapitel VI bei reell-analytisch berandeten einfach zusammenhängenden Gebieten untersucht; die hier erzielten Ergebnisse eröffnen einen Zugang zu einer großen Klasse nichtelementarer analytischer Funktionen (den elliptischen Modulfunktionen und Schwarzschen Dreiecksfunktionen), die ihrerseits mit der klassischen hypergeometrischen Differentialgleichung (VI. § 5) zusammenhängen. Im siebten Kapitel beweisen wir die Existenz differenzierbarer Fortsetzungen konformer Abbildungen auf den Rand im Falle glatt berandeter Gebiete beliebigen Zusammenhangs. Der Beweis beruht auf dem Transformationsverhalten des Bergmanschen Projektionsoperators und ist der komplexen Analysis mehrerer Variablen entlehnt. Das Ergebnis kann dann zum Aufbau einer Theorie der Hardy-Räume auf glatt berandeten Gebieten herangezogen werden — siehe 4 — und führt gleichzeitig zu Regularitätssätzen der Potentialtheorie — siehe 3.

2. Die Konstruktion der universellen Überlagerung eines ebenen Gebietes liefert oft entscheidende Informationen über das Gebiet selbst; dafür geben wir in Kapitel IV, § 6 typische Beispiele. Wir widmen daher zwei Kapitel (II und IV) der elementaren Theorie Riemannscher Flächen und dem Beweis des Uniformisierungssatzes; der Beweis wird durch Konstruktion der Greenschen Funktion geführt, also mit potentialtheoretischen Hilfsmitteln.

3. Methoden der reellen Analysis und der Funktionalanalysis (Integrationstheorie, Hilberträume, Integraltransformationen) sind für die hier behandelten Fragen von besonderem Wert; insbesondere wird der enge Zusammenhang zwischen holomorphen und harmonischen Funktionen an mehr Stellen ausgenutzt, als wir aufzählen können. Alle benötigten Hilfsmittel aus der Theorie harmonischer Funktionen werden im dritten Kapitel (gleich für Riemannsche Flächen) bereitgestellt. In Kapitel VII, § 8 können wir gleichzeitig mit der Randregularität konformer Abbildungen die Randregularität des Dirichlet-Problems beweisen (die also hier ein Ergebnis, nicht ein Hilfsmittel der Funktionentheorie ist); hier kommt die enge Verzahnung von Funktionentheorie und Potentialtheorie besonders deutlich zum Ausdruck.

4. Ein Hilfsmittel für die konforme Abbildung und gleichzeitig von selbständigem Interesse ist die Funktionentheorie im Einheitskreis als Beispiel für Funktionentheorie auf beschränkten Gebieten. Kapitel V ist einer Einführung in diese Theorie gewidmet,

die bis zum Beweis des Corona-Theorems führt. Diese Überlegungen können mit den Mitteln des siebten Kapitels auf beliebige glatt berandete Gebiete übertragen werden — wir beschränken uns auf den Fall einfachen Zusammenhangs und begnügen uns dabei mit einer Diskussion des Hardy-Raumes $H^2$ und des zugehörigen Szegöschen Projektionsoperators. In diesen Rahmen fügt sich auch die genaue Untersuchung der Cauchyschen Integralformel ($L^2$-Beschränktheit und Plemeljsche Formeln) ein.

5. Die Theorie der Funktionen mehrerer komplexer Veränderlicher wird zwar in diesem Buch nirgends entwickelt, sie motiviert aber an vielen Stellen Stoffauswahl und Darstellung: eine ganze Reihe der hier behandelten Fragen führt im höherdimensionalen Fall auf tiefliegende und erst teilweise gelöste Probleme, und einige unserer Methoden sind in der Theorie sowohl einer als auch mehrerer Variablen anwendbar. Das gilt insbesondere für die Verallgemeinerung des Schwarzschen Lemmas in Kapitel I und für die Hilbertraum-Methoden im letzten Kapitel. Die Entwicklung der komplexen Analysis mehrerer Variabler in den letzten zwanzig Jahren läßt vermuten, daß sie mehr Bezüge zur klassischen Funktionentheorie besitzt, als sich bisher gezeigt haben.

Aus dem reichen Gebiet der Funktionentheorie einer Veränderlichen eine ausgewogene Auswahl zu treffen, ist überaus schwierig; wir haben es noch nicht einmal angestrebt. Unsere Darstellung kann am ehesten als ein Blick auf die Theorie einer Veränderlichen vom Standpunkt der mehrdimensionalen komplexen Analysis verstanden werden — die Auswahl sowohl der Ergebnisse als auch der Methoden sind hierdurch bestimmt. Dementsprechend haben einige Fragen, die in der Lehrbuchliteratur bisher seltener behandelt worden sind, bei uns einen breiten Raum gefunden; das gilt besonders für Kapitel VII, aber auch für Teile von Kapitel I und V. Zum Ausgleich blieben wichtige Fragenkreise der klassischen Funktionentheorie — auch der geometrischen — völlig unberücksichtigt.

An vielen Stellen konnten wir früheren Darstellungen der Funktionentheorie folgen. So stützen wir uns öfters auf Golusin [Go], in Kapitel VI auch auf die Lehrbücher von Carathéodory [Ca] und Rudin [Ru]; Kapitel V schließt eng an Koosis [Ko] an, und für die Kapitel I und IV war uns die Darstellung von Ahlfors [Ah] besonders wertvoll. Über den Inhalt des Buches haben wir mehrfach Vorlesungen (in Bonn, Bremen, Münster und Princeton) für Studenten vom 5. Semester an gehalten; die Reaktion der Hörer war uns ebenso nützlich wie die Ratschläge und Hinweise zahlreicher Kollegen.

Dipl.-Math. H. Kriete, Dr. K. Leschinger und Prof. Dr. M. Range haben das Manuskript im ganzen oder in Teilen gelesen und kritisch kommentiert. Unterstützt wurde unsere Arbeit durch die Universitäten Bremen und Bonn, die vorlesungsfreie Semester gewährten, sowie durch Reisestipendien der Deutschen Forschungsgemeinschaft. Frau B. Leutloff, Frau E. Hüsemann, Frau H. Eckl und Frau H. Pirk haben zahlreiche Varianten des Manuskriptes getippt; Dipl. Mathematikerin I. Michels und Dr. A. Strauß haben uns beim Korrekturlesen unterstützt. — Wir danken sehr herzlich für all diese Hilfe. Unser besonderer Dank gilt dem Vieweg-Verlag und vor allem Frau Dipl.-Math. U. Schmickler-Hirzebruch für die sorgfältige und fachkundige Betreuung des Manuskripts während der Drucklegung.

*W. Fischer, I. Lieb*

# Leitfaden

Die Grundlagen der Funktionentheorie, wie sie etwa in Fischer/Lieb [FL]
dargestellt sind, werden vorausgesetzt. Die ersten beiden Kapitel ergänzen
und vervollständigen den Inhalt von [FL]. Über die Abhängigkeit der
einzelnen Abschnitte voneinander gibt das untenstehende Schema
Auskunft. Mit einem Stern „*" markierte Paragraphen sind im Vergleich
zu den anderen Abschnitten weniger wichtig (und oft schwieriger);
markierte Übungen sind i.a. besonders schwierig oder umfangreich.
Oft sollen solche Übungsaufgaben den Leser einfach zu eigenem Literatur-
studium oder selbständigen Untersuchungen anregen.

Die unmarkierten Paragraphen von vier oder fünf Kapiteln lassen sich
unserer Erfahrung nach in einer einsemestrigen Vorlesung behandeln —
im übrigen können die einzelnen Teile des Buches in sehr verschieden-
artige Vorlesungen eingearbeitet werden oder als Grundlage von Seminaren
dienen.

Beispiele für Auswahlen aus dem Stoff:

a) I, II, III. 1−3, 5, 6, IV
b) I, V. 1,2, VI
c) III, V, VII.

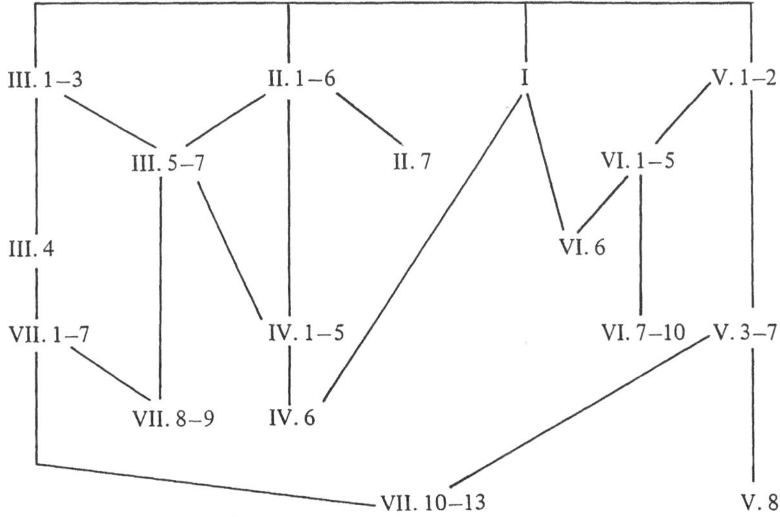

Grundlagen der Funktionentheorie, z.B. [FL]

# Kapitel I

# Hermitische Metriken und normale Familien

Die nichteuklidische Metrik im Einheitskreis ist Beispiel einer hermitischen Metrik negativer Krümmung; sie läßt sich unter allen derartigen Metriken durch eine Extremaleigenschaft der Krümmung charakterisieren (§§ 1, 2). Diese Information, die als Verallgemeinerung des Schwarzschen Lemmas angesehen werden kann, läßt sich zum Studium holomorpher Funktionen im Einheitskreis verwenden (Sätze von Bloch und Landau in § 3); man erhält darüber hinaus eine wesentliche Verallgemeinerung des Montelschen Satzes über beschränkte Funktionenfamilien und damit einen Beweis des Satzes von Picard (§§ 4, 5).

Das technische Hauptergebnis dieses Kapitels, Satz 2.2, wurde von L. Ahlfors 1938 veröffentlicht; die Anwendungen in § 3 stammen ebenfalls von ihm. Unsere Darstellung folgt Golusin. Die Sätze von Bloch und Landau wurden (mit schwächeren Abschätzungen) von A. Bloch 1925 und E. Landau 1929 bewiesen. § 4 geht auf H. Grauert und H. Reckziegel (1965) zurück, die Satz 4.1 in allgemeinerer Form aufstellen – vgl. auch Kap. IV, § 6. Die elementare Konstruktion der Metrik in Satz 5.2 stammt ebenfalls von diesen Autoren; Satz 5.1 wurde ursprünglich von P. Montel 1912 mittels der Theorie der elliptischen Modulfunktionen bewiesen – diesen und weitere Beweise bringen wir im Verlauf des Buches. Der Beweis des Picardschen Satzes geht in dieser Form ebenfalls auf Montel (1912) zurück; den Satz selbst hat E. Picard 1879 aufgestellt.

## § 1. Hermitische Metriken

Das Schwarzsche Lemma ([FL], IX, Satz 4.1) fand eine besonders anschauliche Interpretation in den Begriffen der nichteuklidischen Geometrie: jede holomorphe Abbildung $f$ des Einheitskreises $\mathbf{D}$ in sich ist abstandsverkürzend (für die nichteuklidische Distanz!), und geht auch nur ein Punktepaar in ein äquidistantes über, so ist $f$ ein Automorphismus von $\mathbf{D}$ und damit abstandserhaltend. Wir wollen nun, um das Schwarzsche Lemma zu verallgemeinern und auf tiefliegende Probleme der Funktionentheorie anzuwenden, den geometrischen Begriffsapparat ausbauen.

**Definition 1.1.** *i) Eine hermitische Metrik auf einem Gebiet $G$ ist eine stetige Funktion $\lambda$ auf $G$, die mit Ausnahme isolierter Nullstellen positiv ist.*

*ii) Die Länge eines stückweise stetig differenzierbaren Weges $C$ in $G$ mit Parametrisierung $\gamma: [a, b] \to G$ bezüglich einer hermitischen Metrik $\lambda$ ist die Zahl*

$$L_\lambda(C) = \int_C \lambda(z)\,|dz| = \int_a^b |\gamma'(t)|\,\lambda(\gamma(t))\,dt .$$

Um darauf hinzuweisen, daß hermitische Metriken zur Längendefinition dienen, bezeichnen wir Metriken in der Regel nicht mit $\lambda, \mu, \ldots$, sondern mit

$$ds = \lambda(z)\,|dz|$$

und nennen $ds$ das *Linienelement* der Metrik. Die Längenformel lautet dann einfacher und intuitiv einsichtiger

$$L_{ds}(C) = \int_C ds \ .$$

Die wichtigsten Beispiele für hermitische Metriken sind uns größtenteils schon bekannt:

1.  $ds = |dz|$ ist die *euklidische* Metrik auf $\mathbb{C}$, die zugehörige Kurvenlänge ist die gewöhnliche euklidische Länge einer Kurve.

2.  $ds_D = \dfrac{|dz|}{1 - |z|^2}$ ist die *nichteuklidische* (n.e.) oder *hyperbolische* Metrik im Einheitskreis $D$ mit $L_{ds}$ als n.e. Länge einer Kurve.

3.  $ds_H = \dfrac{|dz|}{2 \, \mathrm{Im} \, z}$ ist die n.e. Metrik in der oberen Halbebene $H$.

4.  $ds = \dfrac{1}{1 + |z|^2} |dz|$ liefert die *sphärische* Metrik auf $\mathbb{C}$.

**Definition 1.2.** *Die zu einer hermitischen Metrik $ds$ gehörige Abstandsfunktion $d: G \times G \to \mathbb{R}$ wird erklärt durch*

$$d(z_1, z_2) = \inf \{L_{ds}(C): \ C \ Weg \ in \ G \ von \ z_1 \ nach \ z_2\} \ .$$

Man prüft leicht die Eigenschaften

*i)*  $d(z_1, z_2) \geqslant 0$ *und* $= 0$ *genau für* $z_1 = z_2$,

*ii)*  $d(z_1, z_2) = d(z_2, z_1)$,

*iii)*  $d(z_1, z_2) \leqslant d(z_1, z_3) + d(z_3, z_2)$

nach. Damit definiert $d$ eine Topologie auf $G$ — erfreulicherweise genau die schon gegebene Topologie (Beweise zur Übung!).

**Definition 1.3.** *Eine Metrik $ds$ mit zugehöriger Abstandsfunktion $d$ heißt vollständig auf $G$ (oder $G$ heißt vollständig bezüglich $ds$), wenn jede $d$-beschränkte Menge relativkompakt in $G$ liegt.*

Eine äquivalente Formulierung wird in den Übungsaufgaben diskutiert. Die Ebene ist vollständig für die euklidische Metrik, nicht vollständig für die sphärische Metrik; der Einheitskreis ist vollständig in der n.e. Metrik, unvollständig in der euklidischen oder sphärischen Metrik. Beschränkte Gebiete sind in der euklidischen Metrik niemals vollständig.

**Definition 1.4.** *Eine Verbindung kürzester Länge zwischen $z_1$ und $z_2$ heißt geodätische Strecke oder Geodätische zwischen $z_1$ und $z_2$ (bez. der gegebenen hermitischen Metrik).*

Im allgemeinen gibt es keine Geodätischen zwischen zwei Punkten, d.h. das Infimum in Definition 1.2 wird nicht angenommen, wie man sofort am Beispiel der euklidischen in 0

punktierten Ebene erkennt. Sicher gibt es solche geodätischen Strecken im Falle konvexer
Gebiete mit euklidischer Metrik und im Falle der n.e. Metrik in der n.e. Ebene ($D$ oder $H$).
Ein Teil dieser Beispiele ist Illustration des folgenden Satzes von Hopf und Rinow, den
wir hier aber nicht beweisen wollen:

**Satz 1.1.** *In einem vollständigen Gebiet mit regulärer Metrik lassen sich je zwei Punkte
durch (mindestens) eine geodätische Strecke verbinden.*

Dabei benutzen wir

**Definition 1.5.** *Eine Metrik $ds = \lambda(z)\,|dz|$ heißt regulär, wenn $\lambda$ mindestens zweimal
stetig differenzierbar und nullstellenfrei ist.*

Die bisher betrachteten Beispiele lieferten sämtlich reguläre Metriken. Nichtreguläre
Metriken tauchen aber zwangsläufig bei der jetzt zu besprechenden Transformations-
theorie von Metriken auf:

Es sei $f: G^* \to G$ eine nichtkonstante holomorphe Abbildung zweier Gebiete und
$ds = \lambda(z)\,|dz|$ eine hermitische Metrik auf $G$.

**Definition 1.6.** *Die mittels $f$ zurückgeholte Metrik $ds^*$ ist die durch*

$$ds^* = ds \circ f = \lambda(f(z^*))\,|f'(z^*)|\,|dz^*|$$

*auf $G^*$ erklärte hermitische Metrik.*

Die Nullstellen von $ds^*$ liegen also in den Urbildern der Nullstellen von $\lambda$ und in den
Verzweigungspunkten von $f$, d.h. den Nullstellen von $f'$.
Ist $C^*$ ein Weg in $G^*$ mit Parametrisierung $\gamma^*$ und $C$ der Bildweg $f(C^*)$ – durch $f \circ \gamma^*$
parametrisiert –, so gilt

$$L_{ds^*}(C^*) = L_{ds}(C)\,,$$

und durch diese Bedingung ist $ds^*$ auch festgelegt. Die Definition der transformierten
Metrik macht auch unsere Schreibweise $ds = \lambda(z)\,|dz|$ einsichtiger: es ist

$$ds \circ f = (\lambda \circ f)\,|d(z \circ f)|\,.$$

Wir notieren noch die einfache Regel

$$ds \circ (f \circ g) = (ds \circ f) \circ g\,.$$

Wenden wir uns einigen Beispielen zu:

1. Aus dem Schwarz-Pick-Lemma folgt:

$$ds_{\mathbf{D}} = ds_{\mathbf{D}} \circ T$$

für jeden Automorphismus $T$ des Einheitskreises. Entsprechend ist natürlich $ds_H$ biholomorph invariant.

2. Die n.e. Metrik auf der oberen Halbebene geht aus der n.e. Metrik im Einheitskreis durch eine beliebige biholomorphe Abbildung $T: H \to D$ hervor:

$$ds_H = ds_D \circ T \, ,$$

wobei etwa $Tz = \dfrac{i - z}{i + z}$ gewählt werden kann. Hierdurch ist der Faktor $\frac{1}{2}$ in der Definition von $ds_H$ gerechtfertigt.

3. Die sphärische Metrik ist unter der Gruppe der „Sphärendrehungen", das sind lineare Transformationen der Gestalt

$$w = \frac{az + b}{-\bar{b}z + \bar{a}} \, , \qquad |a|^2 + |b|^2 = 1 \, ,$$

invariant. Da wir sie aber bisher nicht im Punkte $\infty$ erklärt haben, wird diese Bemerkung erst später klar werden.

Abschließend benutzen wir holomorphe Transformationen zur Konstruktion einer später nützlichen Metrik auf dem punktierten Einheitskreis $\dot{D} = D - \{0\}$. Die Funktion $f(z) = e^{iz}$ bildet die obere Halbebene unverzweigt auf $\dot{D}$ ab; wir wollen eine Metrik $ds$ auf $\dot{D}$ so finden, daß $ds \circ f = ds_H$ wird. Setzen wir, ohne uns um die Mehrdeutigkeit von $f^{-1}$ zu kümmern,

$$f^{-1}(w) = -i \log w \, ,$$

so muß $ds = ds_H \circ f^{-1}$ gelten, d.h. es muß

$$ds(w) = \frac{-1}{2\,|w|\,\log|w|}\,|dw|$$

sein. Das ist schon die gesuchte Metrik — das Verfahren zur Konstruktion wird im vierten Kapitel systematisiert werden. Wir notieren, wobei die nicht bewiesenen Aussagen leicht zu verifizieren sind (Übung!):

**Satz 1.2.** *Durch*

$$ds = \frac{-1}{2\,|z|\,\log|z|}\,|dz|$$

*wird auf dem punktierten Einheitskreis eine vollständige reguläre hermitische Metrik definiert.*

Wir werden $ds$ die *Poincaré-Metrik* von $\dot{D}$ nennen.

**Aufgaben:**

1.  Es sei $d$ der euklidische Abstand, $\delta$ der nichteuklidische Abstand in $D$. Zeige: zu jeder kompakten Menge $K$ gibt es positive Konstanten $c_1$ und $c_2$ mit

$$c_1\, d(a, b) \leqslant \delta(a, b) \leqslant c_2\, d(a, b)$$

für alle $a, b \in K$. Folgere hieraus die Gleichheit der durch $d$ bzw. $\delta$ erzeugten Topologien.

2.     Beweise dieselbe Ungleichung für $\dot{D}$ mit euklidischem bzw. Poincaré-Abstand.

3.     Bestimme die Automorphismen von $\dot{D}$ und zeige, daß sie Isometrien für die Poincaré-Metrik sind.

4.     Beweise: je zwei hermitische Metriken auf $G$ erzeugen dieselbe Topologie. Vorsicht: das Verfahren von Aufgabe 1 ist nicht anwendbar!

5.     Gib – analog zu Satz 1.2 – eine vollständige hermitische Metrik für den Halbkreis und einen Kreisring an.

6.     Verifiziere die Transformationsaussage $ds_H = ds_{\mathrm{D}} \circ T$.

7.     Gib eine vollständige hermitische Metrik in $\mathbb{C}^* = \mathbb{C} - \{0\}$ an.

8.     Eine Metrik $d$ ist genau dann vollständig, wenn jede $d$-Cauchy-Folge konvergiert. Beweis!

9.     Untersuche, für welche reellen $\alpha, \beta$ die Metrik

$$ds = |z|^\alpha \, (1 - |z|^2)^\beta \, |dz|$$

auf $\dot{D}$ vollständig ist.

## § 2. Das Lemma von Ahlfors

**Definition 2.1.** *Es sei $ds = \lambda(z) \, |dz|$ eine reguläre Metrik. Die Funktion*

$$K(ds;z) = -\frac{1}{\lambda(z)^2} \, \Delta \log \lambda(z)$$

*heißt (Gaußsche) Krümmung der Metrik $ds$.*

Hier ist $\Delta = 4 \, \partial^2 / \partial z \, \partial \bar{z}$ der Laplaceoperator. – Wir schreiben auch $K = K(z) = K(\lambda; z)$. In der Differentialgeometrie zeigt man, daß $K$ in der Tat als die anschauliche Krümmung einer in den Raum eingebetteten Fläche interpretiert werden kann; für uns ist die Krümmung als analytischer Ausdruck wichtig, da durch sie harmonische und subharmonische Funktionen ins Spiel kommen werden.

Zunächst berechnen wir $K$ in einigen Fällen.

1. Die Krümmung der euklidischen Metrik ist 0.

2. Es sei $ds = \dfrac{|dz|}{1 - |z|^2}$ die hyperbolische Metrik im Einheitskreis. Eine leichte Rechnung liefert

$$K = (1 - |z|^2)^2 \, 4 \, \frac{\partial^2}{\partial z \, \partial \bar{z}} \log(1 - |z|^2) = -4 \, ;$$

die hyperbolische Metrik hat die konstante Krümmung $-4$.

3. Für die sphärische Metrik

$$ds = \frac{|dz|}{1 + |z|^2}$$

erhält man die konstante Krümmung $+4$.

4. Ist $ds = kd\sigma$ mit einer positiven Konstanten $k$, so gilt

$$K_{ds} = \frac{1}{k^2} K_{d\sigma} \; .$$

5. Allgemein gilt

$$K(\lambda) = -\frac{4}{\lambda^4}(\lambda\lambda_{z\bar{z}} - \lambda_z \lambda_{\bar{z}}) \; .$$

Wesentlich ist das Transformationsverhalten der Krümmung unter holomorphen Abbildungen.

**Satz 2.1.** *Es sei $f\colon G^* \to G$ eine nichtkonstante holomorphe Abbildung und $ds = \lambda(w)\,|dw|$ eine reguläre hermitische Metrik auf $G$ mit Krümmung $K_{ds}$. Dann gilt für die transformierte Metrik*

$$K_{ds \circ f}(z) = K_{ds}(f(z))$$

*in allen Punkten $z$, in denen $ds \circ f$ regulär ist (d. h. außerhalb der Verzweigungsmenge von $f$).*

Die Behauptung wird einfach nachgerechnet: Wir müssen für $f'(z) \neq 0$

$$\frac{-4}{\lambda(f(z))^2 \, |f'(z)|^2} \, \frac{\partial^2}{\partial z \, \partial \bar{z}} \log\left(\lambda \circ f(z) \, |f'(z)|\right) = -\frac{4}{\lambda(w)^2} \, \frac{\partial^2}{\partial w \, \partial \bar{w}} \log \lambda(w)$$

an der Stelle $w = f(z)$ nachprüfen. Nun ist $\log|f'|$ harmonisch, also

$$\frac{\partial^2}{\partial z \, \partial \bar{z}} \log\left(\lambda \circ f \cdot |f'|\right) = \frac{\partial^2}{\partial z \, \partial \bar{z}} \log\left(\lambda \circ f\right)$$

$$= \frac{1}{(\lambda \circ f)^2}\left[(\lambda \circ f)(\lambda \circ f)_{z\bar{z}} - (\lambda \circ f)_z (\lambda \circ f)_{\bar{z}}\right]$$

$$= \left(\left[\frac{1}{\lambda^2}(\lambda\lambda_{w\bar{w}} - \lambda_w \lambda_{\bar{w}})\right] \circ f\right) \cdot |f'|^2$$

nach der Kettenregel. Das ergibt oben eingesetzt die Behauptung.

**Definition 2.2.** *i) Es seien $ds_1 = \lambda_1 \, |dz|$ und $ds_2 = \lambda_2 \, |dz|$ zwei Metriken auf $G$. Falls in $G$ stets $\lambda_1 \leqslant \lambda_2$ ist, schreibt man $ds_1 \leqslant ds_2$.*
*ii) Es sei $z_0 \in G$, $ds = \lambda(z) \, |dz|$ eine hermitische Metrik auf $G$ und $ds^* = \lambda^*(z) \, |dz|$ eine hermitische Metrik in einer Umgebung von $z_0$. $ds^*$ heißt Stützmetrik für $ds$ in $z_0$, wenn $\lambda^*(z_0) = \lambda(z_0)$ ist und in einer Umgebung von $z_0$ die Ungleichung $ds^* \leqslant ds$ besteht.*

Der folgende Satz, der die hyperbolische Metrik durch eine Extremaleigenschaft charakterisiert, ist das wesentliche Hilfsmittel in diesem Kapitel.

**Satz 2.2** (Lemma von Ahlfors). *Es sei $d\sigma$ die hyperbolische Metrik in* **D**, *und $ds$ sei irgendeine hermitische Metrik in* **D**, *die folgende Eigenschaft hat: es gibt eine positive Konstante $k^2$ und zu jedem $z_0 \in$* **D** *mit $ds(z_0) \neq 0$ eine reguläre Stützmetrik $d\tau$ von $ds$ mit*

$$K_{d\tau} \leqslant -k^2 .$$

*Dann ist*

$$ds \leqslant \frac{2}{k} d\sigma .$$

Man schließt also von den Krümmungen auf die Metriken zurück. Ist insbesondere $ds$ regulär und $K_{ds} \leqslant -4$, so folgt $ds \leqslant d\sigma$: unter diesen negativ gekrümmten Metriken ist $d\sigma$ extremal.

**Beweis:** 1. Für $k = 2$ sei die Behauptung schon bewiesen. Ist dann $ds$ eine beliebige Metrik, die der Voraussetzung des Satzes genügt, so erfüllt $ds^* = (k/2)\, ds$ die Voraussetzung mit $k = 2$, und daher ist

$$ds^* = \frac{k}{2} ds \leqslant d\sigma ,$$

also

$$ds \leqslant \frac{2}{k} d\sigma .$$

Wir nehmen somit $k = 2$ an.

2. Es sei $ds = \lambda(z)\, |dz|$ und

$$u(z) = \log \lambda(z) .$$

$u$ ist außerhalb einer diskreten Menge $N$ stetig und strebt in den Punkten von $N$ (nämlich den Nullstellen von $\lambda$) gegen $-\infty$. Wir wählen ein positives $r < 1$ und vergleichen $u$ mit

$$v(z) = \log \frac{r}{r^2 - |z|^2}$$

für alle $z$ mit $|z| < r$. Die Funktion $v$ ist in $D_r(0)$ stetig differenzierbar, strebt bei Annäherung $|z| \to r$ gegen $\infty$ und genügt der Differentialgleichung

$$\Delta v = 4\, e^{2v} ,$$

die zu der Gleichung $K_{d\sigma} = -4$ äquivalent ist. Es sei $r$ so gewählt, daß $u$ auf $\partial D_r(0)$ stetig ist; offenbar gibt es beliebig dicht bei 1 gelegene derartige $r$.

3. Die Funktion $u - v$ ist auf $D_r(0) - N$ stetig und strebt bei Annäherung an den Rand gegen $-\infty$; also nimmt sie ihr Maximum an, etwa in $z_0$. Wir werden zeigen, daß

$$u(z_0) - v(z_0) \leqslant 0$$

und daher auf ganz $D_r(0)$ $u \leqslant v$ ist.

4. Angenommen, $(u - v)(z_0) > 0$. In einer Umgebung von $z_0$ existiert eine reguläre Stützmetrik $d\tau = \mu(z)\, |dz|$ für $ds$ mit

$$K_{d\tau} \leqslant -4 .$$

Das heißt nun

$$-\frac{1}{\mu^2}\,\Delta \log \mu \leqslant -4$$

$$\Delta \log \mu \geqslant 4\,\mu^2 = 4\,e^{2\log \mu}$$

Setzt man also $w = \log \mu$, so ist

$$\Delta w \geqslant 4\,e^{2\,w}$$

In $z_0$ gilt

$$w\,(z_0) - v\,(z_0) = u\,(z_0) - v\,(z_0)\,,$$

für $z \neq z_0$ ist $w\,(z) \leqslant u\,(z)$, also

$$w\,(z) - v\,(z) \leqslant u\,(z) - v\,(z) \leqslant u\,(z_0) - v\,(z_0) = w\,(z_0) - v\,(z_0)\,.$$

Demnach ist $z_0$ ein lokales Maximum der Funktion $w - v$. Nach Voraussetzung ist $(w - v)\,(z_0) > 0$. Es folgt

$$\Delta\,(w - v) \geqslant 4\,e^{2\,w} - 4\,e^{2\,v} > 0$$

für $z = z_0$. Das ist aber in einem lokalen Maximum unmöglich: der Graph von $w - v$ wäre nach der falschen Seite konvex.

5. Wir haben damit $u \leqslant v$ auf $D_r\,(0)$ bewiesen. Grenzübergang $r \to 1$ liefert dann die gewünschte Ungleichung

$$\lambda\,(z) \leqslant \lim_{r \to 1}\frac{r}{r^2 - |z|^2} = \frac{1}{1 - |z|^2}\,. \qquad \square$$

**Definition 2.3.** *Eine hermitische Metrik $ds$ auf einem Gebiet $G$ heißt stark negativ gekrümmt (oder auch $G$ stark negativ gekrümmt bez. $ds$), wenn es eine positive Konstante $k$ gibt, so daß in jedem Punkt $z_0$ mit $ds\,(z_0) \neq 0$ eine reguläre Stützmetrik der Gaußschen Krümmung $K \leqslant -k^2$ existiert.*

Der Einheitskreis (mit hyperbolischer Metrik) ist also stark negativ gekrümmt und vollständig; ebenso sind Teilgebiete stark negativ gekrümmter Gebiete bezüglich der eingeschränkten Metrik wiederum stark negativ gekrümmt.

Wir können nun eine sehr allgemeine Fassung des Schwarzschen Lemmas aussprechen.

**Satz 2.3** (Lemma von Ahlfors-Schwarz). *Es sei $(G, ds)$ ein stark negativ gekrümmtes Gebiet mit zugehöriger Abstandsfunktion $d$, und $\delta$ sei der n.e. Abstand im Einheitskreis. Dann existiert eine Konstante $c > 0$, so daß für jede holomorphe Abbildung $f\colon \mathbf{D} \to G$ die Beziehung*

$$d\,(f\,(z_1), f\,(z_2)) \leqslant c\,\delta\,(z_1, z_2)$$

*besteht.*

**Beweis:** Es möge $k > 0$ eine Konstante mit der in der Definition geforderten Eigenschaft sein. Ist $f\colon \mathbf{D} \to G$ nichtkonstant und holomorph (nur hierfür ist etwas zu zeigen!), so verifizieren wir für $ds \circ f$ die Voraussetzungen des Lemmas von Ahlfors: für einen Punkt $z_0$ mit $(ds \circ f)(z_0) \neq 0$ ist notwendig $ds(f(z_0)) \neq 0$; ist dann $ds^*$ eine reguläre Stützmetrik für $ds$ in $f(z_0)$ der Krümmung $\leqslant -k^2$, so ist $ds^* \circ f$ eine solche für $ds \circ f$ in $z_0$ (nach Satz 2.1). Das Lemma von Ahlfors liefert nun

$$ ds \circ f \leqslant \frac{2}{k}\, d\sigma \; . $$

Es sei nun $L$ die n.e. Strecke von $z_1$ nach $z_2$. Wir erhalten

$$ d(f(z_1), f(z_2)) \leqslant \int\limits_{f(L)} ds = \int\limits_{L} ds \circ f \leqslant \frac{2}{k} \int\limits_{L} d\sigma = \frac{2}{k}\, \delta(z_1, z_2) \; . $$

Die Behauptung folgt mit $c = 2/k$.      $\square$

Setzt man $(G, ds) = (\mathbf{D}, d\sigma)$, so ist $k = 2$ und $c = 1$, und es steht gerade das Lemma von Schwarz-Pick da.

**Aufgaben:**

1.      Rechne die Aussagen $K(ds) = -4$ bzw. $+4$ für die hyperbolische bzw. sphärische Metrik nach; bestimme die Krümmung der Poincaré-Metrik auf $\dot{\mathbf{D}}$.
2.      Zeige: die Metrik $ds = (1 + |z|^2)\,|dz|$ ist auf $\mathbf{C}$ vollständig mit negativer Krümmung. Aber $(\mathbf{C}; ds)$ ist nicht stark negativ gekrümmt. Gib holomorphe Abbildungen von $\mathbf{D}$ in $\mathbf{C}$ an, die dem Lemma von Ahlfors-Schwarz nicht genügen.

## § 3. Bedeckung von Kreisscheiben (Sätze von Bloch und Landau)

Um eine erste Anwendung des Ahlforsschen Lemmas zu geben, untersuchen wir in diesem Paragraphen *normierte* holomorphe Funktionen im Einheitskreis, das sind auf $\mathbf{D}$ holomorphe Funktionen mit Taylorentwicklung

$$ f(z) = z + a_2 z^2 + \dots \; ; $$

$\mathscr{M}$ sei die Familie dieser Funktionen. Jede Funktion $f$ in $\mathscr{M}$ bildet natürlich eine kleine Umgebung $U_f$ des Nullpunktes konform auf einen Kreis $V_f$ um 0 ab; es gibt aber keinen Kreis um 0, der in allen Bildgebieten $G_f = f(\mathbf{D})$ für $f \in \mathscr{M}$ läge (Aufgabe 1). Wir betrachten daher Kreise im Bildgebiet, die nicht mehr 0 als Mittelpunkt haben müssen, und suchen möglichst große darunter zu finden, die konformes Bild eines Teiles von $\mathbf{D}$ unter $f$ sind.

Es sei $f \in \mathscr{M}$. Für $w \in G_f = f(\mathbf{D})$ sei

$$ \rho_f(w) = \sup\{r\colon \text{auf } D_r(w) \text{ ist ein Zweig von } f^{-1} \text{ erklärt}\} $$

und

$$ B_f = \sup\{\rho_f(w)\colon w \in G_f\} \; . $$

$B_f$ kann also folgendermaßen charakterisiert werden: ist $r < B_f$, so existiert in $G_f$ eine Kreisscheibe vom Radius $r$, die unter $f$ konformes Bild eines Teilgebietes von $\mathbf{D}$ ist. — Schließlich sei

$$B = \inf \{B_f : f \in \mathcal{M}\}.$$

**Definition 3.1.** *B heißt Blochsche Konstante.*

Analog definieren wir für $w \in G_f = f(\mathbf{D})$

$$\tau_f(w) = \sup \{r : D_r(w) \subset G_f\}$$
$$L_f = \sup \{\tau_f(w) : w \in G_f\}$$
$$L = \inf \{L_f : f \in \mathcal{M}\}$$

und nennen $L$ die *Landausche Konstante.* Offensichtlich ist

$$0 \leqslant B \leqslant L \leqslant 1 \, ,$$

es ist aber nicht klar, ob $L$ positiv ist. Der folgende Satz zeigt mehr.

**Satz 3.1.** *Es ist* $B \geqslant \dfrac{1}{4} \sqrt{3}$.

Eine normierte holomorphe Funktion kann also den Einheitskreis nicht zu stark verzerren: das Bildgebiet enthält „schlicht überdeckte" Kreise mindestens vom Radius $\frac{1}{4}\sqrt{3}$. Das ist umso erstaunlicher, als diese Kreise i.a. nicht den Mittelpunkt 0 haben, die Normierung von $f$ aber im Nullpunkt vorgenommen wird. — Die Aussage $B > 0$ wurde von Bloch bewiesen, eine Abschätzung für $L$ nach unten von Landau. Man kann auch recht gute obere Abschätzungen für $B$ und $L$ finden, wie wir in Kap. VI. § 6 zeigen, doch ist kein Verfahren bekannt, welches die Dezimalbruchentwicklung von $B$ oder $L$ lieferte. — Der folgende Beweis stammt von Ahlfors; Heins [13] hat gezeigt, daß sogar $B > \frac{1}{4}\sqrt{3}$ gilt.

**Beweis** von Satz 3.1: a) $f : \mathbf{D} \to G$ sei surjektiv, $f \in \mathcal{M}$. Wir betrachten einen beliebigen Punkt $z_0 \in \mathbf{D}$, setzen $w_0 = f(z_0)$ und bezeichnen mit $\sigma(z_0)$ die größte reelle Zahl, so daß der Kreis

$$D_{\sigma(z_0)}(w_0)$$

unter $f$ konformes Bild einer Umgebung $U(z_0)$ von $z_0$ ist. Für $f'(z_0) = 0$ setzen wir $\sigma(z_0) = 0$. Offenbar gilt

$$0 \leqslant \sigma(z_0) \leqslant \rho(w_0) \leqslant B_f$$

(i.a. ist nicht $\sigma(z_0) = \rho(w_0)$).

Wir untersuchen zunächst die Funktion $\sigma$ außerhalb ihrer Nullstellen. Es sei $g : D_{\sigma(z_0)}(w_0) \to U(z_0)$ die Umkehrung von $f$.

b) Der Rand $\partial U(z_0)$ enthält Punkte der Kreislinie $|z| = 1$ oder Punkte, in denen $f'$ verschwindet.

*Beweis.* Angenommen, diese Aussage sei falsch. Zu $w \in \partial D_{\sigma(z_0)}(w_0)$ existiert eine Folge $w_\nu \in D_{\sigma(z_0)}(w_0)$ mit $w_\nu \to w$. Die Folge $z_\nu = g(w_\nu) \in U(z_0)$ häuft sich gegen Randpunkte von $U(z_0)$; $z$ sei ein solcher Häufungspunkt. Dann ist $f(z) = w$ und $f'(z) \neq 0$. Wir können eine kleine Kreisscheibe $V$ um $w$ so finden, daß $f^{-1}$ auf $V$ existiert und $f^{-1}(w) = z$ ist. Auf $V \cap D_{\sigma(z_0)}(w_0)$ ist dann $f^{-1} \equiv g$ für diese Wahl von $f^{-1}$. Jedem $w \in \partial D_{\sigma(z_0)}(w_0)$ ordnen wir ein solches $V = V_w$ und eine solche Umkehrung von $f$ zu. Da endlich viele $V_w$ schon den Rand $\partial D_{\sigma(z_0)}(w_0)$ überdecken, liegt in der Menge

$$D_{\sigma(z_0)}(w_0) \cup \bigcup \{V_w : w \in \partial D_{\sigma(z_0)}(w_0)\}$$

noch eine Kreisscheibe $D_r(w_0)$ mit $r > \sigma(z_0)$, auf der $f^{-1}$ so definiert werden kann, daß $f^{-1} \equiv g$ auf $D_{\sigma(z_0)}(w_0)$ ist. Das ist ein Widerspruch zur Maximalität von $\sigma(z_0)$.

c) Die Funktion $\sigma$ ist stetig und in der Nähe eines Punktes $z_0$ mit $f'(z_0) = 0$ durch

$$\sigma(z) = |f(z) - f(z_0)|$$

gegeben.

*Beweis.* Es sei $\sigma(z_0) \neq 0$. Für $w \in D_{\sigma(z_0)}(w_0)$ und $z \in U(z_0)$ mit $f(z) = w$ gilt nach Definition von $\sigma$:

$$\sigma(z_0) - |w - w_0| \leqslant \sigma(z) \leqslant \sigma(z_0) + |w - w_0| \,.$$

Daraus folgt $\lim\limits_{z \to z_0} \sigma(z) = \sigma(z_0)$. — Im Falle $f'(z_0) = 0$ wählen wir eine Kreisscheibe $V$ vom Radius $r$ um $w_0 = f(z_0)$ und eine Umgebung $U$ von $z_0$, so daß $f : U \to V$ surjektiv ist und jeder Punkt $w \neq w_0$ aus $V$ genau $k$ verschiedene Urbilder in $U$ hat; $k \geqslant 2$ ist die Vielfachheit der $w_0$-Stelle $z_0$. Liegt nun $z$ so dicht bei $z_0$, daß $|f(z) - w_0| < \frac{r}{2}$ wird, so ist offenbar $\sigma(z) = |f(z) - w_0|$.

d) Wir definieren nun außerhalb der Nullstellenmenge von $\sigma$ eine hermitische Metrik

$$ds = \lambda(z) \, |dz|$$

mit

$$\lambda(z) = \frac{\sqrt{A} \, |f'(z)|}{2 \sqrt{\sigma(z)(A - \sigma(z))}} \,,$$

wobei $A > B_f$ eine Konstante ist, die später noch geeignet gewählt wird. Ab hier setzen wir $B_f < \infty$ voraus — für $B_f = \infty$ ist nichts zu zeigen.

Die Metrik $ds$ kann stetig auf $\mathbf{D}$ fortgesetzt werden. Es sei nämlich $z_0 \in \mathbf{D}$ und $f'(z_0) = 0$, also

$$f(z) = f(z_0) + (z - z_0)^k g(z) \,, \qquad k \geqslant 2 \,,$$

mit holomorphem $g$ und $g(z_0) \neq 0$. Für $z \neq z_0$ wird dann, wenn $z$ dicht genug bei $z_0$ liegt,

$$\lambda(z) = \frac{\sqrt{A}}{2} \frac{|f'(z)|}{\sqrt{|f(z) - f(z_0)|}\,(A - |f(z) - f(z_0)|)}$$

$$= \frac{\sqrt{A}}{2} |z - z_0|^{k/2 - 1} \frac{|kg(z) + (z - z_0)g'(z)|}{\sqrt{|g(z)|}\,(A - |(z - z_0)^k g(z)|)} \,.$$

Wegen $g(z_0) \neq 0$ ist der Faktor von $|z - z_0|^{k/2 - 1}$ in $z_0$ differenzierbar; man erkennt, daß für $k > 2$ die Metrik $\lambda$ durch $\lambda(z_0) = 0$ stetig fortgesetzt wird, während sie sich für $k = 2$ sogar differenzierbar durch

$$\lambda(z_0) = \left( \frac{|g(z_0)|}{A} \right)^{1/2} > 0$$

fortsetzen läßt.

e) Die – nach ganz $\mathbf{D}$ stetig fortgesetzte – Metrik $ds = \lambda(z) |dz|$ besitzt in jedem Punkt mit $ds(z_0) \neq 0$ eine reguläre Stützmetrik.

*Beweis.* Für die Punkte $z_0$ mit $ds(z_0) \neq 0$, aber $f'(z_0) = 0$, ist nach d) (Fall $k = 2$) die Metrik schon selbst regulär; es sei also $f'(z_0) \neq 0$ – dann ist $\lambda$ nicht notwendig differenzierbar. Wir wählen einen Punkt $w_1 \in \partial D_{\sigma(z_0)}(w_0)$ – wobei $w_0 = f(z_0)$ ist –, zu dem kein Punkt $z_1 \in \partial U(z_0) \cap \mathbf{D}$ mit

$$f(z_1) = w_1 \quad \text{und} \quad f'(z_1) \neq 0$$

existiert. Nach Teil b) des Beweises gibt es so einen Punkt $w_1$. Dann sei für $z \in U(z_0)$

$$\sigma^*(z) = |f(z) - w_1| \ .$$

Offensichtlich ist $\sigma^*$ beliebig oft differenzierbar. Ist ferner $z \in U(z_0)$ und $w = f(z) \in D_{\sigma(z_0)}(w_0)$, so kann es nach Wahl von $w_1$ keine Kreisscheibe vom Radius $> |w - w_1|$ um $w$ geben, auf der ein Zweig von $f^{-1}$ existiert mit $f^{-1}(w) = z$. Das heißt

$$\sigma^*(z) \geqslant \sigma(z) \ .$$

Im Punkt $z_0$ ist natürlich $\sigma^*(z_0) = \sigma(z_0)$. Wählt man nun $A > 3 B_f$, so wächst die Funktion

$$\sqrt{t}\,(A - t)$$

monoton im Intervall $0 \leqslant t \leqslant B_f$; für

$$ds^* = \lambda^*(z) |dz|$$

$$\lambda^*(z) = \frac{\sqrt{A}}{2} \ \frac{|f'(z)|}{\sqrt{\sigma^*(z)}\,(A - \sigma^*(z))}$$

ist dann

$$ds^* \leqslant ds \ , \qquad ds^*(z_0) = ds(z_0) \ ,$$

also ist $ds^*$ eine reguläre Stützmetrik für $ds$ in $z_0$.

f) Wir untersuchen die Krümmungen von $ds^*$ und $ds$.

Dazu sei $d\sigma$ die hyperbolische Metrik in $\mathbf{D}$. Auf $U(z_0)$ setzen wir

$$F(z) = \frac{1}{\sqrt{A}} \ \sqrt{f(z) - w_1} \ ,$$

wobei $w_1$ und $U(z_0)$ wie in e) erklärt sind (und $f'(z_0) \neq 0$ sei). Da $A > 3 B_f$ und $|f(z) - w_1| < 2 B_f$ gilt, ist sicher $|F(z)| < 1$. (Wegen des einfachen Zusammenhanges von $U(z_0)$ ist ein Zweig der Wurzel definierbar.) Eine direkte Rechnung liefert nun

$$d\sigma \circ F = \frac{|dw|}{1 - |w|^2} = ds^* \quad \text{für} \quad w = F(z) \,.$$

Analog ist für die Punkte $z_0 \in \mathbf{D}$ mit $f'(z_0) = 0$, $f''(z_0) \neq 0$

$$d\sigma \circ F = ds \,,$$

wenn

$$F(z) = \frac{1}{\sqrt{A}} \, \sqrt{f(z) - w_0}$$

gesetzt wird. Damit ergibt sich für die Krümmungen

$$K(ds^*) = -4 \quad \text{bzw.} \quad K(ds) = -4 \,.$$

g) Das Lemma von Ahltors liefert nun $ds \leqslant d\sigma$, d.h.

$$\frac{\sqrt{A}}{2} \, \frac{|f'(z)|}{\sqrt{\sigma(z)(A - \sigma(z))}} \leqslant \frac{1}{1 - |z|^2} \,.$$

Wegen $\sigma(z) \leqslant B_f < 3\,B_f < A$ können wir links $\sigma(z)$ durch $B_f$ ersetzen:

$$\frac{\sqrt{A}}{2} \, \frac{|f'(z)|}{\sqrt{B_f\,(A - B_f)}} \leqslant \frac{1}{1 - |z|^2} \,.$$

Die Ungleichung bleibt für $A = 3\,B_f$ und $z = 0$ richtig und liefert

$$\frac{1}{4} \sqrt{3} \leqslant B_f \,.$$

Der Satz ist bewiesen.　　　　　　　　　　　　　　　　　　　　　　　　$\square$


**Aufgaben:**

1. Gib Polynome $n$-ten Grades $f_n \in \mathcal{M}$ so an, daß der abgeschlossene Kreis vom Radius $\frac{1}{n}$ um 0 nicht mehr zum Bildgebiet $f_n(\mathbf{D})$ gehört.

2*. Eine Abschätzung für $L$:

    a) Definiere jetzt $\sigma(z_0)$ als Radius der größten Kreisscheibe um $w_0 = f(z_0)$, die in $f(\mathbf{D})$ liegt.

    b) Setze

$$\lambda(z) = \frac{|f'(z)|}{2\,\sigma(z)\,\log \dfrac{C}{\sigma(z)}}, \qquad C > L_f \,.$$

    c) Durch geeignete Wahl von $C$ läßt sich das Ahlfors-Lemma auf $ds = \lambda(z)\,|dz|$ anwenden und liefert $L \geqslant \frac{1}{2}$.

3. Zeige durch Diskussion der Funktion $\frac{1}{2} \log \frac{1+z}{1-z}$ die Abschätzung $B \leqslant \frac{\pi}{4}$.

4. Wir übernehmen die Bezeichnungen des Beweises von Satz 3.1. Zeige an einem Beispiel die Möglichkeit $\sigma(z_0) < \rho(w_0)$.

5*.  a) Es sei $G$ ein einfach zusammenhängendes Gebiet und $f\colon G \to \mathbb{C}$ eine nicht konstante holomorphe Funktion, die niemals die Werte 0 und 1 annimmt. Konstruiere mittels $f$ eine holomorphe Abbildung $g\colon G \to \mathbb{C} - L$, wobei $L$ ein geeignetes Rechtecknetz in $\mathbb{C}$ ist.

  b) Folgere aus dem Satz von Bloch (oder Landau): ist $f$ eine nichtkonstante ganze Funktion, so enthält das Bildgebiet $f(\mathbb{C})$ Kreise von beliebig großem Radius.

  c) Folgere aus a) und b) den „kleinen Picardschen Satz": eine ganze Funktion nimmt jeden Wert mit höchstens einer Ausnahme an oder ist konstant.


## § 4. Normale Familien

Zunächst verallgemeinern wir den Begriff der normalen Familie. $G, G^*, \dots$ seien Gebiete in der Ebene.

**Definition 4.1.** *Es sei $f_\nu\colon G^* \to G$ eine Folge holomorpher Abbildungen. Die Folge $f_\nu$ konvergiert kompakt gegen den Rand $\partial G$, wenn es zu je zwei Kompakta $K^* \subset G^*$ und $K \subset G$ einen Index $\nu_0$ gibt, so daß für alle $\nu \geqslant \nu_0$*

$$f_\nu(K^*) \cap K = \emptyset$$

*ist.*

Entsprechend definiert man lokal gleichmäßige Konvergenz gegen $\partial G$ und zeigt die Äquivalenz dieses Begriffes zur kompakten Konvergenz. Für $G = \mathbb{C}$ bedeutet kompakte Konvergenz gegen den Rand dasselbe wie die — in [FL] eingeführte — kompakte Konvergenz gegen $\infty$.

**Definition 4.2.** *Eine Familie $\mathcal{M}$ holomorpher Abbildungen von $G^*$ nach $G$ heißt $G$-normal, wenn jede Folge $f_\nu$ aus $\mathcal{M}$ eine kompakt konvergente Teilfolge enthält, wobei Konvergenz gegen $\partial G$ zugelassen ist.*

Ist $\mathcal{M}$ normal (vgl. [FL]), so auch $G$-normal; insbesondere ist die Menge aller holomorphen Abbildungen in ein festes beschränktes Gebiet $G$ eine $G$-normale Familie (Satz von Montel). Für $G = \mathbb{C}$ sind „normal" und „$G$-normal" gleichbedeutend.

Hauptergebnis dieses Paragraphen ist

**Satz 4.1** (Grauert-Reckziegel). *Es sei $(G, ds)$ ein stark negativ gekrümmtes vollständiges Gebiet. Dann ist für jedes Gebiet $G^*$ die Menge $\mathcal{M}(G^*, G)$ aller holomorphen Abbildungen $f\colon G^* \to G$ eine $G$-normale Familie.*

Für beschränkte Gebiete $G$ handelt es sich im wesentlichen um den uns schon aus [FL] bekannten Satz von Montel. — Zunächst zeigen wir

**Hilfssatz.** *Es gebe zu jedem Punkt $z^*$ von $G^*$ eine Kreisscheibe $D^* \subset\subset G^*$ mit $z^* \in D^*$, so daß $\mathcal{M}(D^*, G)$ eine $G$-normale Familie ist. Dann ist $\mathcal{M} = \mathcal{M}(G^*, G)$ auch $G$-normal.*

**Beweis:** Wir können eine Folge $D_j^*$ derartiger Kreisscheiben so wählen, daß

$$D_j^* \cap D_{j+1}^* \neq \emptyset \ \text{ und } \ \bigcup_j D_j^* = G^* \ \text{ gilt. Nun sei } f_\nu \text{ eine Folge in } \mathcal{M}. \text{ Nach Voraussetzung}$$

enthält $f_\nu$ eine auf $D_1^*$ kompakt (eventuell gegen $\partial G$) konvergente Teilfolge $f_{\nu 1}$; diese enthält eine auf $D_2^*$ kompakt konvergente Teilfolge $f_{\nu 2}$. Nehmen wir an, $f_{\nu 1}$ konvergiere kompakt gegen eine holomorphe Abbildung $f^1 : D_1^* \to G$. Dann konvergiert auch $f_{\nu 2}$ auf $D_1^* \cap D_2^*$ kompakt gegen $f^1$, kann also nicht auf $D_2^*$ kompakt gegen $\partial G$ streben. Wir sehen, daß $f_{\nu 2}$ auf $D_2^*$ kompakt gegen eine holomorphe Abbildung $f^2 : D_2^* \to G$ strebt. Auf $D_1^* \cap D_2^*$ gilt $f^1 = f^2$, und $f_{\nu 2}$ konvergiert kompakt auf $D_1^* \cup D_2^*$ gegen diese (mit $f^2$) bezeichnete Grenzabbildung. Induktiv erhalten wir eine Folge $f_{\nu j}$, $j = 1, 2, \ldots$, von Teilfolgen von $f_\nu$, wobei $f_{\nu j+1}$ jeweils eine Teilfolge von $f_{\nu j}$ ist, die auf $G_j^* = D_1^* \cup \ldots \cup D_j^*$ kompakt gegen eine holomorphe Abbildung $f^j : G_j^* \to G$ konvergiert. Die Diagonalfolge $f_{jj}$ ist dann eine Teilfolge von $f_\nu$, die auf ganz $G^*$ kompakt gegen eine Grenzabbildung $f : G^* \to G$ strebt. □

**Beweis** von Satz 4.1: Aufgrund des Hilfssatzes dürfen wir $G^*$ als Einheitskreis **D** wählen. Die Distanz auf $G$ sei mit $d$ bezeichnet, die n.e. Distanz auf **D** wieder mit $\delta$.

Es sei $f_j$ eine Folge in $\mathcal{M}\,(\mathbf{D}, G)$, und $w_0 \in G$ werde fest gewählt. Wir unterscheiden zwei Fälle:

a) $f_j$ enthalte eine lokal $d$-beschränkte Teilfolge. Wegen der Vollständigkeit der Metrik $d$ ist diese Teilfolge dann auch lokal-beschränkt bezüglich der euklidischen Distanz in $\mathbb{C}$, und der Satz von Montel liefert eine kompakt konvergente Teilfolge, die wir ebenfalls mit $f_j$ bezeichnen. Es sei $f = \lim f_j$. Aus der lokalen $d$-Beschränktheit folgt, daß die Teilfolge $f_j$ nicht gegen $\partial G$ konvergieren kann; es ist also $f \in \mathcal{M}$.

b) Keine Teilfolge von $f_j$ sei lokal $d$-beschränkt. Falls $f_j$ nicht kompakt gegen $\partial G$ konvergiert, gibt es Kompakta $K$ in **D** und $L$ in $G$, so daß für unendlich viele $j$ die Beziehung

$$f_j (K) \cap L \neq \emptyset$$

gilt. Nach Übergang zu einer Teilfolge und Umbenennung darf man diese Beziehung für alle $j$ annehmen. Damit existiert zu jedem $j$ ein Punkt $z_j \in K$ mit $f_j (z_j) \in L$ und daher

$$d\,(w_0 , f_j (z_j)) \leqslant M < \infty$$

(mit einer von $j$ unabhängigen Konstanten $M$). Da keine Teilfolge von $f_j$ lokal $d$-beschränkt ist, können wir — gegebenenfalls nach erneutem Übergang zu einer Teilfolge und entsprechender Umbenennung — eine Punktfolge $z_j' \in K$ mit

$$d\,(w_0 , f_j (z_j')) \geqslant j , \qquad j = 1, 2, \ldots,$$

finden. Dann ist aber für alle $j$:

$$j \leqslant d\,(w_0 , f_j (z_j')) \leqslant d\,(w_0 , f_j (z_j)) + d\,(f_j (z_j), f_j (z_j'))$$
$$\leqslant M + \text{const } \delta\,(z_j , z_j')$$

nach dem Lemma von Ahlfors-Schwarz. Die rechte Seite ist wegen $z_j, z_j' \in K$ unabhängig von $j$ beschränkt: Widerspruch! □

## § 5.  Die Sätze von Montel und Picard

Wir wenden jetzt die Theorie normaler Familien auf das Studium isolierter Singularitäten an.

**Satz 5.1** („großer Satz von Montel"). *Die Menge* $\mathcal{M}_{a,b}$ *aller holomorphen Funktionen in einem Gebiet* $G$, *die die Werte* $a$ *und* $b \in \mathbb{C}$ *(mit* $a \neq b$) *nicht annehmen, ist normal.*

Wir führen diesen Satz auf den Satz von Grauert und Reckziegel zurück, indem wir zeigen:

**Satz 5.2.** *Auf der in* $-1$ *und* $1$ *punktierten Ebene* $\mathbb{C}'' = \mathbb{C} - \{-1, 1\}$ *existiert eine stark negativ gekrümmte vollständige hermitische Metrik.*

**Beweis** (nach [10]): *1. Schritt.* Eine negativ gekrümmte Metrik auf $\mathbb{C}^* = \mathbb{C} - \{0\}$.
Es sei $\alpha > 0$ beliebig; wir setzen für $z \neq 0$

$$\lambda(z) = |z|^{\alpha - 1} (1 + |z|^{2\alpha})^{1/2}, \quad ds = \lambda(z) |dz| \tag{1}$$

und berechnen die Gaußsche Krümmung von $ds$: Wegen

$$\Delta \log \lambda = 2\,\alpha^2\, |z|^{2\alpha - 2}\, \frac{1}{(1 + |z|^{2\alpha})^2}$$

ist

$$K(ds) = -\frac{2\,\alpha^2}{(1 + |z|^{2\alpha})^3} \cdot \tag{2}$$

*2. Schritt.* Auf einem Gebiet $G$ seien die regulären hermitischen Metriken $ds_1 = \lambda_1 |dz|$, $ds_2 = \lambda_2 |dz|$ und $ds = \lambda_1 \cdot \lambda_2 |dz|$ mit den Krümmungen $K_1$, $K_2$ und $K$ gegeben. Dann gilt

$$K = K(\lambda_1 \lambda_2) = -\frac{1}{\lambda_1^2 \lambda_2^2} (\Delta \log \lambda_1 + \Delta \log \lambda_2)\,,$$

also

$$\lambda_1^2 \lambda_2^2 K(\lambda_1 \cdot \lambda_2) = \lambda_1^2 K(\lambda_1) + \lambda_2^2 K(\lambda_2)\,. \tag{3}$$

*3. Schritt.* Eine stark negativ gekrümmte (aber noch nicht vollständige) Metrik auf $\mathbb{C}''$.
Es sei $\lambda$ die Funktion (1) des ersten Schrittes. Wir setzen

$$\lambda_1(z) = \lambda(z + 1), \quad \lambda_2(z) = \lambda(z - 1), \quad \lambda_0(z) = \lambda_1(z)\,\lambda_2(z),$$

$$ds = \lambda_0(z) |dz|\,; \tag{4}$$

$ds$ ist eine reguläre Metrik auf $\mathbb{C}''$.

**Hilfssatz 1.** *Wählt man in* (1) *die Zahl* $\alpha$ *mit* $0 < \alpha < \frac{1}{5}$, *so ist die Metrik* (4) *stark negativ gekrümmt.*

**Beweis:** Nach (3) gilt

$$K(\lambda_0) = \frac{K(\lambda_1)}{\lambda_2^2} + \frac{K(\lambda_2)}{\lambda_1^2} \cdot \tag{5}$$

Nun ist

$$K(\lambda_1, z) = K(\lambda, z+1), \quad K(\lambda_2, z) = K(\lambda, z-1).$$

Einsetzen von (1) und (2) führt zu

$$\frac{K(\lambda_1)}{\lambda_2^2} = \frac{-2\,\alpha^2}{|z-1|^{2\alpha-2}\,(1+|z-1|^{2\alpha})\,(1+|z+1|^{2\alpha})^3}\,.$$

Für $z \neq \pm 1$ ist also $K(\lambda_0)$ stets negativ. Wir setzen nun $r = |z-1|$ und nehmen $r$ als so groß an, daß $|z+1| \leqslant 2\,r$ ist. Dann wird für diese $r$

$$\frac{1}{\lambda_2^2} K(\lambda_1) \leqslant -2\,\alpha^2\,\frac{r^{2-2\alpha}}{(1+r^{2\alpha})\,(1+2^{2\alpha}\,r^{2\alpha})^3}\,. \tag{6}$$

Falls $0 < \alpha < 1$ ist, können wir (6) weiter nach oben abschätzen durch

$$-2\,\alpha^2\,\frac{r^{2-2\alpha}}{(1+r^{2\alpha})\,(1+4\,r^{2\alpha})^3} = -2\,\alpha^2\,f(r)\,.$$

Ist nun $0 < \alpha < \frac{1}{5}$, so steht im Zähler von $f(r)$ eine höhere Potenz von $r$ als im Nenner, d.h.

$$\lim_{r \to \infty} f(r) = \infty\,. \tag{7}$$

Durch Vertauschen von $\lambda_1$ und $\lambda_2$ erhält man eine analoge Abschätzung für den zweiten Summanden von (5). – Wir wählen nun zwei Kreise $U$ und $V$ um $-1$ bzw. $1$. Aus (5), (6) und (7) folgt: es gibt ein $k > 0$ mit

$$K(\lambda_0) \leqslant -k^2 < 0$$

für $z \in \mathbb{C} - U - V$. Bei Annäherung von $z$ an $-1$ strebt nun $K(\lambda_1)/\lambda_2^2$ gegen $c_1 < 0$, für $z \to 1$ gilt auch

$$K(\lambda_2)/\lambda_1^2 \to c_1 < 0\,.$$

Daher existiert auch eine Konstante $k_1 > 0$ mit

$$K(\lambda_0) \leqslant -k_1^2 < 0$$

auf $U \cup V$; insgesamt hat man

$$K(\lambda_0) \leqslant -k_0^2 < 0$$

auf ganz $\mathbb{C}''$ (mit $k_0 = \min(k, k_1)$).

*4. Schritt.* „Addition" von Metriken.

Es seien $\lambda_1\,|dz|$ und $\lambda_2\,|dz|$ Metriken mit den Krümmungen $K_1$ und $K_2$. Wir bilden die neue Metrik

$$\lambda = \sqrt{\lambda_1^2 + \lambda_2^2}$$

$$ds = \lambda\,|dz|$$

mit der Krümmung $K$ und beweisen

**Hilfssatz 2.** $\lambda^4 K \leqslant \lambda_1^4 K_1 + \lambda_2^4 K_2$ .

**Beweis:** Wir kürzen ab

$$f = \lambda_1^2, \qquad g = \lambda_2^2, \qquad h = f + g = \lambda^2 .$$

Es ist

$$K_1 = -\frac{1}{\lambda_1^2} \, \Delta \log \lambda_1 = -\frac{1}{2f} \, \Delta \log f = -\frac{2}{f^3} \, (ff_{z\bar{z}} - f_z f_{\bar{z}}) \ ;$$

entsprechendes gilt für $K_2$ und $K$. Also

$$fgh \, (f^2 K_1 + g^2 K_2 - h^2 K)$$
$$= -2 \, [gh \, (ff_{z\bar{z}} - f_z f_{\bar{z}}) + fh \, (gg_{z\bar{z}} - g_z g_{\bar{z}}) - fg \, (hh_{z\bar{z}} - h_z h_{\bar{z}})]$$
$$= -2 \, (-ghf_z f_{\bar{z}} - fhg_z g_{\bar{z}} + fgh_z h_{\bar{z}})$$
$$= 2 \, [-fg \, (f_z + g_z) \, (f_{\bar{z}} + g_{\bar{z}}) + g \, (f + g) f_z f_{\bar{z}} + f \, (f + g) g_z g_{\bar{z}}]$$
$$= 2 \, (g^2 f_z f_{\bar{z}} + f^2 g_z g_{\bar{z}} - fg g_z f_{\bar{z}} - fg f_z g_{\bar{z}})$$
$$= 2 \, (fg_z - gf_z) \, (fg_{\bar{z}} - gf_{\bar{z}})$$
$$= 2 \, |fg_z - gf_z|^2$$
$$\geqslant 0 \ ;$$

hieraus folgt die Behauptung.

Als Folgerung notieren wir: ist $K_\nu \leqslant -k_\nu^2$, so ist

$$K \leqslant -\frac{k_1^2 \, k_2^2}{k_1^2 + k_2^2} \ . \tag{8}$$

Nach Hilfssatz 2 ist nämlich

$$K \leqslant \frac{f^2 K_1 + g^2 K_2}{(f + g)^2} \leqslant \frac{-k_1^2 f^2 - k_2^2 g^2}{(f + g)^2} \ .$$

Die Behauptung ergibt sich somit aus der Ungleichung

$$k_1^2 f^2 + k_2^2 g^2 \geqslant \frac{k_1^2 \, k_2^2}{k_1^2 + k_2^2} \, (f + g)^2 \ ,$$

d.h. aus

$$(k_1^2 + k_2^2) \, (k_1^2 f^2 + k_2^2 g^2) \geqslant k_1^2 \, k_2^2 \, (f + g)^2 \ ,$$

also aus

$$k_1^4 f^2 + k_2^4 g^2 \geqslant 2 \, k_1^2 \, k_2^2 \, fg \ .$$

Die letzte Ungleichung ist evident.

*5. Schritt.* Durch „Verkleben" der Metrik (4) mit der Poincaré-Metrik punktierter Kreisscheiben wird nun Satz 5.2 bewiesen. Der Verklebungsprozeß sorgt für die Vollständigkeit der Metrik. Im einzelnen: es sei $ds = \lambda\,|dz|$ mit $\lambda = \lambda_0$ aus (4) und

$$ds^* = \mu\,|dz|\,, \qquad \mu\,(z) = \frac{1}{|z|}\,\frac{1}{|\log|z|^2|}\,.$$

$ds^*$ ist in $\mathbf{D} - \{0\}$ vollständig und hat die konstante Krümmung $-4$ (siehe Satz 1.2 und 2.1). Wir wählen eine unendlich oft differenzierbare Funktion $f\colon \mathbb{C} \to \mathbb{R}$ mit folgenden Eigenschaften:

$$f\,(z) \equiv 1 \qquad \text{für} \quad |z| \leqslant \tfrac{1}{3}$$
$$0 < f\,(z) < 1 \quad \text{für} \quad \tfrac{1}{3} < |z| < \tfrac{1}{2}$$
$$f\,(z) \equiv 0 \qquad \text{für} \quad |z| \geqslant \tfrac{1}{2}\,.$$

Dann sei

$$v\,(z) = f\,(z)\,\mu\,(z)$$

und

$$\kappa\,(z) = v\,(z + 1) + v\,(z - 1) + \frac{1}{|z|^2}\,v\left(\frac{1}{z}\right).$$

Da $v\left(\dfrac{1}{z}\right)$ für $0 < |z| < 2$ identisch Null ist, kann $\dfrac{1}{|z|^2}\,v\left(\dfrac{1}{z}\right)$ in den Nullpunkt hinein differenzierbar fortgesetzt werden. Damit ist $\kappa$ auf $\mathbb{C}''$ unendlich oft differenzierbar. Wir bilden nun

$$ds_1 = \kappa\,(z)\,|dz|\,;$$

das ist eine hermitische Metrik auf den Mengen $M_1$, $M_2$ und $M_3$:

$$M_1 = \{z\colon 0 < |z + 1| < \tfrac{1}{2}\}, \quad M_2 = \{z\colon 0 < |z - 1| < \tfrac{1}{2}\}, \quad M_3 = \{z\colon |z| > 2\}.$$

Da die Funktion $v$ mit $\mu$ für $0 < |z| < \tfrac{1}{3}$ übereinstimmt, ist

$$K\,(ds_1) \equiv -4$$

für $0 < |z + 1| < \tfrac{1}{3}$ bzw. $0 < |z - 1| < \tfrac{1}{3}$ bzw. $|z| > 3$.
Jetzt sei $\beta > 0$ eine reelle Zahl und

$$ds_2 = \rho\,(z)\,|dz|$$
$$\rho\,(z) = \sqrt{\lambda\,(z)^2 + \beta\,\kappa\,(z)^2}\,.$$

Unabhängig von $\beta$ ist $ds_2$ eine vollständige hermitische Metrik auf $\mathbb{C}''$, da $ds^*$ vollständig ist. Wir zeigen, daß für geeignete Wahl von $\beta$ die Metrik $ds_2$ stark negativ gekrümmt ist.
Für $z \in \mathbb{C}'' - M_1 - M_2 - M_3$ ist $ds_2 = ds$ und

$$K\,(ds_2) \leqslant -k_0^2$$

mit der Konstanten $k_0$ aus Hilfssatz 1 und seinem Beweis. Für die Punkte, in denen $K(ds_1) = -4$ ist, folgt

$$K(\sqrt{\beta}\, ds_1) = -4/\beta$$

und nach (8):

$$K(ds_2) \leqslant -\frac{4\,k_0^2}{4 + \beta\,k_0^2}\,.$$

Wählt man $\beta \leqslant 1$, so ist also

$$K(ds_2) \leqslant -\frac{4\,k_0^2}{4 + k_0^2}\,.$$

Damit bleibt $K(ds_2)$ für $z \in M$ mit

$$M = \{z: \tfrac{1}{3} \leqslant |z+1| \leqslant \tfrac{1}{2} \quad \text{oder} \quad \tfrac{1}{3} \leqslant |z-1| \leqslant \tfrac{1}{2} \quad \text{oder} \quad 2 \leqslant |z| \leqslant 3\}$$

abzuschätzen. Wir zerlegen

$$\rho^2 = (\sqrt{\beta}\,\rho_1)^2 + (\sqrt{1-\beta}\,\lambda)^2\,, \qquad \rho_1 = \sqrt{\lambda^2 + \kappa^2}\,.$$

Dann ist

$$K(\sqrt{\beta}\,\rho_1) = \frac{1}{\beta} K(\rho_1)$$

$$K(\sqrt{1-\beta}\,\lambda) = \frac{1}{1-\beta} K(\lambda)\,.$$

Es folgt mit Hilfssatz 2

$$K(\rho) \leqslant \frac{(\sqrt{\beta}\,\rho_1)^4\, K(\sqrt{\beta}\,\rho_1) + (\sqrt{1-\beta}\,\lambda)^4\, K(\sqrt{1-\beta}\,\lambda)}{\rho^4}$$

$$= \frac{\beta\,\rho_1^4\, K(\rho_1) + (1-\beta)\,\lambda^4\, K(\lambda)}{(\lambda^2 + \beta\,\kappa^2)^2}\,.$$

Dieser Ausdruck hängt von $z$ und $\beta$ stetig ab (für $z \in M$ und $0 \leqslant \beta \leqslant 1$) und ist auf $M \times \{0\}$ negativ:

$$K(\rho) = K(\lambda) \leqslant -k_0^2 \quad \text{für} \quad \beta = 0\,.$$

Ist also $0 < k_1^2 < k_0^2$, so gilt für alle hinreichend kleinen $\beta > 0$ und alle $z$ in der kompakten Menge $M$ die Beziehung

$$K(\rho; z) \leqslant -k_1^2 < 0\,.$$

Der Satz ist bewiesen.                                                                $\square$

Aus dem Satz von Grauert-Reckziegel ergibt sich nun

**Satz 5.3.** *Es sei $G$ ein Gebiet, $\mathcal{M}$ die Familie der holomorphen Abbildungen $f: G \to \mathbb{C}''$. Dann ist $\mathcal{M}$ $\mathbb{C}''$-normal.*

Um jetzt Satz 5.1 zu beweisen, zeigen wir den

**Hilfssatz 3.** *Eine* $\mathbb{C}''$*-normale Familie ist normal.*

**Beweis:** Es sei $f_\nu\colon G \to \mathbb{C}''$ eine Folge, die kompakt gegen den Rand von $\mathbb{C}''$ konvergiert; wir müssen nachweisen, daß es Teilfolgen gibt, die kompakt gegen $+1$ oder $-1$ oder $\infty$ streben. Dazu sei

$$K_1 \subset K_2 \subset K_3 \subset \ldots \subset G$$

eine Folge kompakter zusammenhängender Mengen, so daß jedes Kompaktum $K \subset G$ in einem $K_\nu$ für hinreichend großes $\nu$ enthalten ist, und

$$U_1 = D_{1/2}(1), \quad U_2 = D_{1/2}(-1), \quad U_3 = \{z\colon |z| > 2\}, \quad L = \mathbb{C}'' - U_1 - U_2 - U_3.$$

Dann ist $L$ kompakt. Wegen der Konvergenz von $f_\nu$ gegen den Rand existiert ein $\nu_0$, so daß für $\nu \geq \nu_0$

$$f_\nu(K_1) \cap L = \emptyset$$

ist. Da $f_\nu(K_1)$ zusammenhängt, ist $f_\nu(K_1)$ in genau einem $U_j$, $j = 1, 2, 3$, enthalten. Es muß daher ein $U_j$ geben, etwa $U_1$, so daß

$$f_\nu(K_1) \subset U_1$$

für unendlich viele $\nu$ richtig ist. Durch Übergang zu einer Teilfolge nehmen wir gleich an: „für alle $\nu$", und zeigen, daß $f_\nu$ kompakt gegen 1 strebt.

Ist nämlich $K \subset G$ kompakt, so gibt es ein $n$ mit $K \subset K_n$. Es sei $U \subset U_1$ eine Umgebung von 1. Es gibt ein $\nu_1$, so daß für $\nu \geq \nu_1$ gilt:

$$f_\nu(K_n) \subset U \cup U_2 \cup U_3.$$

Aber $f_\nu(K_n)$ trifft sicher $U_1$ (wegen $f_\nu(K_1) \subset U_1$) und hängt zusammen; also ist $f_\nu(K_n)$ in $U_1$ und daher in $U$ enthalten; erst recht gilt $f_\nu(K) \subset U$, und damit ergibt sich die Behauptung. $\qquad\square$

Mit den Bezeichnungen von Satz 5.1 haben wir also jetzt die Familie $\mathcal{M}_{-1,1}$ als normal nachgewiesen; offenbar folgt daraus auch die Normalität von $\mathcal{M}_{a,b}$ für beliebiges $a \neq b$.

Eine eindrucksvolle Folgerung aus dem Satz von Montel ist der „große Picardsche Satz":

**Satz 5.4.** *Es sei $z_0$ eine wesentliche Singularität der Funktion $f$ und $U$ eine Umgebung von $z_0$, so daß $f$ auf $U - \{z_0\}$ holomorph ist. Dann nimmt $f$ in $U$ jeden komplexen Wert mit höchstens einer Ausnahme an.*

**Beweis:** Wir dürfen $z_0 = 0$ und $\mathbb{D} \subset\subset U$ annehmen. Falls $f$ die Werte $w_1$ und $w_2$ (mit $w_1 \neq w_2$) in $\overline{\mathbb{D}}$ nicht annimmt, werden wir $z_0 = 0$ als außerwesentliche Singularität von $f$ nachweisen. Durch eine Transformation der abhängigen Variablen läßt sich $w_1 = 0$, $w_2 = 1$ erreichen.

Es sei dann

$$D_n = \left\{z\colon |z| < \frac{1}{2^n}\right\}, \quad K_n = \overline{D}_n - D_{n+1}, \quad f_n(z) = f\left(\frac{z}{2^n}\right).$$

Die $f_n$ sind auf $U - \{0\}$ holomorph und nehmen die Werte 0 und 1 nicht an. Außerdem nimmt $f_n$ in $K_0$ dieselben Werte an wie $f$ in $K_n$. Nach Satz 5.1 bilden die $f_n$ eine normale Folge in $U - \{0\}$; $f_{n_\nu}$ sei eine kompakt konvergente Teilfolge mit $n_1 = 0$. Zwei Fälle sind möglich:

a)     $f_{n_\nu}$  *strebt kompakt gegen eine holomorphe Grenzfunktion,*

b)     $f_{n_\nu}$  *strebt kompakt gegen*  $\infty$.

Im ersten Fall gibt es ein $R > 0$ mit $|f_{n_\nu}(z)| \leqslant R$ für alle $z \in K_0$ und alle $\nu$. Daher ist $|f(z)| \leqslant R$ für alle $z \in K_{n_\nu}$. Nach dem Maximumprinzip ist dann sogar $|f(z)| \leqslant R$ auf $D_0 - D_{n_\nu}$. Da dies für jedes $\nu$ gilt, ist $f$ auf $D_0 - \{0\}$ beschränkt und die Singularität damit hebbar.

Im zweiten Fall strebt $1/f_{n_\nu}$ lokal gleichmäßig gegen Null, und dasselbe Argument wie in Fall a) zeigt, daß $1/f$ in 0 eine hebbare Singularität hat und $f$ somit schlimmstenfalls einen Pol.                                                                                                   $\square$

### Aufgaben:

1.     Gibt es auf $\mathbb{C} - \{0\}$ eine stark negativ gekrümmte Metrik?
       *Hinweis:* Verwende auch § 4.

2.     Es seien $f$ und $g$ ganze Funktionen, die der Gleichung

$$e^f + e^g = 1$$

genügen. Zeige: $f$ und $g$ sind konstant.

3*.    (Satz von Schottky) Es sei $\mathcal{M}$ die Familie der holomorphen Funktionen auf **D**, die den Bedingungen $|f(0)| \leqslant R$, $f(z) \neq 0$ und $\neq 1$ genügen. Zeige: $\mathcal{M}$ ist lokal beschränkt. Folgere aus dieser Aussage die Sätze von Montel und Picard.

# Kapitel II
# Analytische Fortsetzung und Riemannsche Flächen

Die Umkehrfunktionen der elementaren Funktionen (Wurzelfunktionen, Logarithmus, Arcussinus etc.) sind von Natur aus „mehrdeutige Funktionen". Man kann zwar durch Wahl eines „Zweiges" auf einem geeigneten (etwa einfach zusammenhängenden) Definitionsgebiet Eindeutigkeit erzwingen, das ist aber stets mit willkürlichen Festlegungen verbunden. Es stellt sich die Aufgabe, das globale Verhalten einer mehrdeutigen Funktion zu studieren und einen organischen Zusammenhang zwischen ihren Zweigen herzustellen. Überdies soll durch geeignete Interpretation des Definitionsbereichs die „mehrdeutige" Funktion zu einer eindeutigen gemacht werden. Diese Aufgabe wird mit Hilfe von Riemannschen Flächen, welche Gebiete auf der Zahlensphäre überlagern, gelöst.

In § 1 erklären wir als ersten Schritt den Begriff der analytischen Fortsetzung einer holomorphen Funktion längs eines Weges. Der Monodromiesatz (Satz 1.1) liefert ein Kriterium dafür, daß die fortgesetzte Funktion nicht vom Wege abhängt. Der dabei benötigte Begriff der Homotopie von Wegen führt in § 2 zur Fundamentalgruppe. § 3 enthält den nächsten Schritt: Zu einer auf $G \subset \mathbb{C}$ gegebenen holomorphen Funktion konstruieren wir ihr (unverzweigtes) Riemannsches Gebiet als Definitionsbereich der maximalen analytischen Fortsetzung, die dort als eindeutige Funktion erscheint und alle aus $f$ durch analytische Fortsetzung entstehenden Funktionszweige umfaßt.

Der § 4 ist dem Begriff der „abstrakten" Riemannschen Fläche, i.e. der eindimensionalen komplexen Mannigfaltigkeit, gewidmet. Riemannsche Gebiete sind Riemannsche Flächen, die zusätzlich mit einer Projektion in $\mathbb{C}$ versehen sind. In § 5 besprechen wir die Integration auf Riemannschen Flächen, formulieren den Satz von Stokes und beweisen den Residuensatz. In § 6 konstruieren wir die universelle Überlagerung einer Riemannschen Fläche $X$. Dies ist eine einfach zusammenhängende Fläche $\tilde{X}$, aus der $X$ durch Quotientenbildung nach einer Gruppe holomorpher Automorphismen von $\tilde{X}$ gewonnen werden kann. Die Wichtigkeit der universellen Überlagerung hat ihren Grund im Uniformisierungssatz (Kap. IV): Jede einfach zusammenhängende Riemannsche Fläche kann konform auf die Zahlensphäre, die Ebene oder den Einheitskreis abgebildet werden. – Der § 7 bringt mit dem Studium der Verzweigungspunkte bei analytischer Fortsetzung die Beschreibung des Riemannschen Gebiets einer Funktion zu einem Abschluß.

Die Flächen, die man heute nach Riemann benennt, wurden von ihm 1851 in seiner Dissertation „Grundlagen für eine allgemeine Theorie der Functionen einer veränderlichen complexen Größe" eingeführt und in der Arbeit „Theorie der Abelschen Functionen" (1857) sehr eingehend untersucht. Dabei handelte Riemann grundsätzlich von Flächen, die der Zahlensphäre verzweigt überlagert sind. Riemanns Gedanken verbreiteten sich zunächst nur langsam, spielten dann aber in den letzten Jahrzehnten des 19. Jhs. in Arbeiten von F. Klein, H. Poincaré u.a. eine wesentliche Rolle. Dabei wurden schließlich auch Flächen betrachtet, die nicht von vornherein der Sphäre überlagert sind, d.h. es wurde auf die Auszeichnung einer meromorphen Funktion als Projektion verzichtet. Die Begründung der Theorie mußte sich allerdings noch auf intuitive Überlegungen stützen, zumal der topologische Begriffsapparat in dieser Zeit gerade erst entwickelt wurde. Die erste vollständige und strenge Begründung gab H. Weyl 1913 in seinem Buch „Die Idee der Riemannschen Fläche".

Die Prinzipien der analytischen Fortsetzung liegen Riemanns Einführung seiner Flächen zugrunde. Sie wurden ab 1842 auch von Weierstraß entwickelt, der später (in Vorlesungen 1884/85) das „Analytische Gebilde" (d.i. in unserer Terminologie das verzweigte Riemannsche Gebiet) einer holomorphen Funktion in einer Weise konstruierte, die der hier benutzten verwandt ist. – Das Kreiskettenverfahren findet sich bei Weierstraß und bei Puiseux, der auch die Reihenentwicklung um einen Verzweigungspunkt $a$ nach gebrochenen Potenzen von $z - a$ studierte (1850).

## § 1. Analytische Fortsetzung und Homotopie

Wir betrachten drei Gebiete wie in der Figur, $f_1(z)$ sei ein fester Zweig des Logarithmus auf $G_1$. Dann gibt es auf $G_2$ genau einen Zweig $f_2$ des Logarithmus, der auf $G_1 \cap G_2$ mit $f_1$ übereinstimmt. Ebenso haben wir auf $G_3$ einen Zweig $f_3$ des Logarithmus, der auf $G_2 \cap G_3$ mit $f_2$ übereinstimmt. Auf $G_3 \cap G_1$ gilt dann aber nicht $f_3 = f_1$, sondern $f_3 = f_1 + 2\pi i$.

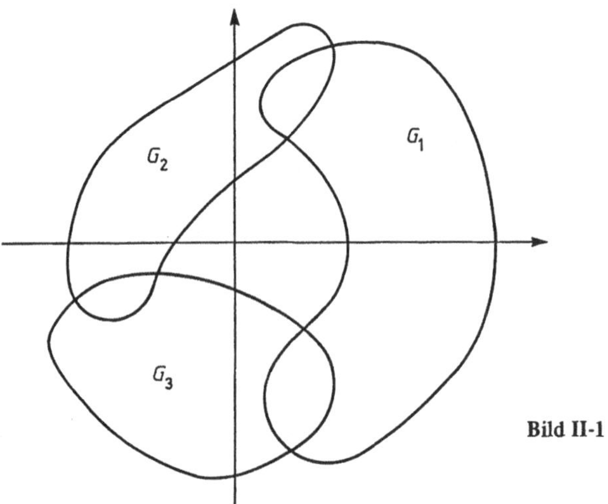


**Bild II-1**

Für Zweige der $k$-ten Wurzel gilt mit der „Gebietskette" der Figur Ähnliches. Analoge Betrachtungen kann man für kompliziertere „mehrdeutige Funktionen" anstellen, etwa für $\log(iz + \sqrt{1 - z^2})$ mit Ketten von Gebieten in $\mathbb{C} - \{1, -1\}$. Man gelangt damit zum Verständnis des Mehrdeutigkeitsverhaltens der betreffenden Funktion. Übersichtlicher werden solche Untersuchungen mit Hilfe des folgenden Begriffes.

**Definition 1.1.** *Es sei $\gamma: [a, b] \to \mathbb{C}$ ein Weg von $z_0$ nach $z_1$, $f$ sei eine holomorphe Funktion in einem Kreis $D_\epsilon(z_0)$ und $g$ eine holomorphe Funktion in einem Kreis $D_\eta(z_1)$. Man sagt, $g$ entstehe durch analytische Fortsetzung von $f$ längs $\gamma$, wenn folgendes gilt: Es gibt eine Unterteilung $a = t_0 < t_1 < \ldots < t_n = b$ von $[a, b]$ und Umgebungen $U_\nu$ von $\gamma([t_{\nu-1}, t_\nu])$ sowie holomorphe Funktionen $f_\nu: U_\nu \to \mathbb{C}$, so daß*

*i)     $f_\nu = f_{\nu+1}$ auf der Wegkomponente von $\gamma(t_\nu)$ in $U_\nu \cap U_{\nu+1}$ $(\nu = 1, \ldots, n-1)$,*

*ii)    $f_1 = f$ in einer Umgebung von $z_0$,*

*iii)   $f_n = g$ in einer Umgebung von $z_1$.*

Gibt es zu gegebenen $f$ und $\gamma$ ein $g$, welches durch analytische Fortsetzung von $f$ längs $\gamma$ entsteht, so sagt man, $f$ sei längs $\gamma$ analytisch fortsetzbar.

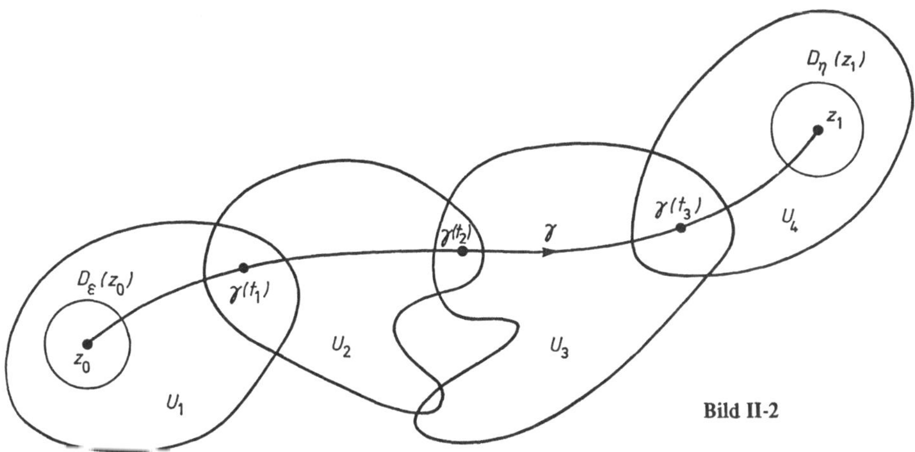


Natürlich braucht ein auf $D_\epsilon (z_0)$ gegebenes $f$ nicht längs jedes in $z_0$ beginnenden Weges analytisch fortsetzbar zu sein. Wenn aber $f$ längs $\gamma$ analytisch fortsetzbar ist, so ist das Ergebnis $g$ des Fortsetzungsprozesses durch $f$ und $\gamma$ eindeutig bestimmt, d.h. unabhängig von den $t_\nu, U_\nu, f_\nu$. Diese Aussage beruht wesentlich auf dem Identitätssatz; wir führen ihren Beweis in § 3, da er sich mit den dort behandelten Begriffen bequemer formulieren läßt (vgl. aber auch Aufgabe 2 zu diesem Paragraphen). Dort präzisieren wir auch, daß es auf die genauen Definitionsbereiche von $f$ und $g$ nicht ankommt. – Hingegen hängt das Ergebnis der analytischen Fortsetzung von $f$ längs $\gamma$ im allgemeinen vom Verlauf von $\gamma$ und nicht nur vom Endpunkt $z_1$ ab. Dies wird schon aus dem obigen Beispiel ersichtlich.

Geometrisch übersichtlich wird der Fortsetzungsprozeß, wenn man die $U_\nu$ als Kreise wählt. Sorgt man dann noch dafür, daß stets der Mittelpunkt von $U_{\nu+1}$ in $U_\nu$ liegt, so bekommt man $f_{\nu+1}$ aus $f_\nu$ durch Rechnen mit Potenzreihen (Weierstraßsches Kreiskettenverfahren, vgl. Aufg. 6).

Wir betrachten nun einige Beispiele.

1. Jeder Zweig des Logarithmus entsteht aus dem im Kreis $D_1 (1)$ durch

$$f(z) = \sum_{1}^{\infty} \frac{(-1)^{\nu-1}}{\nu} (z-1)^\nu$$

gegebenen Hauptzweig durch analytische Fortsetzung längs eines geeigneten Weges. So erhält man z.B. den Zweig, der in $z_1 = -2$ den Wert $\log 2 + (2k+1)\pi i$ hat ($k \geqslant 0$), mit Hilfe eines Weges, der in $z_0 = 1$ beginnt, den Nullpunkt $k$-mal im positiven Sinne umläuft und dann in der oberen Halbebene nach $z_1$ geht. Ähnliches gilt für Wurzelfunktionen $f(z) = z^{1/k}$.

2. Lokale Stammfunktionen sind längs jedes Weges fortsetzbar: Es sei $f$ auf dem Gebiet $G$ holomorph und $F$ eine Stammfunktion von $f$ auf $V \subset G$. Weiter sei $\gamma: [a, b] \to G$ ein Weg mit $\gamma(a) = z_0 \in V$. Wir können eine Unterteilung $a = t_0 < t_1 < \ldots < t_n = b$ so wählen, daß jedes $\gamma([t_{\nu-1}, t_\nu])$ in einer Kreisscheibe $D_\nu \subset G$ liegt. Auf jedem $D_\nu$ exi-

stieren lokale Stammfunktionen $F_\nu$ von $f$. Wir nehmen speziell $F_1 = F$ und $F_{\nu+1}$ so,
daß $F_{\nu+1}(\gamma(t_\nu)) = F_\nu(\gamma(t_\nu))$ für $\nu = 1, \ldots, n-1$. Dann stimmen $F_\nu$ und $F_{\nu+1}$ auf
ganz $D_\nu \cap D_{\nu+1}$ überein, man erhält in der Tat eine Fortsetzung von $F$ längs $\gamma$.

3. Wir können hiermit auch das Integral einer holomorphen Funktion über einen stetigen
(nicht notwendig stückweise stetig differenzierbaren) Weg erklären: Mit obigen Bezeichnungen setzen wir

$$\int_\gamma f(z)\,dz = F_n(\gamma(b)) - F_1(\gamma(a)).$$

Wir studieren nun die Abhängigkeit der analytischen Fortsetzung vom gewählten Weg.
Betrachtet man die Figur bei Definition 1.1, so sieht man: Ist $f$ längs $\gamma$ fortsetzbar zu $g$,
so wird $f$ auch längs jedes hinreichend nahe bei $\gamma$ verlaufenden Weges $\tilde{\gamma}$ fortsetzbar sein
mit dem gleichen Resultat $g$. Um diese Aussage und eine globalere Version zu beweisen,
führen wir den Begriff der Homotopie von Wegen ein.

Es sei $U$ eine beliebige Teilmenge von $\hat{\mathbb{C}}$, $\gamma_0$ und $\gamma_1$ seien Wege in $U$ mit gleichem
Anfangspunkt $z_0$ und Endpunkt $z_1$. Wir können annehmen, daß sie das gleiche Para-
meter-Intervall $[a, b]$ haben (das läßt sich durch eine affine Parametertransformation
erreichen).

**Definition 1.2.** $\gamma_1$ *heißt homotop in* $U$ *zu* $\gamma_0$, *wenn es eine stetige Abbildung*
$H\colon [a, b] \times [0, 1] \to U$ *gibt mit*

$$H(t, 0) = \gamma_0(t), \quad H(t, 1) = \gamma_1(t) \quad \text{für} \quad t \in [a, b],$$
$$H(a, s) = z_0, \quad\ H(b, s) = z_1 \quad \text{für} \quad s \in [0, 1].$$

Eine solche Abbildung $H$ nennen wir eine *Homotopie* von $\gamma_0$ nach $\gamma_1$. — Ist $\gamma_1$ in $U$
homotop zu $\gamma_0$, so ist für jedes $s \in [0, 1]$ $t \mapsto \gamma_s(t) = H(t, s)$ ein Weg in $U$ von $z_0$
nach $z_1$; die Schar der Wege $\gamma_s$ kann man sich als eine „stetige Deformation" des
Weges $\gamma_0$ in $\gamma_1$ vorstellen, die sich ganz in $U$ abspielt.

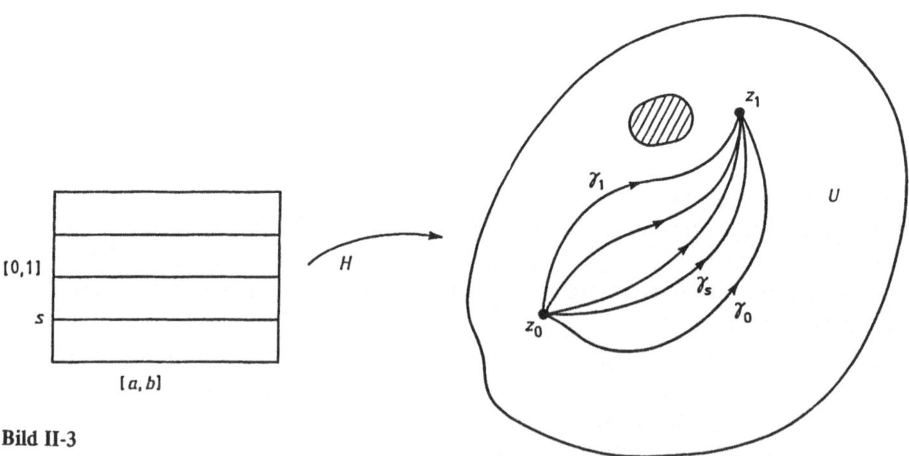


**Bild II-3**

Ist $\gamma_1$ in $U$ homotop zu $\gamma_0$, so schreiben wir $\gamma_0 \sim \gamma_1$ oder genauer $\gamma_0 \sim_U \gamma_1$. Dies ist eine Äquivalenzrelation auf der Menge der Wege in $U$ von $z_0$ nach $z_1$: Die Reflexivität ist klar; ist $H_0(t, s)$ eine Homotopie von $\gamma_0$ nach $\gamma_1$, so ist $(t, s) \mapsto H_0(t, 1-s)$ eine Homotopie von $\gamma_1$ nach $\gamma_0$; und ist weiter $H_1(t, s)$ eine Homotopie von $\gamma_1$ nach $\gamma_2$, so hat man mit

$$H(t, s) = \begin{cases} H_0(t, 2s) & \text{für} \quad 0 \leqslant s \leqslant 1/2 \\ H_1(t, 2s - 1) & \text{für} \quad 1/2 \leqslant s \leqslant 1 \end{cases}$$

eine Homotopie von $\gamma_0$ nach $\gamma_2$. Wir können also von *Homotopieklassen* (in $U$) von Wegen von $z_0$ nach $z_1$ reden. Die Homotopieklasse eines Weges ist invariant bei Parametertransformationen: Ist $\gamma: [a, b] \to U$ ein Weg und $\varphi: [a, b] \to [a, b]$ eine Parametertransformation, d.h. eine stetige, monoton wachsende Bijektion, so ist

$$H(t, s) = \gamma((1-s)\, t + s\, \varphi(t))$$

eine Homotopie von $\gamma$ nach $\gamma \circ \varphi$.

Nun können wir die wichtigste Aussage dieses Paragraphen formulieren:

**Satz 1.1** (Monodromiesatz). *Es sei $G$ offen in $\mathbb{C}$, $H: [a, b] \times [0, 1] \to G$ sei eine Homotopie von Wegen in $G$ mit gemeinsamem Anfangspunkt $z_0$ und Endpunkt $z_1$. Die auf $D_\epsilon(z_0)$ gegebene holomorphe Funktion $f$ sei längs jedes Deformationsweges $\gamma_s = H(\cdot, s)$ analytisch fortsetzbar. Dann führt die Fortsetzung längs $\gamma_s$ für alle $s$ zur gleichen Funktion $g$ (d.h. die Fortsetzungen $g_s$ längs $\gamma_s$ stimmen in einer Umgebung von $z_1$ alle überein).*

**Beweis:** a) Die Fortsetzung von $f$ längs $\gamma_{s_0}$ liefere $g_{s_0}$. Wir zeigen zunächst: Für jedes hinreichend nahe bei $s_0$ gelegene $s$ liefert Fortsetzung von $f$ längs $\gamma_s$ ebenfalls $g_{s_0}$. In der Tat: Zu $\gamma_{s_0}$ wählen wir $t_\nu$, $U_\nu$, $f_\nu$ wie in Definition 1.1. Dann ist $U = \bigcup_1^n U_\nu$ offen, $H^{-1}(U)$ ist offen in $[a, b] \times [0, 1]$ und enthält $[a, b] \times \{s_0\}$, also auch eine Menge der Form $[a, b] \times W$, wobei $W$ eine Umgebung von $s_0$ in $[0, 1]$ ist. Wir können $W$ als Inter-

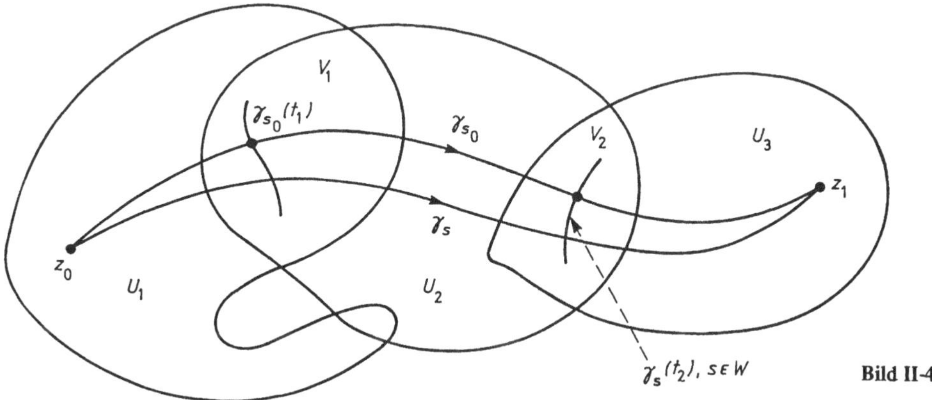



**Bild II-4**

vall annehmen. Es sei $V_\nu$ die Wegkomponente von $\gamma_{s_0}(t_\nu)$ in $U_\nu \cap U_{\nu+1}$. Nach eventueller Verkleinerung von $W$ gilt $\gamma_s(t_\nu) \in V_\nu$ für alle $s \in W$, $\nu = 1, \ldots, n-1$. Damit definieren die $t_\nu, U_\nu, f_\nu$ für alle $s \in W$ eine Fortsetzung von $f$, welche zu $g_{s_0}$ führt.

b) Es sei $g$ das Ergebnis der Fortsetzung von $f$ längs $\gamma_0$. Wir setzen

$J = \{s \in [0,1]:$ Fortsetzung von $f$ längs $\gamma_\sigma$ ergibt $g$ für $0 \leq \sigma \leq s\}$.

Nach a) ist $J$ offen in $[0,1]$, es gilt $0 \in J$. Ist $J \neq [0,1]$, so gehört $s_0 = \sup J$ nicht zu $J$; Anwendung von a) auf $s_0$ führt zu einem Widerspruch. $\qquad\square$

**Satz 1.2.** *Im Gebiet $G$ seien je zwei Wege mit gleichem Anfangs- und Endpunkt homotop. Es sei $z_0 \in G$, die in $D_\epsilon(z_0) \subset G$ holomorphe Funktion $f$ sei längs jedes von $z_0$ ausgehenden Weges in $G$ fortsetzbar. Dann gibt es eine auf ganz $G$ holomorphe Funktion $F$, die auf $D_\epsilon(z_0)$ mit $f$ übereinstimmt.*

Wir werden im nächsten Paragraphen sehen, daß die Homotopiebedingung gleichbedeutend damit ist, daß $G$ einfach zusammenhängt.

**Beweis:** Zu $z \in G$ wähle man einen Weg $\gamma_z$ in $G$ von $z_0$ nach $z$ und setze $f$ längs $\gamma_z$ fort zu einer Funktion $g_z$, die auf einem Kreis $U(z) \subset G$ um $z$ holomorph ist. Nach dem Monodromiesatz hängt $g_z$ nicht von $\gamma_z$ ab. Es sei nun $U(z_1) \cap U(z_2) \neq \emptyset$, etwa $z_* \in U(z_1) \cap U(z_2)$. Dann läßt sich $g_{z_*}$ durch analytische Fortsetzung von $f$ längs des zusammengesetzten Weges $\gamma_{z_1} \cdot [z_1, z_*]$ gewinnen, also auch durch Fortsetzung von $g_{z_1}$ längs der in $U(z_1)$ verlaufenden Strecke $[z_1, z_*]$. Also gilt $g_{z_1} = g_{z_*}$ auf $U(z_1) \cap U(z_*)$. Ebenso folgt $g_{z_2} = g_{z_*}$ auf $U(z_2) \cap U(z_*)$. Mit dem Identitätssatz bekommt man $g_{z_1} = g_{z_2}$ auf $U(z_1) \cap U(z_2)$. Daher definieren die $g_z$ eine auf ganz $G$ holomorphe Funktion $F$. $\square$

**Aufgaben:**

1.  Es seien $z_0, e_1, \ldots, e_n$ verschiedene Punkte in $\mathbb{C}$, $f$ sei ein in $D_\epsilon(z_0)$ definierter Zweig von $\sqrt{(z-e_1) \cdot \ldots \cdot (z-e_n)}$. Man überlege sich, daß $f$ längs jedes in $z_0$ beginnenden Weges $\gamma$, der die $e_\nu$ vermeidet, analytisch fortgesetzt werden kann. Für geschlossene Wege $\gamma$ ist das Ergebnis der Fortsetzung $(-1)^{\epsilon(\gamma)} f$; man drücke $\epsilon(\gamma)$ durch die Umlaufszahlen $n(\gamma, e_\nu)$ aus! – Man diskutiere die analoge Aufgabe mit der dritten an Stelle der Quadratwurzel.

2.  a) Es sei $f$ holomorph in $D_\epsilon(z_0)$ und $\gamma: [a,b] \to \mathbb{C}$ ein Weg von $z_0$ nach $z_1$; $t_\nu, U_\nu, f_\nu$ seien wie in Def. 1.1. Die Unterteilung $a = \tau_0 < \tau_1 < \ldots < \tau_m = b$ sei eine Verfeinerung der Unterteilung durch die $t_\nu$, d.h. es gibt Indices $m_\nu$ mit $\tau_{m_\nu} = t_\nu$ ($\nu = 0, \ldots, n$). Weiter sei $U'_\mu$ Umgebung von $\gamma([\tau_{\mu-1}, \tau_\mu])$ und $h_\mu$ holomorph auf $U'_\mu$ ($\mu = 1, \ldots, m$), so daß (i) und (ii) aus Def. 1.1 sinngemäß gelten. Man zeige: $f_n = h_m$ in einer Umgebung von $z_1$. Hinweis: Man kann $U_\nu, U'_\mu$ als zusammenhängend und $U'_\mu \subset U_\nu$ für $m_{\nu-1} + 1 \leq \mu \leq m_\nu$ annehmen und dann wiederholt den Identitätssatz anwenden.

    b) Man zeige mit a), daß das Resultat der analytischen Fortsetzung von $f$ längs $\gamma$ eindeutig bestimmt ist.

3.  Man beweise: In einem konvexen Gebiet sind je zwei Wege mit gleichem Anfangs- und Endpunkt homotop.

4.  Es seien $\alpha$ und $\beta$ homotope stetige Wege in der offenen Menge $U \subset \mathbb{C}$, $f$ sei holomorph auf $U$. Man zeige

$$\int_\alpha f(z)\,dz = \int_\beta f(z)\,dz\ .$$

5.  Es sei $G = \{z: r < |z| < R\}$, $U = \{w: \log r < \operatorname{Re} w < \log R\}$ und $p: U \to G$, $w \mapsto e^{w}$. Weiter sei $f$ auf $D_{\epsilon}(z_0) \subset G$ holomorph und längs jedes Weges in $G$ fortsetzbar, schließlich sei $w_0 \in U$ mit $p(w_0) = z_0$. Man zeige: Es gibt genau eine holomorphe Funktion $F$ auf $U$, die in einer Umgebung von $w_0$ der Bedingung $F = f \circ p$ genügt.

6.  Es sei $U \subset \mathbb{C}$ offen und $\gamma: [a, b] \to U$. Man zeige: Zu jeder hinreichend feinen Unterteilung $a = t_0 < t_1 < \ldots < t_n = b$ von $[a, b]$ gibt es Radien $r_0, r_1, \ldots, r_n$ so, daß $D_\nu = D_{r_\nu}(\gamma(t_\nu)) \subset U$ und $\gamma([t_{\nu-1}, t_\nu]) \subset D_{\nu-1} \cap D_\nu$ für $\nu = 0, \ldots, n$ bzw. $\nu = 1, \ldots, n$ gilt.

7.  Es seien $p(z)$ und $q(z)$ holomorph auf dem Gebiet $G \subset \mathbb{C}$. Wir setzen als bekannt voraus: Jeder Punkt $z_1 \in G$ hat eine Umgebung, auf der die Differentialgleichung

$$w'' + p(z)\, w' + q(z)\, w = 0 \tag{1}$$

zwei linear unabhängige Lösungen hat (dies läßt sich durch Rechnen mit Potenzreihen beweisen). Es sei nun $f$ eine Lösung von (1) in $D_\epsilon(z_0) \subset G$. Man zeige, daß $f$ sich längs jedes Weges in $G$ analytisch fortsetzen läßt. Ist $G$ einfach zusammenhängend, so definiert $f$ daher eine auf ganz $G$ holomorphe Lösung von (1).


## § 2. Die Fundamentalgruppe

Wir wollen das Verhalten von Homotopieklassen beim Zusammensetzen von Wegen studieren. Dazu ist es zweckmäßig, für alle Wege das gleiche Parameterintervall $J = [0, 1]$ zu wählen. Sind $\gamma_1$ und $\gamma_2$ Wege in der Teilmenge $U \subset \hat{\mathbb{C}}$ mit $\gamma_1(1) = \gamma_2(0)$, so wird der zusammengesetzte Weg $\gamma = \gamma_1 \gamma_2$ definiert durch

$$\gamma_1 \gamma_2(t) = \begin{cases} \gamma_1(2t) & \text{für} \quad 0 \leqslant t \leqslant 1/2 \\ \gamma_2(2t - 1) & \text{für} \quad 1/2 \leqslant t \leqslant 1 \, . \end{cases}$$

Ist nun $\gamma_1 \sim_U \tilde{\gamma}_1$ und $\gamma_2 \sim_U \tilde{\gamma}_2$, so gilt auch $\gamma_1 \gamma_2 \sim_U \tilde{\gamma}_1 \tilde{\gamma}_2$. Sind nämlich $H_1$ und $H_2$ Homotopien in $U$ von $\gamma_1$ nach $\tilde{\gamma}_1$ bzw. von $\gamma_2$ nach $\tilde{\gamma}_2$, so ist

$$H(t, s) = \begin{cases} H_1(2t, s) & \text{für} \quad 0 \leqslant t \leqslant 1/2 \\ H_2(2t - 1, s) & \text{für} \quad 1/2 \leqslant t \leqslant 1 \end{cases}$$

eine Homotopie in $U$ von $\gamma_1 \gamma_2$ nach $\tilde{\gamma}_1 \tilde{\gamma}_2$.

Das Zusammensetzen ist assoziativ bis auf Parametertransformation: Ist $\gamma = (\gamma_1 \gamma_2) \gamma_3$ definiert, so auch $\tilde{\gamma} = \gamma_1(\gamma_2 \gamma_3)$, und man hat $\tilde{\gamma} = \gamma \circ \varphi$ mit der stückweise affinen Parametertransformation

$$\varphi(t) = \begin{cases} t/2 & \text{für} \quad 0 \leqslant t \leqslant 1/2 \\ t - 1/4 & \text{für} \quad 1/2 \leqslant t \leqslant 3/4 \\ 2t - 1 & \text{für} \quad 3/4 \leqslant t \leqslant 1 \, . \end{cases}$$

Daher ist $\tilde{\gamma} \sim \gamma$.

Ähnlich schließt man: Ist $\gamma$ ein Weg von $z_0$ nach $z_1$, $\gamma_0$ der Punktweg $J \to \{z_0\}$, $\gamma_1$ der Punktweg $J \to \{z_1\}$, so gilt $\gamma_0 \gamma \sim \gamma \sim \gamma \gamma_1$. Mit der Umkehrung $\gamma^-: t \mapsto \gamma(1 - t)$ von $\gamma$ gilt $\gamma \gamma^- \sim \gamma_0$ und $\gamma^- \gamma \sim \gamma_1$: Es ist zum Beispiel

$$H(t, s) = \begin{cases} \gamma(2ts) & \text{für} \quad 0 \leqslant t \leqslant 1/2 \\ \gamma(2s - 2ts) & \text{für} \quad 1/2 \leqslant t \leqslant 1 \end{cases}$$

eine Homotopie von $\gamma_0$ nach $\gamma \gamma^-$.

Wir betrachten nun Wege in einer festen Menge $U$. Die Homotopieklasse eines Weges $\gamma$ sei mit $[\gamma]$ bezeichnet. Lassen sich $\gamma_1$ und $\gamma_2$ zusammensetzen, so hängt $[\gamma_1 \gamma_2]$ nur von den Klassen $[\gamma_1]$ und $[\gamma_2]$ ab, wir setzen $[\gamma_1] \cdot [\gamma_2] = [\gamma_1 \gamma_2]$. Es sei nun $z_0$ ein Punkt in $U$. Geschlossene Wege in $U$ mit Anfangs- und Endpunkt $z_0$ lassen sich stets zusammensetzen, auf der Menge der Homotopieklassen solcher Wege ist damit also eine (als Produkt geschriebene) Verknüpfung definiert. Nach den obigen Überlegungen ist dieses Produkt assoziativ, die Klasse $[z_0]$ des Punktwegs $J \to \{z_0\}$ ist neutrales Element, und $[\gamma]$ hat $[\gamma^-]$ als Inverses. Wir erhalten also eine Gruppenstruktur.

**Definition 2.1.** *Die Gruppe der Homotopieklassen geschlossener Wege in $U$ mit Anfangspunkt $z_0$ heißt Fundamentalgruppe von $U$ (mit $z_0$ als Basispunkt) und wird mit $\pi_1(U, z_0)$ bezeichnet.*

Bei einer wegzusammenhängenden Menge $U$ sind die Fundamentalgruppen zu verschiedenen Basispunkten isomorph: Ist $\gamma_*$ ein Weg in $U$ von $z_0$ nach $z_1$, so wird durch

$$[\gamma] \mapsto [\gamma_*^- \, \gamma \, \gamma_*] \,, \qquad [\gamma] \in \pi_1(U, z_0) \,,$$

ein Isomorphismus von $\pi_1(U, z_0)$ auf $\pi_1(U, z_1)$ vermittelt (Aufgabe 1). Dieser Isomorphismus hängt nur von der Homotopieklasse von $\gamma_*$ ab.

Interessiert man sich für die Fundamentalgruppe einer wegzusammenhängenden Menge $U$ nur bis auf Isomorphie, so schreibt man einfach $\pi_1(U)$. Besteht $\pi_1(U)$ nur aus dem neutralen Element, so schreibt man meist $\pi_1(U) = 0$, obwohl die Verknüpfung multiplikativ notiert wird. Entsprechend nennt man einen Weg $\gamma$ von $z_0$ nach $z_0$ *nullhomotop in $U$,* wenn er in $U$ zum Punktweg $\{z_0\}$ homotop ist, und schreibt dann $\gamma \sim_U 0$.

Die Fundamentalgruppe einer wegzusammenhängenden Menge $U$ ist genau dann 0, wenn für beliebige $z_0, z_1 \in U$ je zwei Wege $\gamma_0, \gamma_1$ in $U$ von $z_0$ nach $z_1$ homotop sind.

Die Fundamentalgruppe ist eine topologische Invariante: Ist $h: U \to U^*$ ein Homöomorphismus, so liefert

$$[\gamma] \mapsto [h \circ \gamma]$$

einen Isomorphismus von $\pi_1(U, z_0)$ auf $\pi_1(U^*, h(z_0))$.

Die Fundamentalgruppe einer konvexen Teilmenge $U \subset \mathbb{C}$ ist Null, insbesondere gilt $\pi_1(\mathbb{C}) = 0$ und $\pi_1(\mathbb{D}) = 0$. Ist nämlich $\gamma$ ein Weg in $U$ von $z_0$ nach $z_0$, so liefert

$$H(t, s) = s z_0 + (1 - s)\, \gamma(t)$$

eine Homotopie von $\gamma$ zum Punktweg $\{z_0\}$, die sich in $U$ abspielt, da sie jedes $\gamma(t)$ auf der Strecke von $\gamma(t)$ nach $z_0$ bewegt.

In [FL] hatten wir ein Gebiet $G \subset \mathbb{C}$ einfach zusammenhängend genannt, wenn jeder Zyklus $\Gamma$ in $G$ nullhomolog ist, d.h. wenn die Umlaufszahl $n(\Gamma, z)$ für alle $z \in \mathbb{C} \setminus G$ verschwindet. Wir können jetzt eine andere Charakterisierung angeben:

**Satz 2.1.** *Ein Gebiet $G \subset \mathbb{C}$ ist genau dann einfach zusammenhängend, wenn $\pi_1(G) = 0$.*

Damit folgt sofort die Invarianz von „einfach zusammenhängend" unter Homöomorphismen. — Während die Definition mit Hilfe der Umlaufszahl nur für Gebiete in der komplexen

Ebene sinnvoll ist, läßt sich die Fundamentalgruppe wörtlich wie oben für beliebige weg-
weise zusammenhängende topologische Räume $X$ erklären. Man nennt einen solchen
Raum $X$ einfach zusammenhängend, wenn $\pi_1(X) = 0$ ist.

**Beweis:** a) $\pi_1(\mathbb{C}) = 0$ haben wir schon bemerkt. Ist $G$ ein (nach der Umlaufszahl-
Definition) einfach zusammenhängendes echtes Teilgebiet von $\mathbb{C}$, so gibt es nach dem
Riemannschen Abbildungssatz eine biholomorphe, insbesondere topologische Abbildung $f$
von $G$ auf die Einheitskreisscheibe $\mathbf{D}$. Also ist $\pi_1(G) \cong \pi_1(\mathbf{D}) = 0$.

b) Es sei $G \neq \mathbb{C}$ und $\pi_1(G) = 0$. Wir wählen $z_0 \in G$ und $z_1 \notin G$. Dann hat $\frac{1}{z - z_1}$ in der
Nähe von $z_0$ eine lokale Stammfunktion. Diese ist längs jedes Weges in $G$ fortsetzbar und
liefert wegen $\pi_1(G) = 0$ und Satz 1.2 auf $G$ einen eindeutigen Zweig von $\log(z - z_1)$.
Daraus folgt

$$n(\Gamma, z_1) = \frac{1}{2\pi i} \int_\Gamma \frac{dz}{z - z_1} = 0$$

für jeden Zyklus $\Gamma$ in $G$. Da $z_1 \in \mathbb{C} \setminus G$ beliebig war, ist $G$ einfach zusammenhängend
(nach der Umlaufszahl-Definition). $\qquad\qquad\square$

Der gleiche Schluß zeigt, daß zwei in einem beliebigen Gebiet $G$ homotope geschlossene
Integrationswege $\gamma_0$ und $\gamma_1$ auch homolog sind: Es ist

$$\int_{\gamma_0} \frac{dz}{z - w} = \int_{\gamma_1} \frac{dz}{z - w} \qquad \text{für alle} \quad w \notin G$$

zu zeigen. Dies folgt aus dem Monodromiesatz, angewandt auf eine lokale Stammfunktion
von $(z - w)^{-1}$. — Hingegen brauchen homologe geschlossene Wege nicht notwendig homotop zu sein (vgl. Aufgabe 2).

Wir bestimmen nun die Fundamentalgruppen der im Nullpunkt punktierten Ebene $\mathbb{C}^*$
und der Riemannschen Zahlensphäre $\hat{\mathbb{C}}$.

**Satz 2.2.** *Die Gruppe $\pi_1(\mathbb{C}^*, 1)$ ist unendlich zyklisch. Sie wird von der Klasse der Kreislinie $\kappa: t \mapsto e^{2\pi i t}$ $(0 \leqslant t \leqslant 1)$ erzeugt.*

Damit ist auch die Fundamentalgruppe jedes zu $\mathbb{C}^*$ homöomorphen Gebietes, insbesondere jedes Kreisrings, isomorph zu $\mathbb{Z}$.

**Beweis:** Es sei $\gamma: J \to \mathbb{C}^*$ ein geschlossener Weg mit $\gamma(0) = 1$. Wir setzen $\gamma_t = \gamma \,|\, [0, t]$.
Nach Beispiel 3 in § 1 ist

$$\hat{\gamma}(t) = \int_{\gamma_t} \frac{dz}{z}$$

definiert; $t \mapsto \hat{\gamma}(t)$ ist ein Weg in $\mathbb{C}$ mit $\hat{\gamma}(0) = 0$ und $\exp \hat{\gamma}(t) = \gamma(t)$. Daher ist
$\hat{\gamma}(1) = 2\pi i n$ mit $n \in \mathbb{Z}$ ($n$ ist die Umlaufszahl von $\gamma$ um den Nullpunkt). Wegen
$\pi_1(\mathbb{C}) = 0$ gibt es eine Homotopie $\hat{H}$ von $\hat{\gamma}$ zur Strecke $\sigma$ von 0 nach $2\pi i n$. Dann
ist $H = \exp \circ \hat{H}$ eine Homotopie von $\gamma$ zu $\exp \circ \sigma$. Nun ist aber $\exp \circ \sigma = \kappa^n$, d.h.

gleich der $n$-mal durchlaufenen Kreislinie $\kappa: t \mapsto e^{2\pi i t}$ (für $n < 0$ ist $\kappa^n = (\kappa^-)^{|n|}$ gesetzt).
Also gilt $[\gamma] = [\kappa]^n$.

Weiter folgt aus $\kappa^n \sim \kappa^m$, daß die Wege $\kappa^n$ und $\kappa^m$ auch homolog sind; dann stimmen
aber ihre Umlaufszahlen $n$ und $m$ bezüglich des Nullpunkts überein.

Wir haben damit eine Bijektion $\pi_1(\mathbb{C}^*, 1) \to \mathbb{Z}$, die wegen $\kappa^n \kappa^m \sim \kappa^{n+m}$ ein Gruppen-
Isomorphismus ist. $\qquad\qquad\qquad\qquad\qquad\qquad\qquad\qquad\qquad\qquad\qquad\qquad\quad$ $\square$

**Satz 2.3.** *Es ist* $\pi_1(\hat{\mathbb{C}}) = 0$.

**Beweis:** Der geschlossene Weg $\gamma: J \to \hat{\mathbb{C}}$ sei nicht surjektiv, etwa $p \notin \gamma(J)$. Wegen
$\pi_1(\hat{\mathbb{C}} - \{p\}) \simeq \pi_1(\mathbb{C}) = 0$ ist $\gamma$ in $\hat{\mathbb{C}} - \{p\}$, also erst recht in $\hat{\mathbb{C}}$, nullhomotop. Da es
aber surjektive Wege gibt (Peanokurven), müssen wir sorgfältiger überlegen. Es sei $\gamma: J \to \hat{\mathbb{C}}$
geschlossen mit $\gamma(0) = \gamma(1) = 0$ und $\infty \in \gamma(J)$. Dann haben $\gamma^{-1}(0)$ und $\gamma^{-1}(\infty)$ als
disjunkte kompakte Mengen einen positiven Abstand $\delta$. Jeder Teilweg von $\gamma$, der $0$
mit $\infty$ verbindet oder umgekehrt, benötigt als Parameterintervall einen Teil von $J$ der
Länge $\geqslant \delta$. Daher kann es nur endlich viele verschiedene solche Teilwege geben, und wir
können eine endliche Zerlegung $\gamma_0 \gamma_1 \gamma_2 \cdots \gamma_{2n}$ von $\gamma$ so finden, daß die $\gamma_{2\nu}$ nicht
durch $\infty$, die $\gamma_{2\nu+1}$ nicht durch $0$ gehen. Wegen $\pi_1(\hat{\mathbb{C}} - \{0\}) = 0$ gibt es zu den $\gamma_{2\nu+1}$
homotope Wege $\gamma'_{2\nu+1}$ in $\hat{\mathbb{C}} - \{0\}$, die nicht durch $\infty$ gehen. Dann ist

$$\gamma \sim \gamma_0 \gamma'_1 \gamma_2 \cdots \gamma'_{2n-1} \gamma_{2n} ,$$

und der rechts stehende Weg verläuft in $\mathbb{C}$, ist also nullhomotop. $\qquad\qquad\qquad\qquad$ $\square$

**Aufgaben:**

1. Man führe den Beweis der folgenden Aussage durch: Ist $U \subset \hat{\mathbb{C}}$ ein Gebiet und $z_0, z_1 \in U$, so
   sind $\pi_1(U, z_0)$ und $\pi_1(U, z_1)$ isomorph.

2. Auf $\mathbb{D}$ sei $f$ der Hauptzweig von $\arcsin z = \frac{1}{i} \log(iz + \sqrt{1 - z^2})$. Man zeige: $f$ ist längs jedes
   in $0$ beginnenden Weges $\gamma$ in $U = \mathbb{C} - \{1, -1\}$ analytisch fortsetzbar. Für

   $$\gamma_1(t) = 1 + \exp\left(2\pi i\left(t - \tfrac{1}{2}\right)\right), \qquad \gamma_2(t) = -1 + \exp(2\pi i t) \qquad (t \in J)$$

   liefert Fortsetzung von $f$ längs $\gamma_1 \gamma_2$ die Funktion $f + 2\pi$, Fortsetzung von $f$ längs $\gamma_2 \gamma_1$ die
   Funktion $f - 2\pi$. Es ist also $\gamma_1 \gamma_2$ in $U$ nicht homotop zu $\gamma_2 \gamma_1$ (Monodromiesatz!), $\pi_1(U, 0)$
   ist nicht abelsch! Hingegen ist $\gamma_1 \gamma_2$ natürlich homolog zu $\gamma_2 \gamma_1$.

3. (Fortsetzung von § 1, Aufg. 7; Bezeichnungen wie dort.) Es seien $f_1, f_2$ auf $D_\epsilon(z_0)$ linear
   unabhängige Lösungen der Differentialgleichung $w'' + p(z) w' + q(z) w = 0$. Weiter sei $\gamma$ ein
   in $z_0$ beginnender geschlossener Weg in $G$, $f_1^*$ und $f_2^*$ mögen durch analytische Fortsetzung
   von $f_1$ bzw. $f_2$ längs $\gamma$ entstehen. Dann gilt in einer Umgebung von $z_0$

   $$f_1^* = a f_1 + b f_2, \qquad f_2^* = c f_1 + d f_2$$

   mit Konstanten $a, b, c, d$, die von $\gamma$ abhängen. Man zeige: $[\gamma] \mapsto \begin{pmatrix} a & b \\ c & d \end{pmatrix}$ liefert einen Homomorphismus von $\pi_1(G, z_0)$ in $GL_2(\mathbb{C})$.

# § 3. Riemannsche Gebiete und vollständige analytische Fortsetzung

Es sei eine holomorphe Funktion $f$ auf einem Gebiet $G \subset \mathbb{C}$ gegeben. Unser Ziel ist es, alle holomorphen Funktionen, die durch analytische Fortsetzung von $f$ längs in $G$ beginnender Wege entstehen, zu einer einzigen eindeutigen holomorphen Funktion $\hat{f}$ zusammenzufassen. Beispiele wie Wurzelfunktionen und Logarithmus zeigen, daß dies im allgemeinen nicht mit Funktionen erreicht werden kann, deren Definitionsbereich ein Teilgebiet der Zahlenebene ist.

Man führt daher eine neue Kategorie von Definitionsbereichen ein, die wir Riemannsche Gebiete nennen (in der Literatur heißen sie oft auch „konkrete Riemannsche Flächen"). In Riemanns eigenen Worten (Theorie der Abelschen Functionen, 1857):

„Für manche Untersuchungen, namentlich für die Untersuchung algebraischer und Abelscher Functionen ist es vorteilhaft, die Verzweigungsart einer mehrwerthigen Function in folgender Weise geometrisch darzustellen. Man denke sich in der $(x, y)$-Ebene eine andere mit ihr zusammenfallende Fläche (oder auf der Ebene einen unendlich dünnen Körper) ausgebreitet, welche sich so weit und nur so weit erstreckt, als die Function gegeben ist. Bei Fortsetzung dieser Function wird also diese Fläche ebenfalls weiter ausgedehnt werden. In einem Theile der Ebene, für welche zwei oder mehrere Fortsetzungen der Function vorhanden sind, wird die Fläche doppelt oder mehrfach sein; sie wird dort aus zwei oder mehreren Blättern bestehen, deren jedes einen Zweig der Function vertritt. Um einen Verzweigungspunkt der Function herum wird sich ein Blatt der Fläche in ein anderes fortsetzen, so dass in der Umgebung eines solchen Punktes die Fläche als eine Schraubenfläche mit einer in diesem Punkte auf der $(x, y)$-Ebene senkrechten Axe und unendlich kleiner Höhe des Schraubenganges betrachtet werden kann. Wenn die Function nach mehreren Umläufen des $z$ um den Verzweigungswerth ihren vorigen Werth wieder erhält (wie z.B. $(z - a)^{m/n}$, wenn $m, n$ relative Primzahlen sind, nach $n$ Umläufen von $z$ um $a$), muss man dann freilich annehmen, dass sich das oberste Blatt der Fläche durch die übrigen hindurch in das unterste fortsetzt.

Die mehrwerthige Function hat für jeden Punkt einer solchen ihre Verzweigungsart darstellenden Fläche nur einen bestimmten Werth und kann daher als eine völlig bestimmte Function des Orts in dieser Fläche angesehen werden."

Wir werden zeigen: Zu jeder holomorphen Funktion $f: G \to \mathbb{C}$, $G \subset \mathbb{C}$, gibt es ein Riemannsches Gebiet $X(f)$, in das $G$ eingebettet ist, und eine holomorphe Funktion $\hat{f}$ auf $X(f)$, die $f$ fortsetzt und die Eigenschaft hat, daß jede Funktion, die durch analytische Fortsetzung von $f$ entsteht, als Einschränkung von $\hat{f}$ auf einen passenden Teil von $X(f)$ erscheint. — Die allgemeine Konstruktion dieser „vollständigen analytischen Fortsetzung" von $f$ ist naturgemäß abstrakt; Beispiele zeigen aber, daß sie sich in konkreten Fällen oft recht anschaulich verstehen läßt.

**Definition 3.1.** *Ein (unverzweigtes) Riemannsches Gebiet ist ein Paar $(X, p)$, bestehend aus einem zusammenhängenden Hausdorff-Raum $X \neq \emptyset$ und einer lokal-topologischen Abbildung $p$ von $X$ in $\mathbb{C}$.*

Das letztere bedeutet: zu jedem Punkt $x \in X$ gibt es eine offene Umgebung $U$, die durch $p$ topologisch auf eine offene Umgebung $V = p(U)$ von $px$ abgebildet wird. — Lokaltopologische Abbildungen sind stetig und offen.

Wir stellen uns $p$ als Projektion vor und führen einige anschauliche Sprechweisen ein: Ein Punkt $x \in X$ (eine Teilmenge $M \subset X$) *liegt über* dem Punkt $px \in \mathbb{C}$ (über $p(M) \subset \mathbb{C}$);

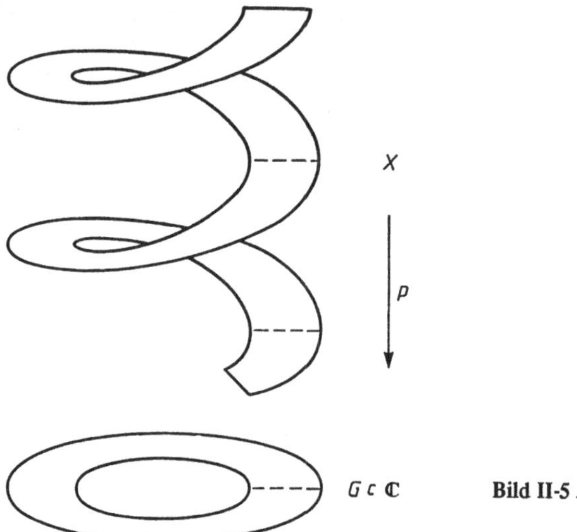


$U \subset X$ liegt *schlicht* über $p\,(U)$, wenn die Einschränkung $p \mid U$ injektiv ist; die *Faser* von $p$ über $z \in \mathbb{C}$ ist die (diskrete!) Menge $\{x \in X: px = z\}$.

**Beispiele:**

1. Jedes Gebiet $G \subset \mathbb{C}$ läßt sich mittels $p = id_G$ als (schlichtes) Riemannsches Gebiet auffassen.

2. Ist $(X, p)$ ein Riemannsches Gebiet und $U$ eine zusammenhängende offene Teilmenge von $X$, so ist $(U, p \mid U)$ ein Riemannsches Gebiet.

3. Es sei $g$ eine holomorphe Funktion mit nirgends verschwindender Ableitung auf einem Gebiet $G \subset \mathbb{C}$. Dann ist $(G, g)$ ein Riemannsches Gebiet über $g\,(G)$.

4. Insbesondere ist $(\mathbb{C}, \exp)$ ein Riemannsches Gebiet über $\mathbb{C}^*$. Die Faser über $z \in \mathbb{C}^*$ besteht aus allen Logarithmen von $z$. Jeder Streifen $S_k = \{w \in \mathbb{C}: |\operatorname{Im} w - 2k\pi| < \pi\}$, $k \in \mathbb{Z}$, liegt schlicht über $\mathbb{C} - \mathbb{R}_-$.

Wir wollen nun den Holomorphiebegriff für Riemannsche Gebiete erklären.

**Definition 3.2.** *Es sei $(X, p)$ ein Riemannsches Gebiet. Eine Funktion $f: X \to \mathbb{C}$ heißt holomorph, wenn für jede schlichte offene Menge $U \subset X$ die Funktion $f \circ (p \mid U)^{-1}$ auf $p\,(U)$ holomorph ist. Wenn $(\widetilde{X}, \widetilde{p})$ ein weiteres Riemannsches Gebiet ist, so heißt eine Abbildung $\varphi: \widetilde{X} \to X$ holomorph, falls sie stetig ist und $p \circ \varphi$ eine holomorphe Funktion auf $\widetilde{X}$ ist.*

Für die Holomorphie von $f: X \to \mathbb{C}$ ist hinreichend, daß es eine offene Überdeckung $(U_\iota)_{\iota \in I}$ von $X$ durch schlichte $U_\iota$ gibt, so daß stets $f \circ (p \mid U_\iota)^{-1}$ holomorph ist.
Die Projektion $p: X \to \mathbb{C}$ ist holomorph. — Die Begriffe der holomorphen Funktion auf $X$ bzw. der holomorphen Abbildung in $X$ liefern für die Beispiele 1 und 3: $(X, p) = (G, id)$ oder $= (G, g)$ nichts Neues.

Die Umkehrung einer bijektiven holomorphen Abbildung zwischen Riemannschen Gebieten ist wieder holomorph (Beweis als Aufgabe 1); wir sprechen von *biholomorphen* Abbildungen.

Im folgenden benötigen wir die Übertragung des Identitätssatzes auf Riemannsche Gebiete.

**Satz 3.1.** *Stimmen zwei holomorphe Abbildungen $\varphi$ und $\psi$ von $\widetilde{X}$ in $X$ auf einer nichtdiskreten Teilmenge $N \subset \widetilde{X}$ überein, so gilt $\varphi \equiv \psi$.*

**Beweis:** Es sei $x_0$ ein Häufungspunkt von $N$. Dann ist $\varphi(x_0) = \psi(x_0)$, da $\varphi$ und $\psi$ stetig sind. Wir wählen nun eine schlichte zusammenhängende Umgebung $U_1$ von $x_0$. Dann stimmen die auf $\widetilde{p}(U_1) \subset \mathbb{C}$ holomorphen Funktionen $p \circ \varphi \circ (\widetilde{p}\,|\,U_1)^{-1}$ und $p \circ \psi \circ (\widetilde{p}\,|\,U_1)^{-1}$ auf der nichtdiskreten Menge $\widetilde{p}(N \cap U_1)$ überein, nach dem klassischen Identitätssatz also auf ganz $\widetilde{p}(U_1)$. Damit gilt $p \circ \varphi \equiv p \circ \psi$ auf $U_1$ und wegen $\varphi(x_0) = \psi(x_0)$ auch $\varphi \equiv \psi$ auf $U_1$.

Es sei nun $M$ die Menge derjenigen Punkte $x \in \widetilde{X}$, die eine Umgebung $U$ mit $\varphi\,|\,U \equiv \psi\,|\,U$ haben. Dann ist $M$ offen und nicht leer ($x_0 \in M$). $M$ ist auch abgeschlossen: Für jeden Häufungspunkt $x_1$ von $M$ kann man wie oben schließen $x_1 \in M$. Da $X$ zusammenhängt, ist $M = X$ und $\varphi \equiv \psi$. $\qquad\square$

Der Begriff der holomorphen Fortsetzung läßt sich nun in der Sprache der Riemannschen Gebiete formulieren.

**Definition 3.3.** *Es sei $f$ eine holomorphe Funktion auf einem Gebiet $G \subset \mathbb{C}$. Eine analytische Fortsetzung von $f$ ist ein Riemannsches Gebiet $(X, p)$ zusammen mit*

a) *einer stetigen Abbildung $j: G \to X$ mit $p \circ j = id_G$,*
b) *einer holomorphen Funktion $\hat{f}: X \to \mathbb{C}$ mit $\hat{f} \circ j = f$.*

Die Situation läßt sich durch das folgende kommutative Diagramm übersichtlich beschreiben:

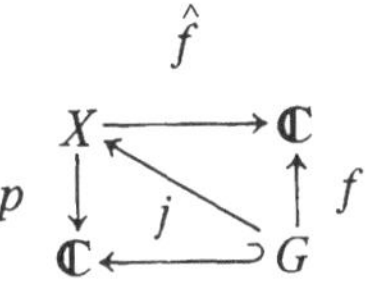

$G$ wird durch $j$ topologisch und holomorph auf ein schlicht über $G$ liegendes Teilgebiet von $X$ abgebildet; $\hat{f}$ setzt die nach $j(G)$ übertragene Funktion $f$ auf ganz $X$ fort und ist nach dem Identitätssatz eindeutig bestimmt.

Der Fall der holomorphen Fortsetzung von $f: G \to \mathbb{C}$ zu einer auf einem größeren Gebiet $\hat{G}$ (mit $G \subset \hat{G} \subset \mathbb{C}$) definierten holomorphen Funktion $\hat{f}$ wird von unserer Definition erfaßt: Man hat $(X, p) = (\hat{G}, id)$ zu nehmen und $j$ als die Inklusion von $G$ in $\hat{G}$.

*Beispiel* 5. Es sei $G = \{z: \operatorname{Re} z > 0\}$ und $f: G \to \mathbb{C}$ der Hauptzweig des Logarithmus.
Setzt man $j = f$, so beschreibt das Diagramm

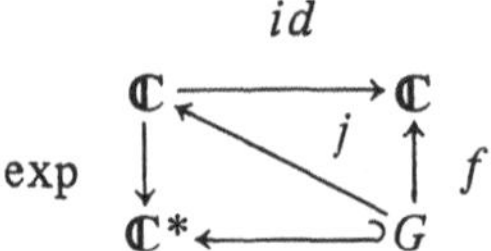

eine analytische Fortsetzung von $f$.

Unser Ziel ist, zu einer gegebenen Funktion $f: G \to \mathbb{C}$ eine analytische Fortsetzung im
Sinne von Definition 3.3 zu finden, die maximal und gleichzeitig möglichst ökonomisch
ist. Dem dienen die im folgenden eingeführten Begriffe.

**Definition 3.4.** *Es sei* $z_0$ *ein fester Punkt. Zwei Funktionen* $f_1$ *und* $f_2$, *die auf Umgebungen* $U_1$ *und* $U_2$ *von* $z_0$ *definiert sind, heißen äquivalent bezüglich* $z_0$, *wenn es
eine Umgebung* $V$ *von* $z_0$ *gibt mit* $V \subset U_1 \cap U_2$ *und* $f_1 \,|\, V = f_2 \,|\, V$. *Ein Funktionskeim
in* $z_0$ *ist eine Klasse nach dieser Äquivalenzrelation.*

Ein Funktionskeim $\mathbf{f}$ in $z_0$ hat einen *Wert* $\mathbf{f}(z_0)$: das ist der gemeinsame Funktions-
wert $f(z_0)$ aller Repräsentanten $f$ von $\mathbf{f}$.

Wir können insbesondere von *holomorphen Funktionskeimen* in $z_0 \in \mathbb{C}$ reden: das sind
Keime, die einen holomorphen Repräsentanten besitzen. Zwei holomorphe Funktions-
keime $\mathbf{f}$ und $\mathbf{g}$ in $z_0$ lassen sich addieren und multiplizieren: Sind $f: U_1 \to \mathbb{C}$ und
$g: U_2 \to \mathbb{C}$ holomorphe Repräsentanten von $\mathbf{f}$ bzw. $\mathbf{g}$, so sind $f + g$ und $f \cdot g$ auf $U_1 \cap U_1$
holomorph, die zugehörigen Keime in $z_0$ sind unabhängig von der Wahl der Repräsentanten,
wir bezeichnen sie mit $\mathbf{f} + \mathbf{g}$ bzw. $\mathbf{f} \cdot \mathbf{g}$. Hiermit wird die Menge der holomorphen Funktionskeime in $z_0$ zu einer $\mathbb{C}$-Algebra $\mathcal{O}_{z_0}$.

Zwei verschiedene Repräsentanten eines Keims $\mathbf{f} \in \mathcal{O}_{z_0}$ haben die gleiche Taylor-Reihe
um $z_0$, da sie in einer Umgebung von $z_0$ übereinstimmen. Ordnen wir $\mathbf{f}$ diese Reihe zu,
so erhalten wir einen Algebra-Isomorphismus von $\mathcal{O}_{z_0}$ auf die Algebra der konvergenten
Potenzreihen in $z - z_0$.

Eine holomorphe Funktion $f: G \to \mathbb{C}$ definiert in jedem Punkt $z \in G$ einen holomorphen
Funktionskeim, den wir mit $\rho_z(f)$ bezeichnen. Für festes $z \in G$ liefert die Abbildung
$f \mapsto \rho_z(f)$ einen Homomorphismus der Algebra $\mathcal{O}(G)$ aller auf $G$ holomorphen Funktionen in die Algebra $\mathcal{O}_z$.

Es sei nun $\mathcal{O}_{\mathbb{C}}$ die disjunkte Vereinigung der $\mathcal{O}_z$ für $z \in \mathbb{C}$:

$$\mathcal{O}_{\mathbb{C}} = \bigcup_{z \in \mathbb{C}} \mathcal{O}_z$$

und $p: \mathcal{O}_{\mathbb{C}} \to \mathbb{C}$ die Projektion

$$p(\mathbf{g}) = z \quad \text{für} \quad \mathbf{g} \in \mathcal{O}_z.$$

Jede holomorphe Funktion $g: V \to \mathbb{C}$, $V \subset \mathbb{C}$ offen, bestimmt die Menge ihrer Keime

$$\sigma(g, V) = \{\rho_z(g): z \in V\} \subset \mathcal{O}_\mathbb{C} .$$

Auf $\mathcal{O}_\mathbb{C}$ betrachten wir nun die von allen $\sigma(g, V)$ erzeugte Topologie, d.h. wir nennen eine Teilmenge $U \subset \mathcal{O}_\mathbb{C}$ offen, wenn sie Vereinigung solcher $\sigma(g, V)$ ist.

**Lemma 3.1.** *Für jedes $\sigma(g, V)$ ist die Einschränkung $p \mid \sigma(g, V)$ injektiv; $p$ ist lokaltopologisch.*

Der Beweis bleibt dem Leser überlassen. — Es folgt, daß $\mathcal{O}_\mathbb{C}$ lokal wegzusammenhängend ist, die Wegkomponenten von $\mathcal{O}_\mathbb{C}$ sind also offen und abgeschlossen in $\mathcal{O}_\mathbb{C}$.

**Lemma 3.2.** $\mathcal{O}_\mathbb{C}$ *ist ein Hausdorff-Raum.*

**Beweis.** Es seien $\mathbf{g}$ und $\mathbf{h}$ verschiedene Elemente von $\mathcal{O}_\mathbb{C}$ mit Repräsentanten $g: V_1 \to \mathbb{C}$ und $h: V_2 \to \mathbb{C}$. Ist $p\mathbf{g} \neq p\mathbf{h}$, so kann man $V_1 \cap V_2 = \emptyset$ annehmen; dann ist auch $\sigma(g, V_1) \cap \sigma(h, V_2) = \emptyset$. Ist $p\mathbf{g} = p\mathbf{h}$, so können wir $V_1 = V_2$ als Gebiet annehmen. Wäre $\sigma(g, V_1) \cap \sigma(h, V_1) \neq \emptyset$, also $\rho_z(g) = \rho_z(h)$ für ein $z \in V_1$, so wäre nach dem Identitätssatz $g \equiv h$, also $\mathbf{g} = \mathbf{h}$. $\qquad\square$

$\mathcal{O}_\mathbb{C}$ mit der angegebenen Topologie und Projektion wird als *Garbe der Keime holomorpher Funktionen* über $\mathbb{C}$ bezeichnet.

In diesem Kontext läßt sich die analytische Fortsetzung längs Wegen bequem formulieren: Eine solche Fortsetzung „ist" ein Weg in der Garbe $\mathcal{O}_\mathbb{C}$. Genauer:

**Satz 3.2.**

i) *Es sei $\gamma: [a, b] \to \mathbb{C}$ ein Weg von $z_0$ nach $z_1$ und $\mathbf{f} \in \mathcal{O}_{z_0}$. Dann gibt es höchstens einen Weg $\hat{\gamma}: [a, b] \to \mathcal{O}_\mathbb{C}$ mit $\hat{\gamma}(a) = \mathbf{f}$ und $p \circ \hat{\gamma} = \gamma$.*

ii) *Es sei weiter $f$ holomorph auf $D_\epsilon(z_0)$ und längs $\gamma$ analytisch fortsetzbar zu $g$. Dann gibt es einen in $\rho_{z_0}(f)$ beginnenden Weg $\hat{\gamma}$ in $\mathcal{O}_\mathbb{C}$ mit $p \circ \hat{\gamma} = \gamma$. Der Endpunkt von $\hat{\gamma}$ ist $\rho_{z_1}(g)$.*

iii) *Es sei $\hat{\gamma}$ ein Weg in $\mathcal{O}_\mathbb{C}$ von $\mathbf{f} \in \mathcal{O}_{z_0}$ nach $\mathbf{g} \in \mathcal{O}_{z_1}$, $f: D_\epsilon(z_0) \to \mathbb{C}$ und $g: D_\eta(z_1) \to \mathbb{C}$ seien holomorphe Repräsentanten von $\mathbf{f}$ und $\mathbf{g}$. Dann entsteht $g$ aus $f$ durch analytische Fortsetzung längs des Weges $\gamma = p \circ \hat{\gamma}$.*

Aus i) und ii) folgt die in § 1 behauptete Eindeutigkeit des Resultats der analytischen Fortsetzung von $f$ längs $\gamma$.

**Beweis:** i) Es seien $\hat{\gamma}, \gamma^*: [a, b] \to \mathcal{O}_\mathbb{C}$ Wege mit $\hat{\gamma}(a) = \gamma^*(a)$ und $p \circ \hat{\gamma} = p \circ \gamma^* = \gamma$. Wir setzen $I' = \{t \in [a, b]: \hat{\gamma}(t) = \gamma^*(t)\}$. Dann ist $I'$ abgeschlossen, da $\mathcal{O}_\mathbb{C}$ Hausdorffsch ist. Aber $I'$ ist auch offen in $[a, b]$: Sei $t \in I'$ und $U$ eine Umgebung von $\hat{\gamma}(t)$ in $\mathcal{O}_\mathbb{C}$, die durch $p$ topologisch auf $p(U)$ abgebildet wird. Dann gibt es eine Umgebung $I''$ von $t$ in $[a, b]$ mit $\hat{\gamma}(I''), \gamma^*(I'') \subset U$, und es gilt

$$\hat{\gamma} \mid I'' = (p \mid U)^{-1} \circ (\gamma \mid I'') = \gamma^* \mid I'' ,$$

also $I'' \subset I'$. Mit $I' \neq \emptyset$ hat man $I' = [a, b]$.

ii) Die analytische Fortsetzung von $f$ längs $\gamma$ sei wie in Definition 1.1 beschrieben durch $t_\nu$, $U_\nu$, $f_\nu$ ($\nu = 1, \ldots, n$). Durch $\hat{\gamma}(t) = \rho_{\gamma(t)}(f_\nu)$ für $t_{\nu-1} \leqslant t \leqslant t_\nu$ wird dann ein (stetiger!) Weg $\hat{\gamma}: [a, b] \to \mathcal{O}_{\mathbb{C}}$ mit den gewünschten Eigenschaften erklärt.

iii) Es gibt eine Unterteilung $t_0 < t_1 < \ldots < t_n$ des kompakten Parameter-Intervalls von $\hat{\gamma}$, so daß jeder Teilweg $\hat{\gamma}\,|\,[t_{\nu-1}, t_\nu]$ in einer offenen Menge der Form $\sigma(f_\nu, U_\nu)$ verläuft ($\nu = 1, \ldots, n$). Die $t_\nu$, $U_\nu$, $f_\nu$ beschreiben dann eine analytische Fortsetzung von $f$ längs $\gamma$.      $\Box$

Auf Grund der Lemmata ist jede Wegkomponente von $\mathcal{O}_{\mathbb{C}}$ ein Riemannsches Gebiet. Ist nun $f$ eine holomorphe Funktion auf einem Gebiet $G \subset \mathbb{C}$, so ist auch $\sigma(f, G)$ zusammenhängend, bestimmt also eine Wegkomponente $X(f)$ von $\mathcal{O}_{\mathbb{C}}$. Durch $j(z) = \rho_z(f)$ wird $G$ stetig auf $\sigma(f, G) \subset X(f)$ abgebildet, es ist $p \circ j = id_G$. Weiter erklären wir $\hat{f}: X(f) \to \mathbb{C}$ durch

$$\hat{f}(\mathbf{g}) = \mathbf{g}\,(p\,\mathbf{g})$$

(Wert des Keimes $\mathbf{g} \in X(f)$ in seinem „Fußpunkt" $p\,\mathbf{g}$). Für jedes $\sigma(g, V) \subset X(f)$ gilt dann

$$\hat{f} = g \circ p \qquad \text{auf} \quad \sigma(g, V)\,,$$

daher ist $\hat{f}$ holomorph und erfüllt $\hat{f} \circ j = f$. Wir haben damit

**Satz 3.3.** *Es sei $f$ holomorph auf dem Gebiet $G \subset \mathbb{C}$. Die Wegkomponente $X(f)$ von $\sigma(f, G)$ in $\mathcal{O}_{\mathbb{C}}$ liefert eine analytische Fortsetzung von $f$.*

Wir nennen $X(f)$ das (unverzweigte) Riemannsche Gebiet der Funktion $f$. Nach Satz 3.2 enthält es genau die Funktionskeime, die aus (einem Keim von) $f$ durch analytische Fortsetzung längs Wegen in $\mathbb{C}$ entstehen. Es ist also gewissermaßen „vollständig"; man nennt $X(f)$ daher auch die *vollständige analytische Fortsetzung* von $f$. Unten werden wir Vollständigkeit formal definieren und zeigen, daß $X(f)$ dadurch im wesentlichen eindeutig bestimmt ist.

Zuvor betrachten wir als *Beispiel* 6 das Riemannsche Gebiet des Logarithmus. Wir geben eine Konstruktion an, die zu dem „naiven" Bild der Logarithmusfläche führt und überdies die allgemeine Konstruktion von $X(f)$ illustriert. — Wir gehen aus von den Winkelräumen

$$V_+ = \{z \in \mathbb{C}^*: |\arg z| < 3\,\pi/4\}\,, \quad V_- = \{z \in \mathbb{C}^*: |\arg z - \pi| < 3\,\pi/4\}\,.$$

Der Hauptzweig von $\log z$ auf $V_+$ sei mit $f_0$ bezeichnet, auf $V_-$ sei $g_0$ der Zweig von $\log z$ mit $g_0(-1) = \pi i$. Für $n \in \mathbb{Z}$ setzen wir $f_n = f_0 + 2\,n\,\pi i$ und $g_n = g_0 + 2\,n\,\pi i$. Die Keime, die aus $f_0$ durch analytische Fortsetzung längs Wegen in $\mathbb{C}^*$ hervorgehen, sind genau die Keime der Funktionen $f_n$ und $g_n$. Die in $\mathcal{O}_{\mathbb{C}}$ offenen Mengen

$$U_n^+ = \sigma(f_n, V_+)\,, \qquad U_n^- = \sigma(g_n, V_-) \qquad \text{für} \quad n \in \mathbb{Z}$$

überdecken also $X(f_0) = X(\log)$. Wegen $f_n = g_n$ auf $W_+ = \{z: \pi/4 < \arg z < 3\,\pi/4\}$ und $g_n = f_{n+1}$ auf $W_- = \{z: -3\,\pi/4 < \arg z < -\pi/4\}$ gilt für $n \in \mathbb{Z}$

$$U_n^+ \cap U_n^- = \sigma(f_n, W_+)\,, \qquad U_n^- \cap U_{n+1}^+ = \sigma(g_n, W_-)\,;$$

alle anderen Durchschnitte von zwei verschiedenen der Mengen $U_n^+$, $U_m^-$ sind leer. Damit ist geklärt, wie sich $X$ (log) aus den $U_n^+$ und $U_m^-$ zusammensetzt. Anschaulich gesprochen: Für jedes $n \in \mathbb{Z}$ nehme man eine Kopie $U_n^+$ von $V_+$ und eine Kopie $U_n^-$ von $V_-$, dann verklebe man $U_n^+$ mit $U_n^-$ über $W_+$ und $U_n^-$ mit $U_{n+1}^+$ über $W_-$. Das Resultat kann man sich als unendliche Wendelfläche über $\mathbb{C}^*$ vorstellen. – Die Funktion $\hat{f}$ auf $X$ (log), welche $f_0$ fortsetzt, wird gegeben durch

$$\hat{f} = f_n \circ p \quad \text{auf} \quad U_n^+, \qquad \hat{f} = g_n \circ p \quad \text{auf} \quad U_n^-.$$

Man erkennt, daß $X$ (log) durch $\hat{f}$ biholomorph auf $\mathbb{C}$ abgebildet wird.

Wir wollen nun noch das Riemannsche Gebiet einer Funktion durch eine universelle Eigenschaft charakterisieren. Wir fixieren die folgenden Sprechweisen: Eine Abbildung $f: \widetilde{X} \to X$ eines Riemannschen Gebiets $(\widetilde{X}, \widetilde{p})$ in ein Riemannsches Gebiet $(X, p)$ heißt *fasertreu*, wenn $p \circ f = \widetilde{p}$ gilt; $f$ heißt *Isomorphismus* der Riemannschen Gebiete, wenn $f$ biholomorph und fasertreu ist.

**Definition 3.5.** *Eine analytische Fortsetzung $(X, p, j, \hat{f})$ von $f: G \to \mathbb{C}$ heißt vollständig, wenn zu jeder analytischen Fortsetzung $(\widetilde{X}, \widetilde{p}, \widetilde{j}, \widetilde{f})$ von $f$ eine fasertreue holomorphe Abbildung $\varphi: \widetilde{X} \to X$ existiert mit $\varphi \circ \widetilde{j} = j$.*

Es wird also gefordert, daß das nebenstehende Diagramm kommutativ ist. In dieser Situation gilt $\hat{f} \circ \varphi = \widetilde{f}$, denn beide Seiten stimmen auf $\widetilde{j}(G)$ überein, nach dem Identitätssatz also überall. Der Identitätssatz zeigt ebenfalls, daß $\varphi$ eindeutig bestimmt ist.

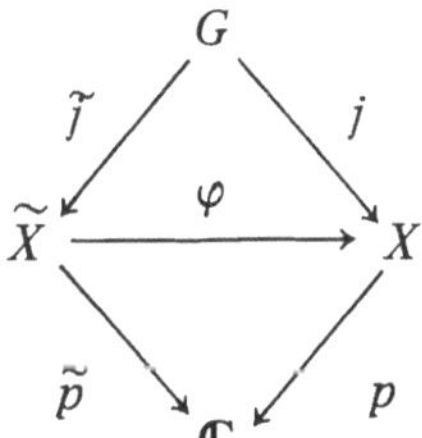


Sind $(X_i, p_i, j_i, \hat{f}_i)$, $i = 1, 2$, zwei vollständige analytische Fortsetzungen von $f: G \to \mathbb{C}$, so gibt es auf Grund von Definition 3.5 fasertreue holomorphe Abbildungen $\varphi: X_1 \to X_2$ und $\psi: X_2 \to X_1$ mit $\varphi \circ j_1 = j_2$ und $\psi \circ j_2 = j_1$. Dann ist $\psi \circ \varphi$ auf $j_1(G)$ die Identität, also $\psi \circ \varphi = id_{X_1}$ und ebenso $\varphi \circ \psi = id_{X_2}$. Somit gilt

**Satz 3.4.** *Die vollständige analytische Fortsetzung einer holomorphen Funktion ist bis auf Isomorphie eindeutig bestimmt.*

**Satz 3.5.** *Es sei $f$ holomorph auf dem Gebiet $G \subset \mathbb{C}$. Dann liefert das Riemannsche Gebiet $X(f)$ eine vollständige analytische Fortsetzung von $f$.*

**Beweis:** Es sei eine analytische Fortsetzung $(\widetilde{X}, \widetilde{p}, \widetilde{j}, \widetilde{f})$ von $f$ gegeben; $z_0 \in G$ sei fest. Zu $x \in \widetilde{X}$ wählen wir einen Weg $\widetilde{\gamma}: [a, b] \to \widetilde{X}$ von $j(z_0)$ nach $x$. Dann gibt es eine Unterteilung $(t_\nu)$ von $[a, b]$, so daß jedes $\widetilde{\gamma}([t_{\nu-1}, t_\nu])$ eine schlichte Umgebung $\widetilde{U}_\nu$ hat. Durch die $t_\nu$, $U_\nu = \widetilde{p}(\widetilde{U}_\nu)$, $f_\nu = \widetilde{f} \circ (\widetilde{p} \,|\, \widetilde{U}_\nu)^{-1}$ wird eine analytische Fortsetzung von $f$ längs $\gamma = \widetilde{p} \circ \widetilde{\gamma}$ beschrieben. Nach Satz 3.2 gibt es genau einen Weg $\hat{\gamma}: [a, b] \to X(f)$ mit $\hat{\gamma}(a) = \rho_{z_0}(f)$ und $p \circ \hat{\gamma} = \gamma$. Durch $\varphi(x) = \hat{\gamma}(b)$ wird dann eine Abbildung von $\widetilde{X}$ in $X(f)$ mit den in Definition 3.5 geforderten Eigenschaften erklärt. Die Verifikation der Einzelheiten überlassen wir dem Leser. $\qquad\qquad \square$

Abschließend zeigen wir, daß die in Beispiel 5 angegebene analytische Fortsetzung des Logarithmus isomorph zu dem im Beispiel 6 behandelten Riemannschen Gebiet $X$ (log) ist.

Die Abbildung $\varphi$, die das nebenstehende Diagramm kommutativ macht, erhält man nach dem Beweis von Satz 3.5 wie folgt: Man wähle etwa $z_0 = 1$, also $\mathrm{Log}\,(z_0) = 0$, und zu $w \in \mathbb{C}$ den Streckenzug $\tilde{\gamma} = [0,\,\mathrm{Re}\,w,\,w]$. Dann ist $\varphi\,(w)$ derjenige Keim des Logarithmus, der durch analytische Fortsetzung des Hauptzweiges längs des Weges $\gamma = \exp \circ \tilde{\gamma}$ entsteht. Man erkennt unmittelbar, daß $\varphi$ bijektiv ist; $\varphi$ ist gerade die Umkehrabbildung der Funktion $\hat{f}: X$ (log) $\to \mathbb{C}$.

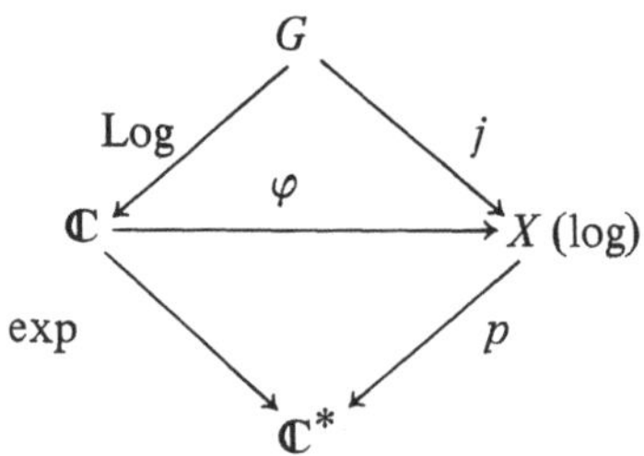


## Aufgaben:

1.   Man zeige, daß Umkehrungen und Komposita von biholomorphen Abbildungen bzw. Isomorphismen zwischen Riemannschen Gebieten wieder biholomorph bzw. Isomorphismen sind.

2.   a) Es sei $G \subset \mathbb{C}$ ein Gebiet und $z \in G$. Man zeige: Der Homomorphismus $\mathcal{O}\,(G) \to \mathcal{O}_z$, $f \mapsto \rho_z\,(f)$, ist injektiv, aber nicht surjektiv.

    b) Es sei $\mathbf{g} \in \mathcal{O}_{z_0}$ Keim einer nicht konstanten holomorphen Funktion $g$, $g\,(z_0) = w_0$. Für $\mathbf{f} \in \mathcal{O}_{w_0}$ sei $\mathbf{g}^*\,(\mathbf{f}) = \rho_{z_0}\,(f \circ g)$, wobei $f$ Repräsentant von $\mathbf{f}$ ist. Man zeige: $\mathbf{g}^*: \mathcal{O}_{w_0} \to \mathcal{O}_{z_0}$ ist ein injektiver Homomorphismus. Wann ist er bijektiv?

3.   Analog zu $\mathcal{O}_{\mathbb{C}}$ betrachte man die Garbe $\mathscr{C}_{\mathbb{C}}$ der Keime von stetigen $\mathbb{C}$-wertigen Funktionen in den Punkten von $\mathbb{C}$ als topologischen Raum und zeige, daß dieser nicht Hausdorffsch ist.

4.   Es sei $k \in \mathbb{N}$ und $f_k\,(z)$ ein Zweig von $z^{1/k}$ auf einem Gebiet $G \subset \mathbb{C}^*$.

    a) Beschreibe wie in Beispiel 6 das Riemannsche Gebiet $X\,(f_k)$ durch „Verkleben".

    b) Zeige, daß die vollständige analytische Fortsetzung von $f_k$ auch durch das Riemannsche Gebiet $(\mathbb{C}^*,\,p_k: w \mapsto w^k)$ mit $j = f_k$ und $\hat{f}_k = id$ realisiert wird.

    c) Interpretiere die Beziehung $z^{1/k} = \exp\,(\frac{1}{k} \log z)$ als surjektive fasertreue holomorphe Abbildung $\pi: X$ (log) $\to X\,(f_k)$.

5.   Es seien $e_1, \ldots, e_n$ verschiedene Punkte in $\mathbb{C}$. Man beschreibe das zu der Funktion $\sqrt{(z-e_1) \cdot \ldots \cdot (z-e_n)}$ gehörige Riemannsche Gebiet.

6.   Es sei $(X, p)$ ein Riemannsches Gebiet und $g: X \to \mathbb{C}$ holomorph. Die Ableitung von $g$ wird als diejenige Funktion $D_p g$ auf $X$ definiert, die

$$D_p g \circ (p\,|U)^{-1} = \frac{d}{dz}\,(g \circ (p\,|U)^{-1})$$

für alle schlichten $U$ erfüllt (die Projektion $p$ ist wesentlich für diese Definition!). – Es seien nun $(X\,(f),\,p,\,j,\,\hat{f})$ und $(X\,(f'),\,\tilde{p},\,\tilde{j},\,f')$ die vollständigen analytischen Fortsetzungen einer Funktion $f: G \to \mathbb{C}$ und ihrer Ableitung $f'$.

    Man zeige: Es gibt eine (eindeutig bestimmte) surjektive fasertreue lokal biholomorphe Abbildung $\pi: X\,(f) \to X\,(f')$ mit $D_p \hat{f} = f' \circ \pi$.

7.   Es sei $(X, p)$ ein Riemannsches Gebiet und $f$ eine holomorphe Funktion auf $X$. Man überlege, wie der Begriff der (vollständigen) analytischen Fortsetzung von $f$ zu definieren ist und zeige die Existenz einer vollständigen Fortsetzung.

    (Hinweis: Die Keime aller $f \circ (p\,|U)^{-1}$, wobei $U$ eine beliebige schlichte offene Teilmenge von $X$ ist, liegen in einer Wegkomponente von $\mathcal{O}_{\mathbb{C}}$.)

## § 4. Riemannsche Flächen

In einem letzten Abstraktionsschritt führen wir nun Flächen ein, die — im Unterschied zu Riemannschen Gebieten — nicht mehr ebenen Gebieten überlagert sind, die aber auch die Entwicklung einer Theorie holomorpher und meromorpher Funktionen gestatten: die Riemannschen Flächen.

**Definition 4.1.** *Es sei $X$ ein Hausdorffraum. Eine Karte $(U, \varphi)$ von $X$ ist eine topologische Abbildung $\varphi$ einer offenen Teilmenge $U \subset X$ auf eine offene Menge $V \subset \mathbb{C}$.*

*Zwei Karten $(U_1, \varphi_1)$ und $(U_2, \varphi_2)$ heißen (biholomorph) verträglich, wenn die Kartentransformation $\varphi_2 \circ (\varphi_1 | U_1 \cap U_2)^{-1}$ eine biholomorphe Abbildung von $\varphi_1 (U_1 \cap U_2)$ auf $\varphi_2 (U_1 \cap U_2)$ ist.*

*Ein Atlas auf $X$ ist eine Familie $(U_\iota, \varphi_\iota)_{\iota \in I}$ von verträglichen Karten, für die $(U_\iota)_{\iota \in I}$ eine Überdeckung von $X$ ist. Zwei Atlanten auf $X$ heißen (biholomorph) verträglich, wenn jede Karte des einen Atlas mit jeder Karte des anderen verträglich ist.*

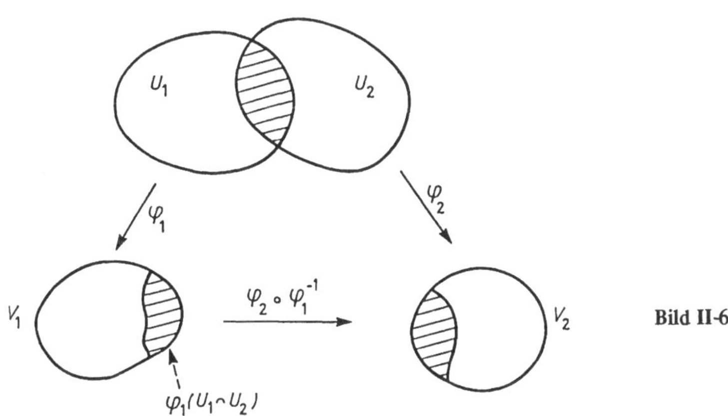


Verträglichkeit von Atlanten auf $X$ ist eine Äquivalenzrelation; das ergibt sich aus der Tatsache, daß Inverse, Komposita und Einschränkungen biholomorpher Abbildungen wieder biholomorph sind.

**Definition 4.2.** *Eine Riemannsche Fläche ist ein zusammenhängender Hausdorffraum $X$ zusammen mit einer Äquivalenzklasse von Atlanten auf $X$.*

Wir sagen auch, daß eine Äquivalenzklasse von Atlanten eine *komplexe Struktur* auf $X$ definiert. Eine komplexe Struktur ist selbstverständlich schon durch *einen* Atlas festgelegt.

Wenn wir von einer „Karte einer Riemannschen Fläche" reden, meinen wir natürlich stets eine Karte, die zu einem der Atlanten, die die komplexe Struktur definieren, gehört. Das ist dasselbe wie eine Karte, die mit allen Karten eines Atlas der gegebenen komplexen Struktur verträglich ist. Karten werden auch *lokale Koordinaten* genannt; wir schreiben statt $(U, \varphi)$ oft $\varphi \colon U \to V$ mit $V = \varphi(U) \subset \mathbb{C}$. Ist $\varphi \colon U \to V$ eine Karte der Riemannschen Fläche $X$ und $h \colon V \to W \subset \mathbb{C}$ eine biholomorphe Abbildung, so ist auch $h \circ \varphi \colon U \to W$ eine Karte von $X$. Insbesondere gibt es zu jedem $x_0 \in X$ lokale Koordinaten $z \colon U \to V$ mit $x_0 \in U$ und $z(x_0) = 0$; solche lokalen Koordinaten nennen wir *Koordinaten um $x_0$*. Ist $z \colon U \to V$ eine lokale Koordinate um $x_0$ und $D = D_r(0) \subset\subset V$, $\Delta = z^{-1}(D)$, so nennen wir $z \colon \Delta \to D$ einen *Koordinatenkreis* oder auch eine *analytische Kreisscheibe* um $x_0$ und $r$ den zugehörigen Radius.

**Beispiele:**

1. Riemannsche Gebiete $X$ mit Projektion $p$ — insbesondere alle ebenen Gebiete — sind Riemannsche Flächen, wenn man die Karten $(U, p\,|\,U)$ mit schlichtem $U \subset X$ wählt: als Kartentransformation tritt immer die Identität auf. Ein Teilgebiet $G$ einer Riemannschen Fläche $X$ ist ebenfalls eine Riemannsche Fläche: die Karten von $X$ liefern, eingeschränkt auf $G$, einen Atlas für $G$.

2. Die Zahlensphäre $\hat{\mathbb{C}}$ mit den Karten $(\mathbb{C}, id)$ und $(\hat{\mathbb{C}} - \{0\}, 1/z)$ ist ein Beispiel für eine kompakte Riemannsche Fläche.

3. Auf $\mathbb{C}$ definiert die Karte $\kappa \colon z \mapsto \bar{z}$ einen Atlas, der mit dem durch $(\mathbb{C}, id)$ gegebenen nicht verträglich ist.

4. Es sei $\Gamma \neq \{0\}$ eine diskrete Untergruppe der additiven Gruppe von $\mathbb{C}$, also $\Gamma = \mathbb{Z}\,\omega_0$ oder $\Gamma = \mathbb{Z}\,\omega_1 \oplus \mathbb{Z}\,\omega_2$ mit $\omega_2/\omega_1 \notin \mathbb{R} \cup \{\infty\}$. Dann ist der Quotientenraum $X = \mathbb{C}/\Gamma$ folgendermaßen erklärt:

Die Punkte von $X$ sind die Restklassen $z + \Gamma$, $z \in \mathbb{C}$. Es sei $p \colon \mathbb{C} \to X$, $p(z) = z + \Gamma$ die Projektion. Eine Teilmenge $U \subset X$ wird als offen definiert, wenn $p^{-1}(U)$ offen in $\mathbb{C}$ ist. Damit wird $p$ stetig; $p$ ist offen, denn für offenes $V \subset \mathbb{C}$ ist $p^{-1} p V = \bigcup_{\omega \in \Gamma} (V + \omega)$

offen, also auch $p V$. Überdies ist $p$ lokaltopologisch: für $\epsilon \leqslant \frac{1}{2} \inf \{|\omega| : \omega \in \Gamma - \{0\}\}$ und beliebiges $z$ ist $p\,|\,D_\epsilon(z)$ bijektiv. Schließlich ist $X$ zusammenhängend (als stetiges Bild von $\mathbb{C}$) und Hausdorffsch: Sind $x_1 = z_1 + \Gamma$ und $x_2 = z_2 + \Gamma$ verschiedene Punkte in $X$, so haben die Mengen $z_1$ und $z_2 + \Gamma$ einen positiven Abstand $2\delta$ in $\mathbb{C}$, und $p D_\delta(z_1)$, $p D_\delta(z_2)$ sind disjunkte Umgebungen von $x_1$ und $x_2$.

Wir definieren nun eine komplexe Struktur auf $X$: Für jedes offene $V \subset \mathbb{C}$, das durch $p$ injektiv abgebildet wird, ist $(p\,|\,V)^{-1} \colon p V \to V$ eine Karte. Für je zwei solche Karten $(p\,|\,V_1)^{-1}$ und $(p\,|\,V_2)^{-1}$ ist $(p\,|\,V_1)^{-1} \circ (p\,|\,V_2)$ auf jeder Wegkomponente von $(p\,|\,V_2)^{-1}(p V_1 \cap p V_2)$ eine Translation aus $\Gamma$, also biholomorph.

Wenn $\Gamma = \mathbb{Z}\,\omega_0$ zyklisch ist, so enthält der „Fundamentalstreifen"

$$\Sigma = \{z \in \mathbb{C} : 0 \leqslant \mathrm{Re}\, z/\omega_0 < 1\}$$

genau ein Element aus jeder Restklasse $z + \Gamma$. Wir können uns $\mathbb{C}/\Gamma$ als Zylinder vorstellen, der entsteht, wenn man die beiden Randgeraden von $\Sigma$ miteinander identifiziert, und zwar jeweils den Punkt $t i \omega_0$ mit $(1 + t i)\,\omega_0$, $t \in \mathbb{R}$.

Wenn $\Gamma = \mathbb{Z}\omega_1 \oplus \mathbb{Z}\omega_2$ ein Gitter ist, enthält das Fundamentalparallelogramm

$$P = \{z \in \mathbb{C} : z = r\,\omega_1 + s\,\omega_2 \text{ mit } 0 \leqslant r,\, s < 1\}$$

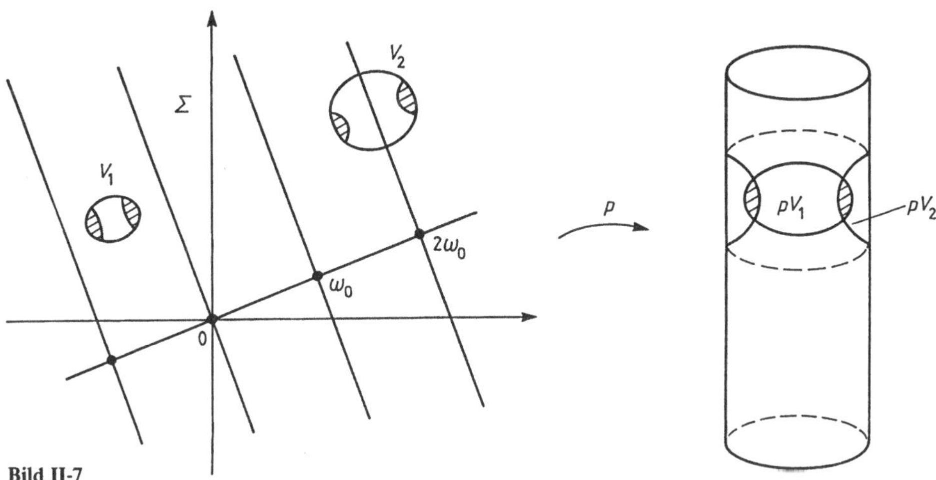



**Bild II-7**

genau ein Element aus jeder Restklasse. $\mathbb{C}/\Gamma$ entsteht, wenn wir solche Randpunkte des Abschlusses $\overline{P}$ miteinander identifizieren, die durch Translationen aus $\Gamma$ auseinander hervorgehen. Das bedeutet Identifikation gegenüberliegender Seiten von $\overline{P}$; wir können uns $\mathbb{C}/\Gamma$ als Torusfläche vorstellen. $\mathbb{C}/\Gamma$ ist kompakt als Bild der kompakten Menge $\overline{P}$ unter $p$.

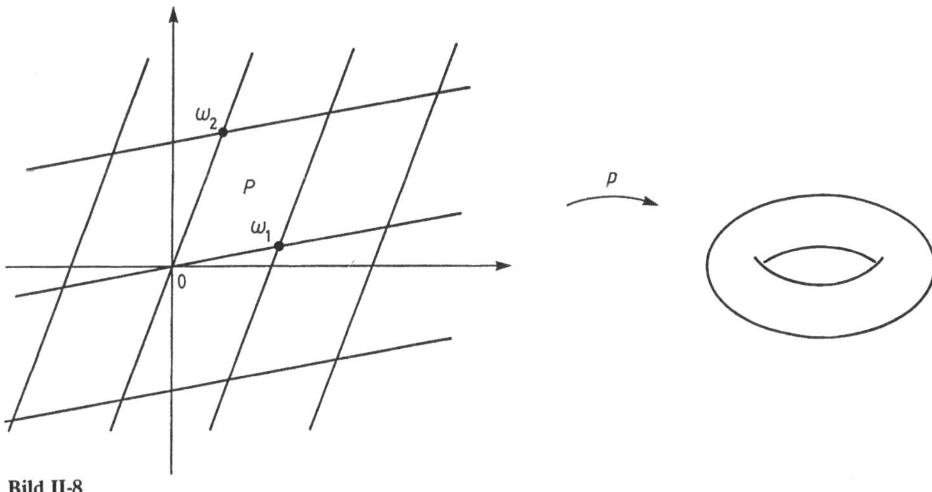



**Bild II-8**

**Definition 4.3.** *Es sei $G$ offener Teil einer Riemannschen Fläche $X$. Eine Funktion $f\colon G \to \mathbb{C}$ heißt holomorph, wenn für jede Karte $(U, \varphi)$ die Funktion $f \circ (\varphi|G \cap U)^{-1}$ holomorph auf der offenen Menge $\varphi(G \cap U) \subset \mathbb{C}$ ist.*

Da alle Karten der komplexen Struktur von $X$ biholomorph verträglich sind, ist $f$ schon holomorph, wenn für alle Karten eines Atlas von $X$ die obige Bedingung erfüllt ist. — Die auf $G \subset X$ holomorphen Funktionen bilden unter punktweiser Addition und Multiplikation eine $\mathbb{C}$-Algebra, die wir mit $\mathcal{O}(G)$ bezeichnen.

**Beispiel:** Ist $\Gamma \neq \{0\}$ eine diskrete Untergruppe von $\mathbb{C}$ und $G$ ein offener Teil von $\mathbb{C}/\Gamma$, so liefert $f \mapsto \hat{f} = f \circ p$ eine Bijektion zwischen den Funktionen $f: G \to \mathbb{C}$ und den Funktionen $\hat{f}: p^{-1} G \to \mathbb{C}$, welche $\Gamma$ als Periodengruppe haben. Die komplexe Struktur auf $\mathbb{C}/\Gamma$ ist gerade so eingerichtet, daß $f$ genau dann holomorph ist, wenn $\hat{f}$ es ist. Ist $\Gamma = \mathbb{Z}\omega_0$, so ist $f \mapsto f \circ p$ ein Isomorphismus von der $\mathbb{C}$-Algebra $\mathcal{O}(\mathbb{C}/\Gamma)$ auf die $\mathbb{C}$-Algebra der ganzen Funktionen mit Periode $\omega_0$. Ist $\Gamma$ ein Gitter, so ist jede ganze Funktion mit $\Gamma$ als Periodengruppe konstant nach dem Satz von Liouville, also besteht $\mathcal{O}(\mathbb{C}/\Gamma)$ nur aus den Konstanten.

Die lokale Theorie der holomorphen Funktionen überträgt sich mit Hilfe lokaler Koordinaten von der komplexen Ebene auf Riemannsche Flächen. Ist zum Beispiel $f$ holomorph in einer Umgebung $U$ eines Punktes $x_0$ einer Riemannschen Fläche $X$, und ist $z$ eine lokale Koordinate um $x_0$, so läßt sich $f$ in eine Potenzreihe

$$f(x) = \sum_{0}^{\infty} a_\nu \, (z(x))^\nu$$

entwickeln, welche in einer analytischen Kreisscheibe um $x_0$ konvergiert. Die Koeffizienten $a_\nu$ hängen natürlich von der Wahl der lokalen Koordinate ab.

Bevor wir weitere Sätze über holomorphe Funktionen übertragen, erweitern wir diesen Begriff.

**Definition 4.4.** *Es seien $X$ und $Y$ Riemannsche Flächen. Eine stetige Abbildung $f: X \to Y$ heißt holomorph, wenn für jede Karte $\psi: U \to V$ von $Y$ die Funktion $\psi \circ f$ holomorph auf $f^{-1}(U)$ ist.*

In anderen Worten: Für je zwei Karten $\varphi: U_1 \to V_1$ von $X$, $\psi: U_2 \to V_2$ von $Y$ soll die Funktion $\psi \circ f \circ \varphi^{-1}$ holomorph auf der offenen Menge $\varphi\,(f^{-1}(U_2) \cap U_1)$ sein. Holomorphe Abbildungen von $X$ in $\mathbb{C}$ sind das gleiche wie holomorphe Funktionen. Mit $f: X \to Y$ und $g: Y \to Z$ ist auch $g \circ f: X \to Z$ holomorph. Die Umkehrabbildung einer bijektiven holomorphen Abbildung ist wieder holomorph; wir nennen eine solche Abbildung daher *biholomorph*. Gibt es eine biholomorphe Abbildung zwischen zwei Riemannschen Flächen $X$ und $Y$, so nennen wir $X$ und $Y$ *biholomorph* (oder *konform*) *äquivalent* oder, kurz, *isomorph*.

**Beispiel:** Ist $\omega \neq 0$, so liefert die $\omega$-periodische Funktion $\hat{\epsilon}: \mathbb{C} \to \mathbb{C}^*$, $\hat{\epsilon}(z) = \exp(2\pi i z/\omega)$, eine holomorphe Funktion $\epsilon: \mathbb{C}/\mathbb{Z}\omega \to \mathbb{C}^*$ mit $\epsilon \circ p = \hat{\epsilon}$. Es ist $\epsilon$ bijektiv, also eine biholomorphe Abbildung; die Riemannsche Fläche $\mathbb{C}/\mathbb{Z}\omega$ ist zu $\mathbb{C}^*$ isomorph.

**Satz 4.1** (Identitätssatz). *Es seien $X$, $Y$ Riemannsche Flächen und $f, g: X \to Y$ holomorphe Abbildungen. Wenn es eine nichtdiskrete Menge $N \subset X$ gibt mit $f\,|\,N = g\,|\,N$, so ist $f \equiv g$.*

Der Beweis wird genauso wie bei Satz 3.1 geführt.

**Definition 4.5.** *Eine meromorphe Funktion auf einer Riemannschen Fläche $X$ ist eine holomorphe Abbildung $f\colon X \to \hat{\mathbb{C}}$, welche nicht konstant $= \infty$ ist.*

Ist $f$ eine meromorphe Funktion auf $X$, so ist nach dem Identitätssatz die Menge $P = f^{-1}(\infty)$ der Polstellen diskret in $X$, und $f$ ist auf $X - P$ eine holomorphe Funktion. Hat man umgekehrt eine diskrete Menge $P \subset X$ und eine holomorphe Funktion $f\colon X - P \to \mathbb{C}$ mit $\lim_{x \to x_0} f(x) = \infty$ für jedes $x_0 \in P$, so läßt sich $f$ zu einer stetigen Abbildung $\hat{f}\colon X \to \hat{\mathbb{C}}$ fortsetzen. Mittels einer Karte von $\hat{\mathbb{C}}$ um $\infty$ verifiziert man, daß $\hat{f}$ eine holomorphe Abbildung, also eine meromorphe Funktion auf $X$ ist.

Aus dieser Beschreibung der meromorphen Funktionen folgt wie im Fall ebener Gebiete, daß die meromorphen Funktionen auf $X$ einen Körper bilden. Wir bezeichnen diesen mit $\mathscr{M}(X)$.

**Beispiele:**

1. $\mathscr{M}(\hat{\mathbb{C}})$ ist der Körper der rationalen Funktionen einer Veränderlichen über $\mathbb{C}$.

2. Für eine diskrete Untergruppe $\Gamma \neq \{0\}$ von $\mathbb{C}$ liefert $f \mapsto \hat{f} = f \circ p$ einen Isomorphismus zwischen $\mathscr{M}(\mathbb{C}/\Gamma)$ und dem Körper derjenigen meromorphen Funktionen auf $\mathbb{C}$, die $\Gamma$ als Periodengruppe haben. Im Fall eines Gitters $\Gamma$ ist also $\mathscr{M}(\mathbb{C}/\Gamma)$ isomorph zu dem in [FL] (Kap. VII, § 7) untersuchten Körper der zu $\Gamma$ gehörenden elliptischen Funktionen.

Der Satz von der Gebietstreue mit seinen Konsequenzen gilt in der folgenden Form für holomorphe Abbildungen:

**Satz 4.2.** *Es sei $f\colon X \to Y$ eine holomorphe Abbildung Riemannscher Flächen. Dann ist $f$ konstant oder offen.*

**Beweis:** Es sei $f$ nicht konstant und $U$ eine offene Menge in $X$. Zu $x_0 \in U$ wählen wir Karten $\varphi\colon U_1 \to V_1$ und $\psi\colon U_2 \to V_2$ mit $x_0 \in U_1 \subset U$, $f(x_0) \in U_2 \subset Y$ und $f(U_1) \subset U_2$. Nach dem Identitätssatz ist $f|U_1$ nicht konstant, also auch $\psi \circ f \circ \varphi^{-1}$ nicht. Nach dem Satz von der Gebietstreue ist $\psi f \varphi^{-1}(V_1)$ offen in $V_2$, also ist $f(U_1)$ eine offene, in $f(U)$ enthaltene Umgebung von $f(x_0)$. Daher ist $f(U)$ offen. $\qquad\square$

**Folgerung 4.3.** *Ist $f\colon X \to \mathbb{C}$ eine nicht konstante holomorphe Funktion auf der Riemannschen Fläche $X$, so hat die reelle Funktion $|f|$ keine lokalen Maxima auf $X$.*

Ist insbesondere $X$ kompakt und $f$ holomorph auf $X$, so nimmt $|f|$ aus Stetigkeitsgründen ein Maximum an. Also ist jede holomorphe Funktion auf einer kompakten Riemannschen Fläche konstant.

Die Theorie der analytischen Fortsetzung, die wir in den ersten Paragraphen für holomorphe Funktionen auf Gebieten in $\mathbb{C}$ bzw. holomorphe Funktionskeime in Punkten der Ebene formuliert haben, läßt sich praktisch wörtlich ebenso mit einer beliebigen Riemannschen

Fläche an Stelle von $\mathbb{C}$ durchführen. Wir wollen hier nur die Aussagen zusammenstellen, die wir in diesem Kapitel und in Kapitel IV benötigen.

Unter einem *Weg* auf einer Riemannschen Fläche $X$ verstehen wir, wie üblich, eine stetige Abbildung $\gamma\colon [0, 1] \to X$. Da $X$ nach Voraussetzung zusammenhängend ist, und da jeder Punkt von $X$ wegzusammenhängende Umgebungen hat, ist $X$ auch wegzusammenhängend.

Alles früher über Homotopie von Wegen in der Ebene Gesagte gilt auch für Wege auf Riemannschen Flächen. Insbesondere überträgt sich die Definition der Fundamentalgruppe.

**Definition 4.5.** *Eine Riemannsche Fläche $X$ heißt einfach zusammenhängend, wenn* $\pi_1(X) = 0$ *gilt.*

Der Monodromiesatz läßt sich wie in § 1 formulieren und beweisen. Wir notieren seine wichtigste Folgerung:

**Satz 4.4.** *Es sei $X$ eine einfach zusammenhängende Riemannsche Fläche und $\mathfrak{f}$ ein holomorpher Funktionskeim in einem Punkt $x_0 \in X$. Wenn $\mathfrak{f}$ längs jedes von $x_0$ ausgehenden Weges in $X$ fortgesetzt werden kann, so gibt es eine (eindeutig bestimmte) holomorphe Funktion $f$ auf $X$, die in $x_0$ den Keim $\mathfrak{f}$ induziert.*

**Aufgaben:**

1. Im $\mathbb{R}^3$ mit Koordinaten $(\xi, \eta, \zeta)$ sei $S^2$ die Einheitssphäre, $N = (0, 0, 1)$ ihr Nordpol, $S = (0, 0, -1)$ ihr Südpol, $\varphi_N\colon S^2 - \{N\} \to \mathbb{C}$ sei die stereographische Projektion vom Nordpol auf die mit der Ebene $\zeta = 0$ identifizierte komplexe Zahlenebene, analog $\varphi_S\colon S^2 - \{S\} \to \mathbb{C}$ die stereographische Projektion vom Südpol. Sind $\varphi_N$ und $\varphi_S$ biholomorph verträglich?

2. Es sei $f\colon X \to Y$ eine stetige surjektive Abbildung Riemannscher Flächen. Dann ist für beliebiges holomorphes $h\colon U \to \mathbb{C}$, $U$ offen in $Y$, die Funktion $f^*(h) = h \circ f$ stetig auf $f^{-1}(U)$. Man zeige: $f$ ist genau dann holomorph, wenn mit $h$ auch stets $f^*(h)$ holomorph ist. – In diesem Fall ist $f^*\colon \mathcal{O}(U) \to \mathcal{O}(f^{-1} U)$ ein injektiver Algebren-Homomorphismus für jedes offene $U \subset Y$.

3. Es sei $f\colon X \to Y$ eine holomorphe Abbildung Riemannscher Flächen, $X$ sei kompakt. Man zeige: Dann ist $f$ konstant oder surjektiv. Bei surjektivem $f$ muß $Y = f(X)$ kompakt sein. Hieraus leite man den Fundamentalsatz der Algebra her.

4. Es sei $X$ eine Riemannsche Fläche. Man zeige: Eine stetige Abbildung $f\colon X \to \hat{\mathbb{C}}$ ist genau dann eine meromorphe Funktion, wenn $f$ in den Karten eines Atlas von $X$ durch meromorphe Funktionen beschrieben wird. $f$ ist genau dann meromorph, wenn $f$ lokal Quotient von holomorphen Funktionen ist.

5. Es sei $H$ die obere Halbebene und $\Gamma$ die von $z \mapsto z + 1$ erzeugte Translationsgruppe. Analog zu $X = \mathbb{C}/\Gamma$ können wir eine Riemannsche Fläche $Y = H/\Gamma$ bilden. Man zeige, daß $X$ und $Y$ nicht biholomorph äquivalent sind. (Hinweis: Auf $X$ ist jede beschränkte holomorphe Funktion konstant.)

6. Es sei $a > 0$, $a \neq 1$, und $\Gamma_a$ die von $z \mapsto az$ erzeugte Gruppe von Transformationen $\mathbb{C}^* \to \mathbb{C}^*$. Die Menge $\mathbb{C}^*/\Gamma$ der Bahnen von $\Gamma$ in $\mathbb{C}^*$ sei mit der Quotiententopologie versehen (vgl. Beispiel 4). Man zeige, daß $\mathbb{C}^*/\Gamma$ homöomorph zu einem Torus ist. Was läßt sich für $a < 0$, $a \neq -1$, sagen?

## § 5. Differentialformen

Auf Riemannschen Flächen gibt es — im Unterschied zu ebenen Gebieten — im allgemeinen keine globalen Koordinaten, noch nicht einmal wie bei Riemannschen Gebieten global erklärte lokale Koordinaten. Daher lassen sich weder Integrale noch Ableitungen von Funktionen definieren; für die Differential- und Integralrechnung benötigt man den Kalkül der Differentialformen.

Wir setzen diesen Kalkül in der Ebene $\mathbb{C} = \mathbb{R}^2$ als bekannt voraus und formulieren hier nur die Grundtatsachen, um die Bezeichnungen festzulegen. Differentialformen auf Riemannschen Flächen werden dann mit Hilfe lokaler Koordinaten durch Differentialformen auf ebenen Gebieten erklärt.

In ebenen Gebieten hat man Differentialformen der Dimensionen 0, 1 und 2. Dabei sind 0-Formen nichts anderes als Funktionen, 1-Formen lassen sich schreiben als

$$\alpha = f\,dz + g\,d\bar{z} \tag{1}$$

mit komplexwertigen Funktionen $f$ und $g$; 2-Formen haben die Gestalt

$$\omega = a\,dz \wedge d\bar{z} \tag{2}$$

mit einer Funktion $a$.

Es sei nun $F\colon V^* \to V$, $w \mapsto z = F(w)$, eine holomorphe Abbildung ebener Gebiete. Dann lassen sich Formen auf $V$ „zurücktransportieren" zu Formen auf $V^*$ gemäß den folgenden Regeln — dabei seien $\alpha$ und $\omega$ auf $V$ durch (1), (2) gegeben:

$$\alpha \circ F = (f \circ F) \cdot F'\,dw + (g \circ F) \cdot \overline{F'}\,d\bar{w}$$

$$\omega \circ F = (a \circ F) \cdot |F'|^2\,dw \wedge d\bar{w}\ .$$

Für einen differenzierbaren Weg $\gamma\colon [a, b] \to V$ ist

$$\alpha \circ \gamma = ((f \circ \gamma) \cdot \gamma' + (g \circ \gamma) \cdot \bar{\gamma}')\,dt \qquad \text{auf}\ \ [a, b]\ .$$

Man hat die folgenden Operationen für Formen auf $V \subset \mathbb{C}$: Addition (von Formen gleicher Dimension); Multiplikation einer Form mit einer Funktion; äußeres Produkt zweier 1-Formen $\alpha = f\,dz + g\,d\bar{z}$, $\beta = p\,dz + q\,d\bar{z}$:

$$\alpha \wedge \beta = (fq - gp)\,dz \wedge d\bar{z}\ ;$$

komplexe Konjugation:

$$\bar{\alpha} = \bar{g}\,dz + \bar{f}\,d\bar{z}\ , \qquad \bar{\omega} = \bar{a}\,d\bar{z} \wedge dz = -\bar{a}\,dz \wedge d\bar{z}\ ;$$

äußere Ableitung differenzierbarer 0- und 1-Formen:

$$df = f_z\,dz + f_{\bar{z}}\,d\bar{z}\ , \qquad d\alpha = (g_z - f_{\bar{z}})\,dz \wedge d\bar{z}\ .$$

Alle diese Operationen sind mit dem Rücktransport verträglich:

**Transformationsregeln**

$$(\alpha + \beta) \circ F = \alpha \circ F + \beta \circ F$$
$$(f\alpha) \circ F = (f \circ F)(\alpha \circ F)$$
$$(\alpha \wedge \beta) \circ F = (\alpha \circ F) \wedge (\beta \circ F) \tag{3}$$
$$\overline{\alpha} \circ F = \overline{\alpha \circ F}$$
$$(d\alpha) \circ F = d(\alpha \circ F)$$

Hier bedeuten $\alpha$, $\beta$ Formen gleicher, aber beliebiger Dimension $p = 0, 1$ oder $2$. In der dritten Regel ist $p = 1$.

Nun sei $X$ eine Riemannsche Fläche, $\mathcal{U} = (\varphi_i : U_i \to V_i)_{i \in I}$ sei ein Atlas von $X$; die Kartenwechselfunktionen bezeichnen wir mit $\varphi_{ij} = \varphi_i \circ \varphi_j^{-1}$.

**Definition 5.1.**

*i)    Eine Familie $(\alpha_i)_{i \in I}$ von p-Formen $\alpha_i$ auf den $V_i$ stellt – bezüglich des Atlas $\mathcal{U}$ – eine p-Form $\alpha$ auf $X$ dar, wenn die $\alpha_i$ der Verträglichkeitsbedingung*

$$\alpha_j = \alpha_i \circ \varphi_{ij} \qquad auf \quad \varphi_j(U_i \cap U_j) \tag{4}$$

*genügen.*

*ii)    Es sei $\mathcal{U}' = (\psi_k : U_k' \to V_k')_{k \in K}$ ein weiterer Atlas von $X$. Eine Familie $(\alpha_k')_{k \in K}$ stellt – bezüglich $\mathcal{U}'$ – die gleiche p-Form $\alpha$ dar, wenn $\{\alpha_i : i \in I\} \cup \{\alpha_k' : k \in K\}$ die Darstellung einer p-Form bezüglich des Atlas $\mathcal{U} \cup \mathcal{U}'$ ist.*

Eine $p$-Form $\alpha$ auf $X$ besitzt bezüglich jedes Atlas „*lokale Darstellungen*" $\alpha_i$, die die Verträglichkeitsbedingung (4) erfüllen. Operationen mit $p$-Formen auf $X$ ($p = 0, 1, 2$; 0-Formen sind Funktionen) werden über lokale Darstellungen erklärt:

$$
\begin{aligned}
(\alpha + \beta)_i &= \alpha_i + \beta_i \\
(f\alpha)_i &= f_i\,\alpha_i \qquad (\text{mit } f_i = f \circ \varphi_i^{-1}) \\
(\alpha \wedge \beta)_i &= \alpha_i \wedge \beta_i \\
(\overline{\alpha})_i &= \overline{\alpha_i} \\
(d\alpha)_i &= d\alpha_i
\end{aligned}
\tag{5}
$$

Hier haben $\alpha$, $\beta$ die gleiche Bedeutung wie bei den Transformationsregeln (3); diese Regeln garantieren auch, daß durch die Festsetzungen (5) in der Tat $p$-Formen auf $X$ erklärt werden. Die Rechenregeln des Kalküls wie

$$(\alpha_1 + \alpha_2) \wedge \beta = \alpha_1 \wedge \beta + \alpha_2 \wedge \beta, \quad \alpha \wedge \beta = -\beta \wedge \alpha, \qquad ddf = 0$$

bleiben gültig.

Wir nennen eine $p$-Form auf $X$ $k$-mal *stetig differenzierbar* oder von der Klasse $\mathscr{C}^k$, wenn die Koeffizientenfunktionen in den lokalen Darstellungen $k$-mal stetig differenzierbar sind. $\mathscr{C}^0$-Formen sind stetige Formen. Insbesondere gehört eine Funktion $f : X \to \mathbb{C}$ zur Klasse $\mathscr{C}^k$, wenn stets $f \circ \varphi_i^{-1} \in \mathscr{C}^k(V_i)$ gilt. – Eine Form heißt *reell*, wenn sie gleich ihrer komplex konjugierten ist. Mit $\alpha$ ist auch $d\alpha$ reell.

Eine $p$-Form $\alpha$ der Klasse $\mathscr{C}^1$ heißt *geschlossen*, wenn $d\alpha = 0$ gilt; eine $p$-Form $\alpha$ heißt *exakt*, wenn es eine $(p-1)$-Form $\eta$ mit $d\eta = \alpha$ gibt ($p = 1,2$). Nach dem Poincaréschen Lemma ist jede geschlossene Form lokal auch exakt.

Wir wenden uns nun der Integration von Formen zu. Es sei $\gamma: [a, b] \to X$ ein Weg in der Riemannschen Fläche $X$. Wir nennen $\gamma$ stückweise stetig differenzierbar, wenn es eine Unterteilung $a = t_0 < t_1 < \ldots < t_n = b$ des Parameterintervalls gibt, so daß für $\nu = 1, \ldots, n$ der Teilweg $\gamma_\nu = \gamma \,|\, [t_{\nu-1}, t_\nu]$ im Definitionsbereich einer Karte $(U_\nu, \varphi_\nu)$ verläuft und $\varphi_\nu \circ \gamma_\nu$ stetig differenzierbar ist. Weiter sei $\alpha$ eine stetige 1-Form auf $X$ mit der lokalen Darstellung $\alpha_\nu$ auf $\varphi_\nu (U_\nu)$. Durch

$$\alpha \circ \gamma = \alpha_\nu \circ (\varphi_\nu \circ \gamma_\nu) \qquad \text{auf} \quad [t_{\nu-1}, t_\nu]$$

ist eine stückweise stetige 1-Form auf $[a, b]$ erklärt. Wir setzen

$$\int_\gamma \alpha = \int_a^b \alpha \circ \gamma.$$

Auf Grund der Verträglichkeitsbedingung (4) ist dies unabhängig von der Wahl der $t_\nu$ und der Karten $\varphi_\nu$. — Ist $\Gamma = \Sigma\, n_\kappa\, \gamma_\kappa$ eine Kette, d.i. eine (formale) ganzzahlige Linearkombination von stückweise stetig differenzierbaren Wegen, so wird

$$\int_\Gamma \alpha = \Sigma\, n_\kappa \int_{\gamma_\kappa} \alpha$$

gesetzt.

2-Formen werden über relativ kompakte Teile $G \subset\subset X$ integriert. Es sei zunächst $\omega$ eine 2-Form, deren Träger ganz im Definitionsbereich $U_i$ einer Karte $\varphi_i: U_i \to V_i$ enthalten ist, d.h. es sei $\omega \equiv 0$ außerhalb $U_i$. Die lokale Darstellung $\omega_i$ von $\omega$ ist eine 2-Form auf $V_i$, man setzt

$$\int_G \omega = \int_{\varphi_i (U_i \cap G)} \omega_i .$$

Ist nun $\omega$ beliebig, so wählt man einen Atlas $(\varphi_i: U_i \to V_i)$ von $X$ und eine zugehörige stetige Partition $\chi_i$ der Eins. Dann liegt der Träger von $\chi_i\, \omega$ in $U_i$ und man setzt

$$\int_G \omega = \sum_i \int_G \chi_i\, \omega .$$

Das Integral existiert immer, sofern $\omega$ stetig ist, und ist von der Wahl des Atlas und der $\chi_i$ unabhängig.

Wir können nun den Satz von Stokes formulieren. Wir setzen dabei voraus, daß der Rand $\partial G$ des Gebietes $G \subset\subset X$ aus stückweise stetig differenzierbaren Kurven besteht und daß $G$ „links“ von seinem Randzyklus liegt. Das heißt: Ist die Parametrisierung $\gamma(t)$ einer Randkurve in $t_0$ differenzierbar, und ist $z_j: U_j \to \mathbb{C}$ eine lokale Koordinate in einer Umgebung von $\gamma(t_0)$, so sollen für kleine $s > 0$ die Punkte $z_j \circ \gamma(t_0) + is\, (z_j \circ \gamma)'(t_0)$ zu $z_j (U_j \cap G)$ und die Punkte $z_j \circ \gamma(t_0) - is\, (z_j \circ \gamma)'(t_0)$ zu $z_j (U_j - G)$ gehören.

Wir sagen dann, $G$ sei ein *positiv berandetes Gebiet* und $\partial G$ sei *positiv orientiert.* —
Ist $X$ selbst kompakt, so kann $X$ als positiv berandetes Gebiet mit leerem Rand aufgefaßt
werden; Integrale über $\partial X = \emptyset$ sind Null.

**Satz 5.1** (Stokes). *Es sei $G \subset\subset X$ ein positiv berandetes Gebiet, $\alpha$ sei eine auf $\bar{G}$ stetig
differenzierbare 1-Form. Dann gilt*

$$\int\limits_{\partial G} \alpha = \int\limits_{G} d\alpha \; .$$

**Folgerung 5.2.** *Es sei $X$ kompakt und $\alpha$ eine stetig differenzierbare 1-Form auf $X$.
Dann gilt*

$$\int\limits_{X} d\alpha = 0 \; .$$

Zur Formulierung des *Residuensatzes* brauchen wir den Begriff der *holomorphen 1-Form.*
Darunter verstehen wir eine 1-Form $\alpha$, deren lokale Darstellungen die Gestalt $\alpha_i = f_i(z)\,dz$
mit holomorphen Funktionen $f_i$ haben. Das Differential $df$ einer holomorphen Funktion
ist eine holomorphe 1-Form; jede holomorphe 1-Form $\alpha$ ist geschlossen: $d\alpha = 0$.

Wir betrachten nun eine bis auf isolierte Singularitäten holomorphe 1-Form $\alpha$ auf einem
Gebiet $U \subset X$. Zu einer isolierten Singularität $x_0$ von $\alpha$ wählen wir eine analytische
Kreisscheibe $\Delta \subset\subset U$ um $x_0$, so daß $x_0$ die einzige Singularität von $\alpha$ auf $\bar{\Delta}$ ist.
Dann definieren wir das Residuum von $\alpha$ in $x_0$ durch

$$\mathrm{res}_{x_0} \alpha = \frac{1}{2\pi i} \int\limits_{\partial \Delta} \alpha \; ,$$

wobei $\partial \Delta$ der positiv orientierte Rand von $\Delta$ ist. Nach dem Stokesschen Satz ist das
Residuum unabhängig von der Wahl von $\Delta$ (vgl. [FL], Kap. VI, § 5). Ist

$$\alpha_i = \left( \sum_{-\infty}^{\infty} a_\nu z^\nu \right) dz$$

die lokale Darstellung von $\alpha$ in einer Karte um $x_0$, so gilt $\mathrm{res}_{x_0} \alpha = a_{-1}$.

**Satz 5.3.** *Es sei $G$ ein positiv berandetes Gebiet in $X$ und $\alpha$ eine bis auf isolierte Singularitäten holomorphe 1-Form in einer Umgebung von $\bar{G}$. Auf $\partial G$ liege keine Singularität
von $\alpha$. Dann gilt*

$$\int\limits_{\partial G} \alpha = 2\pi i \sum_{x_\kappa \in G} \mathrm{res}_{x_\kappa} \alpha \; ,$$

*wobei über die (endlich vielen) Singularitäten von $\alpha$ in $G$ summiert wird.*

**Beweis:** Wir wählen analytische Kreisscheiben $\Delta_\kappa \subset\subset G$ um die Singularitäten $x_\kappa \in G$ mit $\overline{\Delta}_\kappa \cap \overline{\Delta}_\lambda = \emptyset$ $(\kappa \neq \lambda)$, so daß $\alpha$ holomorph auf den $\overline{\Delta}_\kappa - \{x_\kappa\}$ ist. Wir setzen $G^* = G - \cup \overline{\Delta}_\kappa$; dann ist der positiv orientierte Rand $\partial G^* = \partial G - \Sigma\, \partial\Delta_\kappa$. Anwendung des Stokesschen Satzes auf $G^*$ liefert nun die Behauptung, da $d\alpha = 0$ auf $G^*$.    $\square$

**Folgerung 5.4.** *Es sei $X$ kompakt und $\alpha$ eine bis auf isolierte Singularitäten $x_\kappa$ holomorphe 1-Form auf $X$. Dann ist*

$$\sum_\kappa \operatorname{res}_{x_\kappa} \alpha = 0 .$$

Nun sei $f\colon X \to \mathbb{C}$ eine nicht konstante meromorphe Funktion und $x_0$ ein Punkt von $X$. Ist $\varphi\colon U \to V$ eine Karte um $x_0$, so nimmt $f \circ \varphi^{-1}$ in $\varphi(x_0)$ den Wert $f(x_0)$ mit einer gewissen Vielfachheit $k$ an. Es gibt dann eine Umgebung $U' \subset U$ von $x_0$, so daß jedes $w \in f(U')$, $w \neq f(x_0)$, genau $k$ verschiedene $f$-Urbilder in $U'$ hat. Die Zahl $k$ hängt also nicht von der Wahl der Karte ab. Wir nennen sie die *Vielfachheit* oder *Ordnung* von $f$ in $x_0$.

**Satz 5.5.** *Es sei $f$ eine nicht konstante meromorphe Funktion auf einer kompakten Riemannschen Fläche $X$. Dann nimmt $f$ auf $X$ alle Werte aus $\hat{\mathbb{C}}$ gleich oft an (jeweils mit Vielfachheit gezählt).*

**Beweis:** Für $c \in \mathbb{C}$ ist die 1-Form $df/(f-c)$ holomorph außerhalb der $c$-Stellen und Pole von $f$; in diesen Stellen ist ihr Residuum gleich der Vielfachheit von $f$ (in Polstellen negativ gerechnet). Folgerung 5.4 zeigt nun, daß $f$ die Werte $c$ und $\infty$ gleich oft annimmt.    $\square$

**Folgerung 5.6.** *Es sei $X$ kompakt und $f\colon X \to \hat{\mathbb{C}}$ eine meromorphe Funktion mit genau einem Pol, der zudem einfach ist. Dann ist $f$ biholomorph.*

Es soll nun noch eine Ergänzung des Differentialformen-Kalküls besprochen werden, die wir gelegentlich benutzen (z.B. in Kap. III, § 7 und Kap. V, § 8).

Eine 1-Form $\alpha$ heißt vom *Typ* $(1,0)$ bzw. $(0,1)$, wenn ihre lokalen Darstellungen stets die Form $\alpha_i = f_i\, dz$ bzw. $\alpha_i = g_i\, d\bar{z}$ haben. Jede 1-Form $\alpha$ läßt sich in eindeutiger Weise in

$$\alpha = P'\alpha + P''\alpha$$

zerlegen, wobei $P'\alpha$ vom Typ $(1,0)$ und $P''\alpha$ vom Typ $(0,1)$ ist. Mit $\partial = P' \circ d$ und $\bar{\partial} = P'' \circ d$ erhalten wir eine Zerlegung $d = \partial + \bar{\partial}$ des Operators $d\colon f \mapsto df$. Insbesondere ist $f$ genau dann eine holomorphe Funktion, wenn $\bar{\partial}f = 0$ gilt.

Ähnlich läßt sich der Ableitungsoperator für 1-Formen $\alpha$ aufspalten: Wir setzen $\partial\alpha = d\,P''\alpha$ und $\bar{\partial}\alpha = d\,P'\alpha$. Hat $\alpha$ die lokalen Darstellungen $\alpha_i = f_i\,dz + g_i\,d\bar{z}$, so ist also

$$(\partial\alpha)_i = \frac{\partial g_i}{\partial z}\, dz \wedge d\bar{z}, \qquad\qquad (\bar{\partial}\alpha)_i = -\frac{\partial f_i}{\partial \bar{z}}\, dz \wedge d\bar{z} .$$

Man hat wieder $d = \partial + \bar{\partial}$. Aus $dd = 0$ folgt

$$\partial\partial = 0, \qquad \bar{\partial}\,\bar{\partial} = 0, \qquad \partial\bar{\partial} + \bar{\partial}\partial = 0 .$$

**Aufgaben:**

1. Es sei $F: Y \to X$ eine holomorphe Abbildung Riemannscher Flächen. Man überlege, wie der Rücktransport der auf $X$ definierten $p$-Formen mittels $F$ nach $Y$ zu erklären ist, und zeige, daß die Transformationsregeln (3) auch in dieser Situation gültig sind. Überdies gilt $(\partial\alpha) \circ F = \partial (\alpha \circ F)$ und $(\overline{\partial}\alpha) \circ F = \overline{\partial} (\alpha \circ F)$ für 0- und 1-Formen.

2. Man beweise Produktregeln für $\partial$ und $\overline{\partial}$.

3. Man bestimme alle holomorphen 1-Formen auf $\hat{\mathbb{C}}$.

4. Es sei $\Gamma$ ein Gitter in $\mathbb{C}$ und $p: \mathbb{C} \to \mathbb{C}/\Gamma$ die Projektion. Man zeige: Es gibt genau eine holomorphe 1-Form $\alpha_1$ auf $\mathbb{C}/\Gamma$ mit $\alpha_1 \circ p = dz$. Man bestimme dann alle holomorphen 1-Formen auf $\mathbb{C}/\Gamma$.


## § 6.  Die universelle Überlagerung einer Riemannschen Fläche

Einfach zusammenhängende Riemannsche Flächen sind nicht nur vom topologischen Standpunkt einfach. Sie lassen sich auch vom analytischen Standpunkt leicht überblicken. Wir werden nämlich in Kapitel IV den Uniformisierungssatz beweisen: Jede einfach zusammenhängende Riemannsche Fläche kann biholomorph abgebildet werden auf die Zahlenebene $\mathbb{C}$, den Einheitskreis $\mathbb{D}$ oder die Zahlensphäre $\hat{\mathbb{C}}$.

Dieser Satz ist nicht nur für die Untersuchung allgemeiner Riemannscher Flächen von großem Nutzen, sondern schon beim Studium mehrfach zusammenhängender ebener Gebiete. Wir zeigen nämlich in diesem Paragraphen, daß es zu jeder Riemannschen Fläche $X$ eine *universelle Überlagerung* gibt, das ist eine einfach zusammenhängende Riemannsche Fläche $\widetilde{X}$ mit einer lokal biholomorphen Abbildung $p: \widetilde{X} \to X$. Mehr noch: Man hat eine Gruppe $G$ von biholomorphen Transformationen von $\widetilde{X}$ auf sich, so daß $X$ zum Quotientenraum $\widetilde{X}/G$ biholomorph äquivalent ist.

Wir beginnen mit dem Begriff der Überlagerung.

**Definition 6.1.** *Es sei $X$ eine Riemannsche Fläche. Eine Überlagerung von $X$ ist eine Abbildung $p: Y \to X$ mit den Eigenschaften*

i)  *$Y$ ist ein zusammenhängender topologischer Raum und $p$ ist stetig,*

ii)  *$X$ hat eine Überdeckung aus offenen Mengen $U$, für die gilt: $p^{-1}(U)$ ist disjunkte Vereinigung offener Mengen $\hat{U}_\iota$, deren jede durch $p$ topologisch auf $U$ abgebildet wird.*


Genauer müßte man von „unverzweigten unbegrenzten" Überlagerungen reden. Wir werden aber in diesem Paragraphen weder verzweigte noch begrenzte Überlagerungen betrachten.

Wir benutzen die in § 3 eingeführte Sprechweise: $y \in Y$ bzw. $M \subset Y$ „liegt über" $py$ bzw. $p(M)$. Hat $U \subset X$ die Eigenschaft ii), so sagen wir, daß $p$ *trivial über* $U$ ist, oder auch, daß $U$ *gleichmäßig überlagert* wird.

Bei einer Überlagerung $p: Y \to X$ ist $p$ surjektiv und lokaltopologisch; $Y$ ist Hausdorffsch. Die Fasern $p^{-1}(x)$, $x \in X$, von $p$ sind diskret in $Y$. Sie sind alle gleichmächtig: Wird $U \subset X$ gleichmäßig überlagert,

$$p^{-1}(U) = \bigcup_{\iota \in I} \hat{U}_\iota \qquad \text{(disjunkte Vereinigung)},$$

so haben die Fasern über den Punkten von $U$ alle die gleiche Mächtigkeit wie $I$. Die Menge der Punkte von $X$, in denen die Fasern eine gegebene Mächtigkeit haben, ist daher offen. Da $X$ zusammenhängt, kann nur eine Mächtigkeit auftreten. Diese nennt man *Blätterzahl* der Überlagerung.

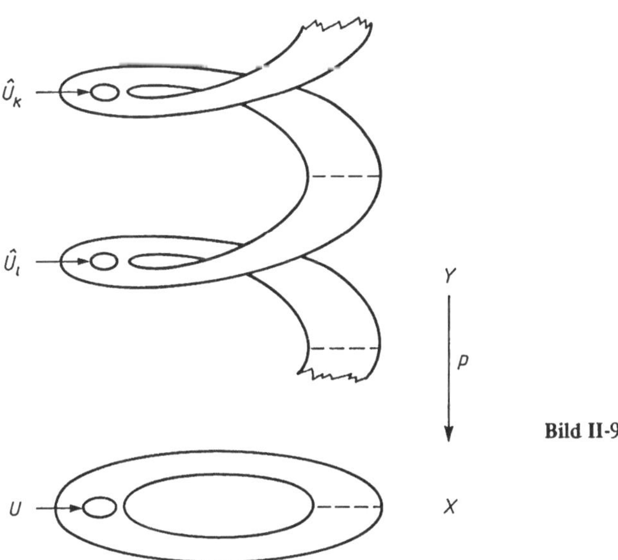


**Bild II-9**

**Beispiele:**

1. exp: $\mathbb{C} \to \mathbb{C}^*$ und $p_k: \mathbb{C}^* \to \mathbb{C}^*$, $w \mapsto w^k$ für $k \in \mathbb{N}$ sind Überlagerungen; ihre Blätterzahl ist unendlich bzw. $k$.

2. Für eine diskrete Translationsgruppe $\Gamma$ in $\mathbb{C}$ ist die Projektion $p: \mathbb{C} \to \mathbb{C}/\Gamma$ eine Überlagerung von $\mathbb{C}/\Gamma$.

3. Das in § 3 konstruierte Riemannsche Gebiet $X$ (log) des Logarithmus ist eine unendlichblättrige Überlagerung von $\mathbb{C}^*$. Im allgemeinen ist ein Riemannsches Gebiet $(X, p)$ aber keine Überlagerung von $p(X)$; ein Gegenbeispiel ist $X = \{w \in \mathbb{C} : |\mathrm{Im}\, w| < 2\pi\}$, $p(w) = e^w$. (Vgl. auch Aufgabe 1.)

Überlagerungen von Riemannschen Flächen sind in natürlicher Weise wieder Riemannsche Flächen:

**Satz 6.1.** *Es sei $X$ eine Riemannsche Fläche und $p: Y \to X$ eine Überlagerung. Dann gibt es genau eine komplexe Struktur auf $Y$, für die $p$ holomorph (und damit lokal biholomorph) ist.*

**Beweis:** Wir fixieren einen Atlas von $X$ aus Karten $(U_\lambda, \varphi_\lambda)$ mit zusammenhängenden, gleichmäßig überlagerten $U_\lambda$. Für jede Wegkomponente $\hat{U}_{\lambda\iota}$ von $p^{-1} U_\lambda$ ist dann die Abbildung

$$\varphi_\lambda \circ p \mid \hat{U}_{\lambda\iota} : \hat{U}_{\lambda\iota} \to \varphi_\lambda (U_\lambda) \subset \mathbb{C}$$

eine Karte von $Y$. Je zwei solche Karten sind verträglich, denn

$$(\varphi_\mu \circ p \mid \hat{U}_{\mu\kappa}) \circ (\varphi_\lambda \circ p \mid \hat{U}_{\lambda\iota})^{-1} = \varphi_\mu \circ \varphi_\lambda^{-1} \qquad \text{auf} \quad \varphi_\lambda \, p \, (\hat{U}_{\mu\kappa} \cap \hat{U}_{\lambda\iota}) .$$

Diese Karten bilden also einen Atlas von $Y$ und $p$ wird damit holomorph. — Hat man eine komplexe Struktur auf $Y$, für die $p$ holomorph ist, so sind auch die $\varphi_\lambda \circ p \mid \hat{U}_{\lambda\iota}$ holomorph, also Karten dieser Struktur. Das zeigt die Eindeutigkeit. $\qquad\square$

Wenn wir im weiteren von Überlagerungsflächen $Y$ einer Riemannschen Fläche $X$ sprechen, denken wir uns $Y$ immer mit der hier angegebenen komplexen Struktur versehen. Bei den folgenden Konstruktionen spielt diese allerdings noch keine Rolle, sie sind rein topologischer Natur.

Bevor wir die universelle Überlagerung definieren und ihre Existenz und Eindeutigkeit beweisen, formulieren wir zwei grundlegende Lemmata. — Wir bezeichnen dabei das Intervall $[0,1]$ stets mit $I$.

Hat man eine stetige Abbildung $p: Y \to X$ und einen Weg $\gamma: I \to X$, so heißt jeder Weg $\hat{\gamma}: I \to Y$ mit $p \circ \hat{\gamma} = \gamma$ eine *Liftung* von $\gamma$. Zum Beispiel ist die Strecke $[0, 2\pi i]$ Liftung der Einheitskreislinie bezüglich der Abbildung $\exp: \mathbb{C} \to \mathbb{C}^*$. Im allgemeinen braucht es zu $\gamma$ keine Liftung zu geben, es kann mehrere geben. Für Überlagerungen gilt jedoch:

**Lemma 1.** *Es sei $p: Y \to X$ eine Überlagerung, $x_0 \in X$, $y_0 \in Y$ mit $p y_0 = x_0$. Zu jedem Weg $\gamma: I \to X$ mit $\gamma(0) = x_0$ gibt es genau eine Liftung $\hat{\gamma}: I \to Y$ mit $\hat{\gamma}(0) = y_0$.*

**Beweis:** Es gibt eine Unterteilung $0 = t_0 < t_1 < \ldots < t_n = 1$ von $I$ so, daß jedes $\gamma([t_{\nu-1}, t_\nu])$ in einer zusammenhängenden offenen Menge $U_\nu \subset X$ liegt, die gleichmäßig überlagert wird. Wir konstruieren schrittweise eine Liftung $\hat{\gamma}$. Man hat $\hat{\gamma}(t_0) = y_0$ zu setzen. Es sei $\hat{\gamma} \mid [t_0, t_{\nu-1}]$ schon konstruiert $(1 \leqslant \nu \leqslant n)$. $\hat{U}_\nu$ sei die Wegkomponente von $p^{-1} U_\nu$, welche $\hat{\gamma}(t_{\nu-1})$ enthält. Für $t_{\nu-1} \leqslant t \leqslant t_\nu$ setzen wir dann $\hat{\gamma}(t) = (p \mid \hat{U}_\nu)^{-1} \circ \gamma(t)$. Damit ist $\hat{\gamma}$ stetig auf $[t_0, t_\nu]$ fortgesetzt. — Die Eindeutigkeit ergibt sich wie bei Satz 3.2 i. $\qquad\square$

Wir betrachten wieder eine Überlagerung $p: Y \to X$. Sind $\gamma_0$ und $\gamma_1$ homotope Wege in $X$ von $x_0$ nach $x_1$ mit einer Deformationsschar $\gamma_s$, $s \in I$, so läßt sich bei gegebenem $y_0 \in p^{-1} x_0$ jedes $\gamma_s$ eindeutig liften zu $\hat{\gamma}_s$ mit $\hat{\gamma}_s(0) = y_0$. Durch $\hat{H}(t, s) = \hat{\gamma}_s(t)$ wird dann eine Abbildung $I \times I \to Y$ gegeben. Zeigt man noch die Stetigkeit von $\hat{H}$ in *beiden* Variablen, so erhält man

**Lemma 2.** *Es sei* $p\colon Y \to X$ *eine Überlagerung und* $H\colon I \times I \to X$ *eine Homotopie mit* $H(0,s) = x_0$, $H(1,s) = x_1$. *Ist dann* $y_0$ *ein Punkt über* $x_0$, *so gibt es eine Homotopie* $\hat{H}\colon I \times I \to Y$ *mit* $p \circ \hat{H} = H$ *und* $\hat{H}(0,s) = y_0$.

Die in $y_0$ beginnenden Liftungen $\hat{\gamma}_0$ und $\hat{\gamma}_1$ von $\gamma_0$ und $\gamma_1$ sind also homotop in $Y$, wenn $\gamma_0$ und $\gamma_1$ homotop in $X$ sind. Insbesondere haben $\hat{\gamma}_0$ und $\hat{\gamma}_1$ den gleichen Endpunkt. – Den Beweis dieses Lemmas stellen wir an das Ende des Paragraphen.

**Definition 6.2.** *Eine Überlagerung* $p\colon Y \to X$ *einer Riemannschen Fläche* $X$ *heißt universell, wenn* $Y$ *einfach zusammenhängend ist.*

Zum Beispiel ist $\exp\colon \mathbb{C} \to \mathbb{C}^*$ universelle Überlagerung von $\mathbb{C}^*$ und $id\colon \hat{\mathbb{C}} \to \hat{\mathbb{C}}$ ist universelle Überlagerung der Zahlensphäre.

**Satz 6.2.** *Jede Riemannsche Fläche besitzt eine universelle Überlagerung.*

**Beweis:** a) Wir wählen einen festen Punkt $x_0 \in X$. Es sei $\widetilde{X}$ die Menge der Paare $(x, u)$, wobei $x$ ein Punkt von $X$ und $u$ eine Homotopieklasse von Wegen in $X$ von $x_0$ nach $x$ ist. Weiter sei $p\colon \widetilde{X} \to X$ die Projektion $(x, u) \mapsto x$. Wir werden nun $\widetilde{X}$ so mit einer Topologie versehen, daß $p$ eine Überlagerung wird.

b) Es sei $(x_1, u_1) \in \widetilde{X}$ und $U$ eine einfach zusammenhängende offene Umgebung von $x_1$. Für $x \in U$ sei $\gamma_x$ ein in $U$ verlaufender Weg von $x_1$ nach $x$; seine Homotopieklasse $[\gamma_x]$ hängt nur von $x$ ab. Wir setzen $\hat{U}(u_1) = \{(x, v) \in \widetilde{X}\colon x \in U, v = u_1 [\gamma_x]\}$ und versehen $\widetilde{X}$ mit der Topologie, die von allen Mengen der Form $\hat{U}(u)$ erzeugt wird. Das bedeutet (vgl. Aufgabe 2): Eine Menge $W$ in $\widetilde{X}$ ist offen genau dann, wenn sie Vereinigung von Mengen der Form $\hat{U}(u)$ ist. – Mengen der Form $\hat{U}(u)$ werden durch $p$ bijektiv auf die zugehörigen offenen $U \subset X$ abgebildet, also ist $p$ offen. Da jede Umgebung eines Punktes $x \in X$ einfach zusammenhängende offene Umgebungen enthält, folgt auch, daß $p$ stetig und somit lokaltopologisch ist.

c) Es sei $U$ eine einfach zusammenhängende offene Umgebung von $x_1 \in X$. Wir zeigen, daß $p$ über $U$ trivial ist: Ist $(x, v) \in p^{-1} U$, so haben wir mit einem in $U$ verlaufenden Weg $\gamma_x$ von $x_1$ nach $x$

$$(x, v) = (x, u [\gamma_x]) \quad \text{mit} \quad u = v [\gamma_x]^{-1},$$

also $(x, v) \in \hat{U}(u)$. Daher ist $p^{-1} U$ die Vereinigung der $\hat{U}(u_\iota)$, wobei $u_\iota$ die Homotopieklassen von Wegen in $X$ von $x_0$ nach $x_1$ durchläuft. Für $u_1 \neq u_2$ ist $\hat{U}(u_1) \cap \hat{U}(u_2) = \emptyset$: Aus $(x, v) \in \hat{U}(u_1) \cap \hat{U}(u_2)$ ergibt sich $v = u_1 [\gamma_x] = u_2 [\gamma_x]$, also $u_1 = u_2$.

d) Wir zeigen, daß $\widetilde{X}$ zusammenhängend ist – dann ist bewiesen, daß $p\colon \widetilde{X} \to X$ eine Überlagerung ist. Dazu sei $y_0 = (x_0, 0)$ und $y = (x, u) \in \widetilde{X}$, wobei 0 die triviale Homotopieklasse bedeutet. Es sei $\gamma$ ein Weg von $x_0$ nach $x$ aus der Klasse $u$. Wir beschreiben die Liftung $\hat{\gamma}$ von $\gamma$ mit $\hat{\gamma}(0) = y_0$ explizit und zeigen $\hat{\gamma}(1) = y$. Und zwar sei $\gamma_\tau(t) = \gamma(\tau t)$ für $\tau \in I$ – das ist bis auf Umparametrisierung $\gamma\,|\,[0, \tau]$ – und $u_\tau = [\gamma_\tau]$. Dann gilt für

$$\hat{\gamma}\colon t \mapsto (\gamma(t), u_t) \in \widetilde{X}$$

in der Tat $\hat{\gamma}(0) = y_0$ und $\hat{\gamma}(1) = y$. Es bleibt die Stetigkeit von $\hat{\gamma}$ zu zeigen. Dazu betrachten wir ein $\tau \in I$ und eine Umgebung von $\hat{\gamma}(\tau)$, die wir in der Form $\hat{U}(u_\tau)$ annehmen können, wobei $U$ eine Umgebung von $\gamma(\tau)$ ist. Es sei nun $I^* \subset I$ ein Intervall mit $\tau \in I^*$ und $\gamma(I^*) \subset U$. Dann ist $\hat{\gamma}(I^*) \subset \hat{U}(u_\tau)$: Für $t > \tau,\, t \in I^*$, ist $u_t$ die Klasse von $\gamma_\tau\,(\gamma\,|\,[\tau, t])$; da $\gamma\,|\,[\tau, t]$ in $U$ verläuft, liegt $(\gamma(t), u_t)$ in $\hat{U}(u_\tau)$. Für $t < \tau,\, t \in I^*$, schließt man genauso.

e) Wir zeigen $\pi_1(\widetilde{X}, y_0) = 0$; damit ist der Beweis vollendet. Es sei $\hat{\gamma}$ ein Weg in $\widetilde{X}$ von $y_0 = (x_0, 0)$ nach $y_0$ und $\gamma = p \circ \hat{\gamma}$. Dann ist $\hat{\gamma}$ die nach Lemma 1 eindeutig bestimmte Liftung von $\gamma$. Mit $u = [\gamma]$ und den Bezeichnungen von d) ist $\hat{\gamma}(t) = (\gamma(t), u_t)$; aus $\hat{\gamma}(1) = y_0$ folgt $[\gamma] = u_1 = 0$, d.h. $\gamma$ ist nullhomotop in $X$. Nach Lemma 2 ist dann $\hat{\gamma}$ nullhomotop in $\widetilde{X}$.                    $\square$

Der folgende Satz ist eine Verallgemeinerung von Lemma 1. Er hat viele wichtige Konsequenzen.

**Satz 6.3.** *Es sei $f\colon Z \to X$ eine stetige Abbildung Riemannscher Flächen und $p\colon Y \to X$ eine Überlagerung. $Z$ sei einfach zusammenhängend. Ist $z_0 \in Z$ und $y_0 \in Y$ mit $f(z_0) = p(y_0)$, so gibt es genau eine stetige Abbildung $\hat{f}\colon Z \to Y$ mit $p \circ \hat{f} = f$ und $\hat{f}(z_0) = y_0$. Wenn $f$ holomorph (lokal biholomorph) ist, so gilt dies auch für $\hat{f}$.*

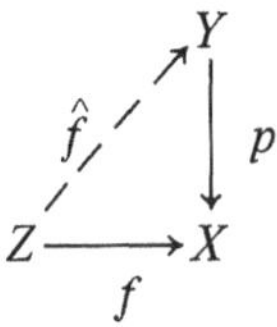


**Beweis:** a) Es sei $z_1 \in Z$ beliebig und $\gamma$ ein Weg in $Z$ von $z_0$ nach $z_1$. Existiert $\hat{f}$ wie im Satz, so ist $\hat{f} \circ \gamma$ *die* Liftung von $f \circ \gamma$ zum Anfangspunkt $y_0$;   $\hat{f}(z_1) = \hat{f}(\gamma(1))$ ist daher eindeutig bestimmt.

b) Wir beweisen die Existenz von $\hat{f}$. Es seien $z_1$ und $\gamma$ wie eben, $\hat{\gamma}\colon I \to Y$ sei die Liftung von $f \circ \gamma\colon I \to X$ zum Anfangspunkt $y_0$. Der Endpunkt $\hat{\gamma}(1)$ hängt nur von $z_1$ und nicht von der Wahl von $\gamma$ ab: Ist $\gamma_1$ ein anderer Weg von $z_0$ nach $z_1$, gilt $\gamma_1 \sim \gamma$ wegen $\pi_1(Z) = 0$ und damit auch $f \circ \gamma_1 \sim f \circ \gamma$. Nach Lemma 2 sind auch die Liftungen von $f \circ \gamma_1$ und $f \circ \gamma_2$ homotop, haben also den gleichen Endpunkt. Daher wird durch $\hat{f}(z_1) = \hat{\gamma}(1)$ eine Abbildung $\hat{f}\colon Z \to Y$ eindeutig definiert; $p \circ \hat{f} = f$ gilt nach Konstruktion.

c) Wir zeigen nun die Stetigkeit von $\hat{f}$ in einem beliebigen $z_1 \in Z$. Es sei $\hat{U}$ eine Umgebung von $\hat{f}(z_1)$, die durch $p$ homöomorph auf eine Umgebung $U$ von $f(z_1)$ abgebildet werde. Wir wählen eine wegzusammenhängende Umgebung $V$ von $z_1$ mit $f(V) \subset U$.

Dann gilt $\hat{f}(V) \subset \hat{U}$. Für $z \in V$ kann nämlich $\hat{f}(z)$ wie folgt bestimmt werden: Man nehme einen Weg $\gamma_z$ in $V$ von $z_1$ nach $z$ — dann ist $\hat{f}(z)$ der Endpunkt derjenigen Liftung $\hat{\gamma}_z$ von $f \circ \gamma_z$, die $\hat{f}(z_1)$ als Anfangspunkt hat. Da $f \circ \gamma_z$ in $U$ läuft, ist $\hat{\gamma}_z = (p \,|\, \hat{U})^{-1} \circ f \circ \gamma_z$, also $\hat{f}(z) = \hat{\gamma}_z(1) \in \hat{U}$.

d) Es sei jetzt $f$ holomorph. Nach c) ist mit den dortigen Bezeichnungen $\hat{f} \,|\, V = (p \,|\, \hat{U})^{-1} \circ (f \,|\, V)$. Da $p \,|\, \hat{U}$ biholomorph ist, wird $\hat{f} \,|\, V$ holomorph (bzw. biholomorph, falls $f \,|\, V$ das ist). $\qquad\square$

Als erste Konsequenz notieren wir, daß universelle Überlagerungen eine „universelle Eigenschaft" haben — daher der Name.

**Folgerung 6.4.** *Es sei* $q: Z \to X$ *eine universelle Überlagerung Riemannscher Flächen und* $p: Y \to X$ *eine beliebige Überlagerung von* $X$. *Zu gegebenen* $z_0 \in Z$, $y_0 \in Y$ *mit* $qz_0 = py_0$ *existiert dann genau eine stetige Abbildung* $\hat{q}: Z \to Y$ *mit* $p \circ \hat{q} = q$ *und* $\hat{q}(z_0) = y_0$. *Die Abbildung* $\hat{q}$ *ist lokal biholomorph.*

Es zeigt sich, daß $\hat{q}$ sogar eine Überlagerung ist (Satz 6.7).

**Beispiel:** Wir betrachten die universelle Überlagerung $\exp: \mathbb{C} \to \mathbb{C}^*$ und die $k$-blättrige Überlagerung $p_k: \mathbb{C}^* \to \mathbb{C}^*$, $z \mapsto z^k$ $(k = 1, 2, 3, \ldots)$. Die Abbildung $\hat{q}: \mathbb{C} \to \mathbb{C}^*$, die das Diagramm

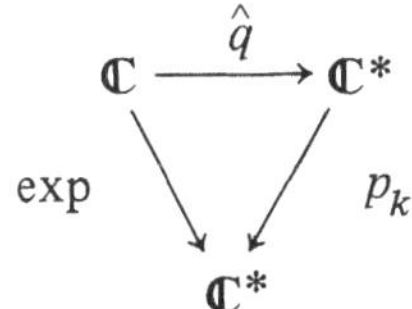

kommutativ macht und $\hat{q}(0) = 1$ erfüllt, ist gerade $\hat{q}(w) = \exp\left(\frac{1}{k} w\right)$.

Sind $q: Z \to X$ und $p: Y \to X$ beliebige Überlagerungen, so nennen wir eine Abbildung $f: Z \to Y$ *fasertreu*, wenn $p \circ f = q$ gilt. Ist $f$ sogar eine topologische fasertreue Abbildung, so nennen wir $f$ einen *Isomorphismus von Überlagerungen*.

**Folgerung 6.5.** *Die universelle Überlagerung einer Riemannschen Fläche* $X$ *ist bis auf Isomorphismen eindeutig bestimmt.*

Wir reden daher von *der* universellen Überlagerung von $X$.

**Beweis:** Sind $q_1: Z_1 \to X$ und $q_2: Z_2 \to X$ universelle Überlagerungen und $z_1 \in Z_1$, $z_2 \in Z_2$ mit $q_1 z_1 = q_2 z_2$, so gibt es stetige fasertreue Abbildungen $f: Z_1 \to Z_2$ und $g: Z_2 \to Z_1$ mit $f(z_1) = z_2$ und $g(z_2) = z_1$. Dann ist $g \circ f: Z_1 \to Z_1$ eine Liftung von $q_1$ mit $g \circ f(z_1) = z_1$. Wegen der Eindeutigkeitsaussage in Satz 6.3 ist $g \circ f = id_{Z_1}$. Ebenso ist $f \circ g = id_{Z_2}$, also sind $f$ und $g$ Isomorphismen. $\qquad\square$

**Folgerung 6.6.** *Ist $X$ eine einfach zusammenhängende Riemannsche Fläche und $p: Y \to X$ eine Überlagerung, so ist $p$ biholomorph.*

**Satz 6.7.** *Es seien $q: Z \to X$ und $p: Y \to X$ Überlagerungen Riemannscher Flächen und $f: Z \to Y$ eine stetige fasertreue Abbildung. Dann ist $f$ eine Überlagerung und damit auch holomorph.*

**Beweis:** Es sei $U$ eine zusammenhängende offene Menge in $X$, die durch $p$ und $q$ gleichmäßig überlagert wird, $\hat{U}$ sei eine Wegkomponente von $p^{-1}(U)$ mit $f^{-1}(\hat{U}) \neq \emptyset$. Wegen $pf = q$ wird dann jede Wegkomponente $\widetilde{U}$ von $q^{-1}(U)$ mit $f(\widetilde{U}) \cap \hat{U} \neq \emptyset$ durch $f$ topologisch auf $\hat{U}$ abgebildet. Also ist $f(Z)$ offen in $Y$ und $f: Z \to f(Z)$ eine Überlagerung. — Ist nun $y \in Y - f(Z)$, so gibt es nach dem obigen Schluß eine Umgebung $\hat{U}$ von $y$ mit $f^{-1}(\hat{U}) = \emptyset$. Also ist auch $Y - f(Z)$ offen in $Y$. Da $Y$ zusammenhängt, gilt $Y - f(Z) = \emptyset$, d.h. $f(Z) = Y$. $\qquad\qquad\square$

Ist $p: \widetilde{X} \to X$ die universelle Überlagerung von $X$, so kann man $X$ aus $\widetilde{X}$ durch Quotientenbildung nach einer Gruppe biholomorpher Abbildungen von $\widetilde{X}$ auf sich zurückgewinnen.

**Definition 6.3.** *Es sei $p: \widetilde{X} \to X$ die universelle Überlagerung. Ein fasertreuer Homöomorphismus $g: \widetilde{X} \to \widetilde{X}$ heißt Decktransformation von $\widetilde{X}$ (über $X$).*

Eine Decktransformation kann gemäß

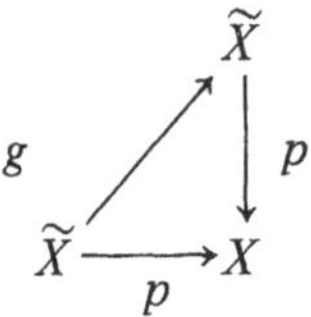

als Liftung von $p$ betrachtet werden und ist daher biholomorph. Die Decktransformationen bilden eine Gruppe, die wir mit $\mathcal{D}(\widetilde{X}, X)$ bezeichnen.

Zu zwei Punkten $y_0, y_1 \in \widetilde{X}$ aus der gleichen Faser von $p$ gibt es nach Folgerung 6.4 genau ein $g \in \mathcal{D} = \mathcal{D}(\widetilde{X}, X)$ mit $g(y_0) = y_1$. Daher hat kein $g \neq id$ Fixpunkte (man sagt, $\mathcal{D}$ operiert fixpunktfrei auf $\widetilde{X}$), und die Bahnen von $\mathcal{D}$, d.h. die Mengen $\mathcal{D}y = \{gy: g \in \mathcal{D}\}$, sind gerade die Fasern von $p$. Wir haben also eine natürliche Bijektion $q$ der Bahnenmenge $\widetilde{X}/\mathcal{D}$ auf $X$. Versieht man $\widetilde{X}/\mathcal{D}$ mit der Quotiententopologie (d.h. $W \subset \widetilde{X}/\mathcal{D}$ ist genau dann offen, wenn $\pi^{-1}W$ offen in $\widetilde{X}$ ist — dabei ist $\pi: \widetilde{X} \to \widetilde{X}/\mathcal{D}$ die kanonische Projektion), so wird $q$ ein Homöomorphismus: Für offenes $U \subset X$ ist $p^{-1}U = \pi^{-1}q^{-1}U$ offen, also auch $q^{-1}U$; und für offenes $W \subset \widetilde{X}/\mathcal{D}$ ist $qW = q \circ \pi \circ \pi^{-1}W = p(\pi^{-1}W)$ auch offen. — Damit haben wir schon einen Teil des folgenden Satzes bewiesen.

**Satz 6.8.** *Es sei $p: \widetilde{X} \to X$ die universelle Überlagerung. Dann ist die Decktransformationsgruppe $\mathcal{D}(\widetilde{X}, X)$ isomorph zu $\pi_1(X)$, und $\widetilde{X}/\mathcal{D}$, versehen mit der Quotiententopologie, ist homöomorph zu $X$.*

**Beweis:** Wir wählen feste Punkte $y_0 \in \widetilde{X}$, $x_0 \in X$ mit $p y_0 = x_0$ und konstruieren eine Abbildung $\alpha: \mathscr{D} \to \pi_1(X, x_0)$ wie folgt: zu $g \in \mathscr{D}$ wählen wir einen Weg $\hat{\gamma}$ in $\widetilde{X}$ von $y_0$ nach $g(y_0)$. Da $\widetilde{X}$ einfach zusammenhängt, ist $[\hat{\gamma}]$ eindeutig bestimmt. Wegen $pg(y_0) = x_0$ ist $\gamma = p \circ \hat{\gamma}$ ein geschlossener Weg in $X$ von $x_0$ nach $x_0$. Wir setzen $\alpha(g)$ gleich der durch $g$ eindeutig bestimmten Homotopieklasse $[\gamma] \in \pi_1(X, x_0)$.

$\alpha$ ist ein Homomorphismus: Zu $g_1, g_2 \in \mathscr{D}$ seien $\hat{\gamma}_j$, $j = 1, 2$, Wege von $y_0$ nach $g_j(y_0)$. Dann ist $g_1 \circ \hat{\gamma}_2$ ein Weg von $g_1(y_0)$ nach $g_1 g_2(y_0)$ mit $p \circ (g_1 \circ \hat{\gamma}_2) = p \circ \hat{\gamma}_2$. Weiter ist $\hat{\gamma}_1 \cdot (g_1 \circ \hat{\gamma}_2)$ ein Weg von $y_0$ nach $g_1 g_2(y_0)$, und man hat

$$\alpha(g_1 g_2) = [p(\hat{\gamma}_1 \cdot (g_1 \circ \hat{\gamma}_2))] = [(p\hat{\gamma}_1) \cdot (pg_1 \circ \hat{\gamma}_2)]$$
$$= [(p\hat{\gamma}_1) \cdot (p\hat{\gamma}_2)] = [p\hat{\gamma}_1] \cdot [p\hat{\gamma}_2] = \alpha(g_1) \cdot \alpha(g_2) .$$

$\alpha$ ist bijektiv: Es sei $[\gamma] \in \pi_1(X, x_0)$ und $\hat{\gamma}$ die nach Lemma 1 eindeutig bestimmte Liftung von $\gamma$ mit Anfangspunkt $y_0$. Dann gibt es (genau) ein $g \in \mathscr{D}$, das $y_0$ auf den Endpunkt von $\hat{\gamma}$ abbildet. Für dieses $g$ ist $\alpha(g) = [\gamma]$, also ist $\alpha$ surjektiv. Es bleibt die Injektivität zu zeigen: $\alpha(g) = 0$ bedeutet, daß $p\hat{\gamma}$ in $X$ homotop zum Punktweg $x_0$ ist — dabei sei $\hat{\gamma}$ wieder ein Weg von $y_0$ nach $g(y_0)$. Nach Lemma 2 ist dann aber $\hat{\gamma}$ in $\widetilde{X}$ homotop zum Punktweg $y_0$, also ist $g(y_0) = \hat{\gamma}(1) = y_0$ und $g = id$.     $\square$

**Beispiele:**

1. Die universelle Überlagerung $\exp: \mathbb{C} \to \mathbb{C}^*$ hat jedenfalls die Translationen um $2\pi i n$, $n \in \mathbb{Z}$, als Decktransformationen. Umgekehrt ist eine fasertreue Abbildung notwendig von der Form $g: z \mapsto z + 2\pi i n(z)$, $n(z) \in \mathbb{Z}$, und die Stetigkeit von $g$ impliziert die Konstanz von $n(z)$. Man hat also $\mathscr{D}(\mathbb{C}, \mathbb{C}^*) = 2\pi i \, \mathbb{Z}$ und damit $\pi_1(\mathbb{C}^*) \cong \mathbb{Z}$. Das hatten wir schon in § 2 gezeigt mit einer diesem Spezialfall angepaßten Version des Beweises von Satz 6.8.

2. Wir können jetzt alle Überlagerungen von $\mathbb{C}^*$ klassifizieren. Ist nämlich $p: Y \to \mathbb{C}^*$ eine Überlagerung, so hat man nach Folgerung 6.4 ein kommutatives Diagramm

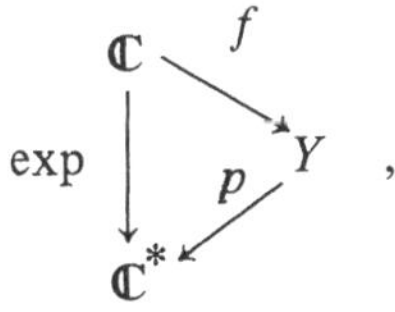

wobei $f$ nach Satz 6.7 eine Überlagerung ist. Da jede Faser von $f$ in einer Faser von $\exp$ liegt, ist $\mathscr{D}(\mathbb{C}, Y)$ eine Untergruppe von $\mathscr{D}(\mathbb{C}, \mathbb{C}^*)$. Man hat die Möglichkeiten $\mathscr{D}(\mathbb{C}, Y) = 0$ und $\mathscr{D}(\mathbb{C}, Y) = 2\pi i k \, \mathbb{Z}$ mit einer ganzen Zahl $k \geqslant 1$. Im ersten Fall ist $Y$ einfach zusammenhängend und $f$ biholomorph. Im anderen Fall können wir $Y$ mit $\mathbb{C}/2\pi i k \, \mathbb{Z}$ und dieses wiederum mit $\mathbb{C}^*$ identifizieren; dann ist $f(w) = e^{w/k}$ und $p(z) = z^k$. Bis auf Isomorphie sind also

$$\exp: \mathbb{C} \to \mathbb{C}^* \quad \text{und} \quad p_k: \mathbb{C}^* \to \mathbb{C}^*, \; z \mapsto z^k, \qquad (k \geqslant 1)$$

die einzigen Überlagerungen von $\mathbb{C}^*$.

3. Genauso lassen sich die Überlagerungen des punktierten Einheitskreises $\mathbf{D}^* = \{z \in \mathbb{C} : 0 < |z| < 1\}$ oder eines Kreisrings $K = \{z \in \mathbb{C} : r < |z| < R\}$ klassifizieren.

Die universelle Überlagerung ist $\exp: H \to \mathbf{D}^*$ bzw. $\exp: S \to K$, wobei $H$ die linke Halbebene und $S$ der Streifen $\{\log r < \operatorname{Re} z < \log R\}$ ist.

4. Ist $\Gamma = \mathbf{Z}\omega_1 \oplus \mathbf{Z}\omega_2$ ein Gitter in $\mathbf{C}$, so ist die Projektion $p: \mathbf{C} \to \mathbf{C}/\Gamma$ die universelle Überlagerung des Torus $\mathbf{C}/\Gamma$. Wie im ersten Beispiel sieht man $\mathscr{D}(\mathbf{C}, \mathbf{C}/\Gamma) = \Gamma$ und damit $\pi_1(\mathbf{C}/\Gamma) \cong \Gamma$. Nach dem Beweis von Satz 6.8 erhält man einen Isomorphismus von $\Gamma$ auf $\pi_1(\mathbf{C}/\Gamma, p(0))$, wenn man $\omega_j$, $j = 1, 2$, die Homotopieklasse des Bildes der Strecke $[0, \omega_j]$ unter $p$ zuordnet.

Wir tragen nun noch den *Beweis von Lemma 2* nach. Es sei $p: Y \to X$ eine Überlagerung, $x_0 \in X$, $y_0 \in p^{-1} x_0$ und $H: I \times I$ eine Homotopie zweier Wege $\gamma_0$ und $\gamma_1$ in $X$ mit Anfangspunkt $x_0$. Wir wollen die Stetigkeit von $\hat{H}: I \times I \to Y$, $H(t, s) = \hat{\gamma}_s(t)$ zeigen, wobei $\hat{\gamma}_s$ die Liftung von $\gamma_s = H(\cdot, s)$ zum Anfangspunkt $y_0$ ist. Hierzu halten wir $\sigma \in I$ fest und konstruieren $\hat{H}$ in einer Umgebung von $I \times \{\sigma\}$ ähnlich wie im Beweis von Lemma 1. Wir wählen also eine Unterteilung $0 = t_0 < t_1 < \ldots < t_n = 1$ von $I$ so, daß $\gamma_\sigma([t_{\nu-1}, t_\nu])$ in einem offenen zusammenhängenden $U_\nu \subset X$ liegt, über dem $p$ trivial ist. Wegen der Stetigkeit von $H$ gibt es $\epsilon > 0$ mit $H(t, s) \in U_\nu$ für $t \in [t_{\nu-1}, t_\nu] = I_\nu$ (für $\nu = 1, \ldots, n$) und $s \in I_\epsilon(\sigma) = \{s \in I: |s - \sigma| < \epsilon\}$. Es sei nun $\hat{U}_1$ die Wegkomponente von $p^{-1} U_1$ mit $y_0 \in \hat{U}_1$. Wir setzen

$$\hat{H}_\sigma \,|\, I_1 \times I_\epsilon(\sigma) = (p\,|\,\hat{U}_1)^{-1} \circ (H\,|\,I_1 \times I_\epsilon(\sigma)),$$

damit ist $\hat{H}_\sigma$ als stetige Abbildung auf $I_1 \times I_\epsilon(\sigma)$ erklärt. Jetzt sei $\hat{U}_2$ die Wegkomponente von $p^{-1} U_2$ mit $\hat{H}_\sigma(t_1, \sigma) \in \hat{U}_2$. Da $I_\epsilon(\sigma) \ni s \mapsto \hat{H}(t_1, s)$ stetig ist, gilt auch $\hat{H}_\sigma(\{t_1\} \times I_\epsilon(\sigma)) \subset \hat{U}_2$. Wenn wir

$$\hat{H}_\sigma \,|\, I_2 \times I_\epsilon(\sigma) = (p\,|\,\hat{U}_2)^{-1} \circ (H\,|\,I_2 \times I_\sigma(\sigma))$$

setzen, haben wir $\hat{H}_\sigma$ stetig auf $(I_1 \cup I_2) \times I_\epsilon(\sigma)$ erklärt. Nach $n$ Schritten haben wir eine stetige Abbildung $\hat{H}_\sigma: I \times I_\epsilon(\sigma) \to Y$, für die $p \circ \hat{H}_\sigma = H$ gilt. Wegen der Eindeutigkeit der Liftungen $\hat{\gamma}_s$ ist $\hat{H}_\sigma(t, s) = \hat{\gamma}_s(t)$ auf $I \times I_\epsilon(\sigma)$. Damit ist $\hat{\gamma}_s(t)$ stetig in $(t, s)$ auf einer Umgebung von $I \times \{\sigma\}$, es war aber $\sigma \in I$ beliebig. $\qquad\qquad\square$

### Aufgaben:

1. Es sei $g$ eine holomorphe Funktion auf der oberen Halbebene $H$, die nirgends über die reelle Achse hinaus holomorph fortsetzbar ist. Weiter sei $G = D_1(-i)$, $h(z) = \sqrt[3]{z}$ der Zweig auf $G$ mit $h(-i) = i$ und $f = g \circ h$ auf $G$. Man zeige: die vollständige analytische Fortsetzung $X(f)$ von $f$ liegt über $\mathbf{C}^*$, ist aber keine Überlagerung von $\mathbf{C}^*$ im Sinne von Def. 6.1.

2. Wir benutzen die Bezeichnungen von Teil b) des Beweises von Satz 6.2. Man zeige: Jeder Durchschnitt $\hat{U}_1(u_1) \cap \hat{U}_2(u_2)$ ist Vereinigung von Mengen der Form $\hat{U}(w)$.

3. a) Ist $p: Y \to X$ eine Überlagerung und $U \subset X$ ein einfach zusammenhängendes Teilgebiet, so ist $p$ über $U$ trivial.

   b) Ist $q: Z \to Y$ eine weitere Überlagerung, so ist auch $p \circ q: Z \to X$ eine Überlagerung.

4. Ist $p: Y \to X$ eine endlichblättrige Überlagerung und $X$ kompakt, so ist auch $Y$ kompakt.

5. Welche Riemannschen Flächen können als Überlagerungen eines Torus $\mathbf{C}/\Gamma$ auftreten?

6. Es sei $p: Y \to X$ eine Überlagerung Riemannscher Flächen, $x_0 \in X$, $y_0 \in Y$ mit $py_0 = x_0$. Man zeige:

   a) Die Projektion $\gamma \to p \circ \gamma$ von Wegen in $Y$ auf Wege in $X$ induziert einen injektiven Homomorphismus

   $$p_*: \pi_1(Y, y_0) \to \pi_1(X, x_0).$$

b) Ist $y_1$ ein weiterer Punkt über $x_0$, so sind die Untergruppen $p_*(\pi_1(Y, y_1))$ und $p_*(\pi(Y, y_0))$ konjugiert in $\pi_1(X, x_0)$; man erhält auf diese Weise alle zu $p_*(\pi_1(Y, y_0))$ konjugierten Untergruppen.

c) Die Blätterzahl von $p: Y \to X$ ist gleich dem Index von $p_*(\pi_1(Y, y_0))$ in $\pi_1(X, x_0)$.

d) $p: Y \to X$ und $q: Z \to X$ sind isomorphe Überlagerungen genau dann, wenn $p_*(\pi(Y, y_0))$ und $q_*(\pi_1(Z, z_0))$ konjugiert in $\pi_1(X, x_0)$ sind $(y_0 \in p^{-1}x_0, z_0 \in q^{-1}x_0)$.

7. (Fortsetzung von 6.) $p: Y \to X$ heißt regulär, wenn für jeden geschlossenen Weg $\gamma$ in $X$ gilt: Entweder sind alle Liftungen von $\gamma$ geschlossen oder keine Liftung ist geschlossen. Es genügt, dies für Wege mit festem Anfangspunkt $x_0$ zu fordern (Beweis?). Man zeige: $p: Y \to X$ ist regulär genau dann, wenn $p_*(\pi_1(Y, y_0))$ Normalteiler in $\pi_1(X, x_0)$ ist.

8. (Fortsetzung von 7.) Decktransformationen werden auch für beliebige Überlagerungen $p: Y \to X$ als fasertreue Homöomorphismen $g: Y \to Y$ definiert; sie bilden eine Gruppe $\mathscr{D}(Y, X)$.

a) Es sei $p: Y \to X$ regulär und $H = p_*(\pi_1(Y, y_0))$. Dann ist $\mathscr{D}(Y, X)$ isomorph zur Quotientengruppe $\pi_1(X, py_0)/H$. Ferner ist $\mathscr{D}(\tilde{X}, Y) \simeq H$, wenn $\tilde{X}$ die universelle Überlagerung von $X$ (und damit auch von $Y$) ist.

b) $\mathscr{D}(Y, X)$ operiert transitiv auf den Fasern von $p$ genau dann, wenn $p: Y \to X$ regulär ist.

c) Man zeige, daß es zu jedem Normalteiler $H$ von $\pi(X, x_0)$ eine reguläre Überlagerung $p: Y \to X$ gibt mit $p_*(\pi_1(Y, y_0)) = H$ $(y_0 \in p^{-1}x_0)$.

9. Es sei $p: Y \to X$ eine lokal biholomorphe Abbildung, deren Fasern $p^{-1}x$ alle endlich und gleichmächtig sind. Dann ist $p$ eine Überlagerung.

10. Es sei $p: Y \to X$ lokal biholomorph und $Y$ sei kompakt. Dann ist $p$ eine Überlagerung.


# § 7. Verzweigungspunkte

Es sei $f: X \to Y$ eine holomorphe, nicht konstante Abbildung zwischen Riemannschen Flächen und $x_0$ ein Punkt von $X$. Sind $z$ und $w$ lokale Koordinaten um $x_0$ bzw. um $y_0 = f(x_0)$, so wird $f$ in der Nähe von $x_0$ dargestellt durch eine Potenzreihe

$$ w = a_k z^k + a_{k+1} z^{k+1} + \dots \qquad (k \in \mathbb{N},\ a_k \neq 0) . $$

Es gibt dann eine Umgebung $U$ von $x_0$, so daß jedes $y \in f(U)$, $y \neq y_0$, genau $k$ verschiedene $f$-Urbilder in $U$ hat. Somit hängt die Zahl $k$ nicht von der Wahl der lokalen Koordinaten ab. Wir nennen sie die *Ordnung* oder *Vielfachheit* von $f$ in $x_0$, schreiben $k = o(f, x_0)$ und sagen auch, daß $f$ in $x_0$ eine $k$-fache $y_0$-Stelle hat. Den Spezialfall $Y = \hat{\mathbb{C}}$ hatten wir schon in § 5 betrachtet.

In der beschriebenen Situation kann man $z$ durch eine lokale Koordinate $\zeta$ um $x_0$ ersetzen, so daß $f$ durch

$$ w = \zeta^k $$

dargestellt wird: Wegen $a_k \neq 0$ gibt es eine bei $z = 0$ holomorphe Funktion $g(z)$ mit $(g(z))^k = a_k + a_{k+1} z + \dots$; $\zeta = z g(z)$ leistet das Gewünschte.

Ist $k > 1$, so heißt $x_0$ *Verzweigungspunkt* von $f$; man sagt, daß $f$ in $x_0$ verzweigt sei. Die Zahl $k - 1$ wird dann als *Verzweigungsindex* von $f$ in $x_0$ bezeichnet. — Die Menge $B_f$ der Verzweigungspunkte von $f$ ist diskret in $X$, außerhalb von $B_f$ ist $f$ lokal biholomorph.

Wir setzen nun zusätzlich voraus, daß $f$ eine *eigentliche* Abbildung ist, d.h. daß die Urbilder kompakter Mengen wieder kompakt sind. Bei kompaktem $X$ ist $f$ stets eigentlich.

Für eine eigentliche Abbildung $f$ ist $f(B_f)$ diskret in $Y$ (Aufgabe 1). Überdies sind dann alle Fasern $f^{-1}(y)$ als kompakte diskrete Teilmengen von $X$ endlich. Es gilt

**Satz 7.1.** *Es sei $f: X \to Y$ eine eigentliche holomorphe nichtkonstante Abbildung Riemannscher Flächen. Dann ist*

$$d_y(f) = \sum_{x \in f^{-1}(y)} o(f, x)$$

*konstant auf $Y$.*

**Beweis:** Es sei $y_0 \in Y$ fest und $f^{-1}(y_0) = \{x_1, \ldots, x_m\}$ mit $o(f, x_\mu) = k_\mu$. Weiter seien $U_1, \ldots, U_m$ Umgebungen der $x_\mu$. Ist nun $V$ eine hinreichend kleine Umgebung von $y_0$, so gilt $f^{-1} V \subset \bigcup_\mu U_\mu$. Sonst gäbe es nämlich in $X$ Punkte $x^{(\nu)} \notin \bigcup_\mu U_\mu$, $\nu = 1, 2, \ldots$, mit $f(x^{(\nu)}) = y_\nu \to y_0$. Die $x^{(\nu)}$ lägen dann im kompakten Urbild der kompakten Menge $\{y_0\} \cup \{y_\nu : \nu = 1, 2, \ldots\}$, hätten also eine konvergente Teilfolge, deren Limes notwendig einer der Punkte $x_\mu$ ist. Dem widerspricht $x^{(\nu)} \notin \bigcup U_\mu$. — Wir wählen nun die $U_\mu$ disjunkt und so, daß $f$ in $U_\mu - \{x_\mu\}$ jeden Wert genau $k_\mu$-mal annimmt. Außerdem sei $V$ eine Umgebung von $y_0$ mit $f^{-1} V \subset \bigcup_\mu U_\mu$. Dann gilt für alle $y \in V$

$$\sum_{x \in f^{-1}(y)} o(f, x) = \sum_\mu \sum_{\substack{x \in U_\mu \\ f(x) = y}} o(f, x) = \sum_\mu k_\mu \ .$$

Die Funktion $d_y(f)$ ist also lokal konstant auf $Y$ und damit konstant. $\qquad\qquad\square$

Wenn $X$ kompakt ist und $f: X \to Y$ holomorph und nicht konstant, so ist $f(X)$ kompakt und offen in $Y$, also hat man $Y = f(X)$, d.h. $Y$ ist kompakt und $f$ surjektiv. Damit ergibt sich aus Satz 7.1 von neuem eine Aussage, die wir in § 5 aus dem Residuensatz abgeleitet hatten:

**Folgerung 7.2.** *Eine nicht konstante meromorphe Funktion auf einer kompakten Riemannschen Fläche nimmt alle Werte aus $\hat{\mathbb{C}}$ gleich oft an (jeweils mit Vielfachheit gezählt).*

Wir wenden uns nun noch einmal dem Problem der Fortsetzung holomorpher Funktionen zu. Der in § 3 erklärte Begriff der vollständigen analytischen Fortsetzung läßt noch Wünsche offen. Das zeigt schon das Beispiel der Quadratwurzel: Der Definitionsbereich der vollständigen analytischen Fortsetzung $\hat{f}$ von $f(z) = \sqrt{z}$ ist ein Riemannsches Gebiet $\hat{p}: X(\sqrt{z}) \to \mathbb{C}^*$, welches $\mathbb{C}^*$ zweiblättrig (unverzweigt) überlagert. Andererseits läßt sich die Wurzel auch in $0$ und $\infty$ mit den eindeutigen Werten $\sqrt{0} = 0$ und $\sqrt{\infty} = \infty$ erklären. Es liegt daher nahe, $X(\sqrt{z})$ durch „Einsetzen" eines neuen über $0$ gelegenen

Punktes $x_0$ und eines über $\infty$ gelegenen Punktes $x_\infty$ zu einem topologischen Raum $\hat{X}$ zu erweitern und $\hat{f}$ stetig in die neuen Punkte fortzusetzen. Wegen der Isomorphie

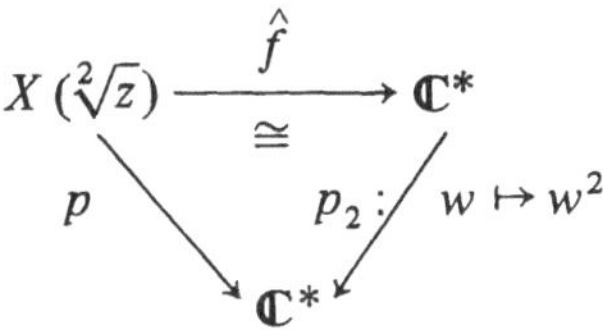

kann man $X(\sqrt{z})$ mit $(\mathbb{C}^*, p_2)$ identifizieren; $p_2$ hat die offensichtliche Fortsetzung $\hat{p}_2 : \hat{\mathbb{C}} \to \hat{\mathbb{C}}$, $w \mapsto w^2$, welche meromorph und in 0 und $\infty$ verzweigt ist. $X$ kann in diesem Fall also mit $\hat{\mathbb{C}}$, versehen mit der Projektion $\hat{p}_2$, identifiziert werden.

Im allgemeinen muß man bei gegebenem $X(f)$ durch „Einsetzen" von Verzweigungspunkten und Polstellen ein $\hat{X}(f)$ konstruieren, dieses zu einer Riemannschen Fläche „über $\hat{\mathbb{C}}$" machen und schließlich $\hat{f}$ meromorph auf $\hat{X}(f)$ fortsetzen. Zunächst erweitern wir den Begriff des Riemannschen Gebietes:

**Definition 7.1.** *Ein verzweigtes Riemannsches Gebiet ist ein Paar $(X, p)$ aus einer Riemannschen Fläche $X$ und einer nichtkonstanten holomorphen Abbildung $p$ von $X$ in $\hat{\mathbb{C}}$.*

Bei einem verzweigten Riemannschen Gebiet $(X, p)$ sind $B_p = \{x \in X : o\,(p, x) > 1\}$ und $P_p = \{x \in X : p\,(x) = \infty\}$ diskret in $X$ (eventuell leer); die Einschränkung $p : X - (B_p \cup P_p) \to \mathbb{C}$ ist ein unverzweigtes Riemannsches Gebiet. In den Punkten $x_0$ von $X - B_p$ liefert $p$ bzw. $1/p$ (falls $x_0 \in P_p$ und $o\,(p, x) = 1$) eine lokale Koordinate. Zu jedem Punkt $x_1 \in B_p$ mit $o\,(p, x_1) = k$ gibt es eine Umgebung $U$ von $x_1$ und eine Umgebung $V$ von $z_1 = p\,(x_1)$ sowie eine lokale Koordinate $\zeta$ um $x_1$, so daß das folgende Diagramm kommutativ ist:

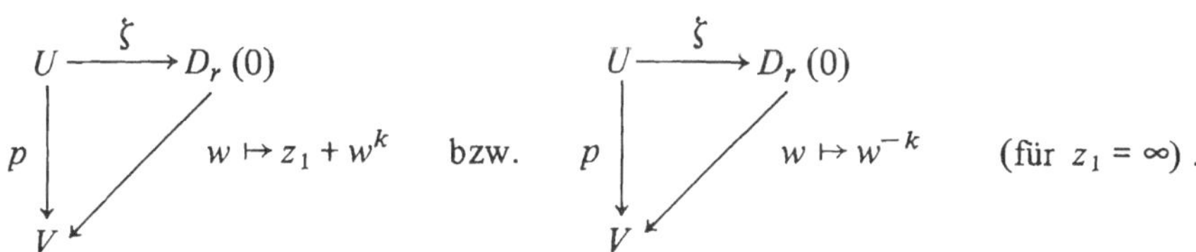

Wir erweitern jetzt den Begriff der analytischen Fortsetzung aus § 3:

**Definition 7.2.** *Es sei $G \subset \mathbb{C}$ ein Gebiet und $f$ holomorph auf $G$. Eine verzweigte meromorphe Fortsetzung von $f$ ist ein verzweigtes Riemannsches Gebiet $(X, p)$ zusammen mit*

a)  *einer holomorphen Abbildung $j : G \to X$ mit $p \circ j = id_G$*

b)  *einer holomorphen Abbildung $\hat{f} : X \to \hat{\mathbb{C}}$ mit $\hat{f} \circ j = f$.*

Dann ist $j(G)$ ein schlicht über $G$ liegendes Teilgebiet von $X$, $p$ ist auf $j(G)$ unverzweigt. Entfernt man aus $X$ die Verzweigungspunkte von $p$ sowie die Polstellen von $p$ und $\hat{f}$, so erhält man eine analytische Fortsetzung von $f$ im Sinne von Definition 3.3.

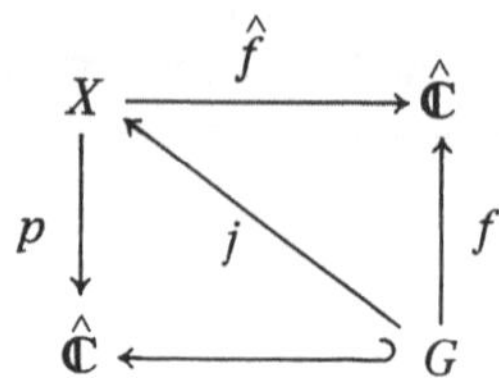

**Definition 7.3.** *Eine verzweigte meromorphe Fortsetzung $(X, p, j, \hat{f})$ von $f: G \to \mathbb{C}$ heißt vollständig, wenn zu jeder verzweigten meromorphen Fortsetzung $(X_1, p_1, j_1, \hat{f}_1)$ von $f$ eine holomorphe Abbildung $\varphi: X_1 \to X$ mit $\varphi \circ j_1 = j$ und $p \circ \varphi = p_1$ existiert.*

Dann gilt auch $\hat{f}_1 = \hat{f} \circ \varphi$, denn beide Seiten stimmen auf $j_1 G$ überein. — Genau wie in § 3 sieht man, daß eine vollständige verzweigte meromorphe Fortsetzung einer gegebenen Funktion $f$ bis auf Isomorphie eindeutig bestimmt ist. Wir beweisen nun die diese Theorie abschließende Existenzaussage.

**Satz 7.3.** *Es sei $f$ holomorph auf einem Gebiet $G \subset \mathbb{C}$. Dann gibt es eine vollständige verzweigte meromorphe Fortsetzung von $f$.*

Nach Weierstraß nennt man diese Fortsetzung gelegentlich auch die „analytische Configuration" von $f$. — Das zugehörige verzweigte Riemannsche Gebiet heißt Riemannsche Fläche von $f$.

**Beweis:** a) Ausgangspunkt ist die in § 3 beschriebene vollständige analytische Fortsetzung von $f$. Wir benutzen dafür jetzt die folgenden Bezeichnungen:

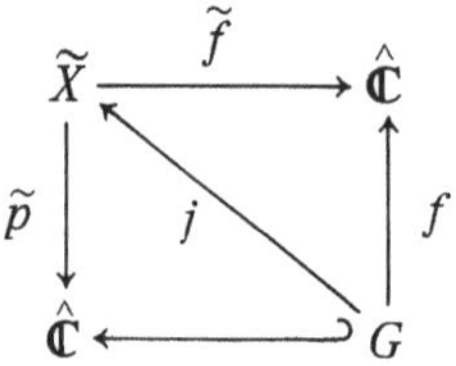

b) Es sei $V$ eine offene Menge in $\tilde{X}$, für die $\tilde{p}: V \to \tilde{p} V$ eine $k$-blättrige Überlagerung einer punktierten Kreisscheibe $\dot{D}_r(a) = \tilde{p} V$ um einen Punkt $a \in \hat{\mathbb{C}}$ ist (dabei haben wir $\dot{D}_r(a) = \{z \in \mathbb{C} : 0 < |z - a| < r\}$ für $a \in \mathbb{C}$ und $\dot{D}_r(\infty) = \{z \in \mathbb{C} : |z| > 1/r\}$ gesetzt). Dann ist $V$ eine Wegkomponente von $\tilde{p}^{-1} \dot{D}_r(a)$ (siehe Aufgabe 3). Nach § 6 gibt es eine biholomorphe Abbildung $\psi = \psi_V: V \to \dot{D}_\rho(0)$, $\rho = r^{1/k}$, so daß $g_V = g = \tilde{p} \circ \psi^{-1}$ die Form $g(t) = a + t^k$ bzw. $g(t) = t^{-k}$ hat.

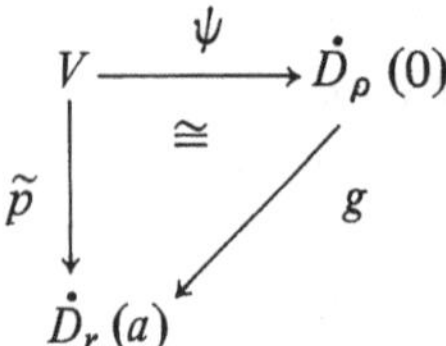

Die Idee ist nun: Falls $V$ nicht schon einen über $a$ gelegenen Randpunkt in $\widetilde{X}$ hat (dies kann nur für $k = 1$ vorkommen), setzen wir einen Punkt $\alpha(V)$ über $a$ in $V$ ein, sofern sich $\widetilde{f}$ in diesen Punkt hinein meromorph fortsetzen läßt.

Wir nennen $V$ zulässig, wenn es zu einem der folgenden Typen gehört:

i) $\quad k > 1$, $\widetilde{f} \circ \psi^{-1}$ hat in 0 eine hebbare Singularität oder einen Pol,

ii) $\quad k = 1$, $a = \infty$, $\widetilde{f} \circ \psi^{-1}$ hat in 0 eine hebbare Singularität oder einen Pol,

iii) $\quad k = 1$, $a \in \mathbb{C}$, $\widetilde{f} \circ \psi^{-1}$ hat in 0 einen Pol.

c) Auf der Menge der zulässigen $V$ definieren wir eine Äquivalenzrelation: $V_1 \sim V_2$, wenn die Zentren von $\widetilde{p}\, V_1$ und $\widetilde{p}\, V_2$ übereinstimmen und $V_1 \subset V_2$ oder $V_2 \subset V_1$ gilt. Die Äquivalenzklasse von $V$ sei mit $\alpha(V)$ bezeichnet, die Menge der Äquivalenzklassen mit $A$.

Wir setzen $X = \widetilde{X} \cup A$. Die Abbildungen $\widetilde{p}$ und $\widetilde{f}$ werden fortgesetzt zu $\hat{p}: X \to \hat{\mathbb{C}}$ und $\hat{f}: X \to \hat{\mathbb{C}}$ durch

$$\hat{p}\,(\alpha(V)) = \text{Zentrum von } \widetilde{p}\, V,$$
$$\hat{f}(\alpha(V)) = \lim_{t \to 0} \widetilde{f} \circ \psi_V^{-1} \in \hat{\mathbb{C}}\, .$$

Diese Festsetzungen sind unabhängig von der Wahl des Repräsentanten $V$ von $\alpha(V)$ und der Abbildung $\psi_V$.

d) Es ist nun zu zeigen, daß die komplexe Struktur von $\widetilde{X}$ so auf $X$ fortgesetzt werden kann, daß $\hat{p}$ und $\hat{f}$ holomorph werden.

$\text{d}_1$) Es sei $\alpha(V)$ ein „neuer" Punkt mit Repräsentanten $V$. Wir setzen $\psi$ fort zu $\hat{\psi}_V: V \cup \{\alpha(V)\} \to D_{\rho}(0)$ durch $\hat{\psi}_V(\alpha(V)) = 0$. Als Umgebungsbasis von $\alpha(V)$ nehmen wir dann die $\hat{\psi}_V^{-1}(D_{\rho/n}(0))$, $n = 1, 2, \dots$. Damit wird $X$ zu einem wegzusammenhängenden topologischen Raum, $\hat{p}: X \to \hat{\mathbb{C}}$ wird stetig.

$\text{d}_2$) $X$ ist Hausdorffsch: Seien $x_1$ und $x_2$ verschiedene Punkte von $X$; wir müssen zeigen, daß sie disjunkte Umgebungen besitzen. Das ist klar für $\hat{p}x_1 \neq \hat{p}x_2$ und bekannt für $x_1$, $x_2 \in \widetilde{X}$. Ist nun $x_j = \alpha(V_j)$, $\hat{p}x_j = a$ für $j = 1, 2$, so können wir Repräsentanten $V_1$, $V_2$ über dem gleichen $\dot{D}_r(a)$ wählen. Diese sind aber Wegkomponenten von $\widetilde{p}^{-1}\dot{D}_r(a)$, also disjunkt oder gleich; im letzten Fall ist $x_1 = x_2$. Ist schließlich $x_1 = \alpha(V)$ und $x_2 \in \widetilde{X}$ mit $\hat{p}x_1 = \hat{p}x_2 = a$, so gibt es (für hinreichend kleines $r$) eine schlichte Umgebung $W$ von $x_2$ über $D_r(a)$ und einen Repräsentanten $V$ von $x_1$ über $\dot{D}_r(a)$. Dann sind $W - \{x_2\}$ und $V$ Komponenten von $\widetilde{p}^{-1}\dot{D}_r(a)$. Wären sie gleich, so wäre $k = 1$ und $V$ nicht zulässig ($\widetilde{f}\,|\,V$ hätte in $x_2$ eine hebbare Singularität).

$\text{d}_3$) Für jedes zulässige $V$ ist $\hat{\psi}_V: V \cup \{\alpha(V)\} \to D_{\rho}(0)$ eine Karte. Diese Karten zusammen mit einem Atlas von $\widetilde{X}$ liefern eine komplexe Struktur auf $X$.

$\text{d}_4$) $\hat{p}$ und $\hat{f}$ sind holomorph: Dies muß nur in den „neuen" Punkten $\alpha(V)$ nachgeprüft werden. Für diese folgt es aber direkt aus den obigen Definitionen durch Betrachtung von

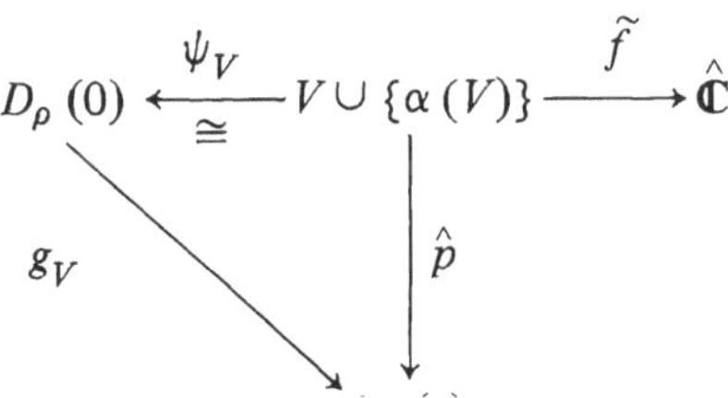

e) Es bleibt die Vollständigkeit zu zeigen. Es sei

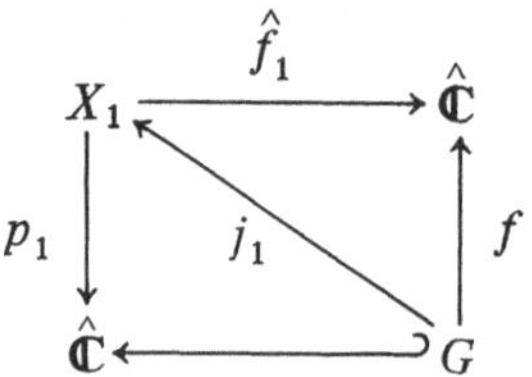

eine beliebige verzweigte meromorphe Fortsetzung von $f$. Durch Entfernen der Polstellen von $p_1$ und $\hat{f}_1$ sowie der Verzweigungspunkte von $\dot{p}_1$ erhält man eine unverzweigte analytische Fortsetzung $(\widetilde{X}_1, p_1 | \widetilde{X}_1, j_1, \hat{f}_1 | \widetilde{X}_1)$. Wegen der Vollständigkeit von $(\widetilde{X}, \widetilde{p}, j, \widetilde{f})$ gibt es eine holomorphe Abbildung $\varphi \colon \widetilde{X}_1 \to \widetilde{X}$ mit $\varphi \circ j_1 = j$ und $\widetilde{p} \circ \varphi = p_1 | \widetilde{X}_1$. Man überzeugt sich nun, daß $\varphi$ zu einer stetigen Abbildung $\hat{\varphi} \colon X_1 \to X$ fortgesetzt werden kann. Diese ist holomorph nach dem Riemannschen Hebbarkeitssatz. Es sei etwa $y_1 \in X_1$ ein Verzweigungspunkt von $p_1$. Wir wählen eine Umgebung $V_1$ von $y_1$, so daß $p_1 \colon \dot{V}_1 \to p_1 \dot{V}_1 = \dot{D}_r(a)$ eine $k$-blättrige Überlagerung ist ($\dot{V}_1 = V_1 - \{y_1\}$). Es sei $V$ die Komponente von $\varphi(\dot{V}_1 \cap \widetilde{X}_1)$ in $\widetilde{p}^{-1} \dot{D}_r(a)$. Wir wählen $r$ so klein, daß auch $\widetilde{p} \colon V \to \dot{D}_r(a)$ eine Überlagerung ist. Dann ist entweder $V$ zulässig, in diesem Fall setzen wir $\hat{\varphi}(y_1) = \alpha(V)$, oder es gibt einen Randpunkt $x_1 \in \widetilde{X}$ von $V$ über $a$. Dann setzen wir $\hat{\varphi}(a_1) = x_1$. — Die Polstellen von $p_1$ und $\hat{f}_1$ kann man ebenso behandeln. Wir überlassen die Einzelheiten dem Leser. $\qquad\square$

### Aufgaben:

1.    Man zeige: Wenn $f \colon X \to Y$ eigentlich, holomorph und nicht konstant ist, so sind $f(B_f)$ und $f^{-1}(f(B_f))$ diskret in $Y$ bzw. in $X$. Die Einschränkung

$$f \colon X - f^{-1} f(B_f) \to Y - f(B_f)$$

ist eine (unverzweigte unbegrenzte) Überlagerung.

2.    Man leite den „Fundamentalsatz der Algebra" aus Satz 7.1 ab.

3.    Es sei $(\widetilde{X}, \widetilde{p})$ ein unverzweigtes Riemannsches Gebiet, $V \subset \widetilde{X}$ offen, zusammenhängend, $\widetilde{p} \colon V \to \widetilde{p} V$ eine Überlagerung. Man zeige, daß $V$ eine Wegkomponente von $\widetilde{p}^{-1}(\widetilde{p} V)$ ist. (Hinweis: Die Eindeutigkeit der Liftung von Wegen gilt schon für lokaltopologische Abbildungen, vgl. Beweis von Satz 3.2 $i)$ .)

4.    a) Man zeige, daß die Riemannsche Fläche der $k$-ten Wurzel isomorph ist zu $(\hat{\mathbb{C}}, p_k)$ mit
$$p_k \colon \hat{\mathbb{C}} \to \hat{\mathbb{C}}, \ p_k(w) = w^k.$$
     b) Man zeige, daß die Riemannsche Fläche des Logarithmus mit dem (unverzweigten) Riemannschen Gebiet $X(\log)$ übereinstimmt.

5.    Es sei $G = D_1(0)$ und $f(z) = \sqrt{z^2 - 1}$ auf $G$ mit $f(0) = i$. Weiter sei $p \colon \hat{\mathbb{C}} \to \hat{\mathbb{C}}$, $w \mapsto \frac{1}{2}\left(w + \frac{1}{w}\right)$ und $j \colon G \to \hat{\mathbb{C}}$, $z \mapsto z + f(z)$. Man bestimme $\hat{f} \colon \hat{\mathbb{C}} \to \hat{\mathbb{C}}$ so, daß $(\hat{\mathbb{C}}, p, j, \hat{f})$ eine verzweigte meromorphe Fortsetzung von $f$ ist. Man zeige: Diese Fortsetzung ist vollständig — in anderen Worten, die Riemannsche Fläche von $\sqrt{z^2 - 1}$ ist $(\hat{\mathbb{C}}, p)$. Verallgemeinerung: Man bestimme die Riemannsche Fläche von $f(z) = \sqrt{(z-a)(z-b)}$, $a \neq b$.

# Kapitel III

# Harmonische Funktionen und das Dirichlet-Problem

Das Dirichlet-Problem stellt die Aufgabe, auf einem (beschränkten) Bereich eine harmonische Funktion zu finden, die am Rande des Bereichs gegen vorgeschriebene Randwerte strebt. Seine Lösung ist ein wichtiger Schritt bei der Konstruktion holomorpher Funktionen mit vorgegebenem Randverhalten.

Eine lineare Funktion $l$ auf einem Intervall $[a, b] \subset \mathbb{R}$ ist offenbar das Supremum aller unterhalb $l$ gelegenen konvexen Funktionen auf $[a, b]$. Entsprechend werden wir das Dirichlet-Problem lösen durch Bildung des Supremums einer geeigneten Familie von „subharmonischen" Funktionen (§§ 2, 3). Die Lösung läßt sich unter geeigneten Glattheitsvoraussetzungen auch durch ein Integral über den Rand des Bereichs $G$ beschreiben, in dessen Integrand die Greensche Funktion auftritt, das ist eine gewisse in $G$ bis auf eine Singularität harmonische Funktion (§ 6). § 7* ordnet die Cauchysche Integralformel in diese Theorie ein – vgl. [26].

Ein Teil dieser Resultate ist grundlegend für den Beweis des Uniformisierungssatzes im nächsten Kapitel. Wir formulieren daher alles für Gebiete in Riemannschen Flächen. Das Nötige über harmonische Funktionen wird in § 1 und § 5 zusammengestellt. – Die Ergebnisse des § 4 über subharmonische Randfunktionen glatt berandeter Gebiete werden bei der Untersuchung des Randverhaltens konformer Abbildungen in Kap. VII benötigt.

Das Interesse an harmonischen Funktionen im $\mathbb{R}^3$ (der Name wurde um 1850 von W. Thomson, Lord Kelvin, geprägt) entspringt der Physik: Das Potential $U$ eines Gravitations- oder elektrischen Feldes genügt im freien Raum der Laplaceschen Gleichung $\Delta U = 0$. Zwischen 1820 und 1830 wurde die Wichtigkeit der heute nach Dirichlet benannten Randwert-Aufgabe klar. In einer 1828 erschienenen Arbeit stellt G. Green die „Greenschen Formeln" im $\mathbb{R}^3$ auf (gleichzeitig tut das auch M. W. Ostrogradski) und löst das Dirichlet-Problem mit Hilfe der „Greenschen Funktion" $g$ (dem entspricht ungefähr unser Satz 6.9), deren Existenz er physikalisch begründet. Green beweist dort auch die Symmetrie von $g$.

Der Zusammenhang zwischen harmonischen Funktionen von zwei reellen Variablen, holomorphen Funktionen einer komplexen Variablen und konformen Abbildungen war vermutlich schon Gauß bewußt, der aber nichts darüber veröffentlichte. Riemann nutzte als erster die harmonischen Funktionen zur Herstellung von holomorphen Funktionen und konformen Abbildungen.

Zur mathematisch einwandfreien Lösung des Dirichlet-Problems wurden seit ca. 1870 eine Reihe von Methoden ersonnen (zunächst von H. A. Schwarz, später von C. G. Neumann, H. Poincaré, D. Hilbert). Die von uns benutzte wurde 1923 von O. Perron publiziert (unabhängig davon gleichzeitig von R. Remak gefunden). Dadurch angeregt, begannen F. und M. Riesz ein gründliches Studium der subharmonischen Funktionen (dieser Name wurde von F. und M. Riesz eingeführt), die seitdem ein wichtiges Werkzeug in der komplexen Analysis und der Potentialtheorie sind. Übrigens spielten Eigenschaften subharmonischer Funktionen schon in einer 1906 erschienenen Arbeit von F. Hartogs über mehrere komplexe Veränderliche eine Rolle.

Daß die Lösbarkeit des Dirichlet-Problems Regularitätseigenschaften des Randes erfordert, wurde von Poincaré bemerkt und 1912 von Lebesgue bewiesen, der dabei den Begriff der Barriere einführte.

## § 0. Differenzierbare Ränder und differenzierbare Funktionen

Zur Festlegung der Sprechweise stellen wir hier einige Begriffe und Aussagen zusammen, die oft benötigt werden.

**Definition 0.1.** *Der Rand eines Gebietes $G \subset \mathbb{C}$ heißt k-mal stetig differenzierbar*
*$(1 \leqslant k \leqslant \infty)$, wenn es eine Umgebung $U$ von $\partial G$ und eine k-mal stetig differenzierbare*
*Funktion $\varphi\colon U \to \mathbb{R}$ gibt mit*

$$\varphi(z) < 0 \;\; auf \;\; U \cap G, \quad \varphi(z) = 0 \;\; auf \;\; \partial G, \quad \varphi(z) > 0 \;\; auf \;\; U - \bar{G}$$

*und $d\varphi \neq 0$ auf $\partial G$. Jede solche Funktion $\varphi$ nennen wir eine Randfunktion von G.*

Wir schreiben kurz: $G$ hat $\mathscr{C}^k$-Rand oder auch $\partial G \in \mathscr{C}^k$. Wir sagen, $G$ habe *glatten Rand*,
wenn $\partial G \in \mathscr{C}^\infty$.

Die Aussage $\partial G \in \mathscr{C}^k$ ist lokal bezüglich $\partial G$: Hat jeder Punkt $z_0 \in \partial G$ eine Umgebung $V$,
so daß $\partial G \cap V$ die Nullstellenmenge einer $\mathscr{C}^k$-Funktion $\varphi\colon V \to \mathbb{R}$ mit $d\varphi \neq 0$ auf $V \cap \partial G$
ist, so gilt $\partial G \in \mathscr{C}^k$. – Der Begriff des $\mathscr{C}^k$-Randes ist somit auch für Gebiete in einer
Riemannschen Fläche sinnvoll.

Ist $\partial G \in \mathscr{C}^k$, so hat $\partial G$ auf Grund des Satzes über implizite Funktionen lokal $\mathscr{C}^k$-glatte
Parametrisierungen. Das heißt: Zu jedem Punkt von $\partial G$ gibt es eine Umgebung $V$ und
eine bijektive $\mathscr{C}^k$-Abbildung $\gamma$ eines offenen reellen Intervalls auf $V \cap \partial G$ mit $\gamma' \neq 0$
(vgl. Aufgabe 1).

Hat $G \subset \mathbb{C}$ einen $\mathscr{C}^1$-Rand mit Randfunktion $\varphi$, so ist in jedem Punkt $z \in \partial G$ der äußere
Normaleneinheitsvektor

$$\mathbf{n}(z) = \frac{\nabla\varphi}{\|\nabla\varphi\|} = \frac{\varphi_{\bar{z}}}{|\varphi_{\bar{z}}|}$$

definiert und unabhängig von $\varphi$. Insbesondere sind solche Gebiete positiv berandet.

Ist der Rand eines beschränkten Gebietes $G \subset \mathbb{C}$ $k$-mal stetig differenzierbar mit $k \geqslant 2$,
so gibt es ein $\epsilon > 0$ derart, daß die Abbildung

$$\partial G \times \,]{-}\epsilon, \epsilon[ \,\to \mathbb{C}\,, \qquad (z, t) \mapsto z - t\,\mathbf{n}(z)$$

ein $\mathscr{C}^{k-1}$-Diffeomorphismus von $\partial G \times \,]{-}\epsilon, \epsilon[$ auf eine Umgebung $V$ von $\partial G$ ist. Eine
solche Umgebung nennt man *Tubenumgebung* von $\partial G$ der Breite $2\epsilon$. (Existenzbeweis
als Aufgabe 3.) In dieser Situation gibt es zu jedem $\zeta \in V \cap \bar{G}$ eindeutig einen Punkt
$z = \pi(\zeta) \in \partial G$ und eine Zahl $t \in [0, \epsilon[$, so daß $\zeta = z - t\,\mathbf{n}(z)$; dabei ist $t$ der Abstand
von $\zeta$ zu $\partial G$:

$$t = \delta_G(\zeta) = \inf\{|\zeta - z| : z \in \partial G\}.$$

Die *orthogonale Projektion* $\pi\colon V \cap \bar{G} \to \partial G$ ist stetig.

**Definition 0.2.** *Es sei $G \subset\subset \mathbb{C}$ ein Gebiet mit $\mathscr{C}^k$-Rand. Eine Funktion $f$ heißt auf $\bar{G}$*
*l-mal stetig differenzierbar $(0 \leqslant l \leqslant k)$, wenn sie auf $G$ l-mal stetig differenzierbar ist*
*und alle Ableitungen von $f$ der Ordnung $\leqslant l$ stetig nach $\bar{G}$ fortgesetzt werden können.*

Wir bezeichnen den Raum der auf $\bar{G}$ $l$-mal stetig differenzierbaren Funktionen mit $\mathscr{C}^l(\bar{G})$;
für $l < \infty$ ist er ein Banachraum mit der Norm

$$\|f\|_{\mathscr{C}^l} = \sum_{0 \leqslant r \leqslant l} \sup_{z \in G} |D^r f(z)|\,,$$

wobei $D^r$ für die Ableitungen nach $x$ und $y$ der Gesamtordnung $r$ steht. — Zur Klärung der Begriffe beweisen wir den

**Satz 0.1.** *Das Gebiet $G \subset\subset \mathbb{C}$ habe $\mathscr{C}^k$-Rand. Dann ist $f \in \mathscr{C}^k(\overline{G})$ genau dann, wenn es eine Funktion $F \in \mathscr{C}^k(\mathbb{C})$ mit kompaktem Träger gibt, deren Einschränkung auf $\overline{G}$ gerade $f$ ist. Hinreichend für $f \in \mathscr{C}^k(\overline{G})$ ist die $(k+1)$-malige Differenzierbarkeit von $f$ auf $G$ zusammen mit der Beschränktheit der $(k+1)$-ten Ableitungen von $f$ auf $G$.*

Bei $k = \infty$ ist die letzte Bedingung als Existenz und Beschränktheit der Ableitungen beliebiger Ordnung zu lesen.

**Beweis:** Wenn die $(r+1)$-ten Ableitungen von $f$ beschränkt sind, so sind die $r$-ten Ableitungen gleichmäßig stetig auf $G$ und daher nach $\overline{G}$ fortsetzbar und wieder beschränkt (Aufgabe 4). — Nichtelementar ist hingegen die Aussage: Jedes $f \in \mathscr{C}^k(\overline{G})$ läßt sich zu $F \in \mathscr{C}^k(\mathbb{C})$ fortsetzen. Mittels einer Partition der Eins und geeigneter Koordinatenwahl reduziert man sie leicht auf folgendes Problem:

Es sei $H$ die obere Halbebene $\{z = x + iy : y > 0\}$; die Funktion $f \in \mathscr{C}^k(\overline{H})$ sei $\equiv 0$ für $|z| \geqslant 1$. Dann existiert eine Funktion $F \in \mathscr{C}^k(\mathbb{C})$ mit $F|\overline{H} \equiv f$.

Wir beweisen diese Aussage nur für $k < \infty$; der Fall $k = \infty$ beruht auf derselben Idee und wird als Aufgabe 6 gestellt. Wir versuchen, $F$ auf der abgeschlossenen unteren Halbebene durch die Formel

$$F_0(x, y) = \sum_{j=1}^{k+1} c_j\, f(x, -jy)$$

mit geeigneten reellen Konstanten zu erklären. Zu erfüllen sind die Bedingungen

$$\frac{\partial^l}{\partial y^l} F_0(x, y) \equiv \frac{\partial^l}{\partial y^l} f(x, y)$$

für $y = 0$ und $0 \leqslant l \leqslant k$. Das führt für die $c_j$ auf das lineare Gleichungssystem

$$1 = \sum_{j=1}^{k+1} c_j\, (-j)^l, \qquad l = 0, \dots, k\,,$$

dessen Determinante vom Vandermonde-Typ ist und damit von Null verschieden. Das System ist also eindeutig lösbar. Bei dieser Wahl der $c_j$ verifiziert man leicht, daß durch

$$F(x, y) = \begin{cases} f(x, y) & \text{für} \quad y \geqslant 0 \\ F_0(x, y) & \text{für} \quad y \leqslant 0 \end{cases}$$

eine Funktion in $\mathscr{C}^k(\mathbb{C})$ erklärt wird, die sogar kompakten Träger hat. $\qquad\square$

Für $\mathscr{C}^k$-berandete Gebiete $G$ in einer Riemannschen Fläche $X$ definieren wir die Funktionen $f \in \mathscr{C}^l(\overline{G})$ gleich als Einschränkungen von Funktionen $F \in \mathscr{C}^l(X)$ auf $\overline{G}$. Wir überlassen es dem Leser, die Bedingung aus Satz 0.1 mit Hilfe lokaler Koordinaten auf diese Situation zu übertragen.

**Aufgaben:**

1.     Es sei $G \subset \mathbb{C}$ ein Gebiet, $\partial G$ habe lokal $\mathscr{C}^k$-glatte Parametrisierungen. Zeige $\partial G \in \mathscr{C}^k_{\cdot}$.

2.     Es seien $\varphi$ und $\psi$ $\mathscr{C}^k$-Randfunktionen von $G$. Zeige $\varphi = \chi \psi$ mit einer $\mathscr{C}^k$-Funktion $\chi > 0$.

3.     Zur Existenz von Tubenumgebungen: Man kann annehmen, daß $\partial G$ nur aus einer Komponente besteht. Will man die Terminologie der Untermannigfaltigkeiten nicht benutzen, bedient man sich am einfachsten der Parametrisierung $\gamma \colon [0, L] \to \partial G$ durch die Bogenlänge; diese ist $k$-mal stetig differenzierbar, wenn $\partial G$ es ist. Bei positiver Orientierung hat man $\mathbf{n}\,(\gamma\,(s)) = -i\gamma'\,(s)$. Die Abbildung

$$\psi \colon [0, L] \times \mathbb{R} \to \mathbb{C}, \quad (s, t) \mapsto \gamma\,(s) - it\gamma'\,(s)$$

ist $\mathscr{C}^{k-1}$, auf $[0, L] \times \{0\}$ ist die Jacobi-Determinante $\neq 0$, also auch auf $[0, L] \times \,]-\epsilon, \epsilon[$ für kleines $\epsilon > 0$. Dort ist $\psi$ also ein lokaler $\mathscr{C}^{k-1}$-Diffeomorphismus. Da $\psi$ auf $[0, L] \times \{0\}$ bijektiv ist (abgesehen von $\psi\,(0, 0) = \psi\,(L, 0)$), kann man durch Verkleinern von $\epsilon$ auch Bijektivität auf $[0, L] \times \,]-\epsilon, \epsilon[$ erreichen (abgesehen von $\psi\,(0, t) = \psi\,(L, t)$). – Man führe die Details aus.

4.     Man führe die Einzelheiten des Beweises der zweiten Aussage von Satz 0.1 aus.

5.     Zeige durch Analyse des Beweises von Satz 0.1: Es gibt einen linearen Operator $E_k \colon \mathscr{C}^k\,(\overline{G}) \to \mathscr{C}^k_0\,(\mathbb{C})$ mit $E_k f\,|\,\overline{G} \equiv f$ und

$$\|E_k f\|_{\mathscr{C}^k(\mathbb{C})} \leqslant \text{const } \|f\|_{\mathscr{C}^k(\overline{G})} \; .$$

Dabei bezeichnet $\mathscr{C}^k_0$ den Raum der $\mathscr{C}^k$-Funktionen mit kompaktem Träger.

6*.    (der Fall $k = \infty$ im Satz). Zeige:

     a) Es gibt eine Folge $a_0, a_1, a_2, \ldots$ reeller Zahlen, so daß für alle $n = 0, 1, 2, \ldots$ die Beziehungen

$$\sum_{j=0}^{\infty} a_j\,(-2^j)^n = 1, \qquad \sum_{j=0}^{\infty} |a_j|\,2^{jn} < \infty$$

     bestehen.

     b) Wähle eine glatte Funktion $\varphi \colon \mathbb{R} \to \mathbb{R}$ mit $\varphi\,(t) = 1$ für $t \leqslant 1/2$ und $\varphi\,(t) = 0$ für $t \geqslant 3/4$ und definiere für $f \in \mathscr{C}^k\,(\overline{H})$ mit den $a_j$ aus Teil a)

$$Ef\,(x, y) = \begin{cases} f\,(x, y) & y \geqslant 0 \\[2mm] \displaystyle\sum_{j=0}^{\infty} a_j\,\varphi\,(2^j\,\sqrt{-y})\,f\,(x, -2^j\,y) & y \leqslant 0 \, . \end{cases}$$

Zeige: für jedes $k = 0, 1, \ldots, \infty$ ist $Ef \in \mathscr{C}^k_0\,(\mathbb{C})$, falls $f$ zu $\mathscr{C}^k\,(\overline{H})$ gehört; es ist

$$\|Ef\|_{\mathscr{C}^k(\mathbb{C})} \leqslant \text{const } \|f\|_{\mathscr{C}^k(\overline{H})} \; ;$$

ist $f \in \mathscr{C}^0\,(\overline{H})$ und $f$ in einem Punkt $(x_0, 0)$ $k$-mal stetig differenzierbar, so ist $Ef$ in $(x_0, 0)$ $k$-mal stetig differenzierbar.

Bemerkung: Die Konstruktion von $E$ geht auf Seeley und Henkelmann zurück.

## § 1. Harmonische Funktionen

Eine zweimal stetig differenzierbare Funktion $u$ auf einem Gebiet $G \subset \mathbb{C}$ ist harmonisch, wenn

$$\Delta u = 0$$

gilt. Dabei ist $\Delta$ der Laplace-Operator

$$\Delta = \frac{\partial^2}{\partial x^2} + \frac{\partial^2}{\partial y^2} = 4 \, \frac{\partial^2}{\partial z \, \partial \overline{z}}$$

für $z = x + iy$. Für holomorphe Funktionen $f$ gilt

$$\Delta \, (u \circ f) = ((\Delta u) \circ f) \, |f'|^2 \, . \tag{0}$$

Daher ist der Begriff der Harmonizität invariant unter biholomorphen Abbildungen und kann auf Riemannsche Flächen übertragen werden·

**Definition 1.1.** *Es sei $G$ ein Gebiet in einer Riemannschen Fläche $X$. Eine Funktion $u: G \to \mathbb{C}$ heißt harmonisch, wenn für jede Karte $\varphi: U \to \mathbb{C}$ von $X$ die Funktion $u \circ \varphi^{-1}$ harmonisch auf $\varphi \, (U \cap G)$ ist.*

Es genügt natürlich, die Karten eines Atlas von $G$ zu betrachten. — Eine schönere Charakterisierung der harmonischen Funktionen werden wir in § 5 mit Hilfe von Differentialformen angeben.

Lokale Eigenschaften harmonischer Funktionen übertragen sich unmittelbar auf Riemannsche Flächen. Insbesondere hat man für Gebiete $G \subset X$:

**Mittelwert-Gleichung:** *Ist $u: G \to \mathbb{C}$ harmonisch und $\varphi: \Delta \to D_R \, (0)$ eine analytische Kreisscheibe um $x_0$ mit $\overline{\Delta} \subset G$, so gilt für $0 \leqslant r \leqslant R$*

$$u \, (x_0) = \frac{1}{2\pi} \int_0^{2\pi} u \circ \varphi^{-1} \, (re^{i\vartheta}) \, d\vartheta \, .$$

**Maximum-Prinzip:** *Ist $u: G \to \mathbb{C}$ harmonisch und nicht konstant, so hat $|u|$ keine lokalen Maxima; ist $u$ reellwertig, so hat $u$ weder lokale Maxima noch lokale Minima. Ist $G$ relativ kompakt in $X$ und $u: \overline{G} \to \mathbb{R}$ stetig und auf $G$ harmonisch, so nimmt $u$ Maximum und Minimum auf $\partial G$ an.*

**Hebbarkeitssatz:** *Ist $x_0 \in G$ und $u$ auf $G - \{x_0\}$ harmonisch sowie in der Nähe von $x_0$ beschränkt, so läßt sich $u$ als harmonische Funktion auf $G$ fortsetzen* (vgl. [FL], Kap. III, § 10, Aufgabe 12).

Eine reelle harmonische Funktion ist lokal Realteil einer holomorphen Funktion. Deswegen ist die — mit Mitteln der reellen Analysis anzugreifende — Konstruktion harmonischer Funktionen oft ein wichtiger Schritt beim Existenznachweis für holomorphe Funktionen. Wir werden auf diese Art den Uniformisierungssatz beweisen.

Die Aufgabe, harmonische Funktionen zu konstruieren, stellt sich häufig in der Form des *Dirichlet-Problems:* Gegeben ist ein Gebiet $G$ in einer Riemannschen Fläche und eine stetige Funktion $h$ auf dem Rand $\partial G$. Gesucht ist eine in $\overline{G}$ stetige, in $G$ harmonische Funktion $u$ mit $u|\partial G = h$.

Wenn $G$ relativ kompakt ist, hat diese Aufgabe höchstens eine Lösung: Die Differenz $u_1 - u_2$ zweier Lösungen ist $\equiv 0$ auf $\partial G$, nach dem Maximum-Prinzip ist sie $\equiv 0$ auf $\overline{G}$. Andererseits ist das Dirichlet-Problem nicht immer lösbar: Es sei $G = \{z \in \mathbb{C} : 0 < |z| < 1\}$ und $h(z) = 0$ für $|z| = 1$, $h(0) = 1$. Eine Lösung $u$ wäre nach dem Hebbarkeitssatz auf dem ganzen Einheitskreis $\mathbf{D}$ harmonisch und erfüllte $u(0) = 1$, $u|\partial \mathbf{D} = 0$ im Widerspruch zum Maximum-Prinzip.

Die Lösung des Dirichlet-Problems für Kreise wird durch die *Poissonsche Integralformel* geliefert: Ist $h$ stetig auf dem Rand von $D = D_R(0)$, so ist mit $\zeta = Re^{i\vartheta}$

$$u(z) = \begin{cases} \displaystyle\int_0^{2\pi} h(\zeta)\, P_R(\zeta, z)\, d\vartheta & \text{für} \quad |z| < R \\[2em] h(z) & \text{für} \quad |z| = R \end{cases}$$

stetig auf $\overline{D}$ und harmonisch auf $D$. Dabei ist $P_R(\zeta, z)$ der Poisson-Kern zu $D$:

$$P_R(\zeta, z) = \frac{1}{2\pi}\, \frac{R^2 - |z|^2}{|\zeta - z|^2} = \frac{1}{2\pi}\, \mathrm{Re}\, \frac{\zeta + z}{\zeta - z}$$

(vgl. [FL], Kap. III, § 10).

Wir beweisen nun einige später benötigte Sätze.


**Satz 1.1.** *Es sei $X$ eine Riemannsche Fläche und $(u_n)$ eine Folge auf $X$ harmonischer Funktionen, die lokal gleichmäßig konvergiert. Dann ist die Grenzfunktion $u$ harmonisch, und auch die Differentiale $du_n$ konvergieren lokal gleichmäßig gegen $du$.*


Dabei bedeutet lokal gleichmäßige Konvergenz von 1-Formen $\alpha_n$, daß für die lokalen Darstellungen $\alpha_n = p_n\, dz + q_n\, d\bar{z}$ die Koeffizientenfunktionen $p_n$, $q_n$ lokal gleichmäßig konvergieren.

**Beweis:** Wegen des lokalen Charakters der Aussage können wir annehmen, daß die $u_n$ auf einer Umgebung von $\overline{\mathbf{D}}$ harmonisch sind. Dann gilt auf $\mathbf{D}$

$$u_n(z) = \int_0^{2\pi} u_n(\zeta)\, P_1(\zeta, z)\, d\vartheta \,.$$

Grenzübergang $n \to \infty$ liefert

$$u(z) = \int_0^{2\pi} u(\zeta)\, P_1(\zeta, z)\, d\vartheta \,,$$

und diese Darstellung zeigt, daß $u$ harmonisch auf $\mathbf{D}$ ist. Weiter hat man

$$\frac{\partial}{\partial z} u_n(z) = \int_0^{2\pi} u_n(\zeta) \frac{\partial}{\partial z} P_1(\zeta, z) \, d\vartheta = \frac{1}{2\pi} \int_0^{2\pi} u_n(\zeta) \frac{\zeta}{(\zeta - z)^2} \, d\vartheta \, ,$$

entsprechend für $u$. Daher gilt für $|z| \leqslant r < 1$

$$\left| \frac{\partial}{\partial z} u_n(z) - \frac{\partial}{\partial z} u(z) \right| \leqslant \frac{1}{(1-r)^2} \sup_{\zeta \in \partial \mathbf{D}} |u_n(\zeta) - u(\zeta)| \, .$$

Das zeigt die gleichmäßige Konvergenz $\dfrac{\partial}{\partial z} u_n \to \dfrac{\partial}{\partial z} u$ auf $|z| \leqslant r$; die Aussage für $\dfrac{\partial}{\partial \bar{z}} u_n$ ergibt sich ebenso. $\qquad\square$

**Satz 1.2** (Harnacksches Lemma). *Es sei $u$ reell harmonisch und nicht negativ im Kreise $D_R(0)$ und noch stetig auf $\overline{D_R(0)}$. Dann gilt für $|z| \leqslant r < R$*

$$\frac{R-r}{R+r} u(0) \leqslant u(z) \leqslant \frac{R+r}{R-r} u(0) \, .$$

**Beweis:** Wegen $0 < R - |z| \leqslant |Re^{i\vartheta} - z| \leqslant R + |z|$ hat man

$$\frac{1}{2\pi} \frac{R - |z|}{R + |z|} \leqslant P_R(Re^{i\vartheta}, z) \leqslant \frac{1}{2\pi} \frac{R + |z|}{R - |z|} \, . \tag{1}$$

Mit $\zeta = Re^{i\vartheta}$ und $|z| \leqslant r$ folgt wegen $u \geqslant 0$

$$u(z) = \int_0^{2\pi} u(\zeta) P_R(\zeta, z) \, d\vartheta \leqslant \frac{1}{2\pi} \frac{R + |z|}{R - |z|} \int_0^{2\pi} u(\zeta) \, d\vartheta$$

$$= \frac{R + |z|}{R - |z|} u(0) \leqslant \frac{R + r}{R - r} u(0) \, .$$

Die untere Abschätzung ergibt sich ebenso. $\qquad\square$

Aus der Abschätzung (1) folgt leicht eine Aussage, die wir im nächsten Paragraphen benötigen:

**Hilfssatz.** *Es sei $v$ eine auf $\{z : |z| = R\}$ stetige Funktion mit Werten in $\mathbb{R} \cup \{-\infty\}$. Wir setzen*

$$u(z) = \int_0^{2\pi} v(\zeta) P_R(\zeta, z) \, d\vartheta \quad \text{für} \quad z \in D_R(0), \ \zeta = Re^{i\vartheta} \, .$$

*Gilt $\displaystyle\int_0^{2\pi} v(\zeta) \, d\vartheta = -\infty$, so ist $u(z) \equiv -\infty$; für integrables $v$ ist $u$ eine reelle harmonische Funktion auf $D_R(0)$.*

**Beweis:** $v$ ist nach oben beschränkt auf $\partial D_R(0)$, wir können $v \leqslant 0$ annehmen. Dann folgt aus (1) durch Multiplikation mit $v(\zeta)$ und Integration

$$0 \geqslant \frac{1}{2\pi} \frac{R - |z|}{R + |z|} \int_0^{2\pi} v(\zeta)\, d\vartheta \geqslant u(z) \geqslant \frac{1}{2\pi} \frac{R + |z|}{R - |z|} \int_0^{2\pi} v(\zeta)\, d\vartheta \,. \qquad \square$$

Für integrables $v$ gilt $\lim\limits_{z \to \zeta} u(z) = v(\zeta)$ in allen Punkten $\zeta \in \partial D_R(0)$, auch wenn $v(\zeta) = -\infty$. Das erkennt man durch eine leichte Abänderung des Beweises der entsprechenden Aussage für endliches stetiges $v$ (Aufgabe 1).

Wir leiten nun eine globale Version des Harnackschen Lemmas her:

**Satz 1.3.** *Es sei $X$ eine Riemannsche Fläche, $K$ und $L$ seien kompakte Teilmengen von $X$. Es gibt positive Konstanten $\alpha, \beta$, so daß für jede nichtnegative harmonische Funktion $u$ auf $X$ gilt*

$$\alpha \max u(L) \leqslant u(y) \leqslant \beta \min u(L) \quad \text{für alle} \quad y \in K \,.$$

**Beweis:** Es seien zunächst $L = \overline{\Delta}$ und $K = \overline{\Delta'}$ abgeschlossene analytische Kreisscheiben mit Mittelpunkten $x_0$ und $y_0$. Wir betrachten einen Weg $\gamma$ von $x_0$ nach $y_0$ und eine „Kreiskette" $\Delta = \Delta_0, \Delta_1, \ldots, \Delta_n = \Delta'$ mit

i)       jedes $\Delta_\nu$ ist eine analytische Kreisscheibe um einen Punkt $x_\nu$ von $\gamma$,

ii)      $x_\nu \in \Delta_{\nu-1}$ für $\nu = 1, \ldots, n$.

Satz 1.2, angewandt auf $\overline{\Delta_\nu}$ und eine analytische Kreisscheibe von etwas größerem Radius (mit der gleichen lokalen Koordinate), liefert eine Abschätzung

$$\alpha_\nu\, u(x_\nu) \leqslant u(y) \leqslant \beta_\nu\, u(x_\nu) \qquad (y \in \overline{\Delta_\nu})$$

mit positiven $\alpha_\nu, \beta_\nu$, die unabhängig von der nichtnegativen harmonischen Funktion $u$ sind. Kombiniert man

$$\alpha_0\, u(x_0) \leqslant u(x_1) \leqslant \beta_0\, u(x_0)$$
$$\ldots$$
$$\alpha_{n-1}\, u(x_{n-1}) \leqslant u(x_n) \leqslant \beta_{n-1}\, u(x_{n-1})$$
$$\alpha_n\, u(x_n) \leqslant u(y) \leqslant \beta_n\, u(x_n) \qquad (y \in \overline{\Delta'}) \,,$$

so erhält man $\alpha_0 \cdot \ldots \cdot \alpha_n\, u(x_0) \leqslant u(y) \leqslant \beta_0 \cdot \ldots \cdot \beta_n\, u(x_0)$. Trägt man nun noch

$$(1/\beta_0)\, u(x) \leqslant u(x_0) \leqslant (1/\alpha_0)\, u(x) \qquad (x \in \overline{\Delta})$$

ein, so folgt die Behauptung für $L = \overline{\Delta}$, $K = \overline{\Delta'}$. Für beliebige kompakte $L$ und $K$ erhält man sie, wenn man $L$ und $K$ durch endlich viele analytische Kreisscheiben überdeckt. $\square$

**Satz 1.4 (Harnack-Prinzip).** *Es sei $X$ eine Riemannsche Fläche und $(u_n)$ eine monoton wachsende Folge reeller harmonischer Funktionen auf $X$. Dann konvergiert $(u_n)$ lokal gleichmäßig gegen eine harmonische Funktion oder gegen $+\infty$.*

**Beweis:** Es sei $x_0 \in X$ mit $u_n(x_0) \to +\infty$. Wir wählen eine analytische Kreisscheibe $\Delta_R$ um $x_0$ vom Radius $R$ mit Koordinate $z$. Für ein $r$ mit $0 < r < R$ setzen wir $\Delta_r = \{x \in \Delta_R : |z(x)| < r\}$. Für $n \geqslant m$ hat man $u_n - u_m \geqslant 0$. Nach dem Harnackschen Lemma ist auf $\overline{\Delta_r}$

$$\frac{R-r}{R+r}\,(u_n(x_0) - u_m(x_0)) \leqslant u_n(x) - u_m(x)\,.$$

Mit $n \to \infty$ folgt, daß $(u_n)$ auf $\overline{\Delta_r}$ gleichmäßig gegen $+\infty$ konvergiert. Ist $x_1$ ein Punkt mit $\sup u_n(x_1) < +\infty$, so wählen wir $\Delta_r$ und $\Delta_R$ wie oben mit Mittelpunkt $x_1$ und haben auf $\overline{\Delta_r}$

$$u_n(x) - u_m(x) \leqslant \frac{R+r}{R-r}\,(u_n(x_1) - u_m(x_1))$$

für $n \geqslant m$. Hieraus folgt die gleichmäßige Konvergenz der $u_n$ auf $\overline{\Delta_r}$ gegen eine endliche Grenzfunktion, die nach Satz 1.1 harmonisch ist.

$X$ ist zusammenhängend, die Teilmengen $\{x \in X : u_n(x) \to +\infty\}$ und $\{x \in X : \sup u_n(x) < +\infty\}$ sind nach obigem offen. Also fällt eine von ihnen mit $X$ zusammen; der Satz ist bewiesen. $\qquad\square$

Ein weiteres Konvergenzkriterium für harmonische Funktionen läßt sich ganz analog zum Satz von Montel über normale Familien aus dem Satz von Ascoli-Arzelà ableiten. Wir werden es beim Beweis des Uniformisierungssatzes benutzen. – Zur Erinnerung: Eine Familie $\mathscr{F}$ von reell- oder komplexwertigen Funktionen auf einem topologischen Raum $X$ heißt beschränkt, wenn es eine Konstante $M$ gibt, so daß $|u(x)| \leqslant M$ für alle $u \in \mathscr{F}$ und alle $x \in X$ gilt. $\mathscr{F}$ heißt lokal beschränkt, wenn jeder Punkt $x \in X$ eine Umgebung $U$ hat, so daß die Einschränkungen $u\,|\,U,\ u \in \mathscr{F}$, eine beschränkte Familie auf $U$ bilden.

Wir betrachten zunächst eine beschränkte Familie $\mathscr{F}$ von Funktionen, die auf einem Kreis $D_R(0)$ harmonisch sind. Die Poissonsche Integralformel liefert für $u \in \mathscr{F}$ und $|z_1|, |z_2| < R$ mit $\zeta = Re^{i\vartheta}$

$$u(z_2) - u(z_1) = \frac{1}{2\pi} \int_0^{2\pi} u(\zeta)\,\mathrm{Re}\left[\frac{\zeta + z_2}{\zeta - z_2} - \frac{\zeta + z_1}{\zeta - z_1}\right] d\vartheta$$

$$= \frac{1}{\pi} \int_0^{2\pi} u(\zeta)\,\mathrm{Re}\,\frac{\zeta(z_2 - z_1)}{(\zeta - z_2)(\zeta - z_1)}\,d\vartheta\,.$$

Gilt $|u| \leqslant M$ auf $\overline{D_R(0)}$ für alle $u \in \mathscr{F}$, so folgt für $|z_1|, |z_2| \leqslant r < R$

$$|u(z_2) - u(z_1)| \leqslant \frac{2MR}{(R-r)^2}\,|z_2 - z_1|\,.$$

Also ist die Familie $\mathscr{F}$ gleichartig stetig auf $\overline{D_r(0)}$. Nach dem Satz von Ascoli-Arzelà enthält $\mathscr{F}$ eine auf $\overline{D_r(0)}$ gleichmäßig konvergente Teilfolge.

Wir betrachten nun eine Riemannsche Fläche $X$, von der wir voraussetzen, daß sie kompakt ist oder durch eine Folge relativ kompakter Teilgebiete ausgeschöpft werden kann:

$$Y_1 \subset\subset Y_2 \subset\subset Y_3 \subset\subset \ldots \subset\subset X\,, \qquad \bigcup_1^\infty Y_n = X\,.$$

Ist $\{\Delta_i : i \in I\}$ eine Überdeckung von $X$ durch analytische Kreisscheiben, so wird jedes $Y_n$ von endlich vielen, also $X$ schon von höchstens abzählbar vielen $\Delta_i$ überdeckt. Zu einer lokal beschränkten Familie $\mathscr{F}$ von harmonischen Funktionen gibt es also eine höchstens abzählbare Menge $\Delta_n$, $n = 1, 2, 3, \ldots$, von analytischen Kreisscheiben, so daß $\mathscr{F}$ auf jedem $\Delta_n$ beschränkt und gleichartig stetig ist. Daher enthält $\mathscr{F}$ zunächst eine Teilfolge

$$u_{11}\,, u_{12}\,, u_{13}\,, \ldots,$$

die auf $\overline{\Delta_1}$ gleichmäßig konvergiert. Diese enthält wiederum eine Teilfolge

$$u_{21}\,, u_{22}\,, u_{23}\,, \ldots,$$

die auf $\overline{\Delta_2}$ gleichmäßig konvergiert. Wir fahren induktiv fort und bilden dann die „Diagonalfolge"

$$u_{11}\,, u_{22}\,, u_{33}\,, \ldots,$$

die auf *jedem* $\overline{\Delta_n}$ gleichmäßig konvergiert. Damit haben wir bewiesen:

**Satz 1.5.** *Es sei $\mathscr{F}$ eine lokal beschränkte Familie von harmonischen Funktionen auf der Riemannschen Fläche $X$. Dann enthält $\mathscr{F}$ eine lokal gleichmäßig konvergente Teilfolge.*

*Bemerkung:* Wir werden es gelegentlich mit Folgen harmonischer Funktionen $u_n : G_n \to \mathbb{R}$ zu tun haben, deren Definitionsbereiche eine monoton wachsende Folge von Teilmengen einer Fläche $X$ mit $\bigcup G_n = X$ bilden. Dann ist jedes kompakte $K \subset X$ in fast allen $G_n$ enthalten; man kann also sinnvoll von kompakter Konvergenz oder lokaler Beschränktheit der Folge $(u_n)$ reden. Die vorstehenden Sätze bleiben gültig.

**Aufgaben:**

1.    In der Situation des Hilfssatzes gilt: Ist $v(\zeta)$ integrabel, so hat man $\lim\limits_{z \to \zeta_0} u(z) = v(\zeta_0)$ für alle $\zeta_0 \in \partial D_R$. Beweis?
   (Hinweis: Für $r \to R$ geht $P_R(Re^{i\vartheta}, r)$ gleichmäßig gegen 0, sofern $\delta \leqslant \vartheta \leqslant 2\pi - \delta$ mit $0 < \delta < \pi$. Also gilt $\displaystyle\int_{-\delta}^{\delta} P_R(Re^{i\vartheta}, r)\,d\vartheta \to 1$.)

2.    Es sei $\mathscr{F}$ eine nach unten beschränkte Familie reeller harmonischer Funktionen auf einer Riemannschen Fläche $X$. Es gebe ein kompaktes $K \subset X$ und eine Konstante $M$ mit $\min u(K) \leqslant M$ für alle $u \in \mathscr{F}$. Zeige: Dann ist $\mathscr{F}$ auf $X$ lokal beschränkt.

## § 2. Subharmonische Funktionen

Wir betrachten eine Riemannsche Fläche $X$. Es sei $v$ eine stetige Funktion auf $X$ mit Werten in $\mathbb{R} \cup \{-\infty\}$ und $\Delta$ eine analytische Kreisscheibe mit Koordinate $\varphi$ und Radius $R$. Wir setzen

$$
P_\Delta\, v\,(x) = \begin{cases} v\,(x) & (x \in X - \Delta) \\[2ex] \displaystyle\int_0^{2\pi} v \circ \varphi^{-1}\,(Re^{it})\, P_R\,(Re^{it},\, z\,(x))\, dt & (x \in \Delta)\,. \end{cases}
$$

Die Funktion $P_\Delta\, v$ wird also auf $\Delta$ durch das Poisson-Integral von $v\,|\,\partial\Delta$ erklärt und ist nach dem Hilfssatz aus § 1 auf $\Delta$ entweder $\equiv -\infty$ oder harmonisch. Im letzten Fall ist $P_\Delta\, v$ auf $\Delta$ die Lösung des Dirichlet-Problems zum Randwert $v\,|\,\partial\Delta$. Wir nennen $P_\Delta\, v$ die *Harmonisierung* von $v$ bezüglich $\Delta$.

Bei festem $\Delta$ ist der Operator $P_\Delta\colon v \mapsto P_\Delta\, v$ linear. Da der Poisson-Kern positiv ist, ist auch $P_\Delta$ positiv, d.h. aus $v_1 \leqslant v_2$ folgt $P_\Delta\, v_1 \leqslant P_\Delta\, v_2$.

**Definition 2.1.** *Eine stetige Funktion $v\colon X \to \mathbb{R} \cup \{-\infty\}$ heißt subharmonisch, wenn der Wert $-\infty$ nur auf einer diskreten Teilmenge angenommen wird und wenn für jede analytische Kreisscheibe $\Delta \subset X$ gilt*

$$
v \leqslant P_\Delta\, v\,.
$$

Für subharmonisches $v$ impliziert die Voraussetzung, daß $\{x \in X\colon v\,(x) = -\infty\}$ diskret ist, nach dem Hilfssatz aus § 1, daß für jedes $\Delta$ (mit Koordinate $z$ und Radius $R$) die Funktion $v$ über $|z| = R$ integrabel ist, und daß $P_\Delta\, v$ auf $\Delta$ harmonisch ist.

Eine harmonische Funktion $u$ ist trivialerweise subharmonisch, denn man hat stets $u = P_\Delta\, u$. Weitere Beispiele folgen unten.

**Satz 2.1.** *Es seien $v_1$ und $v_2$ subharmonisch auf $X$.*

*i)    Für $c_1,\, c_2 \geqslant 0$ ist auch $c_1\, v_1 + c_2\, v_2$ subharmonisch.*

*ii)   $\max\,(v_1,\, v_2)$ ist subharmonisch.*

**Beweis:** Es ist nur $v \leqslant P_\Delta\, v$ zu zeigen. Für $v = c_1\, v_1 + c_2\, v_2$ folgt das aus der Linearität von $P_\Delta$. Für $v = \max\,(v_1,\, v_2)$ hat man wegen der Positivität von $P_\Delta$

$$
v_j \leqslant P_\Delta\, v_j \leqslant P_\Delta\, v \qquad (j = 1,\, 2)\,,
$$

also auch $v = \max\,(v_1,\, v_2) \leqslant P_\Delta\, v$. $\qquad\square$

Die Aussage ii) ist nützlich für die Behandlung solcher subharmonischer Funktionen $v$, die den Wert $-\infty$ annehmen. Für $n \in \mathbb{N}$ ist nämlich $v_n = \max\,(v,\, -n)$ subharmonisch, überall endlich, und es gilt $v_n \downarrow v$ sowie auf Grund des Satzes von der monotonen Konvergenz auch $P_\Delta\, v_n \downarrow P_\Delta\, v$.

Für eine andere Charakterisierung der subharmonischen Funktionen benötigen wir

**Definition 2.2.** *Es sei* $v\colon X \to \mathbb{R} \cup \{-\infty\}$ *stetig und* $\Delta$ *eine analytische Kreisscheibe in* $X$ *um* $x_0$ *mit Koordinate* $\varphi$ *und Radius* $R$. *Wir sagen,* $v$ *genüge der Mittelwert-Ungleichung bezüglich* $\Delta$, *wenn*

$$v(x_0) \leqslant \frac{1}{2\pi} \int\limits_0^{2\pi} v \circ \varphi^{-1}(re^{it})\, dt$$

*für alle* $r \in \,]0, R\,]$ *gilt und die Integrale endlich sind.*

**Bemerkungen:**　a) Genügt $v$ der Mittelwert-Ungleichung bezüglich einer analytischen Kreisscheibe $\Delta$ um $x_0$ und hat $v$ in $x_0$ ein lokales Maximum, so ist $v$ in einer Umgebung von $x_0$ konstant.

b) Hat $v$ ein globales Maximum und gibt es zu jedem $x \in X$ eine analytische Kreisscheibe um $x$, bezüglich derer $v$ der Mittelwert-Ungleichung genügt, so ist $v$ konstant. Die Menge $X'$ der Punkte, in denen $v$ den maximalen Wert annimmt, ist nämlich offen nach a) und abgeschlossen, also $X' = X$.

**Satz 2.2.** *Für eine stetige Funktion* $v\colon X \to \mathbb{R} \cup \{-\infty\}$ *sind die folgenden Aussagen äquivalent:*

i)　　$v$ *ist subharmonisch.*

ii)　　$v$ *genügt der Mittelwert-Ungleichung für jede analytische Kreisscheibe in* $X$.

iii)　　*Zu jedem* $x \in X$ *gibt es eine analytische Kreisscheibe um* $x$, *bezüglich derer* $v$ *der Mittelwert-Ungleichung genügt.*

**Beweis:** Aus *i)* folgt *ii):* Es sei $v$ subharmonisch und $\Delta$ eine analytische Kreisscheibe um $x_0$ mit Radius $R$ und Koordinate $\varphi$. Wir nehmen zunächst $v(x) > -\infty$ für $x \in \overline{\Delta}$ an. Für $r \leqslant R$ hat man mit $\Delta_r = \{x \in \Delta\colon |\varphi(x)| < r\}$

$$v(x_0) \leqslant P_{\Delta_r} v(x_0) = \frac{1}{2\pi} \int\limits_0^{2\pi} P_{\Delta_r} v(\varphi^{-1}(re^{it}))\, dt$$

$$= \frac{1}{2\pi} \int\limits_0^{2\pi} v \circ \varphi^{-1}(re^{it})\, dt \, ,$$

denn $P_{\Delta_r}$ genügt auf $\Delta_r$ als harmonische Funktion der Mittelwert-Gleichung und stimmt auf $\partial\Delta_r$ mit $v$ überein. — Nimmt $v$ auf $\overline{\Delta}$ den Wert $-\infty$ an, so folgt die Behauptung durch Betrachtung von $v_n = \max(v, -n)$ und Grenzübergang oder auch wie oben unter Benutzung von § 1, Aufgabe 1.

*ii)* impliziert offenbar *iii)*. Aus *iii)* folgt *i):* Wir nehmen zunächst wieder $v > -\infty$ an. Es sei eine analytische Kreisscheibe $\Delta$ gegeben. Zu jedem $x \in \Delta$ gibt es nach *iii)* eine analytische Kreisscheibe $\Delta_x$ um $x$, auf der $v$ der Mittelwert-Ungleichung genügt; wir können $\Delta_x \subset \Delta$ annehmen. Da auch $-P_\Delta v$ als auf $\Delta$ harmonische Funktion der Mittelwert-Ungleichung für $\Delta_x$ genügt, gilt dasselbe für $v - P_\Delta v$. Nach Bemerkung b) nimmt $v - P_\Delta v$ das Maximum bezüglich $\bar{\Delta}$ auf $\partial\Delta$ an, dort ist aber $v = P_\Delta v$. Man hat also $v - P_\Delta v \leqslant 0$ auf $\Delta$ und damit auf ganz $X$: $v$ ist subharmonisch. — Nimmt $v$ den Wert $-\infty$ an, so gilt jedenfalls $v_n \leqslant P_\Delta v_n$ für $v_n = \max(v, -n)$, Grenzübergang liefert $v \leqslant P_\Delta v$. $\square$

Der Satz liefert Beispiele für subharmonische Funktionen: Ist nämlich $f$ holomorph auf $X$, so hat man für eine analytische Kreisscheibe $\Delta$ um $x_0$ mit Koordinate $\varphi$ die Cauchysche Integralformel

$$f(x_0) = \frac{1}{2\pi} \int\limits_0^{2\pi} f \circ \varphi^{-1} (re^{i\vartheta})\, d\vartheta$$

und damit

$$|f(x_0)| \leqslant \frac{1}{2\pi} \int\limits_0^{2\pi} |f \circ \varphi^{-1} (re^{i\vartheta})|\, d\vartheta.$$

Also ist $|f|$ subharmonisch. Auch $\log |f|$ ist subharmonisch, wenn $f \not\equiv 0$: In der Nähe eines Punktes $x_0$ mit $f(x_0) \neq 0$ ist $\log |f|$ harmonisch, genügt daher sogar der Mittelwert-Gleichung, und für $f(x_1) = 0$ ist mit $\log |f(x_1)| = -\infty$ die Mittelwert-Ungleichung für hinreichend kleine $\Delta$ um $x_1$ trivialerweise erfüllt.

Wir notieren einige Folgerungen aus Satz 2.2:

c) *Ist $v: X \to \mathbb{R} \cup \{-\infty\}$ lokal subharmonisch,* d.h. gibt es zu jedem $x \in X$ eine Umgebung, auf der $v$ subharmonisch ist, *so ist $v$ subharmonisch auf ganz $X$.*

d) *Mit $v$ ist auch $P_\Delta v$ subharmonisch.*

Für eine analytische Kreisscheibe $\Delta_x$ mit Koordinate $\varphi$ und Radius $R$ um einen Punkt $x \in X - \Delta$ ist nämlich wegen $v \leqslant P_\Delta v$

$$P_\Delta v (x) = v (x) \leqslant \frac{1}{2\pi} \int\limits_0^{2\pi} v \circ \varphi^{-1} (re^{it})\, dt \leqslant \frac{1}{2\pi} \int\limits_0^{2\pi} P_\Delta v \circ \varphi^{-1} (re^{it})\, dt \, ,$$

sofern $0 < r \leqslant R$. Auf $\Delta$ ist $P_\Delta v$ sogar harmonisch, also hat $P_\Delta v$ auf ganz $X$ die Eigenschaft *iii)*.

e) (Maximum-Prinzip). *Eine nicht-konstante subharmonische Funktion $v$ auf $X$ nimmt kein globales Maximum an;* für $G \subset\subset X$ gilt $\sup v (G) = \sup v | \partial G$. Insbesondere ist auf einer kompakten Riemannschen Fläche jede subharmonische Funktion konstant.

Wir benötigen noch eine etwas allgemeinere Aussage:

**Satz 2.3.** *Es sei $G$ ein relativ kompaktes Teilgebiet einer Riemannschen Fläche und $v$ sei subharmonisch auf $G$. Gilt mit einer Konstanten $M < +\infty$*

$$\varlimsup_{y \to x} v (y) \leqslant M \qquad \text{für alle } x \in \partial G,$$

*so ist $v \equiv M$ oder $v (x) < M$ für alle $x \in G$.*

Dabei bedeutet $\overline{\lim\limits_{y \to x}} v(y) \leqslant m$: Zu jedem $\epsilon > 0$ gibt es eine Umgebung $U$ von $x$ mit $v(y) < m + \epsilon$ für alle $y \in U \cap G$.

**Beweis:** Falls $\sup v(G) = +\infty$, so gibt es eine Folge $(x_n)$ in $G$ mit $v(x_n) \to +\infty$. Wir können $x_n \to x_0 \in \partial G$ annehmen und erhalten mit

$$+\infty = \lim v(x_n) \leqslant \overline{\lim\limits_{y \to x_0}} v(y) \leqslant M$$

einen Widerspruch. Es ist also $\sup v(G) = M^* < +\infty$. Gibt es einen Punkt $x_0 \in G$ mit $v(x_0) = M^*$, so ist nach e) $v \equiv M^*$ und $M^* \leqslant M$. Andernfalls gibt es eine Folge $(x_n)$ in $G$ mit $x_n \to x_0 \in \partial G$ und $v(x_n) \to M^*$. Dann ist für jedes $y \in G$

$$v(y) < M^* = \lim v(x_n) \leqslant \overline{\lim\limits_{x \to x_0}} v(x) \leqslant M \,. \qquad \square$$

Der folgende Satz liefert ein einfaches Subharmonizitätskriterium. Dazu betrachten wir den bezüglich einer lokalen Koordinate $z = x + iy \colon U \to z(U) \subset \mathbb{C}$ gebildeten Laplace-Operator

$$L_z \colon v \mapsto L_z v = \left( \frac{\partial^2}{\partial x^2} + \frac{\partial^2}{\partial y^2} \right) (v \circ z^{-1}) \,.$$

**Satz 2.4.** *Es sei $v \colon X \to \mathbb{R}$ zweimal stetig differenzierbar. Genau dann ist $v$ subharmonisch, wenn in jeder lokalen Koordinate $L_z v \geqslant 0$ gilt.*

Wegen Formel (0) in § 1 genügt es, einen Atlas von $X$ zu betrachten.

**Beweis:** Wegen Eigenschaft c) können wir $X \subset \mathbb{C}$ annehmen. Wir zeigen zunächst: Ist $Lv > 0$, so ist $v$ subharmonisch. Ist nämlich $\Delta \subset\subset X$ eine Kreisscheibe, so ist $L(v - P_\Delta v) = Lv > 0$ auf $\Delta$, also kann $v - P_\Delta v$ kein Maximum in $\Delta$ annehmen (in einem lokalen Maximum wäre $\frac{\partial^2}{\partial x^2} (v - P_\Delta v) \leqslant 0$ und $\frac{\partial^2}{\partial y^2} (v - P_\Delta v) \leqslant 0$). Wegen $(v - P_\Delta v)|\partial\Delta = 0$ folgt $v - P_\Delta v \leqslant 0$ auf $\Delta$ und damit auf ganz $X$.
Hat man nur $Lv \geqslant 0$, so betrachte man für $\epsilon > 0$ die Funktion $\tilde{v} = v + \epsilon(x^2 + y^2)$. Es ist $L\tilde{v} = Lv + 4\epsilon > 0$, also ist $\tilde{v}$ subharmonisch. Damit gilt auf jeder Kreisscheibe $\Delta \subset\subset X$

$$v + \epsilon(x^2 + y^2) \leqslant P_\Delta \tilde{v} = P_\Delta v + \epsilon P_\Delta [x^2 + y^2] \leqslant P_\Delta v + \epsilon M_\Delta$$

mit $M_\Delta = \max \{|z|^2 \colon z \in \overline{\Delta}\}$, denn die auf $\Delta$ harmonische Funktion $P_\Delta [x^2 + y^2]$ nimmt ihr Maximum auf $\partial\Delta$ an. Mit $\epsilon \to 0$ folgt $v \leqslant P_\Delta v$.
Es sei umgekehrt $v$ subharmonisch und $Lv < 0$ in einem Punkt $z_0 \in X$. Dann ist $Lv < 0$ in einer Umgebung $U$ von $z_0$, nach obigem ist $-v$ subharmonisch auf $U$. Dann gilt aber $v \leqslant P_\Delta v$ und $-v \leqslant P_\Delta (-v) = -P_\Delta v$, also $v = P_\Delta v$, für alle $\Delta \subset\subset U$. Damit ist $v$ harmonisch auf $U$ und $Lv(z_0) = 0$ im Widerspruch zur Annahme. $\qquad \square$

Für Funktionen einer reellen Veränderlichen, definiert etwa auf einem Intervall $I \subset \mathbb{R}$, reduziert sich die Laplace-Gleichung $Lu = 0$ auf $u'' = 0$. Ihre Lösungen sind die linearen Funktionen. Der Harmonisierung $v \mapsto P_\Delta v$ entspricht jetzt die Linearisierung: Man ersetzt $v \colon I \to \mathbb{R}$ über einem Teilintervall $[a, b] \subset I$ durch die lineare Funktion, die in $a$ und $b$ die gleichen Werte wie $v$ hat. Das Analogon zu der Bedingung „$v \leqslant P_\Delta v$ für alle $\Delta$"

lautet also: Über jedem Teilintervall $[a, b] \subset I$ verläuft der Graph von $v$ unterhalb der Sehne mit den Endpunkten $(a, v(a))$ und $(b, v(b))$. In anderen Worten: Die subharmonischen Funktionen *einer* reellen Veränderlichen sind die konvexen Funktionen. Satz 2.4 ist die Übertragung des bekannten Konvexitätskriteriums $v'' \geqslant 0$. Im Eindimensionalen gilt für die lineare Funktion $u$ auf $[a, b]$ mit $u(a) = \alpha$, $u(b) = \beta$ trivialerweise

$$u = \sup v \, ,$$

wobei das Supremum über alle konvexen Funktionen $v$ auf $[a, b]$ mit $v(a) \leqslant \alpha$, $v(b) \leqslant \beta$ genommen wird. Für zwei reelle Veränderliche gilt ein Analogon zu dieser Beobachtung, das Perron-Prinzip zur Gewinnung harmonischer Funktionen. Dies wollen wir nun herleiten.

**Definition 2.3.** *Eine Perron-Familie auf der Riemannschen Fläche $X$ ist eine nichtleere Menge $\mathscr{P}$ von subharmonischen Funktionen auf $X$ mit den Eigenschaften*

i)      *Mit $v_1, v_2 \in \mathscr{P}$ ist auch $\max(v_1, v_2) \in \mathscr{P}$.*

ii)     *Mit $v \in \mathscr{P}$ ist $P_\Delta v \in \mathscr{P}$ für jede analytische Kreisscheibe $\Delta \subset X$.*

**Satz 2.5** (Perron-Prinzip). *Es sei $\mathscr{P}$ eine Perron-Familie auf $X$ und $u: X \to \mathbb{R} \cup \{+\infty\}$ definiert durch*

$$u(x) = \sup_{v \in \mathscr{P}} v(x) \, .$$

*Dann ist $u$ eine harmonische Funktion oder $u \equiv +\infty$.*

**Beweis:** Wir werden zeigen, daß auf einer beliebigen analytischen Kreisscheibe $\Delta$ in $X$ entweder $u$ harmonisch oder $u = +\infty$ ist. Da $X$ zusammenhängt, folgt dann die Behauptung. Es sei also $\Delta$ gegeben und $x_0$ ein Punkt in $\Delta$. Wir wählen eine Folge $(v_n)$ in $\mathscr{P}$ mit $v_n(x_0) \to u(x_0)$. Dann ist $V_n = \max(v_1, \ldots, v_n) \in \mathscr{P}$ wegen i), man hat $V_1 \leqslant V_2 \leqslant V_3 \leqslant \ldots \leqslant u$ und $V_n(x_0) \to u(x_0)$. Wegen ii) ist $\widetilde{V}_n = P_\Delta V_n \in \mathscr{P}$, es gilt $V_n \leqslant \widetilde{V}_n$, und die $\widetilde{V}_n$ bilden eine monoton wachsende Folge von auf $\Delta$ harmonischen Funktionen mit $\widetilde{V}_n(x_0) \to u(x_0)$. Nach dem Harnack-Prinzip (Satz 1.4) konvergieren die $\widetilde{V}_n$ lokal gleichmäßig auf $\Delta$ entweder gegen $+\infty$ oder gegen eine harmonische Funktion $U$ mit $U(x_0) = u(x_0) < +\infty$. Im ersten Fall ist $u \equiv +\infty$ auf $\Delta$ und wir sind fertig. Im anderen Fall zeigen wir nun $U(x_1) = u(x_1)$ für beliebiges $x_1 \in \Delta$ durch eine modifizierte Wiederholung der obigen Schlüsse.

Wir wählen eine Folge $(w_n)$ in $\mathscr{P}$ mit $w_n(x_1) \to u(x_1)$. Indem wir $w_n$ durch $\max(w_n, v_n)$ ersetzen, können wir auch $w_n(x_0) \to u(x_0)$ annehmen. Dann bilden die Funktionen

$$\widetilde{W}_n = P_\Delta [\max(w_1, \ldots, w_n)]$$

eine monoton wachsende Folge in $\mathscr{P}$ mit $\widetilde{W}_n(x_0) \to u(x_0)$ und $\widetilde{W}_n(x_1) \to u(x_1)$; die $\widetilde{W}_n$ sind auf $\Delta$ harmonisch. Wegen $u(x_0) < +\infty$ liefert das Harnack-Prinzip die Konvergenz der $\widetilde{W}_n$ gegen eine harmonische Funktion $\widetilde{U}$. Mit $w_n \geqslant v_n$ ist $\widetilde{W}_n \geqslant \widetilde{V}_n$ und damit $\widetilde{U} \geqslant U$. Aus $U(x_0) - \widetilde{U}(x_0) = 0$ folgt jetzt mit dem Maximum-Prinzip $U - \widetilde{U} \equiv 0$ auf $\Delta$, insbesondere $U(x_1) = \widetilde{U}(x_1) = u(x_1)$.                                                                           $\square$

**Aufgaben:**

1. Es sei $f$ holomorph auf $X$ und $\alpha \in \mathbb{R}$. Zeige: Für $\alpha \geq 0$ sind $|f|^\alpha$ und $\log(1 + |f|^\alpha)$ subharmonisch auf $X$, für $\alpha < 0$ sind diese Funktionen subharmonisch außerhalb der Nullstellen von $f$. Ist $f \not\equiv 0$, so ist auch $\log^+ |f|$ subharmonisch (dabei ist für $t \in \mathbb{R}$ $\log^+ t = \log t$, falls $t \geq 1$, und $\log^+ t = 0$ sonst).

2. a) Es sei $(v_n)$ eine lokal gleichmäßig konvergente Folge von $\mathbb{R}$-wertigen subharmonischen Funktionen. Dann ist die Grenzfunktion subharmonisch.

   b) Es sei $(v_i)_{i \in I}$ eine Familie subharmonischer Funktionen auf $X$, $v = \sup v_i$ sei stetig und nirgends $= +\infty$. Dann ist $v$ subharmonisch.

   c) Es sei $(v_n)$ eine monoton fallende Folge subharmonischer Funktionen auf $X$ mit stetiger Grenzfunktion $v$. Dann ist $v$ subharmonisch oder $\equiv -\infty$.

3. Es sei $f: Y \to X$ lokal biholomorph und $v$ subharmonisch auf $X$. Zeige: $v \circ f$ ist subharmonisch auf $Y$. Ist $v \in \mathscr{C}^2(X)$, so genügt es, $f$ als holomorph vorauszusetzen.

4. Es sei $p: Y \to X$ eine unbeschränkte unverzweigte Überlagerung.

   a) Ist $v$ subharmonisch auf $X$, so ist $v \circ p$ subharmonisch auf $Y$.

   b) Hat $p$ endliche Blätterzahl und ist $v$ subharmonisch auf $Y$, so wird durch $v^*(x) = \max\limits_{py=x} v(y)$ eine subharmonische Funktion auf $X$ erklärt.

5. Es sei $v: X \to \mathbb{R} \cup \{-\infty\}$ subharmonisch und $\varphi: \mathbb{R} \to \mathbb{R}$ monoton wachsend und konvex. Mit Hilfe der Mittelwert-Ungleichung zeige man, daß $\varphi \circ v$ subharmonisch ist (dabei ist ggf. $\varphi(-\infty) = \lim\limits_{t \to -\infty} \varphi(t)$ zu setzen).

6. Es sei $v$ auf einem Gebiet $G \subset\subset \mathbb{C}$ subharmonisch. Man zeige

   a) Wenn $D_R(0) \subset\subset G$, so ist $\displaystyle\int_0^{2\pi} |v(\rho e^{it})|\, dt$ gleichmäßig beschränkt für $0 < r \leq \rho \leq R$.

   Hinweis: Man kann $v \leq 0$ annehmen. Für passendes $z_0$ mit $|z_0| < r$ ist

   $$-\infty < v(z_0) \leq \int_0^{2\pi} P_\rho(\rho e^{it}, z_0)\, v(\rho e^{it})\, dt\,.$$

   b) $v$ ist auf $G$ lokal integrierbar. (Hinweis: Mit a) folgt $\int_K |v|\, dx\, dy < +\infty$ für kompakte Kreisringe $K \subset G$.)

7. Es sei $v$ auf $D_R(0)$ subharmonisch. Zeige:

   $$\mu(r, v) = \frac{1}{2\pi} \int_0^{2\pi} v(r e^{i\vartheta})\, d\vartheta$$

   ist eine monoton wachsende Funktion von $r$. (*Hinweis:* Betrachte für $r < \rho < R$ die Harmonisierung $P_{D_\rho} v$.)

8. Es sei $v: X \to \mathbb{R} \cup \{-\infty\}$ stetig und nicht $\equiv -\infty$. Man zeige: Die Funktion $v$ ist subharmonisch genau dann, wenn sie der folgenden Bedingung (B) genügt:

(B)  Für jedes relativ kompakte Teilgebiet $G$ von $X$ und jede auf $\overline{G}$ stetige, auf $G$ harmonische Funktion $u$ mit $v|\partial G \leq u|\partial G$ gilt $v|G \leq u|G$.

*Bemerkung:* (B) ist auch sinnvoll für *nach oben halbstetige* Funktionen $v: X \to \mathbb{R} \cup \{-\infty\}$, $v \not\equiv -\infty$. Man definiert daher Subharmonizität für solche Funktionen durch (B).

9. Man prüfe, ob die Sätze dieses Paragraphen und die Behauptungen der Aufgaben 2–6 für diesen allgemeineren Begriff der subharmonischen Funktion gültig bleiben. (*Hinweis:* Beim Perron-

Prinzip definiere man $P_\Delta v$ folgendermaßen: Es sei $(w_n)$ eine monoton fallende Folge stetiger Funktionen auf $\partial \Delta$ mit $w_n \to v \,|\, \partial \Delta$, weiter sei $u_n$ die Lösung des Dirichlet-Problems auf $\Delta$ mit Randwert $w_n$. Dann ist $u = \lim u_n$ harmonisch auf $\Delta$ und $\geqslant v$. Setze $P_\Delta v = u$ auf $\Delta$, $P_\Delta v = v$ sonst.)

10.  Es sei $\mathscr{P}$ eine Perron-Familie auf $X$ und $u = \sup v < +\infty$. Man zeige: Zu jedem kompakten $K \subset X$ existiert eine Folge $(v_n)$ in $\mathscr{P}$, die auf $K$ gleichmäßig gegen $u$ konvergiert.

11.  Es sei $v$ auf $D_R(0)$ zweimal stetig differenzierbar, setze

$$\mu(r, v) = \frac{1}{2\pi} \int_0^{2\pi} v(re^{i\vartheta})\, d\vartheta \,.$$

Zeige mit Hilfe des Stokesschen Satzes

$$\frac{d}{dr}\, \mu(r, v) = \frac{1}{2\pi r} \int_{D_r(0)} \Delta v\, dx\, dy$$

und führe hiermit einen neuen Beweis von Satz 2.4.


## § 3.  Das Dirichlet-Problem

Wir betrachten in einer Riemannschen Fläche $X$ ein Gebiet $G$ mit nichtleerem Rand $\partial G$, dabei wird nicht generell vorausgesetzt, daß $\overline{G}$ oder auch nur $\partial G$ kompakt ist. Weiter sei $\varphi$ eine reellwertige Funktion auf $\partial G$. Das Dirichlet-Problem zu $G$ und $\varphi$ besteht darin, eine reelle harmonische Funktion $u$ auf $G$ zu finden mit

$$\lim_{y \to x} u(y) = \varphi(x) \qquad \text{für alle} \quad x \in \partial G \,.$$

Wir haben in § 1 gesehen, daß — selbst bei stetigem $\varphi$ — das Dirichlet-Problem nicht lösbar zu sein braucht, wenn $G$ isolierte Randpunkte besitzt. Wir konnten aus dem Maximum-Prinzip schließen, daß für relativ kompaktes $G$ höchstens eine Lösung existiert. Ist $G$ nicht kompakt, so kann es viele Lösungen geben. Das zeigt schon das Beispiel $G = \mathbb{C} - \overline{\mathbf{D}}$, $\varphi \equiv 0$: Nicht nur die Konstante 0, sondern auch $\log|z|$ und $\mathrm{Im}\,(z + \frac{1}{z})$ lösen dieses Dirichlet-Problem.

Für beschränkte Randwerte $\varphi$ liefert das Perron-Prinzip einen Lösungsansatz. Es sei $m = \inf \varphi(\partial G)$ und $M = \sup \varphi(\partial G)$. Wir betrachten die Funktionenfamilie

$$\mathscr{P}_\varphi = \{v\colon G \to \mathbb{R} \mid v \text{ subharmonisch auf } G,\ m \leqslant v \leqslant M,$$
$$\overline{\lim_{y \to x}}\, v(y) \leqslant \varphi(x) \text{ für alle } x \in \partial G \} \,.$$

$\mathscr{P}_\varphi$ ist eine Perron-Familie auf $G$. Es ist nämlich $\mathscr{P}_\varphi \neq \emptyset$ wegen $m \in \mathscr{P}_\varphi$; die Eigenschaften $i)$ und $ii)$ aus Definition 2.3 sind trivialerweise erfüllt. Wegen $m \leqslant v \leqslant M$ ist $u = \sup\{v\colon v \in \mathscr{P}_\varphi\}$ eine harmonische Funktion mit $m \leqslant u \leqslant M$. Wir nennen $u$ die *Perron-Funktion* zu $(G, \varphi)$.

Ist schon bekannt, daß das Dirichlet-Problem zu $G$ und $\varphi$ eine Lösung $h$ besitzt, und gilt $G \subset\subset X$, so ist die Perron-Funktion $u$ die Lösung: Es ist nämlich $h \in \mathscr{P}_\varphi$, also $h \leqslant u$. Andererseits hat man für $v \in \mathscr{P}_\varphi$

$$\overline{\lim_{y \to x}}\ (v\,(y) - h\,(y)) \leqslant 0 \qquad \text{für alle}\ \ x \in \partial G\,,$$

nach dem Maximum-Prinzip also $v \leqslant h$ auf $G$ und damit $u \leqslant h$.

Im allgemeinen Fall müssen wir Bedingungen dafür finden, daß die Perron-Funktion $u$ die gewünschten Randwerte $\varphi$ hat. Dazu dient der folgende Begriff.

**Definition 3.1.** *Es sei* $x \in \partial G$. *Eine lokale Barriere in* $x$ *ist eine stetige Funktion* $\beta \colon \overline{G \cap U} \to \mathbb{R}$ *(U eine relativ kompakte Umgebung von x), die auf* $G \cap U$ *subharmonisch ist und* $\beta\,(x) = 0$, $\beta\,(y) < 0$ *für* $y \in \overline{G \cap U}$, $y \neq x$, *erfüllt. Existiert in* $x$ *eine lokale Barriere, so nennt man den Randpunkt* $x$ *regulär (für das Dirichlet-Problem).*

Es ist beweistechnisch bequem, mit global auf $\overline{G}$ definierten Barrieren zu arbeiten. Eine solche erhalten wir aus einer lokalen Barriere $\beta \colon \overline{G \cap U} \to \mathbb{R}$ in $x$ folgendermaßen: Wir wählen eine Umgebung $V \subset\subset U$ von $x$. Dann ist $c = \sup \{\beta\,(y)\colon y \in (\overline{U} - V) \cap \overline{G}\} < 0$ und wir können $\beta^* \colon \overline{G} \to \mathbb{R}$ durch

$$\beta^*\,(y) = \begin{cases} \max\,(-\beta\,(y)/c, -1) & \text{für}\ \ y \in U \cap \overline{G} \\ -1 & \text{für}\ \ y \in \overline{G} - U \end{cases}$$

definieren. Das ist eine auf $\overline{G}$ stetige, in $G$ subharmonische Funktion, die in $x$ verschwindet und ansonsten negativ ist. — Gibt es überhaupt eine lokale Barriere in $x$, so kann man offenbar globale Barrieren in $x$ konstruieren, die außerhalb einer beliebig kleinen vorgegebenen Umgebung von $x$ konstant $-1$ sind.

**Satz 3.1.** *Es sei* $x$ *ein regulärer Randpunkt von* $G$, $\varphi$ *sei beschränkt auf* $\partial G$ *und stetig in* $x$. *Dann gilt für die Perron-Funktion* $u$ *zu* $(G, \varphi)$

$$\lim_{y \to x} u\,(y) = \varphi\,(x)\,.$$

Die für das weitere wesentliche Information ist

**Folgerung 3.2.** *Hat* $G$ *regulären Rand, d.h. sind alle Randpunkte von* $G$ *regulär, so ist das Dirichlet-Problem auf* $G$ *für beliebige stetige und beschränkte Randwerte* $\varphi$ *lösbar, d.h. es gibt eine auf* $\overline{G}$ *stetige, auf* $G$ *harmonische Funktion* $u$ *mit* $u \mid \partial G = \varphi$. *Ist überdies* $G$ *relativ kompakt, so ist* $u$ *eindeutig bestimmt.*

**Beweis** des Satzes: Es sei wieder $m = \inf \varphi$ und $M = \sup \varphi$. Wir zeigen als erstes

$$\underline{\lim_{y \to x}}\ u\,(y) \geqslant \varphi\,(x)\,. \tag{1}$$

Ist $\varphi\,(x) = m$, so gilt (1) trivialerweise. Im anderen Fall sei $\epsilon > 0$ so, daß $\varphi\,(x) - \epsilon \geqslant m$. Wir wählen eine Umgebung $U$ von $x$ mit $\varphi\,(y) > \varphi\,(x) - \epsilon$ für $y \in U \cap \partial G$ und eine globale Barriere $\beta$ in $x$ mit $\beta \equiv -1$ auf $\overline{G} - U$. Wir setzen

$$v\,(y) = \varphi\,(x) - \epsilon + \beta\,(y)\,[\varphi\,(x) - \epsilon - m]\,.$$

Die Funktion $v$ ist stetig auf $\overline{G}$ und subharmonisch in $G$. Auf $\overline{G} - U$ ist $v \equiv m$, auf $U \cap \overline{G}$ hat man wegen $-1 \leqslant \beta \leqslant 0$

$$m \leqslant v(y) \leqslant \varphi(x) - \epsilon < M .$$

Für $y \in \partial G \cap U$ ist insbesondere $v(y) \leqslant \varphi(x) - \epsilon < \varphi(y)$. Daher ist $v \in \mathscr{P}_\varphi$, also $u \geqslant v$ und

$$\varliminf_{y \to x} u(y) \geqslant \lim_{y \to x} v(y) = \varphi(x) - \epsilon .$$

Die Behauptung (1) folgt mit $\epsilon \to 0$.

Wir beweisen nun

$$\varlimsup_{y \to x} u(y) \leqslant \varphi(x) . \tag{2}$$

Es sei $\epsilon > 0$ gegeben. Wir wählen eine relativ kompakte Umgebung $U$ von $x$ mit $\varphi(z) \leqslant \varphi(x) + \epsilon$ für $z \in U \cap \partial G$ sowie eine globale Barriere $\beta$ in $x$ mit $\beta \equiv -1$ auf $\overline{G} - U$. Zu $v \in \mathscr{P}_\varphi$ bilden wir die auf $G$ subharmonische Funktion

$$\tilde{v}(y) = v(y) + \beta(y) [M - \varphi(x)] .$$

Auf $G - U$ hat man $\tilde{v}(y) = v(y) - M + \varphi(x) \leqslant \varphi(x)$, und für $z \in \partial G \cap \overline{U}$ gilt wegen $\beta \leqslant 0$

$$\varlimsup_{y \to z} \tilde{v}(y) \leqslant \varlimsup_{y \to z} v(y) \leqslant \varphi(z) \leqslant \varphi(x) + \epsilon .$$

Das Maximum-Prinzip, angewandt auf $\tilde{v}$ und $U \cap G$, liefert

$$v(y) + \beta(y) [M - \varphi(x)] \leqslant \varphi(x) + \epsilon$$

für $y \in U \cap G$. Übergang zum Supremum über $\mathscr{P}_\varphi$ ergibt

$$u(y) + \beta(y) [M - \varphi(x)] \leqslant \varphi(x) + \epsilon$$

auf $U \cap G$. Mit $\beta(y) \to 0$ für $y \to x$ folgt

$$\varlimsup_{y \to x} u(y) \leqslant \varphi(x) + \epsilon . \qquad \square$$

**Bemerkung:** Die Regularität des Randes ist in folgendem Sinne auch notwendig für die Lösbarkeit des Dirichlet-Problems: Ist $G$ ein Gebiet mit mindestens zwei Randpunkten, für das das Dirichlet-Problem für beliebige stetige und beschränkte Randwerte $\varphi$ stets eine Lösung $u$ mit $\inf \varphi(\partial G) \leqslant u \leqslant \sup \varphi(\partial G)$ hat, so ist jeder Randpunkt $x_0 \in \partial G$ regulär (für kompaktes $\overline{G}$ ist die Bedingung $\inf \varphi \leqslant u \leqslant \sup \varphi$ natürlich überflüssig). Das sieht man so: Man wähle eine auf $\partial G$ stetige beschränkte Funktion $\varphi \leqslant 0$, die genau in $x_0$ verschwindet. Eine Lösung $u \leqslant 0$ des zugehörigen Dirichlet-Problems kann wegen $\varphi \,|\, \partial G - \{x_0\} < 0$ nicht identisch verschwinden. Auf Grund des Maximum-Prinzips muß $u < 0$ auf $G$ gelten, also ist $u$ eine lokale Barriere in $x_0$.

Es stellt sich nun die Frage nach geometrischen Kriterien für Regularität. Wir geben einige Bedingungen an, mit denen sich die meisten praktisch vorkommenden Fälle erledigen lassen. Wie bisher bezeichne $G$ ein Gebiet in einer Riemannschen Fläche $X$.

a) *Gibt es einen in $x_0 \in \partial G$ endenden, ansonsten in $X - \bar{G}$ verlaufenden analytischen Bogen* (d.h. ein biholomorphes Bild einer Strecke in $\mathbb{C}$), *so ist $x_0$ regulärer Randpunkt.* – Insbesondere sind stückweise glatte Ränder regulär.

Zum Beweis können wir, da das Problem lokaler Natur ist, $G \subset \mathbb{C}$ und $x_0 = 0$ annehmen sowie, daß die negative reelle Achse im Komplement von $\bar{G}$ liegt. Dann ist der Hauptzweig von $\sqrt{z}$ auf $\bar{G}$ definiert, $\beta(z) = -\operatorname{Re}\sqrt{z}$ liefert eine Barriere in 0.

b) *Hat $x_0 \in \partial G$ eine Koordinaten-Umgebung $U$, so daß $U \cap G$ zusammenhängend und einfach zusammenhängend ist, so ist $x_0$ regulärer Randpunkt.*

Zum Beweis können wir $U \cap G$ als einfach zusammenhängendes Gebiet in $\mathbb{C}$ und $x_0 = 0$ annehmen. Dann liefert $\operatorname{Re}\dfrac{1}{\log z}$ eine Barriere in 0.

c) Allgemeiner: *Hat $x_0 \in \partial G$ eine Koordinaten-Umgebung $U$* (mit Koordinate $z$ und $z(x_0) = 0$), *so daß auf jeder Wegkomponente von $U \cap G$ ein Zweig von $\log z$ existiert, so gilt Satz 3.1 für $x_0$.* Mit diesen Zweigen kann man nämlich $\beta(z) = \operatorname{Re}\dfrac{1}{\log z}$ auf $U \cap G$ definieren. Zwar kann man $\beta$ im allgemeinen nicht stetig auf $\overline{U \cap G}$ fortsetzen, $\beta$ ist also keine Barriere im Sinne unserer Definition. Man hat aber noch $\lim\limits_{z \to 0} \beta(z) = 0$, $\beta(z) < 0$ für $z$ nahe 0 sowie $\overline{\lim\limits_{z \to z_1}} \beta(z) < 0$ für alle $z_1 \in U \cap \partial G$, $z_1 \neq 0$. Auf diese Situation läßt sich der Beweis von Satz 3.1 ohne große Mühe übertragen (Aufgabe 2).

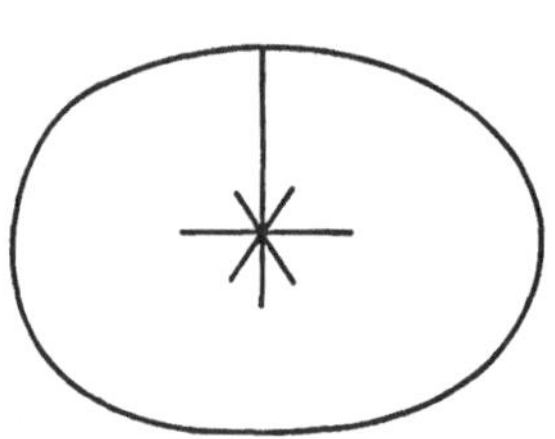

**Bild III-1**
Gebiete mit regulärem Rand

d) Durch Ausbau dieser Methode läßt sich zeigen: *Besteht die Zusammenhangskomponente von $x_0 \in \partial G$ in $X - G$ nicht nur aus dem Punkt $x_0$, so ist $x_0$ regulärer Randpunkt* (vgl. [Na]).

e) *Ein isolierter Randpunkt ist nicht regulär.*

Beweis: Das Dirichlet-Problem für den punktierten Einheitskreis $\mathbf{D} - \{0\}$ ist nicht immer lösbar, es kann also keine lokale Barriere in dem isolierten Randpunkt 0 geben. Die Existenz von lokalen Barrieren ist aber eine lokale Eigenschaft des Randes. Daher kann es in einem isolierten Randpunkt nie eine lokale Barriere geben.

Wir notieren zwei Folgerungen:

**Satz 3.3.** *Es sei $K \subset X$ eine zusammenhängende kompakte Menge, $K \neq X$. Dann gibt es ein Gebiet $G \subset\subset X$ mit regulärem Rand und $K \subset G$.*

**Beweis:** Wir überdecken $K$ durch endlich viele analytische Kreisscheiben $\Delta_\nu$, $\nu = 1, \ldots, n$, mit $\Delta_\nu \cap K \neq \emptyset$. Durch eventuelle kleine Änderung der Radien können wir erreichen, daß $G = \bigcup_1^n \Delta_\nu$ stückweise glatten, also regulären Rand hat. $G$ ist zusammenhängend wegen $\Delta_\nu \cap K \neq \emptyset$. Nach Konstruktion ist $K \subset G \subset\subset X$. $\qquad\square$

**Satz 3.4.** *Es sei $G \subset \mathbb{C}$ einfach zusammenhängend, $G \neq \mathbb{C}$. Dann hat $G$ regulären Rand.*

**Beweis:** Es sei $z_0 \in \partial G$. Auf $G$ existiert ein eindeutiger Zweig von $\log(z - z_0)$. Wie in b) liefert $\mathrm{Re}\, \dfrac{1}{\log(z - z_0)}$ eine lokale Barriere in $z_0$. $\qquad\square$

Der Satz ist bemerkenswert, da der Rand eines einfach zusammenhängenden Gebietes sehr kompliziert sein kann. Hier kann man aber aus einer globalen topologischen Eigenschaft von $G$ auf eine lokale Eigenschaft des Randes schließen.

**Aufgaben:**

1. Man vereinfache den zweiten Teil des Beweises von Satz 3.1 unter der Voraussetzung $G \subset\subset X$.
2. Es sei $x \in \partial G$. Wir nennen eine Funktion $\beta$ eine schwache Barriere in $x$, wenn $\beta$ auf $G \cap U$ für eine Umgebung $U$ von $x$ definiert, subharmonisch und negativ ist sowie

$$\lim_{y \to x} \beta(y) = 0 \quad \text{und} \quad \varlimsup_{y \to z} \beta(y) < 0 \quad \text{für } z \in \partial G \cap U,\; z \neq x$$

   erfüllt. Man beweise Satz 3.1 mit der Voraussetzung, daß in $x$ eine schwache Barriere existiert.
3. Es sei $v$ stetig auf $\overline{\mathbf{D}} - \{z \in \mathbb{C}: |z| \leqslant 1\}$ und subharmonisch für $0 < |z| < 1$. Man zeige, daß $v$ subharmonisch auf ganz $\mathbf{D}$ ist. (*Hinweis:* Betrachte $v_\epsilon(z) = v(z) + \epsilon \log|z|$.)
4. Es sei $G$ ein relativ kompaktes, regulär berandetes Gebiet in einer Riemannschen Fläche, $A \subset \mathbb{R}^n$ sei ein offener Parameterbereich und $\varphi\colon \partial G \times A \to \mathbb{R}$ eine stetige Funktion. Für jedes $y \in A$ sei $H_\varphi(x, y)$ die Lösung des Dirichletproblems mit Randwert $\varphi(\xi, y)$, $\xi \in \partial G$. Man zeige:
   a) Wenn $y_\nu \to y_0$ in $A$, so konvergieren die $H_\varphi(x, y_\nu)$ gleichmäßig auf $\overline{G}$ gegen $H_\varphi(x, y_0)$.
   b) $H_\varphi$ ist stetig auf $\overline{G} \times A$.
   c) Es sei $\varphi$ partiell nach $y_j$ differenzierbar ($y = (y_1, \ldots, y_n)$), die Ableitung $\varphi_{y_j}$ sei stetig auf $\partial G \times A$. Dann ist auch $H_\varphi$ stetig nach $y_j$ differenzierbar, mit $\psi = \varphi_{y_j}$ ist $\dfrac{\partial}{\partial y_j} H_\varphi = H_\psi$.

## § 4. Glatt berandete Gebiete und das Hopf-Lemma

Wir besprechen hier einige Aussagen, die bei der Untersuchung des Randverhaltens konformer Abbildungen benötigt werden.

**Satz 4.1.** *Das beschränkte Gebiet $G \subset \mathbb{C}$ habe $\mathscr{C}^k$-Rand $(k \geqslant 2)$. Dann gibt es eine streng subharmonische $\mathscr{C}^k$-Randfunktion von $G$.*

Dabei heißt eine $\mathscr{C}^2$-Funktion $v$ *streng subharmonisch*, wenn $\Delta v > 0$ (vgl. Satz 2.4).

**Beweis:** Es sei $\varphi$ eine $\mathscr{C}^k$-Randfunktion von $G$. Mit einer positiven Konstanten $c$ bilden wir

$$v = e^{c\varphi} - 1 \, .$$

Offenbar ist $v$ auch eine $\mathscr{C}^k$-Randfunktion von $G$. Man errechnet

$$\Delta v = ce^{c\varphi} \left( c \, \|\nabla\varphi\|^2 + \Delta\varphi \right) ,$$

wobei $\nabla\varphi$ den Gradienten $(\varphi_x, \varphi_y)$ bedeutet. Da $\partial G$ kompakt ist, gibt es Konstanten $a > 0$ und $b$ mit $\|\nabla\varphi\|^2 \geqslant a$ und $\Delta\varphi \geqslant b$ auf $\partial G$. Wählt man $c$ so, daß $ca + b > 0$, so ist $\Delta v > 0$ auf $\partial G$ und aus Stetigkeitsgründen auch auf einer Umgebung von $\partial G$. $\qquad\square$

Es sei nun $G \subset \mathbb{C}$ ein Gebiet mit $\mathscr{C}^1$-Rand, für $z \in \partial G$ sei $\mathbf{n}\,(z)$ der äußere Normalen-einheitsvektor. Für eine Funktion $v \colon \overline{G} \to \mathbb{C}$ wird in $z \in \partial G$ die Normal-Ableitung erklärt durch

$$\frac{\partial v}{\partial n}\,(z) = \lim_{t \downarrow 0} \frac{v\,(z - t\,\mathbf{n}\,(z)) - v\,(z)}{-t} \, ,$$

sofern der Grenzwert existiert. Ist $v \in \mathscr{C}^1\,(\overline{G})$, so ist

$$\frac{\partial v}{\partial n}\,(z) = \nabla v\,(z) \cdot \mathbf{n}\,(z)$$

(mit dem euklidischen Skalarprodukt).

Ist $\partial G \in \mathscr{C}^2$, so gibt es zu jedem $z \in \partial G$ eine Kreisscheibe $D \subset G$ mit $z \in \partial D$; für kleine $t > 0$ ist $z - t\,\mathbf{n}\,(z) \in D$ (vgl. Aufgabe 3). Diese geometrische Information genügt für den Beweis von

**Satz 4.2 (Hopfsches Lemma).** *Es sei $G$ ein beschränktes Gebiet mit $\mathscr{C}^2$-Rand, $v \colon \overline{G} \to \mathbb{R}$ sei stetig, nicht konstant und auf $G$ subharmonisch, $z_0 \in \partial G$ sei ein Punkt, in dem $v$ das Maximum annimmt. Existiert die Normal-Ableitung von $v$ in $z_0$, so ist sie positiv:*

$$\frac{\partial v}{\partial n}\,(z_0) > 0 \, .$$

**Beweis:** a) Es sei $u$ harmonisch und nicht konstant auf einer Kreisscheibe $D = D_R\,(0)$ und noch stetig auf $\overline{D}$. Weiter sei $z_0 \in \partial D$ mit $u\,(z_0) = \max u\,(\overline{D})$. Für $z \in D$ liefert das Harnacksche Lemma, angewandt auf $u\,(z_0) - u$,

$$u\,(z_0) - u\,(z) \geqslant \frac{R - |z|}{R + |z|}\,(u\,(z_0) - u\,(0)) \geqslant \frac{R - |z|}{2R}\,(u\,(z_0) - u\,(0)) > 0 \, .$$

Für $z = (1 - t/R)\,z_0$, $0 < t < R$, ergibt sich

$$u\,(z_0) - u\,(z) \geqslant \frac{t}{2R}\,(u\,(z_0) - u\,(0)) > 0 \, .$$

b) Wir betrachten jetzt die Situation des Satzes und wählen einen Kreis $D \subset G$ mit $z_0 \in \partial D$. Dann sei $u$ die auf $\overline{D}$ stetige, auf $D$ harmonische Funktion mit $u\,|\,\partial D = v\,|\,\partial D$.

Man hat $\max u(\overline{D}) = \max v(\partial D) = v(z_0) = u(z_0)$. Bezeichnet man den Mittelpunkt von $D$ mit $z_1$ und den Radius mit $R$, so folgt aus $v \leqslant u$ und a) für kleine $t > 0$

$$v(z_0 - t\,\mathbf{n}(z_0)) - v(z_0) \leqslant u(z_0 - t\,\mathbf{n}(z_0)) - u(z_0) \leqslant \frac{-t}{2R}(u(z_0) - u(z_1)) < 0\,.$$

Division durch $-t$ und Grenzübergang ergibt

$$\frac{\partial v}{\partial n}(z_0) \geqslant \frac{1}{2R}(u(z_0) - u(z_1)) > 0\,. \qquad\qquad \square$$

Einen anderen Beweis findet man in den Aufgaben.

**Folgerung 4.3.** *Es sei $G$ wie in Satz 4.2; $v \in \mathscr{C}^0(\overline{G})$ sei auf $G$ subharmonisch, $\dfrac{\partial v}{\partial n}$ existiere auf $\partial G$. Ist $v < 0$ in $G$ und $= 0$ auf $\partial G$, so gilt*

$$\frac{\partial v}{\partial n}(z) > 0 \qquad\qquad \textit{für alle } z \in \partial G.$$

Die Funktionswerte $v(\zeta)$ können also bei Annäherung von $\zeta$ an $\partial G$ in Normalenrichtung nicht zu schnell gegen Null gehen. Wir werden noch eine Version dieses Sachverhalts benötigen, bei der keine Differenzierbarkeitsannahme über $v$ gemacht wird. Es wird dann $v(\zeta)$ mit dem Randabstand

$$\delta_G(\zeta) = \inf\{|\zeta - z| : z \in \partial G\}$$

verglichen.

**Satz 4.4.** *Es sei $G$ ein beschränktes Gebiet mit $\mathscr{C}^2$-Rand, $v$ sei stetig auf $\overline{G}$, subharmonisch und negativ auf $G$ und verschwinde auf $\partial G$. Dann gibt es eine Umgebung $U$ von $\partial G$ und eine positive Konstante $c$ mit*

$$v(\zeta) \leqslant -c\,\delta_G(\zeta) \qquad\qquad \textit{für } \zeta \in U \cap \overline{G}\,.$$

**Beweis:** Es sei $V$ eine Tubenumgebung von $\partial G$ der Breite $2\epsilon$. Es sei $R \leqslant \epsilon/2$ und für $z \in \partial G$ sei $D_z$ der Kreis vom Radius $R$ um $m(z) = z - R\,\mathbf{n}(z)$, wobei $\mathbf{n}(z)$ den Normalenvektor bezeichnet. Dann gilt $D_z \subset G$ und $\partial D_z \cap \partial G = \{z\}$. Für $z \in \partial G$ sei $u_z$ die auf $\overline{D}_z$ stetige, auf $D_z$ harmonische Funktion mit $u_z|\partial D_z = v|\partial D_z$. Dann gilt $v \leqslant u_z < 0$ auf $D_z$. Nun ist $v$ auf $\overline{G}$ gleichmäßig stetig und $u_z(m(z)) = \mu(z)$ ist der Mittelwert von $v$ über $\partial D_z$. Daher hängt $\mu(z)$ stetig von $z \in \partial G$ ab und es gibt eine Konstante $c_1$ mit $\mu(z) \leqslant -c_1 < 0$ für alle $z \in \partial G$. Es sei nun $\zeta = z - t\,\mathbf{n}(z)$ mit $z \in \partial G$ und $0 < t < R$. Dann ist wie im Beweis von Satz 4.2

$$v(\zeta) \leqslant u_z(\zeta) = u_z(\zeta) - u_z(z) \leqslant \frac{t}{2R}(\mu(z) - u_z(z)) \leqslant -\frac{c_1}{2R}\,t\,.$$

Wegen $t = \delta_G(\zeta)$ folgt die Behauptung. $\qquad\qquad \square$

**Aufgaben:**

1.   Es sei $G \subset \mathbb{C}$, $G \neq \mathbb{C}$. Zeige: $-\log \delta_G$ ist subharmonisch auf $G$. (Beachte Aufg. 2.b von § 2.)

2.   Ein Beweis von Satz 4.2: $\frac{\partial v}{\partial n}(z_0) \geqslant 0$ ist trivial, es kommt darauf an, $\frac{\partial v}{\partial n}(z_0) > 0$ zu zeigen. Man wählt eine Kreisscheibe $D \subset G$ mit $z_0 \in \partial D$, Mittelpunkt $z_1$, Radius $r$. Auf $\{r/2 \leqslant |z - z_1| \leqslant r\} = K$ betrachtet man die im Inneren subharmonische Funktion

$$w(z) = v(z) - \epsilon \log \frac{|z - z_1|}{r}.$$ Zeige: Für kleine $\epsilon > 0$ ist $w(z_0) = \max w(K)$, also

$$0 \leqslant \frac{\partial w}{\partial n}(z_0) < \frac{\partial v}{\partial n}(z_0).$$

3.   a)   Es sei $z_0$ Randpunkt des Gebietes $G$, in der Nähe von $z_0$ sei $\partial G \in \mathscr{C}^2$. Man zeige elementar (d. h. ohne Benutzung von Tubenumgebungen), daß es Kreise $D \subset G$ mit $z_0 \in \partial D$ (oder auch mit $\partial G \cap \partial D = \{z_0\}$) gibt.

   b)   Mit festem $\alpha \in \,]0,1[$ sei $G = \{x + iy : |x|^{1+\alpha} < y < 10\}$. In $z_0 = 0$ ist $\partial G$ nur einmal stetig differenzierbar (genauer: $\partial G$ gehört bei $z_0$ zur Hölderklasse $\mathscr{C}^{1+\alpha}$, s. u.), die Normale in $z_0$ ist die imaginäre Achse. Zeige: Es gibt keinen Kreis $D \subset G$ mit $z_0 \in \partial G$. Für die Punkte $ti$ mit kleinem $t > 0$ ist $\delta_G(ti) < t$, die Gleichung $|ti - z| = \delta_G(ti)$ hat zwei Lösungen auf $\partial G$.

4*.   Es sei $0 < \alpha < 1$. Man sagt, daß der Rand eines beschränkten Gebietes $G$ zur Hölderklasse $\mathscr{C}^{1+\alpha}$ gehört ($\partial G \in \mathscr{C}^{1+\alpha}$), wenn es lokale $\mathscr{C}^1$-Parametrisierungen $\gamma(t)$ von $\partial G$ gibt mit $\gamma'(t) \neq 0$ und

$$|\gamma'(t_1) - \gamma'(t_2)| \leqslant K |t_1 - t_2|^\alpha \qquad (K > 0 \text{ konstant}).$$

  Es sei nun $\partial G \in \mathscr{C}^{1+\alpha}$ und $z_0 \in \partial G$, ohne Beschränkung der Allgemeinheit $z_0 = 0$ und äußerer Normalenvektor $\mathbf{n}(z_0) = -i$. Zeige: Für $0 < \beta < \alpha$ bildet die Funktion

$$g(w) = w - e^{-\beta \pi i/2} \, w^{1+\beta} \qquad \text{(Hauptzweig)}$$

  bei hinreichend kleinem $\rho > 0$ den Kreis $D_\rho(i\rho)$ biholomorph auf ein $G_0 \subset G$ mit $\partial G_0 \cap \partial G = \{z_0\}$ ab. Übertrage hiermit den Beweis von Satz 4.2 auf den Fall $\partial G \in \mathscr{C}^{1+\alpha}$.

5*.   (Fortsetzung von 4, Bezeichnungen beibehalten.) Zeige weiter: Man kann $\rho > 0$ unabhängig von $z \in \partial G$ so wählen, daß das Bild $G_z$ von $D_\rho(i\rho)$ unter

$$g_z(w) = e^{i\lambda(z)} g(w) + z,$$

  wobei $\lambda(z)$ der Tangentenwinkel in $z$ ist, in $G$ liegt und $\partial G_z \cap \partial G = \{z\}$ erfüllt. Übertrage dann den in Aufgabe 4 skizzierten Beweis zu einem Beweis des Satzes: Sei $G \subset\subset \mathbb{C}$, $\partial G \in \mathscr{C}^{1+\alpha}$, $v \in \mathscr{C}^0(\overline{G})$ subharmonisch und negativ in $G$, $v|\partial G = 0$. Dann ist mit einer positiven Konstanten $c$

$$v(\zeta) \leqslant -c \, \delta_G(\zeta)$$

  für $\zeta \in G$ in einer Umgebung des Randes.

# § 5. Der Hodge-Operator und die Greenschen Formeln

Es sei $u$ eine reelle harmonische Funktion auf einem Gebiet $G$ in einer Riemannschen Fläche. Eine reelle Funktion $v$ auf $G$, für die $f = u + iv$ holomorph ist, nennt man eine zu $u$ *konjugiert harmonische* Funktion. Falls sie existiert, ist sie harmonisch und bis auf Addition einer reellen Konstanten durch $u$ eindeutig bestimmt.

Lokal existiert zu gegebenem $u$ immer eine konjugiert harmonische Funktion; wir können sie mit Hilfe der Poissonschen Integralformel gewinnen: Ist $z$ eine lokale Koor-

dinate und ist $u$ harmonisch in $\Delta = \{x \in G : |z\,(x)| < 1\}$ und noch stetig auf $\overline{\Delta}$, so ist
die Funktion

$$f(z) = \frac{1}{2\pi i} \int\limits_{\partial \Delta} u\,(\zeta)\, \frac{\zeta + z}{\zeta - z}\, \frac{d\zeta}{\zeta}$$

auf $\Delta$ holomorph und erfüllt $\operatorname{Re} f = u$. Daher ist

$$v\,(z) = \operatorname{Im} f\,(z) = \operatorname{Im} \left[ \frac{1}{2\pi i} \int\limits_{\partial \Delta} u\,(\zeta)\, \frac{\zeta + z}{\zeta - z}\, \frac{d\zeta}{\zeta} \right]$$

$$= \frac{1}{2\pi} \int\limits_{0}^{2\pi} u\,(e^{i\vartheta})\, \frac{2\,r \sin\,(\varphi - \vartheta)}{1 - 2\,r \cos\,(\varphi - \vartheta) + r^2}\, d\vartheta \qquad (\text{mit } z = re^{i\varphi})$$

eine auf $\Delta$ zu $u$ konjugiert harmonische Funktion.
Global braucht zu gegebenem $u$ keine konjugiert harmonische Funktion zu existieren
(Beispiel: $G = \mathbb{C}^*$, $u\,(z) = \log |z|$; auf einfach zusammenhängenden Teilgebieten
$G' \subset G$ existiert die konjugiert harmonische Funktion $v\,(z) = \arg z$). Man hat aber
global eine zu $du$ „konjugiert harmonische" Differentialform: Ist $v$ in einer analytischen Kreisscheibe $\Delta$ mit Koordinate $z$ zu $u$ konjugiert harmonisch, so liefert die
Cauchy-Riemannsche Differentialgleichung $(u + iv)_{\bar{z}} = 0$ die Beziehung

$$dv = -\,iu_z\, dz + iu_{\bar{z}}\, d\bar{z}\,.$$

Die rechts stehende 1-Form ist auf dem ganzen Existenzgebiet von $u$ definiert (unabhängig von der Wahl der Koordinate); jede Stammfunktion dieser 1-Form ist eine zu $u$
konjugiert harmonische Funktion.
Wir erklären den Hodgeschen *-Operator für beliebige 1-Formen und benutzen dabei
die am Ende von Kap. II, § 5, eingeführte Zerlegung $\alpha = P'\alpha + P''\alpha$ in eine Form $P'\alpha$
vom Typ (1,0) und eine Form $P''\alpha$ vom Typ (0,1).

**Definition 5.1.** *Für eine 1-Form $\alpha$ auf einer Riemannschen Fläche ist*

$$*\alpha = -\,i\,P'\alpha + i\,P''\alpha\,.$$

$*\alpha$ ist also wieder eine 1-Form. Hat $\alpha$ die lokale Darstellung $\alpha = f\,dz + g\,d\bar{z}$, so gilt

$$*\alpha = -\,if\,dz + ig\,d\bar{z}\,.$$

Die obigen Überlegungen ergeben: Genau dann ist eine reelle Funktion $v$ konjugiert
harmonisch zu $u$, wenn $dv = *du$ gilt. Die Sätze über Kurvenintegrale liefern ein
Kriterium für die globale Existenz von $v$:

**Satz 5.1.** *Eine reelle harmonische Funktion $u$ auf $G$ besitzt genau dann eine auf ganz $G$
definierte konjugiert harmonische Funktion $v$, wenn*

$$\int\limits_{\gamma} *du = 0$$

*für jeden geschlossenen Weg $\gamma$ in $G$ gilt. In diesem Fall kann man*

$$v(x) = \int_{\gamma(x)} {}^*du$$

*setzen, wenn $x_0 \in G$ fest und $\gamma(x)$ ein Weg in $G$ von $x_0$ nach $x$ ist.*

Im ersten Teil des Satzes genügt es natürlich, geschlossene Wege mit festem Anfangspunkt $x_0$ zu nehmen. — Als Beispiel betrachten wir einen Kreisring $K = \{z \in \mathbb{C} : \rho < |z| < R\}$ in der Ebene. Für ein festes $r \in \,]\rho, R[\,$ sei $\kappa$ der Kreis $re^{it}$, $0 \leqslant t \leqslant 2\pi$. Dann ist nach Kap. II, § 2, jeder geschlossene Integrationsweg $\gamma$ in $K$ (mit Anfangspunkt $z_1 = r$) homotop, also auch homolog, zu $m\kappa$ mit einer ganzen Zahl $m = m(\gamma)$. Somit ist schon die Bedingung

$$\int_{|z|=r} {}^*du = 0$$

hinreichend für die Existenz einer zu $u$ konjugiert harmonischen Funktion.

**Satz 5.2.** *Es sei $(u_\nu)$ eine auf $G$ lokal gleichmäßig gegen $u$ konvergente Folge von reellen harmonischen Funktionen, $x_0 \in G$ sei fest. Sind $f_\nu$ holomorphe Funktionen auf $G$ mit $\mathrm{Re}\, f_\nu = u_\nu$ und $\mathrm{Im}\, f_\nu\,(x_0) = 0$, so konvergieren die $f_\nu$ lokal gleichmäßig gegen eine holomorphe Funktion $f$ mit $\mathrm{Re}\, f = u$.*

**Beweis:** Nach Satz 1.1 gilt $du_\nu \to du$ lokal gleichmäßig und damit auch ${}^*du_\nu \to {}^*du$ lokal gleichmäßig. Man hat

$$f_\nu(x) = u_\nu(x) + i \int_{\gamma(x)} {}^*du_\nu \,,$$

wobei $\gamma(x)$ ein Integrationsweg in $G$ von $x_0$ nach $x$ ist. Hieraus folgt sofort die Behauptung.                                                                          $\square$

Das Kurvenintegral über ${}^*df$ hat eine einfache Interpretation, wenn $f$ eine (nicht notwendig harmonische oder holomorphe) Funktion auf einem Gebiet $U$ in der Ebene ist: Es sei $\gamma \colon [0, L] \to U$ die Parametrisierung eines Integrationsweges durch die Bogenlänge. Mit $\gamma = \gamma_1 + i\gamma_2$ ist $\mathbf{n}(s) = -i\,\gamma'(s) = \gamma_2'(s) - i\gamma_1'(s)$ der „rechte" Normaleneinheitsvektor auf $\gamma$ im Punkt $\gamma(s)$. Man hat mit $z = x + iy$

$$\int_\gamma {}^*df = \int_\gamma (-i f_z\, dz + i f_{\bar{z}}\, d\bar{z})$$

$$= \int_\gamma (-f_y\, dx + f_x\, dy) = \int_0^L [f_x \circ \gamma \cdot \gamma_2' - f_y \circ \gamma \cdot \gamma_1']\, ds.$$

In der eckigen Klammer steht das Skalarprodukt des Gradienten $(f_x, f_y)$ mit $\mathbf{n} = (\gamma_2', -\gamma_1')$, das ist aber die Ableitung $\dfrac{\partial f}{\partial n}$ von $f$ in Richtung der „rechten" Normale von $\gamma$. Man hat also

$$\int_\gamma {}^*df = \int_0^L \frac{\partial f}{\partial n} \circ \gamma\,(s)\,ds = \int_\gamma \frac{\partial f}{\partial n}\,|dz|\;.$$

Wir notieren nun einige Rechenregeln für den *-Operator:

a)  $\alpha \mapsto {}^*\alpha$ ist linear über dem Ring der komplexwertigen Funktionen auf $G$

b)  $^{**}\alpha = -\alpha$

c)  $\overline{{}^*\alpha} = {}^*\overline{\alpha}$

d)  $\alpha \wedge {}^*\beta = \beta \wedge {}^*\alpha$

e)  eine Funktion $u \in \mathscr{C}^2\,(G)$ ist genau dann harmonisch, wenn $d\,{}^*du = 0$ gilt.

Die Aussage e) charakterisiert harmonische Funktionen ohne Bezug auf Karten. Wir rechnen sie nach: In einer lokalen Koordinate $z = x + iy$ gilt

$$\begin{aligned}
d\,{}^*du &= d\,{}^*(u_z\,dz + u_{\bar z}\,d\bar z) = d\,(-i\,u_z\,dz + i\,u_{\bar z}\,d\bar z)\\
&= 2i\,u_{z\bar z}\,dz \wedge d\bar z = \Delta u\,dx \wedge dy\;,
\end{aligned}$$

wobei $\Delta = \dfrac{\partial^2}{\partial x^2} + \dfrac{\partial^2}{\partial y^2}$ den Laplace-Operator in der Ebene bedeutet. — Der Operator $d\,{}^*d$ ist also die koordinatenunabhängige Version des Laplace-Operators für Riemannsche Flächen.

Wir wollen nun die *Greenschen Integralformeln* herleiten. Es sei $G$ ein relativ kompaktes, positiv berandetes Gebiet in einer Riemannschen Fläche $X$. Sind $u$ und $v$ Funktionen auf $\overline{G}$, $u \in \mathscr{C}^1\,(\overline{G})$, $v \in \mathscr{C}^2\,(\overline{G})$, so gilt

$$d\,(u\,{}^*dv) = du \wedge {}^*dv + u\,d\,{}^*dv\;,$$

und der Satz von Stokes liefert

$$\int_{\partial G} u\,{}^*dv = \int_G du \wedge {}^*dv + \int_G u\,d\,{}^*dv\;. \tag{1}$$

Ist auch $u \in \mathscr{C}^2\,(\overline{G})$, so kann man die analoge Formel für $\displaystyle\int_{\partial G} v\,{}^*du$ bilden und von (1) subtrahieren. Mit der Regel d) erhält man

**Satz 5.3** (Greensche Formel). *Es sei $G \subset\subset X$ ein positiv berandetes Gebiet, $u$ und $v$ seien zweimal stetig differenzierbare Funktionen auf $\overline{G}$. Dann gilt*

$$\int_{\partial G} (u\,{}^*dv - v\,{}^*du) = \int_G (u\,d\,{}^*dv - v\,d\,{}^*du)\;.$$

Sind $u$ und $v$ überdies harmonisch auf $G$, so bekommt man

$$\int_{\partial G} (u * dv - v * du) = 0 \ .$$

Noch spezieller: Für eine auf $\overline{G}$ harmonische Funktion $u$ gilt

$$\int_{\partial G} * du = 0$$

(man wende die Greensche Formel mit $v \equiv -1$ an).

In § 7 brauchen wir eine Version der Greenschen Formel, die die am Ende von Kap. II, § 5, behandelte Zerlegung $d = \partial + \overline{\partial}$ benutzt. Es sei $G$ wie bisher, $u \in \mathscr{C}^1(\overline{G})$ und $v \in \mathscr{C}^2(\overline{G})$. Mit $\partial v$ ist auch $*\partial v$ vom Typ $(1,0)$, daher gilt

$$d * \partial v = \overline{\partial} * \partial v \quad \text{und} \quad du \wedge * \partial v = \overline{\partial} u \wedge * \partial v \ ,$$

der Stokessche Satz liefert nun

$$\int_{\partial G} u * \partial v = \int_G \overline{\partial} u \wedge * \partial v + \int_G u \, \overline{\partial} * \partial v \ . \tag{2}$$

Ebenso erhält man

$$\int_{\partial G} u * \overline{\partial} v = \int_G \partial u \wedge * \overline{\partial} v + \int_G u \, \partial * \overline{\partial} v. \tag{3}$$

Aus (2) und (3) ergibt sich analog zu Satz 5.3 die folgende Greensche Formel:

$$\int_{\partial G} (u * \partial v - v * \overline{\partial} u) = \int_G (u \, \overline{\partial} * \partial v - v \, \partial * \overline{\partial} u) \ . \tag{4}$$

Wir bemerken noch, daß für harmonisches $u$ auch $\overline{\partial} * \partial u = 0$ und $\partial * \overline{\partial} u = 0$ gilt (vgl. Aufgabe 2).


**Aufgaben:**

1.    Es sei $G$ ein beschränktes, von zwei disjunkten einfach geschlossenen Jordan-Kurven berandetes ebenes Gebiet, $u$ sei die auf $\overline{G}$ stetige, in $G$ harmonische Funktion, die auf der einen Randkurve $\equiv 0$, auf der anderen $\equiv -1$ ist. Man zeige: Für geeignetes $c \in \mathbb{R}$ ist

$$f(z) = \exp \left[ c \int_{\gamma(z)} (du + i * du) \right] \text{ eine eindeutige holomorphe Funktion auf } G \text{ (dabei ist } \gamma(z)$$

ein Weg in $G$ von einem festen $z_0$ nach $z$). $G$ wird durch $f$ auf einen Kreisring abgebildet.

2.    a) Man zeige

$$\overline{\partial} * \partial = \partial * \overline{\partial} = i \, \partial \overline{\partial} = \tfrac{1}{2} d * d$$

(als Operatoren auf $\mathscr{C}^2$-Funktionen).

b) Es sei $F\colon Y \to X$ eine holomorphe Abbildung Riemannscher Flächen und $\alpha$ eine 1-Form auf $X$. Man zeige

$$*(\alpha \circ F) = (*\alpha) \circ F.$$

3. Eine 1-Form $\alpha$ der Klasse $\mathscr{C}^1$ heißt harmonisch, wenn $d\alpha = d*\alpha = 0$ gilt. Man zeige die Äquivalenz der folgenden Aussagen:

i)    $\alpha$ ist harmonisch

ii)   $*\alpha$ ist harmonisch

iii)  $\alpha$ ist lokal von der Gestalt $\alpha = dh$ mit einer harmonischen Funktion $h$

iv)   $\partial\alpha = \overline{\partial}\alpha = 0$

v)    $P'\alpha$ und $\overline{P''\alpha}$ sind holomorph.

Man zeige weiter: Eine reelle 1-Form $\alpha$ ist genau dann harmonisch, wenn $\alpha = \frac{1}{2}(\beta + \overline{\beta})$ mit einer holomorphen 1-Form $\beta$ gilt.

4. Es sei $G \subset\subset \mathbb{C}$ ein Gebiet mit $\mathscr{C}^2$-Rand, $u, v \in \mathscr{C}^1(\overline{G})$, überdies sei $v$ harmonisch auf $G$. Man zeige

$$\int_{\partial G} u *dv = \int_{G} du \wedge *dv.$$

Hinweis: Ausschöpfung von $G$ durch positiv berandete Gebiete $G_\delta$, so daß $\partial G$ durch $\partial G_\delta$ im $\mathscr{C}^1$-Sinn, d.h. mit Konvergenz der Tangenten, approximiert wird.


## § 6. Die Greensche Funktion eines beschränkten Gebietes

Wir betrachten ein relativ kompaktes Gebiet $G$ in einer Riemannschen Fläche und konstruieren eine Funktion, die in $G$ harmonisch bis auf eine vorgegebene Singularität ist und am Rand von $G$ stetige Randwerte $\equiv 0$ hat. Diese *Greensche Funktion* steht in engem Zusammenhang mit der Lösung des Dirichlet-Problems und mit der Konstruktion beschränkter holomorpher Funktionen auf $G$. Überdies liefert sie ein Analogon der Poissonschen Integralformel.

In diesem Paragraphen setzen wir stets voraus, daß der Rand von $G$ regulär für das Dirichlet-Problem sei; wir reden kurz von regulärem Rand. Im nächsten Kapitel werden wir, soweit überhaupt möglich, Greensche Funktionen für beliebige Riemannsche Flächen herstellen.

**Definition 6.1.** *Es sei $G$ ein relativ kompaktes, regulär berandetes Teilgebiet einer Riemannschen Fläche $X$ und $x_0$ sei ein Punkt von $G$. Eine stetige Funktion*

$$g = g_G(\,\cdot\,, x_0)\colon \overline{G} - \{x_0\} \to \mathbb{R}$$

*heißt Greensche Funktion von $G$ mit Singularität in $x_0$, wenn sie auf $G - \{x_0\}$ harmonisch ist, auf $\partial G$ verschwindet und in $x_0$ eine positive logarithmische Singularität hat.*

Das letzte bedeutet: Für eine lokale Koordinate $z$ um $x_0$ ist die Funktion

$$g(x) + \log |z(x)|$$

in den Punkt $x_0$ hinein harmonisch fortsetzbar. (Dies ist unabhängig von der Wahl der Koordinate.) — Insbesondere muß $\lim\limits_{x \to x_0} g(x) = +\infty$ gelten und damit, nach dem Minimumprinzip, auch $g > 0$ auf $G - \{x_0\}$.

Die Greensche Funktion zu $G$ und $x_0$ ist eindeutig bestimmt: Die Differenz zweier Funktionen mit den geforderten Eigenschaften ist in ganz $G$ harmonisch und hat Randwert 0, verschwindet also identisch.

Für beschränkte Gebiete $G$ in der komplexen Zahlenebene folgt die Existenz der Greenschen Funktion sofort aus der Lösbarkeit des Dirichlet-Problems: Es sei nämlich $h(z)$ die Lösung des Dirichlet-Problems zum Randwert $\log|\zeta - z_0|$, $\zeta \in \partial G$. Dann ist

$$g(z) = h(z) - \log|z - z_0|$$

die Greensche Funktion von $G$ mit Singularität in $z_0$. Für den Einheitskreis $\mathbf{D}$ und $z_0 = 0$ hat man somit $g_{\mathbf{D}}(z, 0) = -\log|z|$.

Im allgemeinen Fall kann man nicht so einfach schließen, da $\log|z(x)|$ keine auf ganz $G$ definierte harmonische Funktion sein wird. Wir greifen daher direkt auf das Perron-Prinzip zurück.

**Satz 6.1.** *Es sei $G$ ein relativ kompaktes regulär berandetes Gebiet in einer Riemannschen Fläche, $x_0$ sei ein Punkt von $G$. Dann existiert die Greensche Funktion zu $G$ und $x_0$.*

**Beweis:** a) Wir wählen einen Koordinatenkreis $\Delta \subset\subset G$ um $x_0$ mit Radius $> 1$; die Koordinate sei mit $z = z(x)$ bezeichnet. Wir betrachten die stetigen subharmonischen Funktionen

$$v: G - \{x_0\} \to \mathbb{R}$$

mit den Eigenschaften

$$\overline{\lim_{x \to y}}\, v(x) \leqslant 0 \qquad \text{für alle } y \in \partial G,$$

$$\overline{\lim_{x \to x_0}}\, (v(x) + \log|z(x)|) < +\infty.$$

Sie bilden eine Perron-Familie $\mathscr{P}$ auf $G - \{x_0\}$ (wegen $0 \in \mathscr{P}$ ist $\mathscr{P}$ nicht leer). Es sei nun

$$g = \sup_{v \in \mathscr{P}} v$$

die zugehörige Perron-Funktion. Dann ist $g$ harmonisch auf $G - \{x_0\}$ oder $g \equiv +\infty$. Um zu sehen, daß $g \equiv +\infty$ nicht eintreten kann, genügt es zu zeigen, daß $\mathscr{P}$ auf dem Rand von $\Delta_r = \{x \in X: |z(x)| < r\}$ gleichmäßig beschränkt ist für ein $r \in\, ]0, 1[$. Dazu betrachten wir die Lösung $\omega$ des Dirichlet-Problems auf $\overline{G} - \Delta_r$ mit den Randwerten 0 auf $\partial G$ und 1 auf $\partial \Delta_r$. Für beliebiges $v \in \mathscr{P}$ gilt nach dem Maximum-Prinzip

$$v(x) \leqslant \omega(x) \cdot \max v(\partial \Delta_r) \qquad \text{für } x \in G - \Delta_r,$$

insbesondere

$$\max_{|z|=1} v \leqslant c \cdot \max v \, (\partial \Delta_r) \tag{1}$$

mit $c = \max\limits_{|z|=1} \omega < 1$.

Andererseits ist für $\epsilon > 0$ die Funktion

$$v\,(z) + (1 + \epsilon) \log |z|$$

subharmonisch auf $|z| \leqslant 1$, denn für $z = 0$ hat sie den Wert $-\infty$ wegen $\epsilon > 0$. Für ihre Maxima auf $|z| = r$ bzw. $|z| = 1$ gilt daher

$$\max v \, (\partial \Delta_r) + (1 + \epsilon) \log r \leqslant \max_{|z|=1} v \; . \tag{2}$$

Faßt man dies mit (1) zusammen und läßt $\epsilon \to 0$ gehen, so erhält man für $v \in \mathcal{P}$

$$\max v \, (\partial \Delta_r) \leqslant \frac{-\log r}{1 - c} \; .$$

b) Um zu beweisen, daß $g$ in $x_0$ logarithmisch gegen $+ \infty$ geht, reicht es zu zeigen, daß

$$g\,(z) + \log |z|$$

nahe $z = 0$ beschränkt ist. Geht man in (2) zur Grenze $\epsilon \to 0$ und zum Supremum über $v \in \mathcal{P}$ über, so ergibt sich

$$\max g \, (\partial \Delta_r) + \log r \leqslant \max_{|z|=1} g\,(z) \; .$$

Also ist $g\,(z) + \log |z|$ nach oben beschränkt, denn $r \in \,]0, 1[$ war beliebig. Die untere Abschätzung $g\,(z) + \log |z| \geqslant 0$ erhält man, wenn man bemerkt, daß

$$v_0\,(x) = \begin{cases} - \log |z| & \text{für} \;\; 0 < |z| \leqslant 1 \\ \quad 0 & \text{sonst auf } G - \{x_0\} \end{cases}$$

zu $\mathcal{P}$ gehört.

c) Wegen $0 \in \mathcal{P}$ ist $g \geqslant 0$, und da $g$ nach b) nicht konstant ist, gilt $g > 0$ auf $G - \{x_0\}$. Wir zeigen nun $\lim\limits_{x \to y} g\,(x) = 0$ für $y \in \partial G$. Dazu sei $u$ die Lösung des Dirichlet-Problems auf $\overline{G} - \Delta_r$ mit den Randwerten $u\,|\,\partial \Delta_r = g\,|\,\partial \Delta_r$ und $u\,|\,\partial G = 0$. Für beliebiges $v \in \mathcal{P}$ gilt dann:

$$\overline{\lim_{x \to y}}\,(v\,(x) - u\,(x)) \leqslant 0 \qquad (y \in \partial G) \; ,$$

$$v\,|\,\partial \Delta_r \leqslant g\,|\,\partial \Delta_r = u\,|\,\partial \Delta_r \; .$$

Nach dem Maximum-Prinzip hat man $v \leqslant u$ auf $G - \Delta_r$ und damit dort auch $0 < g \leqslant u$. Für $x \to y \in \partial G$ folgt

$$0 \leqslant \underline{\lim}\, g\,(x) \leqslant \overline{\lim}\, g\,(x) \leqslant \lim u\,(x) = 0 \; . \qquad \square$$

Wir notieren einige Eigenschaften der Greenschen Funktion, als erstes ihre *biholomorphe Invarianz:*

**Satz 6.2.** *Es seien $G$ und $G^*$ regulär berandete relativ kompakte Gebiete in Riemannschen Flächen, $f: G^* \to G$ sei eine biholomorphe Abbildung. Für $y_0 \in G^*$ wird dann die Greensche Funktion $g^* = g_{G^*}(y, y_0)$ durch*

$$g^*(y) = \begin{cases} g_G(f(y), f(y_0)) & \text{für} \quad y \in G^* \\ 0 & \text{für} \quad y \in \partial G^* \end{cases}$$

*gegeben.*

**Beweis:** Offenbar ist $g^*$ harmonisch auf $G^* - \{y_0\}$. Mit einer lokalen Koordinate $z$ um $x_0 = f(y_0)$ ist

$$h(x) = g_G(x, x_0) + \log |z(x)|$$

harmonisch in einer Umgebung von $x_0$. Also ist

$$g^*(y) + \log |z \circ f(y)| = h(f(y))$$

harmonisch nahe $y_0$. Da $z \circ f$ eine lokale Koordinate um $y_0$ ist, zeigt dies, daß $g^*$ eine logarithmische Singularität in $y_0$ hat. Es bleibt die Stetigkeit von $g^*$ in den Punkten $y_* \in \partial G^*$ zu untersuchen. Dazu betrachten wir eine Folge $y_\nu$ in $G^*$ mit $y_\nu \to y_*$. Alle Häufungspunkte von $f(y_\nu)$ liegen auf $\partial G$, für jedes $\epsilon > 0$ enthält die kompakte Menge $\{x \in G : g_G(x, x_0) \geq \epsilon\}$ also nur endlich viele $f(y_\nu)$. Daher gilt in der Tat $g^*(y_\nu) \to 0$. $\square$

Der Satz zeigt insbesondere: Kennt man für ein einfach zusammenhängendes Gebiet $G \subset\subset \mathbb{C}$ eine konforme Abbildung $f: G \to \mathbf{D}$ auf den Einheitskreis, so kennt man auch die Greensche Funktion von $G$:

$$g_G(z, z_0) = -\log |f(z)| \,,$$

dabei ist $z_0$ der Punkt von $G$ mit $f(z_0) = 0$.

*Beispiel:* Für $G = \{z \in \mathbb{C} : |z| < R\}$ und $z_0 \in G$ ist $f(z) = R \dfrac{z - z_0}{R^2 - \bar{z}_0 z}$ eine konforme Abbildung auf $\mathbf{D}$ mit $f(z_0) = 0$. Daher ist

$$g_G(z, z_0) = -\log \left| R \frac{z - z_0}{R^2 - \bar{z}_0 z} \right| .$$

Auch umgekehrt läßt sich aus der Kenntnis der Greenschen Funktion eines einfach zusammenhängenden Gebietes $G \subset\subset \mathbb{C}$ eine konforme Abbildung $f: G \to \mathbf{D}$ gewinnen. Wir werden das in allgemeinerem Rahmen im nächsten Kapitel tun und beschränken uns daher hier auf einige Andeutungen. Es sei also $z_0 \in G$ und $g(z) = g_G(z, z_0)$. Mit $g(z) = -\log |z - z_0| + h(z)$ wird $*dg = -d(\arg(z - z_0)) + *dh$. Da $h$ in $G$ harmonisch ist, erhält man $\displaystyle\int_{|z - z_0| = \epsilon} *dg = -2\pi$. Daher wird (bei beliebigem $z_1 \in G$, $z_1 \neq z_0$) durch

$$f(z) = \exp\left[ -g(z) - i \int_{z_1}^{z} *dg \right] \tag{3}$$

auf $G - \{z_0\}$ eine eindeutige holomorphe Funktion definiert, die sich durch $f(z_0) = 0$ holomorph auf $G$ fortsetzt. Wegen $g(z) > 0$ ist jedenfalls $f(G) \subset \mathbf{D}$. Man kann nun zeigen, daß $f$ eine konforme Abbildung auf $\mathbf{D}$ ist (vgl. Aufgabe 1). Damit ist dann, jedenfalls für die hier betrachtete Situation, der Riemannsche Abbildungssatz bewiesen. – Die durch (3) gegebene Abbildungsfunktion wird schon von Riemann selbst beim Beweis dieses Satzes benutzt; er gewinnt die Funktion $g$ allerdings auf ganz andere Weise.

Die Greensche Funktion $g = g_G(\cdot, x_0)$ läßt sich durch eine Minimaleigenschaft charakterisieren:

**Satz 6.3.** *Es sei* $v: G \to \mathbb{R} \cup \{-\infty\}$ *eine negative subharmonische Funktion, nahe* $x_0$ *sei* $v(x) - \log|z(x)|$ *nach oben beschränkt – dabei ist* $z$ *eine Koordinate um* $x_0$. *Dann gilt*

$$g_G(x, x_0) \leqslant - v(x)$$

*auf* $G$. *Besteht in einem Punkt* $x_1 \neq x_0$ *Gleichheit, so ist* $g_G(\cdot, x_0) \equiv - v$.

**Beweis:** Für $0 < \epsilon < 1$ ist $w = (1 - \epsilon)g + v$ subharmonisch auf $G$. Es gilt $\overline{\lim}\, w(x) \leqslant 0$ für $x \to y \in \partial G$ und $w(x) \to -\infty$ für $x \to x_0$, denn nahe $x_0$ unterscheidet sich $w$ von $\epsilon \log|z|$ nur um einen nach oben beschränkten Summanden. Damit folgt $w = (1 - \epsilon)g + v \leqslant 0$ auf $G - \{x_0\}$. Grenzübergang $\epsilon \to 0$ liefert $g + v \leqslant 0$. Die letzte Behauptung folgt nun aus dem Maximum-Prinzip. $\qquad\square$

Aus dem Maximum-Prinzip ergibt sich ferner, daß die Greensche Funktion $g_G$ monoton vom Gebiet $G$ abhängt: Ist $x_0 \in G_1 \subset G_2 \subset\subset X$, so ist $g_{G_2} - g_{G_1}$ harmonisch auf $G_1$ und hat nichtnegative Randwerte, also gilt

$$g_{G_1}(x, x_0) \leqslant g_{G_2}(x, x_0) \qquad \text{für} \quad x \in \overline{G}_1 .$$

Die Frage nach der Abhängigkeit der Greenschen Funktion $g_G(x, x_0)$ von $x_0$ erledigt sich durch eine bemerkenswerte Symmetrie, die wir im folgenden diskutieren.

**Satz 6.4.** *Es sei* $G$ *ein positiv berandetes relativ kompaktes Gebiet in einer Riemannschen Fläche. Für jedes* $x_0 \in G$ *gelte* $g_G(\cdot, x_0) \in \mathscr{C}^2(\overline{G} - \{x_0\})$. *Dann ist*

$$g_G(x_1, x_2) = g_G(x_2, x_1)$$

*für* $x_1, x_2 \in G$.

**Beweis:** Wir können $x_1 \neq x_2$ annehmen und setzen $g_1 = g_G(\cdot, x_1)$ sowie $g_2 = g_G(\cdot, x_2)$. Wir wählen Koordinatenkreise $\Delta_1$ um $x_1$, $\Delta_2$ um $x_2$ mit $\Delta_1, \Delta_2 \subset\subset G$, $\overline{\Delta}_1 \cap \overline{\Delta}_2 = \emptyset$ und Radius $r$. Die Greensche Formel läßt sich auf $G' = G - (\overline{\Delta}_1 \cup \overline{\Delta}_2)$ und die Funktionen $g_1$ und $g_2$ anwenden, da diese zu $\mathscr{C}^2(\overline{G}')$ gehören. Weil $g_1$ und $g_2$ auf $\partial G$ verschwinden, bekommen wir

$$0 = \int_{\partial G'} (g_1 \,{}^*dg_2 - g_2 \,{}^*dg_1)$$

$$= - \int_{\partial \Delta_1} (g_1 \,{}^*dg_2 - g_2 \,{}^*dg_1) - \int_{\partial \Delta_2} (g_1 \,{}^*dg_2 - g_2 \,{}^*dg_1) . \tag{4}$$

Mit der lokalen Koordinate $z$ in $\overline{\Delta}_1$ schreiben wir $g_1(z) = h_1(z) - \log |z|$. Damit wird das Integral über $\partial \Delta_1$ zu

$$\int_{\partial \Delta_1} (h_1 *dg_2 - g_2 *dh_1) - \log r \int_{\partial \Delta_1} *dg_2 + \int_{\partial \Delta_1} g_2 \, d(\arg z) \,.$$

Hier verschwinden die ersten beiden Integrale, da $g_2$ und $h_1$ harmonisch in einer Umgebung von $\overline{\Delta}_1$ sind; das dritte ergibt $2\pi g_2(x_1)$ wegen der Mittelwertgleichung. — Analog erhält man $-2\pi g_1(x_2)$ für das Integral über $\partial \Delta_2$ in (4). Es folgt $g_2(x_1) = g_1(x_2)$. $\qquad\qquad\square$

Für reell-analytische Ränder ist die Voraussetzung, daß $g_G$ noch am Rande von $G$ differenzierbar ist, automatisch erfüllt. Das ergibt sich aus dem folgenden *Spiegelungsprinzip für harmonische Funktionen.*

**Hilfssatz.** *Es sei $G$ ein Gebiet in einer Riemannschen Fläche $X$, $\gamma: [a, b] \to X$ sei ein injektiver reell-analytischer Randbogen von $G$, so daß $G$ links von $\gamma$ liegt. Weiter sei $u$ eine stetige Funktion auf $G \cup Sp\, \gamma$, die auf $G$ harmonisch und auf $Sp\, \gamma$ konstant ist. Dann ist $u$ über den offenen Randbogen $\overset{\circ}{\gamma} = \gamma \,|\, ]a, b[$ hinaus harmonisch fortsetzbar, d.h. es gibt ein Gebiet $\hat{G} \supset G$ mit $Sp\, \overset{\circ}{\gamma} \subset \hat{G}$ und eine harmonische Funktion $\hat{u}$ auf $\hat{G}$ mit $\hat{u}\,|\,G = u$.*

Dabei wird vorausgesetzt, daß die Ableitung von $\gamma$ (genauer: die Ableitung von $z \circ \gamma$ für lokale Koordinaten $z$) stets von Null verschieden ist.

**Beweis:** a) Zunächst nehmen wir an, daß $G$ in der oberen Halbebene liegt und $\gamma$ das reelle Intervall $[a, b]$ ist. Überdies können wir $u\,|\,[a, b] = 0$ annehmen. Es sei $G^* = \{z \in \mathbb{C} : \bar{z} \in G\}$ und $\hat{G} = G \cup\, ]a, b[\, \cup G^*$. Auf $\hat{G}$ definieren wir die Funktion $\hat{u}$ durch

$$\hat{u}(z) = \begin{cases} u(z) & \text{für } z \in G \cup\, ]a, b[ \\ -u(\bar{z}) & \text{für } z \in G^* \end{cases} \,.$$

Dann ist $\hat{u}$ stetig auf $\hat{G}$ und sogar harmonisch: Das ist klar auf $G$ und $G^*$; in den Punkten von $]a, b[$ erfüllt $\hat{u}$ die Mittelwert-Gleichung.

b) In der allgemeinen Situation des Satzes gibt es jedenfalls eine komplexe Umgebung $U$ des Parameterintervalls $[a, b]$ und eine holomorphe Fortsetzung $\hat{\gamma}: U \to X$ von $\gamma$. Wir können $U$ symmetrisch zur reellen Achse und so klein wählen, daß $\hat{\gamma}$ injektiv ist und $V = \hat{\gamma}^{-1}(G \cap \hat{\gamma}\, U)$ ein Gebiet in der oberen Halbebene wird mit $\partial V \cap \mathbb{R} = [a, b]$. Auf $V$ und die dort harmonische Funktion $u_1 = u \circ \hat{\gamma}$ wenden wir die Konstruktion aus a) an und erhalten $\hat{V}$ und $\hat{u}_1$. Mit $\hat{G} = G \cup \hat{\gamma}(\hat{V})$ und

$$\hat{u} = \begin{cases} u & \text{auf } G \\ \hat{u}_1 \circ \hat{\gamma}^{-1} & \text{auf } \hat{\gamma}(\hat{V}) \end{cases}$$

haben wir dann die gesuchte Fortsetzung von $u$. $\qquad\qquad\square$

**Folgerung 6.5.** *Für ein relativ kompaktes Gebiet $G$ mit reell-analytischem Rand ist die Greensche Funktion (bei beliebiger Lage der Singularität in $G$) harmonisch auf eine Umgebung von $\overline{G}$ fortsetzbar. Für $x_1$, $x_2 \in G$ gilt*

$$g_G\,(x_1,\, x_2) = g_G\,(x_2,\, x_1)\,.$$

Im nächsten Kapitel werden wir sehen, daß die Greensche Funktion stets symmetrisch ist, wenn sie überhaupt sinnvoll definiert werden kann.

Ist die Symmetrie von $g_G$ bekannt, so folgt die Stetigkeit von $g_G$ auf $G \times G - \{(x, x)\colon x \in G\}$ in jeder einzelnen Variablen. Für den Fall ebener Gebiete zeigen wir ohne die Symmetrievoraussetzung die simultane Stetigkeit in beiden Variablen:

**Satz 6.6.** *Es sei $G \subset\subset \mathbb{C}$ regulär berandet. Dann ist die Greensche Funktion $g_G$ stetig auf $\overline{G} \times G - \{(z, z)\colon z \in G\}$.*

Weiß man, daß $g_G$ symmetrisch ist, so ist es sinnvoll, $g_G$ auf $G \times \overline{G} - \{(z, z)\colon z \in G\}$ fortzusetzen durch $g\,(z, w) = 0$ für $z \in G$, $w \in \partial G$. Die so fortgesetzte Funktion ist dann stetig auf $(\overline{G} \times G) \cup (G \times \overline{G}) - \{(z, z)\colon z \in G\}$.

**Beweis** des Satzes: Für $w \in G$ sei $h\,(z, w)$ die Lösung des Dirichlet-Problems auf $\overline{G}$ mit Randwert $\varphi\,(\zeta) = \log\,|\zeta - w|$, $\zeta \in \partial G$. Wir zeigen, daß $h\colon \overline{G} \times G \to \mathbb{R}$ stetig ist; mit $g\,(z, w) = h\,(z, w) - \log\,|z - w|$ folgt dann die Behauptung. — Sei $\epsilon > 0$ und $w_0 \in G$ gegeben. Dann ist

$$|\varphi\,(\zeta, w) - \varphi\,(\zeta, w_0)| < \epsilon$$

für alle $\zeta \in \partial G$ und $|w - w_0| < \delta\,(\epsilon)$. Nach dem Maximum-Prinzip gilt für die Lösung $H\,(z)$ des Dirichlet-Problems zum Randwert $\varphi\,(\zeta, w) - \varphi\,(\zeta, w_0)$ auch $|H\,(z)| < \epsilon$. Es ist aber $H\,(z) = h\,(z, w) - h\,(z, w_0)$. Ist weiter $z_0 \in \overline{G}$ gegeben, so hat man für $(z, w) \in \overline{G} \times G$

$$|h\,(z, w) - h\,(z_0, w_0)| \leqslant |h\,(z, w) - h\,(z, w_0)| + |h\,(z, w_0) - h\,(z_0, w_0)|\,.$$

Der erste Summand rechts ist $< \epsilon$ für $|w - w_0| < \delta\,(\epsilon)$, der zweite Summand ist wegen der Stetigkeit von $h\,(\cdot\,, w_0)$ auch $< \epsilon$, sobald $z$ hinreichend nahe an $z_0$ liegt.  □

Wir benutzen nun die Greensche Funktion, um eine Integraldarstellung für differenzierbare Funktionen herzuleiten. Dabei müssen wir wie in Satz 6.4 die Differenzierbarkeit der Greenschen Funktion am Rande des Gebiets voraussetzen.

**Satz 6.7.** *Es sei $G$ ein positiv berandetes relativ kompaktes Gebiet in einer Riemannschen Fläche. Für $x_0 \in G$ sei $g_G\,(\cdot\,, x_0) \in \mathscr{C}^2\,(\overline{G} - \{x_0\})$. Ist dann $f \in \mathscr{C}^2\,(\overline{G})$, so gilt*

$$f(x_0) = \frac{-1}{2\pi} \int\limits_{\partial G} f(x)\,{}^*\!dg\,(x, x_0) - \frac{1}{2\pi} \int\limits_{G} g\,(x, x_0)\,d\,{}^*\!df\,.$$

**Beweis:** Es sei $\Delta = \Delta_\epsilon \subset\subset G$ ein Koordinatenkreis um $x_0$ mit Koordinate $z$ und Radius $\epsilon$. Wir setzen $G_\epsilon = G - \bar{\Delta}_\epsilon$ und wenden hier die Greensche Formel mit $f$ und $g(x) = g_G(x, x_0)$ an:

$$\int_{\partial G_\epsilon} (f *dg - g *df) = \int_{G_\epsilon} (f\, d *dg - g\, d *df) .$$

Nun ist der Zyklus $\partial G_\epsilon = \partial G - \partial \Delta$, auf $\partial G$ verschwindet $g$, auf $G_\epsilon$ ist $d *dg = 0$. Es bleibt

$$\int_{\partial \Delta} f *dg = \int_{\partial \Delta} g *df + \int_{\partial G} f *dg + \int_{G_\epsilon} g\, d *df . \tag{5}$$

Nahe $x_0$ ist $g(x) = h(z) - \log |z|$ mit einer auf $\Delta$ harmonischen Funktion $h$. Damit wird

$$\int_{\partial \Delta} f *dg = \int_{\partial \Delta} f *dh - \int_{\partial \Delta} f(z)\, d\, (\arg z) .$$

Für $\epsilon \to 0$ verschwindet das erste Integral rechts, da der Integrand stetig ist, und das zweite Integral geht gegen $2\pi f(x_0)$. Weiter hat man

$$\int_{\partial \Delta} g *df = \int_{\partial \Delta} h *df - \log \epsilon \int_{\partial \Delta} *df \to 0$$

für $\epsilon \to 0$, denn im Limes verschwindet das erste Integral rechts und das zweite kann durch const $\cdot\, \epsilon$ abgeschätzt werden (man beachte $\epsilon \log \epsilon \to 0$). Das Gebietsintegral in (5) konvergiert für $\epsilon \to 0$ gegen das entsprechende Integral über $G$, da die Singularität von $g$ in $x_0$ integrierbar ist. Man erhält somit die behauptete Formel durch den Grenzübergang $\epsilon \to 0$ in (5).      $\square$

Die Voraussetzung über $g$ in Satz 6.7 läßt sich abschwächen:

**Satz 6.8.** *Es sei $G$ ein relativ kompaktes Gebiet mit $\mathscr{C}^2$-Rand in einer Riemannschen Fläche. Für ein $x_0 \in G$ sei $g_G(\cdot, x_0) \in \mathscr{C}^1(\bar{G} - \{x_0\})$.*

*i)*      *Ist $f \in \mathscr{C}^2(\bar{G})$, so gilt*

$$2\pi f(x_0) = - \int_{\partial G} f(x) *dg(x, x_0) - \int_G g(x, x_0)\, d *df .$$

*ii)*      *Ist $f$ harmonisch auf $G$ und stetig auf $\bar{G}$, so gilt*

$$f(x_0) = \frac{-1}{2\pi} \int_{\partial G} f(x) *dg(x, x_0) .$$

**Beweis:** a) Wir schreiben $g(x) = g_G(x, x_0)$. Für $\delta > 0$ sei $\gamma_\delta = \{x \in G : g(x) = \delta\}$. Das Hopfsche Lemma (Folgerung 4.3 angewandt auf Karten, die $\partial G$ überdecken) garantiert, daß $g$ auf einer Umgebung von $\partial G$ keine kritischen Punkte hat. Für kleine $\delta$ ist also $\gamma_\delta$ ein glatter Zyklus, der sich für $\delta \to 0$ dem Randzyklus $\partial G$ anschmiegt (im $\mathscr{C}^1$-Sinne, i.e. man hat auch Konvergenz der Tangenten). Damit gilt für jede auf $\overline{G}$ stetige 1-Form $\alpha$

$$\int_{\gamma_\delta} \alpha \to \int_{\partial G} \alpha \qquad \text{für } \delta \to 0 \,.$$

b) Es sei $\Delta_\epsilon$ wie im Beweis des letzten Satzes. Für kleine $\epsilon$ und $\delta$ ist $\gamma_\delta \cap \overline{\Delta}_\epsilon = \emptyset$. Wir setzen $G_\delta = \{x \in G : g(x) > \delta\}$ und wenden die Greensche Formel auf $G_\delta - \overline{\Delta}_\epsilon$ an. Wir erhalten nach Grenzübergang $\epsilon \to 0$ wie im vorigen Beweis

$$2\pi f(x_0) = - \int_{\gamma_\delta} f \,{}^*dg + \delta \int_{\gamma_\delta} {}^*df - \int_{G_\delta} g\, d\,{}^*df \,, \tag{6}$$

sofern $f \in \mathscr{C}^2(G)$. Ist nun $f$ harmonisch auf $G$, so verschwindet das Gebietsintegral,

und $\int_{\gamma_\delta} {}^*df$ ist nach dem Satz von Stokes unabhängig von $\delta$. Ist $f$ und damit $f \,{}^*dg$ noch

stetig am Rand von $G$, so liefert der Grenzübergang $\delta \to 0$ nach a) die Behauptung *ii)*. Aussage *i)* folgt ebenfalls mit a) aus (6), denn in diesem Fall sind alle Integranden stetig auf $\overline{G} - \{x_0\}$.  $\square$

Die Voraussetzung über die Differenzierbarkeit von $g_G$ am Rande, die in den Sätzen 6.7 und 6.8 gemacht wurde, ist bei reell analytischem $\partial G$ auf Grund des Spiegelungsprinzips automatisch erfüllt.

Aus Satz 6.7 oder Satz 6.8 erhält man (mit $f \equiv 1$) die Folgerung

$$\int_{\partial G} {}^*dg_G(x, x_0) = - 2\pi \,. \tag{7}$$

Satz 6.8 *ii)* ist im Falle $G = \mathbf{D}$ gerade die Poissonsche Integralformel (man rechne nach, daß hier die auf den Rand $\partial \mathbf{D}$ beschränkte 1-Form $(-1/2\pi) \,{}^*dg_\mathbf{D}(x, x_0)$ gerade der Poisson-Kern von $\mathbf{D}$ ist: Aufgabe 3). Wir definieren daher allgemein:

**Definition 6.2.** *Es sei $G$ ein relativ kompaktes Gebiet mit $\mathscr{C}^2$-Rand in einer Riemannschen Fläche. Für jedes $x_0 \in G$ sei $g_G(\cdot, x_0) \in \mathscr{C}^1(\overline{G} - \{x_0\})$. Dann nennen wir die auf $\partial G$ eingeschränkte 1-Form*

$$P(x, x_0) = \frac{-1}{2\pi} \,{}^*dg_G(x, x_0)$$

*den Poisson-Kern von $G$. (Das Differential ist bezüglich der Variablen $x$ zu bilden.)*

Ergänzend zur Poissonschen Integralformel aus Satz 6.8 gilt:

**Satz 6.9.** *Es seien $G$ und $g_G$ wie in Definition 6.2. Für jede stetige reelle Funktion $v$
auf $\partial G$ ist*

$$u(y) = \int\limits_{\partial G} v(x) P(x, y) \qquad (y \in G)$$

*die Lösung des Dirichlet-Problems zum Randwert $v$, d.h. $u$ ist auf $G$ harmonisch und
wird durch $v$ stetig auf $\overline{G}$ fortgesetzt.*

**Beweis:** Jedenfalls hat das Dirichlet-Problem bei gegebenem $v$ nach § 3 eine Lösung
$\tilde{u}: \overline{G} \to \mathbb{R}$. Nach Satz 6.8 *ii)* gilt die Darstellung

$$\tilde{u}(y) = \int\limits_{\partial G} \tilde{u}(x) P(x, y) = \int\limits_{\partial G} v(x) P(x, y) ,$$

wobei wir $\tilde{u}\,|\,\partial G = v$ benutzt haben. Also stimmt $\tilde{u}$ auf $G$ mit $u$ überein und die
Behauptung folgt. $\qquad\qquad\qquad\qquad\qquad\qquad\qquad\qquad\qquad\qquad\qquad\qquad\qquad$ $\square$

Die konforme Invarianz der Greenschen Funktion liefert einen Zusammenhang zwischen
der Glattheit von $g_G$ und der Glattheit konformer Abbildungen am Rande: Es seien $G$
und $G^*$ Gebiete mit $\mathscr{C}^k$-Rand, $F: G^* \to G$ sei biholomorph. Wenn $F$ sich zu einem $\mathscr{C}^k$-
Diffeomorphismus $\overline{G}^* \to \overline{G}$ fortsetzen läßt, so folgt aus $g_G(\,\cdot\,, x_0) \in \mathscr{C}^k(\overline{G} - \{x_0\})$
(bei beliebigem $x_0 \in G$), daß auch

$$g_{G^*}(y, y_0) = g_G(F(y), F(y_0))$$

zu $\mathscr{C}^k(\overline{G^*} - \{y_0\})$ gehört. Umgekehrt: ist für ein $\mathscr{C}^k$-berandetes einfach zusammenhängendes Gebiet $G \subset \mathbb{C}$ die Greensche Funktion $g_G(\,\cdot\,, z_0) \in \mathscr{C}^k(\overline{G} - \{z_0\})$, so zeigt
Formel (3), daß die Riemannsche Abbildungsfunktion $f: G \to \mathbf{D}$ sich zu einer $\mathscr{C}^{k-1}$-Ab-
bildung $\overline{G} \to \overline{\mathbf{D}}$ fortsetzt, die man leicht als Diffeomorphismus erkennt (vgl. hierzu die
Kap. VI und VII).

Wir werden in Kap. VII zeigen, daß sich konforme Abbildungen zwischen $\mathscr{C}^\infty$-berandeten
ebenen Gebieten stets zu $\mathscr{C}^\infty$-Diffeomorphismen der abgeschlossenen Hüllen fortsetzen
lassen. Wir werden daraus ableiten, daß die Greensche Funktion eines $\mathscr{C}^\infty$-berandeten
Gebiets $G$ auch beliebig oft differenzierbar auf den Rand fortgesetzt werden kann. Der
Poisson-Kern eines solchen Gebiets ist also stets definiert.

**Aufgaben:**

1.  Es sei $G \subset\subset \mathbb{C}$ regulär berandet, $z_0 \in G$, $g(z) = g_G(z, z_0)$. Weiter sei $f: G \to \mathbf{D}$ holomorph
    mit $|f| = e^{-g}$.

    a) Zeige: $f$ ist surjektiv.

    b) Zeige: $f$ ist injektiv. *Hinweis:* Für $z_1 \neq z_0$ setze man $\varsigma_1 = f(z_1)$ und bilde mit einem
    $T \in \mathrm{Aut}\,\mathbf{D}$ mit $T\varsigma_1 = 0$ die Funktion $u(z) = -\log |T \circ f(z)|$. Man zeige $u(z) = g_G(z, z_1)$
    (Minimaleigenschaft von $g_G$; betrachte $u(z_0)$!) und schließe, daß $z_1$ die einzige $\varsigma_1$-Stelle
    von $f$ ist.

2.  Es seien $G$, $g$ und $f$ wie in Aufgabe 1. Ohne Verwendung des dortigen Resultates zeige man,
    daß $f: G \to \mathbf{D}$ eigentlich ist, und folgere mit Satz 7.1 (Kap. II), daß $f$ biholomorph ist.

(Bemerkung: Es genügt hier und in Aufgabe 1 vorauszusetzen, daß das regulär berandete Gebiet $G$ relativ kompakt in einer beliebigen Riemannschen Fläche liegt.)

3.     Für die Greensche Funktion $g = g_D (\cdot, z_0)$ des Einheitskreises $\mathbf{D}$ bestätige man

$$\frac{-1}{2\pi} \, {}^*dg \,\big|_{\partial \mathbf{D}} = \frac{1}{2\pi} \frac{1 - |z_0|^2}{|e^{it} - z_0|^2} \, dt.$$

4.     Ein Beweis der Symmetrie der Greenschen Funktion ohne Differenzierbarkeit am Rande: Es sei $G$ wie bisher, $x_1 \neq x_2$ in $G$. Für $\delta > 0$ besteht $\gamma_\delta = \{x \in G : g_G (x, x_1) = \delta\}$ im allgemeinen aus endlich vielen geschlossenen reell-analytischen Kurven. Wie im Beweis von Satz 6.4 zeige man $(g = g_G)$

$$g(x_1, x_2) - g(x_2, x_1) = \frac{1}{2\pi} \int\limits_{\gamma_\delta} [g(x, x_1) \, {}^*dg(x, x_2) - g(x, x_2) \, {}^*dg(x, x_1)] \, .$$

Mit $\sup\limits_{x \in \gamma_\delta} g(x, x_2) \to 0$ für $\delta \to 0$ (Beweis?) folgt $g(x_1, x_2) = g(x_2, x_1)$.


# § 7*. Die Fundamentallösung

Für ebene Gebiete geben wir einen von § 6 unabhängigen Zugang zu den am Schluß des vorigen Paragraphen entwickelten Integralformeln an, vor allem, um den Zusammenhang mit der Cauchyschen Integralformel herzustellen.

**Definition 7.1.** *Die Funktion*

$$\Gamma(\zeta, z) = \frac{1}{2\pi} \log |\zeta - z|$$

*(für $\zeta \neq z$ in $\mathbb{C}$) heißt Fundamentallösung des Laplace-Operators $\Delta$.*

Die folgenden Aussagen rechnet man leicht nach (hier und im folgenden beziehen sich Differentialoperatoren und $*$ auf die Variable $\zeta$, andernfalls wird die Variable, auf die der Operator wirken soll, als Index notiert):

i)     *für $\zeta \neq z$ ist $\Delta\Gamma(\zeta, z) = 0$,*

ii)     ${}^*\partial\Gamma = \dfrac{1}{4\pi i} \dfrac{d\zeta}{\zeta - z}$ ,

iii)     *für eine positiv orientierte Kreislinie $\kappa$ um $z$ gilt*

$$\int\limits_\kappa {}^*d\Gamma = 1 \, , \qquad \int\limits_\kappa {}^*\partial\Gamma = \int\limits_\kappa {}^*\overline{\partial}\Gamma = \frac{1}{2} \, .$$

Es sei nun $G$ immer ein beschränktes Gebiet in $\mathbb{C}$ mit stückweise glattem, positiv orientierten Rand.

**Satz 7.1.** *Für* $f \in \mathscr{C}^2(\overline{G})$ *und* $z \in G$ *gilt*

$$f(z) = \int_{\partial G} (f * d\Gamma - \Gamma * df) + \int_G \Gamma \cdot \Delta f \, d\xi d\eta \,.$$

Dies folgt aus der Greenschen Formel (Satz 5.3) genau wie Satz 6.7. Die in § 5 als Formel (2) hergeleitete Beziehung

$$\int_{\partial G} u * \partial v = \int_G \overline{\partial} u \wedge * \partial v + \int_G u \overline{\partial} * \partial v$$

(für $u \in \mathscr{C}^1(\overline{G})$, $v \in \mathscr{C}^2(\overline{G})$) liefert mit einer analogen Überlegung die inhomogene Cauchysche Integralformel!

**Satz 7.2.** *Für* $f \in \mathscr{C}^1(\overline{G})$ *und* $z \in G$ *gilt*

$$f(z) = \frac{1}{2\pi i} \int_{\partial G} \frac{f(\zeta)}{\zeta - z} \, d\zeta + \frac{1}{2\pi i} \int_G \frac{\partial f / \partial \overline{\zeta}}{\zeta - z} \, d\zeta \wedge d\overline{\zeta} \,.$$

**Beweis:** Es sei $D = D_\epsilon(z)$ eine kleine Kreisscheibe um $z$ und $G_\epsilon = G - D$. Wir wenden die obige Beziehung mit $u = f$, $v = \Gamma$ auf $G_\epsilon$ an:

$$\int_{\partial G} f * \partial \Gamma - \int_{\partial D} f * \partial \Gamma = \int_{G_\epsilon} \overline{\partial} f \wedge * \partial \Gamma + \int_{G_\epsilon} f \overline{\partial} * \partial \Gamma \,.$$

Das letzte Integral rechts ist Null, da $\Gamma$ auf $G_\epsilon$ harmonisch ist. Das letzte Integral links strebt wegen *iii)* für $\epsilon \to 0$ gegen $\frac{1}{2} f(z)$. Mit *ii)* ergibt sich die Behauptung. $\qquad \Box$

*Bemerkung:* Für eine Funktion $f \in \mathscr{C}^\infty(\mathbb{C})$ mit kompaktem Träger liefert Satz 7.1 die Beziehung

$$f(z) = \int_{\mathbb{C}} \Gamma \cdot \Delta f \, d\xi d\eta \,.$$

Sie besagt, daß im Distributionssinne $\Delta \Gamma = \delta_z$ gilt, wobei $\delta_z$ das vom Punkt $z$ getragene Dirac-Maß ist. Der Name „Fundamentallösung" bezieht sich auf diese Eigenschaft und ihre Verwendung im nächsten Beweis.

Als Folgerung aus Satz 7.1 zeigen wir jetzt die Lösbarkeit der Poissonschen Gleichung, d.h. der inhomogenen Laplace-Gleichung $\Delta u = f$, im Falle kompakter Träger:

**Satz 7.3.** *Es sei* $f \in \mathscr{C}^2(\mathbb{C})$ *mit kompaktem Träger. Dann gibt es eine Funktion* $u \in \mathscr{C}^2(\mathbb{C})$ *mit* $\Delta u = f$.

**Beweis:** Wir setzen

$$u(z) = \int \Gamma(\zeta, z) f(\zeta) \, d\xi d\eta \,.$$

Das Integral existiert, und die Darstellung

$$u(z) = \frac{1}{2\pi} \int \log |\zeta - z| \, f(\zeta) \, d\xi \, d\eta = \frac{1}{2\pi} \int \log |\zeta| \, f(\zeta + z) \, d\xi \, d\eta$$

zeigt, daß $u$ ebenso oft wie $f$ differenzierbar ist. Hier wird ausgenutzt, daß $f$ kompakten Träger hat! — Weiter ist

$$\Delta u(z) = \frac{1}{2\pi} \int \log |\zeta| \, \Delta_z \, f(\zeta + z) \, d\xi \, d\eta$$

$$= \frac{1}{2\pi} \int \log |\zeta - z| \, \Delta_\zeta \, f(\zeta) \, d\xi \, d\eta = f(z)$$

nach Satz 7.1. — Es sei noch bemerkt, daß die Lösung $u$ keineswegs kompakten Träger zu haben braucht. $\qquad\qquad\qquad\qquad\qquad\qquad\qquad\qquad\qquad\qquad\qquad\qquad\quad\square$

Eine genaue Analyse des $u$ definierenden Integrals zeigt, daß Satz 7.3 richtig bleibt, wenn nur $f$ einer Hölderklasse $\mathscr{C}^\alpha$, $\alpha > 0$, angehört.

Wir können die Greensche Funktion des Gebietes $G$ mit Hilfe der Fundamentallösung erklären:

**Definition 7.2.** *Die Greensche Funktion von $G$ ist die Funktion*

$$g \colon \overline{G} \times G \to \mathbb{R}$$

*mit den Eigenschaften*

*i)* $\qquad g(\zeta, z) + \Gamma(\zeta, z)$ *ist als Funktion von $\zeta$ stetig auf $\overline{G}$ und harmonisch auf $G$,*

*ii)* $\qquad g(\zeta, z) \equiv 0$ *für $\zeta \in \partial G$.*

Bis auf den Faktor $1/2\pi$ ist $g$ gerade die in § 6 in allgemeinerer Situation eingeführte Greensche Funktion. Für relativ kompakte Gebiete ist sie eindeutig bestimmt. Für stückweise glatt berandetes $G \subset\subset \mathbb{C}$ (allgemeiner: für im Sinne des Dirichlet-Problems regulär berandetes $G$) können wir $g(\zeta, z)$ bestimmen, indem wir gemäß § 3 das Dirichlet-Problem auf $G$ zu den Randwerten $-\Gamma(\zeta, z)$ lösen: Mit der Lösung $h(\zeta, z)$ wird

$$g(\zeta, z) = h(\zeta, z) - \Gamma(\zeta, z)\,.$$

**Satz 7.4.** *Die Greensche Funktion eines beschränkten, stückweise glatt berandeten Gebietes existiert und ist eindeutig bestimmt.*

**Satz 7.5.** *Falls* $g\,(\cdot,z)\in \mathscr{C}^1\,(\overline{G}-\{z\})$ *für jedes* $z\in G$ *gilt, hat man* $g\,(\zeta,z)=g\,(z,\zeta)$; *der Poisson-Kern*

$$P\,(\zeta,z)=-\,{}^*dg\,(\zeta,z)|_{\zeta\,\in\,\partial G}$$

*ist auf* $\partial G\times G$ *erklärt, und es gelten die Poissonschen Integralformeln:*

i)      *für* $f\in\mathscr{C}^2\,(\overline{G})$, $z\in G$

$$f\,(z)=\int_{\partial G} f\,(\zeta)\,P\,(\zeta,z)+\int_{G}\Delta f\,(\zeta)\,g\,(\zeta,z)\,d\xi\,d\eta,$$

ii)     *für auf* $\overline{G}$ *stetiges, auf* $G$ *harmonisches* $f$

$$f\,(z)=\int_{\partial G} f\,(\zeta)\,P\,(\zeta,z),$$

iii)    *für stetiges* $f\colon \partial G\to \mathbb{R}$ *ist die Funktion*

$$F\,(z)=\begin{cases}\displaystyle\int_{\partial G} f\,(\zeta)\,P\,(\zeta,z) & z\in G\\[2em] f\,(z) & z\in\partial G\end{cases}$$

   *die Lösung des Dirichlet-Problems zum Randwert* $f$.

Kenntnis des Poisson-Kerns würde also geschlossene Formeln für die Lösung des Dirichlet-Problems liefern. Doch setzt die Existenz des Poisson-Kerns nicht nur die Lösbarkeit eines speziellen Dirichlet-Problems voraus, sondern sogar einen Regularitätssatz: die Greensche Funktion muß am Rande noch differenzierbar sein. Daher werden wir erst viel später — in Kap. VII — die Existenz des Poisson-Kerns glatt berandeter ebener Gebiete zeigen können. Trotz schöner physikalisch motivierter Plausibilitätsbetrachtungen (siehe Kap. V, § 1), die auf den Poisson-Kern führen, scheint eine Lösung des Dirichlet-Problems auf diesem direkten Wege nicht zu gelingen.

# Kapitel IV
# Der Uniformisierungssatz

Während es auf Teilgebieten der komplexen Ebene eine unübersehbare Menge holomorpher und meromorpher Funktionen gibt, ist für abstrakte Riemannsche Flächen die Existenz auch nur einer einzigen nichtkonstanten meromorphen Funktion unklar: aus der Definition einer Riemannschen Fläche kann man sie jedenfalls nicht direkt entnehmen (und komplex $n$-dimensionale Mannigfaltigkeiten, die höherdimensionalen Analoga Riemannscher Flächen, brauchen in der Tat *keine* meromorphen nichtkonstanten Funktionen zu besitzen!). Die im vorigen Kapitel entwickelte Potentialtheorie liefert uns aber jetzt eine Reihe grundlegender Existenzaussagen.

Auf jeder Riemannschen Fläche gibt es nichtkonstante meromorphe Funktionen (Satz 1.3), und einfach zusammenhängende Flächen werden durch den „Uniformisierungssatz" (Satz 1.1) klassifiziert: sie sind konform äquivalent entweder zum Einheitskreis oder zur Ebene oder zur Zahlensphäre. Dieser Satz ist „vielleicht das wichtigste Einzeltheorem in der Theorie der analytischen Funktionen einer Veränderlichen" (Ahlfors [Ah]). Kombiniert mit der (topologischen) Überlagerungstheorie sichert er wenigstens die Existenz „mehrdeutiger" holomorpher Funktionen auf fast allen Riemannschen Flächen, er übersetzt die Klassifikation Riemannscher Flächen in ein Klassifikationsproblem für Untergruppen von $SL(2, \mathbb{R})$, interpretiert meromorphe Funktionen auf Riemannschen Flächen als automorphe Funktionen im Einheitskreis, und er liefert schließlich (als sinnvolle Verallgemeinerung des Riemannschen Abbildungssatzes) für jedes beschränkte ebene Gebiet $G$ eine unverzweigte unbegrenzte holomorphe Überlagerungsabbildung $f\colon \mathbf{D} \to G$. Dieses letzte Resultat erfordert, obwohl es sich nur auf ebene Gebiete bezieht, zum Beweis die Entwicklung der topologischen Überlagerungstheorie und der Funktionentheorie auf Riemannschen Flächen!

Wir besprechen diese und weitere Anwendungen der Uniformisierungstheorie (Existenz der Poincaré-Metrik, Sätze von Montel und Picard, Automorphismen ebener Gebiete) in § 6; in den ersten fünf Paragraphen führen wir den Beweis des Uniformisierungssatzes. Besitzt die einfach zusammenhängende Fläche $X$ eine „Greensche Funktion", so ist diese nach dem Monodromiesatz Realteil einer holomorphen Funktion $f$, welche $X$ in (sogar auf) $\mathbf{D}$ abbildet. Mit einer Idee von Heins [12] läßt sich dann die Injektivität von $f$ zeigen (§§ 2, 3). Besitzt $X$ keine Greensche Funktion, so läßt sich noch die Existenz einer harmonischen Funktion mit ein oder zwei logarithmischen Singularitäten nachweisen (wir folgen dabei Tsuji [Ts]), mit der man ähnlich wie im ersten Fall weiter arbeiten kann (§§ 4, 5). – Aus der Existenz der erwähnten harmonischen Funktion, die wir ohne die Voraussetzung des einfachen Zusammenhangs beweisen, ergibt sich auch Satz 1.3.

Wir setzen beim Beweis des Uniformisierungssatzes voraus, daß die Riemannsche Fläche $X$ abzählbar im Unendlichen ist, d.h. daß sie eine abzählbare Ausschöpfung durch relativ kompakte Teilgebiete besitzt. Für Flächen mit Greenscher Funktion dient das nur der Vereinfachung der Sprechweise. Bei Flächen ohne Greensche Funktion benutzen wir den Satz von Montel für harmonische Funktionen, für den die Abzählbarkeitsvoraussetzung wesentlich ist. Mit größerem Aufwand läßt sich diese Voraussetzung auch in diesem Fall vermeiden (vgl. [Ah] oder [FK]). Dann folgt aus dem Uniformisierungssatz sogar, daß alle Riemannschen Flächen im Unendlichen abzählbar sind – im Gegensatz zu reell zweidimensionalen differenzierbaren Mannigfaltigkeiten!

Das Uniformisierungsproblem ist – kurz gesagt – die Aufgabe, aus einer „mehrdeutigen Funktion" (functio multiformis in der alten Sprechweise) eine eindeutige (functio uniformis) zu machen, und zwar eine, deren Definitionsgebiet in der komplexen Zahlensphäre liegt. Die Einführung verzweigter Riemannscher Gebiete ist der erste Schritt, der Beweis, daß jedes Riemannsche Gebiet von einem Gebiet auf der Sphäre überlagert werden kann, ist der zweite Schritt zur Lösung. Für spezielle Klassen algebraischer Funktionen zeigten A. Clebsch (1865) und A. v. Brill (1866) die Möglichkeit der „Uniformisierung". Seit ca. 1880 griffen F. Klein und H. Poincaré das Problem an, zunächst für algebraische, dann auch für beliebige analytische Funktionen. Beide formulierten 1883 einen allgemeinen Uniformisierungssatz, allerdings mit unvollständigen Beweisen; das Dirichlet-Problem und diskrete nichteuklidische Bewegungsgruppen spielen schon wesentliche Rollen. D. Hilbert nahm die Uniformisierungsaufgabe in die Liste der 23 wichtigsten mathematischen Probleme auf, die er 1900 in Paris vorstellte. Schließlich fanden 1907 unabhängig voneinander P. Koebe und Poincaré die ersten vollständigen Beweise. In der Folge untersuchte namentlich Koebe den Problemkreis mit allen seinen Verzweigungen.

## § 1.  Der Satz und die Beweismethode

Der zentrale Satz dieses Kapitels ist

**Satz 1.1** (Uniformisierungssatz). *Jede einfach zusammenhängende Riemannsche Fläche ist biholomorph äquivalent zu genau einer der drei folgenden Flächen:*

i)   *dem Einheitskreis* $\mathbf{D}$,
ii)  *der Gaußschen Zahlenebene* $\mathbb{C}$,
iii) *der Riemannschen Sphäre* $\hat{\mathbb{C}}$.

Die Eindeutigkeitsaussage ist klar: Da $\hat{\mathbb{C}}$ kompakt ist, gibt es nicht einmal eine topologische Abbildung von $\hat{\mathbb{C}}$ auf $\mathbb{C}$ oder $\mathbf{D}$. Eine biholomorphe Abbildung von $\mathbb{C}$ auf $\mathbf{D}$ kann es nach dem Satz von Liouville nicht geben.

Die Existenzaussage ist tiefliegend. Als Methode benutzen wir die Konstruktion harmonischer Funktionen $u$ mit logarithmischen Singularitäten (diese bewirken, daß $u$ nicht konstant sein kann). Genauer zeigen wir:

a)   *Ist die Riemannsche Fläche $X$ nicht kompakt und $x_0$ ein Punkt von $X$, so gibt es auf $X - \{x_0\}$ eine reelle harmonische Funktion, die in $x_0$ eine (positive) logarithmische Singularität hat* (§ 2 und Satz 4.1).

b)   *Ist $X$ kompakt und $x_0, x_1 \in X$, $x_0 \neq x_1$, so gibt es auf $X - \{x_0, x_1\}$ eine reelle harmonische Funktion, die in $x_0$ eine positive und in $x_1$ eine negative logarithmische Singularität hat* (Satz 4.2).

Für einfach zusammenhängendes $X$ läßt sich aus einer solchen harmonischen Funktion eine nicht konstante holomorphe bzw. meromorphe Funktion gewinnen:

**Satz 1.2.** *Es sei $X$ einfach zusammenhängend, $x_0 \in X$ und $u$ eine harmonische Funktion wie in a) bzw. b). Dann gibt es eine meromorphe (bei nicht-kompaktem $X$ holomorphe) Funktion $f$ auf $X$ mit $|f| = e^{-u}$. Insbesondere hat $f$ nur in $x_0$ eine Nullstelle, diese ist einfach.*

**Beweis:** Wir betrachten zunächst den nicht-kompakten Fall. Jeder Punkt $y \neq x_0$ hat eine Umgebung $U$, auf der $u$ Realteil einer holomorphen Funktion $w$ ist. Dann ist

$$f = e^{-w}$$

auf $U$ holomorph, nullstellenfrei, und erfüllt $|f| = e^{-u}$. Um $x_0$ wählen wir einen Koordinatenkreis $\Delta$ mit Koordinate $z$. Dann ist $u(z) = -\log|z| + h(z)$ auf $\Delta$ mit einer auf ganz $\Delta$ harmonischen Funktion $h$. Es gibt eine auf $\Delta$ holomorphe Funktion $\tilde{f}_0$ mit

$|\tilde{f}_0| = e^{-h}$. Wir setzen $f_0(z) = z\,\tilde{f}_0(z)$, dies ist eine auf $\Delta$ holomorphe Funktion, die genau in $x_0$ verschwindet, und zwar von erster Ordnung. Man hat $|f_0| = e^{-u}$ auf $\Delta$. Aus den lokal definierten Funktionen $f$ und $f_0$ läßt sich wegen des einfachen Zusammenhangs von $X$ eine globale Funktion herstellen. Sind nämlich $f_1$ und $f_2$ holomorph auf $U_1$ bzw. $U_2$ mit $|f_j| = e^{-u}$, und ist $V$ eine Zusammenhangskomponente von $U_1 \cap U_2$ mit $x_0 \notin V$, so gibt es wegen $|f_1/f_2| = 1$ auf $V$ eine Konstante $\lambda$ vom Betrag 1, so daß $f_1 = \lambda f_2$ auf $V$ gilt. Wenn wir $f_2$ durch $\lambda f_2$ ersetzen, ist also $f_2$ direkte analytische Fortsetzung von $f_1$. Es folgt, daß die Funktion $f_0: \Delta \to \mathbb{C}$ sich nach dem Kreiskettenverfahren längs jedes Weges in $X$ analytisch fortsetzen läßt. Da $X$ einfach zusammenhängt, liefert der Monodromiesatz die Existenz einer globalen holomorphen Funktion $f: X \to \mathbb{C}$ mit $|f| = e^{-u}$.

Ist $X$ kompakt und $u$ wie in b), so kann man genauso schließen, wenn man in einer Umgebung von $x_1$ eine meromorphe Funktion $f_1$ mit $|f_1| = e^{-u}$ hinzunimmt. Die letzte Beziehung impliziert, daß $f_1$ in $x_1$ einen Pol erster Ordnung hat. $\square$

Für kompaktes einfach zusammenhängendes $X$ folgt nun leicht die Behauptung des Uniformisierungssatzes: Die Funktion $f: X \to \hat{\mathbb{C}}$ aus Satz 1.2 hat genau eine (einfache) Nullstelle. Eine meromorphe Funktion auf einer kompakten Fläche nimmt aber alle Werte gleich oft an. Unser $f$ ist daher biholomorph. (Vgl. Kap. II, Satz 5.5 oder Folgerung 7.2.) Die Hauptaufgabe im folgenden ist, die Existenz der harmonischen Funktionen $u$ aus a) bzw. b) zu zeigen. Sodann ist für nichtkompaktes, einfach zusammenhängendes $X$ und geeignetes $u$ die Injektivität der Funktion $f$ aus Satz 1.2 zu beweisen. Für beide Aufgaben hat man eine Fallunterscheidung (Existenz bzw. Nichtexistenz einer Greenschen Funktion) in der Klasse der nichtkompakten Flächen zu treffen, die schließlich zu $X \cong \mathbf{D}$ bzw. $X \cong \mathbb{C}$ führt.

Zum Abschluß dieses Paragraphen wollen wir aus a) bzw. b) die Existenz nichttrivialer meromorpher Funktionen auch für nicht notwendig einfach zusammenhängende Flächen herleiten.

**Satz 1.3.** *Auf jeder Riemannschen Fläche gibt es nicht-konstante meromorphe Funktionen.*

**Beweis:** Ist die reelle Funktion $u$ auf der Fläche $X$ harmonisch bis auf isolierte logarithmische Singularitäten, so ist die 1-Form

$$\omega = du + i *\!du \tag{1}$$

holomorph bis auf Pole erster Ordnung in den Singularitäten von $u$. Ist nun $X$ nicht kompakt, so wählen wir zu zwei verschiedenen Punkten $x_1, x_2 \in X$ nach a) harmonische Funktionen $u_1$ und $u_2$ mit logarithmischen Singularitäten in $x_1$ bzw. $x_2$. Nach (1) bilden wir daraus meromorphe 1-Formen $\omega_1$ und $\omega_2$. Dann ist $\omega_2 = f\,\omega_1$ mit einer meromorphen Funktion $f$, die in $x_1$ eine Nullstelle und in $x_2$ einen Pol haben muß. — Ist $X$ kompakt, so wählen wir drei verschiedene Punkte $x_0$, $x_1$, $x_2$ und bilden gemäß b) die harmonischen Funktionen $u_1$ und $u_2$ mit positiver logarithmischer Singularität in $x_0$ und negativer logarithmischer Singularität in $x_1$ bzw. $x_2$. Für die nach (1) gebildeten 1-Formen $\omega_1$ und $\omega_2$ gilt dann $\omega_2 = f\,\omega_1$, wobei die meromorphe Funktion $f$ in $x_1$ eine Nullstelle und in $x_2$ einen Pol hat. $\square$

Die hier konstruierten meromorphen Funktionen $f$ werden im allgemeinen noch weitere
Null- und Polstellen haben. Man kann zeigen, daß auf nichtkompakten Riemannschen
Flächen die Sätze von Weierstraß und Mittag-Leffler über die Existenz von meromorphen
Funktionen mit vorgeschriebenen Null- und Polstellenverteilungen bzw. Hauptteilvertei-
lungen gelten (vgl. [Fo]).

## § 2.  Die Greensche Funktion einer Riemannschen Fläche

In Kapitel III, § 6, haben wir für relativ kompakte, regulär berandete Teilgebiete $Y$ einer
Riemannschen Fläche $X$ die Existenz von Greenschen Funktionen gezeigt. Wir versuchen
nun, für eine nicht a priori in eine größere Riemannsche Fläche eingebettete Fläche $X$
und einen gegebenen Punkt $x_0 \in X$ eine Funktion $g = g(\cdot, x_0)$ zu finden, die auf $X$
reell und harmonisch ist mit Ausnahme einer positiven logarithmischen Singularität in $x_0$.
Überdies soll $\inf g = 0$ gelten.

Für kompaktes $X$ gibt es keine solche Funktion, wie das Minimum-Prinzip lehrt. Wir betrachten also eine nichtkompakte Fläche $X$ und fixieren eine Ausschöpfung

$$Y_1 \subset\subset Y_2 \subset\subset Y_3 \subset\subset \ldots \subset\subset X , \qquad \bigcup_{n=1}^{\infty} Y_n = X$$

mit $x_0 \in Y_1$. Wegen Kap. III, Satz 3.3, können wir annehmen, daß die $Y_n$ reguläre
Ränder haben. Die Greensche Funktion von $Y_n$ mit Singularität in $x_0$ sei mit $g_n$ bezeichnet. Da die Greenschen Funktionen monoton vom Gebiet abhängen, bilden die $g_n$
eine monoton wachsende Folge. Diese konvergiert nach dem Harnack-Prinzip lokal gleichmäßig entweder gegen eine auf $X - \{x_0\}$ harmonische Funktion $g$ oder gegen $+\infty$.
Dabei hängt die Grenzfunktion nicht von der Ausschöpfung ab — das folgt leicht aus der
Monotonie von $g_Y$ bezüglich $Y$.
Falls $g(x, x_0) = \lim g_n(x, x_0) \neq \infty$, nennen wir $g(\cdot, x_0)$ die *Greensche Funktion* von $X$
mit Singularität in $x_0$. Wir werden unten zeigen, daß aus der Existenz von $g(\cdot, x_0)$ für
ein $x_0$ die Existenz von $g(\cdot, x_1)$ für jedes $x_1 \in X$ folgt. — Ist hingegen
$\lim g_n(x, x_0) \equiv +\infty$, so sagt man, $X$ habe keine Greensche Funktion.

*Beispiel:* Die Zahlenebene $\mathbb{C}$ hat keine Greensche Funktion: Mit $x_0 = 0$,
$Y_n = \{z \in \mathbb{C} : |z| < n\}$ bekommt man $g_n(z, 0) = \log n - \log |z|$ und $\lim g_n(z, 0) \equiv +\infty$.

**Definition 2.1.** *Hat eine nicht kompakte Riemannsche Fläche $X$ Greensche Funktionen,
so heißt $X$ positiv berandet. Im anderen Fall heißt $X$ nullberandet.*

Für „positiv berandet" ist auch „hyperbolisch" üblich, für „nullberandet" auch „parabo-
lisch". Da wir den Begriff „hyperbolische Riemannsche Fläche" in § 6 in einem etwas
anderen Sinn benutzen wollen, vermeiden wir ihn hier. — Der Begriff der positiv berandeten Riemannschen Fläche ist von dem des positiv berandeten Teilgebiets (d.h. eines Teilgebiets mit positiv orientiertem Randzyklus) zu unterscheiden.
Die Einteilung in positiv berandete und nullberandete Flächen ist nicht topologischer
Natur, z.B. ist $\mathbb{C}$ nullberandet und $\mathbb{D}$ positiv berandet. Hingegen bestehen wesentliche

funktionentheoretische Unterschiede. So gilt auf nullberandeten Flächen der Satz von Liouville:

**Satz 2.1.** *Auf einer nullberandeten Fläche ist jede beschränkte holomorphe Funktion konstant.*

**Beweis:** Es sei $f\colon X \to \mathbb{C}$ eine nicht konstante beschränkte holomorphe Funktion. Ohne Beschränkung der Allgemeinheit sei $|f| < 1$ und $f(x_0) = 0$ für ein $x_0 \in X$. Ist nun $(Y_n)$ eine Ausschöpfung von $X$ mit regulären Rändern und $x_0 \in Y_1$, so ist

$$g_n(x, x_0) + \log |f(x)|$$

auf $Y_n$ subharmonisch und auf $\partial Y_n$ negativ. Nach dem Maximum-Prinzip ist $g_n(\cdot, x_0) + \log |f| < 0$ auf ganz $Y_n$ und damit im Limes $g(x, x_0) \leqslant - \log |f(x)|$. Also ist $X$ positiv berandet. $\qquad\square$

Es folgt insbesondere, daß jedes beschränkte Gebiet in $\mathbb{C}$ (ohne Voraussetzung über $\partial G$) eine Greensche Funktion im Sinne der obigen Definition besitzt. Ist $\partial G$ regulär, so stimmt diese mit der in Kap. III, § 6 definierten überein, wie wir unten sehen werden. Zuvor zeigen wir, daß die Greensche Funktion, sofern sie existiert, die am Beginn des Paragraphen geforderten Eigenschaften hat.

**Satz 2.2.** *Es sei $g = g(\cdot, x_0)$ Greensche Funktion einer positiv berandeten Fläche $X$. Dann gilt*

*i) $g$ hat in $x_0$ eine positive logarithmische Singularität,*
*ii) $\inf g = 0$.*

Im allgemeinen hat man allerdings nicht $\lim g(x_n, x_0) = 0$ für *jede* in $X$ diskrete Punktfolge $(x_n)$ — vgl. Aufgabe 4.

**Beweis:** *i)* Es sei $(Y_n)$ eine Ausschöpfung von $X$ wie oben und $g_n$ die Greensche Funktion von $Y_n$ bezüglich $x_0$. Mit einer lokalen Koordinate $z$ um $x_0$ sei $\{x \colon |z(x)| \leqslant 1\} \subset Y_1$. Die Funktionen $h_n(z) = g_n(z) + \log |z|$ sind auf $|z| \leqslant 1$ harmonisch und bilden auf $0 < |z| \leqslant 1$ eine monoton wachsend gegen $h(z) = g(z) + \log |z|$ konvergente Folge. Die Mittelwertgleichung zeigt, daß auch die $h_n(0)$ konvergieren, und zwar gegen den Mittelwert von $h$ (über $|z| = r$, $0 < r \leqslant 1$). Daher ist $h$ in den Punkt $z = 0$, d.h. $x_0$, harmonisch fortsetzbar.

*ii)* Für $x \in X$ und großes $n$ ist $x \in Y_n$ und $g_n(x) > 0$, also $g(x) > 0$. Daher ist $c = \inf g \geqslant 0$. Auf $\partial Y_n$ hat man

$$(g - c) - g_n = g - c > 0 \,.$$

Da $(g - c) - g_n$ auf ganz $Y_n$ harmonisch ist (nach *i)* heben sich die Singularitäten auf), hat man $(g - c) - g_n > 0$ auf ganz $Y_n$. Im Limes bekommt man $(g - c) - g \geqslant 0$; mit $c \geqslant 0$ folgt nun $c = 0$. $\qquad\square$

**Bemerkung:** Kann die Riemannsche Fläche $X$ als relativ kompaktes Teilgebiet einer Fläche $X^*$ aufgefaßt werden und ist der Rand $\partial X$ von $X$ in $X^*$ regulär, so läßt sich (bei gegebenem $x_0 \in X$) die Greensche Funktion einerseits wie in Kap. III, § 6 als $g_X$ erklären, andererseits wie eben mittels einer Ausschöpfung $(Y_n)$ von $X$ als Limes $g = \lim g_n$ der zu den $Y_n$ gehörigen Greenschen Funktionen. Beides führt zum gleichen Ergebnis, insbesondere ist $X$ in diesem Fall sicher positiv berandet. — Es ist nämlich wegen $Y_n \subset X$ und der monotonen Abhängigkeit vom Gebiete $g_n \leqslant g_X$, also auch $g \leqslant g_X$. Damit ist $g - g_X$ harmonisch und $\leqslant 0$ auf ganz $X$. Für $x \to y \in \partial X$ hat man

$$\varliminf (g(x) - g_X(x)) = \varliminf g(x) \geqslant \inf g(X) = 0 .$$

Nach dem Minimum-Prinzip folgt $g - g_X \equiv 0$.

Wir übertragen nun weitere aus Kap. III, § 6 bekannte Eigenschaften auf die allgemeine Situation.


**Satz 2.3.** *Es sei $X$ eine Riemannsche Fläche, $x_1$ und $x_2$ seien verschiedene Punkte von $X$. Existiert $g(\cdot, x_1)$, so auch $g(\cdot, x_2)$. Überdies gilt*

$$g(x_1, x_2) = g(x_2, x_1) .$$

Im Beweis stützen wir uns auf den


**Hilfssatz.** *Es gibt eine Ausschöpfung von $X$ durch Gebiete mit reell-analytischem Rand.*


**Beweis** des Satzes: Es sei $(Y_n)$ eine Ausschöpfung von $X$ durch Gebiete mit reell-analytischem Rand. Nach Voraussetzung existiert $g(\cdot, x_1) = \lim g_{Y_n}(\cdot, x_1)$, nach Kap. III, Folgerung 6.5, gilt $g_{Y_n}(x_1, x_2) = g_{Y_n}(x_2, x_1)$, wenn $x_1, x_2 \in Y_n$. Damit hat man $g_{Y_n}(x_1, x_2) \leqslant g(x_2, x_1)$, es ist $\lim g_{Y_n}(x_1, x_2) < +\infty$, mithin existiert $g(\cdot, x_2)$. Die Symmetrie $g(x_1, x_2) = g(x_2, x_1)$ ergibt sich sofort durch Grenzübergang. $\qquad\square$


**Beweis** des Hilfssatzes: Es genügt zu zeigen: Zu jedem zusammenhängenden kompakten $K \subset X$, $K \neq X$, gibt es ein Gebiet $Y$ mit reell-analytischem Rand und $K \subset Y \subset\subset X$. — Wir wählen ein Gebiet $Y'$ mit regulärem Rand und $K \subset Y' \subset\subset X$ sowie eine analytische Kreisscheibe $\Delta \subset\subset Y' - K$. Es sei $u$ auf $Y' - \overline{\Delta}$ die Lösung des Dirichlet-Problems mit $u|\partial Y' = 0$, $u|\partial \Delta = 1$. Es sei $\epsilon$ mit $0 < \epsilon < \min u(K)$ so gewählt, daß auf $\{x : u(x) = \epsilon\}$ keine kritischen Punkte von $u$ liegen. (Das geht: Die kritischen Punkte von $u$ sind auch Nullstellen des holomorphen Differentials $du + i \, {}^*du$, liegen also diskret in $Y' - \Delta$.) Dann leistet die $K$ enthaltende Zusammenhangskomponente $Y$ von $\{x \in Y' - \overline{\Delta} : u(x) > \epsilon\}$ das Verlangte. $\qquad\square$


**Satz 2.4.** *Auf der Riemannschen Fläche $X$ existiere eine negative subharmonische Funktion $v : X \to \mathbb{R} \cup \{-\infty\}$, für die $v(x) - \log |z(x)|$ nahe $x_0$ nach oben beschränkt ist — dabei bezeichnet $z$ eine Koordinate um $x_0$. Dann ist $X$ positiv berandet und es gilt $g(x, x_0) \leqslant -v(x)$. Besteht Gleichheit für ein $x_1 \neq x_0$, so ist $g(\cdot, x_0) \equiv -v$.*


**Beweis:** Wir betrachten eine Ausschöpfung $(Y_n)$ mit $x_0 \in Y_1$ und Greenschen Funktionen $g_n = g_{Y_n}(\cdot, x_0)$. Nach Kap. III, Satz 6.3, ist $g_n \leqslant -v$ auf $Y_n$, also $g = \lim g_n \leqslant -v \not\equiv +\infty$. Die letzte Aussage folgt nun aus der Bemerkung, daß $g + v$ subharmonisch und $\leqslant 0$ ist. $\qquad\square$

Auch die Invarianz der Greenschen Funktion unter biholomorphen Abbildungen und die monotone Abhängigkeit vom Gebiet gelten allgemein. Wir überlassen die Beweise dem Leser (Aufgaben 2 und 3).

**Aufgaben:**

1.  *(Direkte Definition der Greenschen Funktion von X)* Es sei $x_0$ Punkt der Riemannschen Fläche $X$ und $z$ sei eine lokale Koordinate um $x_0$. Weiter sei $\mathscr{P}$ die Perron-Familie auf $X - \{x_0\}$, die aus allen subharmonischen Funktionen $v$ besteht, welche außerhalb einer kompakten Menge $K_v \subset X$ verschwinden und

$$\overline{\lim_{x \to x_0}} \; (v(x) + \log |z(x)|) < + \infty$$

erfüllen. Das Supremum von $\mathscr{P}$ sei mit $\tilde{g}$ bezeichnet. Man zeige $\tilde{g}(x) = g(x, x_0)$, falls $X$ positiv berandet, $\tilde{g} \equiv + \infty$ sonst.

2.  Es sei $Y$ ein (nicht notwendig regulär berandetes oder relativ kompaktes) Gebiet in einer positiv berandeten Riemannschen Fläche $X$. Dann ist auch $Y$ positiv berandet, und für $x_0 \in Y$ gilt $g_Y(x, x_0) \leqslant g_X(x, x_0)$ auf $Y$.

3.  a) Es sei $f: X^* \to X$ biholomorph, $f(x_0^*) = x_0$, $X$ positiv berandet. Dann ist
        $g^*(x^*, x_0^*) := g(f(x^*), x_0)$ die Greensche Funktion von $X^*$.

    b) Es sei $f: X^* \to X$ lokal biholomorph, $X$ positiv berandet. Dann ist auch $X^*$ positiv berandet.

4.  Es sei $X = \mathbf{D} - A$, wobei $A$ eine diskrete Menge in $\mathbf{D}$ mit $0 \notin A$ ist. Man zeige, daß die Greensche Funktion von $X$ mit Singularität in $z_0 = 0$ mit der entsprechenden Funktion $-\log |z|$ für den Einheitskreis übereinstimmt.


## § 3.  Der Abbildungssatz für positiv berandete Flächen

Es sei jetzt $X$ eine *einfach zusammenhängende*, positiv berandete Riemannsche Fläche. Zu einem gegebenen Punkt $x_0 \in X$ existiert die Greensche Funktion $g(x) = g(x, x_0)$; nach Satz 1.2 gibt es dann eine holomorphe Funktion $f$ auf $X$ mit $|f| = e^{-g}$. Wegen $g > 0$ ist $f(X)$ im Einheitskreis enthalten; die Singularität von $g$ bewirkt, daß $x_0$ die einzige, zudem einfache Nullstelle von $f$ ist. Wir beweisen nun: *$f$ ist injektiv.*
Es sei $x_1 \neq x_0$ und $\zeta = f(x_1)$. Um zu zeigen, daß $x_1$ die einzige $\zeta$-Stelle von $f$ ist, betrachten wir den Automorphismus

$$T: w \mapsto \frac{w - \zeta}{1 - \bar{\zeta} w}$$

des Einheitskreises, bilden die holomorphe Funktion

$$h = T \circ f: X \to \mathbf{D}$$

und weisen nach, daß $x_1$ die einzige Nullstelle von $h$ ist. Die Funktion

$$v = \log |h|$$

ist subharmonisch auf $X$; mit einer lokalen Koordinate $z$ um $x_1$ ist

$$v(x) - \log |z(x)| = \log |h(x)/z(x)|$$

nahe $x_1$ nach oben beschränkt. Nach Satz 2.4 gilt also $g(x, x_1) + v(x) \leqslant 0$ auf $X$.
Man hat überdies für $x = x_0$

$$v(x_0) = \log |T(0)| = \log |f(x_1)| = -g(x_1, x_0) = -g(x_0, x_1) \, .$$

Satz 2.4 liefert nun $g(x, x_1) \equiv -v(x) = -\log |h(x)|$ und damit die Behauptung.
Das ist der wesentliche Schritt für den Beweis von

**Satz 3.1.** *Es sei $X$ eine einfach zusammenhängende, positiv berandete Fläche. Dann gibt
es eine Funktion $F$, die $X$ biholomorph auf den Einheitskreis abbildet.*

Benutzt man den Riemannschen Abbildungssatz für ebene Gebiete, so ergibt sich der
Satz leicht wie folgt: Die oben betrachtete Funktion $f$ bildet $X$ biholomorph auf ein
Teilgebiet $G = f(X)$ von $\mathbf{D}$ ab. Dieses ist wieder einfach zusammenhängend, es gibt also
eine biholomorphe Abbildung $f_1 : G \to \mathbf{D}$, und $F = f_1 \circ f$ leistet das Gewünschte.
Befriedigender ist es, den Abbildungssatz für ebene Gebiete, der ja als Spezialfall im Uni-
formisierungssatz enthalten ist, zu vermeiden. In der Tat läßt sich direkt zeigen, daß die
Funktion $f$ mit $|f| = e^{-g}$ die Fläche $X$ *auf* $\mathbf{D}$ abbildet:
Für die Greenschen Funktionen von $X$, $G = f(X)$ und $\mathbf{D}$ haben wir nämlich

$$g_X(x, x_0) = g_G(f(x), 0) \leqslant g_\mathbf{D}(f(x), 0) = -\log |f(x)| = g_X(x, x_0) \, ,$$

also $g_G = g_\mathbf{D}|\overline{G}$. Nach Kap. III, Satz 3.4 hat $G$ regulären Rand, es gilt also $g_G|\partial G = 0$.
Damit folgt $\partial G \subset \partial \mathbf{D}$, also $G = \mathbf{D}$.


## § 4.  Harmonische Funktionen auf nicht positiv berandeten Flächen

Wir wollen uns nun auch auf nullberandeten und kompakten Flächen Funktionen ver-
schaffen, die harmonisch bis auf logarithmische Singularitäten sind. Mit ihrer Hilfe werden
wir im nächsten Paragraphen den Beweis des Uniformisierungssatzes beenden.

**Satz 4.1.** *Es sei $X$ eine nicht kompakte Riemannsche Fläche und $x_0 \in X$ beliebig. Dann
gibt es eine auf $X - \{x_0\}$ harmonische Funktion $u$, die in $x_0$ eine positive logarithmische
Singularität hat und außerhalb einer relativ kompakten Umgebung von $x_0$ negativ ist.*

**Beweis:** a) Wir betrachten eine Ausschöpfung von $X$

$$Y_1 \subset\subset Y_2 \subset\subset Y_3 \subset\subset \ldots \subset\subset X$$

durch Gebiete mit regulären Rändern. Es sei $x_0 \in Y_1$ und $\Delta \subset Y_1$ ein Koordinatenkreis
um $x_0$ mit Koordinate $z$ und Radius $R$. Wir wählen weitere Radien $0 < \rho < \rho' < r < R$
und setzen $\Delta_\rho = \{x \in X : |z(x)| < \rho\}$, entsprechend $\Delta_{\rho'}$, $\Delta_r$. Die Greensche Funktion
von $Y_n$ mit Singularität in $x_0$ sei mit $g_n$ bezeichnet. Wir setzen

$$m_n = \max g_n(\partial \Delta_\rho) \, .$$

Wir betrachten nun die auf $Y_n - \{x_0\}$ bzw. auf $\Delta$ harmonischen Funktionen

$$u_n(x) = g_n(x) - m_n$$
$$v_n(z) = g_n(z) - m_n + \log|z|$$

Auf $\partial\Delta_\rho$ ist $u_n \leqslant 0$, auf $\partial Y_n$ ist $u_n < 0$, also gilt $u_n < 0$ auf $Y_n - \overline{\Delta}_\rho$. Damit wird $v_n < \log r$ auf $\partial\Delta_r$, also auch auf $\Delta_r$. Andererseits ist

$$\max v_n(\partial\Delta_\rho) = \log\rho \ .$$

Anwendung des Harnackschen Lemmas (Kap. III, Satz 1.3) auf die positive Funktion $\log r - v_n$ liefert: Zu jedem Kompaktum $K \subset \Delta_r$ gibt es eine (von $n$ unabhängige) Konstante $\beta > 0$ mit

$$\log r - v_n(x) \leqslant \beta(\log r - \log\rho) \ ,$$

also

$$v_n(x) \geqslant (1 - \beta)\log r + \beta\log\rho \qquad \text{für } x \in K \ .$$

Somit ist die Folge $(v_n)$ auf $\Delta_r$ lokal gleichmäßig beschränkt. Nach dem Satz von Montel für harmonische Funktionen (Kap. III, Satz 1.5) hat sie eine auf $\Delta_r$ lokal gleichmäßig gegen eine harmonische Funktion $v$ konvergente Teilfolge. Die entsprechende Teilfolge von $(u_n)$ konvergiert dann auf $\Delta_r - \{x_0\}$ lokal gleichmäßig gegen

$$\tilde{u}(z) = v(z) - \log|z| \ .$$

b) Wir bezeichnen diese Teilfolgen wieder mit $(v_n)$ bzw. $(u_n)$, entsprechend für die $Y_n$. Die $u_n$ sind dann auf $\partial\Delta_{\rho'}$ gleichmäßig beschränkt. Ist nun $K \subset X - \overline{\Delta}_\rho$ kompakt, $K \subset Y_{n_0}$, so zeigt das Harnacksche Lemma, daß die $u_n$, $n \geqslant n_0$, auch auf $K$ gleichmäßig beschränkt sind. Wir wenden wieder den Satz von Montel an: Nach Übergang zu einer Teilfolge dürfen wir annehmen, daß die $u_n$ auf $X - \overline{\Delta}_\rho$ lokal gleichmäßig gegen eine harmonische Funktion $u$ konvergieren.

Auf $\Delta_r - \overline{\Delta}_\rho$ ist $u = \tilde{u}$, also wird $u$ durch $\tilde{u}$ zu einer auf $X - \{x_0\}$ harmonischen Funktion mit positiver logarithmischer Singularität in $x_0$ fortgesetzt. Da $u_n \leqslant 0$ außerhalb $\Delta_\rho$, gilt auch $u \leqslant 0$ außerhalb $\Delta_\rho$. $\qquad\Box$

*Bemerkung:* Ist $X$ positiv berandet, so konvergieren die $m_n$ gegen $m = \max\{g(x, x_0): x \in \partial\Delta_\rho\}$, also gilt $u_n \to g(\cdot, x_0) - m$. Unsere Überlegung liefert also nur im nullberandeten Fall etwas Neues.

Wir wollen nun diese Methode benutzen, um auf einer kompakten Riemannschen Fläche $X$ eine Funktion $u$ zu finden, die bis auf eine positive logarithmische Singularität in einem Punkt $x_0$ und eine „negative" logarithmische Singularität in einem anderen Punkt $x_1$ harmonisch ist. Dazu benötigen wir einige Informationen über harmonische Funktionen auf Kreisringen, die wir jetzt zusammenstellen.

$i)$ Es sei $u(z)$ reell harmonisch für $\rho < |z| < R$ mit $\rho \geqslant 0$. Dann ist

$$c = \frac{1}{2\pi} \int_{|z|=r} {}^*du$$

unabhängig von $r \in \, ]\rho, R[$  (Satz von Stokes). Man hat

$$\int\limits_{|z| = r} {}^*d\,(u - c \log |z|) = 0 \; ,$$

also gibt es eine auf $\rho < |z| < R$ holomorphe Funktion $f$ mit

$$u\,(z) = c \log |z| + \operatorname{Re} f\,(z) \; .$$

Trägt man hier die Laurententwicklung $f\,(z) = \sum\limits_{-\infty}^{\infty} a_\mu z^\mu$ und $z = re^{i\varphi}$ ein, so erhält man die (eindeutig bestimmte) Darstellung

$$u\,(re^{i\varphi}) = c \, \log r + \alpha_0 +$$

$$+ \sum_1^\infty (\alpha_\mu r^\mu + \alpha_{-\mu} r^{-\mu}) \cos \mu\varphi + \sum_1^\infty (\beta_\mu r^\mu + \beta_{-\mu} r^{-\mu}) \sin \mu\varphi. \qquad (1)$$

Dabei ist $\alpha_\mu = \operatorname{Re} a_\mu$ für $\mu \in \mathbb{Z}$, $\beta_\mu = -\operatorname{Im} a_\mu$ für $\mu > 0$, $\beta_\mu = \operatorname{Im} a_\mu$ für $\mu < 0$. $- f$ ist nur bis auf Addition einer rein imaginären Konstanten bestimmt, demgemäß tritt $\operatorname{Im} a_0$ in (1) nicht auf.

*ii)* Die Funktion $u\,(z) - c \log |z|$ läßt sich genau dann harmonisch auf $|z| < R$ fortsetzen, wenn der Hauptteil der Laurent-Reihe von $f$ verschwindet, also wenn $\alpha_{-\mu} = \beta_{-\mu} = 0$ für $\mu > 0$ gilt.

*iii)* Für festes $r$ ist (1) die Fourier-Reihe von $u\,(re^{i\varphi})$, also gilt

$$\alpha_\mu r^\mu + \alpha_{-\mu} r^{-\mu} = \frac{1}{\pi} \int\limits_0^{2\pi} u\,(re^{i\varphi}) \cos \mu\varphi \, d\varphi \; ,$$

entsprechend für $\beta_\mu r^\mu + \beta_{-\mu} r^{-\mu}$. Ist nun $u$ noch stetig auf $\rho \leqslant |z| < R$ und ist $u$ konstant auf $|z| = \rho$, so liefert der Grenzübergang $r \downarrow \rho$ (für $\rho > 0$)

$$\alpha_\mu \rho^\mu + \alpha_{-\mu} \rho^{-\mu} = 0 \; , \qquad \beta_\mu \rho^\mu + \beta_{-\mu} \rho^{-\mu} = 0 \; .$$

*iv)* Ist schließlich $(u_n)$ eine Folge von harmonischen Funktionen, die auf $\rho < |z| < R$ lokal gleichmäßig gegen $u$ konvergiert, so können wir

$$u_n\,(z) = c_n \log |z| + \operatorname{Re} f_n\,(z) \; , \qquad f_n\,(z) = \sum_{\mu = -\infty}^{\infty} a_{\mu n} z^\mu$$

schreiben. Dabei konvergieren die $c_n \to c$ als Integrale über ${}^*du_n$. Weiter kann man annehmen, daß $f_n \to f$ lokal gleichmäßig gilt (vgl. Kap. III, Satz 5.2). Damit hat man auch $a_{\mu n} \to a_\mu$ für alle $\mu$. Es folgt, daß die Koeffizienten in der Darstellung (1) von $u_n$ gegen die entsprechenden Koeffizienten von $u$ konvergieren.

Nun können wir leicht das angekündigte Ergebnis beweisen:

**Satz 4.2.** *Es sei $X$ eine kompakte Riemannsche Fläche, $x_0$ und $x_1$ seien verschiedene Punkte von $X$. Dann gibt es eine auf $X - \{x_0, x_1\}$ harmonische Funktion $u$, die in $x_0$ und $x_1$ logarithmische Singularitäten mit $u\,(x_0) = +\infty$, $u\,(x_1) = -\infty$ hat.*

**Beweis:** Wir wählen einen Koordinatenkreis $\Delta^*$ um $x_1$ mit Koordinate $\zeta$; dabei können wir $\Delta^* = \{x : |\zeta(x)| < 1\}$ und $x_0 \notin \overline{\Delta^*}$ annehmen. Weiter wählen wir eine monoton gegen 0 fallende Folge von Radien $\rho_n < 1$ und setzen $\Delta_n^* = \{|\zeta| < \rho_n\}$. Es sei nun $g_n$ die Greensche Funktion von $Y_n = X - \overline{\Delta_n^*}$ mit Singularität in $x_0$. Nach dem Beweis von Satz 4.1 gibt es Konstanten $m_n$ so, daß — nach eventuellem Übergang zu einer Teilfolge — die Funktionen

$$u_n = g_n - m_n$$

auf $X - \{x_0, x_1\}$ lokal gleichmäßig gegen eine harmonische Funktion $u$ mit positiver logarithmischer Singularität in $x_0$ konvergieren. Wir entwickeln $u_n$ und $u$ gemäß (1): Mit $\zeta = re^{i\varphi}$ haben wir für $\rho_n < r < 1$

$$u_n(\zeta) = c_n \log r + \alpha_{0n} +$$

$$+ \sum_{\mu=1}^{\infty} (\alpha_{\mu n} r^\mu + \alpha_{-\mu n} r^{-\mu}) \cos \mu\varphi + \sum_{\mu=1}^{\infty} (\beta_{\mu n} r^\mu + \beta_{-\mu n} r^{-\mu}) \sin \mu\varphi ,$$

und für $0 < r < 1$

$$u(\zeta) = c \log r + \alpha_0 +$$

$$+ \sum_{\mu=1}^{\infty} (\alpha_\mu r^\mu + \alpha_{-\mu} r^{-\mu}) \cos \mu\varphi + \sum_{\mu=1}^{\infty} (\beta_\mu r^\mu + \beta_{-\mu} r^{-\mu}) \sin \mu\varphi .$$

Damit $u$ in $x_1$ eine negative logarithmische Singularität hat, muß nach *ii)* gelten:

$$\alpha_{-\mu} = \beta_{-\mu} = 0 \qquad \text{für} \quad \mu = 1, 2, 3, \ldots, \tag{2}$$

$$c = 1 . \tag{3}$$

Wegen *iii)* ist $\alpha_{\mu n} \rho_n^\mu + \alpha_{-\mu n} \rho_n^{-\mu} = 0$ und $\beta_{\mu n} \rho_n^\mu + \beta_{-\mu n} \rho_n^{-\mu} = 0$, mit *iv)* folgt (2) durch Grenzübergang $n \to \infty$, denn $\rho_n^{-\mu} \to +\infty$.

Um (3) zu zeigen, wählen wir einen Koordinatenkreis $\Delta$ um $x_0$ mit $\overline{\Delta} \cap \overline{\Delta_1^*} = \emptyset$. Nach dem Stokesschen Satz, angewandt auf $X' = X - (\Delta \cup \Delta_1^*)$, ist

$$\int_{\partial \Delta_1^*} *du + \int_{\partial \Delta} *du = - \int_{X'} d *du = 0 .$$

Nun ist aber

$$\int_{\partial \Delta} *du = -2\pi ,$$

da $u$ in $x_0$ eine positive logarithmische Singularität hat; also gilt:

$$c = \frac{1}{2\pi} \int_{\partial \Delta_1^*} *du = 1 . \qquad \square$$

Für eine einfach zusammenhängende kompakte Fläche $X$ liefert die hier konstruierte Funktion $u$ nach § 1 eine meromorphe Funktion, die $X$ biholomorph auf $\hat{\mathbb{C}}$ abbildet.

## § 5. Der Abbildungssatz für nullberandete Flächen

Es sei nun $X$ eine einfach zusammenhängende, nullberandete Fläche. Zu einem beliebigen Punkt $x_0 \in X$ gibt es eine Funktion $u$ auf $X$ mit den Eigenschaften aus Satz 4.1. Nach Satz 1.2 gibt es dann eine holomorphe Funktion $f^*$ auf $X$ mit $|f^*| = e^{-u}$. Wir wollen zeigen, daß diese Funktion die Fläche $X$ biholomorph auf $\mathbb{C}$ abbildet.

Für die Anwendung des „Liouvilleschen Satzes" 2.1 beim Injektivitätsbeweis ist es bequemer, mit $f = 1/f^*$ zu arbeiten. Diese Funktion ist holomorph bis auf einen einfachen Pol in $x_0$; außerhalb einer relativ kompakten Umgebung von $x_0$ ist $u \leqslant 0$, also $|f| \leqslant 1$. Wir werden zu verschiedenen Punkten $x_0$ gehörige Funktionen $f$ miteinander vergleichen.

**Lemma.** *Zu jedem $x \in X$ gebe es eine Funktion $f_x$, die holomorph ist bis auf einen einfachen Pol in $x$ und die außerhalb einer relativ kompakten Umgebung von $x$ beschränkt ist. Dann wird $X$ durch jedes $f_x$ injektiv in $\hat{\mathbb{C}}$ abgebildet.*

**Beweis:** a) Wir werden unten zeigen: Zu je zwei Punkten $x, y \in X$ gibt es $T \in \operatorname{Aut} \hat{\mathbb{C}}$ mit $f_y = T \circ f_x$. Damit folgt leicht die Injektivität: Es sei $f_x(x_1) = f_x(x_2)$. Mit einem $T \in \operatorname{Aut} \hat{\mathbb{C}}$ ist $f_x = T \circ f_{x_2}$. Man hat also $T f_{x_2}(x_1) = T f_{x_2}(x_2)$ und damit $f_{x_2}(x_1) = f_{x_2}(x_2) = \infty$. Da $x_2$ der einzige Pol von $f_{x_2}$ ist, folgt $x_1 = x_2$.

b) Wir zeigen nun: Jedes $x_1 \in X$ besitzt eine Umgebung $V$, so daß für alle $x_2 \in V$ gilt $f_{x_2} = T \circ f_{x_1}$ mit passendem $T$. Dazu sei $U$ eine relativ kompakte Umgebung von $x_1$ und $|f_{x_1}| \leqslant M$ auf $X - U$. Weiter sei $V \subset\subset U$ eine Umgebung von $x_1$ mit $|f_{x_1}| \geqslant 2M$ auf $V$. Da der Pol $x_1$ von $f_{x_1}$ einfach ist, können wir annehmen, daß $f_{x_1}$ auf $U$ injektiv ist. Wir wählen nun $x_2 \in V$ und setzen

$$\widetilde{f}(x) = \frac{f_{x_1}(x)}{f_{x_1}(x) - f_{x_1}(x_2)} .$$

Dann hat $\widetilde{f}$ als einzigen (einfachen) Pol $x_2$ und ist außerhalb $U$ durch 1 beschränkt, nach Konstruktion ist $\widetilde{f}$ von der Form $T_1 f_{x_1}$. Im allgemeinen werden $\widetilde{f}$ und $f_{x_2}$ verschieden sein, aber beide Funktionen haben nur in $x_2$ eine einfache Polstelle. Es gibt daher $a \in \mathbb{C}^*$, so daß $f_{x_2} - a\widetilde{f}$ holomorph auf ganz $X$ ist. Überdies ist $f_{x_2} - a\widetilde{f}$ beschränkt außerhalb einer relativ kompakten Umgebung von $x_1$, also auch auf ganz $X$. Nach Satz 2.1 ist $f_{x_2} - a\widetilde{f} \equiv c$ konstant, denn $X$ ist nullberandet. Mithin ist $f_{x_2}$ von der Form $T_2 \circ \widetilde{f} = (T_2 \circ T_1) f_{x_1}$.

c) Wir halten nun $x_0$ fest und setzen

$$X^* = \{x \in X \colon \text{es gibt } T \in \operatorname{Aut} \hat{\mathbb{C}} \text{ mit } f_x = T f_{x_0}\} .$$

$X^*$ ist offen: Ist $x_1 \in X^*$, etwa $f_{x_1} = T_1 f_{x_0}$, so gilt nach b)

$$f_{x_2} = T_2 f_{x_1} = (T_2 T_1) f_{x_0} \qquad (T_1, T_2 \in \operatorname{Aut} \hat{\mathbb{C}})$$

für alle $x_2$ aus einer Umgebung von $x_1$. $X^*$ ist auch abgeschlossen: Zu einem Berührpunkt $x_1$ von $X^*$ gibt es nach b) in beliebiger Nähe Punkte $x_2 \in X^*$ mit $f_{x_2} = T_1 f_{x_1}$.

Wegen $x_2 \in X^*$ ist aber $f_{x_2} = T_0 f_{x_0}$, also $f_{x_1} = (T_1^{-1} T_0) f_{x_0}$. – Mit $x_0 \in X^*$ folgt $X = X^*$; der Beweis ist beendet. $\qquad\square$

Wir erhalten nun leicht den noch fehlenden Teil des Uniformisierungssatzes.

**Satz 5.1.** *Eine einfach zusammenhängende nullberandete Fläche $X$ ist biholomorph äquivalent zur Gaußschen Zahlenebene.*

**Beweis:** Zu einem Punkt $x_0 \in X$ wählen wir eine Funktion $f^*$ wie am Beginn dieses Paragraphen. Nach dem Lemma wird $X$ durch $f^*$ biholomorph auf ein Gebiet $G \subset \mathbb{C}$ abgebildet. Dieses ist wieder einfach zusammenhängend. Wäre $G \neq \mathbb{C}$, so gäbe es eine nicht konstante beschränkte holomorphe Funktion $h$ auf $G$. Dann wäre $h \circ f^*$ eine nicht konstante beschränkte holomorphe Funktion auf $X$ im Widerspruch zu Satz 2.1. – Ein solches $h$ läßt sich elementar angeben: Es sei $z_1 \in \mathbb{C} - G$ und $\varphi(z)$ ein Zweig von $\sqrt{z - z_1}$ auf $G$. Dann enthält $\mathbb{C} - \varphi(G)$ Innenpunkte, etwa $z_2$, und $h(z) = (\varphi(z) - z_2)^{-1}$ leistet das Verlangte. $\qquad\square$

Auch hier haben wir den Riemannschen Abbildungssatz für ebene Gebiete nicht benutzt. Wir haben ihn also aufs Neue bewiesen (natürlich läßt sich der hier geführte Beweis des Uniformisierungssatzes stark vereinfachen, wenn man zusätzlich $X \subset \mathbb{C}$ voraussetzt).

**Aufgaben:**

1.  Man übertrage den hier für nullberandete Flächen geführten Beweis des Abbildungssatzes auf einfach zusammenhängende kompakte Flächen. (Man erhält damit einen von dem in § 1 zitierten Satz über meromorphe Funktionen unabhängigen Beweis.)

2.  Es sei $X$ einfach zusammenhängend, nullberandet oder kompakt, $x_0 \in X$ und $z$ eine lokale Koordinate um $x_0$. Zeige: Es gibt eine auf $X - \{x_0\}$ harmonische Funktion $u$, die außerhalb jeder Umgebung von $x_0$ beschränkt ist und

$$\lim_{x \to x_0} (u(x) - \operatorname{Re} \frac{1}{z(x)}) = 0$$

erfüllt.

# § 6. Anwendungen des Uniformisierungssatzes

Durch Kombination mit der Überlagerungstheorie aus Kapitel II erhalten wir aus dem Uniformisierungssatz die folgende tiefliegende Aussage über beliebige Riemannsche Flächen (deren letzter Teil in Satz 6.3 erläutert wird):

**Satz 6.1.** *Zu jeder Riemannschen Fläche $X$ existiert eine holomorphe Überlagerungsabbildung*

$$p: \widetilde{X} \to X,$$

*wobei $\widetilde{X}$ genau eines der Standardgebiete $\mathbf{D}$, $\mathbb{C}$ oder $\hat{\mathbb{C}}$ ist. Die Gruppe $\mathscr{D}$ der Decktransformationen dieser Überlagerung ist eine fixpunktfreie Untergruppe der Automor-*

*phismengruppe von $\widetilde{X}$, deren Bahnen gerade die Fasern von $p$ (also diskret in $\widetilde{X}$) sind;*
*$\mathscr{D}$ ist isomorph zur Fundamentalgruppe von $X$.*

*Die Fläche $X$ ist biholomorph äquivalent zur Quotientenfläche $\widetilde{X}/\mathscr{D}$, und die holo-*
*morphen bzw. meromorphen Funktionen auf $X$ entsprechen umkehrbar eindeutig den*
*$\mathscr{D}$-invarianten holomorphen bzw. meromorphen Funktionen auf $\widetilde{X}$.*

Ist $\widetilde{X} = \mathbf{D}$ oder $\mathbb{C}$, so liefert die global erklärte holomorphe Abbildung $p$ also lokale
Koordinaten (früher sagte man: „Ortsuniformisierende") in allen Punkten von $X$:
„Riemannsche Flächen haben globale Ortsuniformisierende". Umgekehrt kann $p^{-1}$ als
eine – evtl. unendlich vieldeutige – holomorphe Funktion auf $X$ angesehen werden.

Wir geben die Flächen an, deren universelle Überlagerung $\widetilde{X}$ nicht der Einheitskreis ist:

**Satz 6.2.**

*a)*    *Eine Riemannsche Fläche, die die Zahlensphäre $\hat{\mathbb{C}}$ als universelle Überlagerung hat,*
      *ist biholomorph äquivalent zu $\hat{\mathbb{C}}$.*

*b)*    *Die Riemannschen Flächen, die die Zahlenebene $\mathbb{C}$ als universelle Überlagerung*
      *haben, sind bis auf biholomorphe Äquivalenz*

    *i)*    *die Zahlenebene selbst,*
    *ii)*    *die punktierte Ebene $\mathbb{C}^*$,*
    *iii)*    *die Tori $\mathbb{C}/\Gamma$, wobei $\Gamma$ ein Gitter in der Ebene ist.*

**Beweis:**  a) Es sei $p \colon \hat{\mathbb{C}} \to X$ eine Überlagerung. Da jeder Automorphismus von $\hat{\mathbb{C}}$ mindestens einen Fixpunkt hat, kann die Decktransformationsgruppe $\mathscr{D}(\hat{\mathbb{C}}, X)$ nur aus der
Identität bestehen; dann ist $p$ aber biholomorph.

b) Die fixpunktfreien Automorphismen von $\mathbb{C}$ sind die Translationen. Die Decktransformationsgruppe einer Überlagerung $p \colon \mathbb{C} \to X$ ist also eine Translationsgruppe mit
diskreten Bahnen. Dafür gibt es bekanntlich nur drei wesentlich verschiedene Möglichkeiten:

*i)*    $\mathscr{D} = \{id\}$. Dann ist $p$ biholomorph.

*ii)*    $\mathscr{D}$ ist eine unendliche zyklische Gruppe $\mathbb{Z}\omega$ mit $\omega \neq 0$. Dann ist $\mathbb{C}/\mathscr{D}$ ein
      Zylinder, und die holomorphe Funktion

$$\mathbb{C} \to \mathbb{C}^*, \qquad z \mapsto \exp\left(2\pi i z/\omega\right)$$

      induziert eine biholomorphe Abbildung von $\mathbb{C}/\mathscr{D}$ auf $\mathbb{C}^*$.

*iii)*    $\mathscr{D}$ ist ein Gitter $\Gamma = \mathbb{Z}\omega_1 \oplus \mathbb{Z}\omega_2$ mit reell linear unabhängigen Erzeugenden $\omega_1$
      und $\omega_2$. Dann ist $X$ biholomorph äquivalent zum Torus $\mathbb{C}/\Gamma$.      $\square$

Man beachte aber, daß der letzte Fall zu unendlich vielen verschiedenen komplexen
Strukturen auf einem topologischen Torus führt. In Satz 6.5 werden wir zeigen, daß das
alle Möglichkeiten für komplexe Torusstrukturen sind; in Kap. VI, § 8, untersuchen wir,
wann zwei verschiedene Gitter zur gleichen komplexen Struktur führen. –

Jede der oben nicht angeführten Flächen hat also den Einheitskreis $\mathbf{D}$ als universelle
Überlagerung. Wir bezeichnen solche Flächen als *hyperbolisch* – sie „erben" nämlich die
hyperbolische Metrik des Einheitskreises (s. Satz 6.6).

In Satz 6.1 garantiert die allgemeine Überlagerungstheorie an sich nur die topologische Äquivalenz zwischen $X$ und $\widetilde{X}/\mathscr{D}$: es ist nicht unmittelbar klar, wie $\widetilde{X}/\mathscr{D}$ als Riemannsche Fläche aufzufassen ist. Der folgende Satz klärt den Sachverhalt:

**Satz 6.3.** *Es sei $X$ eine Riemannsche Fläche und $G$ eine Untergruppe der Automorphismengruppe von $X$, die fixpunktfrei mit diskreten Bahnen operiert. Dann gibt es auf dem Quotientenraum $X/G$ genau eine komplexe Struktur, für die die Projektion $p\colon X \to X/G$ holomorph wird. Sie ist dann sogar eine Überlagerungsabbildung.*

Wir formulieren den Beweis für den hier wichtigsten Fall, daß $X$ der Einheitskreis ist: die Existenz der $G$-invarianten hyperbolischen Metrik bringt nämlich einige Vereinfachungen. Für allgemeines hyperbolisches $X$ geht der Beweis mit der Poincaré-Metrik (Satz 6.6) genauso.

**Beweis** von Satz 6.3: a) Die Automorphismen von $\mathbf{D}$ sind Isometrien für die hyperbolische Metrik:

$$\delta\,(gz_1, gz_2) = \delta\,(z_1, z_2)$$

für alle $g \in \mathrm{Aut}\,\mathbf{D}$. Die Bahnen $Gz = \{gz : g \in G\}$ sind diskret in $\mathbf{D}$, daher ist für $z \in \mathbf{D}$ der Abstand

$$\epsilon = \delta\,(z, Gz - \{z\})$$

zwischen $z$ und den nächstgelegenen $G$-äquivalenten Punkten positiv. Es sei $U = U_{\epsilon/2}(z)$ die $\epsilon/2$-Umgebung von $z$ in der hyperbolischen Metrik. Dann sind die offenen Mengen $gU$, $g \in G$, paarweise disjunkt: ist $z' \in g_1 U \cap g_2 U$ mit $g_1 \neq g_2$, so folgt $\delta\,(g_1 z, g_2 z) \leqslant \delta\,(g_1 z, z') + \delta\,(z', g_2 z) < \epsilon/2 + \epsilon/2 = \epsilon$, also $z = g_1^{-1} g_2 z$ im Widerspruch zur Fixpunktfreiheit von $g_1^{-1} g_2$. Das Urbild von $V = p\,(U) \subset \mathbf{D}/G$ ist

$$p^{-1}(V) = \bigcup_{g \in G} gU\,;$$

$V$ ist somit offen und $p$ bildet jede Menge $gU$ topologisch auf $V$ ab, d.h. $p\colon \mathbf{D} \to \mathbf{D}/G$ ist eine Überlagerungsabbildung.

b) Wir zeigen, daß $\mathbf{D}/G$ hausdorffsch ist. Dazu seien $x_1$, $x_2$ verschiedene Punkte in $\mathbf{D}/G$ und $z_j \in \mathbf{D}$ mit $pz_j = x_j$, $j = 1, 2$. Wir müssen Umgebungen $U_1$ und $U_2$ von $z_1$ bzw. $z_2$ so finden, daß

$$GU_1 \cap GU_2 = \emptyset$$

wird. Wegen $x_1 \neq x_2$ ist $z_1 \notin Gz_2$, also

$$\eta = \delta\,(z_1, Gz_2) > 0\,.$$

Wählen wir $U_j = U_{\eta/2}(z_j)$, wobei die Abstände wieder bezüglich der Metrik $\delta$ zu nehmen sind, so folgt die Behauptung wie in Teil a).

c) Es sei $U \subset \mathbf{D}$ offen und $p\colon U \to p\,(U)$ bijektiv. Falls $\mathbf{D}/G$ eine komplexe Struktur besitzt, für die $p$ holomorph wird, muß $(p\,|\,U)^{-1}$ eine Karte von $\mathbf{D}/G$ sein. Andererseits ist die Familie der $(p\,|\,U)^{-1}$, wobei $U$ alle offenen Mengen von $\mathbf{D}$ durchläuft, auf denen $p$

bijektiv ist, offensichtlich ein holomorpher Atlas für $\mathbf{D}/G$: die Kartenwechsel sind Transformationen in $G$, also biholomorph.                                                                    □

Verschiedene Untergruppen $G \subset \mathrm{Aut}\,\mathbf{D}$ können durchaus biholomorph äquivalente Quotientenflächen $\mathbf{D}/G$ bestimmen. Wir beweisen

**Satz 6.4.** *Es seien $G$ und $G^*$ Untergruppen von $\mathrm{Aut}\,\mathbf{D}$, die fixpunktfrei mit diskreten Bahnen operieren. Die Quotienten $\mathbf{D}/G$ und $\mathbf{D}/G^*$ sind genau dann biholomorph äquivalent, wenn $G$ und $G^*$ konjugierte Untergruppen in $\mathrm{Aut}\,\mathbf{D}$ sind, d.h. wenn es ein $T \in \mathrm{Aut}\,\mathbf{D}$ gibt mit*

$$G^* = T^{-1}\,GT\,.$$

Satz und Beweis bleiben gültig, wenn man $\mathbf{D}$ durch $\mathbb{C}$ ersetzt.

**Beweis:** a) Es sei $G^* = T^{-1}\,GT$ mit $T \in \mathrm{Aut}\,\mathbf{D}$. Für jedes $z \in \mathbf{D}$ wird die Bahn $G^*z$ durch $T$ bijektiv auf die Bahn $G\,(Tz)$ abgebildet. Dadurch wird eine Bijektion $\tau: \mathbf{D}/G^* \to \mathbf{D}/G$ induziert. Wir betrachten nun die Projektionen

$$p^*: \mathbf{D} \to \mathbf{D}/G^*, \quad p: \mathbf{D} \to \mathbf{D}/G$$

und Gebiete $U \subset \mathbf{D}$, für die $p^*$ injektiv ist. Das Diagramm

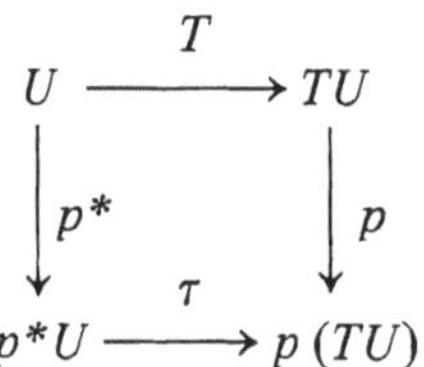

ist dann kommutativ, mit biholomorphen Abbildungen $p^*$, $T$ und $p$. Somit ist $\tau$ auf $p^*U$ biholomorph; da die $p^*U$ aber $\mathbf{D}/G$ überdecken, ist $\tau$ überall biholomorph.
b) Ist $\tau: \mathbf{D}/G^* \to \mathbf{D}/G$ eine biholomorphe Abbildung, so wählen wir $z_1$ und $z_2 \in \mathbf{D}$ mit $\tau p^* z_1 = p z_2$. Nach Kap. II, Satz 6.3 gibt es dann genau einen Automorphismus $T$ von $\mathbf{D}$, der das Diagramm

$$
\begin{array}{ccc}
\mathbf{D} & \xrightarrow{\ \ T\ \ } & \mathbf{D} \\
{\scriptstyle p^*}\big\downarrow & & \big\downarrow{\scriptstyle p} \\
\mathbf{D}/G^* & \xrightarrow[\ \ \tau\ \ ]{} & \mathbf{D}/G
\end{array}
$$

kommutativ macht und $z_1$ in $z_2$ überführt. Hieraus folgt leicht $G^* = T^{-1}\,GT$.                □

Wir zeigen nun in Ergänzung von Satz 6.2, daß jede komplexe Struktur auf einem Torus Quotient von $\mathbb{C}$ nach einem Gitter $\Gamma$ ist.

**Satz 6.5.** *Jede Riemannsche Fläche $X$ mit Fundamentalgruppe $\pi_1(X) \cong \mathbb{Z} \oplus \mathbb{Z}$ hat die komplexe Ebene als universelle Überlagerung.*

**Beweis:** Wir müssen nur zeigen, daß $X$ nicht hyperbolisch ist, und dazu genügt es festzustellen, daß die Automorphismengruppe der oberen Halbebene $H$ keine zu $\mathbb{Z} \oplus \mathbb{Z}$ isomorphen Untergruppen enthält, die auf $H$ fixpunktfrei mit diskreten Bahnen operieren. — Wir benutzen zwei einfache Aussagen über *vertauschbare* Möbiustransformationen $S$ und $T$ (die beide $\neq id$ sein sollen):

i)    *Hat $S$ genau einen Fixpunkt $z_0$, so hat auch $T$ genau den einen Fixpunkt $z_0$.*

ii)    *Hat $S$ zwei Fixpunkte, so hat $T$ entweder dieselben Fixpunkte wie $S$, oder $T$ vertauscht die beiden Fixpunkte von $S$. Im letzteren Fall gilt $S^2 = T^2 = id$.*

Nun sei $\mathscr{D} \cong \mathbb{Z} \oplus \mathbb{Z}$ eine Untergruppe von Aut $H$ mit $S$ und $T$ als Erzeugenden. Insbesondere ist $S^2 \neq id \neq T^2$. Wenn $\mathscr{D}$ auf $H$ fixpunktfrei operiert, liegen die Fixpunkte von $S$ und $T$ auf $\mathbb{R} \cup \{\infty\}$. Wir unterscheiden zwei Fälle:

a) *$S$ und $T$ haben genau einen Fixpunkt $z_0$.*
Nach Übergang zu einer in Aut $H$ konjugierten Untergruppe können wir $z_0 = \infty$, also $Sz = z + a$ und $Tz = z + b$ als Translationen um reelle Zahlen $a, b \neq 0$ annehmen. Wegen $S^n \neq T^m$ für alle $n, m \in \mathbb{Z} - \{0\}$ sind $a$ und $b$ über $\mathbb{Q}$ linear unabhängig. Dann sind die Bahnen $\mathscr{D}z = \{z + na + mb : n, m \in \mathbb{Z}\}$ aber nicht diskret.

b) *$S$ und $T$ haben zwei gemeinsame Fixpunkte $z_0$ und $z_1$.*
Durch Konjugation in Aut $H$ können wir $z_0 = 0$, $z_1 = \infty$ erreichen. Dann haben $S$ und $T$ die Gestalt

$$Sz = az, \qquad Tz = bz$$

mit $a, b > 0$ und $\neq 1$. Aus $S^n \neq T^m$ für alle $n, m \in \mathbb{Z} - \{0\}$ folgt die lineare Unabhängigkeit von $\log a$ und $\log b$ über $\mathbb{Q}$. Dann ist die Menge

$$\mathbb{Z} \log a + \mathbb{Z} \log b$$

nicht diskret in $\mathbb{R}$, also die Menge

$$\{a^n b^m : n, m \in \mathbb{Z}\}$$

nicht diskret in $\mathbb{R}_+$, und die Bahnen

$$\mathscr{D}z = \{a^n b^m z : n, m \in \mathbb{Z}\}$$

sind auch in diesem Fall nicht diskret.    □

Die hyperbolischen Flächen lassen sich mit einer natürlichen biholomorph invarianten Metrik versehen. Dazu übertragen wir zunächst einige Begriffe aus Kapitel I auf Riemannsche Flächen.

Es sei $(U_i, z_i)_{i \in I}$ ein Atlas einer Riemannschen Fläche $X$ mit den Kartenwechseln

$$\varphi_{ij} = z_i \circ z_j^{-1}.$$

Eine *hermitische Metrik ds* auf $X$ wird gegeben durch eine Familie hermitischer Metriken $ds_i$ auf den Gebieten $z_i(U_i) \subset \mathbb{C}$, die den Verträglichkeitsbedingungen

$$ds_j = ds_i \circ \varphi_{ij}$$

genügen. Die Länge $L_{ds}(\gamma)$ eines stückweise glatten Weges $\gamma$ erhält man, indem man $\gamma$ in Teilwege $\gamma_i$ zerlegt, die jeweils in einem $U_i$ verlaufen, und die $ds_i$-Längen der Bildwege $z_i(\gamma_i)$ addiert. Die Verträglichkeitsbedingungen garantieren die Unabhängigkeit des Ergebnisses von der Zerlegung. Die zu $ds$ gehörige Distanz $d(x_1, x_2)$ zweier Punkte ist

$$d(x_1, x_2) = \inf\{L_{ds}(\gamma): \gamma \text{ verbindet } x_1 \text{ mit } x_2\};$$

sie macht $X$ zu einem metrischen Raum und induziert auf $X$ die ursprüngliche Topologie.

Ist $f: X \to Y$ eine nicht konstante holomorphe Abbildung Riemannscher Flächen und $ds$ eine hermitische Metrik auf $Y$, so existiert genau eine hermitische Metrik $ds \circ f$ auf $X$, die zurückgeholte Metrik, so daß stets

$$L_{ds \circ f}(\gamma) = L_{ds}(f \circ \gamma)$$

gilt: das sieht man wie in Kapitel I, § 1.

Die unter biholomorphen Abbildungen invarianten Begriffe „regulär" und „Krümmung" übertragen sich von Gebieten der Ebene auf Riemannsche Flächen (vgl. Kap. I, §§ 1 und 2). $X$ heißt *vollständig* für $ds$ (oder $ds$ heißt vollständig), wenn die bezüglich der zugehörigen Distanz $d$ beschränkten Mengen relativ kompakt sind.

**Satz 6.6.** *Es sei $X$ eine hyperbolische Riemannsche Fläche mit universeller Überlagerung $p: \mathbf{D} \to X$. Dann existiert auf $X$ genau eine reguläre hermitische Metrik $ds$ mit $ds \circ p = d\sigma$, wobei $d\sigma$ die hyperbolische Metrik des Einheitskreises ist. Diese Metrik ist vollständig und hat konstante negative Krümmung $K \equiv -4$.*

**Beweis:** a) Wir wählen einen Atlas auf $X$ aus Karten $(U_i, z_i)$, wobei $z_i$ eine lokale Umkehrung von $p$ ist, die $U_i$ biholomorph auf die offene Menge $V_i$ in $\mathbf{D}$ abbildet. Dann sind die Kartentransformationen $\varphi_{ij}$ Einschränkungen von Decktransformationen der Überlagerung, also insbesondere Automorphismen von $\mathbf{D}$. Setzen wir also $ds_i = d\sigma$ auf $V_i$, so definieren die $ds_i$ wegen der Invarianz von $d\sigma$ unter Aut $\mathbf{D}$ eine hermitische Metrik auf $X$, die offenbar regulär und von der Krümmung $K \equiv -4$ ist; definitionsgemäß ist $ds \circ p = d\sigma$. Natürlich ist $ds$ durch diese Formel auch eindeutig bestimmt. Es bleibt die Vollständigkeit von $ds$ zu zeigen.

b) Es sei $\delta$ die nicht-euklidische Distanz auf $\mathbf{D}$ und $d$ die Distanzfunktion von $ds$ auf $X$. Für einen stückweise glatten Weg $\gamma$ in $X$ mit Liftung $\hat\gamma$ in $\mathbf{D}$, also $p \circ \hat\gamma = \gamma$, ist

$$L_{ds}(\gamma) = L_{d\sigma}(\hat\gamma).$$

Daher wird

$$d(x_1, x_2) = \min\{\delta(z_1, z_2): pz_1 = x_1, pz_2 = x_2\}.$$

Ist nun $(x_n : n \geqslant 0)$ eine Folge ohne Häufungspunkt in $X$, so können wir ein $z_0 \in \mathbf{D}$ über $x_0$ wählen und über jedem $x_n$ ein $z_n$ mit $d(x_0, x_n) = \delta(z_0, z_n)$. Die $z_n$ haben keinen Häufungspunkt in $\mathbf{D}$, und daher ist

$$\lim \delta(z_0, z_n) = \infty ,$$

also $\lim d(x_0, x_n) = \infty$: das impliziert die Vollständigkeit. $\qquad\qquad\square$

Wir nennen die hier angegebene Metrik die *hyperbolische Metrik* oder *Poincaré-Metrik* von $X$: sie hängt nicht von der Wahl der Überlagerungsabbildung ab, da sich je zwei derartige Abbildungen um eine Isometrie für $d\sigma$ unterscheiden. — Auch die geodätischen Strecken (kürzeste Verbindungslinien) von $ds$ lassen sich beschreiben: sie sind Bilder nichteuklidischer Strecken unter einer Überlagerungsabbildung.

Der Beweis des Satzes zeigt noch, daß holomorphe Abbildungen $f: Y \to X$ zwischen hyperbolischen Flächen kontrahierend bezüglich der Poincaré-Metriken sind: Es ist

$$L_{ds(X)}(f \circ \gamma) \leqslant L_{ds(Y)}(\gamma)$$

für jeden stückweise glatten Weg $\gamma$ in $Y$. Damit gilt auch

$$d(f(y_1), f(y_2)) \leqslant d(y_1, y_2)$$

für $y_1, y_2 \in Y$. — Sind nämlich $q: \mathbf{D} \to Y$ und $p: \mathbf{D} \to X$ Überlagerungen, so läßt sich $f \circ q$ zu einer holomorphen Funktion $F: \mathbf{D} \to \mathbf{D}$ mit $p \circ F = f \circ q$ liften, und $F$ ist kontrahierend. Wir liften dann $\gamma$ zu einem Weg $\hat{\gamma}$ in $\mathbf{D}$ und haben

$$L_{ds(Y)}(\gamma) = L_{d\sigma}(\hat{\gamma}) \geqslant L_{d\sigma}(F \circ \hat{\gamma}) = L_{ds(X)}(pF \circ \hat{\gamma}) = L_{ds(X)}(f \circ \gamma) .$$

Aus der Kontraktionseigenschaft (oder auch aus der Eindeutigkeitsaussage in Satz 6.6) ergibt sich, daß biholomorphe Automorphismen einer hyperbolischen Fläche Isometrien für die Poincaré-Metrik sind.

Der im ersten Kapitel bewiesene Satz von Grauert-Reckziegel (Kap. I, Satz 4.1) kann nun auf Riemannsche Flächen übertragen werden. Wir entwickeln zunächst die notwendigen Begriffe.

Für eine Riemannsche Fläche $X$ mit Distanzfunktion $d$ ist — wie für jeden metrischen Raum — der Begriff der *kompakten Konvergenz* einer Folge stetiger Abbildungen $f_n: Y \to X$ erklärt (und von $d$ abhängig): zu jedem Kompaktum $K \subset Y$ und jedem $\epsilon > 0$ existiert ein $n_0$ mit $d(f_n(y), f_m(y)) < \epsilon$ für alle $n, m \geqslant n_0$ und $y \in K$. Eine Folge $f_n: Y \to X$ *konvergiert kompakt gegen den Rand* von $X$, wenn zu je zwei Kompakta $K \subset Y$ und $L \subset X$ ein $n_0$ existiert mit $f_n(K) \cap L = \emptyset$ für alle $n \geqslant n_0$. Schließlich nennen wir eine Familie $\mathscr{F}$ von holomorphen Abbildungen $f: Y \to X$ eine *X-normale Familie*, wenn jede Folge in $\mathscr{F}$ eine (evtl. gegen den Rand) kompakt konvergente Teilfolge hat. — Für ein ebenes Gebiet $X = G$ besagen diese Begriffe dasselbe wie in Kapitel I (siehe Aufgabe 7). — Jetzt folgt

**Satz 6.7.** *Es sei $X$ hyperbolisch. Die Familie $\mathscr{H}(\mathbf{D}, X)$ aller holomorphen Abbildungen des Einheitskreises $\mathbf{D}$ in $X$ ist dann X-normal bezüglich der hyperbolischen Metrik auf X.*

Etwas allgemeiner gilt

**Satz 6.8.** *X sei hyperbolisch, und Y sei eine beliebige Riemannsche Fläche. Die Familie $\mathscr{H}(Y, X)$ der holomorphen Abbildungen von Y nach X ist X-normal.*

**Beweis** von Satz 6.7: Es sei $(f_n)$ eine Folge von $\mathscr{H}(D, X)$, die nicht kompakt gegen den Rand von $X$ konvergiert. Wir zeigen, daß dann eine Teilfolge kompakt gegen eine holomorphe Abbildung $f\colon D \to X$ konvergiert.

a) Zunächst zeigen wir: es gibt Punkte $z_* \in D$ und $x_* \in X$, so daß für eine — wieder mit $f_n$ bezeichnete — Teilfolge der $f_n$ die Beziehung $f_n(z_*) \to x_*$ gilt. Es gibt nämlich Kompakta $K \subset D$ und $L \subset X$ mit $f_n(K) \cap L \neq \emptyset$ für unendlich viele $n$. Für diese $n$ gibt es also Punkte $z_n \in K$ mit $f_n(z_n) \in L$. Nach Übergang zu einer Teilfolge können wir $z_n \to z_* \in K$ und $f_n(z_n) \to x_* \in L$ annehmen. Nun ist

$$d(f_n(z_*), x_*) \leqslant d(f_n(z_*), f_n(z_n)) + d(f_n(z_n), x_*)$$
$$\leqslant \delta(z_*, z_n) + d(f_n(z_n), x_*),$$

da die $f_n$ kontrahierend sind ($\delta$ bedeutet wieder die hyperbolische Metrik auf $D$). Die letzten Terme dieser Ungleichung streben für $n \to \infty$ aber gegen Null.

b) Wir betrachten jetzt eine Überlagerung $p\colon D \to X$ und wählen $w_* \in D$ mit $p w_* = x_*$. Dann können wir die $f_n$ so zu holomorphen Funktionen $F_n\colon D \to D$ liften, daß $p \circ F_n = f_n$ und $F_n(z_*) \to w_*$ gilt. Ist nämlich $U$ eine Umgebung von $w_*$, auf der $p$ bijektiv ist, so gibt es für große $n$ genau ein $w_n \in U$ mit $p w_n = f_n(z_*)$ und genau eine Liftung $F_n$ von $f_n$ mit $F_n(z_*) = w_n$ und $p \circ F_n = f_n$.

c) Nach dem klassischen Satz von Montel können wir durch Übergang zu einer Teilfolge die lokal gleichmäßige Konvergenz $F_n \to F$ erreichen, wobei $F$ eine holomorphe Abbildung von $D$ in $D$ ist (wegen $F_n(z_*) \to w_*$ kann Konvergenz gegen den Rand von $D$ nicht eintreten). Dann konvergieren die $f_n$ kompakt gegen $f = p \circ F$, denn es gilt

$$d(f_n(z), f(z)) \leqslant \delta(F_n(z), F(z)) . \qquad\qquad \square$$

Satz 6.8 folgt aus Satz 6.7 leicht mittels Überdeckung von $Y$ durch abzählbar viele Koordinatenkreise und Konstruktion einer geeigneten „Diagonalfolge" — siehe Kap. I, § 4, Hilfssatz.

Die bisher in diesem Paragraphen für allgemeine Riemannsche Flächen aufgestellten Sätze haben weittragende Konsequenzen für die Funktionentheorie auf ebenen Gebieten. Wir notieren zunächst

**Satz 6.9.** *Jedes von der punktierten Ebene verschiedene Teilgebiet $G$ von $\mathbb{C}$ ist hyperbolisch; damit existiert eine holomorphe Überlagerungsabbildung $p\colon D \to G$, und $G$ besitzt eine reguläre vollständige hermitische Metrik $ds$ der konstanten negativen Krümmung $-4$.*

Als Folgerung ergibt sich wie in Kap. I, § 5 (entweder aus Satz 6.8 dieses Kapitels oder aus Kap. I, Satz 4.1) der allgemeine Satz von Montel:

**Satz 6.10.** *Die Familie $\mathscr{H}(Y, \mathbb{C}'')$ der holomorphen Abbildungen einer Riemannschen Fläche $Y$ in die zweimal punktierte Ebene $\mathbb{C}''$ ist normal.*

In der Tat ist $\mathbb{C}''$ hyperbolisch, die Familie ist also $\mathbb{C}''$-normal und nach Hilfssatz 3 aus Kap. I, § 5 damit normal.

Wie in Kap. I, § 5, ergibt sich aus Satz 6.10 nun

**Satz 6.11** (großer Picardscher Satz). *Eine holomorphe Funktion nimmt in jeder Umgebung einer wesentlichen Singularität jeden komplexen Wert mit höchstens einer Ausnahme an.*

Für diesen Satz wollen wir einen weiteren von Huber stammenden Beweis vorstellen, der außer dem Uniformisierungssatz nur die Kontraktionseigenschaft holomorpher Abbildungen für die hyperbolische Distanz benutzt. — Nehmen wir an, es gebe eine holomorphe Abbildung $f$ von $\dot{\mathbf{D}} = \mathbf{D} - \{0\}$ in $X = \mathbb{C}''$, die im Nullpunkt wesentlich singulär wird. Nach dem Satz von Casorati-Weierstraß gibt es dann eine Folge $(z_n)_{n \geqslant 0}$ in $\dot{\mathbf{D}}$ mit $z_n \to 0$ und $f(z_n) \to x_0 \in X$.

a) Wir werden in b) zeigen, daß für jeden Weg $\gamma$ in $\dot{\mathbf{D}}$ von $z_0$ nach $z_0$ der Bildweg $f \circ \gamma$ nullhomotop in $X$ ist. Unter dieser Voraussetzung beweisen wir nun die holomorphe Fortsetzbarkeit von $f$ in den Nullpunkt. Es sei $p \colon \mathbf{D} \to X$ eine holomorphe Überlagerung, und $w_0 \in \mathbf{D}$ erfülle $p(w_0) = f(z_0)$. Zu $z \in \dot{\mathbf{D}}$ wählen wir einen Weg $\gamma_z$ von $z_0$ nach $z$ in $\dot{\mathbf{D}}$ und liften den Bildweg $f \circ \gamma_z$ zu einem Weg $\hat{\gamma}_z$ in $\mathbf{D}$ mit $w_0$ als Anfangspunkt. Den Endpunkt von $\hat{\gamma}_z$ bezeichnen wir mit $F(z)$. Er hängt nur von $z$ und $f$ ab: sind nämlich $\tilde{\gamma}_z$ und $\gamma_z$ zwei Wege in $\dot{\mathbf{D}}$ von $z_0$ nach $z$, so sind $f \circ \tilde{\gamma}_z$ und $f \circ \gamma_z$ homotop, ihre Liftungen zum selben Anfangspunkt haben also denselben Endpunkt (siehe Kap. II, § 6, Lemma 2). $F$ ist also eine wohldefinierte Abbildung von $\dot{\mathbf{D}}$ in $\mathbf{D}$, die wegen $p \circ F = f$ holomorph ist. Nach dem Riemannschen Hebbarkeitssatz kann $F$ und damit auch $f$ holomorph in den Nullpunkt fortgesetzt werden.

b) Für jedes $n = 0, 1, 2, \ldots$ bezeichne $\kappa_n$ die Kreislinie $t \mapsto z_n e^{it}$, $0 \leqslant t \leqslant 2\pi$. Da $\pi_1(\dot{\mathbf{D}}, z_0)$ von der Homotopieklasse von $\kappa_0$ erzeugt wird, müssen wir nur $f \circ \kappa_0 \sim 0$ nachweisen. Dazu genügt es aber, für irgendein $n$ die Nullhomotopie von $f \circ \kappa_n$ zu zeigen, wie man sich leicht klar macht. Die Länge von $\kappa_n$ in der hyperbolischen Metrik von $\dot{\mathbf{D}}$ ist nach Kap. I, § 1

$$L_{\dot{\mathbf{D}}}(\kappa_n) = \frac{-\pi}{\log |z_n|} \; ;$$

sie strebt gegen Null für $n \to \infty$.

Da $f$ kontrahiert, streben erst recht die Längen der Bildwege $f \circ \kappa_n$ in der hyperbolischen Metrik von $X$ gegen Null. Wir wählen nun eine einfach zusammenhängende Umgebung $U$ von $x_0$ in $X$. Für großes $n$ verläuft $f \circ \kappa_n$ ganz in $U$, ist damit in $U$ und erst recht in $X$ nullhomotop. $\qquad\square$

In a) und b) darf $X$ eine beliebige hyperbolische Fläche sein. Wir haben damit die folgende Hebbarkeitsaussage:

**Satz 6.12** (Huber). *Es sei $f \colon \dot{\mathbf{D}} \to X$ eine holomorphe Abbildung des punktierten Einheitskreises in eine hyperbolische Fläche. Wenn es auch nur eine Folge $z_n \to 0$ gibt, für die $f(z_n)$ gegen einen Punkt $x_0 \in X$ konvergiert, so ist $f$ durch $f(0) = x_0$ zu einer holomorphen Abbildung von $\mathbf{D}$ nach $X$ fortsetzbar.*

Der folgende sogenannte „kleine Satz von Picard", der natürlich ein Spezialfall des „großen"
Satzes ist, kann unabhängig von diesem einfacher bewiesen werden.

**Satz 6.13.** *Es sei $f$: $\mathbb{C} \to \mathbb{C}$ eine nichtkonstante ganze Funktion. Dann nimmt $f$ jede
komplexe Zahl mit höchstens einer Ausnahme als Wert an.*

**Beweis:** Wir nehmen an, daß $f$ zwei „Ausnahmewerte" $a$ und $b$ hat, also eine holo-
morphe Abbildung von $\mathbb{C}$ in $\mathbb{C} - \{a, b\}$ ist. Da $\mathbb{C}$ einfach zusammenhängt, läßt sich $f$
zu einer holomorphen Abbildung $F$ in die universelle Überlagerung $\mathbf{D}$ von $\mathbb{C} - \{a, b\}$
liften. Nach dem Satz von Liouville ist $F$ konstant, also auch $f = p \circ F$, wobei
$p$: $\mathbf{D} \to \mathbb{C} - \{a, b\}$ die universelle Überlagerungsabbildung ist.                     □

Den Nutzen der Poincaré-Metrik für ebene Gebiete illustrieren wir noch durch den folgenden Satz, bei dessen Beweis wir Leschinger [25] folgen:

**Satz 6.14.** *Ein Automorphismus eines Teilgebietes $G$ von $\hat{\mathbb{C}}$, der drei Fixpunkte hat,
ist die Identität.*

**Beweis:** Ist $G$ nicht hyperbolisch, so ist jeder Automorphismus von $G$ eine Möbiustransformation, die Aussage damit sicher richtig; wir nehmen $G$ also ab jetzt als hyperbolisch an.
Die folgenden Aussagen ergeben sich aus der Konstruktion der Poincaré-Metrik; sie gelten
übrigens für beliebige vollständige Riemannsche Metriken:

(1)  Je zwei Punkte $a, b \in G$ sind durch einen kürzesten Weg $\gamma$ verbindbar; $\gamma$ ist notwendig glatt. Im allgemeinen ist $\gamma$ durch $a$ und $b$ nicht eindeutig bestimmt!

(2)  Haben kürzeste Verbindungswege $\gamma$ von $a$ und $b$, $\gamma'$ von $a'$ und $b'$ einen Punkt
gemeinsam, so setzen sie sich entweder zu einem glatten Weg zusammen oder sie haben
im gemeinsamen Punkt verschiedene Tangenten.

Hieraus folgen leicht die Hilfsaussagen
*i)* Zwei verschiedene kürzeste Verbindungswege von zwei gegebenen Punkten $a$ und $b$
haben nur $a$ und $b$ gemein.

*ii)* Es seien $a, b, c$ drei verschiedene Punkte, $\alpha$ und $\beta$ seien kürzeste Wege von $c$ nach $a$
bzw. nach $b$. Dann ist entweder Sp $\alpha \subset$ Sp $\beta$ oder Sp $\beta \subset$ Sp $\alpha$ oder Sp $\beta \cap$ Sp $\alpha = \{c\}$.

Gälte *i)* oder *ii)* nicht, so bekäme man nämlich nicht-glatte kürzeste Verbindungen.

Nun zum eigentlichen Beweis!

Es sei $f$ ein Automorphismus von $G$ mit den drei verschiedenen Fixpunkten $a, b$ und $c$.
Wir zeichnen kürzeste Verbindungen $\gamma$ von $a$ nach $b$, $\alpha$ von $b$ nach $c$ und $\beta$ von $c$
nach $a$ und unterscheiden zwei Fälle.

a) Es ist $c \in$ Sp $\gamma$. Dann geht der Bildweg $\gamma^* = f \circ \gamma$ ebenfalls durch $c$; da $f$ eine
Isometrie ist, bildet auch $\gamma^*$ eine kürzeste Verbindung von $a$ und $b$. Nach *i)* folgt
Sp $\gamma =$ Sp $\gamma^*$ und daraus sofort, daß jeder Punkt der Spur von $\gamma^*$ Fixpunkt ist, also
$f = id$. — Ebenso behandelt man die Situationen $b \in$ Sp $\beta$ bzw. $a \in$ Sp $\alpha$.

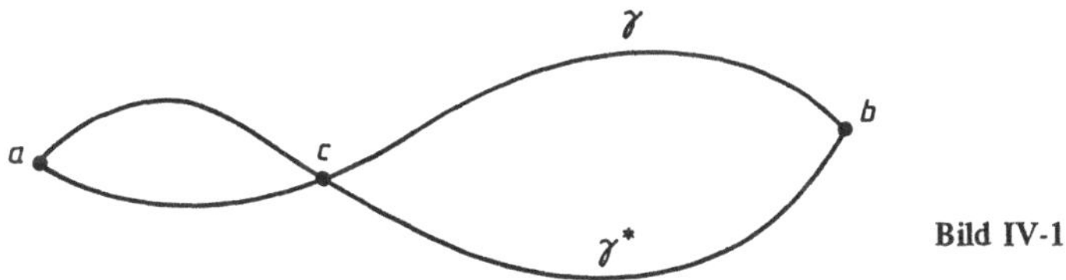

Bild IV-1

b) In allen anderen Fällen ist $\Gamma = \alpha\beta\gamma$ eine stückweise glatte Jordankurve, die nach *ii)* und (2) in $a, b$ und $c$ Ecken mit Winkeln $\neq 0$ hat. Da $G$ ein Teilgebiet von $\hat{\mathbb{C}}$ ist, berandet $\Gamma$ ein Teilgebiet $G^* \subset \hat{\mathbb{C}}$.

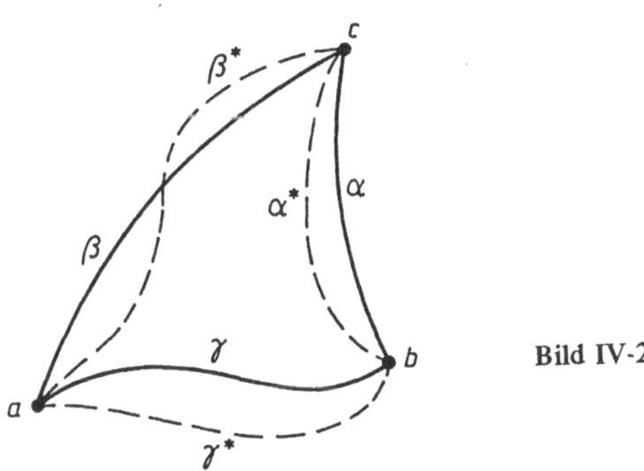

Bild IV-2

Die Bildwege $\alpha^* = f \circ \alpha$, $\beta^* = f \circ \beta$, $\gamma^* = f \circ \gamma$ sind ebenfalls kürzeste Wege zwischen den drei Fixpunkten. Stimmt einer von ihnen mit seinem Urbild überein, so folgt $f = id$ wie in a). Andernfalls verläuft wegen *i)* jeder der Wege $\alpha^*$, $\beta^*$, $\gamma^*$ entweder ganz innerhalb oder ganz außerhalb von $G^*$ (mit Ausnahme seiner Endpunkte natürlich). Es sei etwa $\gamma^*$ außerhalb $G^*$ gelegen. Da die Bildwege sich in den Fixpunkten unter denselben Winkeln schneiden wie die Urbilder, muß jetzt $\alpha^*$ innerhalb von $G^*$ verlaufen. Dann muß $\beta^*$ in $c$ zunächst nach außen starten, aber in $a$ aus dem Inneren von $G^*$ ankommen – und das widerspricht der Aussage *i)*.

## Aufgaben:

*(Wir sagen hier kurz isomorph für biholomorph äquivalent.)*

1.   Es sei $p \colon \mathbf{D} \to X$ eine Überlagerung. Man verifiziere direkt, daß durch

$$d(x_1, x_2) = \inf \left\{ \delta(z_1, z_2) \colon z_1, z_2 \in \mathbf{D},\ pz_1 = x_1,\ pz_2 = x_2 \right\}$$

eine Distanzfunktion auf $X$ gegeben wird.

2.   Man bestätige die Aussagen *i)* und *ii)* im Beweis von Satz 6.5 (Rechnungen sind vermeidbar).

3.   Es sei $X = \mathbf{D}/G$ eine Riemannsche Fläche ($G$ fixpunktfrei mit diskreten Bahnen). Man zeige:

   a) Jeder Automorphismus $\tau$ von $X$ läßt sich zu einem Automorphismus $T$ von $\mathbf{D}$ liften. Ein Automorphismus $T$ von $\mathbf{D}$ induziert genau dann einen Automorphismus $\tau$ von $X$, wenn $T$ zum Normalisator $N_G$ von $G$ in Aut $\mathbf{D}$ gehört, d.h. wenn $T^{-1} G T = G$ gilt.

   b) Die Automorphismengruppe von $X$ ist isomorph zur Quotientengruppe $N_G/G$.

4.  Für $a > 1$ sei $G_a$ die von $z \mapsto az$ erzeugte Gruppe von Automorphismen der oberen Halb-
    ebene $H$. Offenbar operiert $G_a$ fixpunktfrei mit diskreten Bahnen auf $H$.

    a) Man zeige, daß $H/G_a$ und $H/G_b$ für $a \neq b$ $a, b > 1$, nicht isomorph sind (Satz 6.4).

    b) Man zeige, daß $f(z) = \exp(2\pi i \log z / \log a)$ eine biholomorphe Abbildung von $H/G_a$ auf
    den Kreisring $\{w: \rho < |w| < 1\}$ mit $\rho = \exp(-2\pi^2/\log a)$ induziert.

    c) Man schließe daraus, daß jedes beschränkte Gebiet $G \subset \mathbb{C}$ mit $\pi_1(G) \cong \mathbb{Z}$ („Ringgebiet")
    zu genau einem Kreisring $\{w: \rho < |w| < 1\}$ mit $\rho \geqslant 0$ isomorph ist.

5.  a) Man zeige, daß eine fixpunktfreie abelsche Untergruppe $G \neq \{id\}$ von Aut $H$, deren Bahnen
    in der oberen Halbebene diskret sind, notwendig unendlich zyklisch ist. $G$ ist also in Aut $H$
    konjugiert zu der von $z \mapsto z + 1$ erzeugten Gruppe oder zu einer Gruppe $G_a$ (vgl. Aufgabe 4).

    b) Man schließe daraus: Die einzigen Riemannschen Flächen mit abelscher Fundamentalgruppe
    sind die nicht hyperbolischen sowie die zu $\mathbf{D}$, $\mathbf{D} - \{0\}$ oder zu einem Kreisring $\{\rho < |z| < 1\}$
    isomorphen.

6.  Es sei $f: X_1 \to X_2$ eine Überlagerungsabbildung von hyperbolischen Flächen. Man zeige, daß $f$
    eine lokale Isometrie für die hyperbolischen Metriken ist. Folgerung: Automorphismen solcher
    Flächen sind Isometrien.

7.  Es sei $G \subset \mathbb{C}$ ein Gebiet mit einer regulären hermitischen Metrik $d$ und $Y$ eine Riemannsche
    Fläche. Man zeige: Wenn eine Folge von Abbildungen $f_n: Y \to G$ lokal gleichmäßig bezüglich $d$
    gegen $f: Y \to G$ konvergiert, so konvergiert sie auch lokal gleichmäßig bezüglich der euklidischen
    Metrik gegen $f$.

8.  Es sei $G$ eine Untergruppe von Aut $\mathbf{D}$, die fixpunktfrei mit diskreten Bahnen operiert. Es gelte

$$\sum_{g \in G} (1 - |g(0)|) < \infty.$$

Man zeige, daß dann $F(z) = -\sum_{g \in G} \log |g(z)|$ eine positive harmonische Funktion auf $\mathbf{D}$ mit
logarithmischen Singularitäten in den Punkten der Bahn von 0 ist. Wegen $F(gz) = F(z)$
induziert $F$ eine positive harmonische Funktion $f$ auf $\mathbf{D}/G$ mit logarithmischer Singularität
in $p(0)$. Man zeige weiter, daß $f$ Greensche Funktion von $\mathbf{D}/G$ ist.

9.  a) Zeige, daß die euklidische Metrik auf $\mathbb{C}$ hermitische Metriken auf $\mathbb{C}^*$ und auf $\mathbb{C}/\Gamma$
    ($\Gamma$ Gitter) mit Krümmung $\equiv 0$ induziert. Sind diese Metriken vollständig?

    b) Gib eine hermitische Metrik mit Krümmung $\equiv 4$ auf $\hat{\mathbb{C}}$ an (vgl. Kap. I, § 1, Beispiele).
    Zeige, daß die holomorphen Isometrien dieser „elliptischen" Metrik gerade die linearen
    Transformationen $z \mapsto (az + b)/(-\bar{b}z + \bar{a})$ mit $|a|^2 + |b|^2 = 1$ sind. Diese Transformationen
    werden auch als Sphärendrehungen bezeichnet – warum?

10. Man zeige, daß es auf jeder Riemannschen Fläche eine nirgends verschwindende reelle (und reell-
    analytische) 2-Form gibt. (Man verwende die Koeffizienten der in Satz 6.6 bzw. Aufgabe 9 be-
    sprochenen Metriken.)

# Kapitel V

# Funktionentheorie im Einheitskreis

Während in der ganzen Ebene holomorphe und beschränkte Funktionen notwendig konstant sind, lassen sich auf beschränkten Gebieten ganze Scharen von Vektorräumen holomorpher Funktionen durch Beschränktheitsforderungen auszeichnen; typisches – und in vieler Hinsicht schwierigstes – Beispiel ist die Algebra $H^\infty(G)$ der auf $G$ beschränkten holomorphen Funktionen. Im Mittelpunkt der Untersuchungen stehen dann Fragen nach dem Verhalten dieser Funktionen am Rande des Gebietes, die Untersuchung ihrer Nullstellenverteilung, mögliche Verschärfungen des Identitätssatzes sowie die Rekonstruktion beschränkter Funktionen aus ihren Randwerten. Am einfachsten lassen sich diese Probleme im Einheitskreis studieren. Hier steht einmal neben der – universell gültigen – Cauchyschen Integralformel die Poissonsche Integraldarstellung der harmonischen (und damit auch der holomorphen) Funktionen zur Verfügung, wobei der Poisson-Kern explizit (im Gegensatz zur Situation bei allgemeineren Gebieten) und positiv-reell (im Gegensatz zum Cauchy-Kern) ist. Darüberhinaus können Fourierentwicklungen und Lebesguesche Integrationstheorie auf der Kreislinie als wirksames Hilfsmittel herangezogen werden.

Die ersten beiden Paragraphen untersuchen die Randwerte des Poisson-Integrals integrabler Funktionen; Hauptergebnis sind die Sätze über Konvergenz im Mittel und nichttangentiale Konvergenz (Sätze 1.6, 1.7 und 2.2). Die Definition der Hardy-Normen (Def. 1.2) ist wesentlich. § 3 führt die Hardy-Räume $H^p$ holomorpher Funktionen ein und charakterisiert die zugehörigen Randwerte (Sätze 3.3 und 3.4); insbesondere wird die Cauchysche Integralformel für diese Räume aufgestellt. Mittels der Jensenschen Formel (§ 4) werden dann in § 5 Nullstellenmengen von $H^p$-Funktionen beschrieben (Sätze 5.1 und 5.2), danach Nullstellen auf dem Rande (§ 6). Der Rieszsche Faktorisierungssatz 7.1 ermöglicht die Herleitung des Satzes der Brüder Riesz: $H^1$ „ist" ein Unterraum des Raumes $L^1$ der auf der Kreislinie integrablen Funktionen (Sätze 7.2 und 7.3). Abschluß des Kapitels bildet ein „einfacher" Beweis des „Corona-Theorems" (Lösung der Gleichung $\Sigma f_\kappa g_\kappa = 1$ in $H^\infty$). – In § 0 werden Bezeichnungen festgelegt und Hilfsmittel aus der Integrationstheorie und Funktionalanalysis bereitgestellt.

Die in diesem Kapitel dargestellte Theorie beginnt mit einer Arbeit Fatous (1906), in der die Ergebnisse der ersten beiden Paragraphen (mindestens) für $p = \infty$ erzielt werden (die Poissonsche Integralformel für stetige Funktionen ist natürlich uralt). Die Vervollständigung dieser Resultate erfolgte in Arbeiten Hardys (1915: Einführung der Hardy-Normen) und vor allem von F. und M. Riesz (1916–23). Der Inhalt der Paragraphen 3 und 7 ist im wesentlichen in den Arbeiten von F. und M. Riesz (1916) sowie F. Riesz (1923) enthalten. Die Nevanlinnaklasse wurde 1922 von den Brüdern F. und R. Nevanlinna in die Theorie eingeführt. Das Corona-Theorem 8.1 war in den 50-er Jahren Gegenstand zahlreicher Untersuchungen, bis es 1960 durch L. Carleson bewiesen wurde. Der hier gegebene Beweis stammt von Th. Wolff (1979), wobei die Einführung des Koszul-Komplexes von L. Hörmander vorgeschlagen wurde (1966).

## § 0. Integrierbarkeit

Wir stellen in diesem Paragraphen wichtige Tatsachen aus der Integrationstheorie zusammen.

Es sei $T = \{\zeta \in \mathbb{C}: |\zeta| = 1\}$ die Kreislinie. Durch

$$\int_T F(\zeta)\,|d\zeta| = \int_{-\pi}^{\pi} F(e^{i\vartheta})\,d\vartheta$$

wird das (Lebesgue-)Integral einer Funktion $F: T \to \mathbb{C}$ oder auch $F: T \to \mathbb{R} \cup \{-\infty, \infty\} = \overline{\mathbb{R}}$ erklärt; $|d\zeta|$ ist das Lebesgue-Maß auf $T$. Die Begriffe „meßbar" (für Mengen oder Funktionen), „Nullmenge", „fast überall (f.ü.)", „integrierbar" beziehen sich im folgenden immer auf das Lebesgue-Maß. Wir notieren

**Satz 0.1.** *Für jedes* $\alpha \in T$ *ist*

$$\int\limits_{T} F(\alpha\zeta)\, |d\zeta| = \int\limits_{T} F(\zeta)\, |d\zeta| \, .$$

Das Lebesgue-Maß ist also invariant unter der Gruppenstruktur von $T$. — Für meßbare Funktionen werden folgende Integralnormen eingeführt:

$$\|F\|_{p} = \left[\frac{1}{2\pi} \int\limits_{T} |F(\zeta)|^{p}\, |d\zeta|\right]^{1/p}, \qquad 1 \leqq p < \infty \, ,$$

$$\|F\|_{\infty} = \text{ess. sup}\, |F| \, .$$

Dabei ist das *wesentliche Supremum* die Zahl

$$\text{ess. sup}\, |F| = \inf \{C \in \overline{\mathbb{R}}: \ |F(\zeta)| \geqq C \text{ höchstens auf einer Nullmenge}\}.$$

Weiter betrachtet man das Skalarprodukt

$$\langle F, G\rangle = \frac{1}{2\pi} \int\limits_{T} F(\zeta)\, \overline{G(\zeta)}\, |d\zeta| \, .$$

Natürlich brauchen die obigen Integrale nicht immer zu existieren, außerdem ändern sie sich nicht, wenn man die betrachteten Funktionen auf Nullmengen abändert. Man identifiziert daher grundsätzlich Funktionen, die f.ü. übereinstimmen (d.h. sich höchstens auf Nullmengen unterscheiden), und führt (mit dieser Konvention!) folgende Funktionenklassen ein:

$$L^{p}(T) = \{F: T \to \mathbb{C} \quad \text{meßbar mit} \quad \|F\|_{p} < \infty\}$$

(für $1 \leqq p \leqq \infty$). Die Integrationstheorie liefert dann folgende Aussagen:

**Satz 0.2.**

*i)*     *Die* $L^{p}(T)$ *sind Banachräume.*

*ii)*    *Der Raum* $L^{2}(T)$ *ist mit dem Skalarprodukt*

$$\langle F, G\rangle = \frac{1}{2\pi} \int\limits_{T} F \cdot \overline{G}\, |d\zeta|$$

*ein Hilbertraum.*

*iii)*   $L^{1} \supset L^{p} \supset L^{q} \supset L^{\infty}$ *für* $p \leqq q$.

*iv)*    $\|F\|_{p} \leqq \|F\|_{q}$ *für* $p \leqq q$.

Konvergenz in der $L^p$-Norm läßt sich als eine Art gemittelter Konvergenz (Konvergenz im $p$-Mittel) interpretieren. — Im Beweis des obigen Satzes spielen die folgenden Aussagen eine wesentliche Rolle:

**Satz 0.3.** (Ungleichungen der Integrationstheorie)

i)    *Für* $1 \leq p \leq \infty$ *sei der konjugierte Exponent* $q$ *durch* $\frac{1}{p} + \frac{1}{q} = 1$ *definiert. Dann existiert* $\langle F, G \rangle$ *für* $F \in L^p$ *und* $G \in L^q$, *und es gilt*

$$|\langle F, G \rangle| \leq \|F\|_p \, \|G\|_q \qquad \textit{(Höldersche Ungleichung).}$$

ii)    *Sind* $F, G \in L^2$, *so ist*

$$|\langle F, G \rangle| \leq \|F\|_2 \, \|G\|_2 \qquad \textit{(Cauchy-Schwarz-Ungleichung).}$$

iii)    $$\|F + G\|_p \leq \|F\|_p + \|G\|_p$$

   *für* $F, G \in L^p$ *mit* $1 \leq p \leq \infty$ *(Minkowskische Ungleichung).*

Auch der folgende Satz beruht auf Satz 0.3:

**Satz 0.4.**

i)    *Es sei* $1 < p < \infty$ *und* $q$ *der zu* $p$ *konjugierte Exponent. Dann sind die Banachräume* $L^p$ *und* $L^q$ *dual zueinander, und zwar definiert*

$$h\,(G)\,(F) = \langle F, G \rangle$$

   *einen normtreuen Antiisomorphismus von* $L^q$ *auf den Dualraum* $(L^p)^*$ *der stetigen Linearformen von* $L^p$.

ii)    $h$ *definiert ebenfalls einen normtreuen Antiisomorphismus von* $L^\infty$ *auf* $(L^1)^*$.

„Antiisomorphismus" bedeutet:

$$h\,(cG) = \bar{c}\,h\,(G) \quad \text{(mit } c \in \mathbb{C}\text{);}$$

die Norm auf dem Dualraum wird weiter unten — im Anschluß an Satz 0.7 — beschrieben. Als wesentliche Folgerung aus Satz 0.4 notieren wir eine andere Charakterisierung der $L^p$-Norm:

**Satz 0.5.** *Es sei* $1 < p < \infty$, $\frac{1}{p} + \frac{1}{q} = 1$. *Dann ist*

$$\|F\|_p = \sup \left\{ \left| \frac{1}{2\pi} \int_T G\,\bar{F}\,|d\zeta| \right| : G \in L^q, \, \|G\|_q = 1 \right\}.$$

In der Tat ist die rechte Seite der Gleichung die Norm der Linearform $h\,(F) \in (L^q)^*$, und $h$ ist normtreu.

Alle obigen Aussagen bringen gegenüber der Integrationstheorie auf einem kompakten Intervall nichts Neues. Wir unterscheiden daher in den Bezeichnungen sehr oft nicht zwischen $\mathbb{R}$ bzw. $[-\pi, \pi]$ und $T$, sehen also $F: T \to \mathbb{C}$ immer, wenn es uns paßt, als periodische Funktion auf $\mathbb{R}$ oder $[-\pi, \pi]$ an, und schreiben dann $F(\vartheta)$ für $F(e^{i\vartheta})$ oder auch

$$\int_{-\pi}^{\pi} F(\zeta)\, d\vartheta = \int_{T} F(e^{i\vartheta})\, |d\zeta| \, ,$$

usw. Ein wesentlicher Satz läßt sich auf $[-\pi, \pi]$ besser formulieren:

**Satz 0.6.** *Es sei $F \in L^1\,([-\pi, \pi])$. Dann ist die Funktion*

$$I(t) = \int_{-\pi}^{t} F(\vartheta)\, d\vartheta$$

*stetig und hat f.ü. die Ableitung $F$.*

Schließlich wollen wir noch die Stetigkeit der $L^p$-Normen unter Translationen formulieren:

**Satz 0.7.** *Es sei $1 \leq p < \infty$ und $F \in L^p\,[-\pi, \pi]$. Für festes $t_0$ sei $F_{t_0}(t) = F(t_0 + t)$. Dann ist*

$$\lim_{t_0 \to 0} \|F_{t_0} - F\|_p = 0 \, .$$

Für $p = \infty$ gilt die Aussage nicht. — Im zweiten Teil dieses Paragraphen erinnern wir an einfache funktionalanalytische Begriffe.

Die $L^p$ sind Beispiele für Banachräume, d.h. für normierte $\mathbb{C}$-Vektorräume, in denen jede Cauchy-Folge konvergiert. Ist $X$ ein Banachraum, so ist ein Unterraum $Y$ von $X$ genau dann wieder ein Banachraum, wenn er abgeschlossen ist. In diesem Fall wird der Faktorraum $X/Y$ ein Banachraum, wenn man als Norm festsetzt:

$$\|x + Y\| = \inf \{\|y\|: y - x \in Y\} \, ;$$

$x + Y$ bezeichnet die Klasse des Vektors $x$ modulo $Y$. Der Dualraum von $X$ ist der Raum $X^*$ der stetigen linearen Funktionale $\lambda: X \to \mathbb{C}$. Auf $X^*$ spielen zwei Topologien eine wichtige Rolle:

a) die *Normtopologie (starke Topologie)*, definiert durch

$$\|\lambda\| = \sup \{|\lambda(x)|: \|x\| \leq 1\} \, ;$$

b) die *schwache Topologie* (oft schwache *-Topologie genannt), gegeben durch die folgende Umgebungsbasis der 0:

$$V(\epsilon; x_1, \ldots, x_n) = \{\lambda \in X^*: |\lambda(x_j)| < \epsilon \quad \text{für} \quad j = 1, \ldots, n\} \, ,$$

mit $\epsilon > 0$, $n \in \mathbb{N}$, $x_j \in X$ beliebig. Eine Folge $\lambda_\nu$ konvergiert also in der schwachen Topologie gegen $\lambda_0$, wenn für jedes $x \in X$ die Zahlenfolge $\lambda_\nu(x)$ gegen $\lambda_0(x)$ strebt.

Der in Satz 0.4 auftretende Antiisomorphismus identifiziert $L^p$ mit dem „starken" Dualraum von $L^q$; die Normen bleiben erhalten. Eine wesentliche Aussage ist

**Satz 0.8** (Banach-Alaoglu). *Die Kugel $\{\lambda \in X^*: \|\lambda\| \leq C\}$ ist bezüglich der schwachen Topologie kompakt.*

Hilberträume $X$ sind spezielle Banachräume, in denen die Norm durch ein Skalarprodukt $\langle x, y \rangle$ gegeben wird:

$$\|x\| = \langle x, x \rangle^{1/2}.$$

Vektoren $x, y$ mit $\langle x, y \rangle = 0$ heißen orthogonal. Die Hilberträume, mit denen wir es zu tun haben, sind immer separabel, d.h. sie besitzen ein vollständiges abzählbares Orthonormalsystem $x_j$, $j = 1, 2, \dots$. Jeder Vektor $x$ läßt sich dann auf genau eine Weise als unendliche Reihe

$$x = \sum_{j=0}^{\infty} \alpha_j x_j$$

darstellen; die Reihe konvergiert in der Norm von $X$. Die $\alpha_j$ werden durch

$$\alpha_j = \langle x, x_j \rangle$$

gegeben, es gilt darüberhinaus

$$\|x\| = \left( \sum_{j=1}^{\infty} |\alpha_j|^2 \right)^{1/2}.$$

Ist

$$y = \sum_{j=1}^{\infty} \beta_j x_j$$

ein weiteres Element von $X$, dann hat man

$$\langle x, y \rangle = \sum_{j=1}^{\infty} \alpha_j \overline{\beta}_j.$$

Der Dualraum von $X$ identifiziert sich wieder mit $X$:

**Satz 0.9** (Riesz-Fischer). *Ist $X$ ein Hilbertraum und $\lambda \in X^*$, so existiert genau ein $x_\lambda \in X$ mit*

$$\lambda(x) = \langle x, x_\lambda \rangle$$

*für alle $x$. Die Zuordnung $\lambda \mapsto x_\lambda$ ist ein normtreuer Antiisomorphismus von $X^*$ auf $X$.*

## § 1. Das Poisson-Integral

Zur Lösung des Dirichlet-Problems im Einheitskreis $\mathbf{D}$ ist in [FL] die Poissonsche Integralformel verwandt worden: ist $F$ eine auf $T$ stetige Funktion, so ist die durch

$$f(z) = \begin{cases} \displaystyle\int_T F(\zeta)\,P(\zeta,z)\,|d\zeta| & \text{für} \quad |z| < 1 \\[2ex] F(z) & \text{für} \quad |z| = 1 \end{cases}$$

erklärte Funktion auf $\overline{\mathbf{D}}$ stetig und in $\mathbf{D}$ harmonisch. Dabei ist

$$P(\zeta,z) = \frac{1}{2\pi}\,\frac{1-|z|^2}{|\zeta-z|^2} = \frac{1}{2\pi}\,\mathrm{Re}\,\frac{\zeta+z}{\zeta-z}$$

der Poisson-Kern des Einheitskreises. Wir wollen nun die Poissonsche Integralformel auf weitere Funktionenklassen ausdehnen.

**Definition 1.1.** *Es sei* $F \in L^1(T)$. *Die durch*

$$\mathbb{P}F(z) = \int_T F(\zeta)\,P(\zeta,z)\,|d\zeta|$$

*auf* $|z| < 1$ *erklärte Funktion heißt Poisson-Integral der Funktion F.*

Ziel dieses Paragraphen ist das Studium der Eigenschaften von $\mathbb{P}F$, insbesondere des Zusammenhanges zwischen $F$ und $\mathbb{P}F$. Wir stellen daher zunächst die wesentlichen Eigenschaften von $P(\zeta,z)$ zusammen. Dazu führen wir die auf $[0,1) \times \mathbb{R}$ definierte Funktion

$$\mathscr{P}(r,\varphi) = \frac{1}{2\pi}\,\frac{1-r^2}{1-2r\cos\varphi+r^2}$$

ein und nennen sie ebenfalls den Poisson-Kern von $\mathbf{D}$.

Man verifiziert sofort für $F \in L^1(T)$, $\zeta = e^{i\vartheta}$, $z = re^{it} \in \mathbf{D}$:

i) $\quad P(\zeta,z) = \mathscr{P}(r,\vartheta-t)$

ii) $\quad \displaystyle\int_T F(\zeta)\,P(\zeta,z)\,|d\zeta| = \int_{-\pi}^{\pi} F(\vartheta)\,\mathscr{P}(r,\vartheta-t)\,d\vartheta$

iii) $\quad P$ *ist auf* $T \times \mathbf{D}$ *reell-analytisch und für festes* $\zeta \in T$ *harmonisch in* $z \in \mathbf{D}$.

Als Folgerung ergibt sich

iv) $\quad \mathbb{P}F(z)$ *ist für jedes* $F \in L^1(T)$ *eine auf* $\mathbf{D}$ *harmonische Funktion.*

Der Integrand ist nämlich mit all seinen Ableitungen lokal gleichmäßig Lebesgue-beschränkt — vgl. [GL]; Differentiation unter dem Integralzeichen liefert nach *iii)*

$$\Delta_z \mathbb{P}F(z) = \int_T F(\zeta)\, \Delta_z P(\zeta, z)\, |d\zeta| = 0\ .$$

**Satz 1.1** (Eigenschaften des Poisson-Kerns).

*i)* $\quad \mathscr{P}(r, \varphi + 2\pi) = \mathscr{P}(r, \varphi)\ ,$

*ii)* $\quad \mathscr{P}(r, \varphi) = \mathscr{P}(r, -\varphi)\ ,$

*iii)* $\quad \mathscr{P}(r, \varphi) = \dfrac{1}{2\pi} \sum_{-\infty}^{\infty} r^{|n|} e^{in\varphi}\ ,$

*iv)* $\quad \mathscr{P} > 0\ ,$

*v)* $\quad \displaystyle\int_{-\pi}^{\pi} \mathscr{P}(r, \varphi)\, d\varphi = 1\ .$

*vi)* $\quad$ *Für* $0 < |\varphi| \le \pi$ *ist* $\displaystyle\lim_{r \to 1} \mathscr{P}(r, \varphi) = 0$, *und die Konvergenz ist im Bereich*

$\quad \{\varphi: \delta \le |\varphi| \le \pi\}$ *(mit* $\delta > 0$*) gleichmäßig in* $\varphi$.

Wir wollen die Aussagen des Satzes zunächst erläutern. In *iii)* haben wir die Fourier-Entwicklung der $2\pi$-periodischen Funktion $\mathscr{P}(r, \varphi)$ bezüglich $\varphi$ gefunden; sie konvergiert gleichmäßig in $\varphi$ mit allen Ableitungen gegen die entsprechenden Ableitungen von $\mathscr{P}$. Zur Interpretation von *iv)*, *v)* und *vi)* schreiben wir zunächst die entsprechenden Aussagen für $P(\zeta, z)$ hin, die sich aus ihnen ergeben:

*iv)* $\quad P(\zeta, z) > 0\ ,$

*v)* $\quad \displaystyle\int_T P(\zeta, z)\, |d\zeta| = 1\ ,$

*vi)* $\quad \displaystyle\lim_{r \to 1} P(e^{i\vartheta}, re^{it}) = 0$ *gleichmäßig auf* $\{\vartheta: \delta \le |\vartheta - t| \le \pi\}$ *mit* $\delta > 0$.

Wir können uns bei festem $z$ die Funktion $P(\zeta, z)$ als eine Massendichte (oder Ladungsdichte) auf $T$ vorstellen. Dann sagt *iv)*, daß diese Dichte stets positiv ist; nach *v)* ist die Gesamtmasse von $T$ unabhängig von $z$ gerade $= 1$, und nach *vi)* ist bei Annäherung von $z = re^{it}$ an den Punkt $z_0 = e^{it}$ fast die gesamte Masse in der Nähe des Punktes $z_0$ konzentriert. Diese Situation ist in der Tat physikalisch realisierbar: man läßt aus dem Innern eines Kreises $T$ (= Schnitt durch einen Metallzylinder) der Gesamtladung 1 eine Einheits-Punktladung auf den Kreis zuwandern und beobachtet die entstehende Ladungsverteilung auf $T$.

**Beweis** von Satz 1.1: Die Aussagen *i)*, *ii)* und *iv)* sind selbstverständlich. Zu *iii)*: Es ist

$$\mathscr{P}(r, \varphi) = \frac{1}{2\pi} \operatorname{Re} \frac{1+z}{1-z}$$

$$= \frac{1}{2\pi} \operatorname{Re} \left\{ 1 + 2 \sum_{n=1}^{\infty} r^n \, e^{in\varphi} \right\}$$

$$= \frac{1}{2\pi} \left\{ 1 + \sum_{n=1}^{\infty} r^n \, (e^{in\varphi} + e^{-in\varphi}) \right\}$$

$$= \frac{1}{2\pi} \sum_{n \in \mathbf{Z}} r^{|n|} e^{in\varphi} \; .$$

*v)* Die Funktion $f(z) = 1$ wird durch die Poisson-Formel dargestellt:

$$1 = \int_T P(\zeta, z) \, |d\zeta|.$$

*vi)* Es sei $\delta > 0$ beliebig, dann ist für $\delta \leq |\varphi| \leq \pi$ noch $\cos \varphi \leq 1 - \epsilon$ mit positivem $\epsilon$. Damit ist $\mathscr{P}(r, \varphi)$ auf $0 \leq r \leq 1$ und $|\varphi| \geq \delta$ stetig und für $r = 1$ offenbar Null.  $\square$

Wir wollen noch eine wichtige Rechenregel notieren. Ist $\alpha \in T$ beliebig, so zeigt die Substitution $\zeta = \alpha\eta$, wenn wir dann wieder $\eta$ durch $\zeta$ ersetzen:

$$\mathbb{P}F(z) = \int_T F(\alpha\zeta) P(\alpha\zeta, z) \, |d\zeta| \; .$$

Insbesondere gilt mit $z = re^{it}$ und $\alpha = e^{it}$

$$\mathbb{P}F(z) = \int_T F(e^{it} \zeta) P(e^{it} \zeta, z) \, |d\zeta| \; .$$

Nun ist $P(e^{it} \zeta, z) = \mathscr{P}(r, \vartheta)$, also

*vii)*     $$\mathbb{P}F(z) = \int_{-\pi}^{\pi} F(\vartheta + t) \, \mathscr{P}(r, \vartheta) \, d\vartheta \; .$$

Nach diesen Vorüberlegungen können wir den Zusammenhang zwischen $F$ und $\mathbb{P}F$ genauer verfolgen. Dazu bezeichnen wir für jede im Einheitskreis **D** erklärte Funktion $u$ und jedes positive $r < 1$ mit $u_r$ die durch

$$u_r(e^{i\vartheta}) = u(re^{i\vartheta})$$

auf $T$ definierte Funktion. Nach den früheren Konventionen schreiben wir auch $u_r(\vartheta)$ und sehen $u_r$ als eine periodische Funktion auf $[-\pi, \pi]$ oder $\mathbb{R}$ an. —

Wir betrachten im folgenden Funktionen $F \in L^1(T)$ und bezeichnen ihr Poisson-Integral generell mit $f$.

**Satz 1.2.** *Es sei* $F \in L^p\,(T)$, $1 \le p \le \infty$.

i)    *Für jedes* $r < 1$ *gilt*

$$\|f_r\|_p \le \|F\|_p \,.$$

ii)    *Für* $1 \le p < \infty$ *ist*

$$\lim_{r \to 1} \|f_r - F\|_p = 0 \,.$$

Nach Aussage *ii)* kann also $F$ durch eine geeignete Limesbildung aus $f$ zurückgewonnen werden, jedenfalls für $p < \infty$. Für $p = \infty$ ist die entsprechende Aussage falsch (siehe Aufgabe 3).

**Beweis** von Satz 1.2: a) Wir zeigen zunächst Aussage *ii)* im Fall $1 < p < \infty$ mittels Satz 0.5. Dazu sei $q$ der zu $p$ konjugierte Exponent und $G \in L^q\,(T)$ mit $\|G\|_q = 1$. Dann ist

$$2\pi \langle G, f_r - F \rangle = \int_{-\pi}^{\pi} G\,(t)\,[\overline{f_r\,(t)} - F\,(t)]\,dt$$

$$= \int_{-\pi}^{\pi} G\,(t)\left[\int_{-\pi}^{\pi} \overline{F\,(\vartheta)}\,\mathscr{P}\,(r,\,\vartheta - t)\,d\vartheta - \overline{F\,(t)}\right]dt$$

$$= \int_{-\pi}^{\pi} G\,(t) \int_{-\pi}^{\pi} [\overline{F}\,(\vartheta) - \overline{F}\,(t)]\,\mathscr{P}\,(r,\,\vartheta - t)\,d\vartheta\,dt$$

$$= \int_{-\pi}^{\pi} \int_{-\pi}^{\pi} G\,(t)\,[\overline{F}\,(\vartheta + t) - \overline{F}\,(t)]\,\mathscr{P}\,(r,\,\vartheta)\,d\vartheta\,dt$$

$$= \int_{-\pi}^{\pi}\left[\int_{-\pi}^{\pi} G\,(t)\,[\overline{F}\,(\vartheta + t) - \overline{F}\,(t)]\,dt\right]\mathscr{P}\,(r,\,\vartheta)\,d\vartheta$$

$$= 2\pi \int_{-\pi}^{\pi} \langle G, F_\vartheta - F \rangle\,\mathscr{P}\,(r,\,\vartheta)\,d\vartheta\,.$$

Dabei haben wir $F_\vartheta\,(t) = F\,(\vartheta + t)$ gesetzt und Satz 1.1.$v$ sowie den Satz von Fubini benutzt. Nach der Hölderschen Ungleichung folgt weiter

$$|\langle G, f_r - F \rangle| \le \int_{-\pi}^{\pi} \|G\|_q\,\|F_\vartheta - F\|_p\,\mathscr{P}\,(r,\,\vartheta)\,d\vartheta = \int_{-\pi}^{\pi} \|F_\vartheta - F\|_p\,\mathscr{P}\,(r,\,\vartheta)\,d\vartheta\,.$$

Zur Abschätzung dieses Integrals nutzen wir aus, daß für kleines $\vartheta$ die Norm $\|F_\vartheta - F\|_p$ klein ist und für die übrigen $\vartheta$ der Poissonkern mit $r \to 1$ nach Null strebt. Genauer: Zu gegebenem $\epsilon > 0$ können wir ein $\delta > 0$ so finden, daß für $|\vartheta| \leq \delta$

$$\|F_\vartheta - F\|_p < \frac{\epsilon}{2}$$

wird (siehe Satz 0.7). – Für jedes $\vartheta$ ist trivialerweise

$$\|F_\vartheta - F\|_p \leq 2 \|F\|_p \;.$$

Wählen wir $r$ hinreichend nahe bei 1, so läßt sich

$$|\mathscr{P}(r, \vartheta)| < \frac{\epsilon}{8\pi \|F\|_p}$$

für jedes $\vartheta$ mit $\delta \leq |\vartheta| \leq \pi$ erreichen (Satz 1.1). Es folgt

$$|\langle G, f_r - F \rangle| \leq \int\limits_{|\vartheta| \leq \delta} \|F_\vartheta - F\|_p \, \mathscr{P}(r, \vartheta) \, d\vartheta + \int\limits_{|\vartheta| \geq \delta} \|F_\vartheta - F\|_p \, \mathscr{P}(r, \vartheta) \, d\vartheta$$

$$< \frac{\epsilon}{2} \int\limits_{-\pi}^{\pi} \mathscr{P}(r, \vartheta) \, d\vartheta + \frac{\epsilon}{8\pi \|F\|_p} \, 2 \|F\|_p \int\limits_{-\pi}^{\pi} d\vartheta$$

$$= \epsilon \;.$$

Da nun $G$ beliebig in $L^q$ mit $\|G\|_q = 1$ war, ergibt sich aus Satz 0.5 die Beziehung

$$\|f_r - F\|_p \leq \epsilon \;,$$

falls $r$ dicht genug bei 1 liegt.

b) Für $p = 1$ rechnet man in Aussage *ii)* wie eben, wobei man $G = 1$ setzt.

c) Der Fall $1 \leq p < \infty$ von Aussage *i)* wird wie bei Aussage *ii)* behandelt, wobei der Beweis entsprechend einfacher wird (siehe Aufgabe 4); wir betrachten nur noch $p = \infty$:

$$|f_r(e^{it})| = \left| \int\limits_{-\pi}^{\pi} F(\vartheta) \, \mathscr{P}(r, \vartheta - t) \, d\vartheta \right|$$

$$\leq \int\limits_{-\pi}^{\pi} |F(\vartheta)| \, \mathscr{P}(r, \vartheta - t) \, d\vartheta$$

$$\leq \|F\|_\infty \int\limits_{-\pi}^{\pi} \mathscr{P}(r, \vartheta - t) \, d\vartheta$$

$$= \|F\|_\infty \;.$$

Damit ist der Satz bewiesen.                                                                $\square$

Satz 1.2 legt folgende Definition nahe:

**Definition 1.2.**

i)  *Die p-Hardy-Norm einer komplexwertigen harmonischen Funktion $u$ auf $\mathbf{D}$ ist*

$$\|u\|_p = \sup_{r<1} \|u_r\|_p$$

*(für $1 \leq p \leq \infty$).*

ii)  *Die Räume*

$$\mathcal{H}^p = \{u: u \text{ ist harmonisch auf } \mathbf{D} \text{ und } \|u\|_p < \infty\}$$

*heißen Hardy-Räume (harmonischer Funktionen).*

Wir wollen gleich eine andere Definition der Hardy-Normen notieren:

**Satz 1.3.** *Für $r_1 \leq r_2$ ist stets*

$$\|u_{r_1}\|_p \leq \|u_{r_2}\|_p \; ;$$

*insbesondere gilt*

$$\|u\|_p = \lim_{r \to 1} \|u_r\|_p \; .$$

Aus diesem Satz liest man ab, daß $\| \cdot \|_p$ die Eigenschaften einer Norm hat.

**Beweis** von Satz 1.3: Für $p = \infty$ folgt die Aussage aus dem Maximum-Prinzip für harmonische Funktionen. Für $p < \infty$ setzen wir

$$\varphi(z) = |u(z)|^p$$

und beachten, daß $\varphi$ stetig und subharmonisch ist. Zu zeigen ist, daß

$$\phi(r) = \int_{-\pi}^{\pi} \varphi(re^{i\vartheta}) \, d\vartheta$$

monoton wächst. Es sei $r_1 < r_2$ und $h$ die Lösung des Dirichlet-Problems auf dem Kreis $\overline{D_{r_2}(0)}$ zu den Randwerten $\varphi$; dann ist

$$\varphi(z) \leq h(z), \qquad z \in \overline{D_{r_2}(0)} \; .$$

Das bedeutet

$$\frac{1}{2\pi} \int_{-\pi}^{\pi} \varphi(r_1 e^{i\vartheta}) \, d\vartheta \leq \frac{1}{2\pi} \int_{-\pi}^{\pi} h(r_1 e^{i\vartheta}) \, d\vartheta =$$

$$= h(0) = \frac{1}{2\pi} \int_{-\pi}^{\pi} h(r_2 e^{i\vartheta}) \, d\vartheta = \frac{1}{2\pi} \int_{-\pi}^{\pi} \varphi(r_2 e^{i\vartheta}) \, d\vartheta \; ,$$

also in der Tat $\phi(r_1) \leq \phi(r_2)$. $\qquad\square$

Das Poisson-Integral liefert nach Satz 1.2 eine – offensichtlich lineare – Abbildung

$$\mathbb{P}: L^1(T) \to \mathcal{H}^1,$$

die $L^p$ in $\mathcal{H}^p$ überführt.

**Satz 1.4.** $\mathbb{P}: L^1(T) \to \mathcal{H}^1$ *ist injektiv.*

**Beweis:** Es sei $F \in L^1(T)$ mit $\mathbb{P}F \equiv 0$; es ist $F = 0$ f.ü. zu zeigen. Wir wählen eine beliebige stetige Funktion $G$ auf $T$ und bezeichnen mit $g$ die Lösung des Dirichlet-Problems zu den Randwerten $G$. Dann ist (da $g(r\zeta)$ gleichmäßig gegen $G(\zeta)$ strebt)

$$\int_T F(\zeta) G(\zeta) \, |d\zeta| = \lim_{r \to 1} \int_T F(\zeta) g(r\zeta) \, |d\zeta|$$

$$= \lim_{r \to 1} \int_T F(\zeta) \int_T P(\xi, r\zeta) G(\xi) \, |d\xi| \, |d\zeta|$$

$$= \lim_{r \to 1} \int_T G(\xi) \int_T F(\zeta) P(\xi, r\zeta) \, |d\zeta| \, |d\xi| \, .$$

Nun ist $P(\xi, r\zeta) = P(\zeta, r\xi)$ und daher

$$\int_T F(\zeta) P(\xi, r\zeta) \, |d\zeta| = \int_T F(\zeta) P(\zeta, r\xi) \, |d\zeta| = (\mathbb{P}F)(r\xi) = 0 \, .$$

Damit ist

$$\int_T F G \, |d\zeta| = 0$$

für jede stetige Funktion $G$; das bedeutet aber, daß $F$ f.ü. Null ist.  $\square$

Die Untersuchung von $\mathbb{P}$ auf Surjektivität erfordert wieder eine Dualitätsbetrachtung.

**Satz 1.5.** *Es sei* $1 < p \leq \infty$ *und* $f \in \mathcal{H}^p$. *Dann existiert eine Funktion* $F \in L^p(T)$ *mit* $f = \mathbb{P}F$.

**Beweis:** Wir wählen eine Folge $r_n \to 1$, $r_n < 1$, und setzen $F_n(\zeta) = f(r_n \zeta)$ für $\zeta \in T$. Dann ist $F_n$ auf $T$ stetig und

$$\|F_n\|_p \leq \|f\|_p$$

für alle $n$. Nun können wir $L^p$ als Dualraum von $L^q$ ansehen, wenn $\frac{1}{p} + \frac{1}{q} = 1$ ist (für $p = \infty$ ist $q = 1$). Nach dem Satz von Banach-Alaoglu ist jede abgeschlossene Kugel in $L^p$ kompakt bezüglich der schwachen Topologie, d.h. es gibt eine Teilfolge der $F_n$ (die wir wieder mit $F_n$ bezeichnen), die schwach gegen eine Funktion $F \in L^p$ konvergiert:

für jedes $G \in L^q$ ist

$$\lim_{n \to \infty} \int_T F_n(\zeta)\, G(\zeta)\, |d\zeta| = \int_T F(\zeta)\, G(\zeta)\, |d\zeta| \; .$$

Es sei nun $z = r\, e^{it} \in \mathbf{D}$; wir wählen für $G$ die Funktion $G(\zeta) = P(\zeta, z)$. Es folgt

$$\int_T F(\zeta)\, P(\zeta, z)\, |d\zeta| = \lim_{n \to \infty} \int_T F_n(\zeta)\, P(\zeta, z)\, |d\zeta|$$

$$= \lim_{n \to \infty} \int_T f(r_n\, \zeta)\, P(\zeta, z)\, |d\zeta|$$

$$= \lim_{n \to \infty} f(r_n\, z) \; ,$$

da die Funktion $z \mapsto f(r_n\, z)$ in einer Umgebung von $\overline{\mathbf{D}}$ harmonisch ist. Der letzte Grenzwert ist natürlich $f(z)$, d.h. $f = \mathbb{P}F$. $\qquad\qquad\square$

Für $p = 1$ bricht der Beweis zusammen, da $L^1$ nicht dual zu $L^\infty$ ist. In der Tat ist die entsprechende Aussage dann auch falsch — vgl. Aufgabe 1.

Wir fassen unsere bisherigen Überlegungen folgendermaßen zusammen:

**Satz 1.6.** *Das Poisson-Integral definiert eine injektive lineare Abbildung von $L^1(T)$ in $\mathcal{H}^1$, die für $p > 1$ den Raum $L^p$ bijektiv auf $\mathcal{H}^p$ abbildet. Stets ist*

$$\| \mathbb{P}F \|_p = \| F \|_p \; .$$

**Beweis:** Nur die letzte Aussage bleibt zu zeigen. Es sei $f = \mathbb{P}F$. Nach Satz 1.3 ist

$$\| f \|_p = \lim_{r \to 1} \| f_r \|_p \; ,$$

und für $1 \leqslant p < \infty$ ist nach Satz 1.2 *ii)*

$$\lim_{r \to 1} \| f_r \|_p = \| F \|_p \; .$$

Für $p = \infty$ ist sicher

$$\| f \|_\infty \leqq \| F \|_\infty \; .$$

Die Gleichheit der Normen wird aus dem nächsten Paragraphen folgen. $\qquad\qquad\square$

Umgekehrt können wir formulieren:

**Satz 1.7.** *Es sei $u$ eine harmonische Funktion auf $\mathbf{D}$; für jedes $r < 1$ bezeichne $u_r$ die durch $u_r(e^{i\vartheta}) = u(r e^{i\vartheta})$ auf $T$ definierte stetige Funktion. Dann gilt:*

*i)    $u$ ist genau dann Poisson-Integral einer Funktion $F \in L^1(T)$, wenn $\lim_{r \to 1} u_r$ in $L^1$ existiert.*

*ii)*     *u ist genau dann Poisson-Integral einer Funktion $F \in L^p$ (T), $1 < p \leq \infty$, wenn die Menge $u_r$ in $L^p$ (T) beschränkt ist. Für $p < \infty$ konvergiert dann $u_r$ in $L^p$ für $r \to 1$ gegen F.*

*iii)*    *Die Räume $\mathscr{H}^p$ sind Banachräume.*

**Beweis:** *i)* Es sei $F = \lim\limits_{r \to 1} u_r$ in $L^1$ (T) und $f = \mathbb{P}F$. Dann ist $\lim\limits_{r \to 1} f_r = F$ in $L^1$, also

$$\lim_{r \to 1} (u_r - f_r) = 0$$

in $L^1$. Damit ist

$$\| u - f \|_1 = 0$$

und nach Satz 1.3 gilt $u = f$ auf **D**.

*ii)* war schon bewiesen.

*iii)* Für $1 < p \leq \infty$ folgt die Aussage aus Satz 1.6. Für $p = 1$ ist $\| \cdot \|_1$ sicher eine Norm auf $\mathscr{H}^1$ (vgl. Satz 1.3); die Vollständigkeit soll an dieser Stelle nicht bewiesen werden, da wir sie im folgenden auch nicht weiter benötigen. $\qquad\square$


**Aufgaben:**

1.    Für festes $\zeta \in T$ ist $P(\zeta, z)$ eine Funktion in $\mathscr{H}^1$. Beweis! Zeige: $P(\zeta, z)$ ist nicht Poisson-Integral einer integrablen Funktion.

2.    $\mathscr{H}^1$ enthält alle positiven harmonischen Funktionen auf **D** – warum?

3.    Zeige in einem Beispiel, daß i.a. $\lim\limits_{r \to 1} \| f_r - F \|_\infty \neq 0$ gilt, wenn $F \in L^\infty$ (T) ist (cf. Satz 1.2).

4.    Führe den Beweis von 1.2. i) im Falle $p < \infty$ aus.


## § 2. Nichttangentiale Konvergenz

Die bisherigen Ergebnisse über das Randverhalten des Poisson-Integrals beziehen sich auf gemittelte Konvergenz und sagen noch nichts über punktweise Konvergenz oder gar gleichmäßige Konvergenz aus. Andererseits kennen wir (aus [FL]) schon ein sehr präzises Ergebnis:

Ist $f = \mathbb{P}F$ die Lösung des Dirichlet-Problems zur stetigen Randfunktion $F$ auf $T$, so gilt gleichmäßig in $z_0 \in T$:

$$\lim_{\substack{z \to z_0 \\ |z| < 1}} f(z) = F(z_0) .$$

Wir wollen dieses Ergebnis jetzt verfeinern, indem wir $F \in L^1$ (T) zulassen. Dazu benötigen wir einige Vorbereitungen.

Zunächst führen wir, wie in der Figur veranschaulicht, Konvergenz gegen einen Randpunkt innerhalb eines festen Winkelraums $W_\gamma$ ein:

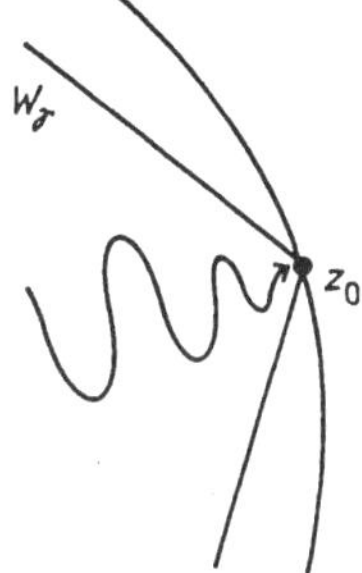


Bild V-1

Einfacher zu handhaben ist der folgende äquivalente Begriff:

**Definition 2.1.**

*i)*      *Es sei $z_0 = e^{it_0} \in T$. Eine Punktfolge $z_\nu = r_\nu e^{it_\nu} \in D$ mit $\lim r_\nu = 1$ strebt nichttangential gegen $z_0$, wenn es eine Konstante $\gamma > 0$ so gibt, daß stets*

$$|t_\nu - t_0| \leqq \gamma (1 - r_\nu)$$

*ist.*

*ii)*     *Der nichttangentiale Limes einer Funktion $f$ auf $D$ existiert in $z_0 \in T$, wenn für jede nichttangential gegen $z_0$ strebende Folge $z_\nu \in D$ der Grenzwert $\lim f(z_\nu)$ existiert.*

Wir schreiben

$$z_\nu \rightarrow z_0 \quad \text{n.t.}$$

und   n.t. $\lim\limits_{z \to z_0} f(z) = a$ .

**Definition 2.2.** *Es sei $F \in L^1 [-\pi, \pi]$. Ein Punkt $t_0$ heißt Lebesgue-Punkt von $F$, wenn*

$$\lim_{t \to t_0} \frac{1}{t - t_0} \int_{t_0}^{t} |F(\vartheta) - F(t_0)| \, d\vartheta = 0$$

*ist.*

Fassen wir $F$ als Funktion auf $T$ auf, so nennen wir auch $e^{it_0}$ einen Lebesgue-Punkt von $F$. — Mittels Satz 0.6 beweisen wir den klassischen

**Satz 2.1.** *Die Menge der Lebesgue-Punkte einer integrierbaren Funktion $F$ hat volles Maß.*

**Beweis:** Es sei $r_\nu$ eine überall dichte Folge in $\mathbb{C}$ und

$$G_\nu(t) = \int\limits_{-\pi}^{t} |F(\vartheta) - r_\nu|\, d\vartheta .$$

Die Funktion $G_\nu$ hat dann auf einer Menge $E_\nu \subset [-\pi, \pi]$ vom Maß $2\pi$ die Ableitung $|F - r_\nu|$; der Durchschnitt $E$ aller $E_\nu$ hat ebenfalls volles Maß. Wir zeigen, daß alle Punkte von $E$ Lebesgue-Punkte von $F$ sind. Es sei $\epsilon > 0$ gegeben. Zu $t_0 \in E$ wählen wir ein $r_\nu$ mit

$$|F(t_0) - r_\nu| < \epsilon .$$

Dann ist

$$\left| \int\limits_{t_0}^{t} |F(\vartheta) - F(t_0)|\, d\vartheta \right| \leq \left| \int\limits_{t_0}^{t} |F(\vartheta) - r_\nu|\, d\vartheta \right| + |r_\nu - F(t_0)|\, |t - t_0|$$

$$\leq |G_\nu(t) - G_\nu(t_0)| + \epsilon\, |t - t_0|$$

$$\leq |G_\nu'(t_0)|\, |t - t_0| + \epsilon\, |t - t_0| + \epsilon\, |t - t_0| ,$$

falls $|t - t_0|$ klein genug ist. Wegen

$$|G_\nu'(t_0)| = |F(t_0) - r_\nu| < \epsilon$$

folgt schließlich

$$\left| \int\limits_{t_0}^{t} |F(\vartheta) - F(t_0)|\, d\vartheta \right| \leq 3\,\epsilon\, |t - t_0| ,$$

und damit die Behauptung.  $\square$

Wir können nun das Hauptergebnis dieses Abschnittes beweisen:

**Satz 2.2** (Fatou). *Es sei $F \in L^1(T)$ und $z_0 \in T$ ein Lebesgue-Punkt von $F$. Dann gilt für das Poisson-Integral $f = \mathbb{P}F$ von $F$:*

$$\text{n.t. } \lim_{z \to z_0} f(z) = F(z_0) ;$$

*mithin strebt $f$ für fast alle $z_0 \in T$ nicht-tangential gegen $F$.*

**Beweis:** Es sei

$$z_0 = e^{it_0}, \quad z = r\,e^{it};$$

wegen der nichttangentialen Annäherung gibt es ein $\gamma > 0$, so daß stets

$$|t - t_0| \leq \gamma\,(1 - r)$$

ist. Wir haben $f(z) - F(t_0)$ abzuschätzen.

Dazu sei $\epsilon > 0$ gegeben. Nach Satz 1.1.$\nu$ ist

$$f(z) - F(t_0) = \frac{1}{2\pi} \int_{-\pi}^{\pi} \frac{1-r^2}{1+r^2-2r\cos(\vartheta-t)} [F(\vartheta) - F(t_0)]\, d\vartheta = I(r, t)\,.$$

Wir zerlegen den Integrationsweg in einen Bogen der Länge $2\delta$ um $t_0$ und sein Komplement, wobei wir $\delta$ später geeignet wählen, und bezeichnen die entsprechenden Integrale mit $I_1$ und $I_2$:

$$I(r, t) = \frac{1}{2\pi} \int_{\substack{-\pi \\ |\vartheta - t_0| \leq \delta}}^{\pi} \ldots + \frac{1}{2\pi} \int_{\substack{-\pi \\ |\vartheta - t_0| \geq \delta}}^{\pi} \ldots = I_1(r, t, \delta) + I_2(r, t, \delta)$$

(dabei haben wir stillschweigend $-\pi < t_0 < \pi$ vorausgesetzt).

Zur Untersuchung von $I_1$ verwenden wir die für $\frac{1}{2} < r < 1$ und $|\varphi| \leq \pi$ gültige Ungleichung

$$\frac{1-r^2}{1+r^2-2r\cos\varphi} = \frac{(1-r)(1+r)}{(1-r)^2 + 4r\sin^2\frac{\varphi}{2}} \leq \frac{2(1-r)}{(1-r)^2 + 2\left(\frac{\varphi}{\pi}\right)^2} = 2\pi\, \frac{\rho}{\rho^2 + 2\varphi^2}$$

mit $\rho = \pi(1-r)$.

Somit wird

$$|I_1(r, t, \delta)| \leq \int_{t_0-\delta}^{t_0+\delta} \frac{\rho}{\rho^2 + 2(\vartheta-t)^2}\, |F(\vartheta) - F(t_0)|\, d\vartheta\,.$$

Nun nutzen wir die Wahl von $z_0$ folgendermaßen aus: wir führen die Funktion

$$G(t) = \int_{t_0}^{t} |F(\vartheta) - F(t_0)|\, d\vartheta$$

ein und notieren:

$$G'(t) = |F(t) - F(t_0)|$$

für fast alle $t$. Damit liefert eine partielle Integration

$$|I_1(r, t, \delta)| \leq \frac{\rho}{\rho^2 + 2(t_0+\delta-t)^2}\, G(t_0+\delta) - \frac{\rho}{\rho^2 + 2(t_0-\delta-t)^2}\, G(t_0-\delta)$$

$$+ \int_{t_0-\delta}^{t_0+\delta} \frac{4\rho(\vartheta-t)}{(\rho^2 + 2(\vartheta-t)^2)^2}\, G(\vartheta)\, d\vartheta$$

$$= J_1(r, t, \delta) + J_2(r, t, \delta) + J_3(r, t, \delta)\,.$$

Zur Untersuchung von $J_3$ führen wir ein $\epsilon_1 > 0$ ein, das wir später geschickt wählen werden, und wählen jetzt $\delta$ in Abhängigkeit von $\epsilon_1$ so klein, daß für $|\vartheta - t_0| \leqq \delta$ stets

$$|G(\vartheta)| \leqq \epsilon_1 |\vartheta - t_0|$$

ist. Dabei haben wir die Beziehung $G'(t_0) = 0$ ausgenutzt. — Es folgt

$$|J_3| \leqq 4\,\rho \int_{t_0 - \delta}^{t_0 + \delta} \frac{|\vartheta - t|\,|G(\vartheta)|}{[\rho^2 + 2(\vartheta - t)^2]^2}\,d\vartheta$$

$$\leqq 4\,\rho\,\epsilon_1 \int_{t_0 - \delta}^{t_0 + \delta} \frac{|\vartheta - t|\,|\vartheta - t_0|}{[\rho^2 + 2(\vartheta - t)^2]^2}\,d\vartheta = 4\,\rho\,\epsilon_1\,J_4\;.$$

In $J_4$ substituieren wir $\vartheta - t = \rho x$ und erhalten

$$\rho\,J_4 \leqq \rho \int_{-\infty}^{\infty} \frac{|\rho x\,(t - t_0 + \rho x)|}{(\rho^2 + 2\rho^2 x^2)^2}\,\rho\,dx$$

$$\leqq \int_{-\infty}^{\infty} \frac{|x|\,\dfrac{|t - t_0|}{\rho} + x^2}{(1 + 2x^2)^2}\,dx$$

$$\leqq \int_{-\infty}^{\infty} \frac{x^2 + \gamma\,|x|}{(1 + 2x^2)^2}\,dx$$

$$= A\;,$$

da $|t - t_0| \leqq \gamma\,\rho$ ist. Jetzt wählen wir $\epsilon_1$ und damit auch $\delta$: mit $\epsilon_1 = \epsilon/8A$ wird

$$|J_3| < \frac{\epsilon}{2}\;.$$

Die bisher noch nicht behandelten Terme lassen sich durch Wahl von $r$ (hinreichend dicht bei 1) beliebig klein machen. Im einzelnen:
Es sei

$$|G(t)| \leqq B$$

auf dem Intervall $|t| \leqq \pi$. Wegen

$$|t - t_0| \leqq \gamma\,(1 - r)$$

läßt sich $r_1$ so wählen, daß für $r \geqq r_1$ stets $|t - t_0| \leqslant \delta/2$, also

$$(t_0 \pm \delta - t)^2 \geqq \tfrac{1}{4}\,\delta^2$$

ist; damit wird

$$J_\nu \leqq \frac{\rho}{\rho^2 + \frac{1}{2}\delta^2} B\,, \qquad \nu = 1, 2.$$

Wählt man $r_2 \geqq r_1$ dicht genug bei 1, so wird

$$J_\nu \leqq \frac{\epsilon}{6} \quad \text{für} \quad r \geqq r_2\,.$$

Um schließlich $I_2\,(r, t, \delta)$ abzuschätzen, wählen wir ein $\epsilon_2 > 0$ und $r_3 \geqq r_2$ so, daß für $|\vartheta - t_0| \geqq \delta$ und $r \geqq r_3$ stets

$$\frac{1 - r^2}{1 + r^2 - 2\,r\,\cos(\vartheta - t)} \leqq \epsilon_2$$

wird (beachte wieder, daß $|\vartheta - t| \geqq \delta/2$ ist!).
Dann erhält man

$$|I_2\,(r, t, \delta)| \leqq \frac{\epsilon_2}{2\pi} \int\limits_{-\pi}^{\pi} |F\,(\vartheta) - F\,(t_0)|\,d\vartheta$$

$$\leqq \epsilon_2\,(\|F\|_1 + |F\,(t_0)|)\,.$$

Durch geeignete Wahl von $\epsilon_2$ wird dann auch

$$|I_2\,(r, t, \delta)| \leqq \frac{\epsilon}{6}$$

und insgesamt

$$|I| \leqq \epsilon\,. \qquad\qquad\qquad\qquad\qquad\qquad\qquad\qquad\qquad \square$$

Da nach § 1 jede Funktion im Hardyraum $\mathcal{H}^p$ (für $1 < p \leqslant \infty$) Poisson-Integral einer eindeutig bestimmten Funktion $F \in L^p\,(T)$ ist, läßt sich der vorige Satz insbesondere auf $\mathcal{H}^p$ anwenden. Wir fassen unsere bisherigen Kenntnisse zusammen in

**Satz 2.3.**

*i)*     *Für $1 < p < \infty$ liefert das Poisson-Integral einen normtreuen Isomorphismus*
$\mathbb{P}: L^p \to \mathcal{H}^p$; *die Umkehrabbildung $f \mapsto F$ mit $\mathbb{P}F = f$ wird durch jede der beiden folgenden Beziehungen gegeben:*

$$\text{n.t.} \lim_{z \to z_0} f\,(z) = F\,(z_0) \quad \textit{für fast alle} \quad z_0 \in T$$

$$\lim_{r \to 1} \|f_r - F\|_p = 0\,.$$

*ii)*     *Für $p = \infty$ gilt Aussage i) mit Ausnahme der Normkonvergenz; es ist aber noch (mit den obigen Bezeichnungen) $\|f\|_\infty = \|F\|_\infty$.*

*iii)*   *Ist* $F \in L^1\,(T)$, *so ist* $f = \mathbb{P}F \in \mathcal{H}^1$, *und fast überall*

$$\text{n.t.} \lim_{z \to z_0} f(z) = F(z_0)$$

*sowie*

$$\lim_{r \to 1} \|f_r - F\|_1 = 0\,.$$

**Beweis:**  Nur in Aussage *ii)* ist noch etwas zu beweisen. Wir wissen bereits:

$$\|f\|_\infty \leq \|F\|_\infty\,.$$

Aus der nichttangentialen Konvergenz folgt aber die umgekehrte Ungleichung.   □

Der Satz zeigt, daß für $p > 1$ jede Funktion $f \in \mathcal{H}^p$ eine „Randfunktion" $F \in L^p\,(T)$ hat, gegen die sie nichttangential strebt und aus der sie mittels der Poisson-Formel rekonstruiert werden kann. Für $p < \infty$ strebt $f$ auch in $L^p$ gegen $F$. Mit etwas mehr Maßtheorie läßt sich zeigen, daß auch jede Funktion $f \in \mathcal{H}^1$ f.ü. nichttangentiale Randwerte in $L^1\,(T)$ hat; aber $f$ ist i.a. nicht das Poisson-Integral dieser Randfunktion. —

## § 3.  Hardy-Räume holomorpher Funktionen

Wir bezeichnen die Menge der in $\mathcal{H}^p$ liegenden holomorphen Funktionen mit $H^p$:

$$H^p = \mathcal{H}^p \cap \mathcal{O}\,(\mathbf{D}), \qquad 1 \leq p \leq \infty\,,$$

und nennen die $H^p$ kurz *Hardy-Räume*. Eine holomorphe Funktion $f$ liegt also genau dann in $H^p$, wenn $\|f\|_p < \infty$ ist. Dabei ist für $p < \infty$

$$\|f\|_p = \sup_{r < 1} \left[\frac{1}{2\pi} \int_{-\pi}^{\pi} |f(re^{i\vartheta})|^p\,d\vartheta\right]^{1/p} = \lim_{r \to 1} \left[\frac{1}{2\pi} \int_{-\pi}^{\pi} |f(re^{i\vartheta})|^p\,d\vartheta\right]^{1/p};$$

$H^\infty$ besteht aus allen beschränkten holomorphen Funktionen mit Norm

$$\|f\|_\infty = \sup_{z \in \mathbf{D}} |f(z)|\,.$$

Die $H^p$ sind normierte Vektorräume, $H^\infty$ ist eine normierte $\mathbb{C}$-Algebra; man hat

$$H^1 \supset H^p \supset H^q \supset H^\infty \qquad (\text{für } p \leq q)\,.$$

**Satz 3.1.** *Für* $1 \leq p \leq \infty$ *sind die* $H^p$ *Banachräume* ($H^\infty$ *ist also eine Banachalgebra).*

**Beweis:** Nur die Vollständigkeit ist zu zeigen. Es sei $f_n \in H^p$ eine Cauchy-Folge bezüglich der $p$-Hardy-Norm. Für $z = r e^{it}$ und $r < r_1 < r_2 < 1$ haben wir

$$|f_n(z) - f_m(z)| = \left| \frac{1}{2\pi i} \int\limits_{\partial D_{r_2}(0)} \frac{f_n(\zeta) - f_m(\zeta)}{\zeta - z} d\zeta \right|$$

$$\leq \frac{1}{2\pi} \int\limits_{-\pi}^{\pi} \frac{|f_n(r_2 e^{i\vartheta}) - f_m(r_2 e^{i\vartheta})|}{r_2 - r_1} r_2 \, d\vartheta$$

$$\leq \text{const } \|f_n - f_m\|_1$$

$$\leq \text{const } \|f_n - f_m\|_p .$$

Damit bilden die $f_n$ eine lokal gleichmäßig konvergente Folge — wir bezeichnen ihre holomorphe Grenzfunktion mit $f$ und zeigen die $L^p$-Konvergenz von $f_n \to f$.

Es sei $\epsilon > 0$ gegeben und $n_0$ so groß, daß für $n, m \geq n_0$ stets

$$\|f_n - f_m\|_p < \epsilon$$

wird. Für $0 < r < 1$ und $n \geq n_0$ ist dann

$$\|f_r - f_{n,r}\|_p = \lim_{m \to \infty} \|f_{m,r} - f_{n,r}\|_p \leq \lim_{m \to \infty} \|f_m - f_n\|_p \leq \epsilon .$$

Für $r \to 1$ folgt die Endlichkeit von $\|f - f_n\|_p$ und

$$\|f - f_n\|_p \leq \epsilon .$$

Somit ist $f - f_n \in H^p$, also auch $f \in H^p$, und

$$\lim_{n \to \infty} \|f - f_n\|_p = 0 . \qquad \square$$

Die Ergebnisse der vorigen Paragraphen liefern nun folgende Aussagen über Hardy-Räume:

**Satz 3.2 (Fatou).** *Für $1 < p \leq \infty$ gilt:*

i)    *Jede Funktion $f \in H^p$ hat f.ü. nichttangentiale Randwerte:*

$$\text{n.t.} \lim_{z \to z_0} f(z) = f^*(z_0)$$

   *existiert für fast alle $z_0 \in T$.*

ii)   *Mit $f \in H^p$ ist stets die Randfunktion $f^* \in L^p(T)$.*

iii)  *Es ist $f = \mathbb{P} f^*$.*

iv)  *Für $1 < p < \infty$ gilt ferner $\lim \|f_r - f^*\|_p = 0$.*

Die Sonderrolle von $H^1$ wird in § 7 aufgehoben. —

Dieser Satz liefert gegenüber den früheren Aussagen über Funktionen in $\mathcal{H}^p$ nichts Neues. Für $H^p$ ergeben sich aber nun zusätzliche Fragen, etwa: wie erkennt man, daß eine Funktion $F \in L^p(T)$ Randfunktion einer holomorphen Funktion ist? Läßt sich in *iii)* das Poisson-Integral durch das Cauchy-Integral ersetzen?

Um diese Fragen zu beantworten, betrachten wir die Fourierkoeffizienten von Funktionen in $L^p(T)$. Für jedes $F \in L^1$ und $n \in \mathbb{Z}$ setzen wir

$$\hat{F}(n) = \langle F(\vartheta), e^{in\vartheta} \rangle = \frac{1}{2\pi} \int\limits_{-\pi}^{\pi} F(\vartheta)\, e^{-in\vartheta}\, d\vartheta$$

und nennen $\hat{F}(n)$ den $n$-ten Fourierkoeffizienten von $F$. Die Reihe

$$\sum_{n \in \mathbb{Z}} a_n\, e^{in\vartheta}, \quad a_n = \hat{F}(n),$$

heißt die $F$ zugeordnete Fourierreihe. Über die Konvergenz der Reihe werden zunächst keinerlei Aussagen gemacht. Ferner betrachten wir in jedem $L^p$ den Unterraum

$$L_+^p(T) = \{F \in L^p : \hat{F}(n) = 0 \quad \text{für} \quad n < 0\}\,.$$

Man sieht leicht, daß $L_+^p$ ein abgeschlossener Unterraum von $L^p$, also wieder ein Banachraum, ist.

Der Fall $p = 2$ ist besonders übersichtlich: $L^2$ ist mit dem Skalarprodukt

$$\langle F, G \rangle = \frac{1}{2\pi} \int\limits_{-\pi}^{\pi} F(\vartheta)\, \overline{G(\vartheta)}\, d\vartheta$$

ein Hilbertraum, in dem die Funktionen $e^{in\vartheta}$, $n \in \mathbb{Z}$, ein vollständiges Orthonormalsystem bilden. Die Fourierreihe einer $L^2$-Funktion $F$ konvergiert also in $L^2$ gegen $F$:

$$\lim_{\substack{k \to -\infty \\ l \to +\infty}} \| F(\vartheta) - \sum_{k}^{l} a_n\, e^{in\vartheta} \|_2 = 0\,,$$

oder kürzer:

$$F(\vartheta) = \sum_{-\infty}^{\infty} a_n\, e^{in\vartheta} \quad \text{in} \quad L^2\,.$$

Sind $F$ und $G$ in $L^2$, $\hat{F}(n) = a_n$, $\hat{G}(n) = b_n$ ihre Fourierkoeffizienten, so gilt — siehe § 0 —

$$\langle F, G \rangle = \sum_{-\infty}^{\infty} a_n\, \overline{b_n}\,;$$

insbesondere gehört $F$ genau dann zu $L^2$, wenn

$$\sum_{-\infty}^{\infty} |a_n|^2 < \infty$$

ist, und dann ist

$$(\Sigma \, |a_n|^2)^{1/2} = \|F\|_2 \; .$$

Jetzt können wir die holomorphen Hardyräume folgendermaßen charakterisieren:

**Satz 3.3.** *Es sei* $1 < p \leq \infty$.

i) *Die Abbildung* $f \mapsto f^*$, *die jedem Element von* $H^p$ *seine Randwerte in* $L^p$ *zuordnet, ist eine Isometrie des Banachraumes* $H^p$ *auf den Banachraum* $L^p_+$.

ii) *Für jedes* $F \in L^p_+$ *gilt: die durch*

$$f(z) = \int\limits_T F(\zeta) \, P(\zeta, z) \, |d\zeta| = \mathbb{P}F(z)$$

*definierte Funktion gehört zu* $H^p$; $\mathbb{P}$ *ist die Umkehrung der obigen Isometrie.*

iii) *Jede Funktion* $f \in H^p$ *läßt sich auch als Cauchy-Integral ihrer Randwerte* $f^*$ *darstellen:*

$$f(z) = \frac{1}{2\pi i} \int\limits_T \frac{f^*(\zeta)}{\zeta - z} \, d\zeta \; .$$

**Beweis:** a) Es sei $f \in H^p$ und

$$f(z) = \sum_{n=0}^{\infty} a_n \, z^n \, .$$

Die Funktionen $f_r(e^{i\vartheta}) = f(re^{i\vartheta})$ sind dann auf $T$ stetig und haben die Fourierentwicklung

$$\sum_{n=0}^{\infty} a_n \, r^n \, e^{in\vartheta} \; .$$

Also gilt für die Fourierkoeffizienten der Randfunktion $f^*$:

$$\langle f^*(e^{i\vartheta}), e^{in\vartheta} \rangle = \lim_{r \to 1} \langle f_r(e^{i\vartheta}), e^{in\vartheta} \rangle$$

$$= \begin{cases} \lim\limits_{r \to 1} a_n \, r^n & \text{für} \quad n \geq 0 \\ 0 & \text{für} \quad n < 0 \, . \end{cases}$$

Dabei haben wir die $L^p$-Konvergenz $f_r \xrightarrow[L^p]{} f^*$ ausgenutzt:

$$|\langle f^* - f_r, e^{in\vartheta} \rangle| \leq \|f^* - f_r\|_p \, \|e^{in\vartheta}\|_q \to 0 \; ,$$

wobei $\frac{1}{p} + \frac{1}{q} = 1$ ist. — Damit ist $f^* \in L^p_+$ nachgewiesen.

b) Nun sei $F \in L^p_+$; wir berechnen das Poisson-Integral von $F$.

$$\mathbb{P}F(z) = \frac{1}{2\pi} \int_{-\pi}^{\pi} F(e^{i\vartheta}) \frac{1-r^2}{1-2r\cos(t-\vartheta)+r^2} d\vartheta \qquad (\text{mit } z = re^{it})$$

$$= \frac{1}{2\pi} \int_{-\pi}^{\pi} F(e^{i\vartheta}) \sum_{-\infty}^{\infty} r^{|n|} e^{in(t-\vartheta)} d\vartheta .$$

Da die Reihe auf $T$ gleichmäßig konvergiert und $F \in L^p$ gilt, liefert der Lebesguesche Konvergenzsatz sofort die Vertauschbarkeit von Summation und Integration:

$$\mathbb{P}F(z) = \sum_{-\infty}^{\infty} \frac{1}{2\pi} \int_{-\pi}^{\pi} F(e^{i\vartheta}) e^{-in\vartheta} d\vartheta \, r^{|n|} e^{int}$$

$$= \sum_{-\infty}^{\infty} \langle F(e^{i\vartheta}), e^{in\vartheta} \rangle \, r^{|n|} e^{int} .$$

Nach Voraussetzung verschwinden die Fourier-Koeffizienten $F$ zu negativen Indizes; also folgt

$$\mathbb{P}F(z) = \sum_{n=0}^{\infty} a_n z^n$$

mit $a_n = \hat{F}(n)$, $n \geq 0$, $z = re^{it}$. Hieraus entnimmt man die Holomorphie von $\mathbb{P}F$; andererseits wissen wir schon, daß $\mathbb{P}F \in \mathcal{H}^p$ gilt.

c) Um schließlich die Cauchysche Integralformel für Funktionen in $H^p$ aufzustellen, betrachten wir eine beliebige Funktion $F$ in $L^p$ und bilden die holomorphe Funktion

$$f(z) = \frac{1}{2\pi i} \int_T \frac{F(\zeta)}{\zeta - z} d\zeta .$$

Es ist mit $\zeta = e^{i\vartheta}$

$$\frac{1}{2\pi i} \frac{d\zeta}{\zeta - z} = \frac{1}{2\pi} \frac{1}{1-\bar{\zeta}z} d\vartheta = \frac{1}{2\pi} \sum_{n=0}^{\infty} e^{-in\vartheta} z^n d\vartheta .$$

Wir setzen ein und vertauschen wie eben Integration und Summation:

$$f(z) = \sum_{n=0}^{\infty} \langle F(e^{i\vartheta}), e^{in\vartheta} \rangle z^n .$$

Falls nun die $\hat{F}(n)$ mit $n < 0$ verschwinden, ist

$$f(z) = \mathbb{P}F(z) \in H^p$$

nach Teil b). Insbesondere gilt für jedes $f \in H^p$ mit Randfunktion $f^* \in L_+^p$:

$$f = \mathbb{P}f^* = \frac{1}{2\pi i} \int_T \frac{f^*(\zeta)}{\zeta - z} \, d\zeta \,.$$

Damit ist der Satz bewiesen. $\square$

Wir wollen die Ergebnisse für den Hardy-Raum $H^2$ noch gesondert formulieren.

**Satz 3.4.** *Es sei* $f(z) = \sum_{n=0}^{\infty} a_n z^n$ *eine holomorphe Funktion im Einheitskreis.*

*i)*    $f$ *liegt genau dann in* $H^2$, *wenn*

$$\sum_{n=0}^{\infty} |a_n|^2 < \infty$$

*ist; in diesem Fall ist die Hardy-Norm von* $f$ *gegeben durch*

$$\|f\|_2 = \left( \sum_{n=0}^{\infty} |a_n|^2 \right)^{1/2} \,.$$

*ii)*    *Die Randfunktionen von* $H^2$ *bilden den Hilbertraum* $L_+^2(T)$ *der Funktionen* $F$ *in* $L^2(T)$ *mit* $\hat{F}(n) = 0$ *für* $n < 0$. *Ist* $f^*$ *die Randfunktion von* $f \in H^2$, *so hat* $f^*$ *die* $L^2$-*konvergente Fourierentwicklung*

$$f^*(e^{i\vartheta}) = \sum_{n=0}^{\infty} a_n e^{in\vartheta};$$

$f$ *ist Poisson- und Cauchy-Integral von* $f^*$.

*iii)*    *Der orthogonale Projektionsoperator* $\mathbb{S}$ *von* $L^2(T)$ *auf den abgeschlossenen Unterraum* $L_+^2(T)$ *wird durch*

$$\mathbb{S}F = (\mathbb{H}F)^*$$

*mit*

$$\mathbb{H}F(z) = \frac{1}{2\pi i} \int_T \frac{F(\zeta)}{\zeta - z} \, d\zeta$$

*gegeben.*

(Der „Szegö-Operator" $\mathbb{S}$ wird in Kapitel VII, § 10 ff, noch einmal auftauchen.)

**Beweis:** *i)* Die Taylorkoeffizienten von $f$ sind die Fourierkoeffizienten von $f^*$: das liefert die Behauptung.

*ii)* war schon in Satz 3.3 bewiesen worden.

*iii)* Es sei $F(e^{i\vartheta}) = \sum\limits_{-\infty}^{\infty} a_n e^{in\vartheta}$. Dann ist

$$\mathbf{S}F(e^{i\vartheta}) = \sum\limits_{n=0}^{\infty} a_n e^{in\vartheta}.$$

Nach Teil c) des Beweises von Satz 3.3 haben wir

$$\mathbb{H}F(z) = \langle F(\zeta), \frac{1}{1-\zeta\bar{z}} \rangle = \sum\limits_{n=0}^{\infty} a_n z^n = f(z)$$

und damit nach Teil *i)*: $f$ liegt in $H^2$ und hat die Randfunktion

$$f^*(e^{i\vartheta}) = \sum\limits_{n=0}^{\infty} a_n e^{in\vartheta} = \mathbf{S}F(e^{i\vartheta}) . \qquad \square$$

Wir wollen uns noch klar machen, welche der Aussagen von Satz 3.3 wir schon auf $H^1$ übertragen können: Teil 1 von Aussage *ii)* gilt mit unverändertem Beweis; die Übertragung der übrigen Aussagen scheitert aber daran, daß wir nicht wissen, ob die Funktion $f$ in $L^1$ gegen eine Randfunktion $f^*$ konvergiert, oder, äquivalent dazu, ob $f$ als Poisson-Integral einer Funktion in $L^1$ darstellbar ist. Bevor wir das (in § 7) beweisen können, müssen wir Nullstellen von $H^p$-Funktionen studieren.

**Aufgabe:**

1.　　Es sei $f \in H^2$ mit Randfunktion $f^*$. Man benutze Satz 3.4, um einen elementaren Beweis der $L^2$-Konvergenz von $f$ gegen $f^*$ folgendermaßen zu geben: Falls $f = \sum\limits_{n=0}^{\infty} a_n z^n$ ist, so betrachte man $g = \Sigma a_n e^{in\vartheta}$. Man zeige dann: $g \in L^2$, $f \xrightarrow[L^2]{} g$ und schließe $f^* = g$ f.ü.

## § 4. Die Poisson-Jensen-Formel

Es sei $f$ eine auf der Kreisscheibe $D_R(0)$ holomorphe Funktion mit $f(0) \neq 0$ und den Nullstellen $a_1, a_2, \ldots$, die nach wachsenden Beträgen geordnet sein sollen:

$$0 < |a_1| \leqq |a_2| \leqq \ldots \leqq |a_n| \leqq \ldots ;$$

in dieser Folge soll jede Nullstelle so oft vorkommen, wie es ihrer Vielfachheit entspricht. Für $\rho < R$ sei $n(\rho)$ die Anzahl der Nullstellen im offenen Kreis $D_\rho(0)$. Die Funktionen

$$B_\kappa(z) = \frac{\rho(z - a_\kappa)}{\rho^2 - \bar{a}_\kappa z}$$

haben dann in $a_\kappa$ (für $|a_\kappa| < \rho$) eine einfache Nullstelle und sind auf der Kreislinie $|z| = \rho$ vom Betrage 1. Demnach ist die Funktion

$$\log \left| \frac{f(z)}{\displaystyle\prod_{\kappa = 1 \ldots n(\rho)} B_\kappa(z)} \right| = \log |g(z)|$$

im Kreis $D_\rho(0)$ harmonisch. Falls sie auch noch auf ganz $\overline{D_\rho(0)}$ stetig ist — d.h. falls keine Nullstellen von $f$ auf der Kreislinie $|z| = \rho$ liegen —, können wir die Poissonsche Integralformel auf sie anwenden. Es sei also

$$P_\rho(\zeta, z) = \frac{1}{2\pi} \operatorname{Re} \frac{\zeta + z}{\zeta - z} = \frac{1}{2\pi} \frac{\rho^2 - r^2}{\rho^2 - 2\rho r \cos(\vartheta - t) + r^2}$$

(mit $\zeta = \rho e^{i\vartheta}$, $z = re^{it}$) der Poissonkern zur Kreisscheibe vom Radius $\rho$. Wir erhalten

**Satz 4.1** (Poisson-Jensen-Formel). *Ist $f$ holomorph auf $D_R(0)$ mit $f(0) \neq 0$ und bezeichnet $a_1, a_2, \ldots$ die nach aufsteigenden Beträgen geordnete Nullstellenfolge von $f$ sowie $n(\rho)$ die Anzahl der Nullstellen vom Betrage $< \rho$, so gilt für jedes $\rho$ und jedes $z = re^{it}$ mit $|z| < \rho$:*

$$\log |f(z)| - \sum_{\kappa = 1}^{n(\rho)} \log \left| \frac{\rho(z - a_\kappa)}{\rho^2 - \bar{a}_\kappa z} \right| = \frac{1}{2\pi} \int_{-\pi}^{\pi} \log |f(\rho e^{i\vartheta})| \frac{\rho^2 - r^2}{\rho^2 - 2\rho r \cos(\vartheta - t) + r^2} d\vartheta .$$

Bewiesen haben wir die Formel allerdings nur, falls $f$ keine Nullstellen vom Betrage $\rho$ hat. Bevor wir uns von dieser Einschränkung befreien, notieren wir eine Folgerung: Wir setzen $z = 0$ und erhalten

**Folgerung 1** (Jensensche Formel).

$$\log |f(0)| - \sum_{\kappa = 1}^{n(\rho)} \log |a_\kappa| + n(\rho) \log \rho = \frac{1}{2\pi} \int_{-\pi}^{\pi} \log |f(\rho e^{i\vartheta})| d\vartheta .$$

Diese Formel ist für die folgenden Untersuchungen von entscheidender Bedeutung, weil sie den Betrag einer holomorphen Funktion auf einer Kreislinie in Beziehung zur Nullstellenzahl von $f$ im Kreisinnern setzt.

**Beweis** von Satz 4.1: Wir müssen nur noch den Fall untersuchen, in dem $f$ Nullstellen vom Betrage $\rho$ hat. Die Nullstellen vom Betrage $< \rho$ behandelt man wie in der Vorüberlegung — es genügt also, $f$ gleich als von Null verschieden in $D_\rho(0)$ anzunehmen und mit genau einer einfachen Nullstelle $a$ vom Betrage $\rho$. Es ist dann die Gleichung

$$\log |f(z)| = \frac{1}{2\pi} \int_{-\pi}^{\pi} \log |f(\rho e^{i\vartheta})| \frac{\rho^2 - r^2}{\rho^2 - 2\rho r \cos(\vartheta - t) + r^2} d\vartheta$$

zu beweisen. Wir führen die Hilfsfunktion

$$g(z) = \frac{f(z)}{z-a}$$

ein. Nach dem schon bewiesenen Teil der Behauptung ist

$$\log |g(z)| = \frac{1}{2\pi} \int_{-\pi}^{\pi} \log |g(\rho\, e^{i\vartheta})| \, \frac{\rho^2 - r^2}{\rho^2 - 2\rho r \cos(\vartheta - t) + r^2} \, d\vartheta \;.$$

Da die Funktion $\log |\rho\, e^{i\vartheta} - a|$ integrabel ist, können wir weiter schreiben:

$$\log |f(z)| - \log |z - a|$$

$$= \frac{1}{2\pi} \int_{-\pi}^{\pi} \log |f(\rho\, e^{i\vartheta})| \, \frac{\rho^2 - r^2}{\rho^2 - 2r\rho \cos(\vartheta - t) + r^2} \, d\vartheta$$

$$- \frac{1}{2\pi} \int_{-\pi}^{\pi} \log |\rho\, e^{i\vartheta} - a| \, \frac{\rho^2 - r^2}{\rho^2 - 2r\rho \cos(\vartheta - t) + r^2} \, d\vartheta \;;$$

insbesondere haben wir die Existenz des ersten Integrals jetzt bewiesen. Es bleibt zu zeigen:

$$\log |z - a| = \frac{1}{2\pi} \int_{-\pi}^{\pi} \log |\rho\, e^{i\vartheta} - a| \, \frac{\rho^2 - r^2}{\rho^2 - 2r\rho \cos(\vartheta - t) + r^2} \, d\vartheta \;.$$

Setzen wir $a = \rho\, e^{i\alpha}$ und nutzen aus, daß der Poissonkern die Masse 1 hat (vgl. Satz 1.1. $\nu$), so nimmt die Behauptung die Form

$$\log \left| \frac{z}{\rho} - e^{i\alpha} \right| = \frac{1}{2\pi} \int_{-\pi}^{\pi} \log |e^{i\vartheta} - e^{i\alpha}| \, \frac{\rho^2 - r^2}{\rho^2 - 2r\rho \cos(\vartheta - t) + r^2} \, d\vartheta$$

an, also, indem man für $r/\rho$ wieder $r$ schreibt und für $z/\rho$ einfach $z$:

$$\log |z - e^{i\alpha}| = \frac{1}{2\pi} \int_{-\pi}^{\pi} \log |e^{i\vartheta} - e^{i\alpha}| \, \frac{1 - r^2}{1 - 2r \cos(\vartheta - t) + r^2} \, d\vartheta$$

(wobei $|z| < 1$ beliebig ist). Nun sind beide Seiten der Gleichung harmonisch in $z = re^{it} \in \mathbf{D}$; die Funktion $\log |z - e^{i\alpha}|$ ist im abgeschlossenen Einheitskreis subharmonisch. Ist also $\varphi$ eine auf der Kreislinie stetige reelle Funktion mit

$$\varphi(e^{i\vartheta}) \geqq \log |e^{i\vartheta} - e^{i\alpha}| \,,$$

so ist in ganz $\overline{D}$

$$\log |z - e^{i\alpha}| \leq \frac{1}{2\pi} \int\limits_{-\pi}^{\pi} \varphi(e^{i\vartheta}) \frac{1 - r^2}{1 - 2r\cos(\vartheta - t) + r^2} \, d\vartheta .$$

Dieselbe Ungleichung gilt dann für das Infimum aller derartigen Integrale, also

$$\log |z - e^{i\alpha}| \leq \frac{1}{2\pi} \int\limits_{-\pi}^{\pi} \log |e^{i\vartheta} - e^{i\alpha}| \frac{1 - r^2}{1 - 2r\cos(\vartheta - t) + r^2} \, d\vartheta .$$

Damit brauchen wir die Gleichheit nur noch in einem Innenpunkt von $D$ zu zeigen. Wir wählen $z = 0$ und beweisen den

**Hilfssatz.** $\displaystyle\int\limits_{-\pi}^{\pi} \log |e^{i\vartheta} - e^{i\alpha}| \, d\vartheta = 0 .$

**Beweis:** Man darf natürlich $e^{i\alpha} = 1$ annehmen. Die Funktion $h(z) = \log(1 - z)$ ist auf $\overline{D} - \{1\}$ holomorph mit $h(0) = 0$. Wir bezeichnen mit $C_1$ den Kreisbogen vom Radius $\delta > 0$ um 1, der in $\overline{D}$ liegt; $C_2$ sei der Kreisbogen vom Radius 1 um 0, dessen Punkte von 1 einen Abstand $\geq \delta$ haben — die Orientierungen entnimmt man der Skizze.

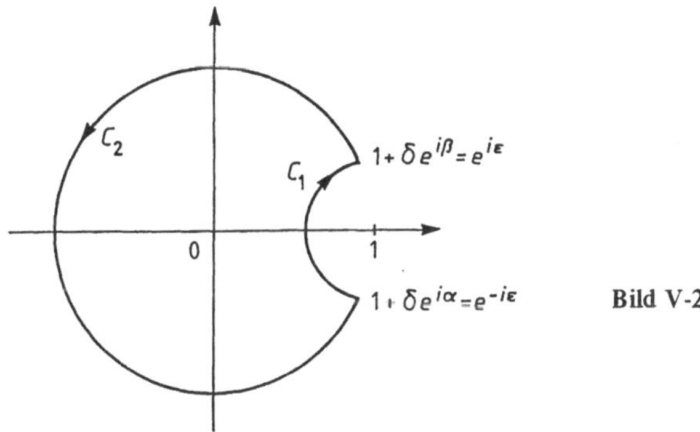


Dann gilt nach der Cauchyschen Integralformel

$$0 = \int\limits_{C_1 + C_2} \frac{h(z)}{z} \, dz ,$$

also

$$\int\limits_{C_1} \frac{h(z)}{z} \, dz = - \int\limits_{C_2} \frac{h(z)}{z} \, dz = I .$$

Auf $C_1$ ist $z = 1 + \delta\, e^{it}$, $\alpha \leqq t \leqq \beta$, also

$$I = - \int_{\alpha}^{\beta} \frac{\log(-\delta\, e^{it})}{1 + \delta\, e^{it}}\, i\,\delta\, e^{it}\, dt$$

und damit für $\delta \leqslant 1/2$:

$$|I| \leqq \pi\,\delta \cdot \frac{1}{1/2}\,[\,|\log\delta| + 2\pi\,]\ .$$

Es folgt $\lim\limits_{\delta \to 0} I = 0$, und daraus entnimmt man:

$$\lim\limits_{\delta \to 0} \operatorname{Re} \int_{C_2} \frac{\log(1-z)}{i\,z}\, dz = 0\ ,$$

d.h.

$$\lim\limits_{\delta \to 0} \int_{\epsilon}^{2\pi - \epsilon} \log|1 - e^{i\vartheta}|\, d\vartheta = 0\ ,$$

wobei $\epsilon$ mit $\delta$ gegen Null strebt. Das impliziert die Behauptung.

**Aufgaben:**

1.  Formuliere und beweise eine Verallgemeinerung von Satz 4.1 auf meromorphe Funktionen.

2.  Wie ist die Jensensche Formel zu formulieren, wenn man $f(0) = 0$  (aber natürlich $f \not\equiv 0$) zuläßt?

3.  Die Methoden dieses Paragraphen erlauben die Aufstellung einer Jensenschen Formel für $d^n \log f(z)/dz^n$. Man formuliere und beweise sie.


## § 5.  Nullstellen

Es sei $f$ eine beschränkte holomorphe Funktion im Einheitskreis mit den Nullstellen $a_1, a_2, \ldots$, die wir wieder nach aufsteigenden Beträgen ordnen und ihrer Vielfachheit entsprechend zählen; nach eventuell notwendiger Ausklammerung eines Faktors $z^k$ nehmen wir $0 < |a_1| \leqq |a_2| \leqq \ldots$ an. Die Anzahl der Nullstellen vom Betrage $< r$ sei wieder $n(r)$. Dann gilt nach der Jensenschen Formel

$$\log|f(0)| + n(r)\log r - \sum_{\kappa = 1}^{n(r)} \log|a_\kappa| = \frac{1}{2\pi} \int_{-\pi}^{\pi} \log|f(re^{i\vartheta})|\, d\vartheta$$

oder:

$$|f(0)| \prod_{\kappa=1}^{n(r)} \frac{r}{|a_\kappa|} = \exp\left\{ \frac{1}{2\pi} \int_{-\pi}^{\pi} \log|f(re^{i\vartheta})|\, d\vartheta \right\}\ .$$

Berücksichtigt man links nur die ersten $k \leq n\,(r)$ Faktoren, so verkleinert sich die linke Seite:

$$|f(0)| \prod_{\kappa=1}^{k} \frac{r}{|a_\kappa|} \leq \exp\left\{ \frac{1}{2\pi} \int_{-\pi}^{\pi} \log |f(re^{i\vartheta})|\, d\vartheta \right\} .$$

Wir halten $k$ fest und lassen $r \to 1$ streben. Die rechte Seite bleibt wegen der Beschränktheit von $f$ dabei beschränkt:

$$|f(0)| \prod_{\kappa=1}^{k} \frac{1}{|a_\kappa|} \leq \exp\left\{ \sup_{r<1} \frac{1}{2\pi} \int_{-\pi}^{\pi} \log |f(re^{i\vartheta})|\, d\vartheta \right\} = e^c < \infty .$$

Damit ist

$$\prod_{\kappa=1}^{k} |a_\kappa| \geq |f(0)|\, e^{-c} > 0 .$$

Hieraus folgt die Konvergenz des unendlichen Produktes $\displaystyle\prod_{\kappa=1}^{\infty} a_\kappa$ und die Beziehung

$$\sum_{\kappa=1}^{\infty} (1 - |a_\kappa|) < \infty .$$

Das Ergebnis notieren wir in neuer Terminologie:

**Definition 5.1.** *Die Blaschke-Bedingung für eine Punktfolge* $a_\kappa \in \mathbf{D}$ *ist die Bedingung*

$$\sum_{\kappa} (1 - |a_\kappa|) < \infty .$$

Damit gilt

**Satz 5.1.** *Falls für eine auf* $\mathbf{D}$ *holomorphe Funktion* $f$

$$\sup_{r<1} \frac{1}{2\pi} \int_{-\pi}^{\pi} \log |f(re^{i\vartheta})|\, d\vartheta < \infty$$

*ist, erfüllen die Nullstellen von* $f$ *die Blaschke-Bedingung.*

Es gibt also beispielsweise keine beschränkte holomorphe Funktion, die Nullstellen genau in den Punkten $1 - \frac{1}{n}$, $n = 1, 2, \ldots$, hätte: die Blaschke-Bedingung ist verletzt, wenn die Punkte einer Folge „zu langsam" gegen den Rand von $\mathbf{D}$ streben.

Da die Forderung von Satz 1

$$\sup \frac{1}{2\pi} \int\limits_{-\pi}^{\pi} \log |f(re^{i\vartheta})|\, d\vartheta < \infty$$

viel schwächer ist als die Beschränktheitsforderung $\|f\|_\infty < \infty$, könnte man meinen, die Nullstellen einer beschränkten holomorphen Funktion müßten noch weiteren Bedingungen genügen. Das ist aber nicht der Fall:

**Satz 5.2.** *Es sei $a_\kappa \neq 0$ eine Punktfolge in* **D**, *die der Blaschke-Bedingung genügt. Dann konvergiert das unendliche Produkt*

$$B(z) = \prod_{\kappa=1}^{\infty} \frac{|a_\kappa|}{a_\kappa} \frac{a_\kappa - z}{1 - \bar{a}_\kappa z}$$

*lokal gleichmäßig auf* **D** *gegen eine holomorphe Funktion $B$ vom Betrage $< 1$, die genau die Nullstellen $a_\kappa$ besitzt.*

**Definition 5.2.** *Das obige Produkt heißt das Blaschke-Produkt zur Folge $a_\kappa$.*

**Beweis** von Satz 5.2: Die Faktoren $B_\kappa$ von $B$ sind Automorphismen des Einheitskreises, die $a_\kappa$ in Null überführen. Es bleibt also nur die lokal gleichmäßige Konvergenz des Produktes zu zeigen.

Es sei $|z| \leqq r < 1$. Dann ist

$$|B_\kappa(z) - 1| = (1 - |a_\kappa|) \left| \frac{|a_\kappa| z + a_\kappa}{a_\kappa (1 - \bar{a}_\kappa z)} \right|$$

$$= (1 - |a_\kappa|) \left| \frac{z + \dfrac{a_\kappa}{|a_\kappa|}}{1 - \bar{a}_\kappa z} \right|$$

$$\leqq (1 - |a_\kappa|) \, \frac{1 + r}{1 - r}.$$

Damit konvergiert (lokal gleichmäßig)

$$\sum_\kappa |B_\kappa(z) - 1|,$$

also auch das unendliche Produkt. □

Die Bedingung

$$\sup \frac{1}{2\pi} \int\limits_{-\pi}^{\pi} \log |f(re^{i\vartheta})|\, d\vartheta < \infty$$

tritt bei der Untersuchung von $f$ auf Nullstellen zwangsläufig auf, stellt aber eine so schwache Einschränkung für holomorphe Funktionen dar, daß sie keine interessante Funktionsklasse definiert (vgl. Aufgabe 1). Darum führen wir die *Charakteristik* ein:

**Definition 5.3.** *Die Zahl*

$$M_0(f) = \sup_{r < 1} \exp\left\{ \frac{1}{2\pi} \int_{-\pi}^{\pi} \log^+ |f(re^{i\vartheta})|\, d\vartheta \right\}$$

*heißt Nevanlinna-Charakteristik der in* **D** *holomorphen Funktion f. Die Funktionen endlicher Nevanlinna-Charakteristik bilden die Nevanlinna-Klasse N.*

Dabei setzt man für $u \geqslant 0$

$$\log^+ u = \max(\log u, 0)\,.$$

Wir notieren zunächst

**Satz 5.3.**

*i)    Es ist für $r \leqq r'$*

$$\int_{-\pi}^{\pi} \log^+ |f(re^{i\vartheta})|\, d\vartheta \leqq \int_{-\pi}^{\pi} \log^+ |f(r'e^{i\vartheta})|\, d\vartheta\,,$$

*insbesondere ist*

$$M_0(f) = \lim_{r \to 1} \exp\left\{ \frac{1}{2\pi} \int_{-\pi}^{\pi} \log^+ |f(re^{i\vartheta})|\, d\vartheta \right\}\,.$$

*ii)    Für jedes $p$ ist $H^p \subset N$.*

Da $\log^+ |f|$ subharmonisch ist, folgt Aussage *i)* aus dem Beweis von Satz 1.3; die zweite Aussage entnimmt man der für jedes $p > 0$ und hinreichend großes $u$ gültigen Ungleichung

$$\log^+ u \leqq u^p\,.$$

Die Nevanlinna-Klasse enthält also alle Hardy-Räume. Andererseits lassen sich manche Aussagen über beschränkte holomorphe Funktionen auf ganz $N$ und damit auf alle $H^p$ mittels des folgenden Satzes übertragen.

**Satz 5.4.** *Die Nevanlinna-Klasse besteht aus den holomorphen Funktionen, die sich als Quotient beschränkter holomorpher Funktionen darstellen lassen.*

In anderen Worten:

$$N = \mathcal{O}(D) \cap K(H^\infty)\,,$$

wobei $K(H^\infty)$ den Quotientenkörper des Integritätsringes $H^\infty$ bezeichnet. Oft wird $K(H^\infty)$ selbst Nevanlinna-Klasse genannt.

**Beweis** von Satz 5.4:  a) Es sei zunächst $f$ holomorph und

$$f = g/h, \qquad g, h \in H^\infty .$$

Wir dürfen $|g| \leqq 1$ und $|h| \leqq 1$ annehmen und auch $h(0) \neq 0$ voraussetzen. Dann wird

$$\log^+ |f| \leqq - \log |h| ,$$

also

$$\int_{-\pi}^{\pi} \log^+ |f(re^{i\vartheta})|\, d\vartheta \leqq - \int_{-\pi}^{\pi} \log |h(re^{i\vartheta})|\, d\vartheta .$$

Nach der Jensenschen Formel ist aber

$$- \frac{1}{2\pi} \int_{-\pi}^{\pi} \log |h(re^{i\vartheta})|\, d\vartheta \leqq - \log |h(0)| .$$

Somit ist $M_0(f) < \infty$.

b) Es sei umgekehrt eine Funktion $f$ beschränkter Charakteristik gegeben. Wir wählen $\rho < 1$ und bezeichnen die Nullstellen von $f$ im Kreis $D_\rho(0)$ mit $a_1, \ldots, a_n$. Dabei nehmen wir $f(0) \neq 0$ an und berücksichtigen Vielfachheiten. Die Funktion

$$f(z) \prod_{\kappa=1}^{n} \frac{\rho^2 - \bar{a}_\kappa z}{\rho(z - a_\kappa)}$$

ist dann in $D_\rho(0)$ holomorph und nullstellenfrei und hat daher einen holomorphen Logarithmus

$$F(z) = \log \left[ f(z) \prod_{\kappa=1}^{n} \frac{\rho^2 - \bar{a}_\kappa z}{\rho(z - a_\kappa)} \right] .$$

Nach der Poisson-Jensen-Formel gilt

$$\operatorname{Re} F(z) = \log |f(z)| - \sum_{\kappa} \log \left| \frac{\rho(z - a_\kappa)}{\rho^2 - \bar{a}_\kappa z} \right|$$

$$= \frac{1}{2\pi} \int_{-\pi}^{\pi} \log |f(\rho e^{i\vartheta})| \operatorname{Re} \frac{\rho e^{i\vartheta} + z}{\rho e^{i\vartheta} - z}\, d\vartheta .$$

Die holomorphe Funktion

$$G(z) = \frac{1}{2\pi} \int_{-\pi}^{\pi} \log |f(\rho e^{i\vartheta})| \frac{\rho e^{i\vartheta} + z}{\rho e^{i\vartheta} - z}\, d\vartheta$$

hat also in $D_\rho(0)$ denselben Realteil wie $F(z)$ und unterscheidet sich von $F$ demnach um eine rein imaginäre Konstante $iC$, $C \in \mathbb{R}$. Es folgt

$$\log\left[f(z) \prod_{\kappa=1}^{n} \frac{\rho^2 - \bar{a}_\kappa z}{\rho(z-a_\kappa)}\right] = \frac{1}{2\pi} \int_{-\pi}^{\pi} \log |f(\rho e^{i\vartheta})| \frac{\rho e^{i\vartheta} + z}{\rho e^{i\vartheta} - z} d\vartheta + iC .$$

Wir gehen in dieser Gleichung zur exp-Funktion über und zerlegen gleichzeitig im Integral den Logarithmus in positiven und negativen Bestandteil:

$$\log |f| = \log^+ |f| - \log^- |f| .$$

Es folgt

$$f(z) = g_\rho(z) / h_\rho(z)$$

mit

$$g_\rho(z) = \prod_{\kappa=1}^{n} \frac{\rho(z-a_\kappa)}{\rho^2 - \bar{a}_\kappa z} \exp\left\{-\frac{1}{2\pi} \int_{-\pi}^{\pi} \log^- |f(\rho e^{i\vartheta})| \frac{\rho e^{i\vartheta} + z}{\rho e^{i\vartheta} - z} d\vartheta + iC\right\} ,$$

$$h_\rho(z) = \exp\left\{-\frac{1}{2\pi} \int_{-\pi}^{\pi} \log^+ |f(\rho e^{i\vartheta})| \frac{\rho e^{i\vartheta} + z}{\rho e^{i\vartheta} - z} d\vartheta\right\} .$$

Wir notieren

$$\left| \exp\left\{-\frac{1}{2\pi} \int_{-\pi}^{\pi} \log^\pm |f(\rho e^{i\vartheta})| \frac{\rho e^{i\vartheta} + z}{\rho e^{i\vartheta} - z} d\vartheta + iC\right\} \right|$$

$$= \exp\left\{-\frac{1}{2\pi} \int_{-\pi}^{\pi} \log^\pm |f(\rho e^{i\vartheta})| \operatorname{Re} \frac{\rho e^{i\vartheta} + z}{\rho e^{i\vartheta} - z} d\vartheta\right\}$$

$$\leqq 1;$$

nach Voraussetzung ist weiter

$$-\frac{1}{2\pi} \int_{-\pi}^{\pi} \log^+ |f(\rho e^{i\vartheta})| d\vartheta \geqq -c_0$$

unabhängig von $\rho$; also

$$h_\rho(0) = \exp\left\{-\frac{1}{2\pi} \int_{-\pi}^{\pi} \log^+ |f(\rho e^{i\vartheta})| d\vartheta\right\} \geqq e^{-c_0} > 0 .$$

Wir erhalten die von $\rho$ unabhängigen Abschätzungen

$$|g_\rho(z)| \le 1, \quad |h_\rho(z)| \le 1, \quad e^{-c_0} \le |h_\rho(0)|.$$

Die Funktionen

$$G_\rho(z) = g_\rho(\rho z), \quad H_\rho(z) = h_\rho(\rho z)$$

sind im Einheitskreis holomorph, gleichmäßig beschränkt und genügen der Beziehung

$$f(\rho z) = \frac{G_\rho(z)}{H_\rho(z)}.$$

Nach dem Satz von Montel gibt es eine Folge $\rho_\nu \to 1$, so daß $G_{\rho_\nu}$ und $H_{\rho_\nu}$ lokal gleichmäßig gegen holomorphe Grenzfunktionen $G$ bzw. $H$ konvergieren. Es ist

$$|G(z)| \le 1, \quad |H(z)| \le 1, \quad e^{-c_0} \le |H(0)|$$

und nach dem Satz von Hurwitz ist $H$ nullstellenfrei (da $\not\equiv 0$). Es folgt, wie gewünscht,

$$f(z) = \lim_{\nu \to \infty} f(\rho_\nu z) = \frac{G(z)}{H(z)}.$$

Damit ist der Satz bewiesen. $\qquad\qquad\qquad\qquad\qquad\qquad\qquad\qquad\square$

**Aufgaben:**

1. Es sei $g$ eine beliebige holomorphe Funktion im Einheitskreis und $f = e^g$. Zeige, daß

$$\frac{1}{2\pi} \int_{-\pi}^{\pi} \log |f(re^{i\vartheta})| \, d\vartheta$$

unabhängig von $r$ ist.

2. Untersuche, ob die Folgen a), b), c) als Nullstellenfolgen beschränkter holomorpher Funktionen auftauchen können:

a) $a_\nu = 1 - \dfrac{1}{\nu^2}$

b) $a_{\nu\mu} = \rho_\nu \varsigma_\nu^\mu$, $\nu = 1, 2, \ldots, 0 \le \mu < 2^\nu$, mit $\rho_\nu = 1 - \dfrac{1}{2^\nu}$; dabei bezeichnet $\varsigma_\nu^\mu$ die Folge der $2^\nu$-ten Einheitswurzeln.

c) $a_\nu = 1 - \dfrac{1}{\nu \log \nu}$.

3. Gibt es eine Folge $a_\nu$, die der Blaschke-Bedingung genügt und sich gegen jeden Punkt von $T$ häuft?

4. Wie lassen sich die Funktionen im Quotientenkörper von $H^\infty$ (also auch die meromorphen Funktionen) durch eine Wachstumsbedingung charakterisieren?

## § 6. Nullstellen der Randfunktion

Im vorigen Paragraphen haben wir die Nullstellen beschränkter holomorpher Funktionen (sogar von Funktionen der Nevanlinna-Klasse) im Innern von **D** untersucht. Nun hat jede Funktion $f \in H^\infty$ eine Randfunktion $f^* \in L^\infty(T)$, gegen die sie nichttangential strebt; wir wenden uns jetzt den Nullstellen von $f^*$ zu.

**Satz 6.1.** *Es sei* $f \in H^\infty$ *mit Randfunktion* $f^* \in L^\infty(T)$. *Wir setzen*

$$\mu_r(f) = \frac{1}{2\pi} \int_{-\pi}^{\pi} \log |f(re^{i\vartheta})|\, d\vartheta, \quad 0 < r < 1,$$

$$\mu^*(f) = \frac{1}{2\pi} \int_{-\pi}^{\pi} \log |f^*(e^{i\vartheta})|\, d\vartheta.$$

*Dann gilt:*

*i)* $\mu_r(f)$ *wächst monoton in* $r$;

*ii)* $\displaystyle\lim_{r \to 0} \mu_r(f) = \log |f(0)|$;

*iii)* $\mu_r(f) \leq \mu^*(f)$; *insbesondere ist* $\mu^*(f) > -\infty$ *für* $f \not\equiv 0$.

**Beweis:** *i)* Die Monotonie von $\mu_r(f)$ kann direkt dem Beweis von Satz 1.3 entnommen werden, da $\log |f|$ subharmonisch und stetig mit Werten in $\mathbb{R} \cup \{-\infty\}$ ist.

*ii)* Für $f(0) \neq 0$ folgt die Behauptung durch Grenzübergang unter dem Integral. Im Fall $f(0) = 0$ klammert man wieder eine geeignete Potenz von $z$ aus.

*iii)* Wir wissen, daß mit $f_r(e^{i\vartheta}) = f(re^{i\vartheta})$

$$f_r \to f^* \qquad \text{f.ü.}$$

gilt, also auch f.ü.

$$\log |f_r| \to \log |f^*| .$$

Nach Teil *i)* ist die Folge der Integrale

$$\int_{-\pi}^{\pi} \log |f_r|\, d\vartheta$$

nach unten beschränkt. Aus dem Fatouschen Lemma der Integrationstheorie folgt nun die Integrierbarkeit von

$$\log |f^*| = \limsup \log |f_r|$$

und die Ungleichung des Satzes. $\qquad\qquad\square$

Jetzt können wir mittels Satz 5.4 zur Nevanlinna-Klasse übergehen.

**Satz 6.2.**

*i)     Jede Funktion $f$ der Nevanlinna-Klasse hat f.ü. nichttangentiale Randwerte $f^*$.*

*ii)    Falls $f \not\equiv 0$ ist, ist $\log |f^*|$ integrierbar; insbesondere kann für kein von der Null-*
*funktion verschiedenes $f \in H^p$ die zugehörige Randfunktion $f^*$ auf einer Menge*
*positiven Maßes verschwinden.*

**Beweis:** Es sei $f = \dfrac{g}{h}$, wobei $g, h \in H^\infty$ sind und $h$ nicht identisch Null. Die zugehörigen

Randfunktionen seien $g^*$ und $h^*$. Man hat also für fast alle $z_0 \in T$

$$\text{n.t.} \lim_{z \to z_0} g(z) = g^*(z_0); \quad \text{n.t.} \lim_{z \to z_0} h(z) = h^*(z_0) .$$

Nach Satz 6.1 ist $\log |h^*|$ integrierbar, und damit ist $h^*$ f.ü. von Null verschieden. Also
existiert für fast alle $z_0 \in T$

$$\text{n.t.} \lim_{z \to z_0} \frac{g(z)}{h(z)} = \text{n.t.} \lim_{z \to z_0} f(z) = \frac{g^*(z)}{h^*(z)} .$$

Nennen wir die f.ü. erklärte Randfunktion $f^*$. Falls $f \not\equiv 0$ ist, hat man $g \not\equiv 0$, also ist
$\log |g^*|$ ebenso wie $\log |h^*|$ integrierbar, daher auch $\log |f^*| = \log |g^*| - \log |h^*|$.
Damit ist der Satz bewiesen.                                                                  □

Wir wenden uns jetzt den Randwerten von Blaschke-Produkten zu. Ist

$$B(z) = \prod_{\kappa = 1}^{\infty} \frac{|a_\kappa|}{a_\kappa} \frac{a_\kappa - z}{1 - \overline{a}_\kappa z}$$

(mit $0 < |a_1| \leq |a_2| \leq \ldots$) ein konvergentes Blaschke-Produkt und $B^*$ die zugehörige
Randfunktion, so ist natürlich $|B^*| \leq 1$ und nach dem vorigen Satz $B^* \neq 0$ f.ü. Es gilt
aber genauer

**Satz 6.3.** *Die Randfunktion $B^*$ eines Blaschke-Produktes $B$ ist f.ü. vom Betrage 1.*

**Beweis:** Wir setzen für $n = 1, 2, \ldots$

$$B_n = \prod_{\kappa \geq n} \frac{|a_\kappa|}{a_\kappa} \frac{a_\kappa - z}{1 - \overline{a}_\kappa z} .$$

Dann ist $B/B_n$ auf der Kreislinie $T$ noch stetig und hat dort den Betrag 1, also ist

$$|B^*| = |B_n^*| ,$$

wobei $B_n^*$ die Randfunktion von $B_n$ ist. Satz 6.1 liefert

$$\log |B_n(0)| \leqq \lim_{r \to 1} \frac{1}{2\pi} \int_{-\pi}^{\pi} \log |B_n(re^{i\vartheta})| \, d\vartheta$$

$$\leqq \frac{1}{2\pi} \int_{-\pi}^{\pi} \log |B_n^*(e^{i\vartheta})| \, d\vartheta$$

$$= \frac{1}{2\pi} \int_{-\pi}^{\pi} \log |B^*(e^{i\vartheta})| \, d\vartheta$$

$$\leqq 0 \, .$$

Nun ist $B_n(0) = \prod_{\kappa \geqq n} |a_\kappa|$ eine monoton gegen 1 konvergente Folge. Also ist

$$0 = \lim_{n \to \infty} \log |B_n(0)| \leqq \frac{1}{2\pi} \int_{-\pi}^{\pi} \log |B^*(e^{i\vartheta})| \, d\vartheta \leqq 0 \, ,$$

d.h.

$$\frac{1}{2\pi} \int_{-\pi}^{\pi} \log |B^*(e^{i\vartheta})| \, d\vartheta = 0 \, .$$

Da andererseits $\log |B^*| \leqq 0$ gilt, müssen f.ü. die Beziehungen

$$0 = \log |B^*(e^{i\vartheta})| \quad \text{bzw.} \quad 1 = |B^*(e^{i\vartheta})|$$

bestehen.                             □

**Aufgabe:**

1.    Satz 6.2 sagt insbesondere, daß die Randfunktion einer Funktion $f \in H^\infty$ auf keinem Bogen $S$ positiver Länge verschwinden kann (für $f \neq 0$). Man gebe hierfür einen elementaren Beweis, indem man die Aussage auf den Fall $S = T$ zurückführt.

## § 7. Der Raum $H^1$

In unseren Untersuchungen über holomorphe Hardy-Räume ist der Raum $H^1$ bisher nicht vollständig erfaßt worden, da wir die Konvergenz einer Funktion $f \in H^1$ gegen ihre Randwerte $f^*$ nicht im Integralmittel ($L^1$-Konvergenz) bewiesen haben. In der Tat wäre eine solche Aussage für den Raum $\mathscr{H}^1$ der harmonischen Funktionen auch falsch. Die Überlegungen über Nullstellen aus den vorigen Paragraphen werden aber nun auch diese letzte Lücke schließen. Wesentliches Hilfsmittel ist

**Satz 7.1** (Rieszscher Faktorisierungssatz). *Es sei $f \not\equiv 0$ eine Funktion der Nevanlinna-Klasse, $B$ das Blaschkeprodukt zur Folge ihrer Nullstellen, gegebenenfalls mit $z^m$ multipliziert, so daß $g = f/B$ nullstellenfrei und holomorph wird. Dann gilt:*

i)      $g \in N$ *und* $M_0\,(g) = M_0\,(f)$.

ii)     *Falls* $f \in H^p$, *so ist* $g \in H^p$, *mit* $\|g\|_p = \|f\|_p$.

**Beweis:** Zur Vereinfachung der Schreibweise nehmen wir $m = 0$ an. Wegen $|B\,(z)| < 1$ folgt $\|f\|_p \le \|g\|_p$ für alle $p$ mit $1 \le p \le \infty$; ebenso ist $M_0\,(f) \le M_0\,(g)$. Weiter hat man definitionsgemäß

$$\log^+ |g| \le \log^+ |f| + \log^+ \left| \frac{1}{B} \right| = \log^+ |f| - \log\,|B|\,,$$

also

$$\frac{1}{2\pi} \int\limits_{-\pi}^{\pi} \log^+ |g\,(re^{i\vartheta})|\,d\vartheta \le \frac{1}{2\pi} \int\limits_{-\pi}^{\pi} \log^+ |f\,(re^{i\vartheta})|\,d\vartheta - \frac{1}{2\pi} \int\limits_{-\pi}^{\pi} \log\,|B\,(re^{i\vartheta})|\,d\vartheta.$$

Für $r \to 1$ strebt der zweite Summand nach Satz 6.3 gegen Null — daraus folgt die erste Behauptung des Satzes.

Nehmen wir nun $f \in H^p$ an und bezeichnen wir mit $B^n$ das Produkt der ersten $n$ Faktoren in $B$:

$$B^n = \prod_{\kappa = 1}^{n} \frac{|a_\kappa|}{a_\kappa} \; \frac{a_\kappa - z}{1 - \overline{a}_\kappa\, z}\,.$$

Dann ist $f = g_n\, B^n$ mit einer holomorphen Funktion $g_n$. Da $|B^n|$ auf $T$ definiert und $\equiv 1$ ist, folgt

$$\|f\|_p = \|g_n\|_p \,.$$

Für $z \in \mathbf{D}$ ist $|B^{n+1}\,(z)| \le |B^n\,(z)|$, also

$$|g_n\,(z)| \le |g_{n+1}\,(z)| \;;$$

die Folge $|g_n|$ strebt daher monoton wachsend gegen $|g|$. Der Satz über monotone Konvergenz liefert für $1 \le p < \infty$

$$\frac{1}{2\pi} \int\limits_{-\pi}^{\pi} |g_n\,(re^{i\vartheta})|^p\,d\vartheta \to \frac{1}{2\pi} \int\limits_{-\pi}^{\pi} |g\,(re^{i\vartheta})|^p\,d\vartheta \,,$$

also

$$\|g_{n,r}\|_p \to \|g_r\|_p \qquad \text{für } r < 1 \, .$$

Nun ist wegen $\|f\|_p = \|g_n\|_p$ stets

$$\|g_{n,r}\|_p \leq \|g_n\|_p = \|f\|_p \, ,$$

also im Limes $n \to \infty$:

$$\|g_r\|_p \leq \|f\|_p \, ,$$

und für $r \to 1$

$$\|g\|_p \leq \|f\|_p \, .$$

Für $p = \infty$ schließt man ähnlich. $\qquad\qquad\square$

Für $H^1$ ergibt sich die

**Folgerung.** $H^1 = H^2 \cdot H^2$, *d.h. jede Funktion* $f \in H^1$ *ist Produkt zweier Funktionen* $g, h \in H^2$.

**Beweis:** Es sei $f(0) \neq 0$ und $B$ das Blaschke-Produkt zu den Nullstellen von $f$. Setzen wir $g_0 = f/B$, so gilt:

$$g_0 \in H^1, \qquad \|g_0\|_1 = \|f\|_1 \, .$$

Da $g_0$ nullstellenfrei ist, gibt es eine holomorphe Funktion $h$ auf $\mathbf{D}$ mit $h^2 = g_0$. Dann gilt für jedes $r < 1$:

$$\frac{1}{2\pi} \int\limits_{-\pi}^{\pi} |h(re^{i\vartheta})|^2 \, d\vartheta = \frac{1}{2\pi} \int\limits_{-\pi}^{\pi} |g_0(re^{i\vartheta})| \, d\vartheta \, ,$$

im Limes $r \to 1$ also

$$\|h\|_2^2 = \|g_0\|_1 = \|f\|_1 \, .$$

Da $|B| \leq 1$ überall gilt, gehört mit $h$ auch die Funktion $g = Bh$ zu $H^2$, und wir haben

$$f = g_0 B = h \cdot g, \qquad h, g \in H^2 \, ,$$

$$\|g\|_2 = \|h\|_2 = \sqrt{\|f\|_1} \, . \qquad\qquad\square$$

Wir können nun die Sonderstellung von $H^1$ aufheben.

**Satz 7.2** (F. u. M. Riesz).

i)    *Für jede Funktion* $f \in H^1$ *gilt: die Funktionen*

$$f_r(e^{i\vartheta}) = f(re^{i\vartheta}), \qquad r < 1,$$

    *streben für* $r \to 1$ *in* $L^1$ *gegen eine Funktion* $f^* \in L^1(T)$.

ii)    *f ist das Poisson-Integral von* $f^*$.

Als Folgerung erhält man

**Satz 7.3.**

i) *Es sei $f \in H^1$. Dann existiert für fast alle $z_0 \in T$*

$$\text{n.t.} \lim_{z \to z_0} f(z) = f^*(z_0)$$

*und definiert eine Funktion in $L^1(T)$.*

ii) *Die Zuordnung $f \mapsto f^*$ ist eine Isometrie von $H^1$ auf den Banachraum $L^1_+$ der Funktionen $F \in L^1(T)$ mit $\hat{F}(n) = 0$ für $n < 0$.*

iii) *$f$ ist Cauchy-Integral seiner Randwerte $f^*$:*

$$f(z) = \frac{1}{2\pi i} \int\limits_T \frac{f^*(\zeta)}{\zeta - z} d\zeta .$$

**Beweis** von Satz 7.2:  a) Wir zerlegen $f \in H^1$ gemäß der Folgerung zu Satz 7.1 in Funktionen aus $H^2$:

$$f = gh , \quad \|g\|_2 = \|h\|_2 = \sqrt{\|f\|_1} .$$

Da $h$ und $g$ f.ü. nichttangentiale Randwerte haben, hat auch $f$ derartige Randwerte:

$$f^* = g^* \cdot h^* .$$

b) Wir zerlegen nun

$$f^* - f_r = g^* h^* - g_r h_r = g^*(h^* - h_r) + h_r(g^* - g_r)$$

und erhalten aus der Schwarzschen Ungleichung:

$$\|f^* - f_r\|_1 \leq \|g^*(h^* - h_r)\|_1 + \|h_r(g^* - g_r)\|_1$$

$$= \frac{1}{2\pi} \int\limits_{-\pi}^{\pi} |g^*| \, |h^* - h_r| \, d\vartheta + \frac{1}{2\pi} \int\limits_{-\pi}^{\pi} |h_r| \, |g^* - g_r| \, d\vartheta$$

$$\leq \|g^*\|_2 \|h^* - h_r\|_2 + \|h_r\|_2 \|g^* - g_r\|_2$$

$$\leq \sqrt{\|f\|_1} \|h^* - h_r\|_2 + \sqrt{\|f\|_1} \|g^* - g_r\|_2$$

$$\to 0$$

Aussage *i)* ist damit bewiesen; Aussage *ii)* folgt nach Satz 1.6 und 1.7 aus Aussage *i)*.

Satz 7.3 ergibt sich nun aus Satz 7.2 mit demselben Beweis, der für die übrigen $H^p$-Räume gilt (Beweis von Satz 3.3).  □

## § 8. Das Corona-Theorem

Ebenso wie die Menge aller holomorphen Funktionen $\mathcal{O}(\mathbf{D})$ bilden die beschränkten holomorphen Funktionen $H^{\infty}$ eine Algebra über den komplexen Zahlen. Wir fragen nach Erzeugendensystemen für diese Algebra. Wenden wir uns zunächst $\mathcal{O}(\mathbf{D})$ zu. Sind $f_1, \ldots, f_n$ holomorphe Funktionen auf $\mathbf{D}$, so haben die Linearkombinationen

$$h = \sum_{\nu=1}^{n} g_\nu f_\nu$$

mit holomorphen Koeffizienten $g_\nu$ sicher dort Nullstellen, wo die $f_\nu$ sämtlich verschwinden. Damit also jede holomorphe Funktion $h$ als Linearkombination der $f_\nu$ darstellbar ist, dürfen die $f_\nu$ keine gemeinsamen Nullstellen haben. Es ist nicht schwer, diese Bedingung auch als hinreichend für die Lösbarkeit der Gleichung

$$\sum_{\nu=1}^{n} g_\nu f_\nu - 1$$

in $\mathcal{O}(\mathbf{D})$ zu erkennen (Aufgabe 3), d.h. dafür, daß die $f_\nu$ ein Erzeugendensystem des Einheitsideals in $\mathcal{O}(\mathbf{D})$ bilden.

Nehmen wir nun die $f_\nu$ zusätzlich als beschränkt an und suchen die obige Gleichung in $H^{\infty}$ zu lösen. Damit man überhaupt eine Chance hat, beschränkte Funktionen $g_\nu$ mit

$$\sum_{\nu=1}^{n} g_\nu f_\nu = 1$$

zu finden, dürfen die Randwerte der $f_\nu$ natürlich auch keine gemeinsamen Nullstellen haben, d.h. es muß

$$\sum_{\nu=1}^{n} |f_\nu(z)|^2 \geqq \delta > 0$$

auf ganz $\mathbf{D}$ sein. Daß damit auch die Erzeugendensysteme von $H^{\infty}$ charakterisiert sind, besagt der folgende tiefliegende

**Satz 8.1** („Corona-Theorem"). *Es seien $f_1, \ldots, f_n$ beschränkte holomorphe Funktionen im Einheitskreis. Dann sind folgende Aussagen äquivalent:*

*i)*     *Es gibt eine positive Zahl $\delta$ mit*

$$\sum_{\nu=1}^{n} |f_\nu(z)|^2 \geqq \delta$$

*für alle $z \in \mathbf{D}$.*

*ii)*    *Es gibt beschränkte holomorphe Funktionen $g_\nu$ mit*

$$\sum_{\nu=1}^{n} g_\nu(z) f_\nu(z) \equiv 1$$

*für alle $z \in \mathbf{D}$.*

(Die eigentümliche Benennung des Satzes wird in Aufgabe 2 erläutert.)

Wir werden eine präzisere Version des Theorems beweisen müssen:

**Satz 8.2.** *Es gibt (nur von $n$ und $\delta$ abhängige) Konstanten $C(n, \delta)$, so daß gilt:*
*Sind $f_1, \ldots, f_n$ holomorphe Funktionen auf $\mathbf{D}$ mit*

*a)* $\quad \|f_\nu\|_\infty \leqq 1, \qquad \nu = 1, \ldots, n$ ,

*b)* $\quad \displaystyle\sum_{\nu=1}^n |f_\nu(z)|^2 \geqq \delta > 0, \qquad z \in \mathbf{D}$ ,

*so gibt es holomorphe Funktionen $g_1, \ldots, g_n$ auf $\mathbf{D}$ mit*

*c)* $\quad \|g_\nu\|_\infty \leqq C(n, \delta), \qquad \nu = 1, \ldots, n,$

*und*

*d)* $\quad \displaystyle\sum_{\nu=1}^n g_\nu(z) f_\nu(z) \equiv 1.$

Es ist klar, daß Satz 8.1 aus Satz 8.2 folgt; der Rest des Paragraphen ist dem Beweis von Satz 8.2 gewidmet.

*1. Schritt:* Als erstes reduzieren wir die Aussage auf den Fall von auf $\overline{\mathbf{D}}$ holomorphen Funktionen: Satz 8.2 gelte, falls zusätzlich die $f_\nu$ holomorph in einer Umgebung $U$ von $\overline{\mathbf{D}}$ sind; dann gilt der Satz auch ohne diese Einschränkung.

Definieren wir nämlich für $f_\nu \in H^\infty$

$$f_{\nu, s}(z) = f_\nu(sz), \qquad s < 1,$$

so genügen für jedes $s$ die $f_{\nu, s}$, $\nu = 1, \ldots, n$, den Voraussetzungen von Satz 8.2 und sind in einer Umgebung von $\overline{\mathbf{D}}$ holomorph. Nach unserer Annahme gibt es dann Funktionen $g_{\nu, s} \in H^\infty$ mit

$$\|g_{\nu, s}\|_\infty \leqq C(n, \delta)$$

und

$$\sum_{\nu=1}^n g_{\nu, s}(z) f_{\nu, s}(z) \equiv 1.$$

Für festes $\nu$ bilden die $\{g_{\nu, s} : 0 < s < 1\}$ eine normale Familie. Nach dem Satz von Montel gibt es eine Folge $s_\kappa \to 1$, so daß für jedes $\nu$ die Folge $g_{\nu, s_\kappa}$ kompakt gegen eine holomorphe Grenzfunktion $g_\nu$ strebt. Offensichtlich ist

$$\|g_\nu\|_\infty \leqq C(n, \delta)$$

$$\sum_{\nu=1}^n g_\nu(z) f_\nu(z) \equiv 1.$$

Wir nehmen also ab jetzt immer an, daß die $f_\nu$ auf $\overline{\mathbf{D}}$ holomorph sind. (Man beachte, daß die Behauptung von Satz 8.1 unter der Zusatzvoraussetzung $f_\nu \in \mathcal{O}(\overline{\mathbf{D}})$ völlig trivial ist und den allgemeinen Fall nicht impliziert; die Unabhängigkeit der Konstanten $C(n, \delta)$ von den $f_\nu$ ist in unserem Fall entscheidend.)

2. *Schritt:* Im zweiten Beweisschritt lösen wir die Gleichung d) durch unendlich oft differenzierbare Funktionen: es sei für $\nu = 1, \ldots, n$

$$h_\nu = \frac{\overline{f_\nu}}{\displaystyle\sum_{\mu=1}^{n} |f_\mu|^2} \,.$$

Dann ist offensichtlich $\Sigma\, h_\nu\, f_\nu \equiv 1$ und $\|h_\nu\|_\infty \leq \dfrac{1}{\delta}$.

Wir müssen nun die $h_\nu$ so abändern, daß sie holomorph werden (d.h. wir müssen in geeigneter Weise die Cauchy-Riemannschen Differentialgleichungen lösen), ohne — und das ist das eigentliche Problem! — dabei die Kontrolle über die Normen der Lösungen zu verlieren.

3. *Schritt:* Wir benutzen eine Methode, die aus der homologischen Algebra stammt.

Es sei $A$ die Algebra der auf $\overline{D}$ unendlich oft differenzierbaren Funktionen. Folgende Vektorräume und linearen Abbildungen werden betrachtet:

$$C_0^0 = A$$
$$C_0^1 = A^n = \{(a_1, \ldots, a_n): a_\nu \in A\}$$
$$C_0^2 = \{(a_{\nu\mu})_{\nu,\mu=1,\ldots,n}: a_{\nu\mu} \in A,\, a_{\nu\mu} = -a_{\mu\nu}\}$$
$$C_1^0 = \{a\, d\overline{z}: a \in A\}$$
$$C_1^1 = (C_1^0)^n$$
$$C_1^2 = \{(a_{\nu\mu}\, d\overline{z})_{\nu,\mu=1,\ldots,n}: a_{\nu\mu} \in A,\, a_{\nu\mu} = -a_{\mu\nu}\}\,.$$

$C_0^1$ ist also der Raum der $n$-tupel von Funktionen in $A$, $C_0^2$ der Raum der schiefsymmetrischen $n \times n$-Matrizen mit Einträgen aus $A$; die letzten drei Räume sind die entsprechenden Räume von Differentialformen (die natürlich isomorph zu den drei oberen Räumen sind). Wenden wir $\overline{\partial}$ komponentenweise an, so erhalten wir lineare Abbildungen

$$\overline{\partial}: C_0^\mu \to C_1^\mu, \qquad \mu = 0, 1, 2\,.$$

Mittels der Funktionen $f_\nu$ definieren wir nun vier weitere lineare Abbildungen

$$P: C_\kappa^1 \to C_\kappa^0, \qquad \kappa = 0, 1,$$
$$P: C_\kappa^2 \to C_\kappa^1, \qquad \kappa = 0, 1,$$

durch

$$Pg = \sum_{\nu=1}^{n} g_\nu f_\nu \qquad \text{für} \quad g = (g_1, \ldots, g_n) \in C_\kappa^1$$

bzw.

$$Pa = \left(\sum_{\mu=1}^{n} a_{\nu\mu} f_\mu\right)_{\nu=1,\ldots,n} \qquad \text{für} \quad a = (a_{\nu\mu}) \in C_\kappa^2\,.$$

Damit erhält man das folgende Diagramm von Vektorräumen und linearen Abbildungen:

$$
\begin{array}{ccccc}
C_0^2 & \xrightarrow{\ P\ } & C_0^1 & \xrightarrow{\ P\ } & C_0^0 \\[4pt]
\bar{\partial}\downarrow & & \bar{\partial}\downarrow & & \bar{\partial}\downarrow \\[4pt]
C_1^2 & \xrightarrow[\ P\ ]{} & C_1^1 & \xrightarrow[\ P\ ]{} & C_1^0
\end{array}
\qquad\text{(K)}
$$

(K) heißt Koszul-Komplex.

**Hilfssatz 1.** *Das Diagramm* (K) *ist kommutativ, und die waagerechten Sequenzen sind exakt, d.h. es gilt stets* $P\bar{\partial} = \bar{\partial}P$ *und*

$$\text{Bild } \{P: C_\kappa^2 \to C_\kappa^1\} = \text{Kern } \{P: C_\kappa^1 \to C_\kappa^0\}\,.$$

**Beweis:** *i)* Die Kommutativität ist trivial.

*ii)* Es sei $a \in C_\kappa^2$, $a = (a_{\nu\mu})$. Dann ist

$$
P^2 a = P\left[\left(\sum_{\mu=1}^n a_{\nu\mu} f_\mu\right)_{\nu=1,\ldots,n}\right] = \sum_{\nu=1}^n \sum_{\mu=1}^n a_{\nu\mu} f_\nu f_\mu = 0\,,
$$

da die Matrix $(a_{\nu\mu})$ schiefsymmetrisch ist.

*iii)* Umgekehrt sei $g = (g_1, \ldots, g_n) \in \text{Kern } P \subset C_\kappa^1$ gegeben. Wir definieren $a = (a_{\nu\mu}) \in C_\kappa^2$ durch

$$
a_{\nu\mu} = \frac{1}{\displaystyle\sum_{\rho=1}^n |f_\rho|^2} [g_\nu \overline{f_\mu} - g_\mu \overline{f_\nu}]\,.
$$

Dann ist

$$
\sum_{\mu=1}^n a_{\nu\mu} f_\mu = \frac{1}{\displaystyle\sum_{\rho=1}^n |f_\rho|^2} \sum_\mu (g_\nu |f_\mu|^2 - g_\mu \overline{f_\nu} f_\mu)
$$

$$
= g_\nu - \frac{1}{\displaystyle\sum_\rho |f_\rho|^2} \overline{f_\nu} \sum_\mu g_\mu f_\mu
$$

$$
= g_\nu\,.
$$

**Hilfssatz 2.** *Die „senkrechten" Homomorphismen in* (K) *sind surjektiv.*

In der Tat läßt sich nach [FL] Kap. VIII, Beweis von Satz 2.1, die Gleichung

$$
\frac{\partial u}{\partial \bar{z}} = v
$$

für jedes $v \in A$ durch ein $u \in A$ lösen; das zeigt die Surjektivität $\bar{\partial}: C_0^\lambda \to C_1^\lambda$ für $\lambda = 0, 1$. Für $\lambda = 2$ löst man bei gegebenem $b = (b_{v\mu}) \in C_1^2$ zunächst

$$\bar{\partial} a_{v\mu} = b_{v\mu} \quad \text{für} \quad v < \mu$$

und setzt dann $a_{vv} = 0$, $a_{v\mu} = -a_{\mu v}$ für $v > \mu$.

*4. Schritt:* Wir wenden die Informationen aus Teil 3 auf das im zweiten Schritt konstruierte Element

$$h = (h_1, \ldots, h_n) \in C_0^1$$

mit

$$h_v = \frac{\overline{f_v}}{\displaystyle\sum_{\rho = 1}^{n} |f_\rho|^2}$$

an. Aus $Ph = 1$ folgt

$$0 = \bar{\partial} Ph = P\bar{\partial} h .$$

Nach Hilfssatz 1 gibt es ein $b \in C_1^2$ mit

$$Pb = \bar{\partial} h .$$

Nach Hilfssatz 2 ist das System

$$\bar{\partial} a = b$$

lösbar; wir setzen nun $g = h - Pa \in C_0^1$. Dann ist

$$Pg = Ph = 1$$
$$\bar{\partial} g = \bar{\partial} h - \bar{\partial} Pa = \bar{\partial} h - P\bar{\partial} a = \bar{\partial} h - Pb = 0.$$

Demnach ist $g = (g_1, \ldots, g_n)$ eine Lösung der Gleichung

$$\sum_{v = 1}^{n} g_v f_v = 1$$

in $\mathcal{O}(\overline{D})$. Allerdings haben wir keine Kontrolle über die Größe von $|g_v|$. Wir geben die $g_v$ noch einmal explizit an:

$$g_v = h_v - \sum_{\mu = 1}^{n} a_{v\mu} f_\mu , \tag{L}$$

wobei die $a_{v\mu} \in C^\infty(\overline{D})$ eine Lösung von

$$\frac{\partial a_{v\mu}}{\partial \bar{z}} = \frac{1}{\displaystyle\sum_{\rho = 1}^{n} |f_\rho|^2} \left[ \frac{\partial h_v}{\partial \bar{z}} \overline{f_\mu} - \frac{\partial h_\mu}{\partial \bar{z}} \overline{f_v} \right] \tag{CR}$$

sind.

Die $a_{\nu\mu}$ sind nun so zu wählen, daß die aus ihnen gebildeten holomorphen Funktionen $g_\nu$ in der Supremumsnorm (d.h. der Norm von $H^\infty$) durch eine nur von $\delta$ und $n$ abhängige Konstante beschränkt sind. Dabei brauchen wir nur $g_\nu \in H^\infty$ (nicht notwendig $\in \mathcal{O}(\overline{\mathbf{D}})$) mit

$$\|g_\nu\|_\infty \leqq C(n, \delta)$$

zu erreichen. Dazu bezeichnen wir die rechte Seite von (CR) mit $u_{\nu\mu}$ und denken uns eine Lösung $v_{\nu\mu}$ von

$$\frac{\partial a_{\nu\mu}}{\partial \overline{z}} = u_{\nu\mu} \qquad\qquad\qquad \text{(CR)}$$

gegeben, die auf ganz $\overline{\mathbf{D}}$ beliebig oft differenzierbar ist. Der Index $\nu\mu$ sei von jetzt ab festgehalten. Jede weitere auf $\mathbf{D}$ beschränkte Lösung von (CR) hat dann die Form

$$a_{\nu\mu} = v_{\nu\mu} + p , \qquad\qquad p \in H^\infty(\mathbf{D}) .$$

Wir bezeichnen die Einschränkung von $v_{\nu\mu}$ auf $T$ ebenfalls mit $v_{\nu\mu}$ und sehen sie als Element von $L^\infty(T)$ an; indem wir $p$ mit seinen Randwerten $p^*$ identifizieren, können wir $H^\infty(\mathbf{D})$ als abgeschlossenen Teilraum von $L^\infty(T)$ ansehen (nämlich als den Raum $L_+^\infty$ aus § 3). Damit ist auch $a_{\nu\mu}$ als Element von $L^\infty(T)$ aufzufassen. Wir wollen $p$ so bestimmen, daß

$$\|a_{\nu\mu}\|_\infty = \text{ess. sup}\,\{\,|a_{\nu\mu}(z)| : z \in T\,\}$$

möglichst klein wird:

$$\|a_{\nu\mu}\|_\infty \leqq C(n, \delta) .$$

Einsetzen dieser Information in (L) liefert dann sofort

$$g_\nu \in H^\infty(\mathbf{D}) ,$$

$$\|g_\nu\|_\infty = \|g_\nu^*\|_\infty \leqq \|h_\nu\|_\infty + C(n, \delta) \leqq \frac{1}{\delta} + C(n, \delta) ,$$

d.h. die Behauptung des Satzes.

*5. Schritt:* Wir lassen die Indizes $\nu\mu$ fort. Zu bestimmen ist

$$\inf\,\{\|v + p\|_\infty : p \in H^\infty(\mathbf{D})\} ,$$

mit $v \in L^\infty(T)$.

Es sei $\hat{L}$ der Faktorraum

$$\hat{L} = L^\infty(T)/H^\infty(\mathbf{D}) .$$

$\hat{L}$ ist wieder ein Banachraum mit der Norm

$$\|X\| = \inf\,\{\|w\|_\infty : w \in X\} .$$

Dabei steht $X$ für Elemente in $\hat{L}$, d.h. für Restklassen von Funktionen in $L^\infty$.

Bezeichnet insbesondere $V$ die Restklasse von $v$ in $\hat{L}$, so ist das gesuchte Minimum gerade die Norm von $V$ in $\hat{L}$:

$$\|V\| = \inf\{\|v + p\|_\infty : p \in H^\infty\}.$$

Wir wollen dieses Minimum-Problem durch Dualisierung in ein Maximum-Problem umwandeln. Dazu bezeichnen wir mit $H_0^1$ den (abgeschlossenen) Unterraum der Funktionen in $H^1$, die im Nullpunkt verschwinden. Nach dem vorigen Paragraphen können wir $H^1$, also auch $H_0^1$, als abgeschlossenen Unterraum von $L^1(T)$ ansehen.

**Hilfssatz 3.** *Durch*

$$X[h] = \langle w, \bar{h} \rangle = \frac{1}{2\pi} \int\limits_{-\pi}^{\pi} w(\vartheta)\, h(\vartheta)\, d\vartheta, \qquad h \in H_0^1,$$

*(mit $X \in \hat{L}$ und $w \in X$) wird $\hat{L}$ isomorph und normtreu auf den Dualraum von $H_0^1$ abgebildet.*

**Beweis:** Der Raum $L^\infty$ ist dual zu $L^1$ durch die Festsetzung

$$w[h] = \langle w, \bar{h} \rangle, \qquad h \in L^1.$$

Der Dualraum des abgeschlossenen Unterraumes $H_0^1$ von $L^1$ ist also $L^\infty/N$, wobei $N$ der Raum der Funktionen $w$ in $L^\infty$ ist, die $H_0^1$ annullieren:

$$\langle w, \bar{h} \rangle = 0 \quad \text{für} \quad h \in H_0^1.$$

Es sei $w \in N$. Dann ist insbesondere für jedes $n = 1, 2, \ldots$

$$0 = \langle w, \bar{z}^n \rangle = \langle w, e^{-in\vartheta} \rangle\,;$$

d.h. die Fourierkoeffizienten von $w$ mit negativem Index $n$ verschwinden. Es folgt $w \in H^\infty = L_+^\infty$. Ist umgekehrt $w \in H^\infty$ und $h \in H_0^1$, folgt

$$\langle w, \bar{h} \rangle = \frac{1}{2\pi} \int\limits_{-\pi}^{\pi} w(e^{i\vartheta})\, h(e^{i\vartheta})\, d\vartheta$$

$$= \lim_{r \to 1} \frac{1}{2\pi} \int\limits_{-\pi}^{\pi} w(re^{i\vartheta})\, h(re^{i\vartheta})\, d\vartheta$$

$$= \lim_{r \to 1} \frac{1}{2\pi i} \int\limits_{T} w_r(\zeta)\, h_r(\zeta)\, \frac{d\zeta}{\zeta},$$

wobei wir $w$ und $h$ als holomorphe Funktionen in $\mathbf{D}$ ansehen. (Diese Formel ließe sich auch aus der Cauchyschen Integralformel für $H^1$ herleiten.) Die Funktion $w_r\, h_r$ ist in $\overline{\mathbf{D}}$ holomorph und verschwindet für $z = 0$. Nach der Cauchyschen Integralformel ist also das Integral rechts Null, und wir sehen $N = H^\infty$. Das beweist den Hilfssatz.

Jetzt können wir die Norm von $X$ neu interpretieren:

$$\|X\| = \sup\{|X[h]|:\ h \in H_0^1,\ \|h\|_1 \leqq 1\}\,.$$

Anwendung auf die Klasse von $v$ und Einsetzen der Definitionen liefert die fundamentale Gleichung

$$\inf\{\|v+p\|_\infty:\ p \in H^\infty\} = \sup\left\{\left|\frac{1}{2\pi}\int_{-\pi}^{\pi} v(\zeta)\,F(\zeta)\,|d\zeta|\right|:\ F \in H_0^1,\ \|F\|_1 \leqq 1\right\}\,.$$

Dieses Supremum wird nun abgeschätzt, wobei $v$ wie früher zu $\mathscr{C}^\infty(\overline{\mathbf{D}})$ gehören soll.

6. *Schritt:* Da wir $F$ durch $F_s$, mit $F_s(z) = F(sz)$, ersetzen dürfen, ist das obige Supremum auch gleich

$$\sup\left\{\left|\frac{1}{2\pi}\int_{-\pi}^{\pi} v(\zeta)\,F(\zeta)\,|d\zeta|\right|:\ F \in \mathcal{O}(\overline{\mathbf{D}}),\, F(0) = 0,\, \|F\|_1 \leqq 1\right\}\,.$$

Zunächst wird das Integral umgeformt. Nach der Greenschen Formel (vgl. Kap. III, § 5) gilt:

$$0 = v(0)\,F(0) = \int_T [vF\,{}^{*}d\Gamma - \Gamma\,{}^{*}d(vF)] + \int_D \Delta(vF)\,\Gamma\,dx\,dy\,.$$

Dabei ist

$$\Gamma(z) = \frac{1}{2\pi}\log|z|\,;$$

also ist $\Gamma \equiv 0$ auf $T$ und ${}^{*}d\Gamma = \dfrac{1}{2\pi}\,d\vartheta$ auf $T$. Wir erhalten

$$\frac{1}{2\pi}\int_{-\pi}^{\pi} vF\,d\vartheta = \frac{1}{2\pi}\int_D \Delta(vF)\log\frac{1}{|z|}\,dx\,dy\,.$$

Zur Behandlung des Flächenintegrals beachten wir

$$\Delta(vF) = 4\,(vF)_{z\bar z} = 4\,\frac{\partial}{\partial z}(uF) = 4\,(u_z F + uF')\,.$$

Wir setzen also

$$I_1 = \int_D u_z\,F\log\frac{1}{|z|}\,dx\,dy$$

$$I_2 = \int_D uF'\log\frac{1}{|z|}\,dx\,dy$$

und haben die Existenz einer Konstanten $C(n, \delta)$ mit

$$\left| \frac{1}{2\pi} \int_{-\pi}^{\pi} vF \, d\vartheta \right| \leqq \frac{2}{\pi} \left( |I_1| + |I_2| \right) \leqq C(n, \delta)$$

zu zeigen. Dabei ist $u$ die rechte Seite unseres Systems (CR). Drücken wir also $u$ wieder durch die gegebenen $f_\nu$ aus: für festes $\nu, \mu$ gelten mit der Abkürzung

$$\varphi = \left( \sum_{\kappa = 1}^{n} |f_\kappa|^2 \right)^{-1}$$

die Beziehungen

$$u = \varphi \{ (\varphi \overline{f_\nu})_{\overline{z}} \, \overline{f_\mu} - (\varphi \overline{f_\mu})_{\overline{z}} \, \overline{f_\nu} \} = \varphi^2 \{ \overline{f_\nu'} \, \overline{f_\mu} - \overline{f_\mu'} \, \overline{f_\nu} \} \, ,$$

$$u_z = -2\varphi^3 \left( \sum_{\kappa = 1}^{n} \overline{f_\kappa} \, f_\kappa' \right) \left( \overline{f_\nu'} \, \overline{f_\mu} - \overline{f_\mu'} \, \overline{f_\nu} \right) \, .$$

Diese Terme setzen wir in $I_1$ und $I_2$ ein und erhalten (mit leichter Abänderung der bisherigen Bezeichnungen)

$$|I_1| \leqq \frac{C(n)}{\delta^3} \int_D |F f_1' f_2'| \log \frac{1}{|z|} \, dx \, dy$$

$$|I_2| \leqq \frac{C(n)}{\delta^2} \int_D |F' f'| \log \frac{1}{|z|} \, dx \, dy \, .$$

Bei der Abschätzung haben wir $|f_\mu| \leqq 1$ für alle $\mu$ ausgenutzt; $C(n)$ ist eine von $n$ abhängige Konstante. $F, f, f_1$ und $f_2$ stehen für holomorphe Funktionen auf $\overline{D}$, über die wir folgende Informationen ausnutzen dürfen:

$$\|F\|_1 \leqq 1, \quad \|f\|_\infty \leqq 1, \quad \|f_1\|_\infty \leqq 1, \quad \|f_2\|_\infty \leqq 1.$$

Es bleiben also die Integrale

$$J_1 = \int_D |F f_1' f_2'| \log \frac{1}{|z|} \, dx \, dy$$

$$J_2 = \int_D |F' f'| \log \frac{1}{|z|} \, dx \, dy$$

zu untersuchen. Die Schwierigkeit liegt darin, daß wir keine Informationen über die Größe der auftretenden Ableitungen haben.

*7. Schritt:* Integralabschätzungen

Wir werden die gewünschten Abschätzungen aus mehreren Hilfssätzen herleiten. Es sei zunächst $g$ eine auf $\overline{D}$ holomorphe Funktion. Die Greensche Formel, angewandt auf $g\overline{g}$, liefert

$$|g(0)|^2 = \frac{1}{2\pi} \int_{-\pi}^{\pi} |g(e^{i\vartheta})|^2 \, d\vartheta - \frac{1}{2\pi} \int_D \Delta(g\overline{g}) \log \frac{1}{|z|} \, dx \, dy \; .$$

Es gilt $\Delta(g\overline{g}) = 4 (g\overline{g})_{z\overline{z}} = 4 |g'|^2$. Da $|g(0)|^2 \geqq 0$ ist, folgt

**Hilfssatz 4.** *Für jedes* $g \in \mathcal{O}(\overline{D})$ *ist*

$$\int_D |g'|^2 \log \frac{1}{|z|} \, dx \, dy \leqq \frac{\pi}{2} \, \|g\|_2^2 \; .$$

**Hilfssatz 5.** *Es seien* $g_1, g_2, f_1, f_2$ *in einer Umgebung von* $\overline{D}$ *holomorph. Dann gilt*

$$\int_D |g_1 \, g_2 \, f_1' \, f_2'| \log \frac{1}{|z|} \, dx \, dy \leqq 2\pi \, \|g_1\|_2 \, \|g_2\|_2 \, \|f_1\|_\infty \, \|f_2\|_\infty \; .$$

**Beweis:** Wir betrachten auf $D$ das positive Maß

$$d\mu = \log \frac{1}{|z|} \, dx \, dy$$

und wenden in $L^2(d\mu)$ die Schwarzsche Ungleichung an:

$$\int_D |g_1 \, g_2 \, f_1' \, f_2'| \log \frac{1}{|z|} \, dx \, dy$$

$$\leqq \left\{ \int_D |g_1 \, f_1'|^2 \log \frac{1}{|z|} \, dx \, dy \right\}^{1/2} \left\{ \int_D |g_2 \, f_2'|^2 \log \frac{1}{|z|} \, dx \, dy \right\}^{1/2} \; .$$

Die Behauptung ergibt sich nun aus

**Hilfssatz 6.** $\displaystyle \int_D |gf'|^2 \log \frac{1}{|z|} \, dx \, dy \leqq 2\pi \, \|g\|_2^2 \, \|f\|_\infty^2$ *für* $f, g \in \mathcal{O}(\overline{D})$.

**Beweis:** Es ist

$$gf' = (gf)' - g'f$$

$$|gf'|^2 \leqq \{ |(gf)'| + |g'f| \}^2 \leqq 2 \{ |(gf)'|^2 + |g'f|^2 \}$$

$$|gf'|^2 \leqq 2 \{ |(gf)'|^2 + \|f\|_\infty^2 \, |g'|^2 \} \; .$$

Wir integrieren diese Ungleichung und wenden Hilfssatz 4 an:

$$\int\limits_{D} |gf'|^2 \log \frac{1}{|z|}\, dx\, dy \leqq 2 \int\limits_{D} |(gf)'|^2 \log \frac{1}{|z|}\, dx\, dy + 2\, \|f\|_\infty^2 \int\limits_{D} |g'|^2 \log \frac{1}{|z|}\, dx\, dy$$

$$\leqq \pi \left\{ \|gf\|_2^2 + \|f\|_\infty^2\, \|g\|_2^2 \right\}$$

$$\leqq 2\pi\, \|g\|_2^2\, \|f\|_\infty^2\, .$$

**Hilfssatz 7.** *Es seien* $F, f_1, f_2 \in \mathcal{O}(\overline{D})$. *Dann folgt*

$$\int\limits_{D} |Ff_1' f_2'|\, \log \frac{1}{|z|}\, dx\, dy \leqq 2\pi\, \|F\|_1\, \|f_1\|_\infty\, \|f_2\|_\infty\, .$$

**Beweis:** Wir können $F$ so in ein Produkt holomorpher Funktionen $g_1, g_2 \in \mathcal{O}(\overline{D})$ zerlegen, daß gilt:

$$F = g_1\, g_2\, , \quad \|g_1\|_2^2 = \|g_2\|_2^2 = \|F\|_1$$

(das ist ein einfacher Fall des Rieszschen Faktorisierungssatzes). Hilfssatz 5 liefert

$$\int\limits_{D} |Ff_1' f_2'|\, \log \frac{1}{|z|}\, dx\, dy = \int\limits_{D} |g_1\, g_2\, f_1' f_2'|\, \log \frac{1}{|z|}\, dx\, dy$$

$$\leqq 2\pi\, \|g_1\|_2\, \|g_2\|_2\, \|f_1\|_\infty\, \|f_2\|_\infty$$

$$= 2\pi\, \|F\|_1\, \|f_1\|_\infty\, \|f_2\|_\infty\, .$$

**Hilfssatz 8.** *Sind* $f, g_1, g_2 \in \mathcal{O}(\overline{D})$, *so ist*

$$\int\limits_{D} |g_1\, g_2'\, f'|\, \log \frac{1}{|z|}\, dx\, dy \leqq \pi\, \|g_1\|_2\, \|g_2\|_2\, \|f\|_\infty\, .$$

**Beweis:** Wie in Hilfssatz 5 wenden wir die Schwarzsche Ungleichung in $L^2\left(\log \frac{1}{|z|}\, dx\, dy\right)$ an:

$$\int\limits_{D} |g_1\, f'\, g_2'|\, \log \frac{1}{|z|}\, dx\, dy$$

$$\leqq \left\{ \int\limits_{D} |g_1\, f'|^2 \log \frac{1}{|z|}\, dx\, dy \right\}^{1/2} \left\{ \int\limits_{D} |g_2'|^2 \log \frac{1}{|z|}\, dx\, dy \right\}^{1/2}$$

$$\leqq \left\{ 2\pi\, \|g_1\|_2^2\, \|f\|_\infty^2 \right\}^{1/2} \left\{ \frac{\pi}{2}\, \|g_2\|_2^2 \right\}^{1/2} \quad \text{(nach Hilfssatz 6 und Hilfssatz 4)}$$

$$= \pi\, \|g_1\|_2\, \|g_2\|_2\, \|f\|_\infty\, .$$

**Hilfssatz 9.** *Sind* $F, f \in \mathcal{O}\,(\overline{\mathbf{D}})$, *so ist*

$$\int\limits_{\mathbf{D}} |F' f'| \, \log \frac{1}{|z|} \, dx \, dy \leqq 2\pi \, \|F\|_1 \, \|f\|_\infty \, .$$

**Beweis:** Wir faktorisieren wieder

$$F = g_1 \cdot g_2 \, ; \quad \|g_1\|_2^2 = \|g_2\|_2^2 = \|F\|_1$$

und erhalten

$$\int\limits_{\mathbf{D}} |F' f'| \, \log \frac{1}{|z|} \, dx \, dy \leqq \int\limits_{\mathbf{D}} |g_1' \, g_2 \, f'| \, \log \frac{1}{|z|} \, dx \, dy + \int\limits_{\mathbf{D}} |g_1 \, g_2' \, f'| \, \log \frac{1}{|z|} \, dx \, dy$$

$$\leqq 2\pi \, \|g_1\|_2 \, \|g_2\|_2 \, \|f\|_\infty \quad \text{(nach Hilfssatz 8)}$$

$$= 2\pi \, \|F\|_1 \, \|f\|_\infty \, .$$

*8. Schritt:* Beweisschluß .

Aus Hilfssatz 7 folgt $|J_1| \leqq 2\pi$, aus Hilfssatz 9: $|J_2| \leqq 2\pi$. Damit ist alles bewiesen.

**Aufgaben:**

1.  Es sei $a \in \mathbf{D}$, $M_a = \{f \in H^\infty : f(a) = 0\}$. Zeige: $M_a$ ist ein maximales Ideal. Untersuche, ob es weitere maximale Ideale gibt.

2*.  Es sei $\Sigma$ die Menge aller Algebra-Homomorphismen $\varphi$ von $H^\infty$ auf $\mathbb{C}$ (mit $\varphi(1) = 1$) mit der schwachen *-Topologie (siehe § 0). Zeige: $\Sigma$ ist ein abgeschlossener Teil der Einheitskugel im Dualraum von $H^\infty$ und daher kompakt (siehe § 0). $\Sigma$ heißt das Spektrum von $H^\infty$. Die Zuordnung $\varphi \longleftrightarrow$ Kern $\varphi$ identifiziert $\Sigma$ mit der Menge der maximalen Ideale von $H^\infty$. Zeige weiter: durch $a \mapsto M_a$ wird der Einheitskreis homöomorph in $\Sigma$ eingebettet. Zeige nun die Äquivalenz des Corona-Theorems mit der Aussage: $\mathbf{D}$ liegt dicht in $\Sigma$. – Die Menge der Homomorphismen von $H^\infty$, die nicht zum Abschluß von $\mathbf{D}$ in $\Sigma$ gehören, nannte man die Corona von $\mathbf{D}$; damit lautet Satz 8.1: Die Corona ist leer.

3.  Es sei $G$ ein Gebiet, $f_1, ..., f_n \in \mathcal{O}\,(G)$ ohne gemeinsame Nullstellen. Zeige: es gibt $g_1, ..., g_n \in \mathcal{O}\,(G)$ mit $\Sigma \, g_\nu f_\nu = 1$.

# Kapitel VI
# Spiegelungsprinzip und Dreiecksfunktionen

Zwar sichert der Riemannsche Abbildungssatz die Existenz konformer Abbildungen (fast aller) einfach zusammenhängenden Gebiete auf den Einheitskreis, liefert aber kein Verfahren, bei einem (durch die Gleichungen des Randes) gegebenen Gebiet derartige Abbildungen etwa durch Formeln oder Differentialgleichungen zu bestimmen. Wir leisten hier Beiträge zu diesem Problem. Zunächst zeigen wir (§ 1) die stetige Fortsetzbarkeit auf den Rand bei konformen Abbildungen zwischen einfach zusammenhängenden Jordangebieten. Hilfsmittel zum Beweis sind die Ergebnisse von Fatou (Kapitel V, Satz 2.3). Bei analytisch berandeten Gebieten $G$ kann die „Riemannsche Abbildungsfunktion" $f: G \to D$ sogar holomorph über den Rand hinaus fortgesetzt werden (Schwarzsches Spiegelungsprinzip in § 2). Der hieraus resultierenden geometrischen Konstruktionsmöglichkeit für Klassen spezieller Funktionen ist der Rest des Kapitels gewidmet. In § 3 konstruieren wir auf diesem Wege die Modulfunktion $\lambda$, die den Einheitskreis der zweimal punktierten Ebene überlagert, und erhalten so erneut den großen Picardschen Satz. Der nächste Paragraph bringt die Schwarz-Christoffel-Formeln (für geradlinig begrenzte Polygone ebenso wie für Kreisbogenpolygone), und in § 5 gehen wir auf die hier zwangsläufig auftauchende hypergeometrische Differentialgleichung ein. Damit hat man insbesondere eine explizite Lösung des Abbildungsproblems für Kreisbogendreiecke; wir verwenden sie, um die Blochsche Konstante nach oben abzuschätzen (§ 6). Dreieckspflasterungen der nichteuklidischen Ebene als Verallgemeinerung des Modulnetzes führen zu Dreiecksfunktionen, speziell zu Modulfunktionen: wir diskutieren in § 7 elementare Eigenschaften der zugehörigen Symmetriegruppen und Funktionen; insbesondere wird der rationale Zusammenhang zwischen den klassischen Modulfunktionen $j(z)$ und $\lambda(z)$ hergestellt. In § 8 benutzen wir die Modulfunktionen zur Klassifizierung der Tori unter konformer Äquivalenz. Euklidische und sphärische Dreieckspflasterungen führen zu einfacheren Funktionenklassen zurück: zu elliptischen Funktionen (§ 9) und gewissen rationalen Funktionen (§ 10). In diesem gesamten Kapitel werden Funktionsklassen über Abbildungsprobleme eingeführt; die tiefliegenden algebraischen und zahlentheoretischen Zusammenhänge, die auch heute noch ein wichtiger Untersuchungsgegenstand sind, bleiben völlig außer Betracht.

Das Hauptergebnis von § 1 geht auf C. Carathéodory (1913) zurück, wir folgen in diesem Abschnitt Rudin [Ru]. Schon viel früher hatte H. A. Schwarz 1869 das nach ihm benannte Spiegelungsprinzip aufgestellt und in mannigfacher Weise angewandt. Beide Resultate sind in den 70'er Jahren dieses Jahrhunderts in die komplexe Analysis mehrerer Variabler übertragen worden (G. A. Margulis 1971, G. M. Henkin, N. Vormoor 1973, H. Lewy 1977, Pincuk 1975). Die Schwarz-Christoffel-Formeln wurden von diesen beiden Mathematikern unabhängig voneinander 1869 bzw. 1867 aufgestellt. Die Schwarzsche Differentialinvariante führte H. A. Schwarz 1869 in die Theorie der konformen Abbildungen ein; sie wurde sehr bald von A. Cayley weiter untersucht. In verkleideter Form tauchte sie bei Lagrange 1779 auf. K. Weierstraß wies auf die Möglichkeit hin, die Schwarzsche Differentialgleichung auf eine lineare Differentialgleichung zu reduzieren; im Falle von Dreiecken tritt hierbei die hypergeometrische Differentialgleichung auf, die ein zentraler Gegenstand der Theorie der gewöhnlichen Differentialgleichungen ist und bereits von Euler, Gauß und Riemann ausführlich untersucht wurde. Die in § 5 dargestellten Ergebnisse beruhen auf Kummers Untersuchungen (1836); unsere Darstellung folgt in fast allen Einzelheiten dem Lehrbuch von Carathéodory. – Modulfunktionen, Dreiecksfunktionen und diskontinuierliche Gruppen (§§ 3, 7–10) sind ein Hauptgegenstand der funktionentheoretischen Forschung seit dem frühen 19. Jahrhundert; der Inhalt der erwähnten Paragraphen geht auf die Untersuchungen des 19. Jahrhunderts zurück, für die – stellvertretend für andere – auf H. Poincaré, F. Klein und H. A. Schwarz verwiesen werden möge. Eine Zuordnung von Einzelresultaten ist uns hier kaum möglich. Die Parametrisierung allgemeiner ebener kubischer Kurven durch elliptische Funktionen gehört ebenfalls ins 19. Jahrhundert, explizit scheint sie zuerst bei A. Clebsch (1864) aufzutreten. Der von uns gegebene Beweis stammt von A. Hurwitz (1904). Die obere Abschätzung der Blochschen Konstanten wurde von L. Ahlfors und H. Grunsky (1936) gefunden.

## § 1. Stetige Fortsetzung konformer Abbildungen

Ein beschränktes einfach zusammenhängendes Gebiet $G$ kann immer konform auf die Einheitskreisscheibe $\mathbf{D}$ abgebildet werden. Wir untersuchen jetzt, wann sich eine solche Abbildung $f: G \to \mathbf{D}$ zu einem Homöomorphismus der abgeschlossenen Hüllen fortsetzen läßt. Natürlich muß dazu der Rand von $G$ homöomorph zur Kreislinie sein. Das ist nicht automatisch der Fall, wie die folgenden Beispiele zeigen.

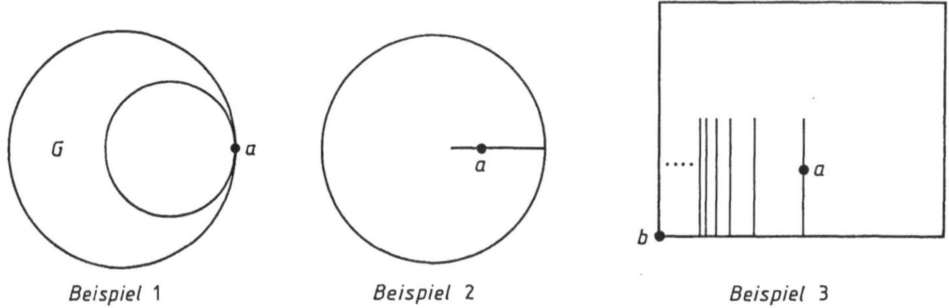



**Bild VI-1**

Wir führen daher den Begriff des einfachen Randpunktes ein.

**Definition 1.1.** *Ein Randpunkt $a$ eines Gebietes $G$ heißt einfach, wenn es zu jeder Folge $(a_\nu)$ in $G$, die gegen $a$ konvergiert, einen in $a$ endenden stetigen Weg $\gamma: [0,1] \to \overline{G}$ und eine monotone Folge $t_\nu \in [0,1]$ gibt, so daß gilt:*

*i)*   $\quad t_\nu \to 1$

*ii)*  $\quad \gamma(t_\nu) = a_\nu$

*iii)* $\quad \gamma(t) \in G$ *für* $t < 1$.

Man prüft sofort nach, daß die in den obigen Beispielen angegebenen Punkte $a$ bzw. $b$ nicht einfach sind. Der Punkt $b$ in Beispiel 3 ist sogar überhaupt nicht von $G$ aus durch einen Weg $\gamma$ mit $\gamma(t) \in G$ für $t < 1$ erreichbar.

Beispiele einfacher Randpunkte werden durch glatte Ränder geliefert (vgl. Kapitel III, § 0). Wir benutzen eine lokale Version des Begriffs: Der Rand $\partial G$ von $G$ heißt *in $a \in \partial G$ glatt*, wenn es eine Umgebung $U$ von $a$ und eine stetig differenzierbare Funktion $r: U \to \mathbb{R}$ gibt mit nirgends verschwindendem Differential und $U \cap G = \{z \in U: r(z) < 0\}$. Wir sagen dann auch, $a$ sei ein *glatter Randpunkt*.

Glatte Randpunkte sind stets einfach: nach einer differenzierbaren Koordinatentransformation darf man nämlich (mit den obigen Bezeichnungen) $a = 0$, $U = \mathbf{D}$, $r(z) = \operatorname{Re} z$ annehmen, und dann ist die Aussage selbstverständlich. — Weitere Beispiele für einfache Randpunkte ergeben sich aus dem nächsten Satz.

**Definition 1.2.** *Eine Jordankurve ist das topologische Bild der Kreislinie.*

**Satz 1.1** (Jordanscher Kurvensatz). *Jede Jordankurve $C$ in $\mathbb{C}$ zerlegt die Ebene in zwei Gebiete, von denen genau eins (das Innere von C) beschränkt ist; C ist gemeinsamer Rand dieser beiden Gebiete. Das Innere von C ist einfach zusammenhängend. Jeder Punkt von C ist einfacher Randpunkt des Inneren (und auch des Äußeren) von C.*

Einen Beweis der ersten drei Aussagen findet man z.B. in [Do].

**Definition 1.3.** *Ein einfach zusammenhängendes Jordangebiet ist das Innere einer Jordankurve.*

Es sei nun $f\colon G \to \mathbf{D}$ eine konforme Abbildung eines beschränkten Gebietes $G$ auf den Einheitskreis. Wir beweisen die folgenden fundamentalen Hilfssätze.

**Hilfssatz 1.** *Ist $w_0$ ein einfacher Randpunkt von $G$, so ist $f$ fortsetzbar zu einer stetigen Abbildung*

$$\hat{f}\colon G \cup \{w_0\} \to \overline{\mathbf{D}}.$$

**Hilfssatz 2.** *Sind $w_1$ und $w_2$ zwei verschiedene einfache Randpunkte von $G$, so ist die gemäß Hilfssatz 1 fortgesetzte Abbildung*

$$\hat{f}\colon G \cup \{w_1, w_2\} \to \overline{\mathbf{D}}$$

*injektiv (i.e. $\hat{f}(w_1) \neq \hat{f}(w_2)$).*

**Beweis** von Hilfssatz 1: Wäre die Behauptung falsch, so gäbe es in $G$ Punktfolgen $w_\nu' \to w_0$, $w_\nu'' \to w_0$ mit

$$f(w_\nu') = z_\nu' \to z_0', \qquad f(w_\nu'') = z_\nu'' \to z_0'' \quad \text{und} \quad z_0' \neq z_0''.$$

Da $f$ bijektiv ist, gehören $z_0'$ und $z_0''$ zur Kreislinie $T$. Aufgrund der Einfachheit von $w_0$ können wir einen Weg $\gamma$ finden, der mit Ausnahme seines Endpunktes $w_0$ in $G$ verläuft und der Reihe nach $w_1'$ mit $w_1''$, $w_1''$ mit $w_2'$, $w_2'$ mit $w_2''$, ... usw. verbindet. $\Gamma = f \circ \gamma \mid [0, 1)$ sei der halboffene Bildweg in $\mathbf{D}$.

Wir betrachten nun in $\overline{\mathbf{D}}$ die folgende Konfiguration. Die Punkte $z_0'$ und $z_0''$ zerlegen $T$ in zwei Bögen $C_1$ und $C_2$ — die Bezeichnungen seien wie in der Figur gewählt. Wir wollen die folgende *Hilfsaussage* zeigen: für mindestens einen der beiden Bögen gilt, daß jeder Radius, der in diesem Bogen endet, von der Kurve $\Gamma$ unendlich oft geschnitten wird, wobei die Menge der Schnittpunkte sich gegen den Kreisrand häuft.

Nehmen wir etwa an, $C_1$ habe diese Eigenschaft nicht. Dann gibt es einen in $C_1$ endenden Radius $S_1$ und ein $r_1$ mit $0 < r_1 < 1$, so daß

$$S_1 \cap \Gamma \cap \{z\colon |z| \geq r_1\} = \emptyset$$

gilt. $S_2$ sei dann ein beliebiger Radius, der in $C_2$ endet, und $r_0$ eine beliebige Zahl zwischen $r_1$ und 1.

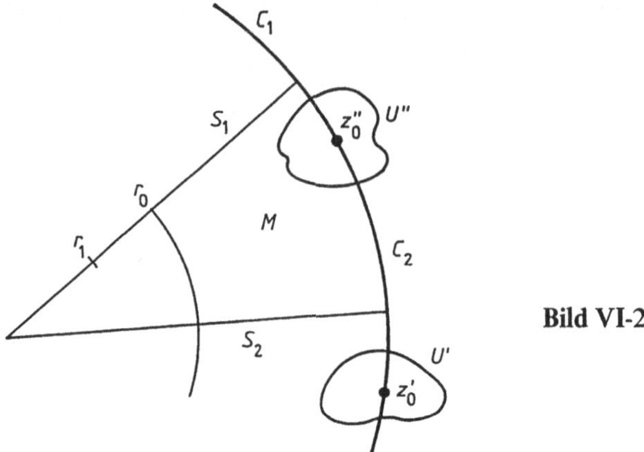


**Bild VI-2**

$M$ sei das Gebiet, das durch $S_1$, $T$, $S_2$ und die Kreislinie $|z| = r_0$ begrenzt wird und $z_0''$ als Randpunkt hat. $U'$ und $U''$ seien disjunkte Umgebungen von $z_0'$ bzw. $z_0''$ mit

$$U' \cap \overline{M} = \emptyset, \quad U' \subset \{z: |z| > r_0\}, \quad U'' \cap \mathbf{D} \subset M.$$

Die zu den $w_\nu'$ und $w_\nu''$ gehörigen Parameterwerte von $\gamma$ seien mit $t_\nu'$, $t_\nu''$ bezeichnet.

Da $\Gamma$ nach Konstruktion eine eigentliche Abbildung ist, gibt es ein $t_0$ mit $|\Gamma(t)| > r_0$ für alle $t > t_0$. Für hinreichend großes $\nu$ ist

$$t_\nu', t_\nu'' > t_0, \quad z_\nu' \in U', \quad z_\nu'' \in U'';$$

ein solches $\nu$ sei nun gewählt. Es sei $\Gamma_\nu$ der Teilweg von $\Gamma$ zum Parameterintervall $[t_\nu', t_\nu'']$, also zwischen $z_\nu'$ und $z_\nu''$. $\Gamma_\nu$ beginnt im Äußeren von $M$, endet im Innern und muß daher den Rand treffen. Wegen $|\Gamma(t)| > r_0$ für $t \in [t_\nu', t_\nu'']$ und $|\Gamma(t)| < 1$ für $t \neq 1$ kommen nur die auf den Radien liegenden Teile von $\partial M$ für den Schnitt mit $\Gamma_\nu$ in Frage — und nach Wahl von $S_1$ nur $S_2$. D. h. es gibt einen Punkt $z \in \Gamma \cap S_2$ mit $|z| > r_0$: die Hilfsaussage ist bewiesen.

Jetzt kann der Hilfssatz schnell bewiesen werden. Die Funktion $g = f^{-1} : \mathbf{D} \to G$ ist beschränkt und holomorph und hat daher fast überall auf $C_2$ Randwerte. Auf jedem Radius $S$ mit Endpunkt in $C_2$ können wir aber eine gegen $T$ konvergente Folge von Schnittpunkten $z_\nu$ zwischen $\Gamma$ und $S$ finden. Ist $w_\nu = g(z_\nu)$, so konvergiert die Folge $w_\nu$ gegen $w_0$, den Endpunkt von $\gamma$. Also hat $g$ auf $C_2$ f.ü. die Randwerte $w_0$. Wir setzen $h(z) = g(z) - w_0$ und betrachten die Funktion $h_0(z) = h(z) h(\lambda z) \cdot \ldots \cdot h(\lambda^{k-1} z)$ mit $\lambda = \exp(2\pi i/k)$. Für passend großes $k$ hat $h_0(z)$ f.ü. die Randwerte 0, denn die Bögen $C_2, \lambda C_2, \ldots, \lambda^{k-1} C_2$ überdecken dann die Kreislinie $T$. Da $h_0$ harmonisch und beschränkt ist, wäre $h_0 \equiv 0$ auf $\mathbf{D}$ (nach Kapitel V, Satz 2.3), also $h \equiv 0$ und $g \equiv w_0$. Das ist ein Widerspruch. — Alternativ kann man auch Kapitel V, Satz 6.2, anwenden.          $\square$

**Beweis** von Hilfssatz 2: Wieder führen wir den Beweis durch Widerspruch. Es sei also

$$f(w_1) = f(w_2) = z_0,$$

wobei wir für $\hat{f}$ einfach $f$ schreiben. Dann gibt es Wege $\gamma_1$ und $\gamma_2$, die disjunkt in $\overline{G}$ sind und mit Ausnahme ihrer Endpunkte $w_1$ und $w_2$ in $G$ verlaufen. Die Bildwege $\Gamma_i = f \circ \gamma_i$

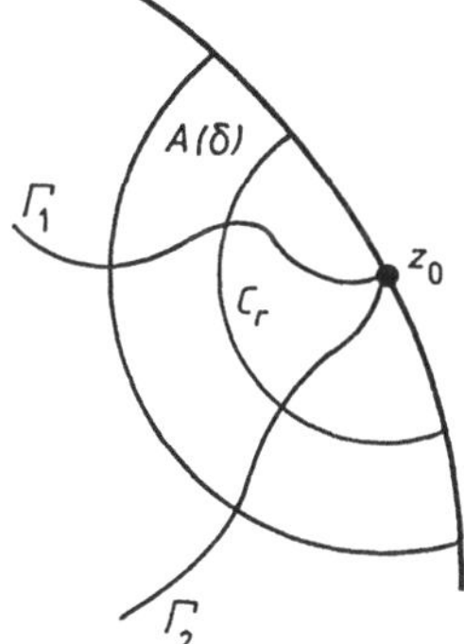


**Bild VI-3**

sind in $\mathbf{D}$ disjunkt und haben den gemeinsamen Endpunkt $z_0$. Wir wählen eine positive Konstante $K$, so daß

$$|\gamma_1(t_1) - \gamma_2(t_2)| \geqslant K$$

für alle $t_1, t_2 \in [0,1]$, und ein $\delta > 0$, so daß $\Gamma_1(0)$ und $\Gamma_2(0)$ nicht in $\overline{U_\delta(z_0)}$ liegen. Weiter setzen wir

$$A(\delta) = U_\delta(z_0) \cap \mathbf{D}, \qquad B(\delta) = f^{-1}(A(\delta)) \subset G.$$

Wir werden zeigen, daß $B(\delta)$ unendlichen Flächeninhalt $F$ hat, was natürlich für eine beschränkte offene Menge unmöglich ist.

Es ist $F = \int\limits_{B(\delta)} d\lambda(w) = \int\limits_{A(\delta)} |g'(z)|^2 \, d\lambda(z)$ (mit $g = f^{-1}$). In Polarkoordinaten mit Zentrum $z_0$ wird das Integral

$$= \int\limits_0^\delta \int\limits_{-\eta(r)}^{\eta(r)} |g'(z)|^2 \, d\vartheta \, r \, dr, \quad |\eta(r)| \leqslant \frac{\pi}{2}.$$

Nun schätzen wir $g'$ ab. Es sei $C_r$ der Bogen in $A_\delta$ um $z_0$ vom Radius $r$. Weiter seien $z_1$ und $z_2$ Schnittpunkte von $\Gamma_1$ bzw. $\Gamma_2$ mit $C_r$. Dann ist

$$K \leqslant |g(z_1) - g(z_2)| = |\int\limits_{z_1}^{z_2} g'(z) \, dz| \leqslant \int\limits_{-\eta(r)}^{\eta(r)} |g'(z)| r \, d\vartheta$$

und damit

$$\frac{K}{r} \leqslant \int\limits_{-\eta(r)}^{\eta(r)} |g'(z)| \, d\vartheta.$$

Anwendung der Schwarzschen Ungleichung auf $|g'|$ und $1$ liefert

$$\frac{K^2}{r^2} \leq \left[ \int\limits_{-\eta(r)}^{\eta(r)} |g'(z)|\, d\vartheta \right]^2 \leq \left( \int\limits_{-\eta(r)}^{\eta(r)} |g'(z)|^2\, d\vartheta \right) \cdot \left( \int\limits_{-\eta(r)}^{\eta(r)} d\vartheta \right)$$

und damit

$$\int\limits_{-\eta(r)}^{\eta(r)} |g'(z)|^2\, d\vartheta \geq \frac{K^2}{\pi r^2} \; .$$

Damit wird

$$F \geq \int\limits_{0}^{\delta} \frac{K^2}{\pi r^2}\, r\, dr = \frac{K^2}{\pi} \int\limits_{0}^{\delta} \frac{dr}{r} = \infty. \qquad \qquad \square$$

Die beiden Hilfssätze zusammen liefern nun

**Satz 1.2** (Carathéodory). *Für den Rand $C$ eines beschränkten einfach zusammenhängenden Gebietes $G$ sind äquivalent:*

i)      *$C$ ist eine Jordankurve.*

ii)      *$C$ hat nur einfache Randpunkte.*

iii)      *Jede konforme Abbildung $f: G \to \mathbf{D}$ setzt sich zu einem Homöomorphismus von $\overline{G}$ nach $\overline{\mathbf{D}}$ fort.*

**Beweis:** Es ist noch zu zeigen, daß *iii)* aus *ii)* folgt. Wir definieren für $w_0 \in \partial G$ gemäß Hilfssatz 1

$$f(w_0) = \lim_{\substack{w_\nu \to w_0 \\ w_\nu \in G}} f(w_\nu).$$

Nach Hilfssatz 2 ist $f: \overline{G} \to \overline{\mathbf{D}}$ injektiv. Um die Stetigkeit von $f$ nachzuweisen, betrachten wir für $w_0 \in \partial G$ eine beliebige Punktfolge $w_\nu \in \overline{G}$ mit $w_\nu \to w_0$ und wählen zu jedem $w_\nu$ einen Punkt $w'_\nu$ in $G$ mit

$$|w_\nu - w'_\nu| < \frac{1}{\nu}, \qquad |f(w_\nu) - f(w'_\nu)| < \epsilon_\nu,$$

wobei die $\epsilon_\nu$ eine Nullfolge bilden. Dann strebt $w'_\nu$ gegen $w_0$ und es ist

$$f(w_0) = \lim f(w'_\nu) = \lim f(w_\nu).$$

Die Menge $f(\overline{G})$ liegt in $\overline{\mathbf{D}}$ dicht und ist wegen der Kompaktheit von $\overline{G}$ und der Stetigkeit von $f$ abgeschlossen, also ist sie ganz $\overline{\mathbf{D}}$. Damit ist $f$ eine stetige Bijektion von $\overline{G}$ auf die kompakte Menge $\overline{\mathbf{D}}$, die Umkehrung ist dann auch stetig.      $\square$

Eine Umformulierung von Satz 1.2 ist

**Satz 1.3.** *Konforme Abbildungen zwischen einfach zusammenhängenden Jordangebieten setzen sich zu Homöomorphismen der abgeschlossenen Hüllen fort.*

Wichtig ist noch die folgende Eindeutigkeitsaussage:

**Satz 1.4.** *Es seien* $f, g\colon G_1 \to G_2$ *konforme Abbildungen einfach zusammenhängender Jordangebiete, deren Fortsetzungen auf den Rand in drei verschiedenen Randpunkten übereinstimmen. Dann ist* $f = g$.

Zum Beweis dürfen wir $G_1 = \mathbf{D}$ annehmen. Dann ist $g^{-1} \circ f$ eine lineare Transformation mit drei Fixpunkten, also die Identität.

**Aufgaben:**

1.   Gib Homöomorphismen der Kreisscheibe an, die sich nicht stetig auf $\overline{\mathbf{D}}$ fortsetzen.
2.   Es sei $f$ eine auf $\overline{\mathbf{D}}$ stetige, auf $\mathbf{D}$ holomorphe Funktion. Zeige: es gibt eine Folge $f_\nu$ von in einer Umgebung von $\overline{\mathbf{D}}$ holomorphen Funktionen, die auf $\overline{\mathbf{D}}$ gleichmäßig gegen $f$ strebt. Ist $f$ stets zu einer holomorphen Funktion in eine Umgebung von $\overline{\mathbf{D}}$ fortsetzbar?

## § 2. Analytische Ränder

**Definition 2.1.** *Ein analytischer Kurvenbogen ist die Spur eines reell-analytischen injektiven Weges mit nirgends verschwindender Ableitung. Ein offener analytischer Kurvenbogen ist ein analytischer Kurvenbogen ohne seine Endpunkte.*

Beispiele solcher Kurvenbögen liefern die Ränder von Gebieten:

**Definition 2.2.** *Ein Gebiet* $G$ *hat in der offenen Menge* $U$ *analytischen Rand, wenn es eine auf* $U$ *reell-analytische Funktion* $r$ *mit nirgends verschwindenem Differential so gibt, daß*

$$U \cap G = \{z \in U\colon r(z) < 0\}$$

*gilt. Ist* $U$ *eine Umgebung von* $\partial G$, *so heißt* $G$ *analytisch berandet.*

Man sagt auch, $G$ habe in $z_0 \in \partial G \cap U$ einen analytischen Rand. – Aus dem Satz über implizite Funktionen folgt sofort

**Hilfssatz 1.** *Hat* $G$ *in* $z_0$ *analytischen Rand, so gibt es eine Umgebung* $U$ *von* $z_0$, *so daß* $U \cap \partial G$ *ein offener analytischer Kurvenbogen ist.*

Die Umkehrung von Hilfssatz 1 ist nicht richtig, wie die Beispiele in § 1 zeigen.

Analytische Kurvenbögen sind konforme Bilder von Intervallen im folgenden Sinne: Ist $\gamma: [a, b] \to \mathbb{C}$ reell analytisch injektiv mit nirgends verschwindender Ableitung, so existiert eine holomorphe Fortsetzung von $\gamma$, die eine komplexe Umgebung $U$ von $[a, b]$ konform auf eine Umgebung $V$ von $C = \gamma([a, b])$ abbildet (vgl. den Beweis des Hilfssatzes in Kap. III, § 6).

Wir betrachten nun einen analytischen Kurvenbogen, der durch eine biholomorphe Abbildung $\gamma: U_1 \to V_1$ mit $\gamma[a, b] = C$ parametrisiert sei und wählen ein offenes zur reellen Achse symmetrisches Rechteck

$$U = \{t: a < \operatorname{Re} t < b, |\operatorname{Im} t| < c\} \subset\subset U_1.$$

Dann ist $V = \gamma(U)$ eine Umgebung des offenen Kurvenbogens $C_0 = C - \gamma\{a, b\}$, die durch $C_0$ in 2 Wegkomponenten $V^+$ und $V^-$ zerlegt wird. Wir setzen für $z \in V$

$$\sigma(z) = \overline{\gamma[\gamma^{-1}(z)]}$$

und notieren die Eigenschaften von $\sigma$ als

**Hilfssatz 2.**

*i)*   $\sigma$ *ist ein antiholomorpher Homöomorphismus von* $V$ *auf sich, der* $V^+$ *mit* $V^-$ *vertauscht und* $C_0$ *als genaue Fixpunktmenge hat.*

*ii)*   $\sigma \circ \sigma = \mathrm{id}.$

Ist $\tau$ eine weitere Selbstabbildung einer Umgebung $W$ von $C_0$ mit den Eigenschaften von Hilfssatz 2, so ist $\tau \circ \sigma$ auf einer Umgebung von $C_0$ holomorph mit Fixpunktmenge $C_0$, also die Identität. Durch die Eigenschaften von Hilfssatz 2 ist $\sigma$ also im wesentlichen eindeutig festgelegt. — Wir führen folgende Sprechweise ein:

**Definition 2.3.** *Es sei* $C$ *eine im Gebiet* $V$ *relativ-abgeschlossene nicht diskrete Punktmenge. Ein antiholomorpher Homöomorphismus* $\sigma$ *von* $V$ *auf sich mit* $\sigma \circ \sigma = \mathrm{id}$ *und* $C$ *als genauer Fixpunktmenge heißt Spiegelung von* $V$ *an* $C$.

Spiegelungen sind also, falls sie existieren, eindeutig bestimmt. An analytischen Kurvenbögen lassen sich geeignete Umgebungen stets spiegeln. Allgemeiner gilt

**Satz 2.1.** *Es sei* $G$ *ein Gebiet,* $W$ *eine offene Menge, so daß* $G$ *in* $W$ *analytischen Rand hat. Dann existiert eine Umgebung* $V$ *von* $C = W \cap \partial G$ *und auf* $V$ *die Spiegelung* $\sigma$ *an* $C$.

Zum Beweis definiert man $\sigma$ in einer hinreichend kleinen Umgebung $V_z$ eines Punktes $z \in C$ als Spiegelung am analytischen Kurvenbogen $C \cap V_z$; wegen der Eindeutigkeit von Spiegelungen stimmen die so definierten Abbildungen auf ihren gemeinsamen Definitionsbereichen in der Nähe von $C$ überein und setzen sich damit zu einer in einer vollen Umgebung $V$ von $C$ erklärten Spiegelung zusammen. $\qquad\square$

Wir notieren noch die einfachsten Beispiele von Spiegelungen:

a) die Spiegelung am Einheitskreis:

$$\sigma(z) = \frac{1}{\bar{z}}, \qquad \sigma: \mathbb{C} - \{0\} \to \mathbb{C} - \{0\},$$

b) die Spiegelung an $\mathbb{R}$:

$$\sigma(z) = \bar{z}, \qquad \sigma: \mathbb{C} \to \mathbb{C}.$$

Jetzt lassen sich leicht Fortsetzungssätze für konforme Abbildungen analytisch berandeter Gebiete beweisen.

**Satz 2.2.** *Es sei* $f: G_1 \to G_2$ *eine konforme Abbildung,* $W_1$ *und* $W_2$ *seien offene Mengen, so daß* $G_1$ *in* $W_1$ *und* $G_2$ *in* $W_2$ *analytischen Rand hat. Die Abbildung* $f$ *setze sich zu einer stetigen Abbildung* $f_0: G_1 \cup C_1 \to G_2 \cup C_2$ *(mit* $C_\nu = W_\nu \cap \partial G_\nu$*) fort. Dann gibt es offene Mengen* $V_1$ *und* $V_2$ *mit* $C_1 \subset V_1$*, so daß* $f$ *zu einer konformen Abbildung*

$$\hat{f}: G_1 \cup V_1 \to G_2 \cup V_2$$

*fortgesetzt werden kann.*

**Beweis:** Wir wählen Umgebungen $V_1$ von $C_1$ und $V_2$ von $C_2$, in denen die Spiegelungen $\sigma_1$ an $C_1$ bzw. $\sigma_2$ an $C_2$ definiert sind. Dabei können wir wegen der Stetigkeit von $f_0$ die Umgebung $V_1$ so klein wählen, daß

$$f_0(V_1 \cap \overline{G}_1) \subset V_2$$

gilt. Nun setzen wir

$$\hat{f}(z) = \begin{cases} f_0(z) & \text{für } z \in G_1 \cup C_1 \\ \sigma_2 \circ f \circ \sigma_1(z) & \text{für } z \in V_1 - \overline{G}_1. \end{cases}$$

Strebt $z$ gegen einen Punkt von $C_1$, so konvergiert $\sigma_1(z)$ gegen $z$ und $\sigma_2 \circ f \circ \sigma_1(z)$ gegen $\sigma_2 \circ f_0(z) = f_0(z)$, da $f_0(C_1) = C_2$. $\hat{f}$ ist also stetig. Außerdem ist $\hat{f}$ außerhalb von $C_1$ holomorph. Der folgende Hilfssatz liefert die Holomorphie von $\hat{f}$ im ganzen Definitionsbereich. Die Injektivität von $\hat{f}$ folgt dann aus der von $f, \sigma_1$ und $\sigma_2$. — Es bleibt zu zeigen

**Hilfssatz 3.** *Es sei* $C$ *ein analytischer Kurvenbogen im Gebiet* $G$*. Die Funktion* $f$ *sei auf* $G$ *stetig und auf* $G - C$ *holomorph. Dann ist* $f$ *auf ganz* $G$ *holomorph.*

**Beweis:** Die Aussage ist lokal und invariant unter konformen Abbildungen. Daher können wir annehmen, daß

$$G = \{z: a < \text{Re } z < b, -c < \text{Im } z < c\}, \quad C = G \cap \mathbb{R}$$

ist. Nach dem Satz von Morera genügt es, $\int\limits_{\partial\Delta} f(z)\, dz = 0$ für jedes Dreieck $\Delta$ in $G$ nach-

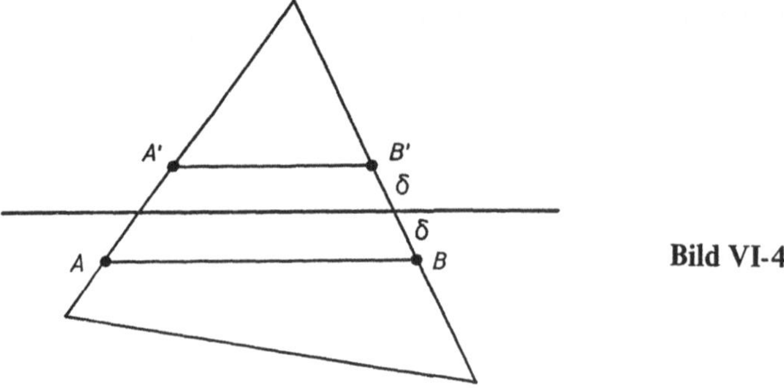

zuweisen. Bild VI-4 zeigt, daß die Beziehung

$$\lim_{\delta \to 0} \int_A^B f(z)\,dz = \lim_{\delta \to 0} \int_{A'}^{B'} f(z)\,dz$$

hierfür notwendig und hinreichend ist. Diese Beziehung folgt aber aus der gleichmäßigen Stetigkeit von $f$ auf $\Delta$. $\qquad\Box$

Das Verfahren, mittels der Spiegelungen $\sigma_1$ und $\sigma_2$ eine Fortsetzung von $f$ zu konstruieren, heißt *Schwarzsches Spiegelungsprinzip*. Der gesamte Rest dieses Kapitels kann als Illustration des Spiegelungsprinzips angesehen werden.

Zunächst wollen wir uns von der — scheinbar sehr einschränkenden — Voraussetzung der stetigen Fortsetzbarkeit befreien. Für einfach zusammenhängende Jordangebiete ergibt sie sich aus dem Satz von Carathéodory. Unabhängig von diesem tiefliegenden Satz können wir sie aber in allen wichtigen Fällen mittels des Spiegelungsprinzips für harmonische Funktionen direkt überprüfen. Das geschieht in den folgenden Sätzen.

**Satz 2.3.** *Es sei $f: G_1 \to G_2$ eine konforme Abbildung beschränkter analytisch berandeter Gebiete. Dann existieren Umgebungen $V_1$ von $\overline{G}_1$ und $V_2$ von $\overline{G}_2$ sowie eine konforme Abbildung $\hat{f}: V_1 \to V_2$ mit $\hat{f} \equiv f$ auf $G_1$.*

**Beweis:** Wir wählen endlich viele offene Mengen $W_1, \dots, W_n$, die den Rand von $G_2$ überdecken, und konforme Abbildungen

$$\varphi_\nu: W_\nu \to R = \{u + iv: |u| < 1, |v| < 1\},$$

unter denen die analytischen Kurvenbögen $C'_\nu = W_\nu \cap \partial G_2$ in das offene Intervall $\{u: -1 < u < 1\}$ übergehen. Ferner sei $U_\nu = f^{-1}(W_\nu \cap G_2)$. Dann gilt

$$C = \partial G_1 \subset \bigcup_{\nu = 1, \dots, n} \partial U_\nu.$$

Es sei nun $C_\nu$ ein analytischer Kurvenbogen in $\partial G_1 \cap \partial U_\nu$; wir zeigen, daß $f$ stetig nach $C_\nu$ fortgesetzt werden kann. Äquivalent hierzu ist die stetige Fortsetzbarkeit von $\varphi_\nu \circ f$

nach $C_\nu$. Nun ist die Funktion $v_\nu = \mathrm{Im}\,\varphi_\nu \circ f$ in $U_\nu$ harmonisch und auf $C_\nu$ durch $v_\nu(z) = 0$ stetig ergänzbar. Das Spiegelungsprinzip für harmonische Funktionen (Kap. III, § 6, Hilfssatz) zeigt, daß sie auf $U_\nu \cup C_\nu$ harmonisch, insbesondere beliebig oft differenzierbar ist. Nach den Cauchy-Riemannschen Differentialgleichungen sind dann auch die Ableitungen von $u_\nu = \mathrm{Re}\,\varphi_\nu \circ f$ nach $C_\nu$ fortsetzbar, also kann auch $u_\nu$ selbst – und damit $\varphi_\nu \circ f$ – beliebig oft differenzierbar auf $C_\nu$ fortgesetzt werden.

Aus Satz 2.2 folgt nun die holomorphe Fortsetzbarkeit von $f$ über den Rand hinaus; Anwendung derselben Überlegung auf $f^{-1}$ liefert den Rest der Behauptung.  $\square$

Wir haben in Satz 2.3 keine Voraussetzungen über den Zusammenhang von $G_1$ machen müssen. Zusammen mit den Ergebnissen von § 1 erhalten wir nun den Satz von Carathéodory für mehrfach zusammenhängende Jordangebiete.

**Definition 2.4.** *Es seien* $G_1, G_2, \dots, G_k$ *einfach zusammenhängende Jordangebiete mit*

*i)* $\quad G_\nu \subset\subset G_1 \quad$ *für* $\quad \kappa = 2, \dots, k$

*ii)* $\quad \overline{G}_\kappa \cap \overline{G}_\lambda = \emptyset \quad$ *für* $\quad \kappa \neq \lambda, \quad \kappa, \lambda = 2, \dots, k.$

*Das Differenzgebiet* $G = G_1 - \overline{G}_2 - \overline{G}_3 - \dots - \overline{G}_k$ *heißt k-fach zusammenhängendes Jordangebiet.*

Der Rand von $G$ besteht also aus $k$ Jordankurven $C_\kappa = \partial G_\kappa$, deren erste die andern im Innern enthält, während $C_\lambda$ für $\lambda \neq \kappa$ und $\kappa > 1$ immer im Äußeren von $C_\kappa$ liegt. $C_1$ nennen wir die *äußere Randkurve* von $G$.

**Satz 2.4.** *Zu jedem k-fach zusammenhängenden Jordangebiet* $G$ *gibt es eine konforme Abbildung* $F$ *von* $G$ *auf ein reell analytisch berandetes k-fach zusammenhängendes Jordangebiet* $G'$, *die sich zu einem Homöomorphismus von* $\overline{G}$ *nach* $\overline{G}'$ *fortsetzt.*

**Beweis:** Zur Vereinfachung der Bezeichnungen nehmen wir $k = 2$ an (im allgemeinen Fall führt Induktion nach $k$ zum Ziel). Es sei

$$G = G_1 - \overline{G}_2, \quad \partial G_\kappa = C_\kappa, \quad G_1 = I(C_1), \quad G_2 = I(C_2).$$

($I(C)$ und $A(C)$ stehen für Inneres bzw. Äußeres einer Jordankurve $C$). Wir wählen zunächst einen Punkt $a \in G_2$ und bilden $G_1$ durch eine konforme Transformation $F_1$ so auf den Einheitskreis $\mathbf{D}$ ab, daß $F_1(a) = 0$ ist. Nach dem Satz von Carathéodory setzt sich $F_1$ zu einem Homöomorphismus von $\overline{G}_1$ nach $\overline{\mathbf{D}}$ fort. $C_2' = F_1(C_2)$ ist eine Jordankurve in $\mathbf{D}$, und $G^{(1)} = F_1(G) = \mathbf{D} - \overline{I(C_2')}$. $F_1$ hat sich also zu einem Homöomorphismus von $\overline{G}$ nach $\overline{G}^{(1)}$ fortgesetzt.

Unter der Spiegelung $F_2$ am Einheitskreis geht nun $G^{(1)}$ konform in ein Jordangebiet mit äußerer Randkurve $C_2'' = F_2(C_2')$ und innerer Randkurve $\partial \mathbf{D}$ über:

$$G^{(2)} = F_2(G^{(1)}) = I(C_2'') - \overline{\mathbf{D}}.$$

Auch $F_2$ ist ein Homöomorphismus von $\overline{G}^{(1)}$ nach $\overline{G}^{(2)}$.

Abschließend bilden wir das einfach zusammenhängende Jordangebiet $I(C_2'')$ konform auf den Einheitskreis ab. $F_3$ sei diese Abbildung, die sich wiederum homöomorph nach

$\overline{I(C_2'')}$ fortsetzt. Unter $F_3$ geht die Kreislinie $\partial D$ in eine reell-analytische Jordankurve $C$ im Einheitskreis über, und $G^{(2)}$ wird konform auf das reell-analytisch berandete Jordangebiet $G^{(3)} = D - \overline{I(C)}$ abgebildet, wobei wieder die Abbildung homöomorph auf den abgeschlossenen Hüllen ist. $F = F_3 \circ F_2 \circ F_1$ und $G' = G^{(3)}$ leisten dann das Verlangte.

$\square$

Durch Kombination dieses Resultates mit Satz 2.3 erhalten wir sofort den Satz von Carathéodory für allgemeine Jordangebiete:

**Satz 2.5.** *Eine konforme Abbildung $F: G_1 \to G_2$ zwischen k-fach zusammenhängenden Jordangebieten setzt sich immer zu einem Homöomorphismus der abgeschlossenen Hüllen fort.*

In den nächsten Paragraphen wird das Spiegelungsprinzip auf analytische Polygone angewandt. Dabei verstehen wir unter einem solchen Polygon ein einfach zusammenhängendes beschränktes Gebiet $G$, dessen Rand aus endlich vielen abgeschlossenen analytischen Kurvenbögen $\gamma_1, \ldots, \gamma_m$ besteht, die sich zu einer einfach geschlossenen Kurve zusammenfügen. Der Endpunkt $a_\mu$ von $\gamma_\mu$ sei jeweils der Anfangspunkt von $\gamma_{\mu+1}$, die offenen Bögen $\overset{\circ}{\gamma}_\mu$ seien paarweise disjunkt (hier und weiter unten setzen wir $\gamma_{m+1} = \gamma_1$).

**Satz 2.6.** *Jede konforme Abbildung $f: G \to D$ eines analytischen Polygons auf den Einheitskreis setzt sich zu einem Homöomorphismus $\hat{f}: \overline{G} \to \overline{D}$ fort, welcher die offenen Randbögen $\overset{\circ}{\gamma}_\mu$ bijektiv und reell-analytisch in offene Kreisbögen von $\partial D$ überführt. In den Punkten $z \in \overset{\circ}{\gamma}_\mu$ ist (der Keim von) $\hat{f}$ holomorph und $\hat{f}'(z) \neq 0$.*

Dieses Ergebnis folgt leicht aus § 1 und Satz 2.2; der folgende Beweis ist aber unabhängig vom ersten Paragraphen.

**Beweis:** a) Es sei $f(z_0) = 0$. Die Transformationsformel der Greenschen Funktion unter konformen Abbildungen liefert für die Greenschen Funktionen von $G$ und $D$ die Beziehung

$$g_G(z, z_0) = g_D(f(z), f(z_0)) = -\log|f(z)|,$$

also mit $g(z) = g_G(z, z_0)$:

$$|f(z)| = e^{-g(z)},$$
$$f(z) = \exp[-g(z) + i \arg f(z)].$$

Somit ist $\arg f(z)$ auf $G - \{z_0\}$ harmonisch konjugiert zu $-g(z)$ und daher von der Form

$$\arg f(z) = -\int_{z_1}^{z} * \, dg.$$

Wir haben damit die auf Riemann zurückgehende Formel

$$f(z) = \exp\left[-g(z) - i \int\limits_{z_1}^{z} * \, dg\right]$$

für die Abbildungsfunktion hergeleitet.

b) Die Greensche Funktion ist auf $\overline{G} - \{z_0\}$ noch stetig und auf $\partial G$ konstant Null, sie läßt sich also nach dem Spiegelungsprinzip für harmonische Funktionen als — wieder mit $g$ bezeichnete — harmonische Funktion auf ein Gebiet $\hat{G} - \{z_0\}$ fortsetzen, welches $G - \{z_0\}$ und die offenen Randbögen $\overset{\circ}{\gamma}_\mu$ umfaßt. Gleiches gilt nach Teil a) dann auch für $\arg f(z)$, und daher ist $f$ zu einer holomorphen Funktion $\hat{f}$ nach $\hat{G}$ fortsetzbar. Die Injektivität von $\hat{f}$ (bei passender Wahl von $\hat{G}$) folgt unmittelbar aus der von $f$ und den lokalen Abbildungseigenschaften holomorpher Funktionen.

c) $\hat{f}$ bildet also die offenen Bögen $\overset{\circ}{\gamma}_\mu$ auf paarweise disjunkte offene Kreisbögen $C_\mu \subset \partial \mathbf{D}$ ab. Wir wollen nun zeigen, daß der Endpunkt $b_\mu$ von $C_\mu$ Anfangspunkt von $C_{\mu+1}$ ist. Dazu wählen wir Punkte $a' \in \overset{\circ}{\gamma}_\mu$, $a'' \in \overset{\circ}{\gamma}_{\mu+1}$ und ein $\epsilon > 0$. Die durch $a'$ bzw. $a''$ laufende Niveaulinie der Funktion $\arg f(z)$ trifft die Niveaulinie $g(z) = \epsilon$ in $b'$ bzw. $b''$. Die Niveaulinienstücke von $a'$ nach $b'$, von $b'$ nach $b''$, von $b''$ nach $a''$ werden der Reihe nach mit $l'$, $l$ und $l''$ bezeichnet. Der Bildweg der zusammengesetzten Kurve $l'll''$ besteht dann aus einem von $\hat{f}(a')$ ausgehenden Radiusstück, einem positiv durchlaufenen Kreisbogen vom Radius $e^{-\epsilon}$ und einem anschließenden Radiusstück von diesem Kreisbogen nach $\hat{f}(a'')$. Es sei $G_1$ das aus $G$ durch $l'll''$ herausgeschnittene Gebiet mit $a_\mu \in \overline{G}_1$. Nun sei $w$ irgendein Punkt auf $\partial \mathbf{D}$ zwischen $C_\mu$ und $C_{\mu+1}$ (in dieser Reihenfolge). Nach Konstruktion von $l'll''$ liegt $w$ dann im Abschluß des Bildgebietes $f(G_1)$. Für eine Folge $w_\nu$ in $\mathbf{D}$, die gegen $w$ konvergiert, kann man also $w_\nu = f(z_\nu)$ mit $z_\nu \in G_1$ annehmen. Jeder Häufungspunkt $z_0$ der $z_\nu$ liegt in $\overline{G}_1$, aber sicher nicht in $G \cup \overset{\circ}{\gamma}_\mu \cup \overset{\circ}{\gamma}_{\mu+1}$, weil sonst $w = \hat{f}(z_0) \in \mathbf{D} \cup C_\mu \cup C_{\mu+1}$ wäre. Es bleibt $z_0 = a_\mu$ als einzige Möglichkeit. Somit kann die Umkehrfunktion $h = f^{-1}$ durch $h(w) = a_\mu$ stetig fortgesetzt werden in alle Punkte $w \in \partial \mathbf{D}$ zwischen $C_\mu$ und $C_{\mu+1}$. Da dies für alle $\mu$ gilt, ist $h$ nach ganz $\overline{\mathbf{D}}$ stetig fortsetzbar. Natürlich kann eine nichtkonstante, auf $\overline{\mathbf{D}}$ stetige und in $\mathbf{D}$ holomorphe Funktion auf keinem echten Randbogen konstant sein; zwischen $C_\mu$ und $C_{\mu+1}$ liegt also genau ein Punkt $b_\mu$. Durch $\hat{f}(a_\mu) = b_\mu$ ist dann $\hat{f}$ stetig nach ganz $\overline{G}$ fortgesetzt.    □

**Aufgaben:**

1.   Gib Formeln für die Spiegelung an beliebigen Kreisen oder Geraden an.

2.   Es sei $E$ eine Ellipse. Untersuche die geometrischen Eigenschaften der Spiegelung an $E$.

Die folgenden Aufgaben liefern einen von der Parametrisierung durch holomorphe Funktionen unabhängigen (und auf mehrere komplexe Veränderliche verallgemeinerungsfähigen) Zugang zur Spiegelung.

3.   Es sei $C$ die Nullstellenmenge der reell-analytischen Funktion $r(x, y)$ mit $dr \neq 0$, $z = x + iy$, $r(0) = 0$. Für $|x| \leqslant \alpha$, $|y| \leqslant \alpha$ werde $r$ durch die reelle Potenzreihe

$$r(x, y) = \sum_{\nu, \mu \,\geqslant\, 0} a_{\nu\mu} x^\nu y^\mu$$

gegeben.

a) Drücke $x$ und $y$ durch $z$ und $\bar{z}$ aus:

$$r(x, y) = r(z, \bar{z}) = \Sigma\, c_{\nu\mu}\, z^{\nu}\bar{z}^{\mu}$$

und zeige:

$$c_{\nu\mu} = \bar{c}_{\mu\nu}, \qquad c_{00} = 0, \qquad c_{10} \neq 0,$$
$$r(z, \bar{z}) = c_{10}z + c_{01}\bar{z} + O(|z|^2).$$

b) Definiere eine Funktion zweier komplexer Variabler durch

$$R(z, \bar{w}) = \Sigma\, c_{\nu\mu}\, z^{\nu}\bar{w}^{\mu}$$

und zeige: $R$ ist in den vier Variablen Re $z$, Im $z$, Re $w$, Im $w$ reell analytisch, holomorph in $z$, antiholomorph in $w$; ferner ist

$$R(w, \bar{z}) = \overline{R(z, \bar{w})}$$
$$R_{\bar{w}}(0, 0) = c_{01} \neq 0.$$

c) Definiere mittels des Satzes über implizite Funktionen in einer Umgebung von 0 eine Funktion $\sigma(z)$ als Lösung der Gleichung

$$R(z, \overline{\sigma(z)}) = 0.$$

4.    Man verifiziere, daß $\sigma$ die Eigenschaften einer Spiegelung (Hilfssatz 2) hat.


## § 3. Das Modulnetz und die Picardschen Sätze

Dieser und die folgenden Paragraphen sind der Erzeugung spezieller Funktionen mittels des Spiegelungsprinzips gewidmet. Wir beginnen mit einem besonders schönen und wichtigen Spezialfall.

In der oberen Halbebene — die wir als nichteuklidische Ebene auffassen — betrachten wir das nullwinklige nichteuklidische Dreieck mit den Eckpunkten $0, 1, \infty$, also die Menge

$$\Delta^0 = \left\{ z = x + iy : 0 < x < 1, y > 0, |z - \tfrac{1}{2}| > \tfrac{1}{2} \right\},$$

spiegeln dieses Dreieck an seinen drei Seiten, spiegeln die neu entstandenen Dreiecke wiederum an ihren freien Seiten, und wiederholen diesen Prozeß unbegrenzt oft. Im ersten Schritt erhält man also die in Bild VI-5 schraffiert eingezeichneten drei Dreiecke $\Delta^1$, die zusammen mit $\Delta^0$ sich zu einem nullwinkligen nichteuklidischen Sechseck zusammenfügen, im zweiten Schritt entstehen 6 neue Dreiecke $\Delta^2$, die mit den schon bestehenden ein nichteuklidisches 12-Eck bilden, usf.

Es ergibt sich ein Netz zueinander uneigentlich kongruenter (im nichteuklidischen Sinne) nullwinkliger Dreiecke, die keine Innenpunkte gemeinsam haben; zwei derartige Dreiecke stoßen entweder an einer Seite zusammen oder an einer Ecke, oder ihre Abschlüsse in der abgeschlossenen Halbebene sind disjunkt. Wir wollen zeigen, daß dieses Netz die ganze n.e. Ebene überzieht. Es sei also $H^*$ die Vereinigung aller konstruierten abgeschlossenen Dreiecke: wir behaupten $H^* \supset H$. Dazu konstruieren wir $H^*$ in größeren Etappen in der folgenden Weise: wir setzen $\Pi^0 = \bar{\Delta}^0$. Ist $\Pi^k$ schon definiert, so sei $\Pi^{k+1}$ die Vereinigung

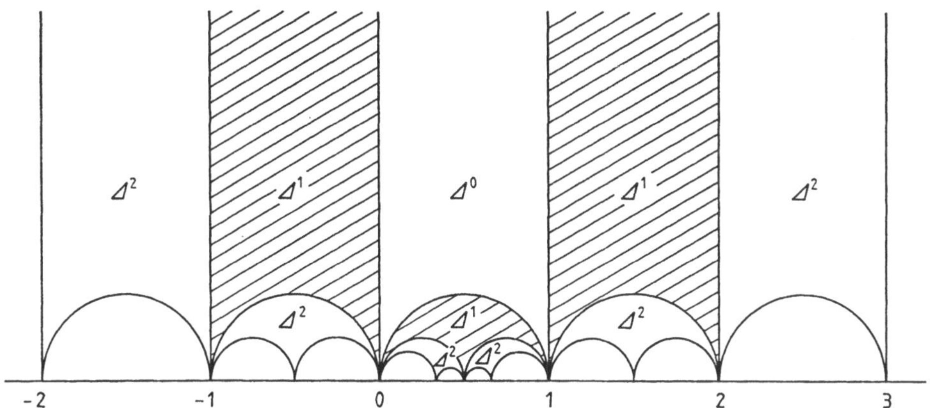

**Bild VI-5**

von $\Pi^k$ mit all seinen Spiegelbildern an allen Seiten von $\Pi^k$. Demnach ist $\Pi^0$ ein n.e. Dreieck, $\Pi^1$ ein n.e. Sechseck, $\Pi^2$ ein n.e. 30-Eck, usf., und es gilt

$$\Pi^0 \subset \Pi^1 \subset \Pi^2 \subset \dots \subset H^*, \quad H^* = \bigcup_{k \geq 0} \Pi^k.$$

Nun wird $\Pi^k$ von zwei auf $\mathbb{R}$ orthogonalen Geraden $L$ und einer Reihe von Halbkreisen $C$ mit Mittelpunkten auf $\mathbb{R}$ begrenzt. Spiegelung einer dieser Geraden an einem der Halbkreise $C$ liefert als eine Seite von $\Pi^{k+1}$ einen Halbkreis $C'$, der im Mittelpunkt von $C$ auf $\mathbb{R}$ einläuft. Unter den Eckpunkten von $\Pi^{k+1}$ kommen also neben den Eckpunkten von $\Pi^k$ sicher auch alle Mittelpunkte der begrenzenden Halbkreise $C$ vor. Induktiv folgt hieraus

$$\Pi^k \supset \{x + iy : 0 \leq x \leq 1, y > 2^{-k-1}\},$$

also

$$H^* - \bigcup \Pi^k \supset \{x + iy : 0 \leq x \leq 1, y > 0\} = S_0.$$

Andererseits enthält $H^*$ mit einem Punkt $z$ auch alle Punkte der Gestalt $z + \nu$, $\nu \in \mathbb{Z}$, also alle Translate von $S_0$ um ganze Zahlen — und damit die ganze obere Halbebene.

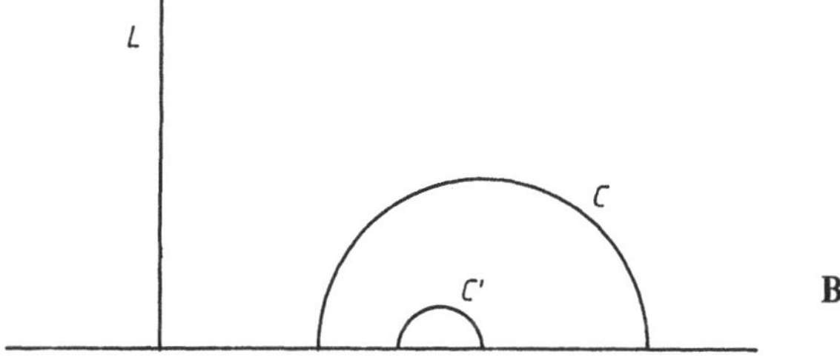

**Bild VI-6**

Wir nennen das eben konstruierte Dreiecksnetz das *Modulnetz*, seine Maschen auch *Modul-dreiecke*, die gesamte Konfiguration die *Modulfigur*. Wählen wir statt $H$ den Einheitskreis **D** als Modell der n.e. Ebene, wobei wir **D** auf $H$ so abbilden, daß die Punkte $A, B, C$ der Figur in $\infty, 0, 1$ übergehen, so sieht in diesem Modell die Modulfigur wie folgt aus:

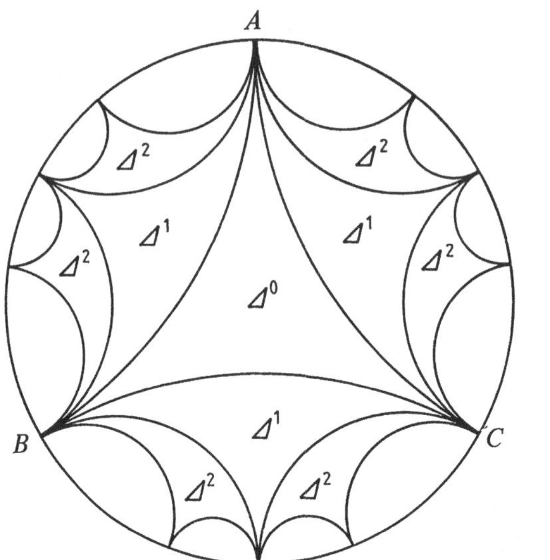

**Bild VI-7**

Die folgende Konstruktion führen wir im Modell **D** der n.e. Ebene aus, um die Ergebnisse von § 1 bzw. §2 anwenden zu können.

Es sei $f: \Delta^0 \to$ **D** eine konforme Abbildung des offenen Dreiecks $\Delta^0$ auf den Einheitskreis. Nach dem Satz von Carathéodory bzw. nach Satz 2.6 setzt sich $f$ zu einem — ebenfalls mit $f$ bezeichneten — Homöomorphismus $f: \overline{\Delta^0} \to \overline{\textbf{D}}$ fort.

Wir können **D** durch eine lineare Transformation so auf die obere Halbebene abbilden, daß der Rand $T$ auf **R** und die Punkte $f(A), f(B), f(C)$ nach $0, 1, \infty$ abgebildet werden, und erhalten so eine konforme Abbildung

$$\lambda: \Delta^0 \to H,$$

die sich stetig auf $\overline{\Delta^0}$ fortsetzt und $A, B, C$ nach $0, 1, \infty$ wirft. Die Dreieckseite $AB$ wird also homöomorph auf das Intervall $[0, 1]$ abgebildet, $BC$ auf $[1, \infty]$ und $CB$ auf $[\infty, 0] = \{\infty\} \cup \{x: x \leqslant 0\}$.

Wir setzen $\lambda$ nun durch Spiegelung an den drei Dreiecksseiten auf die Dreiecke „erster Generation" fort: ist $\sigma$ die Spiegelung an einer dieser Seiten, $\tau$ die Spiegelung an **R**, so wird die Fortsetzung durch

$$\lambda^1 = \tau \circ \lambda \circ \sigma$$

gegeben. Jedes offene Dreieck $\Delta^1$ wird dabei konform auf die untere Halbebene abgebildet, und die Abbildung $\lambda^1$ ist auf dem abgeschlossenen Dreieck $\overline{\Delta^1}$ noch homöomorph und bildet den Rand von $\Delta^1$ auf **R** $\cup \{\infty\}$ ab. Damit ist eine holomorphe Abbildung des aus den Dreiecken $\Delta^0$ und den drei $\Delta^1$ gebildeten Sechseckes $\Pi^1$ auf die in $0, 1, \infty$ punktierte Sphäre gegeben, die $\lambda$ fortsetzt; wir bezeichnen sie wieder mit $\lambda$. Im nächsten Schritt setzen wir dieses $\lambda$ durch Spiegelung an den freien Seiten des Sechsecks $\Pi^1$ auf die Dreiecke zweiter Generation holomorph fort; die Dreiecke $\Delta^2$ werden dabei wieder auf die obere Halbebene abgebildet, ihre Ränder auf $\mathbb{R}$. Dies Verfahren setzen wir unbegrenzt fort und erhalten schließlich eine holomorphe Funktion

$$\lambda\colon \mathbf{D} \to \mathbb{C} - \{0,1\}$$

mit folgenden Eigenschaften:

1. $\lambda$ *ist surjektiv und unverzweigt* (i.e. $\lambda' \neq 0$).
2. $\lambda$ *bildet jede offene Masche* $\Delta^k$ *des Modulnetzes konform auf die obere bzw. untere Halbebene ab* (je nachdem, ob $k$ gerade oder ungerade ist).
3. $\lambda$ *ist auf den Dreiecksseiten reellwertig und strebt auf ihnen bei Annäherung an den Rand des Einheitskreises gegen* 0 *bzw.* 1 *bzw.* $\infty$.

Da die Eckpunkte der Moduldreiecke auf $\partial\mathbf{D}$ dicht liegen, gilt weiter

4. $\lambda$ *ist über keinen Randpunkt von* $\mathbf{D}$ *hinaus holomorph fortsetzbar.*

Es ist der Konstruktion von $\lambda$ leicht zu entnehmen, daß es zu jedem $w \in \mathbb{C} - \{0,1\}$ eine Umgebung $V$ so gibt, daß $\lambda^{-1}(V)$ eine Vereinigung paarweise disjunkter offener Mengen $U_i$ in $\mathbf{D}$ ist, die jeweils durch $\lambda$ konform auf $V$ abgebildet werden, d.h.

5. $\lambda\colon \mathbf{D} \to \mathbb{C} - \{0,1\}$ *ist eine universelle Überlagerungsabbildung.*

Wir fassen zusammen:

**Satz 3.1.**

*i)*  *Es gibt eine holomorphe Funktion* $\lambda\colon \mathbf{D} \to \mathbb{C} - \{0,1\}$ *mit den Eigenschaften 1–5. Nach Festlegung der Zuordnung der Werte* $0, 1, \infty$ *zu den Ecken einer Masche ist* $\lambda$ *durch diese Eigenschaften eindeutig bestimmt.*

*ii)*  *Die universelle Überlagerungsfläche der zweimal punktierten Ebene* $\mathbb{C} - \{0,1\}$ *ist konform äquivalent zum Einheitskreis.*

In Kapitel IV hatten wir die Aussage *ii)* aus dem Uniformisierungssatz hergeleitet; jetzt haben wir in konkreter geometrischer Weise eine universelle Überlagerungsabbildung konstruiert. Im Geiste der klassischen Funktionentheorie sollten nun noch analytische Ausdrücke für $\lambda$ aufgestellt werden. Auf diese Frage, die in die Theorie der „Moduln" elliptischer Kurven führt, geben wir in § 8 eine erste Antwort. Elegante Formeln für $\lambda$ lassen sich mit Hilfe von Thetafunktionen angeben — wir gehen dem nicht nach; es sei etwa auf [Ch] verwiesen.

Aus der Konstruktion ergeben sich leicht einige Funktionalgleichungen für $\lambda$:

$$\lambda(\sigma z) = \overline{\lambda(z)},$$
$$\lambda(\sigma\tau z) = \lambda(z),$$

wobei $\sigma$ und $\tau$ Spiegelungen an Dreiecksseiten der Modulfigur sind. Die letzte Gleichung zeigt, daß die Produkte $\sigma\tau$ Decktransformationen der Überlagerung $\lambda\colon \mathbf{D} \to \mathbb{C} - \{0,1\}$ sind. Man überlegt sich leicht, daß die volle Gruppe der Decktransformationen von solchen Produkten erzeugt wird.

In Kapitel IV hatten wir aus der Aussage *ii)* von Satz 3.1 wichtige Konsequenzen gezogen, Konsequenzen, die wir nun also erneut mitbewiesen haben. Wir führen sie noch einmal an (sie sind jetzt – siehe Kapitel I und IV – zum dritten bis vierten Mal bewiesen!).

**Satz 3.2** (Montel). *Die Menge der holomorphen Funktionen* $f: U \to \mathbb{C} - \{a, b\}$ *ist eine normale Familie.*

**Satz 3.3** (Picard). *Der Wertebereich einer nichtkonstanten ganzen Funktion ist entweder* $\mathbb{C}$ *oder die einmal punktierte Ebene* $\mathbb{C} - \{a\}$.

**Satz 3.4** (Picard). *Ist die Funktion* $f$ *in einer Umgebung des Punktes* $z_0$ *mit eventueller Ausnahme von* $z_0$ *holomorph und ist der Wertebereich von* $f$ *in der zweimal punktierten Ebene* $\mathbb{C} - \{a, b\}$ *(mit* $a \neq b$*) enthalten, so ist* $z_0$ *keine wesentliche Singularität von* $f$.

## § 4. Abbildungen von Kreisbogenpolygonen

Zunächst betrachten wir geradlinig begrenzte Polygone. Es sei $\Pi$ ein solches einfach zusammenhängendes Polygon mit den Eckpunkten $b_1, \ldots, b_n$; die Ecken seien so numeriert, daß $\Pi$ links vom Streckenzug $\partial \Pi = [b_1 b_2 \ldots b_n b_1]$ liegt; $\partial \Pi$ wird als einfach geschlossen vorausgesetzt. Die Innenwinkel an den Ecken $b_\nu$ seien $\alpha_\nu = \gamma_\nu \pi$, also

$$0 < \gamma_\nu < 2, \quad \gamma_\nu \neq 1, \quad \sum_1^n \gamma_\nu = n - 2.$$

Mit $f$ werde eine konforme Abbildung der oberen Halbebene $H$ auf $\Pi$ bezeichnet. Nach dem Satz von Carathéodory setzt sich $f$ zu einem Homöomorphismus $f$ der (durch $\infty$ kompaktifizierten) Halbebene $\overline{H}$ auf $\overline{\Pi}$ fort; die Urbilder der $b_\nu$ nennen wir $a_\nu (\in \mathbb{R} \cup \{\infty\})$. Die Intervalle $[a_\nu a_{\nu+1}]$ gehen also in die Strecken $[b_\nu b_{\nu+1}]$ über (mit $a_{n+1} = a_1$ und $b_{n+1} = b_1$). Nun sei $\sigma_\nu$ die Spiegelung an der Seite $[b_\nu b_{\nu+1}]$ und $\tau$ die Spiegelung an $\mathbb{R}$. Durch

$$f_\nu^- = \sigma_\nu \circ f \circ \tau$$

wird $f$ nach dem Spiegelungsprinzip zu einer lokal konformen Abbildung

$$f_\nu : H_\nu \to \Pi_\nu$$

fortgesetzt; dabei ist

$$H_\nu = H \cup H_- \cup \, ]a_\nu, a_{\nu+1}[, \quad \Pi_\nu = \Pi \cup \sigma_\nu \Pi \cup \, ]b_\nu, b_{\nu+1}[,$$

$H_-$ ist die untere Halbebene.

Die Abbildungen $f_\nu$ und $f_\mu$ stimmen für $\nu \neq \mu$ natürlich auf $H_-$ nicht überein: $f_\nu$ bildet $H_-$ nach $\sigma_\nu \Pi$ und $f_\mu$ die untere Halbebene nach $\sigma_\mu \Pi$ ab. Da aber $\sigma_\nu \Pi$ aus $\sigma_\mu \Pi$ durch zwei Spiegelungen, also eine ganze lineare Transformation, hervorgeht, gilt

$$f_\mu = a f_\nu + b \quad \text{auf } H_-$$

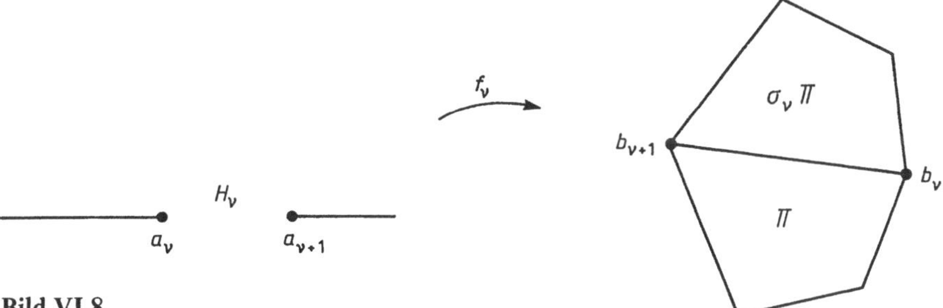

**Bild VI-8**

und daher

$$\frac{f_\mu''}{f_\mu'} = \frac{f_\nu''}{f_\nu'} \,.$$

(Man beachte, daß die Nenner $\neq 0$ sind.) Wir setzen $Lf = f''/f'$ und notieren:

*Die holomorphe Funktion $Lf$ setzt sich zu einer auf $\mathbb{C} - \{a_1, \dots, a_n\}$ erklärten holomorphen Funktion $F$ fort.*

Wir wollen nun $F$ aus den geometrischen Daten explizit bestimmen. Durch

$$t = (w - b_\nu)^{1/\gamma_\nu}$$

wird die $\nu$-te Ecke

$$W_\nu = \{w \in \Pi : |w - b_\nu| < \rho_\nu\}$$

(wobei $\rho_\nu$ hinreichend klein ist) konform auf einen Halbkreis

$$D_+ = \{t : |t| < r_\nu, \operatorname{Im} t > 0\}$$

abgebildet; die Abbildung setzt sich zu einem Homöomorphismus der Abschlüsse fort.

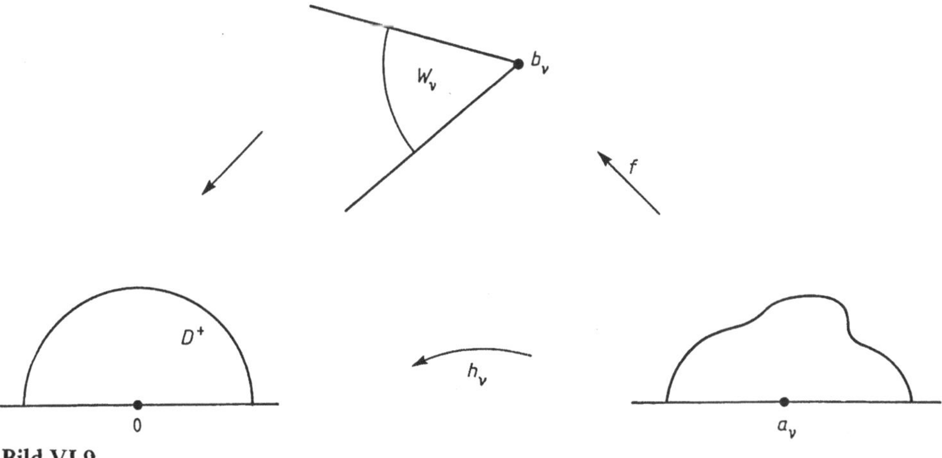

**Bild VI-9**

Damit liefert

$$h_\nu(z) = (f(z) - b_\nu)^{\frac{1}{\gamma_\nu}}$$

eine konforme Abbildung

$$h_\nu \colon U \cap H \to D_+,$$

wobei $U$ eine Umgebung von $a_\nu$ in $\mathbb{C}$ ist. Da $h_\nu$ stetig auf den Rand von $U \cap H$ fortgesetzt werden kann, liefert das Spiegelungsprinzip erneut eine Fortsetzung von $h_\nu$ zu einer konformen Abbildung (die wir wieder $h_\nu$ nennen) einer Umgebung $U_\nu$ von $a_\nu$ in $\mathbb{C}$ auf einen Kreis um den Nullpunkt in der $t$-Ebene. Damit folgt für $z \in U_\nu \cap H$:

$$f(z) = b_\nu + h_\nu(z)^{\gamma_\nu}$$

$$f'(z) = \gamma_\nu\, h'_\nu(z)\, h_\nu(z)^{\gamma_\nu - 1}$$

$$f''(z) = \gamma_\nu(\gamma_\nu - 1)\, h_\nu(z)^{\gamma_\nu - 2}\, (h'_\nu(z))^2 + \gamma_\nu\, h_\nu(z)^{\gamma_\nu - 1}\, h''_\nu(z)$$

und daher

$$\frac{f''(z)}{f'(z)} = (\gamma_\nu - 1)\,\frac{h'_\nu(z)}{h_\nu(z)} + \frac{h''_\nu(z)}{h'_\nu(z)} = (\gamma_\nu - 1)\,\frac{1}{z - a_\nu} + k_\nu(z)$$

mit einer in $a_\nu$ holomorphen Funktion $k_\nu$. Ist eins der $a_\nu = \infty$, etwa $a_n = \infty$, so ist $h_n$ holomorph in $\infty$ mit $h_n(\infty) = 0$ und hat die Darstellung

$$h_n(z) = \frac{1}{z}\, k_n(z), \qquad k_n(\infty) \neq 0.$$

Dann wird

$$\frac{f''(z)}{f'(z)} = -(\gamma_n - 1)\,\frac{1}{z} + l_n(z)$$

mit einer in $\infty$ holomorphen Funktion $l_n$; die Rechnung zeigt sofort $l_n(\infty) = 0$. In diesem Fall ist also $f''/f'$ in $\infty$ holomorph und nimmt dort den Wert 0 an.

Falls alle $a_\nu$ endlich sind, kann $f$ selbst holomorph in den Punkt $\infty$ fortgesetzt werden und liefert eine konforme Abbildung einer Umgebung von $\infty$ auf eine Umgebung (in $\mathbb{C}$) eines von den Ecken verschiedenen Randpunktes $b$. Aus

$$f(z) = b + \frac{1}{z}\, h(z), \qquad h(\infty) \neq 0,$$

entnimmt man

$$\frac{f''(z)}{f'(z)} = \frac{1}{z}\, k(z), \qquad k(\infty) \neq 0,$$

also $F(\infty) = 0$.

Es folgt: die Funktion

$$F(z) - \sum_{\nu=1}^{n} \frac{\gamma_\nu - 1}{z - a_\nu}$$

bzw. (für $a_n = \infty$):

$$F(z) - \sum_{\nu=1}^{n-1} \frac{\gamma_\nu - 1}{z - a_\nu}$$

ist auf $\hat{\mathbb{C}}$ holomorph und verschwindet für $z = \infty$, ist also Null. Wir haben damit

**Satz 4.1.** *Ist* $f: H \to \Pi$ *eine konforme Abbildung, die die reellen Punkte* $a_1, \dots, a_n$ *auf die Ecken* $b_1, \dots, b_n$ *des Polygons* $\Pi$ *abbildet, so genügt* $f$ *der Differentialgleichung*

$$Lf(z) = \frac{f''(z)}{f'(z)} = \sum_{\nu=1}^{n} \frac{\gamma_\nu - 1}{z - a_\nu} \qquad \text{(falls alle } a_\nu \neq \infty)$$

*bzw.*

$$Lf(z) = \sum_{\nu=1}^{n-1} \frac{\gamma_\nu - 1}{z - a_\nu} \qquad \text{(falls } a_n = \infty).$$

Kann man aus dieser Differentialgleichung die Abbildung $f$ bestimmen? Gegeben sind uns die $\gamma_\nu$ und die Ecken $b_\nu$ – leider tauchen auf der rechten Seite der Gleichung aber die $a_\nu$ auf, die wir an sich erst kennen, wenn wir $f$ kennen. Da man durch einen Automorphismus von $H$ stets drei reelle Punkte in drei beliebig vorgegebene reelle Punkte (einschließlich $\infty$) transformieren kann, können wir drei der $a_\nu$ willkürlich vorschreiben, etwa zu $0, 1, \infty$; die übrigen $a_\nu$ sind dann aber durch $f$ festgelegt. Im allgemeinen lassen sich diese „akzessorischen Parameter" nicht bestimmen, und dann ist die Differentialgleichung nicht sehr nützlich. Von großer Bedeutung ist sie aber a) im Fall von Dreiecken (weil es dann keine akzessorischen Parameter gibt) und b) in Fällen, in denen das Polygon zusätzliche Symmetrien aufweist (weil dann die akzessorischen Parameter durch Symmetriebetrachtungen eventuell bestimmt werden können). Wir werden diese Bemerkungen in den folgenden Paragraphen an wichtigen Beispielen ausführen, setzen aber in diesem Paragraphen zunächst die Theorie fort.

Eine Integration der Differentialgleichung von Satz 4.1 ist natürlich leicht möglich. Wir wählen einen beliebigen Punkt $z_0 \in \overline{H}$ und beachten, daß wegen des einfachen Zusammenhanges von $H$ die Logarithmen von $f'$ sowie von $z - a_\nu$ (für $a_\nu \neq \infty$) außerhalb der $a_\nu$ wohldefiniert sind. Es folgt

$$\frac{d}{dz} \log f'(z) = \frac{d}{dz} \sum_{\nu=1}^{n} (\gamma_\nu - 1) \log (z - a_\nu)$$

$$f'(z) = c_1 \prod_{\nu=1}^{n} (z - a_\nu)^{\gamma_\nu - 1},$$

also

**Satz 4.2.** *Für die Abbildungsfunktion $f: H \to \Pi$ gilt*

$$f(z) = c_1 \int_{z_0}^{z} \prod_{\nu=1}^{n} (\zeta - a_\nu)^{\gamma_\nu - 1}\, d\zeta + c_0$$

*(falls alle $a_\nu \neq \infty$; im Falle $a_n = \infty$ ist das Produkt bis $\nu = n - 1$ zu erstrecken). Dabei sind $c_0$ und $c_1$ Konstanten, die aus der Lage von $\Pi$ bestimmt werden können.*

Die obige Formel heißt *Schwarz-Christoffel-Formel*; man beachte, daß in ihr wieder die akzessorischen Parameter auftauchen; bei willkürlicher Wahl der $a_\nu$ stellt $f$ keineswegs eine Polygonabbildung dar.

Wir verallgemeinern unsere Überlegungen nun auf den Fall von Kreisbogenpolygonen. Es sei also $\Pi$ ein einfach zusammenhängendes Gebiet, welches durch $n$ Kreisbögen, die in den Ecken $b_1, \dots, b_n$ aneinanderstoßen und sich zu einer einfach geschlossenen Kurve zusammenfügen, begrenzt wird: ein Kreisbogen-$n$-Eck. Die auftretenden Winkel seien alle von $\pi$ verschieden. Wieder sei

$$f: H \to \Pi$$

eine konforme Abbildung, deren stetige Fortsetzung auf $\overline{H}$ die Punkte $a_1, \dots, a_n$ auf $b_1, \dots, b_n$ abbilde, die Intervalle $[a_\nu\, a_{\nu+1}]$ also auf die Kreisbögen $S_\nu$ zwischen $b_\nu$ und $b_{\nu+1}$ (wir verwenden die früheren Bezeichnungskonventionen). Durch Spiegelung am Bogen $S_\nu$ und an $\mathbb{R}$ kann $f$ wie eben holomorph in alle Punkte von $\hat{\mathbb{C}} - \{a_1, \dots, a_n\}$ fortgesetzt werden, wobei zwei Fortsetzungen $f_\nu$ und $f_\mu$ sich in der unteren Halbebene nun aber um eine gebrochen lineare Transformation

$$w' = \frac{aw + b}{cw + d}$$

(nämlich zwei Spiegelungen an Kreisen), nicht mehr um eine ganze lineare Transformation, unterscheiden. Wir müssen einen Ersatz für die Differentialinvariante $L$ suchen, der unter gebrochen linearen Transformation invariant bleibt.

Es gelte für zwei holomorphe Funktionen

$$g = \frac{af + b}{cf + d},$$

also

$$cfg + dg - af = b,$$
$$c\,(fg)' + dg' - af' = 0. \tag{1}$$

Die Funktionen $f', g', (fg)'$ sind demnach linear abhängig, ihre Wronski-Determinante muß somit verschwinden:

$$0 = \begin{vmatrix} f' & g' & (fg)' \\ f'' & g'' & (fg)'' \\ f''' & g''' & (fg)''' \end{vmatrix} = \begin{vmatrix} f' & g' & 0 \\ f'' & g'' & 2f'g' \\ f''' & g''' & 3f'g'' + 3f''g' \end{vmatrix} \tag{2}$$

$$= 3\,(f'^2 g''^2 - f''^2 g'^2) - 2\,(f'^2 g'g''' - f'f'''g'^2).$$

Umgekehrt folgt auch (1) aus (2). – Für $f', g' \neq 0$ ist das Verschwinden der Determinante gleichbedeutend mit der Beziehung

$$\frac{g'''}{g'} - \frac{3}{2}\left(\frac{g''}{g'}\right)^2 = \frac{f'''}{f'} - \frac{3}{2}\left(\frac{f''}{f'}\right)^2 .$$

**Definition 4.1.** *Der Differentialausdruck*

$$\{f, z\} = \frac{f'''}{f'} - \frac{3}{2}\left(\frac{f''}{f'}\right)^2 = \frac{d}{dz}\left(\frac{f''}{f'}\right) - \frac{1}{2}\left(\frac{f''}{f'}\right)^2$$

*heißt Schwarzsche Derivierte der Funktion $f$.*

Wir haben also

**Satz 4.3.**

i)     *Es seien $f$ und $g$ nichtkonstante holomorphe Funktionen. Es gibt genau dann eine gebrochen lineare Transformation $T$ mit $Tf = g$, wenn*

$$\{f, z\} = \{g, z\}.$$

ii)    $\{Tz, z\} = 0$ *für* $T \in \mathrm{Aut}\ \hat{\mathbb{C}}$.

Wir wollen noch die Transformationsformel der Schwarzschen Derivierten notieren:

$$\{f \circ g, z\} = [\{f, w\} \circ g] \cdot \left(\frac{dg}{dz}\right)^2 + \{g, z\},$$

wie man nachrechnet (Aufgabe 1).

Wir kehren nun zur konformen Abbildung von Kreisbogen-Polygonen zurück. Aus den vorigen Überlegungen folgt: Die Schwarzsche Derivierte $\{f, z\}$ der Abbildungsfunktion $f \colon H \to \Pi$ setzt sich zu einer in $\hat{\mathbb{C}} - \{a_1, \dots, a_n\}$ holomorphen Funktion fort:

$$\{f, z\} = F(z).$$

Die Funktion $F(z)$ wird ähnlich wie im einfacheren Fall von geradlinig begrenzten Polygonen bestimmt:

Es sei $b_\nu$ eine Ecke des Polygons. Durch eine gebrochen lineare Transformation $S$ können wir $b_\nu$ in den Nullpunkt und $\Pi \cap U(b_\nu)$ in einen geradlinig begrenzten Winkelraum $W_\nu$ mit Spitze in $0$ und Öffnungswinkel $\alpha_\nu = \gamma_\nu \pi$ überführen (dabei ist $U(b_\nu)$ eine Umgebung von $b_\nu$, und wir haben $\gamma_\nu \neq 0$ vorausgesetzt – der Fall $\gamma_\nu = 0$ muß gesondert behandelt werden).

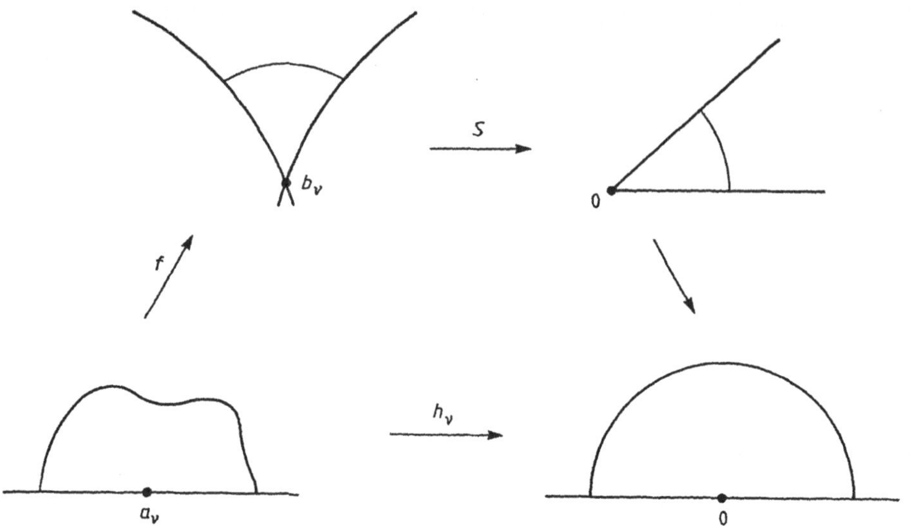


**Bild VI-10**

Die Abbildung

$$z \mapsto (S \circ f(z))^{1/\gamma_\nu} = h_\nu(z)$$

bildet dann eine Umgebung von $a_\nu$ in der abgeschlossenen Halbebene konform und auf dem Rande stetig auf einen Halbkreis ab und setzt sich nach dem Spiegelungsprinzip zu einer konformen Abbildung einer Umgebung von $a_\nu$ in $\mathbb{C}$ auf einen Kreis um 0 fort. Dort gilt

$$S \circ f(z) = h_\nu(z)^{\gamma_\nu},$$

also

$$F(z) = \{f, z\} = \{S \circ f, z\} = \{h_\nu^{\gamma_\nu}, z\}.$$

Die rechte Seite kann aus der Transformationsformel berechnet werden:

$$\{h_\nu^{\gamma_\nu}, z\} = [\{w^{\gamma_\nu}, w\} \circ h_\nu] \cdot h_\nu'^2 + \{h_\nu, z\} = \frac{1 - \gamma_\nu^2}{2} \left(\frac{h_\nu'}{h_\nu}\right)^2 + \ldots$$

$$= \frac{1 - \gamma_\nu^2}{2} \cdot \frac{1}{(z - a_\nu)^2} + \frac{C_\nu}{z - a_\nu} + \ldots,$$

wobei die Punkte für in $a_\nu$ holomorphe Funktionen stehen; die $C_\nu$ sind gewisse noch nicht bestimmte Konstanten.

Im Punkte $\infty$ ist, falls alle $a_\nu \neq \infty$, die Funktion $f$ selbst holomorph fortsetzbar, hat also (wegen der Konformität) die Entwicklung

$$f(z) = c_0 + \frac{c_1}{z} + \ldots, \qquad c_1 \neq 0.$$

Hieraus folgt nach direkter Rechnung die Entwicklung der Schwarzschen Derivierten in $\infty$:

$$\{f, z\} = \frac{1}{z^4}\left[d_0 + \frac{d_1}{z} + \dots\right].$$

Ist $a_n = \infty$, so hat die Funktion $h_n$ in $\infty$ die Entwicklung

$$h_n = \frac{D_1}{z} + \dots, \qquad D_1 \neq 0.$$

Das liefert für die Schwarzsche Derivierte

$$\{h_n^{\gamma_n}, z\} = \frac{1 - \gamma_n^2}{2}\frac{1}{z^2} + \dots.$$

In beiden Fällen ist also $F(z)$ in $\infty$ holomorph und nimmt dort den Wert 0 an. Daraus folgt

$$F(z) = \sum_{\nu=1}^{n}\left[\frac{1 - \gamma_\nu^2}{2(z - a_\nu)^2} + \frac{C_\nu}{z - a_\nu}\right]$$

$$\left(\text{bzw. } F(z) = \sum_{\nu=1}^{n-1} \dots, \text{ falls } a_n = \infty\right).$$

Der Fall $\gamma_\nu = 0$ bleibt noch zu behandeln. Jetzt führen wir durch eine gebrochen lineare Transformation $S$ den Punkt $b_\nu$ nach $\infty$ über und die beiden in $b_\nu$ zusammenlaufenden Kreisbögen in zwei parallele Geraden vom Abstand $\pi$; eine dieser Geraden sei die reelle Achse. Die Abbildung

$$z \mapsto \exp\left[S \circ f(z)\right] = h_\nu(z)$$

ist dann nach dem Spiegelungsprinzip in $a_\nu$ holomorph, und man hat

$$S \circ f(z) = \log h_\nu(z)$$

$$F(z) = \{S \circ f, z\} = \{\log h_\nu, z\} = \frac{1}{2}\frac{1}{(z - a_\nu)^2} + \frac{C_\nu}{z - a_\nu} + \dots$$

nach derselben Zwischenrechnung wie früher. Hierbei haben wir $a_\nu \neq \infty$ vorausgesetzt; für $a_n = \infty$ und $\gamma_n = 0$ erhält man nach demselben Verfahren

$$F(z) = \{f, z\} = \frac{1}{2} \cdot \frac{1}{z^2} + \dots.$$

Wir haben damit

**Satz 4.4.** *Bildet $f$ die obere Halbebene konform auf das Kreisbogenpolygon $\Pi$ so ab, daß die Punkte $a_1, \dots, a_n$ in die Ecken $b_1, \dots, b_n$ übergehen, so genügt $f$ der Schwarzschen Differentialgleichung*

$$\{f, z\} = \sum_{\nu=1}^{n}\frac{1 - \gamma_\nu^2}{2(z - a_\nu)^2} + \frac{C_\nu}{z - a_\nu}$$

*(für $a_\nu \neq \infty$; für $a_n = \infty$ ist nur bis $n - 1$ zu summieren). Dabei sind $\gamma_\nu \pi = \alpha_\nu$ die Innenwinkel von $\Pi$, die $C_\nu$ sind gewisse komplexe Zahlen.*

Wieder tauchen in der Differentialgleichung die Parameter $a_\nu$ auf, von denen genau drei frei wählbar sind; die übrigen sind akzessorisch. Darüber hinaus erscheinen noch die zusätzlichen Parameter $C_\nu$. Diese sind aber gewissen Relationen unterworfen, aus denen sie in einfachen Fällen ermittelt werden können. Da die Funktion $F(z)$ im Unendlichen von 4. Ordnung (im Falle $a_\nu \neq \infty$ für alle $\nu$) verschwindet, müssen die entsprechenden Koeffizienten in der Entwicklung von

$$F(z) = \sum \left[ \frac{1 - \gamma_\nu^2}{2} \, \frac{1}{(z - a_\nu)^2} + \frac{C_\nu}{z - a_\nu} \right]$$

nach Potenzen von $1/z$ verschwinden. Das liefert nach leichter Rechnung

$$\sum_{\nu = 1}^{n} C_\nu = 0$$

$$\sum_{\nu = 1}^{n} [2 C_\nu a_\nu + (1 - \gamma_\nu^2)] = 0$$

$$\sum_{\nu = 1}^{n} [C_\nu a_\nu^2 + (1 - \gamma_\nu^2) a_\nu] = 0.$$

Ist $a_n = \infty$, so erhält man durch die entsprechende Rechnung

$$\sum_{\nu = 1}^{n-1} C_\nu = 0$$

$$\sum_{\nu = 1}^{n-1} [2 C_\nu a_\nu + (1 - \gamma_\nu^2)] = 1 - \gamma_n^2.$$

Es bleibt die Aufgabe, die Schwarzsche Differentialgleichung zu integrieren. Wir werden hierauf im Zusammenhang mit Dreiecksfunktionen eingehen.

**Aufgaben:**

1.      Beweise die Transformationsformel

$$\{f \circ g, z\} = [\{f, w\} \circ g] g'(z)^2 + \{g, z\}.$$

2.      a) Berechne $\{z^\gamma, z\}$, $\{\log z, z\}$.

         b) Führe die in diesem Paragraphen übergangenen Zwischenrechnungen aus.

3.      Übertrage die Sätze dieses Paragraphen auf unbeschränkte Polygone (die aber nur endlich viele Ecken haben sollen).

## § 5. Die hypergeometrische Differentialgleichung

Wir betrachten die konforme Abbildung der oberen Halbebene auf ein Kreisbogendreieck $\Delta$, die $0, 1, \infty$ in die Eckpunkte $b_1, b_2, b_3$ überführt. Bezeichnet $\gamma_\nu \pi$ den Innenwinkel an der Ecke $b_\nu$, so genügt nach den Ergebnissen des vorigen Paragraphen die Abbildungsfunktion der Schwarzschen Differentialgleichung

$$\{f, z\} = \frac{1}{2} \left[ \frac{1 - \gamma_1^2}{z^2} + \frac{1 - \gamma_2^2}{(1-z)^2} + \frac{1 + \gamma_3^2 - \gamma_1^2 - \gamma_2^2}{z(1-z)} \right] . \tag{1}$$

In der Tat tauchen keine akzessorischen Parameter auf, und $C_1 = - C_2$ ist aus der letzten Formel in § 4 bestimmbar. — Als direkte Konsequenz von Satz 4.3 notieren wir zunächst

**Satz 5.1.** *Ist $f_0$ eine Lösung von* (1), *so besteht die Menge aller Lösungen von* (1) *aus den Funktionen*

$$f = \frac{af_0 + b}{cf_0 + d} , \qquad \begin{pmatrix} a\,b \\ c\,d \end{pmatrix} \in GL\,(2, \mathbb{C}). \tag{2}$$

Man beachte, daß jede Lösung von (1) auf ganz $H$ holomorph ist: nach dem Riemannschen Abbildungssatz gibt es nämlich eine derartige Lösung (eine konforme Abbildung auf $\Delta$); und nach Satz 5.1 hat dann jede Lösung mindestens den Definitionsbereich $H$.

Im folgenden genügt es also, eine Lösung von (1) zu finden. Dieses Problem läßt sich folgendermaßen auf ein lineares Problem reduzieren:

**Satz 5.2.** *Es sei*

$$u'' + A\,(z)\,u' + B\,(z)\,u = 0 \tag{3}$$

*eine lineare Differentialgleichung zweiter Ordnung mit holomorphen Koeffizienten im Gebiet $G$; $u_1$ und $u_2$ seien zwei linear unabhängige Lösungen von* (3) *in einem Teilgebiet $G_0$ von $G$, und $v$ sei die auf $G_0$ meromorphe Funktion*

$$v = u_2 / u_1 . \tag{4}$$

*Dann genügt $v$ der Schwarzschen Differentialgleichung*

$$\{v, z\} = - A'\,(z) - \frac{1}{2}\,A^2\,(z) + 2B\,(z). \tag{5}$$

**Beweis:** Die Gleichung muß nachgerechnet werden. Mit der Wronski-Determinante

$$W = u_1 u_2' - u_1' u_2$$

wird

$$A = - \frac{W'}{W} , \qquad v' = \frac{W}{u_1^2} , \qquad v'' = \frac{W'}{u_1^2} - 2u_1' \frac{W}{u_1^3} ,$$

also

$$\frac{v''}{v'} = -A - 2\,\frac{u_1'}{u_1}$$

und

$$\{v, z\} = \left(\frac{v''}{v'}\right)' - \frac{1}{2}\left(\frac{v''}{v'}\right)^2$$

$$= -A' - 2\,\frac{u_1 u_1'' - u_1'^2}{u_1^2} - \frac{1}{2}\,A^2 - 2A\,\frac{u_1'}{u_1} - 2\,\frac{u_1'^2}{u_1^2}$$

$$= -A' - \frac{1}{2}\,A^2 - 2\,\frac{u_1'' + A u_1'}{u_1} = -A' - \frac{1}{2}\,A^2 + 2B. \qquad \square$$

Damit haben wir eine Möglichkeit zur Untersuchung von (1): wir bestimmen $A$ und $B$ so, daß

$$-A' - \frac{1}{2}\,A^2 + 2B = \frac{1}{2}\left[\frac{1 - \gamma_1^2}{z^2} + \frac{1 - \gamma_2^2}{(1 - z)^2} + \frac{1 + \gamma_3^2 - \gamma_1^2 - \gamma_2^2}{z(1 - z)}\right] \qquad (6)$$

wird. Das ist in mannigfacher Weise möglich — wir folgen klassischen Rechnungen — vgl. [Ca].
Setzt man

$$A = \frac{a}{z} + \frac{b}{1 - z}, \qquad (7)$$

so kann $B$ aus (6) und (7) bestimmt werden:

$$2B = \frac{1}{2}\left[\frac{1 - \gamma_1^2}{z^2} + \frac{1 - \gamma_2^2}{(1 - z)^2} + \frac{1 + \gamma_3^2 - \gamma_1^2 - \gamma_2^2}{z(1 - z)}\right] + \frac{1}{2}\left(\frac{a}{z} + \frac{b}{1 - z}\right)^2$$

$$- \frac{a}{z^2} + \frac{b}{(1 - z)^2}. \qquad (8)$$

Wir wählen nun $a$ und $b$ so, daß $2B$ ein Vielfaches von $z^{-1}(1 - z)^{-1}$ wird:

$$a = 1 - \gamma_1, \qquad -b = 1 - \gamma_2. \qquad (9)$$

In der Tat wird dann

$$2B = \frac{1}{2}\,(1 + \gamma_3^2 - \gamma_1^2 - \gamma_2^2 - 2(1 - \gamma_1)(1 - \gamma_2))\,\frac{1}{z(1 - z)}$$

und damit

$$A = \frac{1 - \gamma_1}{z} - \frac{1 - \gamma_2}{1 - z}$$

$$B = \frac{(\gamma_3 + \gamma_2 + \gamma_1 - 1)(\gamma_3 - \gamma_2 - \gamma_1 + 1)}{4z(1 - z)}. \qquad (10)$$

Führt man schließlich neue Konstanten $\alpha, \beta, \gamma$ durch die Beziehungen

$$\gamma_1 = 1 - \gamma, \qquad \gamma_2 = \gamma - \alpha - \beta, \qquad \gamma_3 = \alpha - \beta \tag{11}$$

ein, so wird (3) zu

$$z(1-z)u'' + [\gamma - (\alpha + \beta + 1)z]u' - \alpha\beta u = 0. \tag{12}$$

Die Gleichung (12) heißt die *hypergeometrische Differentialgleichung* $H_{\alpha\beta\gamma}$. Im Verein mit Satz 5.1 haben wir nun:

**Satz 5.3.** *Man erhält sämtliche Lösungen der Schwarzschen Differentialgleichung* (1) *als Quotienten linear unabhängiger Lösungen der hypergeometrischen Differentialgleichung* (12). *Dabei hängen die Konstanten in* (1) *und* (12) *durch die Gleichungen* (11) *miteinander zusammen.*

Es bleibt die Aufgabe, die hypergeometrische Differentialgleichung in der oberen Halbebene zu lösen. Als erstes nehmen wir an, $H_{\alpha\beta\gamma}$ besitze eine im Nullpunkt holomorphe Lösung $u$ mit $u(0) = 1$, also

$$u(z) = 1 + \sum_{\nu=1}^{\infty} c_\nu z^\nu \tag{13}$$

und bestimmen die Taylorkoeffizienten $c_\nu$ durch Einsetzen von (13) in (12):

$$z(1-z) \sum_{\nu=1}^{\infty} \nu(\nu-1)c_\nu z^{\nu-2} + [\gamma - (\alpha + \beta + 1)z] \sum_{\nu=1}^{\infty} \nu c_\nu z^{\nu-1}$$

$$- \alpha\beta \left(1 + \sum_{\nu=1}^{\infty} c_\nu z^\nu\right) = 0,$$

also

$$\sum_{\nu=0}^{\infty} (\nu+1)\nu c_{\nu+1} z^\nu - \sum_{\nu=0}^{\infty} \nu(\nu-1)c_\nu z^\nu + \sum_{\nu=0}^{\infty} (\nu+1)\gamma c_{\nu+1} z^\nu$$

$$- \sum_{\nu=0}^{\infty} \nu(\alpha + \beta + 1)c_\nu z^\nu - \sum_{\nu=0}^{\infty} \alpha\beta c_\nu z^\nu = 0 \tag{14}$$

(mit $c_0 = 1$). Der Koeffizient von $z^\nu$ in (14) ist

$$(\nu+1)(\nu+\gamma)c_{\nu+1} - (\nu(\nu + \alpha + \beta) + \alpha\beta)c_\nu.$$

Damit muß

$$(\nu+1)(\nu+\gamma)c_{\nu+1} = (\alpha+\nu)(\beta+\nu)c_\nu \qquad (\nu = 0, 1, 2, \ldots) \tag{15}$$

gelten. Es folgt für $\gamma \neq 0, -1, -2, \ldots$

$$c_1 = \frac{\alpha\beta}{\gamma}$$

$$c_2 = \frac{\alpha(\alpha+1) \cdot \beta(\beta+1)}{1 \cdot 2 \cdot \gamma(\gamma+1)}$$

$$\cdots\cdots\cdots\cdots$$

$$c_\nu = \frac{\alpha(\alpha+1)\ldots(\alpha+\nu-1)\,\beta(\beta+1)\ldots(\beta+\nu-1)}{\nu!\,\gamma(\gamma+1)\ldots(\gamma+\nu-1)} \,. \tag{16}$$

Die Reihe

$$F(\alpha,\beta,\gamma;z) = 1 + \sum_{\nu=1}^{\infty} \frac{\alpha(\alpha+1)\ldots(\alpha+\nu-1)\,\beta(\beta+1)\ldots(\beta+\nu-1)}{\nu!\,\gamma(\gamma+1)\ldots(\gamma+\nu-1)}\, z^\nu \tag{17}$$

heißt *hypergeometrische Reihe*. Für $\alpha$ oder $\beta = 0, -1, -2, \ldots$ ist sie ein Polynom; andernfalls zeigt die Relation

$$\frac{c_{\nu+1}}{c_\nu} = \frac{(\nu+\alpha)(\nu+\beta)}{(\nu+1)(\nu+\gamma)} \,,$$

daß sie den Konvergenzradius 1 hat und somit eine Lösung der hypergeometrischen Differentialgleichung in **D** darstellt. Die bisherigen Rechnungen liefern also

**Satz 5.4.** *Für* $\gamma \neq 0, -1, -2, \ldots$ *hat die hypergeometrische Differentialgleichung* $H_{\alpha\beta\gamma}$ *genau eine Lösung* $u$, *die in Null holomorph mit Funktionswert 1 ist. Sie wird durch die für* $|z| < 1$ *konvergente hypergeometrische Reihe* $F(\alpha,\beta,\gamma;z)$ *gegeben.*

Der geometrisch interessante Fall der hypergeometrischen Differentialgleichung ist der Fall reeller Parameter mit $\alpha+\beta \leqslant \gamma,\ -1 < \beta \leqslant \alpha \leqslant 1,\ 0 < \gamma \leqslant 1$. Wir betrachten insbesondere Parameterwerte, die den Ungleichungen

$$\alpha+\beta < \gamma, \qquad -1 < \beta \leqslant \alpha \leqslant 1, \qquad 0 < \gamma < 1 \tag{18}$$

genügen, und beweisen

**Satz 5.5.** *Unter der Voraussetzung* (18) *konvergiert die Reihe* (17) *noch für* $|z| = 1$.

**Beweis:** Da für $\rho > 0$ die Reihe $\Sigma \nu^{-(1+\rho)}$ konvergiert, genügt es, ein $\rho > 0$ so zu bestimmen, daß

$$\frac{c_{\nu+1}}{c_\nu} = \frac{(\alpha+\nu)(\beta+\nu)}{(\nu+1)(\gamma+\nu)} \leqslant \frac{\nu^{\rho+1}}{(\nu+1)^{\rho+1}}$$

für fast alle $\nu$ wird. Das bedeutet

$$\left(1+\frac{1}{\nu}\right)^{\rho} \leqslant \frac{1+\dfrac{\gamma}{\nu}}{\left(1+\dfrac{\alpha}{\nu}\right)\left(1+\dfrac{\beta}{\nu}\right)},$$

$$\rho \log\left(1+\frac{1}{\nu}\right) \leqslant \log\left(1+\frac{\gamma}{\nu}\right) - \log\left(1+\frac{\alpha}{\nu}\right) - \log\left(1+\frac{\beta}{\nu}\right).$$

Diese Ungleichung gilt sicher, wenn

$$\frac{\rho}{\nu} \leqslant \frac{\gamma}{\nu} - \frac{\gamma^2}{2\nu^2} - \frac{\alpha}{\nu} - \frac{\beta}{\nu},$$

also

$$\rho \leqslant (\gamma - \alpha - \beta) - \frac{\gamma^2}{2\nu}$$

ist. Für $\alpha + \beta < \gamma$ und hinreichend großes $\nu$ ist die rechte Seite positiv. $\qquad\square$

Der für Formeln der Abbildungstheorie besonders wichtige Wert $F(\alpha, \beta, \gamma; 1)$ kann mittels einer schon von Gauß durchgeführten Rechnung elementarer ausgedrückt werden. Wir bestimmen zunächst die Koeffizienten von $z^{\nu}$ in den Reihen

$$F = F(\alpha, \beta, \gamma; z), \qquad F_{-1} = F(\alpha, \beta, \gamma - 1; z), \qquad F_1 = F(\alpha, \beta, \gamma + 1; z)$$

und in $zF$, $zF_{-1}$, $zF_1$. Ist

$$F = 1 + \sum_{\nu=1}^{\infty} c_{\nu} z^{\nu},$$

so erhält man mittels (15) für die eben genannten Koeffizienten:

| $F$ | $c_{\nu}$ |
|---|---|
| $zF$ | $c_{\nu} \dfrac{\nu(\gamma+\nu-1)}{(\alpha+\nu-1)(\beta+\nu-1)}$ |
| $F_{-1}$ | $c_{\nu} \dfrac{\gamma+\nu-1}{\gamma-1}$ |
| $zF_{-1}$ | $c_{\nu} \dfrac{\gamma+\nu-1}{\gamma-1} \cdot \dfrac{\nu(\gamma+\nu-2)}{(\alpha+\nu-1)(\beta+\nu-1)}$ |
| $F_1$ | $c_{\nu} \dfrac{\gamma}{\gamma+\nu}$ |
| $zF_1$ | $c_{\nu} \dfrac{\gamma}{\gamma+\nu-1} \cdot \dfrac{\nu(\gamma+\nu-1)}{(\alpha+\nu-1)(\beta+\nu-1)}$ |

$$(19)$$

Wir versuchen nun, komplexe Zahlen $A, B, C, D, E$ so zu bestimmen, daß

$$(A + Bz) F + (C + Dz) F_{-1} + Ez F_1 \equiv 0 \tag{20}$$

wird. Einsetzen von (19) in (20) liefert die Bedingung

$$A (\alpha + \nu - 1) (\beta + \nu - 1) + B\nu (\gamma + \nu - 1) + \frac{C}{\gamma - 1} (\gamma + \nu - 1) (\alpha + \nu - 1) (\beta + \nu - 1)$$

$$+ \frac{D}{\gamma - 1} \nu (\gamma + \nu - 1) (\gamma + \nu - 2) + E \gamma \nu = 0. \tag{21}$$

Die linke Seite von (21) ist ein Polynom dritten Grades in $\nu$, das von den 5 Parametern $A, B, C, D, E$ abhängt. Wir können also die Parameter so wählen, daß (21) erfüllt ist, indem wir etwa

$$D = \gamma (\gamma - 1) \tag{22a}$$

vorschreiben und dann errechnen:

$$\begin{aligned}
A &= \gamma (\gamma - 1) \\
B &= - \gamma (2\gamma - \alpha - \beta - 1) \\
C &= - \gamma (\gamma - 1) \\
E &= (\gamma - \alpha) (\gamma - \beta).
\end{aligned} \tag{22b}$$

Nehmen wir nun $0 \leqslant \alpha + \beta < \gamma - 1$ an, so können wir in (20) $z = 1$ setzen, und wir erhalten:

$$(A + B) F (1) + EF_1 (1) = 0,$$

d.h.

$$F (\alpha, \beta, \gamma; 1) = \frac{(\gamma - \alpha) (\gamma - \beta)}{\gamma (\gamma - \alpha - \beta)} F (\alpha, \beta, \gamma + 1; 1). \tag{23}$$

Da beide Seiten dieser Gleichung von $\alpha, \beta$ und $\gamma$ analytisch abhängen, gilt sie auch noch für $\alpha + \beta < \gamma$.

Wir wenden nun (23) nacheinander auf $\gamma, \gamma + 1, \gamma + 2, \dots, \gamma + n - 1$ an und erhalten:

$$F (\alpha, \beta, \gamma; 1) = \frac{(\gamma - \alpha) (\gamma - \alpha + 1) \dots (\gamma - \alpha + n - 1) (\gamma - \beta) \dots (\gamma - \beta + n - 1)}{\gamma (\gamma + 1) \dots (\gamma + n - 1) (\gamma - \alpha - \beta) \dots (\gamma - \alpha - \beta + n - 1)} F (\alpha, \beta, \gamma + n; 1). \tag{24}$$

In dieser Gleichung lassen wir $n \to \infty$ streben und beachten die Beziehungen (siehe Aufgabe 4):

$$\lim_{n \to \infty} F (\alpha, \beta, \gamma + n; 1) = 1, \qquad \lim_{n \to \infty} \frac{n! \, n^z}{z (z + 1) \dots (z + n)} = \Gamma (z).$$

Dann folgt

**Satz 5.6.** *Es ist für* $\alpha + \beta < \gamma$

$$F (\alpha, \beta, \gamma; 1) = \frac{\Gamma (\gamma) \, \Gamma (\gamma - \alpha - \beta)}{\Gamma (\gamma - \alpha) \, \Gamma (\gamma - \beta)}. \tag{25}$$

Wir suchen nun nach einer von $F(\alpha, \beta, \gamma; z)$ linear unabhängigen weiteren Lösung $u$ von $H_{\alpha\beta\gamma}$ (in einem Bereich, den wir später noch genauer angeben) und setzen dazu $u$ in der Form

$$u(z) = z^\rho v(z) \tag{26}$$

mit einer in 0 holomorphen Funktion $v$ an. Soll $u$ die Gleichung $H_{\alpha\beta\gamma}$ lösen, so muß $v$ der folgenden Differentialgleichung genügen:

$$z(1-z)v'' + [2\rho + \gamma - (2\rho + \alpha + \beta + 1)z]v' + \left[\rho\, \frac{\rho - 1 + \gamma}{z} - (\rho(\rho + \alpha + \beta) + \alpha\beta)\right]v = 0, \tag{27}$$

wie man durch Einsetzen von (26) in (12) erkennt. Die Idee ist nun, durch geeignete Wahl von $\rho$ die Gleichung (27) zu einer hypergeometrischen Differentialgleichung mit neuen Parametern $\widetilde{\alpha}, \widetilde{\beta}, \widetilde{\gamma}$ zu machen. Die einzige Möglichkeit hierzu ist,

$$\rho = 1 - \gamma \tag{28}$$

zu setzen. Man erhält

$$z(1-z)v'' + [\widetilde{\gamma} - (\widetilde{\alpha} + \widetilde{\beta} + 1)z]v' - \widetilde{\alpha}\widetilde{\beta}v = 0 \tag{29}$$

mit

$$\widetilde{\alpha} = \alpha - \gamma + 1, \qquad \widetilde{\beta} = \beta - \gamma + 1, \qquad \widetilde{\gamma} = 2 - \gamma. \tag{30}$$

(29) wird im Einheitskreis durch

$$v(z) = F(\alpha - \gamma + 1, \beta - \gamma + 1, 2 - \gamma; z)$$

gelöst, und wir haben damit:

**Satz 5.7.** *In jedem einfach zusammenhängenden Teilgebiet $D_0$ des punktierten Einheitskreises* $\mathbf{D} - \{0\}$ *besitzt die hypergeometrische Differentialgleichung $H_{\alpha\beta\gamma}$ (mit $\gamma \notin \mathbb{Z}$) die beiden linear unabhängigen Lösungen*

$$u_1^0(z) = F(\alpha, \beta, \gamma; z), \tag{31a}$$
$$u_2^0(z) = z^{1-\gamma} F(\alpha - \gamma + 1, \beta - \gamma + 1, 2 - \gamma; z). \tag{31b}$$

Um auch außerhalb von $\mathbf{D}$ zu Lösungsformeln zu kommen, nutzen wir das Transformationsverhalten der hypergeometrischen Differentialgleichung aus. Wir setzen zunächst

$$v(t) = u(1-t), \qquad z = 1 - t.$$

Genügt $u$ dann der hypergeometrischen Differentialgleichung $H_{\alpha\beta\gamma}$, so folgt für $v$:

$$t(1-t)v'' + [\alpha + \beta + 1 - \gamma - (\alpha + \beta + 1)t]v' - \alpha\beta v = 0. \tag{32}$$

Daraus erhält man nach Satz 5.7 für $\alpha + \beta - \gamma \notin \mathbb{Z}$ die Fundamentallösungen

$$v_1(t) = F(\alpha, \beta, \alpha + \beta - \gamma + 1; t),$$
$$v_2(t) = t^{\gamma - \alpha - \beta} F(\gamma - \beta, \gamma - \alpha, \gamma - \alpha - \beta + 1; t);$$

also gilt: die Funktionen

$$u_1^1(z) = F(\alpha, \beta, \alpha + \beta - \gamma + 1; 1 - z), \tag{33a}$$

$$u_2^1(z) = (1 - z)^{\gamma - \alpha - \beta} F(\gamma - \beta, \gamma - \alpha, \gamma - \alpha - \beta + 1; 1 - z) \tag{33b}$$

sind linear unabhängige Lösungen von $H_{\alpha\beta\gamma}$ in jedem einfach zusammenhängenden Teilgebiet $D_\Theta$ des punktierten Kreises $\{z: 0 < |z - 1| < 1\}$.

Eine analoge Transformation $z \mapsto \dfrac{1}{z}$ bzw. $z \mapsto \dfrac{1}{1 - z}$ liefert — nach allerdings längeren Rechnungen — linear unabhängige Lösungen $u_1^\infty$ und $u_2^\infty$, die durch konvergente Reihen in $|z| > 1$ gegeben werden, bzw. $\hat{u}_1^\infty$, $\hat{u}_2^\infty$, die durch konvergente hypergeometrische Reihen in $|z - 1| > 1$ erklärt werden. Im einzelnen:

Wir setzen

$$t = \frac{1}{z}, \qquad t^\delta v(t) = u\left(\frac{1}{t}\right),$$

wobei $\delta$ noch bestimmt wird. Genügt $u(z)$ der Differentialgleichung $H_{\alpha\beta\gamma}$, so erfüllt $v(t)$ die Differentialgleichung

$$t(1 - t) v'' + [2\delta + 1 - \alpha - \beta - (2\delta + 2 - \gamma) t] v'$$

$$- \left[ \delta(\delta + 1) - \gamma\delta + \frac{1}{t} ((\alpha + \beta + 1)\delta - \delta(\delta + 1) - \alpha\beta) \right] v = 0. \tag{34}$$

Setzt man $\delta = \alpha$, so wird aus (34) die hypergeometrische Differentialgleichung $H_{\alpha,\ \alpha - \gamma + 1,\ \alpha - \beta + 1}$

$$t(1 - t) v'' + [\alpha - \beta + 1 - (2\alpha - \gamma + 2) t] v' - \alpha(\alpha - \gamma + 1) v = 0 \tag{35}$$

mit den Fundamentallösungen

$$v_1(t) = F(\alpha, \alpha - \gamma + 1, \alpha - \beta + 1; t),$$

$$v_2(t) = t^{\beta - \alpha} F(\beta, \beta - \gamma + 1, \beta - \alpha + 1; t).$$

Damit gilt: im Bereich $|z| > 1$ hat $H_{\alpha\beta\gamma}$ die beiden Fundamentallösungen

$$u_1^\infty(z) = z^{-\alpha} F\left(\alpha, \alpha - \gamma + 1, \alpha - \beta + 1; \frac{1}{z}\right), \tag{36a}$$

$$u_2^\infty(z) = z^{-\beta} F\left(\beta, \beta - \gamma + 1, \beta - \alpha + 1; \frac{1}{z}\right). \tag{36b}$$

Die analoge Rechnung liefert für $\hat{u}_1^\infty$ und $\hat{u}_2^\infty$ die in $|z - 1| > 1$ gültigen Formeln

$$\hat{u}_1^\infty = (1 - z)^{-\alpha} F\left(\alpha, \gamma - \beta, \alpha - \beta + 1; \frac{1}{1 - z}\right), \tag{37a}$$

$$\hat{u}_2^\infty = (1 - z)^{-\beta} F\left(\beta, \gamma - \alpha, \beta - \alpha + 1; \frac{1}{1 - z}\right). \tag{37b}$$

Wir fassen die Ergebnisse in folgender Tabelle zusammen:

| Definitionsbereich | Lösungen |
|---|---|
| $\lvert z \rvert \leqslant 1$ | $F(\alpha, \beta, \gamma; z)$ <br> $z^{1-\gamma} F(\alpha - \gamma + 1, \beta - \gamma + 1, 2 - \gamma; z)$ |
| $\lvert z - 1 \rvert \leqslant 1$ | $F(\alpha, \beta, \alpha + \beta - \gamma + 1; 1 - z)$ <br> $(1-z)^{\gamma - \alpha - \beta} F(\gamma - \beta, \gamma - \alpha, \gamma - \alpha - \beta + 1; 1 - z)$ |
| $\lvert z \rvert \geqslant 1$ | $z^{-\alpha} F\left(\alpha, \alpha - \gamma + 1, \alpha - \beta + 1; \dfrac{1}{z}\right)$ <br> $z^{-\beta} F\left(\beta, \beta - \gamma + 1, \beta - \alpha + 1; \dfrac{1}{z}\right)$ |
| $\lvert z - 1 \rvert \geqslant 1$ | $(1-z)^{-\alpha} F\left(\alpha, \gamma - \beta, \alpha - \beta + 1; \dfrac{1}{1-z}\right)$ <br> $(1-z)^{-\beta} F\left(\beta, \gamma - \alpha, \beta - \alpha + 1; \dfrac{1}{1-z}\right)$ |

Die Tabelle liefert jedenfalls unter der Voraussetzung

$$-1 < \beta < \alpha \leqslant 1; \quad \alpha + \beta < \gamma < 1; \quad 0 < \gamma \tag{38}$$

in jedem Punkt von $\mathbb{C}$ zwei linear unabhängige Lösungen von $H_{\alpha\beta\gamma}$; die auftauchenden Potenzen können in beliebigen einfach zusammenhängenden Teilen der angegebenen Definitionsbereiche als holomorphe eindeutige Funktionen festgelegt werden.

Zur vollständigen Integration von $H_{\alpha\beta\gamma}$ in den obigen Fällen (38) müssen wir noch den Zusammenhang zwischen den verschiedenen Fundamentalsystemen der Tabelle herstellen. Dabei wollen wir Werte der hypergeometrischen Reihe grundsätzlich als bekannt ansehen – die Zahl $F(\alpha, \beta, \gamma; \frac{2}{3})$ ist uns also genauso lieb wie die Zahl $\pi/2$. Es ist auf $\overline{D}_1(0) \cap \overline{D}_1(1)$

$$u_1^0 = A u_1^1 + B u_2^1, \qquad u_2^0 = C u_1^1 + D u_2^1 \tag{39}$$

mit komplexen Konstanten $A, B, C, D$. Zu ihrer Bestimmung werten wir die Relationen (39) an den Stellen 0 und 1 aus:

$$1 = A F(\alpha, \beta, \alpha + \beta - \gamma + 1; 1) + B F(\gamma - \beta, \gamma - \alpha, \gamma - \alpha - \beta + 1; 1)$$
$$F(\alpha, \beta, \gamma; 1) = A$$

$$0 = C F(\alpha, \beta, \alpha + \beta - \gamma + 1; 1) + D F(\gamma - \beta, \gamma - \alpha, \gamma - \alpha - \beta + 1; 1)$$
$$F(\alpha - \gamma + 1, \beta - \gamma + 1, 2 - \gamma; 1) = C,$$

also

$$A = F(\alpha, \beta, \gamma; 1)$$

$$B = \frac{1 - F(\alpha, \beta, \gamma; 1)\,F(\alpha, \beta, \alpha + \beta - \gamma + 1; 1)}{F(\gamma - \beta, \gamma - \alpha, \gamma - \alpha - \beta + 1; 1)}$$

$$C = F(\alpha - \gamma + 1, \beta - \gamma + 1, 2 - \gamma; 1)$$

$$D = \frac{-F(\alpha - \gamma + 1, \beta - \gamma + 1, 2 - \gamma; 1)\,F(\alpha, \beta, \alpha + \beta - \gamma + 1; 1)}{F(\gamma - \beta, \gamma - \alpha, \gamma - \alpha - \beta + 1; 1)}\,. \tag{40}$$

Die Rechnungen sind gerechtfertigt unter der Voraussetzung

$$\alpha + \beta < \gamma < 1, \quad \alpha + \beta \notin \mathbb{Z}, \quad \gamma \notin \mathbb{Z}, \quad \alpha, \beta \neq 1, 2, 3, \dots\,.$$

Entsprechend drücken wir $u_1^0$ und $u_2^0$ durch $\hat{u}_1^\infty$ und $\hat{u}_2^\infty$ aus: auf $D_1(0) \cap \{z : |z - 1| > 1\}$ gilt:

$$u_1^0 = \hat{A}\,\hat{u}_1^\infty + \hat{B}\,\hat{u}_2^\infty, \qquad u_2^0 = \hat{C}\,\hat{u}_1^\infty + \hat{D}\,\hat{u}_2^\infty. \tag{41}$$

Die Koeffizienten bestimmen sich aus den linearen Gleichungssystemen

$$1 = \hat{A}\,F(\alpha, \gamma - \beta, \alpha - \beta + 1; 1) + \hat{B}\,F(\beta, \gamma - \alpha, \beta - \alpha + 1; 1)$$

$$F(\alpha, \beta, \gamma; -1) = \hat{A}\,2^{-\alpha}\,F(\alpha, \gamma - \beta, \alpha - \beta + 1; \tfrac{1}{2}) + \hat{B}\,2^{-\beta}\,F(\beta, \gamma - \alpha, \beta - \alpha + 1; \tfrac{1}{2})$$

$$0 = \hat{C}\,F(\alpha, \gamma - \beta, \alpha - \beta + 1; 1) + \hat{D}\,F(\beta, \gamma - \alpha, \beta - \alpha + 1; 1) \tag{42}$$

$$(-1)^{1 - \gamma}\,F(\alpha - \gamma + 1, \beta - \gamma + 1, 2 - \gamma; -1) = \hat{C}\,2^{-\alpha}\,F(\alpha, \gamma - \beta, \alpha - \beta + 1; \tfrac{1}{2}) +$$
$$+ \hat{D}\,2^{-\beta}\,F(\beta, \gamma - \alpha, \beta - \alpha + 1; \tfrac{1}{2}).$$

In (41) und (42) müssen wir voraussetzen:

$$\alpha + \beta < \gamma < 1, \qquad \alpha - \beta \notin \mathbb{Z}, \qquad \gamma \notin \mathbb{Z}.$$

Die Formeln (39)–(42) liefern die explizite analytische Fortsetzung von $u_1^0$ und $u_2^0$ in die in den Punkten $0, 1$ und $\infty$ punktierte Zahlensphäre; in jedem einfach zusammenhängenden Teilgebiet von $\mathbb{C} - \{0, 1\}$ lassen sich die Potenzen von $z$ und $1 - z$ so bestimmen, daß die Fortsetzung holomorph und eindeutig wird. Geschicktere — allerdings längere — Rechnungen ermöglichen es, die auftauchenden Konstanten sogar durch elementare Funktionen einschließlich der $\Gamma$-Funktion auszudrücken (vgl. Satz 5.6 und [Ca]). — Das Ausgangsproblem — Integration der Schwarzschen Differentialgleichung — ist damit im Prinzip gelöst.

Wir wollen abschließend noch die hypergeometrische Differentialgleichung $H_{\alpha, \beta, 1}$ betrachten, die bei der konformen Abbildung der oberen Halbebene auf ein nullwinkliges Dreieck auftritt (bei der Modulfunktion stößt man auf die Differentialgleichung $H_{1/2, 1/2, 1}$). In diesem Fall stimmen die Lösungen $u_1^0$ und $u_2^0$ aus Satz 5.7 überein, und wir müssen uns anderweitig nach einer zweiten Lösung von $H_{\alpha\beta 1}$ umschauen. Dazu fassen wir die hypergeometrische Reihe

$$F(\alpha, \beta, \gamma; z) = 1 + \sum_{\nu = 1}^{\infty} c_\nu(\alpha, \beta, \gamma)\, z^\nu$$

als Funktion der 4 Veränderlichen $\alpha, \beta, \gamma$ und $z$ auf. Die Funktionen

$$c_\nu(\alpha, \beta, \gamma)\, z^\nu,$$

wo $c_\nu$ durch (16) gegeben ist, sind im Bereich $\operatorname{Re}\gamma > 0$, $\alpha, \beta, z \in \mathbb{C}$ beliebig, holomorph, und die Reihe (17) konvergiert lokal gleichmäßig für alle $(\alpha, \beta, \gamma, z) \in \mathbb{C}^4$ mit $|z| < 1$ und $\operatorname{Re}\gamma > 0$. Somit ist $F$ eine in diesem Bereich holomorphe Funktion von vier Veränderlichen. — Ist $H_{\alpha\beta\gamma}$ der Operator der hypergeometrischen Differentialgleichung, also

$$H_{\alpha\beta\gamma}\, u = z\,(1-z)\,u'' + [\gamma - (\alpha + \beta + 1)\,z]\,u' - \alpha\beta u,$$

den wir auf jede Funktion der vier Veränderlichen $\alpha, \beta, \gamma, z$ anwenden können, so ist $H_{\alpha\beta\gamma}\, u$ stets wieder holomorph, wenn $u$ holomorph in $\alpha, \beta, \gamma, z$ ist.
Wir bilden nun für $\lambda \neq 0$, $|\operatorname{Re}\lambda| < 1$, die Funktion

$$u(\lambda, z) = \frac{1}{\lambda}\,[z^\lambda F(\alpha + \lambda, \beta + \lambda, 1 + \lambda; z) - F(\alpha, \beta, 1 - \lambda; z)] \tag{43}$$

($\alpha$ und $\beta$ seien fest, und es sei $|z| < 1$, $z$ nicht reell negativ, $z \neq 0$). Nach Satz 5.7 ist (43) für jedes $\lambda$ eine Lösung der Differentialgleichung

$$H_{\alpha, \beta, 1-\lambda}\, u = 0. \tag{44}$$

Wir kürzen $H_{\alpha, \beta, 1-\lambda}$ durch $H_\lambda$ ab und bemerken, daß für jede holomorphe Funktion $v$ der zwei Veränderlichen $\lambda$ und $z$ die Funktion $H_\lambda v$ wieder holomorph ist.
Wir zeigen nun, daß $u(\lambda, z)$ holomorph nach $\lambda = 0$ fortgesetzt werden kann. Dazu reicht es, die Existenz von

$$\lim_{\lambda \to 0} u(\lambda, z)$$

nachzuweisen. Taylorentwicklung von $F$ nach $\lambda$ liefert aber

$$z^\lambda F(\alpha + \lambda, \beta + \lambda, 1 + \lambda; z) - F(\alpha, \beta, 1 - \lambda; z)$$

$$= z^\lambda \left[ F(\alpha, \beta, 1; z) + \lambda \left( \frac{\partial F}{\partial \alpha} + \frac{\partial F}{\partial \beta} + \frac{\partial F}{\partial \gamma} \right) + \dots \right] - F(\alpha, \beta, 1; z) + \lambda \frac{\partial F}{\partial \gamma} - \dots,$$

wo die partiellen Ableitungen in $(\alpha, \beta, 1, z)$ zu nehmen sind und die nicht hingeschriebenen Terme von mindestens zweiter Ordnung in $\lambda$ sind. Es folgt

$$\lim_{\lambda \to 0} u(\lambda, z) = F(\alpha, \beta, 1; z) \lim_{\lambda \to 0} \frac{z^\lambda - 1}{\lambda} + F^*(\alpha, \beta, 1; z)$$

$$= F(\alpha, \beta, 1; z) \log z + F^*(\alpha, \beta, 1; z) \tag{45}$$

mit

$$F^*(\alpha, \beta, \gamma; z) = \left( \frac{\partial F}{\partial \alpha} + \frac{\partial F}{\partial \beta} + 2 \frac{\partial F}{\partial \gamma} \right)(\alpha, \beta, \gamma; z). \tag{46}$$

Damit ist $u(\lambda, z)$ holomorph fortgesetzt, wobei $u(0, z)$ durch (45) gegeben wird. Wegen

$$H_\lambda u(\lambda, z) = 0$$

für $\lambda \neq 0$ ist dann auch

$$H_0 u\,(0, z) = 0. \qquad (47)$$

(47) besagt aber, daß $u\,(0, z)$ eine Lösung der hypergeometrischen Differentialgleichung $H_{\alpha\beta 1} u = 0$ ist, und wir haben

**Satz 5.8.** *Die hypergeometrische Differentialgleichung*

$$H_{\alpha\beta 1} : z\,(1 - z)\,u'' + [1 - (\alpha + \beta + 1)\,z]\,u' - \alpha\beta u = 0$$

*hat für* $|z| < 1, z$ *nicht reell* $\leqslant 0$, *die beiden linear unabhängigen Lösungen*

$$u_1\,(z) = F\,(\alpha, \beta, 1; z)$$
$$u_2\,(z) = \log z \cdot F\,(\alpha, \beta, 1; z) + F^*\,(\alpha, \beta, 1; z)$$

*mit*

$$F^*\,(\alpha, \beta, 1; z) = (F_\alpha + F_\beta + 2F_\gamma)\,(\alpha, \beta, 1; z).$$

**Aufgaben:**

1.  Bestimme die Taylorentwicklung

$$F^*\,(\alpha, \beta, 1; z) = \sum_{\nu = 0}^{\infty} C_\nu z^\nu.$$

2.  Zwei Kreisbogendreiecke sind genau dann gleichwinklig, wenn sie durch eine lineare Transformation auseinander hervorgehen. Gib einen elementaren Beweis hierfür – vgl. aber auch § 6.

3.  Die folgenden Fälle von $F\,(\alpha, \beta, \gamma; z)$ liefern elementare Funktionen. Welche?

    a) $F\,(1, \beta, \beta; z)$

    b) $F\,(1, 1, 2; z)$

    c) $F\left(\dfrac{1}{2}, 1, \dfrac{3}{2}; z^2\right)$

    d) $F\left(\dfrac{1}{2}, 1, \dfrac{3}{2}; -z^2\right)$

    e) $F\left(\dfrac{1}{2}, \dfrac{1}{2}, \dfrac{3}{2}; z^2\right)$

    f) $F\,(\alpha, \beta, \beta; z)$

    g) $F\,(-m, \beta, \gamma; z)$ $\qquad\qquad m \in \mathbb{N} \cup \{0\}$

    h) $F\,(-m, \beta, -m - l; z)$ $\qquad m, l \in \mathbb{N} \cup \{0\}$

4.  Zeige $\lim\limits_{n \to \infty} F\,(\alpha, \beta, \gamma + n; 1) = 1$.


## § 6.  Kreisbogendreiecke und die Blochsche Konstante

Wir können jetzt die geeignet normierte konforme Abbildung der oberen Halbebene auf ein Kreisbogendreieck mit nur positiven Winkeln durch hypergeometrische Reihen ausdrücken. Dabei beschränken wir uns auf im Halbkreis $|z| \leqslant 1$, Im $z \geqslant 0$ gültige Reihenentwicklungen.

Zwei Kreisbogendreiecke mit denselben Innenwinkeln werden durch Lösungen derselben Schwarzschen Differentialgleichung als Bilder der oberen Halbebene dargestellt und gehen daher durch eine lineare Transformation auseinander hervor. Wir nehmen von vornherein an, daß $\Delta$ ein Kreisbogendreieck mit den Ecken $b_1 = 0$, $b_2 = 1$, $b_3$ sei, wobei die Seiten $b_1 b_2$ und $b_1 b_3$ geradlinig sind und $\operatorname{Im} b_3 > 0$ ist; durch eine lineare Transformation läßt sich das erreichen. Die Innenwinkel seien $\gamma_\nu \pi > 0$.

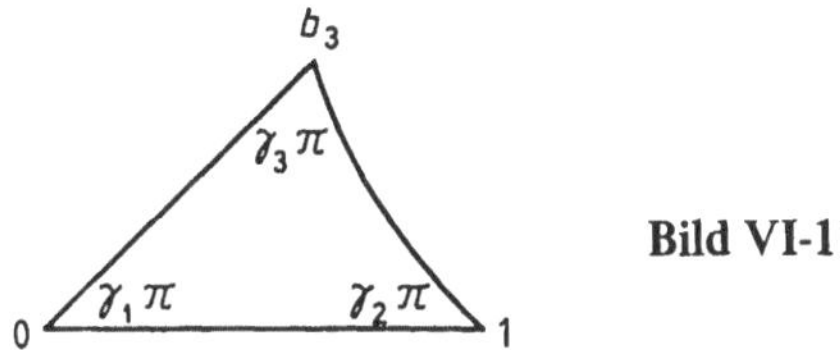


**Bild VI-11**

Die zugehörige Schwarzsche Differentialgleichung (§ 5, (1)) wird für $|z| < 1$ und $\operatorname{Im} z > 0$ durch

$$f(z) = C \frac{F(\alpha - \gamma + 1, \beta - \gamma + 1, 2 - \gamma; z)}{F(\alpha, \beta, \gamma; z)} z^{1-\gamma} \tag{1}$$

gelöst mit

$$\gamma_1 = 1 - \gamma, \quad \gamma_2 = \gamma - \alpha - \beta, \quad \gamma_3 = \alpha - \beta. \tag{2}$$

Die Konstante $C$ muß noch aus den Daten des Problems ermittelt werden: Da die $\gamma_\nu$ positiv sind, konvergieren die auftretenden Reihen noch für $z = 1$. Wegen $f(0) = 0$ und der Reellwertigkeit der Reihen $F$ auf dem Intervall $[-1, 1]$ bildet $f$ für jede Wahl von $C \in \mathbb{R}$ also $H$ auf ein Kreisbogendreieck mit den Winkeln $\gamma_\nu \pi$, einer Ecke in $b_1 = 0$ und zwei geradlinigen Seiten, die in $b_1$ zusammentreffen und auf den Strahlen $z = t$ bzw. $z = e^{\pi i \gamma_1} t$ mit $t \geqslant 0$ liegen, ab. Normiert man also noch

$$C = \frac{F(\alpha, \beta, \gamma; 1)}{F(\alpha - \gamma + 1, \beta - \gamma + 1, 2 - \gamma; 1)} = \frac{\Gamma(\gamma)\,\Gamma(1-\alpha)\,\Gamma(1-\beta)}{\Gamma(\gamma-\alpha)\,\Gamma(\gamma-\beta)\,\Gamma(2-\gamma)}, \tag{3}$$

so ist $f$ die gesuchte Abbildungsfunktion.

Allgemeine nullwinklige Dreiecke wollen wir nicht mehr so ausführlich untersuchen; die zu Satz 5.8 führenden Überlegungen würden nach umfangreicherer Rechnung ebenfalls zu Formeln der Art (1) führen.

Abschließend verwenden wir die Methoden dieser Paragraphen zur Abschätzung der Blochschen Konstante (siehe Kapitel I, § 3) nach oben; dabei folgen wir einer Arbeit von Ahlfors und Grunsky [2].

Es sei $\Delta_{1/6}$ das nichteuklidische Dreieck (im Einheitskreis) mit Innenwinkeln $\pi/6$, Höhenschnittpunkt 0 und einer Ecke auf der positiven reellen Achse; $\Delta_{1/3}$ sei das gleichseitige euklidische Dreieck mit Ecken in $1, \rho, \rho^2$, wobei $\rho = e^{2\pi i/3}$ ist. Eine leichte Übung in nichteuklidischer Geometrie liefert als Ecken von $\Delta_{1/6}$ die Punkte $r^{-1}$, $r^{-1}\rho$ und $r^{-1}\rho^2$ mit

$$r = \sqrt{1 + \sqrt{3}}.$$

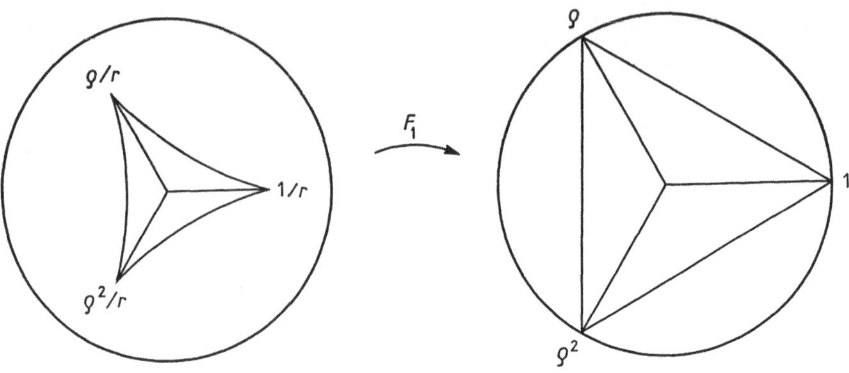


**Bild VI-12**

Mit $F_1$ bezeichnen wir die konforme Abbildung von $\Delta_{1/6}$ auf $\Delta_{1/3}$, die die Ecken $r^{-1}\rho^\nu$ in $\rho^\nu$ (für $\nu = 0, 1, 2$) überführt.

Verbinden wir in beiden Dreiecken die Ecken mit dem Nullpunkt, so zerfallen die Dreiecke jeweils in 3 kongruente Teildreiecke. Wir bilden etwa das Teildreieck $\Delta_0$ mit den Eckpunkten $0, r^{-1}, r^{-1}\rho$ auf $\Delta_1$ mit den Ecken $0, 1, \rho$ konform ab (entsprechende Ecken in entsprechende Ecken) und erhalten hieraus $F_1$ durch Spiegelung an den Seiten $[0, r^{-1}]$ und $[0, r^{-1}\rho]$ im Ausgangsdreieck, $[0, 1]$ bzw. $[0, \rho]$ im Bilddreieck – insbesondere ist $F_1(0) = 0$ und $F_1'(0) > 0$. Nun kann aber $F_1$ durch Spiegelung an den Seiten der von $\Delta_{1/6}$ bzw. $\Delta_{1/3}$ erzeugten nicht-euklidischen bzw. euklidischen Dreiecksnetze in $\mathbf{D}$ bzw. $\mathbb{C}$ zu einer holomorphen Abbildung $F_1 : \mathbf{D} \to \mathbb{C}$ fortgesetzt werden. $F_1$ bildet Dreiecksecken auf Dreiecksecken ab; da in jedem Eckpunkt des n.e. Netzes genau 12 Dreiecke zusammenstoßen, in jedem Eckpunkt des euklidischen Netzes gerade halb soviel, sind alle Ecken des euklidischen Netzes Verzweigungswerte der Ordnung 2. Eine Kreisscheibe in der Ebene, die durch $F_1$ schlicht überdeckt werden kann, hat also höchstens den Radius 1.

Die Funktion $F_1$ ist noch nicht „normiert", d.h. es ist noch nicht $F_1'(0) = 1$. Wir setzen

$$a = F_1'(0) \quad \text{und} \quad F_a = \frac{1}{a} F_1 .$$

Dann ist $F_a$ eine normierte Funktion, die Kreisscheiben höchstens vom Radius $1/a$ schlicht überdecken kann, und wir haben für die Blochsche Konstante die Information

$$B \leqslant 1/a .$$

Es bleibt $a$ zu berechnen.

Dazu sei $\Delta_{1/6}'$ das um den Faktor $r$ vergrößerte Kreisbogendreieck $\Delta_{1/6}$ und $\Delta_0'$ das Teildreieck von $\Delta_{1/6}'$ mit den Eckpunkten $0, 1$ und $\rho$ – siehe Bild VI-13.

Die konformen Abbildungen der oberen Halbebene auf $\Delta_0'$ bzw. $\Delta_1$, die $0, 1, \infty$ in $0, 1, \rho$ überführen, bezeichnen wir mit $f_{1/6}$ bzw. $f_{1/3}$. Dann gilt offenbar

$$F_1(z) = f_{1/3} \circ f_{1/6}^{-1}(rz),$$

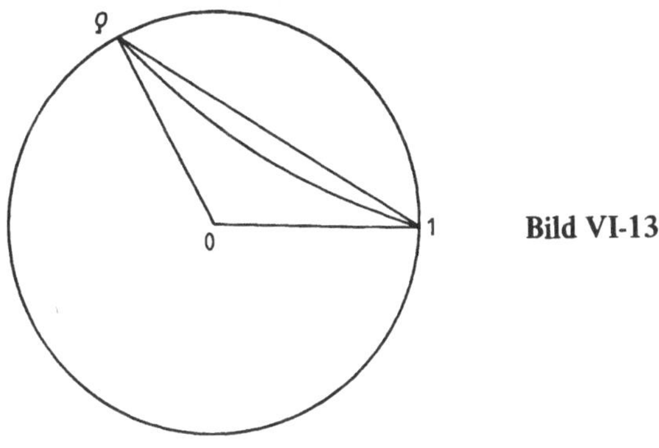


**Bild VI-13**

also

$$F_1\left(\frac{1}{r}\, f_{1/6}\,(z)\right) = f_{1/3}\,(z).$$

Die Formeln (1), (2) und (3) liefern

$$f_{1/3}\,(z) = \frac{\Gamma\left(\frac{1}{3}\right)\Gamma\left(\frac{5}{6}\right)}{\Gamma\left(\frac{1}{6}\right)\Gamma\left(\frac{1}{3}\right)\Gamma\left(\frac{5}{3}\right)}\, F\left(\frac{5}{6},\frac{2}{3},\frac{5}{3};z\right) z^{\frac{2}{3}} = C_{1/3}\,(1+\ldots)\,z^{\frac{2}{3}}$$

$$f_{1/6}\,(z) = \frac{\Gamma\left(\frac{1}{3}\right)\Gamma\left(\frac{5}{6}\right)\Gamma\left(\frac{11}{12}\right)}{\Gamma\left(\frac{1}{6}\right)\Gamma\left(\frac{1}{4}\right)\Gamma\left(\frac{5}{3}\right)}\, \frac{F\left(\frac{5}{6},\frac{3}{4},\frac{5}{3};z\right)}{F\left(\frac{1}{6},\frac{1}{12},\frac{1}{3};z\right)}\, z^{\frac{2}{3}} = C_{1/6}\,(1+\ldots)\,z^{\frac{2}{3}}.$$

Mit $F_1\,(z) = az + \ldots$ folgt durch Einsetzen der Reihenentwicklungen

$$a = r\,\frac{C_{1/3}}{C_{1/6}} = r\,\frac{\Gamma\left(\frac{1}{4}\right)}{\Gamma\left(\frac{1}{3}\right)\Gamma\left(\frac{11}{12}\right)}\,.$$

Wir haben damit

**Satz 6.1.** *Für die Blochsche Konstante B gilt*

$$B \leqslant \frac{\Gamma\left(\frac{1}{3}\right)\Gamma\left(\frac{11}{12}\right)}{\sqrt{1+\sqrt{3}}\,\Gamma\left(\frac{1}{4}\right)} = (4/3)^{3/8}\pi^{3/2}\,\Gamma\left(\frac{1}{4}\right)^{-2} = 0.4718\ldots$$

(Die erste Gleichung des Satzes benutzt Funktionalgleichungen der $\Gamma$-Funktion – welche? –, die letzte den Wert $\Gamma(\frac{1}{4}) = 3.6256\ldots$).

Die im Beweis auftauchende „Ahlfors-Grunsky-Funktion" $F_a$ ist die Funktion mit dem kleinsten bisher gefundenen „Schlichtheitsradius"; vielleicht gibt Satz 6.1 den genauen Wert von $B$.

## § 7. Modulfunktionen und Dreiecksgruppen

Wir kehren zu der in § 3 eingeführten Modulfunktion $\lambda$ zurück. Wir denken sie uns nun auf der oberen Halbebene definiert:

$$\lambda: H \to \mathbb{C} - \{0,1\} = \mathbb{C}''.$$

Sie realisiert die universelle Überlagerung von $\mathbb{C}''$ und ist durch $\lambda(\infty) = 0$, $\lambda(0) = 1$, $\lambda(1) = \infty$ eindeutig festgelegt.

Dabei wird das nullwinklige Viereck mit den Ecken $\infty, -1, 0, 1$ surjektiv auf $\mathbb{C}''$ abgebildet, das in der Figur schraffierte Dreieck $\Delta^+$ mit den Ecken $\infty, 0, 1$ geht konform in die obere Halbebene, das Dreieck $\Delta^-$ in die untere Halbebene über.

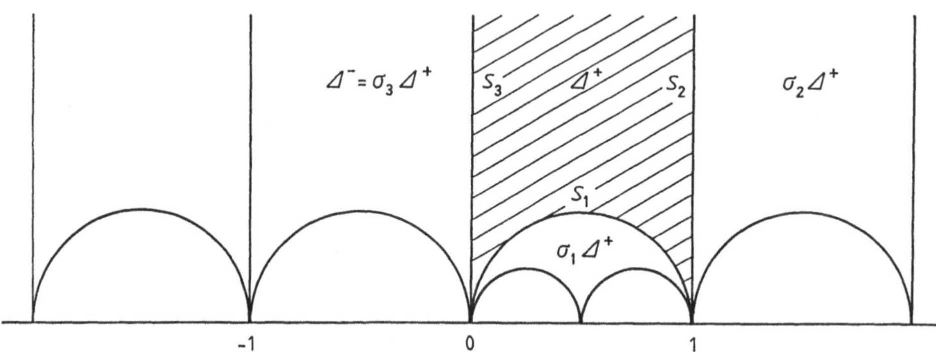


**Bild VI-14**

Die Umkehrfunktion $\mu: H \to \Delta^+$ genügt der Schwarzschen Differentialgleichung

$$\{\mu, z\} = \frac{1}{2}\left[\frac{1}{z^2} + \frac{1}{(1-z)^2} + \frac{1}{z(1-z)}\right]. \tag{1}$$

Die Funktionen $\mu^*(z) = \mu(1-z)$ und $\mu^-(z) = (\lambda|\Delta^-)^{-1}(z)$ bilden die untere Halbebene auf nullwinklige Dreiecke ab und unterscheiden sich daher um eine lineare Transformation:

$$\mu^* = \frac{a\mu^- + b}{c\mu^- + d}.$$

Wir bestimmen die Konstanten durch Einsetzen von $0, 1, \infty$:

$$\mu^*(0) = 0, \qquad \mu^*(1) = \infty, \qquad \mu^*(\infty) = 1,$$
$$\mu^-(0) = \infty, \qquad \mu^-(1) = 0, \qquad \mu^-(\infty) = -1,$$

also

$$\mu^*(z) = \mu(1-z) = -1/\mu^-(z)$$

und damit

$$\lambda\left(-\frac{1}{w}\right) = 1 - \lambda(w). \tag{2}$$

Eine ähnliche Betrachtung wie eben, angewandt auf $\mu(z)$ und $\mu^-(1/z)$, liefert für $\lambda$ die weitere Funktionalgleichung

$$\lambda\left(\frac{w}{1-w}\right)=\frac{1}{\lambda(w)}. \tag{3}$$

(Für einen anderen Zugang zu den Funktionalgleichungen cf. Aufgabe 5.)

Wir wollen nun die Decktransformationsgruppe $\Gamma_0$ der Überlagerung $\lambda\colon H\to \mathbb{C}''$, in anderen Worten die Gruppe der Automorphismen $\tau$ von $H$ mit $\lambda(\tau z)=\lambda(z)$, genauer untersuchen. In § 3 hatten wir gesehen, daß $\Gamma_0$ erzeugt wird von den Produkten einer geraden Anzahl von Spiegelungen an den Netzseiten des Modulnetzes. Unmittelbar aus der Konstruktion des Netzes geht hervor:

**Satz 7.1.** *Jeder Punkt von H kann durch ein Element von* $\Gamma_0$ *in einen Punkt der abgeschlossenen Hülle von* $\Delta^+\cup\Delta^-$ *überführt werden. Liegt der Bildpunkt im Inneren des Abschlusses von* $\Delta^+\cup\Delta^-$, *so ist er eindeutig bestimmt.*

Wir bestimmen nun ein möglichst kleines Erzeugendensystem in $\Gamma_0$. Die Seiten von $\Delta^+$ seien wie in der Figur mit $S_1, S_2, S_3$ bezeichnet, die Spiegelung an $S_j$ heiße $\sigma_j$. Da jede Seite des Modulnetzes durch wiederholte Anwendung von $\sigma_1, \sigma_2, \sigma_3$ auf ein $S_j$ entsteht, wird $\Gamma_0$ schon von den Produkten aus einer geraden Anzahl von Faktoren $\sigma_j$, $j=1,2,3$, erzeugt. Wegen $\sigma_k\sigma_j=(\sigma_j\sigma_k)^{-1}$ wird $\Gamma_0$ also von den Transformationen

$$\tau_1=\sigma_2\sigma_3, \quad \tau_2=\sigma_3\sigma_1, \quad \tau_3=\sigma_1\sigma_2$$

erzeugt. Sie genügen der Relation

$$\tau_1\tau_2\tau_3=\sigma_2\sigma_3\sigma_3\sigma_1\sigma_1\sigma_2=\text{id}. \tag{4}$$

Mit Hilfe der Bilder von $0,1,\infty$ unter $\tau_j$ gewinnt man die expliziten Formeln

$$\tau_1(z)=z+2, \quad \tau_2(z)=\frac{z}{-2z+1}, \quad \tau_3(z)=\frac{z-2}{2z-3}. \tag{5}$$

Die $\tau_j$ haben unendliche Ordnung (man betrachte zugehörige Matrizen). Es läßt sich zeigen, daß jede Relation zwischen den $\tau_j$ auf die Relation (4) zurückgeführt werden kann (vgl. [CM]). — Wir haben nun

**Satz 7.2.** *Die Gruppe* $\Gamma_0$ *wird von den n.e. Bewegungen* $\tau_1$ *und* $\tau_2$ *aus (5) erzeugt. Sie ist isomorph zur freien Gruppe von zwei Erzeugenden.*

$\Gamma_0$ läßt sich auch arithmetisch charakterisieren. Dazu sei

$$\hat{\Gamma}(2)=\{A\in SL_2(\mathbb{Z})\colon A\equiv E\bmod 2\}$$

und $\Gamma(2)=\hat{\Gamma}(2)/\{\pm E\}$. Es ist also $\Gamma(2)$ die Gruppe der Transformationen

$$z\mapsto\frac{az+b}{cz+d}$$

mit ganzzahligen Koeffizienten, wobei $a,d$ ungerade, $b,c$ gerade sind und $ad-bc=1$ gilt. Man hat $\tau_1,\tau_2\in\Gamma(2)$ und damit $\Gamma_0\subset\Gamma(2)$. Es gilt

**Satz 7.3.** $\Gamma_0 = \Gamma(2)$.

**Beweis:** Es sei $A = \begin{pmatrix} a & b \\ c & d \end{pmatrix} \in \hat{\Gamma}(2)$ und $T_1 = \begin{pmatrix} 1 & 2 \\ 0 & 1 \end{pmatrix}$, $T_2 = \begin{pmatrix} 1 & 0 \\ -2 & 1 \end{pmatrix}$.
Es ist zu zeigen, daß $\pm A$ ein Potenzprodukt von $T_1$ und $T_2$ ist. Wenn $b = 0$, so gilt
$a = d = \pm 1$ wegen $\det A = 1$, also ist $A = \pm T_2^k$ mit $k = \pm c/2 \in \mathbb{Z}$. Den Fall $b \neq 0$ führen wir hierauf zurück: Rechtsmultiplikation von $A$ mit $T_1^k$ bzw. $T_2^k$ bewirkt für die
erste Zeile von $A$

$$(a, b) \overset{I}{\longmapsto} (a, b + 2ka) \quad \text{bzw.} \quad (a, b) \overset{II}{\longmapsto} (a - 2kb, b).$$

Durch eine Operation $II$ können wir $A$ in eine Matrix $A'$ mit erster Zeile

$$(a', b'), \quad |a'| < |b'|, \quad b' = b \neq 0$$

überführen (dieser Schritt entfällt, wenn schon $|a| < |b|$ war). Dann führen wir $A'$ durch
eine Operation $I$ in $A''$ mit erster Zeile

$$(a'', b''), \quad |b''| < |a''|, \quad a'' = a', \quad \text{also } |b''| < |b'|,$$

über. Nach endlich vielen Schritten sind wir fertig. $\qquad\qquad\square$

Wir übertragen jetzt die vorstehenden Überlegungen auf eine allgemeinere Situation.

**Definition 7.1.** *Es sei* $\Omega \subset \hat{\mathbb{C}}$ *ein Gebiet. Eine Untergruppe* $G$ *der Automorphismengruppe
von* $\Omega$ *heißt diskontinuierlich, wenn es eine nichtkonstante meromorphe Funktion* $f$ *auf*
$\Omega$ *mit*

$$f(\tau z) = f(z) \tag{6}$$

*für alle* $\tau \in G$ *gibt. Jede meromorphe Funktion, die gemäß* (6) *invariant unter* $G$ *ist, heißt
automorph zu* $G$.

Eine diskontinuierliche Gruppe $G$ hat diskrete Bahnen — sonst wäre jede unter $G$ invariante
meromorphe Funktion konstant. Operiert andererseits eine Gruppe $G$ von Automorphismen
fixpunktfrei und mit diskreten Bahnen auf $\Omega$, so liefern die nichtkonstanten meromorphen
Funktionen auf der Riemannschen Fläche $\Omega/G$ nichtkonstante automorphe Funktionen zu
$G$ (vgl. Kapitel IV, Satz 1.3 und Satz 6.3); also ist $G$ diskontinuierlich. — Für Dreiecksgruppen (Definition 7.2) ergibt sich die Existenz automorpher Funktionen explizit aus dem
Schwarzschen Spiegelungsprinzip, auch wenn die Gruppe nicht fixpunktfrei operiert.
Die oben untersuchte Gruppe $\Gamma_0$ ist in der oberen Halbebene diskontinuierlich. Weitere Beispiele erhalten wir durch allgemeinere „Dreieckspflasterungen": Es sei $\Omega$ eins der drei einfach zusammenhängenden Standardgebiete $\mathbb{C}$, $\hat{\mathbb{C}}$ oder $D$ aus der Uniformisierungstheorie,
wobei also $D$ ein Kreis oder eine Halbebene ist. Wir betrachten ein Kreisbogendreieck $\Delta$
mit den Innenwinkeln $\gamma_\nu \pi$, das durch sukzessive Spiegelung ein ganz $\Omega$ überziehendes
Dreiecksnetz erzeugt. In jeder Ecke des Netzes soll sich eine gerade Anzahl von Dreiecken
treffen. Dafür ist die Bedingung

$$\gamma_\nu = 1/k_\nu, \quad k_\nu \in \{2, 3, \dots, \infty\} \tag{7}$$

notwendig.

$G$ sei dann die von einer geraden Anzahl von Spiegelungen an Netzseiten erzeugte Untergruppe der Automorphismengruppe von $\Omega$.

**Satz 7.4.** *$G$ ist diskontinuierlich und wird von drei Elementen $\tau_1, \tau_2, \tau_3$ erzeugt, die den Relationen*

$$\tau_1^{k_1} = id, \quad \tau_2^{k_2} = id, \quad \tau_3^{k_3} = id, \quad \tau_1\tau_2\tau_3 = id \tag{8}$$

*genügen. Jeder Punkt $z_0$ von $\Omega$ kann durch eine Transformation aus $G$ in einen Punkt $z_1$ des Vierecks $V = \Delta \cup \Delta^-$, das aus dem (abgeschlossenen) Dreieck $\Delta$ und einem seiner Spiegelbilder besteht, überführt werden. Ist $z_1 \in \overset{\circ}{V}$, so ist $z_1$ durch $z_0$ eindeutig bestimmt.*

$V$ heißt *Fundamentalbereich* von $G$. Die Sätze 7.1 und 7.2 sind Spezialfälle dieses Satzes (mit $\Omega = H$, $k_1 = k_2 = k_3 = \infty$, d.h. die $\tau_\nu$ haben unendliche Ordnung).

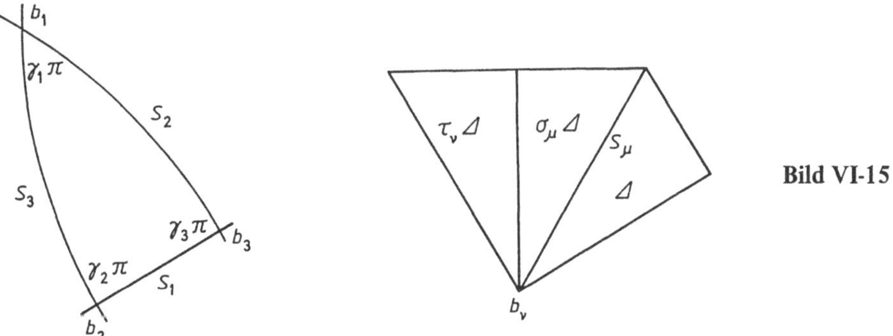


Bild VI-15

**Beweis:** Wir bezeichnen die Spiegelung an der dem Winkel $\gamma_\nu \pi$ gegenüberliegenden Seite mit $\sigma_\nu$ und setzen wie bei der Modulfigur

$$\tau_1 = \sigma_2\sigma_3, \quad \tau_2 = \sigma_3\sigma_1, \quad \tau_3 = \sigma_1\sigma_2.$$

Die $\tau_\nu$ erzeugen $G$ und wir haben wieder $\tau_1\tau_2\tau_3 = id$. Ferner ist $\tau_\nu$ eine lineare Transformation mit Fixpunkt $b_\nu$ (siehe Bild VI-15); das Dreieck $\tau_\nu(\Delta)$ hat in $b_\nu$ den Innenwinkel $\gamma_\nu \pi$ und wird von $\Delta$ durch ein Dreieck $\sigma_\mu\Delta$ getrennt. Der Winkel von $\tau_\nu\Delta$ in $b_\nu$ ist also um $2\gamma_\nu\pi$ gegenüber dem entsprechenden Winkel von $\Delta$ gedreht; $k_\nu$-fache Anwendung von $\tau_\nu$ führt $\Delta$ identisch in sich über (sofern $k_\nu < \infty$), also hat $\tau_\nu$ die Ordnung $k_\nu$. Die Relationen (8) sind bewiesen; darüberhinaus kann man zeigen, daß jede weitere Relation zwischen den $\tau_\nu$ aus (8) folgt.

Die Aussage über den Fundamentalbereich ist evident. Es bleibt die Aufgabe, nichttriviale automorphe Funktionen zu $G$ zu konstruieren. Der Fall $\Sigma\gamma_\nu \geq 1$ wird ausführlich in den Paragraphen 9 und 10 behandelt; wir konzentrieren uns hier auf den wichtigsten Fall

$$\sum_1^3 \gamma_\nu < 1. \tag{9}$$

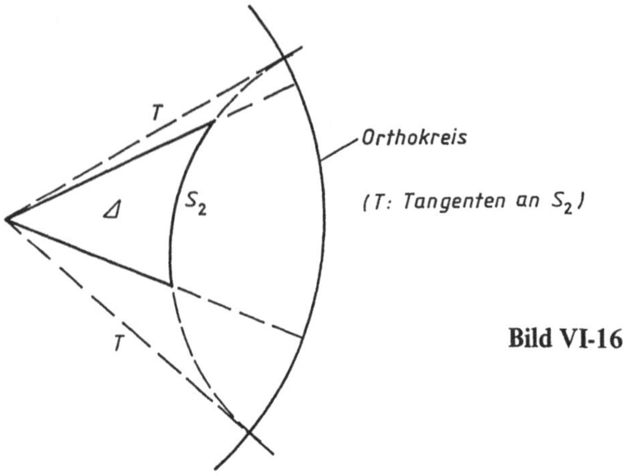



**Bild VI-16**

Dann können wir $G$ als diskontinuierliche Gruppe in der oberen Halbebene ansehen: Zu jedem Kreisbogendreieck $\Delta$, dessen Innenwinkel der Beziehung (9) genügen, gibt es genau einen Orthokreis, d.i. ein Kreis, der orthogonal zu den Seiten von $\Delta$ ist, wie aus Bild VI-16 hervorgeht (Aufgabe 1). Wir bilden das Innere des Orthokreises auf die obere Halbebene konform ab; $\Delta$ geht dabei in ein nichteuklidisches Dreieck über. Man kann nun zeigen, daß jedes n.e. Dreieck, dessen Innenwinkel der Relation (7) genügen, durch sukzessive Spiegelung ein die n.e. Ebene überziehendes Dreiecksnetz erzeugt. Die Konstruktion einer nicht konstanten meromorphen Funktion, die automorph bezüglich $G$ ist, kann dann wörtlich wie in § 3 geschehen.                                                                    □

**Definition 7.2.** *Jede Gruppe, die sich gemäß dem oben beschriebenen Verfahren konstruieren läßt, heißt Dreiecksgruppe.*

Dreiecksgruppen sind automatisch diskontinuierlich; im hyperbolischen Fall haben wir das gerade bewiesen.

Wir führen nun die wichtigste derartige Gruppe ein.

**Satz 7.5.** *Die Gruppe* $\Gamma$ *der nichteuklidischen Bewegungen*

$$z \mapsto \frac{az+b}{cz+d} \quad mit \quad \begin{pmatrix} a & b \\ c & d \end{pmatrix} \in SL_2(\mathbb{Z})$$

*ist eine Dreiecksgruppe.*

Wir zeigen genauer, daß sie sich mit Hilfe des n.e. Dreiecks $\Delta$ mit den Ecken

$$b_1 = \infty, \quad b_2 = i, \quad b_3 = e^{\pi i/3} = \frac{1}{2}(1 + i\sqrt{3}) = -\rho^2$$

erzeugen läßt (dabei ist $\rho = e^{2\pi i/3}$ gesetzt). Die Innenwinkel sind $\alpha_1 = 0$, $\alpha_2 = \pi/2$, $\alpha_3 = \pi/3$.

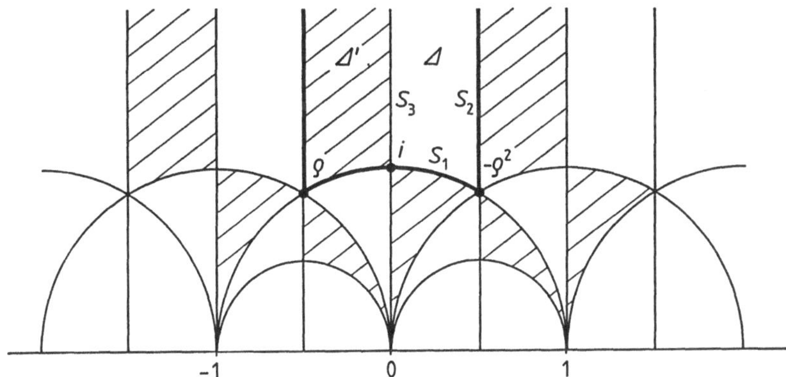

**Bild VI-17**

**Definition 7.3.** *$\Gamma$ heißt die Modulgruppe, die automorphen Funktionen zu $\Gamma$ heißen (elliptische) Modulfunktionen.*

Funktionen, die bezüglich einer Untergruppe von endlichem Index in $\Gamma$ automorph sind, werden ebenfalls Modulfunktionen genannt. Die oben besprochene Gruppe $\Gamma_0$ ist ein Beispiel für eine solche Untergruppe; sie heißt *(Haupt-)Kongruenzuntergruppe* mod. 2.

**Beweis** von Satz 7.5: Es sei $\Gamma'$ die zu $\Delta$ gehörige Dreiecksgruppe. Nach Satz 7.4 wird $\Gamma'$ erzeugt von

$$\tau_1: z \mapsto z + 1, \quad \tau_2: z \mapsto -\frac{1}{z}, \quad \tau_3: z \mapsto \frac{1}{1-z},$$

dabei bestehen die Relationen $\tau_2^2 = \tau_3^3 = id$, $\tau_1 \tau_2 \tau_3 = id$. Es folgt $\Gamma' \subset \Gamma$. Natürlich wird $\Gamma'$ auch durch $\tau_1$ und $\tau_2$ erzeugt. Zugehörige Matrizen sind

$$T = \begin{pmatrix} 1 & 1 \\ 0 & 1 \end{pmatrix} \quad \text{und} \quad S = \begin{pmatrix} 0 & -1 \\ 1 & 0 \end{pmatrix}.$$

Wir weisen nun nach, daß sich jede Matrix $A \in SL_2(\mathbb{Z})$ durch $T$ und $S$ ausdrücken läßt; das zeigt $\Gamma \subset \Gamma'$. Es sei $A = \begin{pmatrix} a & b \\ c & d \end{pmatrix}$. Ist $c = 0$, so gilt $a = d = \pm 1$ und $A = T^b$ oder $A = -T^{-b} = S^2 T^{-b}$. Den Fall $c \neq 0$ führen wir hierauf zurück. Rechtsmultiplikation von $A$ mit $S$ bzw. $T^k$ bewirkt für die zweite Zeile

$$(c,d) \overset{I}{\longmapsto} (d,-c) \quad \text{bzw.} \quad (c,d) \overset{II}{\longmapsto} (c,d+kc).$$

Mit einer Operation $II$ führen wir $A$ über in eine Matrix $A'$ mit zweiter Zeile

$$(c,d'), \quad \text{wobei } 0 \leqslant d' < |c|,$$

mit einer Operation $I$ wird daraus $A''$ mit zweiter Zeile

$$(c'',d''), \quad \text{wobei } 0 \leqslant c'' = d' < |c|.$$

Nach endlich vielen Schritten sind wir fertig. $\qquad\qquad\qquad\qquad\qquad\qquad\square$

Übrigens ist das vom Dreieck $\Delta$ erzeugte Dreiecksnetz eine Verfeinerung des von $\Delta^+$ erzeugten Modulnetzes: Es entsteht durch Einzeichnen der nichteuklidischen Höhen in die Dreiecke des Modulnetzes. Daher haben beide Netze die gleichen Spitzen — damit bezeichnet man die auf $\mathbb{R} \cup \{\infty\}$ gelegenen Ecken des Netzes (siehe auch Aufgabe 3, 4).

Wir suchen nun $\Gamma$-invariante Funktionen. Mit dem bisher benutzten Spiegelungsverfahren erhalten wir eine solche Funktion

$$J: H \to \mathbb{C}$$

mit folgenden Eigenschaften:

i)     *J bildet das (offene) Dreieck $\Delta'$ mit den Ecken $\infty, \rho, i$ konform auf $H$ ab,*
ii)    $J(\infty) = \infty, \ J(\rho) = 0, \ J(i) = 1$,
iii)   *J ist $\Gamma$-invariant.*

Man kann aber auch mittels der $\Gamma_0$-invarianten Funktion $\lambda$ eine $\Gamma$-invariante Funktion konstruieren. Dazu gehen wir von den oben bewiesenen Funktionalgleichungen (2) und (3) aus, die wir in der Form

$$\lambda(Sz) = U\lambda(z), \qquad \lambda(S^{-1}TSz) = V\lambda(z)$$

mit $U = \begin{pmatrix} -1 & 1 \\ 0 & 1 \end{pmatrix}$, $V = \begin{pmatrix} 0 & 1 \\ 1 & 0 \end{pmatrix}$ schreiben. Da $S$ und $S^{-1}TS$ die Modulgruppe $\Gamma$ erzeugen, gilt für jedes $\gamma \in \Gamma$ eine Funktionalgleichung

$$\lambda(\gamma z) = M_\gamma \lambda(z),$$

wobei $M_\gamma$ eine durch $\gamma$ eindeutig bestimmte Möbiustransformation aus der von $U$ und $V$ erzeugten Gruppe $G$ ist. Die Abbildung

$$\varphi: \Gamma \to G, \qquad \gamma \mapsto M_\gamma$$

ist ein Homomorphismus auf $G$, dessen Kern gerade $\Gamma_0$ ist. Untersuchen wir also $G$!

$U$ und $V$ sind konforme Automorphismen von $\mathbb{C}''$. Jeder Automorphismus von $\mathbb{C}''$ läßt sich nach dem Riemannschen Hebbarkeitssatz zu einem Automorphismus von $\hat{\mathbb{C}}$ fortsetzen, ist also eine Möbiustransformation, welche die Punkte $0, 1, \infty$ permutiert. Umgekehrt wird jede Permutation dieser Punkte durch genau einen Automorphismus von $\mathbb{C}''$ bewirkt. Aut $\mathbb{C}''$ ist also isomorph zur vollen Permutationsgruppe $\mathscr{S}_3$, und es ist $G = \text{Aut } \mathbb{C}''$, denn die von $U$ und $V$ bewirkten Permutationen erzeugen $\mathscr{S}_3$. Wir halten fest:

**Satz 7.6.** $\Gamma_0$ *ist ein Normalteiler vom Index* 6 *in* $\Gamma$. *Die Quotientengruppe* $\Gamma/\Gamma_0$ *ist isomorph zu* $\mathscr{S}_3$.

Wir geben die Matrizen eines Repräsentantensystems von $\Gamma$ modulo $\Gamma_0$ an und notieren die zugehörigen Funktionalgleichungen für $\lambda$:

$$E = \begin{pmatrix} 1 & 0 \\ 0 & 1 \end{pmatrix}, \qquad TS = \begin{pmatrix} 1 & -1 \\ 1 & 0 \end{pmatrix}, \qquad (TS)^2 = ST^{-1} = \begin{pmatrix} 0 & -1 \\ 1 & -1 \end{pmatrix}$$

$$S = \begin{pmatrix} 0 & -1 \\ 1 & 0 \end{pmatrix}, \qquad T = \begin{pmatrix} 1 & 1 \\ 0 & 1 \end{pmatrix}, \qquad S^{-1}TS = \begin{pmatrix} 1 & 0 \\ -1 & 1 \end{pmatrix}$$

$$\lambda(-1/z) = \lambda(Sz) = U\lambda(z) = 1 - \lambda(z)$$

$$\lambda\left(\frac{z}{1-z}\right) = \lambda(S^{-1}TSz) = V\lambda(z) = 1/\lambda(z)$$

$$\lambda\left(\frac{z-1}{z}\right) = \lambda(TSz) = UV\lambda(z) = \frac{\lambda(z)-1}{\lambda(z)}$$

$$\lambda\left(\frac{1}{1-z}\right) = \lambda((TS)^2 z) = VU\lambda(z) = \frac{1}{1-\lambda(z)}$$

$$\lambda(z+1) = \lambda(Tz) = VUV\lambda(z) = \frac{\lambda(z)}{\lambda(z)-1} \ .$$

Ist nun $F$ eine $G$-invariante holomorphe Funktion auf $\mathbb{C}''$, so ist $F \circ \lambda$ eine $\Gamma$-invariante Funktion auf $H$: Für $\gamma \in \Gamma$ gilt $F \circ \lambda(\gamma z) = F(M_\gamma \lambda(z)) = F(\lambda(z))$. Ein einfaches nicht-konstantes $F$ bekommt man durch

$$F(w) = \prod_{g \in G} (1 + g(w)) = - \frac{(w+1)^2 (w-2)^2 (2w-1)^2}{w^2 (1-w)^2} \ ;$$

die zugehörige $\Gamma$-invariante Funktion bezeichnet man mit

$$j(z) = F(\lambda(z)).$$

Sie hängt in einfacher Weise mit der oben erklärten Funktion $J(z)$ zusammen. Aus den Funktionalgleichungen für $\lambda$ und der Beziehung $\lambda(-\bar{z}) = \overline{\lambda(z)}$ folgt nämlich, daß $\lambda$ den Halbkreis $\{z\bar{z} = 1, \operatorname{Im} z \geqslant 0\}$ auf die Gerade $\operatorname{Re} w = 1/2$ und die Gerade $\operatorname{Re} z = 1/2$ in den Kreis $|w - 1| = 1$ abbildet. Insbesondere ist $\lambda(i) = 1/2$ und $\lambda(-\rho^2) = -\rho^2$, und $\lambda(\Delta)$ wird von den Strecken $[0, \frac{1}{2}]$, $[\frac{1}{2}, -\rho^2]$ sowie dem Bogen von $-\rho^2$ nach $0$ des Kreises $|w - 1| = 1$ berandet. Man verifiziert nun, daß $F$ den Rand $\partial(\lambda(\Delta))$ bijektiv auf $\mathbb{R} \cup \{\infty\}$ abbildet mit $F(0) = \infty$, $F(\frac{1}{2}) = 0$ und $F(-\rho^2) = 27$. Daher wird $\Delta$ durch $j = F \circ \lambda$ konform auf die obere Halbebene abgebildet mit

$$j(\infty) = \infty, \quad j(i) = 0, \quad j(-\rho^2) = 27.$$

Die Funktion $1 - \frac{1}{27} j(z)$ liefert dann eine konforme Abbildung von $\Delta$ auf die untere Halbebene, welche $\infty, i$ und $-\rho^2$ in $\infty, 1$ und $0$ überführt. Das gleiche leistet $J(z)$. Man hat also:

**Satz 7.7.** *Die Funktion*

$$J(z) = 1 - \frac{1}{27} j(z) = \frac{4}{27} \frac{(\lambda^2 - \lambda + 1)^3}{\lambda^2 (\lambda - 1)^2}$$

*ist eine $\Gamma$-invariante Modulfunktion, die die obere Halbebene auf $\mathbb{C}$ und das Innere des Moduldreiecks $\Delta'$ mit den Ecken $\infty, \rho, i$ konform auf die obere Halbebene abbildet und $J(\infty) = \infty$, $J(\rho) = 0$, $J(i) = 1$ erfüllt.*

Die Darstellung von $J$ durch $\lambda$ gewinnt man durch Rechnung aus $j(z) = F(\lambda(z))$. — Man beachte, daß $J$ verzweigt ist!

**Aufgaben:**

1. Man zeige, daß ein Kreisbogendreieck mit Winkelsumme $< \pi$ genau einen Orthokreis hat.

2. Der Fundamentalbereich $\Delta^+ \cup \Delta^-$ (mit den Ecken $\infty, -1, 0, 1$) von $\Gamma_0$ wird von 6 Bildern eines Fundamentalbereichs von $\Gamma$ (etwa des n.e. Vierecks mit den Ecken $\infty, i, -\rho^2, 1+i$) gepflastert. Hieraus kann man schließen, daß $\Gamma_0$ Index 6 in $\Gamma$ hat, und ein Repräsentantensystem gewinnen.

3. Es sei $\mathscr{S}_p$ die Menge der Spitzen des Modulnetzes. Man zeige $\mathscr{S}_p = \Gamma(\infty) = \mathbb{Q} \cup \{\infty\}$. Es folgt, daß die reelle Achse natürliche Grenze für jede nicht konstante Modulfunktion ist.

4. Unter der Operation von $\Gamma_0$ zerfällt $\mathscr{S}_p$ in die drei Bahnen $\Gamma_0(0), \Gamma_0(1), \Gamma_0(\infty)$ (Beweis?). Man zeige direkt, daß $\Gamma_0$ Normalteiler in $\Gamma$ ist und daß daher $\Gamma$ als Permutationsgruppe auf der Menge der $\Gamma_0$-Bahnen in $\mathscr{S}_p$ operiert (die Operation wird durch $\gamma(\Gamma_0(q)) = \Gamma_0(\gamma q)$ gegeben). Man zeige weiter (ohne Benutzung des im Text angegebenen Beweises von Satz 7.6), daß der damit definierte Homomorphismus $\Gamma \to \mathscr{S}_3$ surjektiv ist und genau $\Gamma_0$ als Kern hat.

5. (Ein anderer Zugang zu den Funktionalgleichungen für $\lambda$.) $\Gamma_0$ ist Normalteiler von $\Gamma$, was man direkt verifiziert. Daher gibt es zu jedem $\gamma \in \Gamma$ einen Automorphismus $\bar{\gamma}$ von $\mathbb{C}''$ mit $\bar{\gamma} \circ \lambda = \lambda \circ \gamma$ (vgl. Kapitel IV, § 6, Aufgabe 3); $\bar{\gamma}$ hängt nur von der Restklasse von $\gamma$ mod. $\Gamma_0$ ab. Identifiziert man Aut $\mathbb{C}''$ als die Gruppe der Möbiustransformationen, welche $0, 1$ und $\infty$ permutieren, so lassen sich durch Betrachtung der Werte von $\gamma$ und $\lambda$ in den Ecken des Fundamentalbereichs $\Delta^+ \cup \Delta^-$ sämtliche oben angeführten Funktionalgleichungen für $\lambda$ gewinnen. Es folgt wieder $\Gamma/\Gamma_0 \cong \mathscr{S}_3$ und überdies, daß $\Gamma$ der volle Normalisator von $\Gamma_0$ in Aut $H$ ist.

6. a) Man verifiziere die Aussagen des Textes über $\lambda(\partial\Delta)$.

   b) Man zeige, daß $F(w)$ (genau) auf $\{\operatorname{Re} w = \tfrac{1}{2}\} \cup \{|w| = 1\} \cup \{|w - 1| = 1\}$ reell ist, und weise nach, daß $F$ den Rand von $\lambda(\Delta)$ bijektiv auf $\overline{\mathbb{R}}$ abbildet.

7. Für die Funktionen $J(z)$ und $j(z)$ bestimme man die Verzweigungspunkte und ihre Ordnungen.

8. Das Kreisbogendreieck, das von den Strecken $[0, 1/2]$ und $[1/2, -\rho^2]$ sowie dem von $-\rho^2$ nach $0$ laufenden Bogen des Kreises $|w - 1| = 1$ berandet wird, erzeugt durch Spiegelung eine Dreieckspflasterung von $\hat{\mathbb{C}}$. Die Funktion $\hat{\mathbb{C}} \to \hat{\mathbb{C}}$, die man aus diesem Netz nach dem Spiegelungsverfahren gewinnt, ist bei geeigneter Normierung gerade unsere Funktion $F(w)$. Man verifiziere diese Aussagen.


## § 8. Modulfunktionen und elliptische Funktionen

Bei der Untersuchung elliptischer Funktionen und ihrer Abhängigkeit vom Periodengitter zeigt sich eine enge Beziehung zu den im vorigen Paragraphen besprochenen Modulfunktionen $\lambda$ und $J$.

Wir bezeichnen das von $\omega_1, \omega_2$ erzeugte Gitter $\Omega$ durch $\Omega = \langle \omega_1, \omega_2 \rangle$. Dabei denken wir uns die Erzeugenden $\omega_1, \omega_2$ stets so numeriert, daß $\tau = \omega_2/\omega_1$ in der oberen Halbebene $H$ liegt. Wir nennen zwei Gitter $\Omega$ und $\Omega'$ äquivalent, wenn die Tori $\mathbb{C}/\Omega$ und $\mathbb{C}/\Omega'$ als Riemannsche Flächen isomorph sind, d.h. wenn es eine biholomorphe Abbildung $\mathbb{C}/\Omega \to \mathbb{C}/\Omega'$ gibt.

**Satz 8.1.** *Zwei Gitter $\Omega$ und $\Omega'$ sind genau dann äquivalent, wenn sie konjugierte Untergruppen in* Aut $\mathbb{C}$ *sind. Dies ist genau dann der Fall, wenn es $\alpha \in \mathbb{C}^*$ gibt mit $\alpha\Omega = \Omega'$.*

**Beweis:** a) Die erste Aussage ergibt sich wie Satz 6.4 in Kapitel IV: Ein $T \in \text{Aut } \mathbb{C}$ mit $T\Omega = \Omega' T$ induziert eine biholomorphe Abbildung $T^*: \mathbb{C}/\Omega \to \mathbb{C}/\Omega'$; umgekehrt läßt sich jedes solche $T^*$ zu einer Abbildung $T \in \text{Aut } \mathbb{C}$ mit $T\Omega T^{-1} = \Omega'$ liften.

b) Für $T: z \mapsto \alpha z + \beta$ $(\alpha \neq 0)$ besteht die Gruppe $T\Omega T^{-1}$ genau aus den Translationen $z \mapsto z + \alpha\omega$, $\omega \in \Omega$. Daraus ergibt sich die zweite Aussage. $\qquad \square$

Übergang von $\Omega = \langle \omega_1, \omega_2 \rangle$ zum äquivalenten Gitter $\omega_1^{-1}\Omega$ zeigt: In jeder Äquivalenzklasse liegt mindestens ein Gitter der speziellen Form $\Omega = \langle 1, \tau \rangle$ mit $\tau \in H$. Zwei Gitter $\Omega = \langle 1, \tau \rangle$ und $\Omega' = \langle 1, \tau' \rangle$ sind genau dann äquivalent, wenn es $\alpha \in \mathbb{C}^*$ gibt, so daß $\alpha$ und $\alpha\tau$ das Gitter $\Omega'$ erzeugen. Das bedeutet: Es gibt ganze Zahlen $a$, $b$, $c$, $d$ mit $ad - bc = \pm 1$, so daß

$$\alpha = c\tau' + d, \quad \alpha\tau = a\tau' + b$$

gilt. Dann ist

$$\tau = \frac{a\tau' + b}{c\tau' + d} \cdot \tag{1}$$

Hieraus errechnet man

$$\text{Im } \tau = \frac{ad - bc}{|c\tau' + d|^2} \, \text{Im } \tau';$$

wegen $\tau, \tau' \in H$ muß $ad - bc = 1$ gelten. Umgekehrt folgt aus der Beziehung (1) mit $\begin{pmatrix} a & b \\ c & d \end{pmatrix} \in SL_2(\mathbb{Z})$ die Äquivalenz von $\langle 1, \tau \rangle$ und $\langle 1, \tau' \rangle$. Wir haben damit

**Satz 8.2.** *Zwei Gitter* $\Omega = \langle \omega_1, \omega_2 \rangle$ *und* $\Omega' = \langle \omega_1', \omega_2' \rangle$ *sind genau dann äquivalent, wenn die Zahlen* $\tau = \omega_2/\omega_1$ *und* $\tau' = \omega_2'/\omega_1'$ *durch eine Transformation der Modulgruppe* $\Gamma$ *auseinander hervorgehen.*

In anderen Worten: Die biholomorphen Isomorphieklassen der Tori $\mathbb{C}/\Omega$ entsprechen eineindeutig den Bahnen von $\Gamma$ in der oberen Halbebene.

Die im vorigen Paragraphen eingeführte Funktion $J: H \to \mathbb{C}$ ist $\Gamma$-invariant und hat auf verschiedenen Bahnen verschiedene Werte — sie bildet ja den Fundamentalbereich

$$F = \{\tau \in H: -\tfrac{1}{2} \leqslant \text{Re } \tau < \tfrac{1}{2}, \; |\tau| \geqslant 1, \; |\tau| > 1 \; \text{ für } \; \text{Re } \tau > 0\}$$

bijektiv auf $\mathbb{C}$ ab. Wir können daher sagen: Die Gitter $\Omega = \langle \omega_1, \tau\omega_1 \rangle$ und $\Omega' = \langle \omega_1', \tau'\omega_1' \rangle$ sind genau dann äquivalent, wenn $J(\tau) = J(\tau')$ gilt. Diese bemerkenswerte Aussage erscheint bei unserer Konstruktion von $J$ zunächst als glücklicher Zufall. Wir werden aber weiter unten $J(\tau)$ mit Hilfe der Größen $g_2$ und $g_3$ beschreiben, welche direkt aus dem Gitter abgeleitet sind.

Zuvor stellen wir den Zusammenhang zwischen der Modulfunktion $\lambda$ und Weierstraßschen $\wp$-Funktionen her. Für ein Gitter $\Omega = \langle \omega_1, \omega_2 \rangle$ ist die $\wp$-Funktion gegeben durch

$$\wp_\Omega(z) = \wp(z; \omega_1, \omega_2) = \frac{1}{z^2} + {\sum}' \left( \frac{1}{(z - \omega)^2} - \frac{1}{\omega^2} \right), \tag{2}$$

dabei bedeutet $\Sigma'$ Summation über alle von 0 verschiedenen Elemente von $\Omega$. Die Zahlen

$$e_1(\omega_1, \omega_2) = \wp_\Omega\left(\frac{\omega_1}{2}\right), \quad e_2(\omega_1, \omega_2) = \wp_\Omega\left(\frac{\omega_1 + \omega_2}{2}\right),$$

$$e_3(\omega_1, \omega_2) = \wp_\Omega\left(\frac{\omega_2}{2}\right)$$

sind genau die Werte, die von $\wp_\Omega$ mit Vielfachheit 2 angenommen werden; sie sind paarweise verschieden. Die Menge $\{e_1, e_2, e_3\}$ ist durch das Gitter $\Omega$ bestimmt, während die Numerierung der $e_k$ von der Wahl der Gitterbasis abhängt. Ersetzt man z.B. $\omega_1, \omega_2$ durch $-\omega_2, \omega_1$, so werden $e_1$ und $e_3$ vertauscht:

$$e_1(-\omega_2, \omega_1) = e_3(\omega_1, \omega_2), \quad e_3(-\omega_2, \omega_1) = e_1(\omega_1, \omega_2);$$

ersetzt man $\omega_1, \omega_2$ durch $\omega_1 - \omega_2, \omega_2$, so werden $e_1$ und $e_2$ vertauscht.

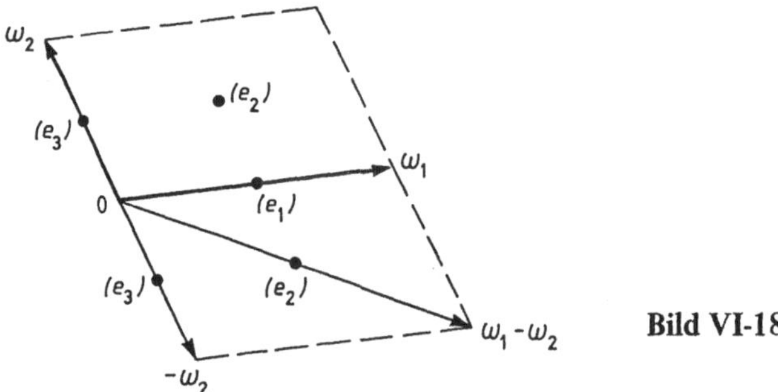


**Bild VI-18**

Beim Übergang von $\Omega$ zu $\alpha\Omega = \langle \alpha\omega_1, \alpha\omega_2 \rangle$ hat man nach (2) $\wp_{\alpha\Omega}(\alpha z) = \alpha^{-2} \wp_\Omega(z)$ und damit

$$e_k(\alpha\omega_1, \alpha\omega_2) = \alpha^{-2} e_k(\omega_1, \omega_2), \quad k = 1, 2, 3.$$

Wir bilden nun die von $0, 1, \infty$ verschiedene Größe

$$\lambda^*(\omega_1, \omega_2) = \frac{e_2(\omega_1, \omega_2) - e_3(\omega_1, \omega_2)}{e_1(\omega_1, \omega_2) - e_3(\omega_1, \omega_2)}.$$

Man hat

$$\lambda^*(-\omega_2, \omega_1) = \frac{e_2(\omega_1, \omega_2) - e_1(\omega_1, \omega_2)}{e_3(\omega_1, \omega_2) - e_1(\omega_1, \omega_2)} = 1 - \lambda^*(\omega_1, \omega_2),$$

$$\lambda^*(\omega_1 - \omega_2, \omega_2) = \frac{e_1(\omega_1, \omega_2) - e_3(\omega_1, \omega_2)}{e_2(\omega_1, \omega_2) - e_3(\omega_1, \omega_2)} = \frac{1}{\lambda^*(\omega_1, \omega_2)}$$

sowie

$$\lambda^*(\alpha\omega_1, \alpha\omega_2) = \lambda^*(\omega_1, \omega_2).$$

Wir betrachten daher normierte Gitter mit Basen $1, \tau$ ($\tau \in H$) und schreiben $\lambda^*(\tau) = \lambda^*(1, \tau)$. Die aus (2) gebildeten Reihen für

$$e_1(\tau) = \wp\left(\frac{1}{2}; 1, \tau\right), \quad e_2(\tau) = \wp\left(\frac{1+\tau}{2}; 1, \tau\right), \quad e_3(\tau) = \wp\left(\frac{\tau}{2}; 1, \tau\right) \tag{3}$$

konvergieren lokal gleichmäßig bezüglich $\tau$. Daher ist $\lambda^*(\tau)$ eine auf $H$ holomorphe Funktion mit Werten in $\mathbb{C}'' = \mathbb{C} - \{0, 1\}$. Nach obigem genügt sie den Funktionalgleichungen

$$\lambda^*(-1/\tau) = 1 - \lambda^*(\tau), \quad \lambda^*\left(\frac{\tau}{1-\tau}\right) = \frac{1}{\lambda^*(\tau)} \, . \tag{4}$$

Da die Modulgruppe $\Gamma$ von $S \colon \tau \mapsto -1/\tau$ und $S^{-1}TS \colon \tau \mapsto \tau/(1-\tau)$ erzeugt wird, können wir aus (4) das Verhalten von $\lambda^*$ bei beliebigen Transformationen aus $\Gamma$ ableiten.

Den Funktionalgleichungen (4) genügt aber auch die Modulfunktion $\lambda$. Daher haben $\lambda$ und $\lambda^*$ die gleichen Transformationseigenschaften bei $\Gamma$, insbesondere ist auch $\lambda^*$ invariant unter der Untergruppe $\Gamma_0$, die ja nach § 7 von $T^2$ und $S^{-1}T^2S$ erzeugt wird (mit $T\tau = \tau + 1$).

Wir wollen zeigen, daß sogar $\lambda^* = \lambda$ gilt. Dazu benötigen wir als *Hilfsaussage*: Für $\operatorname{Im} \tau \to +\infty$ geht $\lambda^*(\tau) \to 0$ (gleichmäßig in $\operatorname{Re} \tau$). In der Tat: Aus (2) erhalten wir

$$e_2(\tau) - e_3(\tau) = \sum_{m,\,n=-\infty}^{\infty} \left( \frac{1}{[m - \frac{1}{2} + (n - \frac{1}{2})\tau]^2} - \frac{1}{[m + (n - \frac{1}{2})\tau]^2} \right)$$

$$e_1(\tau) - e_3(\tau) = \sum \left( \frac{1}{[m - \frac{1}{2} + n\tau]^2} - \frac{1}{[m + (n - \frac{1}{2})\tau]^2} \right).$$

Da die Reihen absolut konvergieren, kann zunächst über $m$ summiert werden. Benutzung der Formel

$$\left( \frac{\pi}{\sin \pi z} \right)^2 = \sum_{m=-\infty}^{\infty} \frac{1}{(z-m)^2}$$

([FL], Kapitel VII, Satz 3.1) liefert

$$e_2 - e_3 = \pi^2 \sum_{n=-\infty}^{\infty} \left( \frac{1}{\cos^2 (n - \frac{1}{2})\pi\tau} - \frac{1}{\sin^2 (n - \frac{1}{2})\pi\tau} \right)$$

$$e_1 - e_3 = \pi^2 \sum_{n=-\infty}^{\infty} \left( \frac{1}{\cos^2 n\pi\tau} - \frac{1}{\sin^2 (n - \frac{1}{2})\pi\tau} \right).$$

Diese Reihen konvergieren gleichmäßig für $\operatorname{Im} \tau \geq \delta > 0$; gliedweiser Grenzübergang liefert $e_2 - e_3 \to 0$, $e_1 - e_3 \to \pi^2$ und damit $\lambda^*(\tau) \to 0$ für $\operatorname{Im} \tau \to +\infty$.

Wir betrachten nun das offene Fundamentalviereck

$$F_0 = \{\tau \in H \colon |\operatorname{Re} \tau| < 1, \ |\tau \pm \tfrac{1}{2}| > \tfrac{1}{2}\}$$

von $\Gamma_0$. Das Verhalten von $\lambda^*$ in den Ecken $0, \pm 1$ ergibt sich aus dem in $\infty$ mittels der Funktionalgleichungen (4):

Geht $\tau$ in $F_0$ gegen $0$, so geht $-1/\tau$ in $F_0$ gegen $\infty$, also $\lambda^*(\tau) = 1 - \lambda^*(-1/\tau) \to 1$.
Geht $\tau$ in $F_0$ gegen $\pm 1$, so strebt $\frac{\tau}{1 \mp \tau}$ in $F_0$ gegen $\infty$, mit (4) folgt $\lambda^*(\tau) \to \infty$.
Nach Konstruktion bildet die Modulfunktion $\lambda$ den Bereich $F_0$ biholomorph auf
$G = \mathbb{C} - (] - \infty, 0] \cup [1, + \infty[)$ ab. Es sei nun

$$f = \lambda^* \circ (\lambda | F_0)^{-1} \colon G \to \mathbb{C}.$$

Wir zeigen, daß $f$ zu einer ganzen Funktion fortgesetzt werden kann. Strebt $w$ in $G$ aus der oberen (unteren) Halbebene gegen ein $w_0 \in ] - \infty, 0[$, so strebt $(\lambda | F_0)^{-1}(w)$ gegen einen Punkt $\tau_0 \in ]1, 1 + i\infty[$ bzw. gegen $\tau_0 - 2$. Da $\lambda^*$ invariant bei $\tau \mapsto \tau - 2$ ist, läßt sich $f$ zu einer stetigen und damit holomorphen Funktion auf $G \cup ] - \infty, 0[$ fortsetzen. Ebenso erkennt man die Fortsetzbarkeit auf $]1, + \infty[$; damit kann $f$ als holomorphe Funktion auf $\mathbb{C}''$ angesehen werden. Für $w \to 0$ gilt $(\lambda | F_0)^{-1}(w) \to \infty$, also $f(w) \to 0$; für $w \to 1$ erhält man $f(w) \to 1$. Hat man schließlich eine Folge $w_\nu \to \infty$, so häufen sich die $\lambda$-Urbilder der $w_\nu$ in $\bar{F_0}$ höchstens in $1$ und $-1$; damit kommt $f(w_\nu) \to \infty$. Also ist $f(w)$ ein Polynom. Da $w = 0$ die einzige Nullstelle und $w = 1$ die einzige 1-Stelle von $f$ ist, ist $f(w) = w$ oder $\lambda^* = \lambda$ auf $F_0$, also auch auf $H$. Damit haben wir bewiesen:

**Satz 8.3.** *Die Funktionen $e_1(\tau)$, $e_2(\tau)$, $e_3(\tau)$ seien auf der oberen Halbebene durch* (3) *erklärt. Dann gilt*

$$\lambda(\tau) = \frac{e_2(\tau) - e_3(\tau)}{e_1(\tau) - e_3(\tau)}.$$

Die Funktion $J(\tau)$ läßt sich nach Satz 7.7 durch $\lambda(\tau)$ ausdrücken:

$$J = \frac{4}{27} \frac{(\lambda^2 - \lambda + 1)^3}{\lambda^2 (\lambda - 1)^2}.$$

Also kann man $J$ auch mittels der $e_k$ darstellen; es zeigt sich, daß $J$ eine symmetrische Funktion der $e_k$ ist, sich also durch die elementarsymmetrischen Funktionen der $e_k$ darstellen läßt. Ausgangspunkt der Rechnung ist die Gleichung

$$\wp_\Omega'^2 = 4 \wp_\Omega^3 - g_2 \wp_\Omega - g_3 = 4 (\wp_\Omega - e_1)(\wp_\Omega - e_2)(\wp_\Omega - e_3). \tag{5}$$

Dabei ist

$$g_2 = g_2(\Omega) = 60 \, \Sigma' \, \omega^{-4}, \qquad g_3 = g_3(\Omega) = 140 \, \Sigma' \, \omega^{-6}.$$

Aus (5) ergibt sich

$$e_1 + e_2 + e_3 = 0, \quad 4(e_1 e_2 + e_2 e_3 + e_3 e_1) = -g_2, \quad 4 e_1 e_2 e_3 = g_3$$

und

$$16 (e_1 - e_2)^2 (e_2 - e_3)^2 (e_3 - e_1)^2 = g_2^3 - 27 g_3^2 = \Delta$$

(alle Größen sind hier als Funktionen einer Gitterbasis aufzufassen).

Aus $(e_1 + e_2 + e_3)^2 = 0$ folgt

$$e_1^2 + e_2^2 + e_3^2 = -2(e_1 e_2 + e_2 e_3 + e_3 e_1)$$

und damit

$$\lambda^2 - \lambda + 1 = \frac{(e_2 - e_3)^2 - (e_2 - e_3)(e_1 - e_3) + (e_1 - e_3)^2}{(e_1 - e_3)^2} = \frac{3 g_2}{4(e_1 - e_3)^2}.$$

Unmittelbar bekommt man

$$\lambda^2 (\lambda - 1)^2 = (e_2 - e_3)^2 (e_2 - e_1)^2 (e_1 - e_3)^{-4}$$

und damit

$$J = \frac{1}{16} \frac{g_2^3}{(e_1 - e_2)^2 (e_2 - e_3)^2 (e_3 - e_1)^2} = \frac{g_2^3}{\Delta}.$$

**Satz 8.4.** *Für* $\Omega = \langle \omega_1, \omega_2 \rangle$ *gilt*

$$J\left(\frac{\omega_2}{\omega_1}\right) = \frac{g_2^3(\Omega)}{g_2^3(\Omega) - 27 g_3^2(\Omega)}.$$

Insbesondere sind zwei Gitter genau dann äquivalent — oder auch: zwei $\wp$-Funktionen gehören zu biholomorph äquivalenten Tori —, wenn die Zahlen $\dfrac{g_2^3}{g_2^3 - 27 g_3^2}$ für beide Gitter (bzw. beide $\wp$-Funktionen) übereinstimmen. Aus diesem Grund heißt $J(\tau)$ in der alten Literatur oft die „absolute Invariante" (der Gitter oder Tori).

Es sei weiterhin $\Omega$ ein Gitter; das Bild von $0 \in \mathbb{C}$ im Torus $\mathbb{C}/\Omega$ werde auch mit $0$ bezeichnet. Durch $z \mapsto (\wp_\Omega(z), \wp'_\Omega(z))$ wird eine holomorphe Abbildung von $(\mathbb{C}/\Omega) - \{0\}$ in den $\mathbb{C}^2$ induziert. Aus den Eigenschaften der $\wp$-Funktion schließt man leicht, daß $(\mathbb{C}/\Omega) - \{0\}$ bijektiv auf die „elliptische Kurve"

$$E(g_2, g_3) = \{(u, v) \in \mathbb{C}^2 : v^2 = 4u^3 - g_2 u - g_3\}$$

abgebildet wird (dabei ist $g_2 = g_2(\Omega), g_3 = g_3(\Omega)$). Die Abbildung setzt sich fort zu einer Bijektion von $\mathbb{C}/\Omega$ auf den Abschluß $\overline{E}$ von $E(g_2, g_3)$ im zweidimensionalen komplex-projektiven Raum.

Es stellt sich nun die Frage, ob es umgekehrt zu jeder kubischen Kurve der Form

$$E(\gamma_2, \gamma_3) = \{(u, v) \in \mathbb{C}^2 : v^2 = 4u^3 - \gamma_2 u - \gamma_3\}$$

mit beliebigen $\gamma_2, \gamma_3 \in \mathbb{C}$ einen Torus $\mathbb{C}/\Omega$ gibt, der in der beschriebenen Weise bijektiv auf $\overline{E}(\gamma_2, \gamma_3)$ abgebildet wird. Gleichbedeutend damit ist die Frage, ob es zu gegebenen $\gamma_2, \gamma_3$ ein Gitter $\Omega$ mit $g_2(\Omega) = \gamma_2, g_3(\Omega) = \gamma_3$ gibt. Notwendig dafür ist, daß das Polynom $4u^3 - \gamma_2 u - \gamma_3$ keine mehrfachen Nullstellen hat, in anderen Worten, daß die Diskriminante $\Delta_\gamma = \gamma_2^3 - 27 \gamma_3^2$ nicht verschwindet. Dies ist aber auch hinreichend:

**Satz 8.5.** *Es seien* $\gamma_2, \gamma_3 \in \mathbb{C}$ *mit* $\Delta_\gamma = \gamma_2^3 - 27 \gamma_3^2 \neq 0$. *Dann gibt es ein Gitter* $\Omega$ *mit* $g_2(\Omega) = \gamma_2$ *und* $g_3(\Omega) = \gamma_3$.

**Beweis:** Mit $\Omega = \langle \omega_1, \omega_2 \rangle$ schreiben wir $g_k(\Omega) = g_k(\omega_1, \omega_2)$ und $\Delta(\omega_1, \omega_2) = g_2^3(\Omega) - 27 g_3^2(\Omega)$. — Wir nehmen zunächst $\gamma_2 \neq 0 \neq \gamma_3$ an. Wegen $J(H) = \mathbb{C}$ gibt es $\tau \in H$ mit

$$\frac{g_2^3(1, \tau)}{\Delta(1, \tau)} = J(\tau) = \frac{\gamma_2^3}{\Delta_\gamma}.$$

Wir wählen dann $\omega_1$ so, daß

$$\omega_1^2 \frac{g_2(1, \tau)}{g_3(1, \tau)} = \frac{\gamma_2}{\gamma_3}$$

und setzen $\omega_2 = \tau \omega_1$. Dann ist

$$\frac{g_2(\omega_1, \omega_2)}{g_3(\omega_1, \omega_2)} = \frac{\gamma_2}{\gamma_3}, \qquad \frac{g_2^3(\omega_1, \omega_2)}{\Delta(\omega_1, \omega_2)} = \frac{\gamma_2^3}{\Delta_\gamma}.$$

Hieraus folgt mit elementarer Rechnung $g_2(\omega_1, \omega_2) = \gamma_2$, $g_3(\omega_1, \omega_2) = \gamma_3$.

Für den Fall $\gamma_2 = 0$ benutzen wir $J(\rho) = 0$ für $\rho = e^{2\pi i/3}$, also $g_2(1, \rho) = 0$. Wir wählen $\omega_1$ so, daß $\omega_1^{-6} g_3(1, \rho) = \gamma_3$, dann leistet $\Omega = \langle \omega_1, \rho \omega_1 \rangle$ das Gewünschte. Im Falle $\gamma_3 = 0$ folgt $g_3(1, i) = 0$ aus $J(i) = 1$. Bestimmt man $\omega_1$ so, daß $\omega_1^{-4} g_2(1, i) = \gamma_2$, so leistet $\Omega = \langle \omega_1, i \omega_1 \rangle$ das Verlangte. $\qquad\square$

## § 9. Abbildungen durch elliptische Funktionen

Wir betrachten in diesem Paragraphen konforme Abbildungen von geradlinig begrenzten Rechtecken oder Dreiecken.

Es sei $\Pi$ das achsenparallele Rechteck mit den Eckpunkten $0$, $\omega_1 \in \mathbb{R}$, $\omega_2 = i \omega_2'$, $\omega_3 = \omega_1 + \omega_2$, wobei wir $\omega_1$ und $\omega_2'$ als positiv annehmen. Wir wählen zwei reelle Punkte $a_1$ und $a_2$ und wollen die durch

$$f : H \to \Pi, \quad f(\infty) = 0, \quad f(a_1) = \omega_1, \quad f(a_2) = \omega_2$$

eindeutig bestimmte konforme Abbildung genauer beschreiben. Der Punkt $a_3$ möge unter $f$ auf $\omega_3$ geworfen werden. Nach der Schwarz-Christoffel-Formel können wir $f$ in der Gestalt

$$f(z) = c_1 \int_0^z [(\zeta - a_1)(\zeta - a_2)(\zeta - a_3)]^{-1/2} d\zeta + c_0$$

ansetzen, wobei die Konstanten $c_0, c_1, a_3$ noch zu bestimmen sind. Jedenfalls sehen wir, daß $f$ ein elliptisches Integral ist. Wir werden daher anstelle von $f$ lieber die Umkehrfunktion

$$g : \Pi \to H, \quad g(0) = \infty, \quad g(\omega_1) = a_1, \quad g(\omega_2) = a_2$$

berechnen.

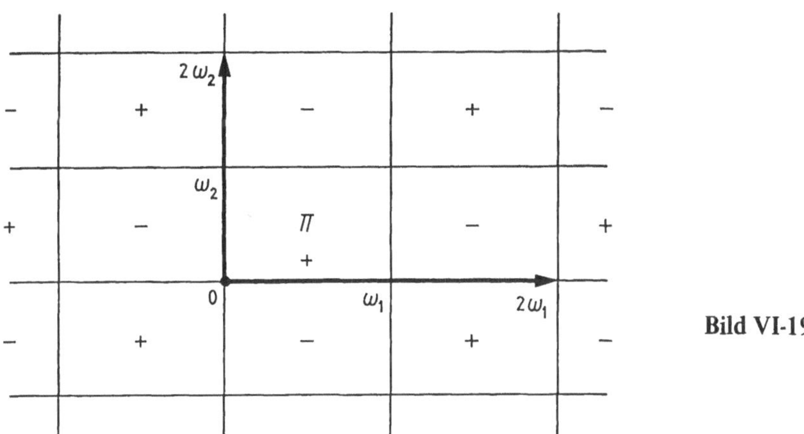


**Bild VI-19**

Durch fortgesetztes Spiegeln von $\Pi$ an seinen Seiten, an den freien Seiten der Spiegelbilder usf. überziehen wir die Ebene mit dem oben skizzierten Rechtecknetz. Die Funktion $g\colon \Pi \to H$ läßt sich durch Spiegelung an den Seiten des Rechtecknetzes zu einer auf ganz $\mathbb{C}$ mit Ausnahme der Punkte

$$2k_1\omega_1 + 2k_2\omega_2, \qquad k_1, k_2 \in \mathbb{Z}$$

erklärten holomorphen Funktion fortsetzen, die wir auch mit $g$ bezeichnen. Die an die Seiten von $\Pi$ anstoßenden 4 Rechtecke werden auf die untere Halbebene abgebildet, die daran anstoßenden Rechtecke wieder auf die obere Halbebene ... in der Figur sind die entsprechenden Rechtecke mit $+$ bzw. $-$ bezeichnet. Nach Konstruktion ist $g$ doppelt-periodisch:

$$g(z + 2\omega_1) = g(z), \qquad g(z + 2\omega_2) = g(z).$$

Weiter gilt

$$g(\bar{z}) = \overline{g(z)}, \qquad g(-\bar{z}) = \overline{g(z)}, \qquad g(-z) = g(z).$$

Hieraus folgt, daß $g$ in der Nähe von 0 jeden komplexen Wert höchstens zweimal annimmt (denn in $\Pi$ ist $g$ injektiv). Somit ist 0 keine wesentliche Singularität, nach Konstruktion von $g$ also ein Pol. Wir sehen: $g$ ist meromorph, also elliptisch zum Periodengitter mit den Grundperioden $2\omega_1, 2\omega_2$. Weiterhin nimmt $g$ jeden komplexen Wert im Periodenrechteck

$$\Pi' = \{z = x + iy \colon 0 \leqslant x < 2\omega_1,\, 0 \leqslant y < 2\omega_2\}$$

genau zweimal an und hat in 0 also einen Pol zweiter Ordnung. Hieraus folgt, daß $g$ eine ganze lineare Funktion der zum Periodengitter gehörigen $\wp$-Funktion ist:

$$g(z) = a\,\wp(z) + b, \qquad a, b \in \mathbb{C}, \qquad a \neq 0.$$

Die Konstanten $a$ und $b$ können wir aus unseren Vorgaben (nämlich $a_1$ und $a_2$) bestimmen. Setzen wir nämlich

$$e_1 = \wp(\omega_1), \qquad e_3 = \wp(\omega_2),$$

so gilt mit $e_2 = \wp(\omega_3)$:

$$e_3 = -e_1 - e_2,$$

ferner

$$a_1 = g(\omega_1) = ae_1 + b, \qquad a_2 = g(\omega_2) = ae_3 + b,$$

also

$$a_3 = -a(e_1 + e_3) + b.$$

Aus der Theorie elliptischer Funktionen erhält man die Werte von $e_1$ und $e_3$ in mannig-facher Weise — vergleiche [FL] und weitere Literatur.

Als nächstes untersuchen wir Abbildungen von Dreiecken auf die obere Halbebene. Jetzt tauchen keine akzessorischen Parameter auf, wir normieren die Abbildungsfunktion

$$f: H \to \Pi$$

durch

$$f(0) = b_1, \qquad f(1) = b_2, \qquad f(\infty) = b_3,$$

wobei die Bezeichnungen aus § 4 beibehalten werden, und können sie nach Satz 4.2 in der Form

$$f(z) = c_1 \int\limits_0^z \zeta^{\gamma_1 - 1} (\zeta - 1)^{\gamma_2 - 1} d\zeta + c_0$$

schreiben. Die Konstanten ergeben sich aus

$$b_1 = c_0, \qquad b_2 = c_1 \int\limits_0^1 \zeta^{\gamma_1 - 1} (\zeta - 1)^{\gamma_2 - 1} d\zeta + c_0.$$

(Es ist klar, daß $b_3$ und $\gamma_3$ in der Formel nicht auftreten — sie sind durch $b_1, b_2$ und $\gamma_1, \gamma_2$ festgelegt.)

Wir interessieren uns besonders für solche Dreiecke, aus denen man durch Spiegelung ein die ganze Ebene lückenlos ausfüllendes Dreiecksnetz erhält, und die zugehörigen Abbildungs-funktionen. Für die Innenwinkel $\gamma_1 \pi, \gamma_2 \pi, \gamma_3 \pi$ eines solchen Dreieckes müssen dann die folgenden Beziehungen gelten:

$$\gamma_\nu = \frac{1}{k_\nu}, \quad k_\nu \in \mathbb{N}, \quad k_\nu \geqslant 2 \quad \text{sowie} \quad \sum_{\nu = 1}^{3} \gamma_\nu = 1.$$

Das führt auf genau 3 Möglichkeiten:

$$\text{I:} \quad \gamma_1 = \frac{1}{2}, \quad \gamma_2 = \frac{1}{3}, \quad \gamma_3 = \frac{1}{6}$$

$$\text{II:} \quad \gamma_1 = \frac{1}{2}, \quad \gamma_2 = \frac{1}{4}, \quad \gamma_3 = \frac{1}{4}$$

$$\text{III:} \quad \gamma_1 = \frac{1}{3}, \quad \gamma_2 = \frac{1}{3}, \quad \gamma_3 = \frac{1}{3}.$$

Die zugehörigen Dreiecksnetze sind in den folgenden Bildern dargestellt:

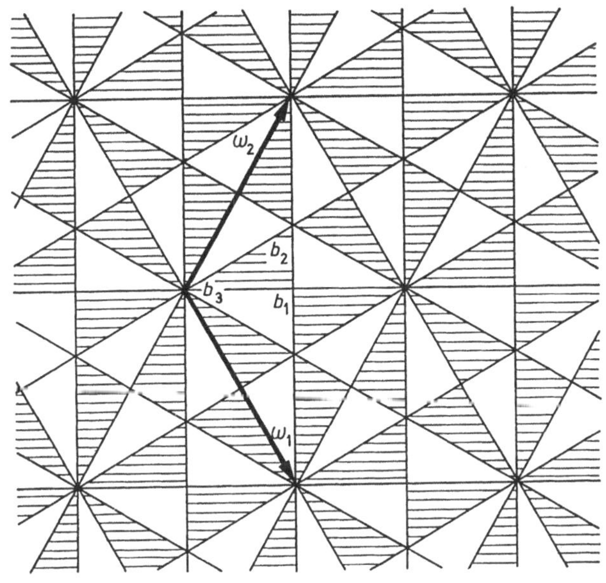

Bild VI-20

*Fall* I

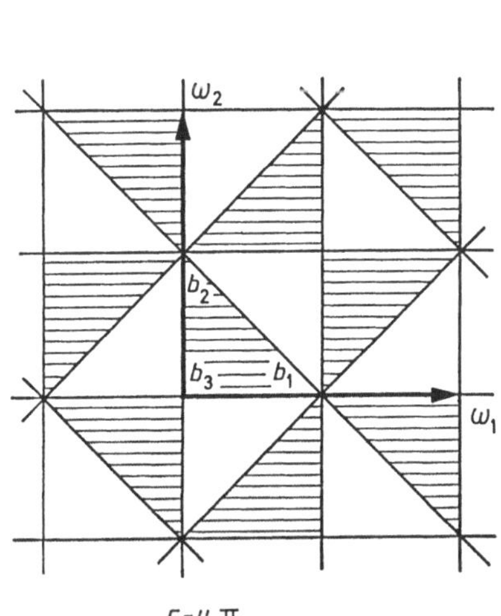

*Fall* II

**Bild VI-21**

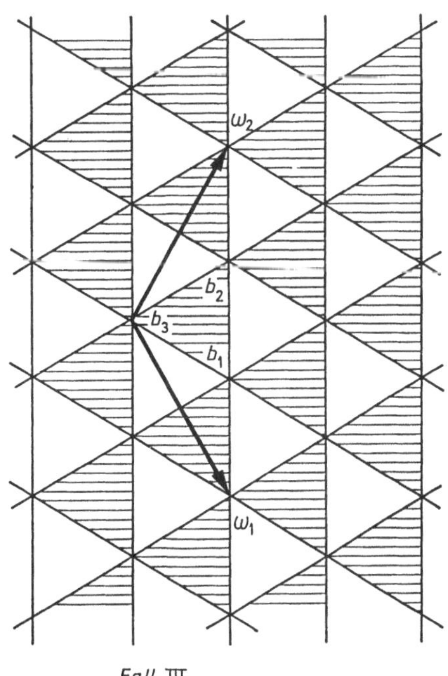

*Fall* III

**Bild VI-22**

Setzen wir in allen 3 Fällen die Abbildung $g: \Pi \to H$ mit $g(b_3) = \infty$, $g(b_1) = 0$, $g(b_2) = 1$ nach dem Spiegelungsprinzip auf ganz $\mathbb{C}$, zunächst noch unter Ausschluß der Spiegelbilder von $b_3$, holomorph fort, so ist die ebenfalls mit $g$ bezeichnete Fortsetzung doppelt-periodisch zu dem von $\omega_1, \omega_2$ (siehe Bild) aufgespannten Periodengitter. Wie im Falle von Rechtecken folgt, daß $g$ in den Spiegelbildern von $b_3$ Pole haben muß. Damit ist $g$ elliptisch. Die Berechnung von $g$ in den Fällen I–III ist nun sehr einfach:

*Fall I:* $g$ hat in $b_3 = 0$ einen Pol sechster Ordnung, in den Spiegelbildern von $b_1$ Nullstellen zweiter Ordnung. Genau drei dieser Spiegelbilder (einschließlich $b_1$) liegen in einem Periodenparallelogramm. Die Ableitung der Weierstraßschen $\wp$-Funktion hat dieselben Nullstellen und Pole wie $g$ mit jeweils halber Vielfachheit. Also haben wir

$$g(z) = c\, \wp'(z)^2,$$

wobei die Konstante $c$ durch

$$1 = c\, \wp'(b_2)^2$$

festgelegt ist.

Die Umkehrfunktion $f$ von $g$ wird nach Satz 4.2 durch

$$f(z) = c_0 + c_1 \int\limits_0^z \frac{d\zeta}{\zeta^{1/2}\,(\zeta - 1)^{2/3}}$$

gegeben. Das Integral läßt sich durch die Substitution $\eta^3 = \zeta - 1$ in das elliptische Integral

$$3 \int\limits_{-1}^{\sqrt[3]{z-1}} \frac{d\eta}{\sqrt{1 + \eta^3}}$$

transformieren. Eine Untersuchung dieses Integrals und seiner Umkehrung würde natürlich ebenfalls zur Bestimmung von $g$ führen.

*Fall II:* $g$ hat in $b_3 = 0$ und in $b_1 + b_2 = \frac{1}{2}(\omega_1 + \omega_2)$ je einen Pol zweiter Ordnung, in $b_1 = \omega_1/2$ eine Nullstelle der Ordnung 4, in $b_2 = \omega_2/2$ wird der Wert 1 von vierter Ordnung angenommen. Die $\wp$-Funktion zu dem von $\omega_1, \omega_2$ aufgespannten Quadratgitter hat auf der Diagonalen $t(\omega_1 + \omega_2)$, $t \in \mathbb{R}$, rein imaginäre Werte. Da $e_2 = \wp(\frac{1}{2}(\omega_1 + \omega_2))$ zudem reell ist, folgt $e_2 = 0$ und $e_3 = -e_1$. Es gilt

$$g(z) = -\frac{(\wp(z) - e_1)^2}{4\,e_1\,\wp(z)}.$$

Die rechte Seite hat nämlich dieselben Nullstellen und Pole wie $g$ und nimmt in $\omega_2/2$ auch den Wert 1 an.

*Fall III:* Die Funktion $g$ ist elliptisch bezüglich desselben Gitters wie im Fall I. Wir können ihre Bestimmung leicht auf Fall I zurückführen. Ist nämlich $g_0$ die in Fall I bestimmte elliptische Funktion, so liefert $g_0$ eine konforme Abbildung des offenen gleichseitigen Dreieckes $\Pi$ von Fall III auf $\mathbb{C} - \{x \in \mathbb{R}: x \geqslant 0\}$. Eine elementare Transformation (Aufgabe 1) führt die geschlitzte Ebene in $H$ über.

**Aufgaben:**

1. Bestimme explizit eine konforme Abbildung eines gleichseitigen Dreieckes auf die obere Halbebene.

2. Bilde das Rechteck mit den Eckpunkten $-a, a, a+ib, -a+ib$ $(a, b \in \mathbb{R})$ konform so auf $H$ ab, daß $-a$ in $-1$, $a$ in $1$ und $bi$ in $\infty$ übergeht. Läßt sich der akzessorische Parameter bestimmen?

3. Untersuche die konforme Abbildung eines „entarteten Dreiecks" mit den Innenwinkeln $\pi/2$, $\pi/2$ und $0$ auf die obere Halbebene und zeige, daß sie auf einfach periodische Funktionen führt.

4. Untersuche die konformen Abbildungen eines regulären $n$-Eckes auf die obere Halbebene. Lassen sich die akzessorischen Parameter bestimmen? Betrachte insbesondere den Fall eines regulären Sechseckes.

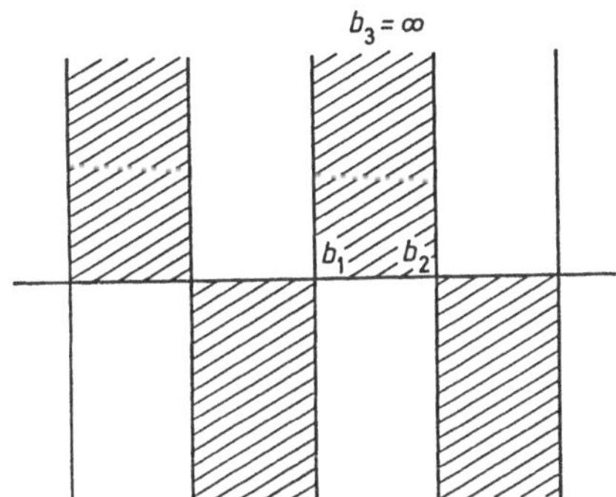


**Bild VI-23**

## § 10. Polyeder-Funktionen

Wir wenden uns nun Kreisbogendreiecken zu, die durch sukzessive Spiegelung ein die gesamte Riemannsche Zahlensphäre überziehendes Dreiecksnetz erzeugen. Die Winkelsumme eines solchen Dreieckes ist größer als $\pi$, und jeder Innenwinkel $\alpha_\nu$ muß ein ganzzahliger Bruchteil von $\pi$ sein:

$$\alpha_\nu = \gamma_\nu \pi, \quad \sum_{\nu=1}^{3} \gamma_\nu > 1, \quad \gamma_\nu = \frac{1}{k_\nu}, \quad k_\nu = 2, 3, \ldots.$$

Das führt auf folgende Fälle

| Realisierung | $\gamma_1$ | $\gamma_2$ | $\gamma_3$ | Anzahl |
|---|---|---|---|---|
| Diedernetz | $\dfrac{1}{2}$ | $\dfrac{1}{2}$ | $\dfrac{1}{n}$ | $4n, n \geqslant 2$ |
| Tetraedernetz | $\dfrac{1}{2}$ | $\dfrac{1}{3}$ | $\dfrac{1}{3}$ | 24 |
| Oktaedernetz | $\dfrac{1}{2}$ | $\dfrac{1}{3}$ | $\dfrac{1}{4}$ | 48 |
| Ikosaedernetz | $\dfrac{1}{2}$ | $\dfrac{1}{3}$ | $\dfrac{1}{5}$ | 120 |

Dabei steht in der rechten Spalte die Anzahl der Dreiecke, die im Netz auftreten; die Bezeichnungen der linken Spalte werden im folgenden erklärt.

Statt direkt zu beweisen, daß man durch die Spiegelbilder eines Kreisbogen-Dreiecks mit den angegebenen Innenwinkeln die gesamte abgeschlossene Ebene einfach und lückenlos überziehen kann, realisieren wir die Netze geometrisch in der folgenden Weise: wir beschreiben in die Einheits-Sphäre des $\mathbb{R}^3$ ein regelmäßiges Dieder bzw. Tetraeder, Oktaeder oder Ikosaeder ein. Im Falle des Dieders ist das eine Doppelpyramide mit Spitzen in Nord- und Südpol der Sphäre und einem dem Äquator einbeschriebenen $2n$-Eck als Basis. Im Falle von Tetraeder, Oktaeder und Ikosaeder unterteilen wir jede Seite nochmals durch die 3 Höhen in 6 Teildreiecke. Die Kanten und Unterteilungslinien werden dann vom Sphärenmittelpunkt aus auf die Sphäre projiziert und liefern Netze kongruenter sphärischer Dreiecke mit den angegebenen Innenwinkeln. Stereographische Projektion der Sphäre auf die komplexe Ebene schließlich führt zur Realisierung dieser Netze in der abgeschlossenen Ebene. Man erhält die folgenden Muster:

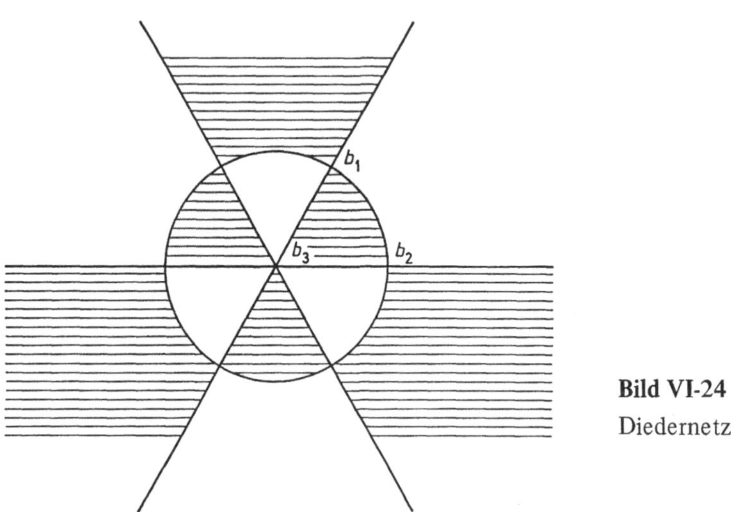


**Bild VI-24**
Diedernetz

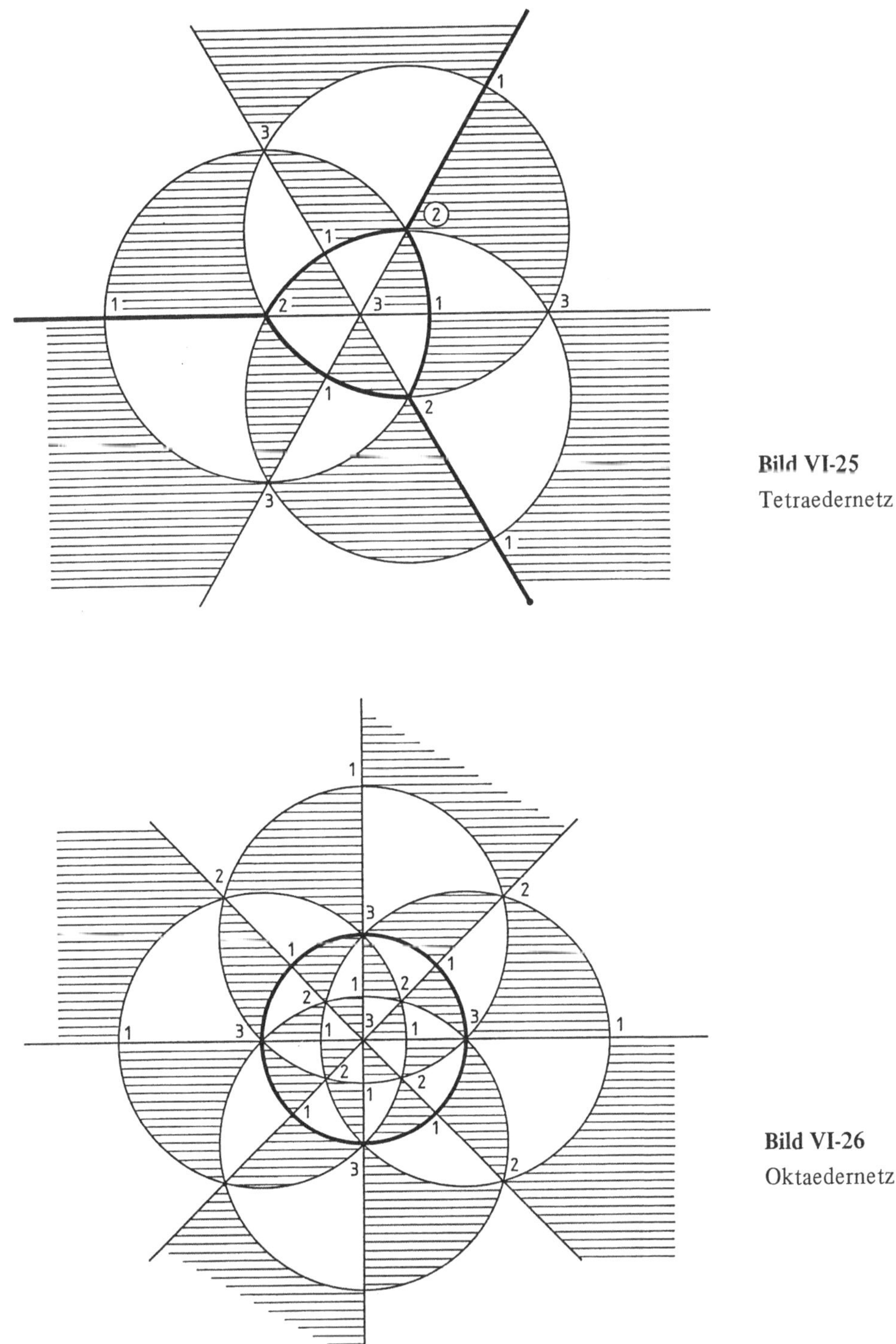

**Bild VI-25**
Tetraedernetz

**Bild VI-26**
Oktaedernetz

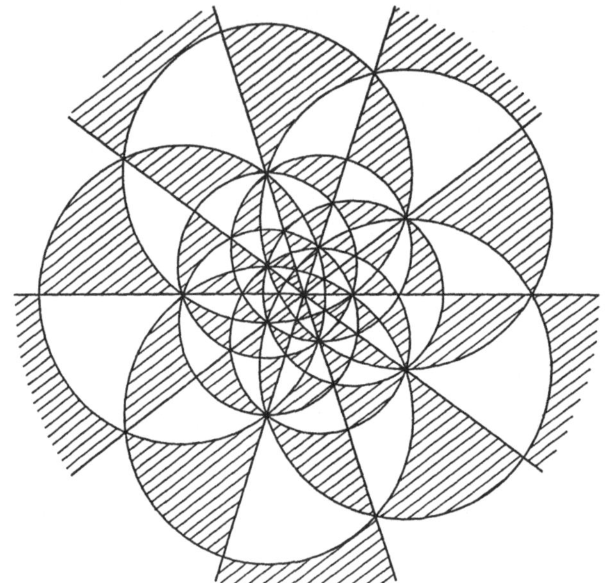

**Bild VI-27**
Ikosaedernetz

Ist $\Pi$ ein Dreieck eines der oben beschriebenen Netze und $g\colon \Pi \to H$ die konforme Abbildung auf die obere Halbebene, die die Ecken $b_1, b_2, b_3$ in $0, 1, \infty$ abbildet, so kann $g$ durch Spiegelung an den Seiten des Netzes zu einer auf ganz $\hat{\mathbb{C}}$ mit Ausnahme der Spiegelbilder von $b_3$ holomorphen Funktion fortgesetzt werden, die wieder $g$ heiße. Als einzige Singularitäten treten Pole auf. Damit ist $g$ rational. Die Vielfachheit der in den Spiegelbildern von $b_3$ vorliegenden Pole ist $1/\gamma_3$, die Nullstellenvielfachheit in den zu $b_1$ äquivalenten Punkten $1/\gamma_1 = 2$. Bezeichnet $F_0$ das normierte Polynom mit einfachen Nullstellen in den Punkten $b_1$ und allen Spiegelbildern von $b_1$ ($\neq \infty$) und $F_\infty$ das entsprechende Polynom, das in den endlichen Spiegelbildern von $b_3$ verschwindet, so läßt sich $g$ in der Gestalt

$$g(z) = A \, \frac{F_0(z)^2}{F_\infty(z)^{1/\gamma_3}}$$

schreiben. Die Konstante $A$ ist aus der Bedingung

$$1 = g(b_2) = A \, \frac{F_0(b_2)^2}{F_\infty(b_2)^{1/\gamma_3}}$$

eindeutig bestimmt. — Betrachten wir die einzelnen Fälle!

### I. Diederfunktionen

Das Netz liege wie im Bild; die gesuchte Funktion hat also Pole $n$-ter Ordnung in $0$ und $\infty$ und doppelte Nullstellen in allen $n$-ten Einheitswurzeln; an einer primitiven $2n$-ten Einheitswurzel nimmt sie den Wert 1 an. Das führt für $g$ sofort auf die Gleichung

$$g(z) = -\frac{1}{4} \, \frac{(z^n - 1)^2}{z^n}.$$

## II. Tetraederfunktionen

Im skizzierten Tetraedernetz sollen die mit 3 bezeichneten Punkte Pole von $g$ werden, die mit 1 bezeichneten die Nullstellen. Der Ursprung des Koordinatensystems sei ein Pol, und die Abstände der 1-Stellen von $g$ (d.h. der mit 2 bezeichneten Punkte) vom Ursprung seien 1. Der eingekreiste Punkt ② sei die Zahl $e^{\pi i/3}$. Hierdurch ist das Netz festgelegt; die drei Kreise haben den Radius $\sqrt{3}$. — Wir setzen also entsprechend der Vorüberlegung

$$g(z) = \frac{F_0(z)^2}{F_\infty(z)^3}$$

mit

$$F_0(z) = (z^3 - r_0^3)(z^3 + r_1^3),$$

wobei

$$r_0 = \sqrt{3} - 1, \qquad r_1 = \sqrt{3} + 1$$

ist, sowie

$$F_\infty(z) = z(z^3 - 8)$$

und erhalten (wegen $g(\infty) = 1$):

$$g(z) = \frac{(z^6 + 20z^3 - 8)^2}{[z(z^3 - 8)]^3}$$

als konforme Abbildung der Netzmaschen auf die obere bzw. untere Halbebene.

## III. Oktaederfunktionen

Ausgangsdreieck ist das Kreisbogendreieck $b_3, b_1, b_2$, welches von der reellen Geraden, der Winkelhalbierenden des ersten Quadranten und dem Kreis vom Radius $\sqrt{2}$ um den Punkt $-1$ begrenzt wird. Die gesuchte Funktion $g$ hat 6 Pole 4. Ordnung, davon einen in $\infty$, und 12 Nullstellen 2. Ordnung in den zu $b_1$ äquivalenten Punkten. Das sind die Punkte

$$\pm(1 - \sqrt{2}), \quad +i(1 - \sqrt{2}), \quad \pm(1 + \sqrt{2}), \quad \pm i(1 + \sqrt{2}), \quad \pm\zeta, \quad \pm i\zeta,$$

wobei $\zeta = e^{\pi i/4}$ ist. Es folgt

$$g(z) = A\,\frac{F_0(z)^2}{F_\infty(z)^4}$$

mit

$$F_0(z) = (z^8 - 34z^4 + 1)(z^4 + 1), \qquad F_\infty(z) = z(z^4 - 1)$$

und

$$\frac{1}{A} = \frac{F_0(r\zeta)^2}{F_\infty(r\zeta)^4}, \quad r^2 = 2 - \sqrt{3}.$$

Die Rechnung liefert $A = -\frac{1}{108}$.

Die Untersuchung der Ikosaederfunktionen geschieht nach demselben Schema; wir stellen die etwas komplizierten Rechnungen als Übungsaufgabe.

**Aufgaben:**

1. Gib (möglichst einfache) geometrische Konstruktionen für die besprochenen Dreiecksnetze an und bestimme die Koordinaten aller Eckpunkte.

2. Berechne eine konforme Abbildung eines „Ikosaeder-Dreiecks" auf die obere Halbebene.

3. Ein Zugang zu Satz 7.7: Aus den Funktionalgleichungen für $\lambda$ (für die Bezeichnungen vgl. § 7) folgt, daß $\lambda$ das von $\Delta$ in $H$ erzeugte Netz auf ein aus 12 Dreiecken mit den Winkeln $\pi/2$, $\pi/2$, $\pi/3$ bestehendes Netz in $\hat{\mathbb{C}}$ abbildet. Dieses kann durch ein $A \in \mathrm{Aut}\,\hat{\mathbb{C}}$ in das oben betrachtete Diedernetz ($n = 3$) überführt werden. Ist $g$ die zugehörige Diederfunktion, so hat (bei geeigneter Wahl von $A$) $1/g\,(A\,\lambda\,(z))$ die von $J : H \to \mathbb{C}$ verlangten Abbildungseigenschaften. Es ist also $J(z) = 1/g\,(A\,\lambda\,(z))$, und dies liefert sofort die Formel aus Satz 7.7. Man führe die Einzelheiten aus!

# Kapitel VII

# Hilberträume und konforme Abbildungen

In diesem Kapitel schließen wir unsere Überlegungen zum Randverhalten konformer Abbildungen ab durch den Beweis eines Satzes von Painlevé und Warschawski: Jede konforme Abbildung ($\mathscr{C}^\infty$-) glatt berandeter beschränkter Gebiete aufeinander setzt sich zu einem Diffeomorphismus der abgeschlossenen Hüllen fort (Sätze 7.1 und 7.3). Gleichzeitig mit Satz 7.3 beweisen wir die Randregularität des Dirichletproblems für den Laplace-Operator (Satz 7.2) und folgern daraus in § 8 die Existenz des Poissonkerns glatt berandeter Gebiete.

Der von uns gewählte Aufbau ist der Funktionentheorie mehrerer Veränderlicher entlehnt und beruht auf dem Transformationsverhalten der Bergman-Projektion. § 1 ist den Grundbegriffen der Theorie Hilbertscher Funktionenräume gewidmet; in § 2 besprechen wir die für uns wichtigsten Beispiele solcher Räume: die Räume quadratintegrabler holomorpher Funktionen mit der zugehörigen Bergmanschen Kernfunktion und Projektion. Mittels der Transformationsformel in § 4 wird dann der Beweis des Abbildungssatzes 7.1 auf eine Regularitätseigenschaft der Bergman-Projektion zurückgeführt (Satz 5.1), die für den Einheitskreis in § 6 verifiziert wird. Durch Kombination dieser Methoden mit dem Riemannschen Abbildungssatz folgen dann die Hauptergebnisse dieses Kapitels. – § 3* liefert einige Hilfsmittel zur Berechnung der Kernfunktion; wesentliches Resultat ist der Approximationssatz 3.2. In § 9* schließlich stellen wir eine asymptotische Formel für die Bergman-Projektion auf, die – was wir nicht mehr ausführen – zu einem vom Riemannschen Abbildungssatz unabhängigen Beweis von Satz 7.3 führen würde und vielleicht auch numerische Anwendungen besitzt.

Die Beschränkung auf $\mathscr{C}^\infty$-glatte Ränder bewirkt eine wesentliche Vereinfachung in einer Reihe von Überlegungen; entsprechende Sätze für $\mathscr{C}^k$-glatte Ränder lassen sich mit den obigen Methoden zwar auch beweisen, doch wohl nur mit einem Verlust von Differenzierbarkeitsordnungen; es bleibt offen, ob die in der Literatur angegebenen optimalen Fortsetzungssätze sich auf diesem Wege herleiten lassen.

Statt wie in der Theorie des Bergman-Kerns Skalarprodukte durch Integration über das Gebiet zu definieren, kann man sie durch Integration über den Rand einführen. Die Theorie des Hardy-Raumes $H^2$ (D) läßt sich so vom Einheitskreis auf allgemeinere Gebiete übertragen; wir beschränken uns auf einfach zusammenhängende glatt berandete Gebiete. Mittels des Satzes von Painlevé-Warschawski wird in § 10* der Hardy-Raum $H^2$ (G) untersucht und der zugehörige reproduzierende Kern, der Szegö-Kern, eingeführt. Die Transformationsformel des Szegö-Kerns stellt die Verbindung mit dem Riemannschen Abbildungssatz her (Satz 10.9). Für den Einheitskreis sind Cauchy-Projektion $\mathbb{H}$ und Szegö-Projektion $\mathbf{S}$ identisch (Satz 10.6 bzw. Kap. V.4); die nächsten drei Paragraphen beschäftigen sich mit dem Zusammenhang der beiden Projektoren auf allgemeineren Gebieten: $\mathbf{S}$ kann durch $\mathbb{H}$ und einen regularisierenden Operator $\mathbf{A}$, der nur von der Gestalt des Randes abhängt, dargestellt werden (Satz 13.2). Dieses Ergebnis entspricht dem analogen Resultat für den Bergman-Projektor (Satz 9.2), ist aber wegen der Glattheit des Kernes von $\mathbf{A}$ besser verwendbar. – Die Paragraphen 11* und 12* enthalten Vorbereitungen zum Beweis von Satz 13.2, die aber auch für sich allein Interesse verdienen: Aussagen über die $L^2$-Beschränktheit der Cauchy-Projektion (Satz 11.1), die wir wieder mit dem Satz von Painlevé-Warschawski gewinnen, und die Plemeljschen Formeln (Satz 12.3).

Das Hauptergebnis dieses Kapitels, Satz 7.1 und 7.3, wurde – sogar in präziserer Form für $\mathscr{C}^k$-Ränder – 1891 von P. Painlevé bewiesen; die bestmöglichen Differenzierbarkeitsresultate erzielten O. D. Kellogg 1913 und S. Warschawski 1932. Da Painlevés und Warschawskis Arbeiten [30] und [41, 42] direkt funktionentheoretisch motiviert sind – im Gegensatz zur potentialtheoretischen Arbeit [18] von Kellogg –, haben wir Satz 7.1 nach diesen beiden Mathematikern benannt. – Der Beweis mittels Satz 5.1 ist Anpassung eines Beweises aus der mehrdimensionalen komplexen Analysis an die hier vorliegende Situation; der für uns relevante Beitrag 5.1 stammt von S. Bell 1981; die Ausnutzung des Hopf-Lemmas ist für Fragen dieser Art eine Standardmethode, die wir keinem einzelnen Autor zuschreiben können. Bells Beweis – zusammen mit Ideen von Ewa Ligocka – ersetzt den ersten, sehr viel komplizierteren Beweis von Satz 7.3 im höherdimensionalen Fall, der von Ch. Fefferman 1974 publiziert wurde. – Die Anwendungsmöglichkeit der obigen Ideen auf die 1-dimensionale komplexe Analysis war einer Reihe von Funktionentheoretikern seit ca. 1978 klar [1]. – Die Regularitätssätze für das Dirichlet-Problem (§§ 7, 8) sind natürlich in der allgemeinen Theorie elliptischer Randwertprobleme enthalten; sie lassen sich nur im Fall der Ebene mit funktionentheoretischen Methoden beweisen. Die Herleitung von Satz 7.3 aus Satz 7.2 in der hier dargestellten Form stammt von N. Kerzman 1977, doch sind bereits die Beweise von Painlevé und Kellogg potentialtheoretischer Natur. Die Bergmansche Kernfunktion wurde ausführlich von St. Bergman (seit 1922) untersucht – vgl. etwa [Be]; sie gehört zu den Hilfsmitteln, die in der Theorie sowohl einer als auch mehrerer Variabler nützen. Die Formeln von § 9* wurden von E. Ligocka aufgestellt (publiziert in [27], siehe auch [26]); sie betrachtete dabei den Fall mehrerer komplexer Veränderlicher. – G. Szegö führte 1921 den Szegö-Kern ein (siehe § 10*). Zur Theorie der Hardy-Räume auf allgemeinen Gebieten haben eine große Zahl von Mathematikern seit etwa 1930 beigetragen; erwähnt seien (stellvertretend für viele andere) V. I. Smirnov 1932 und W. Rudin 1955 – man vergleiche [Du] für eine genauere Quellenangabe. Das wesentliche Hilfsmittel hierzu, nämlich die Theorie der Randwerte und Regularität des Cauchy-Integrals, war schon länger bekannt: die Hauptbeiträge finden sich in Arbeiten von J. V. Sochozki 1873, J. Plemelj 1908 und I. I. Privalov 1912. Den in § 13* dargestellten Zusammenhang zwischen Cauchy-Projektion und Szegö-Projektion haben N. Kerzman und E. Stein 1978 entdeckt; wir sind im wesentlichen ihrer Arbeit [20] gefolgt, wobei wir auch Ideen aus einer 1981 angefertigten unveröffentlichten Arbeit von Barbara Hirsch zu diesem Thema herangezogen haben.

## § 1. Hilbertsche Funktionenräume

Im Hinblick auf spätere Anwendungen betrachten wir in diesem Paragraphen eine allgemeinere Situation als sonst.

Es sei $X$ ein lokal kompakter topologischer Raum, $L$ ein Hilbertraum (über $\mathbb{C}$) und $H \subset L$ ein abgeschlossener Unterraum, der aus stetigen Funktionen $f: X \to \mathbb{C}$ besteht. Das Skalarprodukt auf $L$ werde mit $(f,g)$ bezeichnet, die Norm mit

$$\| f \| = (f, f)^{1/2} \, .$$

Die Elemente von $L$ brauchen keine Funktionen zu sein, sollen aber trotzdem $f, g, \dots$ benannt werden. $H$ selbst ist mit dem Skalarprodukt von $L$ ein Hilbertraum; wir bezeichnen ihn auch als *Hilbertschen Funktionenraum*. Es sei nun

$$P: L \to H$$

die orthogonale Projektion. Definitionsgemäß gilt dann

$$(f - Pf, g) = 0$$

für alle $g \in H$ und alle $f \in L$ und damit

$$(f, g) = (Pf, g)$$

für $f \in L$ und $g \in H$. Schließlich wollen wir Hilberträume grundsätzlich als separabel (d.h. mit abzählbarer Basis) voraussetzen.

---

[1]  Wir lehnen uns an [DL] an, vgl. auch [4].

Für jedes $x \in X$ ist die Abbildung

$$\delta_x : H \to \mathbb{C}, \quad f \mapsto f(x)$$

linear.

**Definition 1.1.** *H genügt der Bergman-Bedingung, wenn es zu jeder kompakten Menge* $M \subset X$ *eine Konstante* $C_M$ *mit*

$$\sup_{x \in M} |f(x)| \leqslant C_M \|f\|$$

*für alle* $f \in H$ *gibt.*

Damit folgt aus der Konvergenz in der Norm die kompakte Konvergenz, und die $\delta_x$ sind stetig.

Nehmen wir nun an, daß für $H$ die Bergman-Bedingung erfüllt ist. Nach dem Satz von Fischer-Riesz gibt es dann zu jedem $x \in X$ genau eine Funktion $K_x \in H$ mit

$$(f, K_x) = \delta_x(f) = f(x)$$

für alle $f \in H$. Durch

$$K(x, y) = K_x(y)$$

ist damit eine Funktion

$$K : X \times X \to \mathbb{C}$$

erklärt.

**Definition 1.2.** *Die obige Funktion K heißt die Kernfunktion (der reproduzierende Kern) des Hilbertschen Funktionenraumes H.*

Beispiele werden wir im nächsten Paragraphen betrachten; zunächst wollen wir formale Eigenschaften von $K$, die sich aus den Definitionen allein ergeben, zusammenstellen.

Da $K_x \in H$ gilt, haben wir für $y \in X$:

$$(K_x, K_y) = K_x(y);$$

entsprechend

$$(K_y, K_x) = K_y(x),$$

und daher

$$K(x, y) = \overline{K(y, x)}.$$

Damit ist $K$ nicht nur in der zweiten, sondern auch in beiden Variablen getrennt stetig. Der Projektionsoperator $P$ läßt sich durch $K$ ausdrücken: da $Pf \in H$ gilt, ist

$$Pf(x) = (Pf, K_x).$$

Nun ist aber auch wegen $K_x \in H$

$$(Pf, K_x) = (f, K_x),$$

und wir haben die Formel

$$Pf(x) = (f, K_x) \quad \text{für } f \in L.$$

Um $K$ etwas konkreter zu beschreiben, wählen wir eine Orthonormalbasis $(h_j)_{j=1,2,\ldots}$ für $H$. Wegen $K_x \in H$ gilt dann

$$K_x = \sum_j (K_x, h_j)\, h_j = \sum_j \overline{(h_j, K_x)} \cdot h_j = \sum_j \overline{h_j(x)}\, h_j.$$

Die Reihe konvergiert in der Norm und daher auch lokal-gleichmäßig, d.h.

$$K(x,y) = \sum_j \overline{h_j(x)}\, h_j(y).$$

Wir fassen unsere Ergebnisse zusammen:

**Satz 1.1.** *Ist $H$ ein Hilbertscher Funktionenraum mit Bergman-Bedingung auf $X$, so existiert für $H$ genau eine Funktion $K: X \times X \to \mathbb{C}$, so daß gilt:*

i)     $K_x: y \mapsto K(x,y)$ *gehört zu $H$.*

ii)    $(f, K_x) = f(x)$ *für $f \in H$.*

*$K$ hat die folgenden Eigenschaften:*

iii)   $K(x,y) = \overline{K(y,x)}$.

iv)    *$K$ ist auf $X \times X$ lokal gleichmäßig beschränkt und in beiden Variablen getrennt stetig.*

v)     *Für jede Orthonormalbasis $h_j, j \in \mathbb{N}$, von $H$ gilt*

$$K(x,y) = \sum_j \overline{h_j(x)}\, h_j(y),$$

*wobei die Reihe für festes $x$ in der Norm und kompakt konvergiert; die Partialsummen sind auf $X \times X$ lokal gleichmäßig beschränkt.*

vi)    *Ist $H \subset L$ abgeschlossener Unterraum des Hilbertraumes $L$, so wird die orthogonale Projektion $P: L \to H$ durch*

$$Pf(x) = (f, K_x)$$

*gegeben.*

**Beweis:** Nur die Beschränktheitsaussage in *v)* ist noch zu zeigen — *iv)* ergibt sich aus *v)*. Wegen

$$\left| \sum_{j=1}^{n} \overline{h_j(x)}\, h_j(y) \right| \leqslant \left( \sum_{j=1}^{n} |h_j(x)|^2 \sum_{j=1}^{n} |h_j(y)|^2 \right)^{1/2}$$

$$\leqslant (K(x,x) \cdot K(y,y))^{1/2}$$

genügt es, $K(x,x)$ als lokal gleichmäßig beschränkt nachzuweisen. Es sei $M$ eine kompakte Menge in $X$; nach Voraussetzung gilt

$$\|K_x\|^2 = (K_x, K_x) = K(x,x) \leqslant C_M \|K_x\|$$

für alle $x \in M$. Also ist $\|K_x\| \leqslant C_M$ und

$$K(x,x) \leqslant C_M^2. \qquad \qquad \square$$

## § 2. Holomorphe quadratintegrable Funktionen

Wir wenden uns nun dem für uns wichtigsten Beispiel eines Hilbertschen Funktionenraumes zu.

Es sei $G \subset \mathbb{C}$ ein beliebiges Gebiet, $L^2(G)$ der Raum der (bezüglich des Lebesgue-Maßes $dV(z) = dxdy$) quadratintegrablen meßbaren Funktionen mit dem Skalarprodukt

$$(f,g) = \int_G f(z)\,\overline{g(z)}\,dV(z)$$

und

$$\mathcal{O}^2(G) = L^2(G) \cap \mathcal{O}(G)$$

der Unterraum der quadratintegrierbaren holomorphen Funktionen. Wir zeigen, daß $\mathcal{O}^2$ ein Hilbertscher Funktionenraum mit Bergman-Bedingung ist.

Dazu bezeichne für $z \in G$ immer $\delta(z)$ den Randabstand von $z$, also $0 < \delta(z) \leqslant \infty$. Ist $R < \delta(z)$, so liegt der abgeschlossene Kreis $\overline{D_R}(z)$ noch in $G$, und nach der Flächenmittelwerteigenschaft holomorpher Funktionen ist

$$f(z) = \frac{1}{\pi R^2} \int_{D_R(z)} f(\zeta)\,dV(\zeta);$$

dabei ist $f$ eine beliebige auf $G$ holomorphe Funktion. Unter Verwendung der Schwarzschen Ungleichung folgt

$$|f(z)| \leqslant \frac{1}{\pi R^2} \int_{D_R} |f(\zeta)|\,dV(\zeta)$$

$$\leqslant \frac{1}{\pi R^2} \left[ \int_{D_R} |f(\zeta)|^2 dV(\zeta) \right]^{1/2} \left[ \int_{D_R} dV(\zeta) \right]^{1/2}$$

$$= \frac{1}{\sqrt{\pi}R} \left[ \int_{D_R} |f(\zeta)|^2 dV(\zeta) \right]^{1/2} \leqslant \frac{1}{\sqrt{\pi}R} \left[ \int_G |f(\zeta)|^2 dV(\zeta) \right]^{1/2}.$$

Damit haben wir

**Satz 2.1** (Bergmansche Ungleichung). *Für jede quadratintegrierbare holomorphe Funktion $f$ und jedes $z \in G$ ist*

$$|f(z)| \leqslant \frac{1}{\sqrt{\pi \delta(z)}} \, \|f\|.$$

Für $G = \mathbb{C}$ besagt die Ungleichung, daß $f \equiv 0$ ist, daß es also keine ganzen quadratintegrablen Funktionen außer der Nullfunktion gibt. Weitere unmittelbare Folgerungen aus dieser fundamentalen Ungleichung sind im nächsten Satz zusammengefaßt.

**Satz 2.2.** *i) Konvergenz im Quadratmittel für holomorphe Funktionen hat die lokal gleichmäßige Konvergenz zur Folge.*

*ii)    Jede normbeschränkte Teilmenge holomorpher Funktionen ist normal.*

*iii)   $\mathcal{O}^2(G)$ ist in $L^2(G)$ ein abgeschlossener Unterraum, also ein Hilbertraum.*

*iv)    Zu jeder kompakten Teilmenge $M \subset G$ gibt es eine Konstante $c_M > 0$, so daß*

$$|f(z)| \leqslant c_M \|f\|$$

*für alle $f \in \mathcal{O}^2(G)$ und alle $z \in M$ ist.*

**Beweis:** Aussage *iv)* folgt unmittelbar aus Satz 2.1, mit $\pi^{-1/2} c_M^{-1} = \min \{\delta(z) : z \in M\} > 0$. Damit ist jede normbeschränkte Menge in $\mathcal{O}^2(G)$ eine lokal gleichmäßig beschränkte Familie, also normal. Wegen *iv)* ist jede Cauchy-Folge bezüglich der Norm $\|\cdot\|$ auch kompakt konvergent, die Limesfunktion ist damit wieder holomorph und wegen der Vollständigkeit von $L^2$ auch quadratintegrierbar: damit sind die Aussagen *i)* und *iii)* bewiesen. $\qquad\qquad\square$

Verbindet man Aussage *iv)* mit den Cauchyschen Ungleichungen, so folgt als Verschärfung von *iv)*

**Satz 2.3.** *Zu jedem Kompaktum $M \subset G$ und jedem $n = 0, 1, 2, \dots$ gibt es eine Konstante $c_{M,n} > 0$ mit*

$$|f^{(n)}(z)| \leqslant c_{M,n} \|f\|$$

*für alle $z \in M$ und $f \in \mathcal{O}^2(G)$.*

Nach Satz 2.2. *iv)* genügt $\mathcal{O}^2(G)$ der Bergman-Bedingung und hat daher einen reproduzierenden Kern $K(z, w)$.

**Definition 2.1.** *Die Kernfunktion $K$ zu $\mathcal{O}^2(G)$ heißt die Bergmansche Kernfunktion des Gebietes $G$, der Raum $\mathcal{O}^2$ der Bergman-Raum.*

Für beschränkte Gebiete ist $\mathcal{O}^2$ immer ein unendlich-dimensionaler Hilbertraum, da zum Beispiel alle Polynome zu $\mathcal{O}^2$ gehören, und $K$ ist dann eine von Null verschiedene Funktion. Ist andererseits $G = \mathbb{C}$, so ist nach Satz 2.1 der Raum $\mathcal{O}^2$ einfach der Nullraum, und unsere Theorie wird inhaltsleer.

Stellen wir die Eigenschaften von $K$ zusammen:

**Satz 2.4.**

*i)*     *Die orthogonale Projektion*

$$\mathbb{K} : L^2 \to \mathcal{O}^2$$

*wird durch*

$$\mathbb{K}f(z) = \int\limits_G f(\zeta)\,\overline{K(z,\zeta)}\,dV(\zeta)$$

*gegeben; insbesondere gilt für $f \in \mathcal{O}^2$*

$$f(z) = \int\limits_G f(\zeta)\,\overline{K(z,\zeta)}\,dV(\zeta).$$

*ii)*     $K(z,\zeta)$ *ist holomorph in $\zeta$, antiholomorph in $z$, reell-analytisch in beiden Variablen.*

*iii)*     $K(z,\zeta) = \overline{K(\zeta,z)}$.

*iv)*     *Für jede Orthonormalbasis $h_j$ von $\mathcal{O}^2$ gilt:*

$$K(z,\zeta) = \sum_j \overline{h_j(z)}\, h_j(\zeta),$$

*wobei die Reihe für festes $z$ in der $L^2$-Norm konvergiert und auf $G \times G$ lokal-gleichmäßig konvergent ist.*

*v)*     *Für jedes beschränkte Gebiet $G$ ist $K(z,z) > 0$ (für alle $z \in G$).*

**Beweis:** Aussage *v)* gilt, da in keinem Punkt von $G$ alle holomorphen quadratintegrablen Funktionen verschwinden. Zum Beweis von *iv)* setzen wir $t = \bar{z}$ und $g_j(t) = \overline{h_j(z)}$; dann ist $g_j(t)\,h_j(\zeta)$ holomorph in $t$ und $\zeta$, und die Reihe $\sum\limits_j g_j(t)\,h_j(\zeta)$ konvergiert punktweise, wobei nach Satz 1.1 *v)* die Partialsummen lokal gleichmäßig beschränkt sind. Der Satz von Montel (diesmal für zwei komplexe Veränderliche!) liefert dann die kompakte Konvergenz und die Holomorphie der Summe $\widetilde{K}(t,\zeta) = K(z,\zeta)$ in den Variablen $t$ und $\zeta$. Damit ist auch die reelle Analytizität von $K$ bewiesen. Alle übrigen Behauptungen sind aus Satz 1.1 bekannt. $\qquad\square$

Wir betrachten nun einige Beispiele.

Es sei $K = K(r;R) = \{z : r < |z| < R\}$ ein Kreisring mit Zentrum 0; dabei sei $0 < r < R < \infty$. Zur Bestimmung einer Orthonormalbasis von $\mathcal{O}^2(K)$ berechnen wir die Skalarprodukte $(z^k, z^l)$, mit $k, l \in \mathbb{Z}$. Für $l \neq -1$ ist

$$(z^k, z^l) = -\frac{1}{2i} \int\limits_K z^k \bar{z}^l \, dz \wedge d\bar{z} = \frac{1}{2i} \int\limits_{\partial K} z^k \frac{\bar{z}^{l+1}}{l+1}\, dz$$

$$= \frac{1}{2i}\left[\frac{R^{k+l+2} - r^{k+l+2}}{l+1}\right] \int\limits_{\partial D} z^{k-l-1}\, dz$$

$$= \begin{cases} 0 & \text{für } k \neq l \\[2mm] \dfrac{\pi(R^{2k+2} - r^{2k+2})}{k+1} & \text{für } k = l. \end{cases}$$

Der Fall $k \neq -1$ wird entsprechend behandelt. Schließlich ist

$$(z^{-1}, z^{-1}) = \int\limits_{r}^{R} \int\limits_{0}^{2\pi} \frac{\rho \, d\rho \, d\vartheta}{\rho^2} = \pi \left[ \log R^2 - \log r^2 \right].$$

Die Funktionen

$$h_k(z) = z^k \sqrt{\frac{k+1}{\pi (R^{2k+2} - r^{2k+2})}}, \qquad k \neq -1,$$

$$h_{-1}(z) = z^{-1} \sqrt{\frac{1}{\pi (\log R^2 - \log r^2)}}$$

bilden also ein Orthonormalsystem. Betrachten wir nun eine Funktion $f \in \mathcal{O}^2(K)$, die auf allen $h_k$ senkrecht steht! Für $f$ haben wir die Laurent-Entwicklung

$$f(z) = \sum_{-\infty}^{\infty} a_k z^k.$$

Ist $K_n = K(r_n; R_n)$ mit $r < r_n < R_n < R$ und $\lim r_n = r$, $\lim R_n = R$, so folgt

$$0 = (f, z^l) = \lim_{n \to \infty} \int\limits_{K_n} f(z) \bar{z}^l \, dx\, dy = \lim_{n \to \infty} \sum_k \int\limits_{K_n} a_k z^k \bar{z}^l \, dx\, dy$$

$$= \lim_{n \to \infty} a_l \int\limits_{K_n} z^l \bar{z}^l \, dx\, dy = a_l \| z^l \|^2.$$

Demnach ist $a_l = 0$ und $f = 0$. Wir haben damit

**Satz 2.5.** *Die Funktionen*

$$h_k(z) = z^k \left[ \frac{k+1}{\pi (R^{2k+2} - r^{2k+2})} \right]^{1/2}, \qquad k \neq -1,$$

$$h_{-1}(z) = z^{-1} \left[ \frac{1}{\pi (\log R^2 - \log r^2)} \right]^{1/2}$$

*bilden eine Orthonormalbasis von* $\mathcal{O}^2(K(r; R))$. *Eine Funktion*

$$f(z) = \sum_{-\infty}^{\infty} a_k z^k$$

*ist genau dann quadratintegrabel, wenn ihre Laurentkoeffizienten der Bedingung*

$$\sum_{\substack{-\infty \\ k \neq -1}}^{\infty} |a_k|^2 \, \frac{R^{2k+2} - r^{2k+2}}{k+1} < \infty$$

*genügen; dann ist*

$$\|f\|^2 = \pi \left[ \sum_{k \neq -1} |a_k|^2 \frac{R^{2k+2} - r^{2k+2}}{k+1} + |a_{-1}|^2 (\log R^2 - \log r^2) \right].$$

*Es ist stets*

$$a_l = (f, z^l)/\|z^l\|^2.$$

Der Satz hat wichtige Konsequenzen. Zunächst untersuchen wir den Bergman-Raum eines punktierten Kreises. Es sei also $K_0 = K(0; R)$ und $K_r = K(r; R)$. Ist $f \in \mathcal{O}^2 (K_0)$, so gilt erst recht $f \in \mathcal{O}^2 (K_r)$ für alle $r > 0$, und man hat für die jeweiligen Normen

$$\|f\|_{K_r} \leqslant \|f\|_{K_0} < \infty.$$

Die letzte Formel des vorigen Satzes zeigt dann, daß in der Laurent-Entwicklung von $f$ alle Koeffizienten $a_k$ mit $k < 0$ verschwinden müssen; somit hat $f$ in 0 eine hebbare Singularität. Wir notieren als Erweiterung des Riemannschen Hebbarkeitssatzes

**Satz 2.6.** *Ist die holomorphe Funktion $f$ in der Nähe der isolierten Singularität $z_0$ quadratintegrierbar, so ist $z_0$ hebbar.*

Im Falle eines Kreises $D_R (0)$ liefern die früheren Rechnungen

**Satz 2.7.**

*i)*  *Die Funktionen*

$$h_k (z) = z^k \sqrt{\frac{k+1}{\pi}} R^{-k-1}, \qquad k = 0, 1, 2, \ldots,$$

*bilden eine Orthonormalbasis von $\mathcal{O}^2 (D_R (0))$.*

*ii)*  *Eine holomorphe Funktion*

$$f(z) = \sum_{k=0}^{\infty} a_k z^k$$

*ist genau dann quadratintegrierbar, wenn*

$$\pi \sum_{k=0}^{\infty} |a_k|^2 \frac{R^{2k+2}}{k+1} < \infty$$

*ist; der Wert der Summe ist dann das Normquadrat von $f$.*

*iii)*  *Die Bergmansche Kernfunktion von $D_R (0)$ wird durch*

$$K(z, \zeta) = \frac{R^2}{\pi (R^2 - \bar{z}\zeta)^2}$$

*gegeben.*

Die letzte Formel folgt durch Summation der Reihe

$$\sum_{k=0}^{\infty} \overline{h_k(z)}\, h_k(\zeta) = \frac{1}{\pi R^2} \sum_{k=0}^{\infty} (k+1)\left(\frac{\bar{z}\,\zeta}{R^2}\right)^k.$$

Aussage *ii)* liefert für $k = 0$ die Ungleichung

$$\pi\,|a_0|^2\, R^2 \leqslant \|f\|^2 < \infty;$$

daraus folgt leicht wieder die Bergmansche Ungleichung.

**Aufgabe:**

1*.    Drücke die Kernfunktion eines Kreisringes durch elliptische Funktionen aus.

## § 3*.  Orthonormalbasen im Bergman-Raum

Zur Bestimmung der Bergmanschen Kernfunktion eines Gebietes $G$ ist die Auffindung von Orthonormalbasen in $\mathcal{O}^2(G)$ entscheidend. Für viele Gebiete liefert der Rungesche Approximationssatz hierzu ein Verfahren. Wir beweisen

**Satz 3.1.** *Es sei $G$ ein beschränktes Gebiet; das Komplement von $\overline{G}$ zerfalle in die Weg-komponenten $U_0, U_1, \dots, U_n$, von denen $U_0$ unbeschränkt, alle andern beschränkt seien. Aus jedem $U_\nu$, $\nu = 1, \dots, n$, werde ein Punkt $a_\nu$ willkürlich herausgegriffen. Dann bilden die Funktionen*

$$z^k, \quad k = 0, 1, \dots,$$
$$(z - a_\nu)^{-l}, \quad l = 1, 2, \dots, \quad \nu = 1, \dots, n,$$

*genau dann eine Hilbert-Basis von $\mathcal{O}^2(G)$, falls die folgende Voraussetzung (D) erfüllt ist:*
(D) *Die auf $\overline{G}$ holomorphen Funktionen liegen — bezüglich der $L^2$-Norm — dicht in $\mathcal{O}^2(G)$.*

Ist $G$ ein Kreisring mit Mittelpunkt 0, so liefert der Satz die Funktionen $z^k, k \in \mathbb{Z}$, als Basis von $\mathcal{O}^2(G)$: dieses Ergebnis kennen wir schon aus dem vorigen Paragraphen.

**Beweis** von Satz 3.1: Die angegebenen Funktionen sind offenbar linear unabhängig. Jede auf $\overline{G}$ holomorphe Funktion ist nach dem Rungeschen Satz gleichmäßig auf $\overline{G}$ und daher erst recht in der Norm durch Linearkombinationen der $z^k$ und $(z - a_\nu)^{-l}$ approximierbar, d.h. der von den $z^k$ und $(z - a_\nu)^{-l}$, $\nu = 1, \dots, n, k = 0, 1, \dots, l = 1, 2, \dots$, erzeugte Vektorraum liegt dicht im Raum der auf $\overline{G}$ holomorphen Funktionen und nach Voraussetzung (D) damit dicht in ganz $\mathcal{O}^2$ — das war zu zeigen. Bilden umgekehrt die angegebenen Funktionen eine Hilbertraumbasis von $\mathcal{O}^2$, so liegt natürlich der Raum der auf $\overline{G}$ holomorphen Funktionen dicht in $\mathcal{O}^2$.                                    □

Von hier aus erzeugt das Schmidtsche Orthonormalisierungsverfahren eine Orthonormal-basis mittels rein algebraischer Rechnungen und Auswertung von Integralen: im Prinzip lassen sich so also Orthonormalbasen konstruktiv gewinnen, wenn auch nur mit großem numerischen Aufwand. Allerdings ist der Satz erst brauchbar, wenn wir Gebiete kennen, die der Voraussetzung (D) genügen. Sie ist nicht selbstverständlich erfüllt, wie das folgende Beispiel zeigt: es sei $G$ der längs der negativen reellen Achse aufgeschlitzte Einheitskreis. Falls $G$ die Voraussetzung (D) erfüllte, wären die Potenzen $z^k$, $k = 0, 1, \dots$, eine Hilbert-Basis von $\mathcal{O}^2(G)$, die natürlich schon orthogonal ist:

$$(z^k, z^l) = \int\limits_G z^k \,\overline{z}^l \, dV(z) = \int\limits_D z^k \,\overline{z}^l \, dV(z) = 0 \quad \text{für} \quad k \neq l.$$

Jede Funktion $f \in \mathcal{O}^2(G)$ besäße dann die auf $G$ lokal gleichmäßig konvergente Entwicklung

$$f(z) = \sum_{k-0}^{\infty} a_k z^k.$$

Die Reihe konvergiert dann automatisch auf dem Einheitskreis $\mathbf{D}$ (lokal gleichmäßig), und wir hätten $f \in \mathcal{O}^2(\mathbf{D})$. Für die Funktion $f(z) = \sqrt{z}$ ist aber sicher keine holomorphe Fortsetzung nach $\mathbf{D}$ möglich, obwohl sie natürlich über $G$ quadratintegrierbar ist.

Der folgende Satz sichert Voraussetzung (D) für eine weite Klasse von Gebieten.

**Satz 3.2.** *Es sei $G$ ein beschränktes Gebiet mit glattem (mindestens 1-mal stetig differenzierbarem) Rand. Dann liegt der Raum $\mathcal{O}(\overline{G})$ der auf $\overline{G}$ holomorphen Funktionen dicht in $\mathcal{O}^2(G)$.*

Den Beweis führen wir nach einem für derartige Approximationsprobleme typischen Verfahren. Zunächst wird die Glattheit des Randes ausgenutzt, um Funktionen $f \in \mathcal{O}^2(G)$ lokal (in der Umgebung $U$ eines gegebenen Randpunktes) durch auf $U \cap \overline{G}$ holomorphe Funktionen zu approximieren. Die verschiedenen lokalen Approximationen setzen sich natürlich nicht zu einer globalen Funktion $f_0 \in \mathcal{O}(\overline{G})$ zusammen und werden daher mit einer Partition der Eins zu einer nur noch differenzierbaren Funktion $g$ auf $\overline{G}$ verheftet, die eine gute Annäherung an $f$ ist. Aufgrund der Konstruktion von $g$ gibt es dann eine Umgebung $G'$ von $\overline{G}$, auf der $g_{\overline{z}}$ in der $L^2$-Norm klein ist, d.h. $g$ ist „fast" holomorph. Findet man nun noch eine auf $G'$ differenzierbare Funktion $u$ mit $u_{\overline{z}} = g_{\overline{z}}$ und kleiner $L^2$-Norm, so ist $f_0 = g - u$ eine Funktion in $\mathcal{O}(\overline{G})$, die $f$ gut approximiert. — Führen wir nun die Einzelheiten aus!

**Beweis** von Satz 3.2: 1. Es gibt eine Umgebung $U$ von $\overline{G}$ und eine auf $U$ stetig differenzierbare reelle Funktion $r$, so daß

$$G = \{z \in U : r(z) < 0\}, \quad dr(z) \neq 0 \quad \text{für} \quad r(z) = 0$$

gilt. Für kleines $|\rho|$ sei $G_\rho = \{z : r(z) < \rho\}$. — Wir wählen nun eine Überdeckung

$$U_0, U_1, \dots, U_n$$

von $\overline{G}$ mit folgenden Eigenschaften: $U_0 = G$; zu jedem $U_\nu$ ($\nu \geq 1$) gibt es einen Richtungsvektor $\mathbf{n}_\nu$, so daß die Gerade $a + \mathbf{n}_\nu t$ für alle $a \in \partial G \cap U_\nu$ den Rand $\partial G$ in $a$

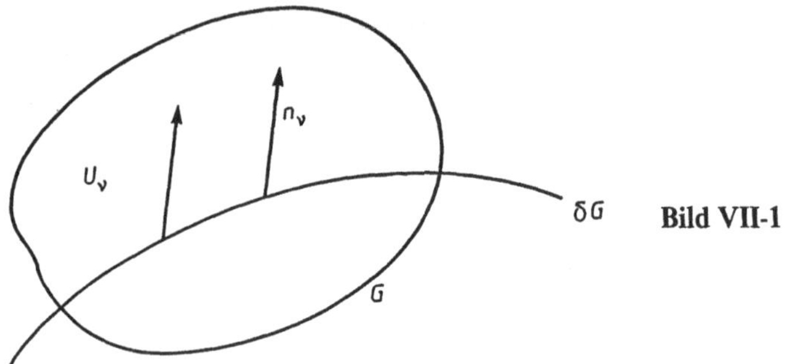


**Bild VII-1**

transversal (d.h. nicht tangential) trifft. Aufgrund der Glattheit des Randes ist das möglich. Wir nehmen an, daß die Punkte $a + t\mathbf{n}_\nu$ für $0 \leqslant t \leqslant t_0$ nicht zu $G$ gehören, für $-t_0 \leqslant t < 0$ aber in $G$ liegen. Dabei ist $t_0 > 0$.

Weiter sei $\varphi_\nu$ eine Partition der 1 zur Überdeckung durch die $U_\nu$, also

$$M_\nu = Tr\,\varphi_\nu \subset\subset U_\nu \quad \text{für} \quad \nu = 0, 1, \dots, n; \quad \sum_{\nu=0}^{n} \varphi_\nu \equiv 1 \quad \text{auf} \quad G_\rho,$$

wobei $\rho > 0$ hinreichend klein ist.

2. Es sei nun $\nu \in \{1, \dots, n\}$ und $f \in L^2(U_\nu \cap \overline{G})$. Ferner sei $h$ eine stetige Funktion mit Träger in $M_\nu$. Wir setzen

$$f_\nu^\delta(z) = f(z - \delta\mathbf{n}_\nu), \quad \delta > 0.$$

Ist $\delta$ klein genug und $z \in M_\nu$, so gehört $z - \delta\mathbf{n}_\nu$ zu $U_\nu$. Weiter gibt es ein $\rho > 0$, so daß für $z \in M_\nu \cap G_\rho$ noch $z - \delta\mathbf{n}_\nu \in G \cap U_\nu$ ist; $\rho$ hängt von $\delta$ ab und geht mit $\delta$ gegen 0. Die Funktion $f_\nu^\delta$ ist also auf $M_\nu \cap G_\rho$ definiert, und das Produkt $h \cdot f_\nu^\delta$ auf $U_\nu \cap G_\rho$, da $h \equiv 0$ außerhalb $M_\nu$ ist.

Wir bezeichnen die $L^2$-Norm auf einer Menge $M$ jetzt mit $\|\cdot\|_M$ und beweisen die folgenden Konvergenzaussagen:

a) $\quad \lim_{\delta \to 0} \|h \cdot f_\nu^\delta - h \cdot f\|_{U_\nu \cap G} = 0$

b) $\quad \lim_{\delta \to 0} \|h \cdot f_\nu^\delta\|_{(G_\rho - G) \cap U_\nu} = 0.$

*Beweis* von a): Zu gegebenem $\epsilon > 0$ existiert eine auf $\overline{U_\nu} \cap \overline{G}$ stetige Funktion $f_0$ mit

$$\|f - f_0\|_{U_\nu \cap G} < \epsilon.$$

Aus der gleichmäßigen Stetigkeit von $f_0$ ergibt sich aber die gleichmäßige Konvergenz von $h \cdot f_{0,\nu}^\delta$ gegen $h \cdot f_0$ und daher Behauptung a) für $f_0$. Schließlich ist

$$\|h \cdot f_\nu^\delta - h \cdot f_{0,\nu}^\delta\|_{U_\nu \cap G}^2 \leqslant c \int_{M_\nu \cap G} |f(z - \delta\mathbf{n}_\nu) - f_0(z - \delta\mathbf{n}_\nu)|^2 \, dV(z)$$

$$\leqslant c \int_{U_\nu \cap G} |f(z) - f_0(z)|^2 \, dV(z) = c\,\|f - f_0\|_{U_\nu \cap G}^2 < c\,\epsilon^2.$$

Die Konstante $c$ ist von $\delta$ unabhängig. Wählt man nun $\delta_0$ so klein, daß

$$\| h \cdot f_{0,\nu}^{\delta} - h \cdot f_0 \| < \epsilon$$

für $\delta \leqslant \delta_0$ wird, so folgt

$$\| h \cdot f_{\nu}^{\delta} - h \cdot f \|_{U_\nu \cap G}$$

$$\leqslant \| h \cdot f_{\nu}^{\delta} - h \cdot f_{0,\nu}^{\delta} \|_{U_\nu \cap G} + \| h \cdot f_{0,\nu}^{\delta} - h \cdot f_0 \|_{U_\nu \cap G} + \| h \cdot f_0 - h \cdot f \|_{U_\nu \cap G}$$

$$\leqslant c_1 \epsilon + \epsilon + c_2 \epsilon$$

mit nur von $h$ abhängigen Konstanten $c_1$ und $c_2$, d.h. es gilt die behauptete Konvergenz.

*Beweis* von b): Wir müssen

$$\lim_{\delta \to 0} \int_{U_\nu \cap (G_\rho - G)} |h(z)|^2 |f(z - \delta \mathbf{n}_\nu)|^2 \, dV(z) = 0$$

nachweisen. Für $z \in M_\nu \cap (G_\rho - G)$ liegt der Punkt $z - \delta \mathbf{n}_\nu$ in $G - G_\sigma$, wobei $\sigma < 0$ ist und mit $\delta$ gegen 0 strebt. Damit wird

$$\int_{U_\nu \cap (G_\rho - G)} |h(z)|^2 |f(z - \delta \mathbf{n}_\nu)|^2 \, dV(z) \leqslant c \int_{M_\nu \cap (G_\rho - G)} |f(z - \delta \mathbf{n}_\nu)|^2 \, dV(z)$$

$$\leqslant c \int_{U_\nu \cap (G - G_\sigma)} |f(z)|^2 \, dV(z).$$

Da nun der Flächeninhalt von $G - G_\sigma$ mit $\sigma$ gegen Null strebt, wird wegen der Integrierbarkeit von $|f|^2$ das letzte Integral beliebig klein: damit ist auch b) bewiesen.

3. Für $f \in \mathcal{O}^2$ und $\delta > 0$ definieren wir nun

$$f^{\delta} = \varphi_0 f + \sum_{\nu = 1}^{n} \varphi_\nu f_\nu^{\delta} .$$

Die Funktion $f^{\delta}$ ist auf einer Umgebung $G_\rho$ von $\overline{G}$ noch beliebig oft differenzierbar, wobei $\rho$ mit $\delta$ gegen Null strebt. Auf $G$ gilt

$$f - f^{\delta} = \sum_{\nu = 1}^{n} \varphi_\nu [f - f_\nu^{\delta}],$$

und daher nach Teil 2a):

$$\lim_{\delta \to 0} \| f - f^{\delta} \|_G = 0.$$

4. Wir untersuchen nun die Abweichung der Funktion $f^{\delta}$ von der Holomorphie, d.h. die Ableitung $f_{\bar{z}}^{\delta}$. Auf $G$ gilt

$$f_{\bar{z}}^{\delta} = \varphi_{0,\bar{z}} f + \sum_{\nu = 1}^{n} \varphi_{\nu,\bar{z}} f_\nu^{\delta} = \left( \sum_{\nu = 0}^{n} \varphi_{\nu,\bar{z}} \right) f + \sum_{\nu = 1}^{n} \varphi_{\nu,\bar{z}} [f_\nu^{\delta} - f]$$

Nach Teil 2a) gilt also

$$\lim_{\delta \to 0} \| f_{\overline{z}}^{\delta} \|_G = 0.$$

Nun ist $f^{\delta}$ und damit $f_{\overline{z}}^{\delta}$ noch auf $G_\rho$ definiert; auf $G_\rho - G$ gilt

$$f_{\overline{z}}^{\delta} = \sum_{\nu = 1}^{n} \varphi_{\nu, \overline{z}} \, f_{\nu}^{\delta} ,$$

und Teil 2b) liefert nun

$$\lim_{\delta \to 0} \| f_{\overline{z}}^{\delta} \|_{G_\rho - G} = 0.$$

Insgesamt haben wir

$$\lim_{\delta \to 0} \| f_{\overline{z}}^{\delta} \|_{G_\rho} = 0.$$

5. Wir werden im folgenden Satz zeigen, daß es eine von $\rho$ unabhängige Konstante $C$ gibt, so daß zu jeder differenzierbaren Funktion $h$ auf $G_\rho$ eine differenzierbare Lösung $u$ der Gleichung

$$\frac{\partial u}{\partial \overline{z}} = h$$

existiert, die der Abschätzung

$$\| u \|_{G_\rho} \leqslant C \| h \|_{G_\rho}$$

genügt.

6. Jetzt ergibt sich die Behauptung des Satzes so: Zu $\epsilon > 0$ und $f \in \mathcal{O}^2(G)$ wählen wir $\delta > 0$ so klein, daß

$$\| f - f^{\delta} \|_G < \frac{\epsilon}{2}$$

und

$$\| f_{\overline{z}}^{\delta} \|_{G_\rho} < \frac{\epsilon}{2C}$$

wird (das ist nach Teil 3 und 4 möglich). Gemäß Abschnitt 5 sei nun $u$ auf $G_\rho$ differenzierbar und erfülle

$$\frac{\partial u}{\partial \overline{z}} = f_{\overline{z}}^{\delta}$$

und

$$\| u \|_{G_\rho} \leqslant C \| f_{\overline{z}}^{\delta} \|_{G_\rho} \leqslant \frac{\epsilon}{2} .$$

Die Funktion $g = f^{\delta} - u$ ist dann auf $G_\rho$, also erst recht auf $\overline{G}$, holomorph, und es gilt

$$\| f - g \|_G \leqslant \| f - f^{\delta} \|_G + \| u \|_G \leqslant \epsilon .$$

Der Satz ist bewiesen.                                                      $\square$

Es bleibt die im 5. Schritt benutzte Abschätzung für die Lösung der Cauchy-Riemannschen Differentialgleichungen aufzustellen.

**Satz 3.3.** *Es sei $G$ ein beschränktes stückweise glatt berandetes Gebiet vom Durchmesser $R$. Dann gibt es zu jeder (einmal) stetig differenzierbaren Funktion $f \in L^2(G)$ eine stetig differenzierbare Funktion $u$ auf $G$, die den Bedingungen*

$$\frac{\partial u}{\partial \bar{z}} = f$$

*und*

$$\| u \| \leq 2R \, \| f \|$$

*genügt.*

**Beweis:** Nach [FL], Kap. VIII, Satz 2.1, gilt für die Funktion

$$u(z) = \frac{1}{2\pi i} \int\limits_G \frac{f(\zeta)}{\zeta - z}\, d\zeta \wedge d\bar{\zeta}$$

die Beziehung $u_{\bar{z}} = f$.

In der Tat ist für $z \in G' \subset\subset G$ (mit stückweise glattem Rand $\partial G'$)

$$u(z) = \frac{1}{2\pi i} \int\limits_{G'} \frac{f(\zeta)}{\zeta_* - z}\, d\zeta \wedge d\bar{\zeta} + \frac{1}{2\pi i} \int\limits_{G-G'} \frac{f(\zeta)}{\zeta - z}\, d\zeta \wedge d\bar{\zeta};$$

der zweite Summand ist für $z \in G'$ holomorph, und für den ersten Summanden $u_1$ war die Aussage $u_{1,\bar{z}} = f$ früher bewiesen worden.

Damit müssen wir die Abschätzung

$$\| u \| \leq 2R \, \| f \|$$

nachweisen. Für $z \in G$ ist

$$|u(z)| \leq \frac{1}{\pi} \int\limits_G \frac{|f(\zeta)|}{|\zeta - z|}\, dV(\zeta) = \frac{1}{\pi} \int\limits_G \frac{|f(\zeta)|}{|\zeta - z|^{1/2}} \frac{1}{|\zeta - z|^{1/2}}\, dV(\zeta)$$

$$\leq \frac{1}{\pi} \left[ \int\limits_G \frac{|f(\zeta)|^2}{|\zeta - z|}\, dV(\zeta) \int\limits_G \frac{dV(\zeta)}{|\zeta - z|} \right]^{1/2}$$

nach der Schwarzschen Ungleichung. Das zweite Integral können wir folgendermaßen behandeln:

$$\int\limits_G \frac{dV(\zeta)}{|\zeta - z|} \leq \int\limits_{D_R(z)} \frac{dV(\zeta)}{|\zeta - z|} = \int\limits_0^R \int\limits_0^{2\pi} \frac{1}{r}\, r\, dr\, d\vartheta = 2\pi R.$$

Entsprechend ist

$$\int\limits_{G} \frac{dV(z)}{|\zeta - z|} \leqslant 2\pi R.$$

Damit folgt

$$|u(z)|^2 \leqslant 2\,\frac{R}{\pi}\,\int\limits_{G} \frac{|f(\zeta)|^2}{|\zeta - z|}\,dV(\zeta),$$

$$\int\limits_{G} |u(z)|^2\,dV(z) \leqslant 2\,\frac{R}{\pi}\,\int\limits_{G\times G} \frac{|f(\zeta)|^2}{|\zeta - z|}\,dV(\zeta)\,dV(z)$$

$$= 2\,\frac{R}{\pi}\,\int\limits_{G} \left\{ |f(\zeta)|^2 \int\limits_{G} \frac{dV(z)}{|\zeta - z|} \right\} dV(\zeta)$$

$$\leqslant 4R^2 \int\limits_{G} |f(\zeta)|^2\,dV(\zeta) = 4R^2\,\| f \|^2. \qquad\qquad \square$$

**Aufgaben:**

1*.   Zeige in Analogie zu Satz 3.3 die Aussage: Ist $f \in \mathscr{C}^1(G) \cap L^p(G)$, $1 \leqslant p \leqslant \infty$, so gibt es eine Lösung $u$ der Cauchy-Riemannschen Differentialgleichungen $u_{\bar{z}} = f$ mit

$$\| u \|_{L^p(G)} \leqslant \mathrm{const}\,\| f \|_{L^p(G)},$$

wobei die Konstante nur vom Durchmesser von $G$ abhängt. $G$ sei wie im Satz vorausgesetzt.

2*.   Folgere aus 1*. in Analogie zu Satz 3.2: a) Jede auf $\bar{G}$ stetige, auf $G$ holomorphe Funktion ist auf $\bar{G}$ gleichmäßiger Limes von auf $\bar{G}$ holomorphen Funktionen, b) eine zu Satz 3.2 analoge Aussage für $L^p$-Konvergenz, $1 \leqslant p < \infty$.

3.   Es sei $G$ ein beschränktes Gebiet, $a \in G$ ein Punkt. Setze

$$\mathcal{O}_n^2 = \{ f \in \mathcal{O}^2(G) : f^{(k)}(a) = 0 \quad \text{für} \quad 0 \leqslant k \leqslant n \}$$

und zeige:

a) die $\mathcal{O}_n^2$ sind abgeschlossen in $\mathcal{O}^2$.

b) $\mathcal{O}_n^2 \supset \mathcal{O}_{n+1}^2$, $\bigcap\limits_{n \geqslant -1} \mathcal{O}_n^2 = (0)$.

c) $\dim \mathcal{O}_n^2 / \mathcal{O}_{n+1}^2 = 1$.

4.   (Fortsetzung von 3.). Wähle für jedes $n \geqslant 0$ eine Funktion $f_n \in \mathcal{O}_{n-1}^2$ mit den Eigenschaften

$$\| f_n \| = 1, \qquad f_n \perp \mathcal{O}_n^2 \qquad (\text{dabei sei } \mathcal{O}_{-1}^2 = \mathcal{O}^2 \text{ gesetzt}).$$

Zeige: die $f_n$ bilden eine Orthonormalbasis des Hilbertraumes $\mathcal{O}^2$.

5*.   Es sei $G$ eine Ellipse mit den Halbachsen $a$ und $b$. Berechne eine Orthonormalbasis für $\mathcal{O}^2(G)$ und die Bergmansche Kernfunktion.

## § 4. Die Transformationsformel

In diesem Abschnitt studieren wir das Verhalten des Bergman-Raumes und der zugehörigen Projektion unter konformen Abbildungen. — Es sei

$$F\colon G \overset{\cdot}{\to} G^*,\ z \mapsto z^*$$

eine konforme Abbildung zwischen den Gebieten $G$ und $G^*$; alle auf $G^*$ bezogenen Daten sollen mit einem $*$ markiert werden, also $L^2_*$, $\mathcal{O}^2_*$ usw. Für $f, g \in L^2_*$ gilt nach der Transformationsformel der Integralrechnung

$$(f, g)_* = \int\limits_{G^*} f(z^*)\,\overline{g(z^*)}\,dV(z^*) = \int\limits_{G} f(F(z))\,\overline{g(F(z))}\,|F'(z)|^2\,dV(z)$$

$$= ((f \circ F) \cdot F',\ (g \circ F) \cdot F').$$

Die durch

$$F^{\#}(f) = (f \circ F) \cdot F'$$

erklärte Abbildung ist also eine Isometrie von $L^2_*$ auf $L^2$ (die Bijektivität folgt durch Betrachten der Abbildung $F^{-1}$); da mit $f$ auch $(f \circ F) \cdot F'$ holomorph ist, geht der Raum $\mathcal{O}^2_*$ in den Raum $\mathcal{O}^2$ über, orthonormale Basen in orthonormale Basen, und $F^{\#}$ ist mit den Bergman-Projektionen vertauschbar. Wir fassen zusammen:

**Satz 4.1.** *Ist $F\colon G \to G^*$ eine konforme Abbildung, so gilt für die durch*

$$F^{\#}(f) = (f \circ F)F',\quad f \in L^2(G^*),$$

*erklärte Isometrie von $L^2_*$ auf $L^2$:*

*i)* $\quad F^{\#}\colon \mathcal{O}^2(G^*) \to \mathcal{O}^2(G)$ *ist bijektiv;*

*ii)* $\quad \mathbb{K} \circ F^{\#} = F^{\#} \circ \mathbb{K}^*.$

*ii)* ist die für das folgende wichtige Transformationsformel für die Bergman-Projektion; wir übersetzen sie in eine äquivalente Formel für die Kernfunktionen:

**Satz 4.2.** *Es sei $F\colon G \to G^*$ eine konforme Abbildung, $K$ und $K^*$ die Kernfunktionen der beiden Gebiete. Dann gilt*

$$K(z, \zeta) = \overline{F'(z)}\,K^*(F(z), F(\zeta))\,F'(\zeta).$$

**Beweis:** Bilden die $h_j$ eine Orthonormalbasis für $\mathcal{O}^2(G^*)$, so bilden die $(h_j \circ F)F'$ eine für $\mathcal{O}^2(G)$: daraus folgt die Behauptung. $\qquad\qquad \square$

Wenden wir uns einfachen Anwendungen der Transformationsformeln zu!

Es sei $F$ eine konforme Abbildung eines beschränkten einfach zusammenhängenden Gebietes $G$ auf den Einheitskreis $\mathbf{D}$. Da wir für $\mathcal{O}^2(\mathbf{D})$ eine Orthonormalbasis schon kennen, liefert Satz 4.1 sofort eine für $\mathcal{O}^2(G)$, nämlich

$$h_k(z) = \sqrt{\frac{k+1}{\pi}}\,F(z)^k \cdot F'(z).$$

Wichtiger ist, daß wir $F$ durch die Kernfunktion von $G$ ausdrücken können: Dazu normieren wir $F$ so, daß ein vorgegebener Punkt $z \in G$ in 0 übergeht und $F'(z) > 0$ ist. $K_G$ und $K_\mathbf{D}$ seien die Kernfunktionen von $G$ bzw. $\mathbf{D}$. Nach Satz 4.2 ist

$$K_G(z, \zeta) = \overline{F'(z)} \, K_\mathbf{D}(0, F(\zeta)) \, F'(\zeta) = \frac{1}{\pi} \, \overline{F'(z)} \, F'(\zeta).$$

Für $z = \zeta$ folgt

$$K_G(z, z) = \frac{1}{\pi} \, |F'(z)|^2 ,$$

also

$$F'(z) = + \sqrt{\pi K_G(z, z)}$$

und insgesamt:

**Satz 4.3.** *Es sei* $\zeta \mapsto F(z; \zeta)$ *die konforme Abbildung von* $G$ *auf* $\mathbf{D}$, *für die* $F(z; z) = 0$ *und* $F'(z; z) = F_\zeta(z; z) > 0$ *ist. Dann gilt*

$$F'(z; \zeta) = F_\zeta(z; \zeta) = \sqrt{\frac{\pi}{K_G(z, z)}} \, K_G(z, \zeta).$$

Die explizite Berechnung der Riemannschen Abbildungsfunktion ist also genauso leicht oder schwer wie die explizite Berechnung der Kernfunktion $K_G$. Man entnimmt der Formel immerhin unmittelbar, daß die Riemannsche Abbildungsfunktion $F$ in $z$ und $\zeta$ gleichzeitig reell-analytisch ist.

Die Transformationsformel aus Satz 4.2 soll nun noch auf andere Weise interpretiert werden: es sei $G$ ein beschränktes Gebiet mit Kernfunktion $K(z, \zeta)$. Wir betrachten die hermitische Metrik

$$ds = + \sqrt{K(z, z)} \, |dz| .$$

Da $K(z, z) > 0$ ist, handelt es sich um eine Metrik. Ist nun

$$F: G^* \to G$$

eine konforme Abbildung, so gilt nach Satz 4.2

$$ds \circ F = \sqrt{K(F(z^*), F(z^*))} \, |F'(z^*)| |dz^*|$$
$$= \sqrt{K^*(z^*, z^*)} \, |dz^*| ;$$

die Metrik ist also konform invariant.

**Definition 4.1.** *Die hermitische Metrik*

$$ds = \sqrt{K(z, z)} \, |dz|$$

*heißt Bergman-Metrik des beschränkten Gebietes* $G$ (vgl. aber Aufgabe 5).

**Satz 4.4.**

*i)   Für die Bergman-Metriken $ds_G$ und $ds_{G*}$ zweier konform äquivalenter Gebiete gilt*

$$ds_{G*} = ds_G \circ F;$$

*dabei ist $F$ irgendeine konforme Abbildung von $G^*$ nach $G$.*

*ii)   Die Bergman-Metrik des Einheitskreises ist*

$$ds = \frac{1}{\sqrt{\pi}} \, \frac{|dz|}{1 - |z|^2},$$

*also bis auf einen Normierungsfaktor die hyperbolische Metrik.*

*iii)   Für jedes beschränkte Gebiet ist die Krümmung der Bergman-Metrik negativ.*

Aussage *i)* haben wir gerade bewiesen; Aussage *ii)* folgt aus § 2. Der Beweis von *iii)* ergibt sich aus dem folgenden Satz durch Einsetzen in die Definition der Krümmung.

**Satz 4.5.** *Es gilt für alle $z \in G$*

*i)*   $K(z, z) > 0,$

*ii)*   $K(z, z) K_{z\bar{z}}(z, z) - K_z(z, z) K_{\bar{z}}(z, z) > 0.$

(Auch hier vgl. man Aufgabe 5.)

**Beweis:** Aussage *i)* ist uns bekannt. $K_z(z, z)$ ist die Ableitung der Funktion $z \mapsto K(z, z)$ nach $z$; entsprechend ist $K_{\bar{z}}$ und $K_{z\bar{z}}$ zu interpretieren.

Zum Beweis von *ii)* beachten wir zunächst, daß die Funktion $K_{\bar{z}}(z, \cdot)$ in $\mathcal{O}^2$ liegt. Ist nämlich für eine Orthonormalbasis $h_j$

$$K(z, \zeta) = \Sigma \, \overline{h_j(z)} \, h_j(\zeta),$$

so ist

$$K_{\bar{z}}(z, \zeta) = \Sigma \, \overline{h_j'(z)} \, h_j(\zeta)$$

und

$$\Sigma \, |h_j'(z)|^2 = K_{z\bar{z}}(z, z) < \infty.$$

Für jede Funktion $f \in \mathcal{O}^2$ haben wir die Formeln

$$f(z) = \int f(\zeta) \, \overline{K(z, \zeta)} \, dV(\zeta) = (f, K(z, \cdot)),$$

$$f'(z) = \int f(\zeta) \, \overline{K_{\bar{z}}(z, \zeta)} \, dV(\zeta) = (f, K_{\bar{z}}(z, \cdot)),$$

da der erste Integrand differenzierbar ist und wegen $K_{\bar{z}}(z, \cdot) \in \mathcal{O}^2$ beide Integranden lokal gleichmäßig Lebesgue-beschränkt sind. Wir betrachten nun die Funktion

$$M(\zeta) = K_{\bar{z}}(z, z) K(z, \zeta) - K(z, z) K_{\bar{z}}(z, \zeta).$$

Aus $M(\zeta) \equiv 0$ würde folgen

$$0 = (\zeta - z, M) = K_z(z,z)\,(\zeta - z, K(z,\cdot)) - K(z,z)\,(\zeta - z, K_{\bar z}(z,\cdot))$$

$$= 0 - K(z,z)\,\frac{d}{d\zeta}\,(\zeta - z)|_{\zeta = z} = -K(z,z);$$

das ist nach *i)* unmöglich. Somit haben wir

$$0 < \|M\|^2 = (M,M) = |K_{\bar z}(z,z)|^2\,\|K(z,\cdot)\|^2$$

$$- K_{\bar z}(z,z)\,K(z,z)\,(K(z,\cdot), K_{\bar z}(z,\cdot))$$

$$- K(z,z)\,K_z(z,z)\,(K_{\bar z}(z,\cdot), K(z,\cdot)) + K(z,z)^2\,(K_{\bar z}(z,\cdot), K_{\bar z}(z,\cdot))$$

$$= K_{\bar z}\,K_z\,K - K_{\bar z}\,K\,K_z - K\,K_z\,K_{\bar z} + K^2\,K_{z\bar z} = K\,(K\,K_{z\bar z} - K_z\,K_{\bar z}),$$

wobei wir das Argument $(z,z)$ nicht mehr hingeschrieben haben. Damit ist *ii)* bewiesen.

□

**Aufgaben:**

1. Zeige folgende Extremaleigenschaft der Kernfunktion: für $z \in G$ ist

$$\frac{1}{K(z,z)}\,K(z,\zeta) = f_0(\zeta)$$

die Funktion minimaler Norm in $\mathcal{O}^2$ mit $f(z) = 1$. Folgere aus dieser Eigenschaft: sind $G \subset G^*$ beschränkte Gebiete, so ist

$$K_G(z,z) \geqslant K_{G*}(z,z).$$

2*. Finde die Extremalfunktionen für die folgenden Bedingungen:

$$f \in \mathcal{O}^2,\ f(z) = \ldots = f^{(n-1)}(z) = 0,\ f^{(n)}(z) = 1,\ \|f\| = \min.$$

*Hinweis:* der Fall $n = 0$ ist in Aufgabe 1 erledigt, der Fall $n = 1$ steckt im Beweis von Satz 4.5 *ii)*.

3*. Für glatt berandete Gebiete gilt: die Bergman-Metrik ist vollständig und ihre Krümmung bleibt von Null weg beschränkt. Beweis!

Untersuche das Randverhalten der Metrik und ihrer Krümmung!

4*. Übertrage die Transformationsformel für die Bergman-Projektion auf eigentliche holomorphe Abbildungen.

5*. Durch $\left[\dfrac{\partial^2}{\partial z\,\partial \bar z}\,\log K(z,z)\right]^{1/2}\,|dz|$ ist ebenfalls eine invariante hermitische Metrik auf $G$ erklärt. Beweis! Wie hängt diese Metrik mit der Bergman-Metrik zusammen? Was ist ihre Krümmung?

## § 5. Der Satz von Bell

Die Transformationsformel des vorigen Paragraphen erlaubt es, aus Regularitätseigenschaften der Bergman-Projektion analoge Eigenschaften konformer Abbildungen zu gewinnen. Die für uns wesentliche Eigenschaft wird in der folgenden Definition gegeben.

**Definition 5.1.** *Es sei* $\mathbb{K}: L^2 \to \mathcal{O}^2$ *die Bergman-Projektion eines beschränkten Gebietes G.* $\mathbb{K}$ *heißt regulär, wenn es zu jedem* $k \geqslant 0$ *ein* $l \geqslant k$ *so gibt, daß* $\mathbb{K}$ *den Raum der l-mal*

*auf $\overline{G}$ stetig differenzierbaren Funktionen $\mathscr{C}^l(\overline{G})$ in den Raum $\mathscr{C}^k(\overline{G})$ der k-mal auf $\overline{G}*
*stetig differenzierbaren Funktionen abbildet.*

**Satz 5.1** (Bell). *Es sei $F: G_1 \to G_2$ eine konforme Abbildung glatt berandeter beschränk-*
*ter Gebiete; eins der Gebiete habe reguläre Bergman-Projektion. Dann setzt sich $F$ zu einer*
*in beiden Richtungen unendlich oft differenzierbaren Abbildung $\hat{F}: \overline{G}_1 \to \overline{G}_2$ fort (und*
*auch das andere Gebiet hat reguläre Bergman-Projektion).*

Wir wollen nur glatte Ränder der Differenzierbarkeitsklasse $\mathscr{C}^\infty$ betrachten. Es gibt dann
also eine auf einer Umgebung $U$ von $\partial G$ unendlich oft differenzierbare Funktion $r: U \to \mathbb{R}$,
so daß $dr(z) \neq 0$ für alle $z \in U$ und

$$G \cap U = \{z \in U: r(z) < 0\}$$

gilt. Die Funktion $r$ heißt eine Randfunktion für $G$. Nach Kap. III, Satz 4.1, kann man $r$
als streng subharmonisch voraussetzen. — Der Rest des Paragraphen ist dem Beweis von
Satz 5.1 gewidmet.

Der erste Hilfssatz zeigt, warum man Regularität der Bergman-Projektion nur von einem
der beiden Gebiete zu fordern braucht.

**Hilfssatz 1.** *Es sei $F: G_1 \to G_2$ eine konforme Abbildung glatt berandeter beschränkter*
*Gebiete, die sich zu einer (unendlich oft) differenzierbaren Abbildung $\hat{F}: \overline{G}_1 \to \overline{G}_2$ fort-*
*setze. Dann ist $\hat{F}: \overline{G}_1 \to \overline{G}_2$ sogar umkehrbar differenzierbar.*

**Beweis:** Da $F$ injektiv ist, zeigt der Satz über Umkehrabbildungen, daß es genügt, die
Bedingung

$$\hat{F}_z(z_0) \neq 0$$

für alle Randpunkte $z_0$ von $G_1$ nachzuweisen. Dazu wählen wir eine streng subharmonische Randfunktion $r_2$ für $G_2$. Dann ist die Funktion

$$r_1 = r_2 \circ \hat{F}$$

glatt auf $U \cap \overline{G}_1$, wobei $U$ eine geeignete Umgebung des Randes von $G_1$ ist. Auf $U \cap G_1$
ist $r_1$ subharmonisch und negativ, auf $\partial G_1$ selbst aber Null. Nach dem Hopfschen Lemma
folgt hieraus

$$dr_1(z_0) \neq 0 \quad \text{für alle } z_0 \in \partial G.$$

Wegen

$$\frac{\partial r_1}{\partial z}(z_0) = \frac{\partial r_2}{\partial w}(\hat{F}(z_0)) \frac{\partial \hat{F}}{\partial z}(z_0)$$

muß $\hat{F}_z(z_0) \neq 0$ gelten. $\qquad\qquad\qquad\Box$

Ist $F: G_1 \to G_2$ wieder eine konforme Abbildung, so ist das Bild einer sich gegen den Rand
häufenden Folge $z_\nu$ in $G_1$ eine Folge in $G_2$, die sich dort gegen den Rand häuft. Wir müssen diese Information aber quantitativ fassen. Dazu bezeichne für $z \in G$ immer $\delta_G(z)$
die Randdistanz, d.h. den Minimalabstand von $z$ zum Rande von $G$ (bei einem beliebigen

Gebiet $G$). Hat $G$ glatten Rand und ist beschränkt, so ist die Funktion $\delta = \delta_G$ in der Nähe des Randes glatt: liegt nämlich $z$ so dicht am Rande, daß es eine eindeutig bestimmte orthogonale Projektion $\pi(z)$ von $z$ auf $\partial G$ gibt, so ist

$$\delta(z) = |z - \pi(z)|,$$

wobei die Funktion $\pi$ glatt ist (vgl. Kap. III, § 0). Das Hopfsche Lemma liefert nun

**Hilfssatz 2.** *Es sei* $F\colon G_1 \to G_2$ *eine konforme Abbildung glatt berandeter beschränkter Gebiete;* $\delta_1$ *und* $\delta_2$ *seien die Randdistanzen auf* $G_1$ *bzw.* $G_2$. *Dann existiert eine positive Konstante* $C$ *mit*

$$\delta_2(F(z)) \leqslant C\delta_1(z)$$

*für alle* $z \in G_1$.

**Beweis:** Wir wählen eine streng subharmonische Randfunktion $r_1$ für $G_1$. Da $dr_1(z) \neq 0$ ist, gibt es eine positive Konstante $C_1$ mit

$$-C_1\delta_1(z) \leqslant r_1(z)$$

(falls $z$ dicht genug am Rande von $G_1$ liegt). Die Funktion $r_2 = r_1 \circ F^{-1}$ ist im Durchschnitt einer Umgebung des Randes von $G_2$ mit $G_2$ streng subharmonisch und negativ; falls $w$ gegen einen Randpunkt $w_0$ von $G_2$ strebt, ist

$$\lim_{w \to w_0} r_2(w) = 0.$$

Nach dem Hopfschen Lemma existiert dann eine positive Konstante $C_2 > 0$ mit

$$|r_2(w)| \geqslant C_2\delta_2(w).$$

Damit wird

$$-C_1\delta_1(z) \leqslant r_1(z) = r_2(F(z)) \leqslant -C_2\delta_2(F(z)),$$

also

$$\delta_2(F(z)) \leqslant \frac{C_1}{C_2}\delta_1(z). \qquad \square$$

Die erste wesentliche Idee im Beweis von Satz 5.1 besteht in der Analyse der Regularitätseigenschaften der durch

$$F^{\#}(f) = (f \circ F) \cdot F'$$

vermittelten Isometrie zwischen $\mathcal{O}^2(G_2)$ und $\mathcal{O}^2(G_1)$. Dazu führen wir für jedes glatt berandete Gebiet $G$ die Räume $\mathscr{C}_k^{\infty}(\overline{G})$ der auf $\overline{G}$ glatten Funktionen ein, die bis zur $k$-ten Ableitung einschließlich auf $\partial G$ verschwinden.

**Hauptlemma A.** *Zu jedem* $k \geqslant 0$ *gibt es ein* $l \geqslant k$, *so daß* $F^{\#}$ *den Raum* $\mathscr{C}_l^{\infty}(\overline{G}_2)$ *in* $\mathscr{C}^k(\overline{G}_1)$ *abbildet.*

**Beweis:**  Es sei $k$ gegeben. Jede $(k+1)$-te Ableitung von $F^{\#}f$ (mit $f \in \mathscr{C}^{\infty}(\overline{G}_2)$) ist eine Summe von Produkten der Gestalt

$$A = D_1 F \cdot D_2 F \cdot \ldots \cdot D_r F \cdot [(Df) \circ F],$$

wobei die $D_\rho F$ Ableitungen von $F$ oder $\overline{F}$ höchstens der Ordnung $k+2$ sind und $Df$ eine Ableitung von $f$ höchstens der Ordnung $k+1$; die Gestalt der Produkte, d.h. die Zahl $r$, die $D_\rho$ und $D$, hängen von $f$ nicht ab.

Nach den Cauchyschen Ungleichungen ist

$$|D_\rho F(z)| \leqslant \text{const } \delta_1 (z)^{-(k+2)},$$

wobei $\delta_1$ die Randdistanz in $G_1$ ist. Gehört $f$ zu $\mathscr{C}_l^{\infty}(\overline{G}_2)$, so liefert die Taylorsche Formel (mit $\delta_2$ als Randdistanz in $G_2$)

$$|f(w)| \leqslant \text{const } \delta_2 (w)^{l+1}$$

und für $l \geqslant k$

$$|Df(w)| \leqslant \text{const } \delta_2 (w)^{l-k}.$$

Nach Hilfssatz 2 ergibt sich dann

$$|(Df)(F(z))| \leqslant \text{const } \delta_1 (z)^{l-k}.$$

Wählt man also $l$ (abhängig von $k$, aber unabhängig von $f$) groß genug, so ist jede $(k+1)$-te Ableitung von $F^{\#}f$ gleichmäßig auf $G_1$ beschränkt und damit $F^{\#}f \in \mathscr{C}^k(\overline{G}_1)$.  $\square$

Die folgende Konstruktion ist der zweite entscheidende Schritt im Beweis von Satz 5.1.

**Hauptlemma B** (Bell).  *Ist $G$ ein glatt berandetes beschränktes Gebiet, so gibt es lineare Abbildungen*

$$B^l : \mathscr{C}^{\infty}(\overline{G}) \to \mathscr{C}_l^{\infty}(\overline{G})$$

*mit*

$$\mathbb{K}f = \mathbb{K}B^l f \quad \text{für alle } f \in \mathscr{C}^{\infty}(\overline{G}).$$

Zunächst beweisen wir

**Hilfssatz 3.**  *Ist $h \in \mathscr{O}^2(G)$ und $g \in \mathscr{C}^1(\overline{G})$ und verschwindet $g$ auf dem Rande von $G$, so ist*

$$\left( h, \frac{\partial g}{\partial z} \right) = 0.$$

**Beweis:**  Es sei $z_0$ ein Randpunkt, $\mathbf{n}$ der äußere Normaleneinheitsvektor in $z_0$ auf dem Rand. Dann existiert eine Umgebung $U$ von $z_0$, so daß für alle hinreichend kleinen $\epsilon > 0$

und alle $z \in U \cap \overline{G}$ der Punkt $z - \epsilon \mathbf{n}$ zu $G$ gehört. Nehmen wir zunächst an, daß der Träger von $g$ in $U$ liegt. Dann ist

$$\left(h, \frac{\partial g}{\partial z}\right) = \int\limits_{G} h(z) \frac{\partial \overline{g}}{\partial \overline{z}} \, dV = \int\limits_{U \cap G} h(z) \frac{\partial \overline{g}}{\partial \overline{z}} \, dV$$

$$= \lim_{\epsilon \to 0} \int\limits_{U \cap G} h(z - \epsilon \mathbf{n}) \frac{\partial \overline{g}}{\partial \overline{z}}(z) \, dV \quad \text{(vgl. Aussage a) im Beweis von Satz 3.2)}$$

$$= - \lim_{\epsilon \to 0} \int\limits_{U \cap G} \frac{\partial}{\partial \overline{z}} h(z - \epsilon \mathbf{n}) \, \overline{g}(z) \, dV(z),$$

da $g$ auf dem Rande von $U \cap G$ verschwindet. Wegen der Holomorphie von $h$ ist der Integrand des letzten Integrales aber Null. — Der allgemeine Fall wird mittels einer Partition der Eins auf den eben betrachteten Spezialfall reduziert.                                   $\square$

Wir kommen nun zum

**Beweis** von Hauptlemma B: Es sei $r \in \mathscr{C}^{\infty}(\overline{G})$ irgendeine Randfunktion für $G$. Wir können dann eine nullstellenfreie Funktion $h \in \mathscr{C}^{\infty}(\overline{G})$ so wählen, daß in einer Umgebung $U$ von $\partial G$

$$\frac{1}{h(z)} = \frac{\partial r}{\partial z}(z)$$

gilt. Dann sei für $f \in \mathscr{C}^{\infty}(\overline{G})$

$$B^{0}f = f - \frac{\partial}{\partial \overline{z}}(h \cdot rf).$$

Nach Hilfssatz 3 ist $\frac{\partial}{\partial \overline{z}}(hrf)$ orthogonal auf $\mathscr{O}^{2}$, also

$$\mathbb{K}\left(\frac{\partial}{\partial \overline{z}}(hrf)\right) = 0$$

und damit $\mathbb{K}B^{0}f = \mathbb{K}f$. Für $z \in U$ hat man nach Konstruktion

$$B^{0}f(z) = f(z) - h(z)f(z)\frac{\partial r}{\partial z}(z) - r(z)\frac{\partial}{\partial z}[h(z)f(z)] = -r(z)\frac{\partial}{\partial z}[hf],$$

damit gilt $B^{0}f \in \mathscr{C}_{0}^{\infty}(\overline{G})$.

Jetzt sei $B^{k}$ schon konstruiert. Wir definieren $B^{k+1}$ durch die Formel

$$B^{k+1}f = B^{k}f - \frac{1}{k+2}\frac{\partial}{\partial z}[rhB^{k}f].$$

Dann ist $\mathbb{K}B^{k+1}f = \mathbb{K}B^{k}f = \mathbb{K}f$ nach Hilfssatz 3, und wegen $B^{k}f \in \mathscr{C}_{k}^{\infty}(\overline{G})$, also

$$B^{k}f(z) = r(z)^{k+1}\hat{f}(z), \quad \hat{f} \in \mathscr{C}^{\infty}(\overline{G}),$$

ist auf $U$

$$B^{k+1}f = B^k f - \frac{1}{k+2} \frac{\partial}{\partial z} [r^{k+2} h \hat{f}] = r^{k+1} \hat{f} - \frac{\partial r}{\partial z} r^{k+1} h \hat{f} - \frac{1}{k+2} r^{k+2} \frac{\partial}{\partial z} [h \hat{f}]$$

$$= -\frac{1}{k+2} r^{k+2} \frac{\partial}{\partial z} [h \hat{f}];$$

d.h. $B^{k+1}f \in \mathscr{C}^\infty_{k+1}(\overline{G})$. Die „Bell-Operatoren" $B^k$ sind damit konstruiert. $\qquad\square$

Die beiden Hauptlemmata ergeben nun den

**Beweis** von Satz 5.1: Wir betrachten eine konforme Abbildung $F: G_1 \to G_2$ und nehmen an, daß $G_1$ reguläre Bergman-Projektion $\mathbb{K}_1$ hat. Nach Hilfssatz 1 brauchen wir nur zu zeigen, daß $F$ sich glatt nach $\overline{G}_1$ fortsetzt.

Es sei $k \geqslant 0$ beliebig. Wir wählen ein $l \geqslant k$, so daß

$$\mathbb{K}_1 : \mathscr{C}^l(\overline{G}_1) \to \mathscr{C}^k(\overline{G}_1)$$

eine lineare Abbildung vermittelt. Nach Hauptlemma A wählen wir weiter ein $m \geqslant l$, so daß $F^\#$ – mit $F^\# f = F'(f \circ F)$ – den Raum $\mathscr{C}^\infty_m(\overline{G}_2)$ in $\mathscr{C}^l(\overline{G}_1)$ abbildet. Schließlich bilden wir mittels des Bell-Operators $B^m$ aus Hauptlemma B den Raum $\mathscr{C}^\infty(\overline{G}_2)$ in $\mathscr{C}^\infty_m(\overline{G}_2)$ ab. Insgesamt erhält man eine Kette linearer Abbildungen

$$\mathscr{C}^\infty(\overline{G}_2) \xrightarrow{B^m} \mathscr{C}^\infty_m(\overline{G}_2) \xrightarrow{F^\#} \mathscr{C}^l(\overline{G}_1) \xrightarrow{\mathbb{K}_1} \mathscr{C}^k(\overline{G}_1).$$

Ist $f \in \mathscr{C}^\infty(\overline{G}_2)$, so gilt (Satz 4.1 und Hauptlemma B)

$$\mathbb{K}_1 F^\# B^m (f) = F^\# \mathbb{K}_2 B^m f = F^\# \mathbb{K}_2 f = F'((\mathbb{K}_2 f) \circ F).$$

Wir wenden diese Formel auf die Funktion $f \equiv 1$ an:

$$F' = \mathbb{K}_1 F^\# B^m (1) \in \mathscr{C}^k(\overline{G}_1).$$

Da $k$ beliebig war, so gehört $F'$ und damit auch $F$ zu $\mathscr{C}^\infty(\overline{G}_1)$.

Die Regularität von $\mathbb{K}_2$ folgt nun aus der Transformationsformel. Setzt man $\mathbb{K}_2$ (statt $\mathbb{K}_1$) als regulär voraus, so betrachte man $F^{-1}$. – Der Satz von Bell ist damit bewiesen. $\qquad\square$

**Aufgaben:**

1*.    Es sei $F: G_1 \to G_2$ eine eigentliche holomorphe Abbildung beschränkter glatt berandeter Gebiete. Übertrage den Satz von Bell auf diese Situation!

2.    Verschärfe Hauptlemma A und zeige, daß $F^\#$ den Raum $\mathscr{C}^\infty_l(\overline{G}_2)$ in $\mathscr{C}^\infty_k(\overline{G}_1)$ abbildet, falls $l$ groß genug ist.

3.    Es sei $z \in G$, $U_\epsilon(z) \subset\subset G$, und $\varphi_z$ sei eine nur von $|\zeta - z|$ abhängige glatte Funktion mit Träger in $U_\epsilon(z)$ und

$$\int_G \varphi_z(\zeta)\, dV(\zeta) = 1.$$

Zeige: $K(\zeta, z) = \mathbb{K}\varphi_z(\zeta)$. Folgere: ist $\mathbb{K}$ regulär, so ist $K$ in jeder der beiden Variablen glatt nach $\overline{G}$ fortsetzbar (wenn die andere Variable zu $G$ gehört).

## § 6. Regularitätssätze für den Kreis

Für unsere Arbeit beim Beweis des Satzes von Bell wären wir schlecht belohnt, wenn wir nicht einige Gebiete mit regulärer Bergman-Projektion angeben könnten. Wichtigstes Ergebnis dieses Paragraphen ist

**Satz 6.1.** *Der Einheitskreis* **D** *hat reguläre Bergman-Projektion.*

Gleichzeitig mit diesem Ergebnis beweisen wir

**Satz 6.2.** *Es sei* $G \subset\subset \mathbb{C}$ *ein glatt berandetes Gebiet und* $F$ *eine auf dem Rand* $\partial G$ *erklärte glatte Funktion. Dann ist die Funktion*

$$f(z) = \frac{1}{2\pi i} \int_{\partial G} \frac{F(\zeta)}{\zeta - z}\, d\zeta$$

*zu einer glatten Funktion auf* $\overline{G}$ *fortsetzbar.*

In Satz 6.2 dürfen wir keinesfalls erwarten, daß die Randwerte von $f$ mit $F$ übereinstimmen. Beim Poisson-Integral liegen die Verhältnisse aber so einfach:

**Satz 6.3.** *Es sei* $F$ *eine auf der Kreislinie* $T$ *glatte Funktion. Dann ist die durch*

$$f(z) = \mathbb{P}F(z) = \int_{T} F(\zeta) P(\zeta, z) |d\zeta|$$

*definierte Lösung des Dirichletproblems mit Randwerten* $F$ *eine auf ganz* $\overline{\mathbf{D}}$ *glatte Funktion.*

Die Beweise führen wir in einer Reihe von Hilfssätzen. Zunächst wird das Cauchy-Integral auf beliebigen beschränkten glatt berandeten Gebieten $G$ betrachtet.

**Hilfssatz 1.** *Ist* $f \in \mathscr{C}^k(\overline{G})$ *und*

$$\mathbb{H}f(z) = \frac{1}{2\pi i} \int_{\partial G} \frac{f(\zeta)}{\zeta - z}\, d\zeta, \qquad z \in G,$$

*so existiert eine Konstante* $c_k$ *mit*

$$\left| \frac{d^{k-1}}{dz^{k-1}} \mathbb{H}f(z) \right| \leqslant c_k.$$

(Die Konstante hängt von $f$, aber nicht von $z$ ab.)

**Beweis:** Wir führen Induktion nach $k \geqslant 1$ durch.

1. Für $k = 1$ ist

$$\mathbb{H}f(z) = f(z) + \frac{1}{2\pi i} \int_{\partial G} \frac{f(\zeta) - f(z)}{\zeta - z}\, d\zeta,$$

also

$$|\mathbb{H}f(z)| \leqslant \sup_{z \in G} |f(z)| + \text{const} \int_{\partial G} \left| \frac{\zeta - z}{\zeta - z} \right| |d\zeta| \leqslant c_1,$$

da wegen der Differenzierbarkeit von $f$

$$|f(\zeta) - f(z)| \leqslant \text{const} \, |\zeta - z| \quad \text{auf } \overline{G} \times \overline{G}$$

gilt.

2. Nun sei die Aussage schon für $k \geqslant 1$ bewiesen. Wir nehmen $f \in \mathscr{C}^{k+1}(\overline{G})$ an und erhalten

$$\frac{d^k}{dz^k} \mathbb{H}f(z) = \frac{k!}{2\pi i} \int_{\partial G} \frac{f(\zeta)}{(\zeta - z)^{k+1}}\, d\zeta.$$

Nun ist nach dem Stokesschen Satz

$$\int_{\partial G} d_\zeta \left( \frac{f(\zeta)}{(\zeta - z)^k} \right) = 0,$$

also

$$\int_{\partial G} \frac{d_\zeta f(\zeta)}{(\zeta - z)^k} = k \int_{\partial G} \frac{f(\zeta)}{(\zeta - z)^{k+1}}\, d\zeta.$$

Damit wird

$$\frac{d^k}{dz^k} \mathbb{H}f(z) = \frac{(k-1)!}{2\pi i} \int_{\partial G} \frac{d_\zeta f(\zeta)}{(\zeta - z)^k}$$

$$= \frac{(k-1)!}{2\pi i} \int_{\partial G} \frac{f_\zeta\, d\zeta}{(\zeta - z)^k} + \frac{(k-1)!}{2\pi i} \int_{\partial G} \frac{f_{\bar\zeta}\, d\bar\zeta}{(\zeta - z)^k}.$$

Das erste Integral ist

$$\frac{d^{k-1}}{dz^{k-1}} \mathbb{H}f_\zeta(z);$$

zur Interpretation des zweiten Integrals beachten wir, daß es eine glatte Funktion $h$ auf $\mathbb{C}$ gibt, so daß auf $\partial G$ die Gleichung

$$d\bar\zeta = h(\zeta)\, d\zeta$$

besteht. Somit wird das zweite Integral

$$\frac{d^{k-1}}{dz^{k-1}}\,\mathbb{H}[hf_{\bar{\zeta}}]\,(z).$$

Insgesamt ergibt sich

$$\frac{d^{k}}{dz^{k}}\,\mathbb{H}f(z) = \frac{d^{k-1}}{dz^{k-1}}\,\mathbb{H}f_{\zeta}\,(z) + \frac{d^{k-1}}{dz^{k-1}}\,\mathbb{H}[hf_{\bar{\zeta}}]\,(z);$$

nach Induktionsvoraussetzung ist dann

$$\left|\frac{d^{k}\mathbb{H}f(z)}{dz^{k}}\right| \leqslant c_{k+1}. \qquad\qquad\qquad \square$$

Aus Hilfssatz 1 ergibt sich unmittelbar Satz 6.2, da eine auf $\partial G$ glatte Funktion $F$ natürlich zu einer glatten Funktion nach $\overline{G}$ (sogar nach ganz $\mathbb{C}$) fortgesetzt werden kann. Wir können als nächstes Satz 6.3 herleiten:

**Beweis** von Satz 6.3: Wir wissen bereits, daß $f$ nach $\overline{\mathbf{D}}$ stetig durch $F$ fortgesetzt wird; es bleibt die Beschränktheit aller Ableitungen zu zeigen. Durch Zerlegen von $F$ in Real- und Imaginärteil kann die Behauptung auf den Fall reellwertiger Funktionen $F$ und $f$ zurückgeführt werden. Dann gilt

$$\frac{d^{k}f}{d\bar{z}^{k}} = \overline{\frac{d^{k}f}{dz^{k}}}\,,$$

und alle Ableitungen, in denen sowohl nach $z$ als auch nach $\bar{z}$ differenziert wird, sind Null, da $f$ harmonisch ist. Wir brauchen also nur die Ableitungen nach $z$ zu betrachten. Nun ist

$$P(\zeta,z) = \frac{1}{2\pi}\,\mathrm{Re}\,\frac{\zeta+z}{\zeta-z} = \frac{1}{4\pi}\left[\frac{\zeta+z}{\zeta-z} + \frac{\overline{\zeta}+\overline{z}}{\overline{\zeta}-\overline{z}}\right]$$

$$P_{z}(\zeta,z) = \frac{1}{4\pi}\,\frac{2\zeta}{(\zeta-z)^{2}}$$

$$P_{z}(\zeta,z)|d\zeta| = \frac{1}{2\pi i}\,\frac{d\zeta}{(\zeta-z)^{2}}$$

wegen $d\zeta = i\zeta\,|d\zeta|$. Es folgt

$$f_{z}(z) = \frac{1}{2\pi i}\int_{T}\frac{F(\zeta)}{(\zeta-z)^{2}}\,d\zeta = \frac{d}{dz}\,\frac{1}{2\pi i}\int_{T}\frac{F(\zeta)}{\zeta-z}\,d\zeta;$$

Satz 6.2 liefert nun die Behauptung. $\qquad\qquad\qquad\qquad \square$

Für das folgende brauchen wir die Differenzierbarkeit der Cauchyschen Flächenintegrale. Wir definieren also für $f \in \mathscr{C}^0(\overline{G})$

$$T[f] = \frac{1}{2\pi i} \int_G \frac{f(\zeta)}{\zeta - z}\, d\zeta \wedge d\overline{\zeta}$$

und erhalten aus dem vorigen Hilfssatz

**Hilfssatz 2.** *Für $f \in \mathscr{C}^k(\overline{G})$ ist $T[f_{\overline{\zeta}}] \in \mathscr{C}^{k-2}(\overline{G})$.*

**Beweis:** Nach der inhomogenen Cauchyschen Integralformel ist

$$f = \mathbb{H}f + T[f_{\overline{\zeta}}].$$

Die $(k-1)$-te Ableitung von $\mathbb{H}f$ ist auf $G$ nach Hilfssatz 1 gleichmäßig beschränkt, also gilt: $\mathbb{H}f \in \mathscr{C}^{k-2}(\overline{G})$ und damit auch $T[f_{\overline{\zeta}}] \in \mathscr{C}^{k-2}(\overline{G})$. $\qquad\square$

Wir wenden uns nun der Bergman-Projektion des Einheitskreises zu und betrachten zunächst eine Funktion $f \in \mathscr{C}^1(\overline{\mathbf{D}})$. Die inhomogene Cauchy-Formel liefert für $z \in \mathbf{D}$

$$f(z) = \frac{1}{2\pi i} \int_{\partial\mathbf{D}} \frac{f(\zeta)}{\zeta - z}\, d\zeta + \frac{1}{2\pi i} \int_{\mathbf{D}} \frac{f_{\overline{\zeta}}(\zeta)}{\zeta - z}\, d\zeta \wedge d\overline{\zeta}.$$

Wegen $\zeta\overline{\zeta} = 1$ auf $\partial\mathbf{D}$ können wir das erste Integral mit dem Stokesschen Satz umschreiben:

$$\frac{1}{2\pi i} \int_{\partial\mathbf{D}} \frac{f(\zeta)}{\zeta - z}\, d\zeta = \frac{1}{2\pi i} \int_{\partial\mathbf{D}} \frac{\overline{\zeta} f(\zeta)}{1 - \overline{\zeta} z}\, d\zeta$$

$$= \frac{1}{2\pi i} \int_{\mathbf{D}} \frac{f(\zeta)}{(1 - \overline{\zeta} z)^2}\, d\overline{\zeta} \wedge d\zeta + \frac{1}{2\pi i} \int_{\mathbf{D}} \frac{\overline{\zeta} f_{\overline{\zeta}}(\zeta)}{1 - \overline{\zeta} z}\, d\overline{\zeta} \wedge d\zeta;$$

da die Form $[\overline{\zeta} f(\zeta)/(1 - \overline{\zeta} z)]\, d\zeta$ für $z \in \mathbf{D}$ und $\zeta \in \overline{\mathbf{D}}$ bezüglich $\zeta$ glatt ist — der Stokessche Satz ist somit anwendbar. Das erste Integral ist nach § 2 gerade die Bergman-Projektion $\mathbb{K}f$ von $f$; für das zweite Integral führen wir die Abkürzung

$$E[g](z) = \frac{1}{2\pi i} \int_{\mathbf{D}} \frac{\overline{\zeta} g(\zeta)}{1 - \overline{\zeta} z}\, d\overline{\zeta} \wedge d\zeta$$

ein. Damit gilt

**Satz 6.4.** *Es sei $f \in \mathscr{C}^1(\overline{\mathbf{D}})$. Dann ist*

*i)* $\quad f = \mathbb{K}f + E[f_{\overline{\zeta}}] + T[f_{\overline{\zeta}}],$

*ii)* $\quad \dfrac{\partial f}{\partial z} = \dfrac{d}{dz}\mathbb{K}f + \mathbb{K}[\overline{\zeta}^2 f_{\overline{\zeta}}] + \dfrac{\partial}{\partial z} T[f_{\overline{\zeta}}].$

**Beweis:** Die erste Formel haben wir gerade bewiesen. Zum Beweis der zweiten Formel berechnen wir die Ableitung von $E[g]$:

$$\frac{\partial}{\partial z} E[g](z) = \frac{1}{2\pi i} \int_{\mathbf{D}} \frac{\bar{\zeta}^2 g(\zeta)}{(1-\bar{\zeta}z)^2}\, d\bar{\zeta} \wedge d\zeta = \mathbb{K}[\bar{\zeta}^2 g](z). \qquad \square$$

**Beweis** von Satz 6.1: Es genügt, folgende Aussage zu zeigen: ist $f \in \mathscr{C}^k(\overline{\mathbf{D}})$, so gibt es eine Konstante $c_k$ mit

$$\left| \frac{d^{k-2}}{dz^{k-2}} \mathbb{K} f(z) \right| \leqslant c_k \qquad \text{(für } k \geqslant 2\text{).}$$

Wir führen Induktion nach $k$ durch. Für $f \in \mathscr{C}^2(\overline{\mathbf{D}})$ gilt nach Satz 6.4

$$f = \mathbb{K}f + E[f_{\bar{\zeta}}] + T[f_{\bar{\zeta}}]. \tag{1}$$

Aufgrund von Hilfssatz 2 ist $T[f_{\bar{\zeta}}] \in \mathscr{C}^0(\overline{\mathbf{D}})$. Zur Abschätzung von $E[f_{\bar{\zeta}}]$ bemerken wir, daß für $\zeta, z \in \mathbf{D}$ sicher $|1-\bar{\zeta}z| \geqslant |\zeta-z|$ gilt und damit

$$\left| E[f_{\bar{\zeta}}](z) \right| = \left| \frac{1}{2\pi i} \int_{\mathbf{D}} \frac{\bar{\zeta} f_{\bar{\zeta}}(\zeta)}{1-\bar{\zeta}z}\, d\bar{\zeta} \wedge d\zeta \right| \leqslant \text{const} \sup_{z \in \mathbf{D}} |f_{\bar{z}}(z)|.$$

Da nun drei der vier Terme in (1) beschränkt sind, ist es auch der vierte:

$$|\mathbb{K}f(z)| \leqslant c_0.$$

Die Behauptung sei nun für $k \geqslant 2$ schon bewiesen; wir zeigen sie für $f \in \mathscr{C}^{k+1}(\overline{\mathbf{D}})$ mittels Satz 6.4.*ii)*:

$$\frac{\partial}{\partial z} f = \frac{d}{dz}\mathbb{K}f + \mathbb{K}[\bar{\zeta}^2 f_{\bar{\zeta}}] + \frac{\partial}{\partial z} T[f_{\bar{\zeta}}]. \tag{2}$$

Nach Hilfssatz 2 gilt $T[f_{\bar{\zeta}}] \in \mathscr{C}^{k-1}(\overline{\mathbf{D}})$, also

$$\frac{\partial}{\partial z} T[f_{\bar{\zeta}}] \in \mathscr{C}^{k-2}(\overline{\mathbf{D}}).$$

Da $\bar{\zeta}^2 f_{\bar{\zeta}} \in \mathscr{C}^k(\overline{\mathbf{D}})$ gilt, liefert die Induktionsvoraussetzung

$$\left| \frac{d^{k-2}}{dz^{k-2}} \mathbb{K}[\bar{\zeta}^2 f_{\bar{\zeta}}] \right| \leqslant c_k';$$

demnach ist die $(k-2)$-te Ableitung von dreien der vier Terme in (2) beschränkt, also auch die des vierten:

$$\left| \frac{d^{k-1}}{dz^{k-1}} \mathbb{K}f(z) \right| \leqslant c_{k+1}. \qquad \square$$

**Aufgaben:**

1.  Läßt sich mit den Methoden dieses Paragraphen die Aussage

$$\mathbb{K}: \mathscr{C}^{k+2}(\overline{D}) \to \mathscr{C}^{k}(\overline{D})$$

beweisen?

2.  Es sei $G$ ein Gebiet mit regulärer Bergman-Projektion $\mathbb{K}$. Zeige, daß die Abbildung

$$\mathbb{K}: \mathscr{C}^{\infty}(\overline{G}) \to \mathscr{C}^{\infty}(\overline{G})$$

in der Fréchet-Topologie (= Topologie der gleichmäßigen Konvergenz in allen Ableitungen) stetig ist. *Hinweis:* Verwende den Satz vom abgeschlossenen Graphen.

3.  Es sei $\varphi: [0,1] \to \mathbb{C}$ ein unendlich oft differenzierbarer Weg, $\varphi'(t) \neq 0$ für alle $t$. Zeige: die Funktion $F$ ist auf der Spur von $\varphi$ genau dann glatt, wenn $F \circ \varphi$ eine auf $[0,1]$ unendlich oft differenzierbare Funktion von $t$ ist.


## § 7. Der Satz von Painlevé-Warschawski

Aus den Ergebnissen der beiden vorigen Paragraphen folgern wir nun leicht

**Satz 7.1** (Painlevé-Warschawski). *Es sei $F: G_1 \to G_2$ eine konforme Abbildung einfach zusammenhängender beschränkter Gebiete mit glattem Rand. Dann setzt sich $F$ zu einer in beiden Richtungen unendlich oft differenzierbaren Abbildung*

$$\hat{F}: \overline{G}_1 \to \overline{G}_2$$

*der abgeschlossenen Hüllen fort.*


**Folgerung.** *Einfach zusammenhangende glatt berandete beschränkte Gebiete haben reguläre Bergman-Projektion.*


**Beweis** von Satz 7.1: Wir wählen konforme Abbildungen $F_\nu: \mathbb{D} \to G_\nu, \nu = 1, 2$, mit $F = F_2 \circ F_1^{-1}$, und brauchen die Aussage nur für die $F_\nu$ zu zeigen — m.a.W. ohne Einschränkung der Allgemeinheit dürfen wir $G_1 = \mathbb{D}$ annehmen. Nach Satz 6.1 hat $\mathbb{D}$ reguläre Bergman-Projektion: damit folgen alle obigen Behauptungen aus dem Satz von Bell (Satz 5.1). $\qquad\qquad \square$


Um zu Gebieten von beliebigem Zusammenhang überzugehen, brauchen wir eine potentialtheoretische Folgerung von Satz 7.1. Zunächst beweisen wir eine lokale Version von Satz 6.3:


**Lemma 1.** *Es sei $f$ eine auf dem Rande $T$ des Einheitskreises stetige und in einer (Relativ-)Umgebung $U$ von $a \in T$ unendlich oft differenzierbare Funktion. Dann ist das Poisson-Integral $\mathbb{P}f$ in einer Umgebung von $a$ unendlich oft differenzierbar.*


**Beweis:** Wir wählen Umgebungen $U_0 \subset\subset U_1 \subset\subset U$ von $a$ und eine glatte Funktion $\varphi: T \to \mathbb{R}$ mit $\varphi \equiv 1$ auf $U_0$ und $\mathrm{Tr}\,\varphi \subset U_1$. Dann ist

$$f = \varphi f + (1-\varphi)f = f_1 + f_2; \qquad \mathbb{P}f = \mathbb{P}f_1 + \mathbb{P}f_2.$$

$\mathbb{P}f_1$ ist nach Satz 6.3 auf $\overline{\mathbf{D}}$ glatt. Da $f_2 \mid U_0 \equiv 0$ ist, ergibt sich die Glattheit von $\mathbb{P}f_2$ in $a$ sofort durch Differentiation unter dem Integralzeichen.  $\square$

Damit können wir die Randregularität von Lösungen des Dirichlet-Problems beweisen:

**Satz 7.2.** *Es sei $G$ ein beschränktes glatt berandetes Gebiet und $u$ eine auf $\overline{G}$ stetige, in $G$ harmonische Funktion. Falls die Einschränkung von $u$ auf den Rand von $G$ glatt ist, so ist $u$ auf $\overline{G}$ glatt.*

**Beweis:** Es sei $a \in \partial G$ und $S$ ein Randbogen, der $a$ im Innern enthält. Wir wählen ein einfach zusammenhängendes Gebiet $G_0$ mit glattem Rand, so daß $\overline{G}_0 - S \subset G$ und $S \subset \partial G_0$ gilt. Dann ist $u$ auf $\overline{G}_0$ stetig und $u \mid S$ glatt. $F: G_0 \to \mathbf{D}$ sei eine konforme Abbildung. Nach dem Satz von Painlevé-Warschawski setzt sich $F$ zu einer diffeomorphen Abbildung von $\overline{G}_0$ auf $\overline{\mathbf{D}}$ fort, die wir wieder mit $F$ bezeichnen. Dann ist nach Lemma 1 $u \circ F^{-1}$ auf $\mathbf{D} \cup F(S)$ glatt, also $u$ auf $G_0 \cup S$. Da $a$ beliebig war, folgt die Glattheit von $u$ auf ganz $\overline{G}$.  $\square$

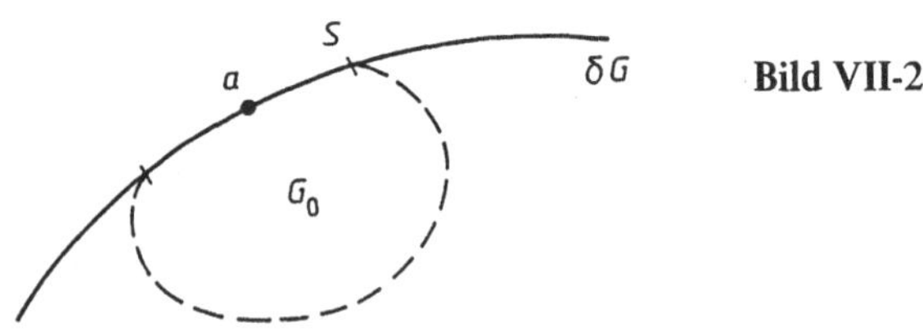


**Bild VII-2**

Wir verwenden jetzt Satz 7.2, um eine sehr allgemeine Version von Satz 7.1 aufzustellen.

**Satz 7.3.** *Es sei $F: G_1 \to G_2$ eine eigentliche holomorphe Abbildung zwischen beschränkten glatt berandeten Gebieten $G_1$ und $G_2$. Dann setzt sich $F$ zu einer unendlich oft differenzierbaren Abbildung $\hat{F}$ von $\overline{G}_1$ nach $\overline{G}_2$ fort.*

Zur Erinnerung: $F$ heißt eigentlich, wenn die Urbilder kompakter Mengen unter $F$ stets wieder kompakt sind. – Satz 7.1 ist natürlich in diesem Satz enthalten, wird aber – auf dem Weg über Satz 7.2 – im Beweis verwendet.

**Beweis** von Satz 7.3: 1. Die Gebiete $G_j$ seien durch Ungleichungen

$$G_j = \{z \in \mathbb{C} : r_j(z) < 0\}, \qquad j = 1, 2,$$

gegeben, wobei wir $r_j$ als glatte Funktion auf $\mathbb{C}$ mit $dr_j(z) \neq 0$ in einer Umgebung von $\partial G_j = \{z : r_j(z) = 0\}$ wählen. Für positives hinreichend kleines $\epsilon$ setzen wir

$$G_j^\epsilon = \{z \in G_j : r_j(z) > -\epsilon\};$$

das ist also ein von $\partial G_j$ und von $\{z : r_j(z) = -\epsilon\}$ glatt berandetes Gebiet – ein „$\epsilon$-Streifen". Wir zeigen zunächst

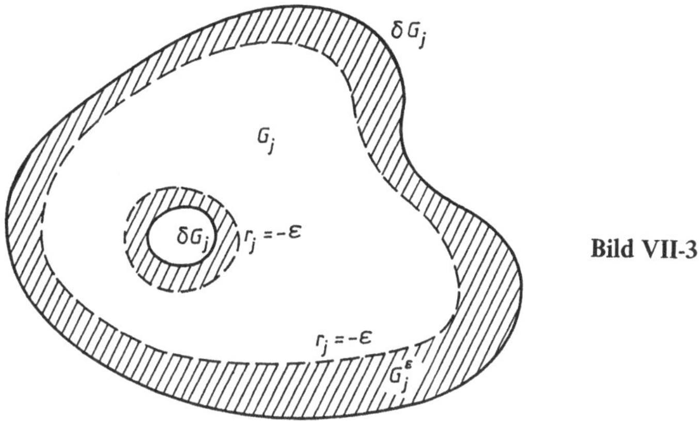


**Bild VII-3**

2. Zu jedem $\epsilon > 0$ gibt es ein $\delta > 0$ mit

$$F(G_1^\delta) \subset G_2^\epsilon.$$

In der Tat ist $G' = G_2 - G_2^\epsilon$ kompakt in $G_2$ enthalten und daher $F^{-1}(G')$ ein Kompaktum in $G_1$. Wir wählen dann $\delta$ so klein, daß $G_1^\delta \subset\subset G_1 - F^{-1}(G')$ gilt.

3. Wir werden im fünften Beweisschritt zwei positive Zahlen $\epsilon$ und $\delta$ und eine reelle Funktion $v \in \mathscr{C}^\infty(\overline{G_2^\epsilon})$ mit folgenden Eigenschaften angeben:

a)     $F(G_1^\delta) \subset G_2^\epsilon$

b)     $\left| \dfrac{\partial v}{\partial w} \right| \geqslant C > 0$     auf $\overline{G_2^\epsilon}$

c)     Die Funktion $u = v \circ F$ gehört zu $\mathscr{C}^\infty(\overline{G_1^\delta})$.

4. Bevor wir das tun, folgern wir aus der Existenz von $\epsilon, \delta$ und $v$ die Behauptung des Satzes. Dazu zeigen wir induktiv

$$|D^q F| = \left| \frac{d^q F}{dz^q} \right| \leqslant C_q, \qquad q = 0, 1, 2, \dots,$$

d.h. die gleichmäßige Beschränktheit aller Ableitungen von $F$.

Für $q = 0$ ist nichts zu zeigen. Um höhere Ableitungen von $F$ zu untersuchen, berechnen wir — wiederum induktiv — die Ableitungen $D_z^q u = \partial^q u / \partial z^q$. Es ist

$$D_z^0 u = v \circ F.$$

Es sei nun ein Polynom $P_q(X_1, \dots, X_{q-1}, Y_1, \dots, Y_q)$ mit ganzen Koeffizienten so gefunden, daß

d)     $D_z^q u = D_z^q F \cdot D_w v + P_q(D_z F, \dots, D_z^{q-1} F, D_w v, \dots, D_w^q v)$

gilt. Differentiation dieser Beziehung liefert

$$D_z^{q+1}u = D_z^{q+1}F \cdot D_w v + D_z^q F \cdot D_w^2 v \cdot D_z F$$
$$+ D_z P_q (D_z F, \ldots, D_z^{q-1}F, D_w v, \ldots, D_w^q v)$$
$$= D_z^{q+1}F \cdot D_w v + P_{q+1}(D_z F, \ldots, D_z^q F, D_w v, \ldots, D_w^{q+1}v)$$

mit $P_{q+1} \in \mathbb{Z}[X_1, \ldots, X_q, Y_1, \ldots, Y_{q+1}]$.

Nach b) gilt $|D_w v| \geqslant C > 0$ auf $\overline{G_2^\epsilon}$, nach c) sind die $D_z^q u$ nach oben beschränkt. Damit folgt induktiv aus der Beschränktheit der Ableitungen $D^j F$ für $j \leqslant q - 1$ die Beschränktheit von $D^q F$ mittels Formel d).

5. Es bleibt $v$ zu konstruieren! Dazu wählen wir $\epsilon_1 > 0$ so klein, daß $G_2^{\epsilon_1}$ glatt berandet ist, und betrachten die Lösung $v$ des Dirichlet-Problems auf $G_2^{\epsilon_1}$ zu den Randwerten

$$v(w) = 0 \quad \text{für} \quad w \in \partial G_2,$$
$$v(w) = -1 \quad \text{für} \quad r_2(w) = -\epsilon_1.$$

Nach Satz 7.2 ist $v$ auf ganz $\overline{G_2^{\epsilon_1}}$ unendlich oft differenzierbar und auf $G_2^{\epsilon_1}$ harmonisch. Da weiter $v$ nicht konstant ist und auf $\partial G_2$ das Maximum annimmt, gilt nach dem Hopf-Lemma in allen Punkten $w \in \partial G_2$ für die Normalableitung:

$$\frac{\partial v}{\partial n}(w) \geqslant B > 0.$$

Hieraus folgt aber wegen der Reellwertigkeit von $v$ sofort die Ungleichung

$$\left| \frac{\partial v}{\partial w}(w) \right| \geqslant C_1 > 0; \qquad w \in \partial G_2.$$

Wir können nun $\epsilon > 0$ und $C > 0$ so bestimmen, daß auf ganz $\overline{G_2^\epsilon}$

$$\left| \frac{\partial v}{\partial w}(w) \right| \geqslant C > 0$$

gilt. Die Funktion $u = v \circ F$ ist, wenn wir $\delta$ so klein bestimmen, daß $F(\overline{G_1^\delta}) \subset \overline{G_2^\epsilon}$ liegt, sicher auf $G_1^\delta$ harmonisch und stetig auf $\overline{G_1^\delta} - \partial G_1$. Falls die Folge $z_\nu$ gegen einen Randpunkt $z_0 \in \partial G_1$ konvergiert, so liegen alle Häufungspunkte der Bildfolge $w_\nu = F(z_\nu)$ auf dem Rande $\partial G_2$, und damit strebt $v(w_\nu) = u(z_\nu)$ gegen Null. Somit kann $u$ durch die Festsetzung

$$u(z) = 0 \quad \text{für} \quad z \in \partial G_1$$

zu einer auf $\overline{G_1^\delta}$ stetigen Funktion ergänzt werden. Wieder aus Satz 7.2 folgt nun $u \in \mathscr{C}^\infty(\overline{G_1^\delta})$. — Damit ist der Satz bewiesen. $\qquad\square$


Wir haben übrigens nicht ausgenutzt, daß $F$ nach $\overline{G_1}$ stetig fortsetzbar ist, sondern diese Tatsache mitbewiesen.

## § 8. Potentialtheoretische Anwendungen

Aus den Resultaten des vorigen Paragraphen ziehen wir zunächst einige potentialtheoretische Folgerungen.

Die Greensche Funktion $g_G(\zeta, z)$ eines Gebietes $G$ und der zugehörige Poisson-Kern $P_G$ waren durch die folgenden Bedingungen eingeführt worden:

1.  $g(\zeta, z) + \log|\zeta - z|$ ist auf $\overline{G}$ stetig, in $G$ harmonisch (für festes $z \in G$ bez. der Variablen $\zeta$).

2.  $g(\zeta, z) \equiv 0$ für $\zeta \in \partial G$ und $z \in G$.

3.  $2\pi P(\zeta, z) = - * d_\zeta g(\zeta, z)|_{\partial G}$.

Da $g(\zeta, z) + \log|\zeta - z|$ offensichtlich die Lösung des Dirichlet-Problems zu den Randwerten $\log|\zeta - z|$ ist, liefert Satz 7.2 nun

**Satz 8.1.** *Für festes $z \in G$ ist $g_G(\zeta, z)$ auf $\overline{G} - \{z\}$ unendlich oft differenzierbar, falls $G$ glatt berandet ist.*

Wir notieren die Folgerungen aus Satz 8.1, die sich gemäß Kapitel III aus dieser Aussage ergeben:

**Satz 8.2.** *$G \subset\subset \mathbb{C}$ habe glatten Rand. Dann gilt:*

*i)* $g_G(\zeta, z) = g_G(z, \zeta)$ *für* $(z, \zeta) \in G \times G$.

*ii)* $g_G$ *ist zu einer auf $\overline{G} \times \overline{G} - \{(z, z): z \in \overline{G}\}$ stetigen und in jeder einzelnen Variablen glatten Funktion fortsetzbar.*

*iii)* *Der Poisson-Kern $P$ von $G$ existiert, und für jede auf $\overline{G}$ stetige und in $G$ harmonische Funktion $f$ gilt:*

$$f(z) = \int_{\partial G} f(\zeta) P(\zeta, z) \quad \text{für } z \in G.$$

*iv)* *Die Lösung des Dirichlet-Problems zu den stetigen Randwerten $f$ wird durch die Formel*

$$u(z) = \int_{\partial G} f(\zeta) P(\zeta, z)$$

*gegeben (Poissonsche Integralformel).*

An dieser Stelle halten wir einen Augenblick inne zu einem Rückblick auf die Lösung des Dirichlet-Problems.

Wir sind in folgenden Etappen vorgegangen:

1. Aufstellung der Greenschen Funktion und des Poisson-Kernes für Kreise.

2. Lösung des Dirichlet-Problems für Kreise mittels der Poissonschen Integralformel und Beweis der Randregularität der Lösung.

3. Lösung auf glatt berandeten (und allgemeineren) Gebieten durch die Perronsche Methode.

An dieser Stelle folgt die Existenz der Greenschen Funktion $g$ für die obigen Gebiete, aber noch nicht die Existenz des Poisson-Kerns, da hierfür Randregularität von $g$ erforderlich ist. Daher bringen die folgenden Schritte die Theorie konformer Abbildungen ins Spiel.

4. Beweis der Regularität der Bergman-Projektion im Einheitskreis.

5. Beweis der Randregularität konformer Abbildungen einfach zusammenhängender Gebiete (Satz 7.1) mittels des Satzes von Bell (Satz 5.1).

6. Aus dem Riemannschen Abbildungssatz und Schritt 5 folgt nun die Randregularität von Lösungen des Dirichlet-Problems (Satz 7.2), die ihrerseits die Randregularität konformer Abbildungen von Gebieten beliebigen Zusammenhanges impliziert (Satz 7.3).

7. Schließlich impliziert der Regularitätssatz 7.2 auch die Existenz des Poisson-Kerns der betrachteten Gebiete und die zugehörige Poissonsche Integralformel.

Potentialtheorie und Funktionentheorie sind also eng verwoben; damit ist unsere Behandlung der Randregularität der Laplace-Gleichung allerdings an die Dimension 2 gebunden. Gibt es andere Möglichkeiten?

Verlockend wäre ein direkter Beweis der Existenz und Regularität der Greenschen Funktion $g_G$ (Schritt 7) und ihre Anwendung zum Beweis der Randregularität von Lösungen des Dirichlet-Problems (Schritt 6), aufbauend etwa auf der folgenden auf Green zurückgehenden physikalischen Idee: Man stelle sich den Rand $\partial G$ des Gebietes als geerdeten elektrischen Leiter (also auf dem Potential Null) vor und bringe im Punkt $z \in G$ eine elektrische Ladung der Größe $-1$ an. Diese Ladung ruft eine positive Ladungsverteilung der Gesamtladung $+1$ auf $\partial G$ hervor und $g_G(\zeta, z)$ ist die Potentialfunktion dieser Ladungskonfiguration.

Die Schwierigkeiten aber, diese Idee mathematisch zu verfolgen, erscheinen unüberwindlich.

Der übliche Weg ist die Durchführung von Schritt 6 unabhängig von der Funktionentheorie (die für mehr als 2 Veränderliche nicht mehr zur Verfügung steht) durch Aufstellung eines allgemeinen Regularitätssatzes für elliptische Randwertaufgaben. Aus diesem Satz ergibt sich dann, wie wir gesehen haben, der Satz von Painlevé-Warschawski ebenso wie die Existenz des Poisson-Kerns.

Wir haben diesen üblichen Weg aus zwei Gründen vermieden: einmal ist er in unserem Fall sehr viel länger und schwieriger, darüberhinaus liefert er im Fall mehrerer komplexer Veränderlicher keine Informationen, da zwischen Potentialtheorie und Funktionentheorie dann kein Zusammenhang mehr besteht. Demgegenüber gilt der Satz von Painlevé-Warschawski sinngemäß (d.h. unter geeigneten Zusatzvoraussetzungen) auch für biholomorphe Abbildungen in mehreren komplexen Veränderlichen und kann wie in Schritt 5 bewiesen werden — das ist auch der Ursprung der hier entwickelten Theorie.

Wir skizzieren nochmals den Zusammenhang der erwähnten Sätze untereinander.

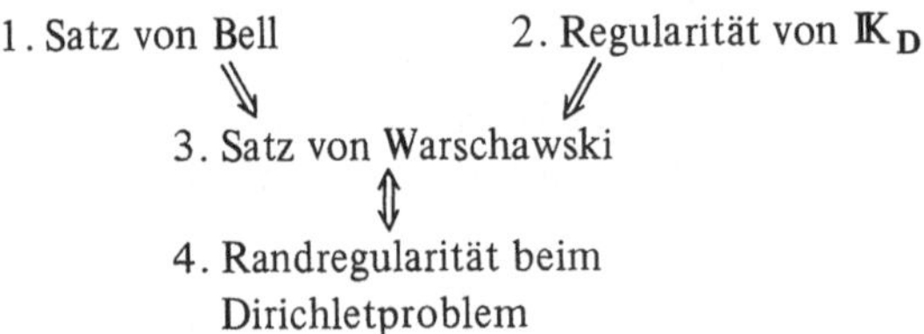

Die Äquivalenz zwischen $\boxed{3}$ und $\boxed{4}$ zerbricht im Falle höherer Dimensionen, und zwar werden beide Implikationen falsch.

**Aufgabe:**

1*.    Ist unter den Voraussetzungen dieses Paragraphen $g_G$ glatt auf $\overline{G} \times \overline{G} - \{(z, z): z \in \overline{G}\}$?

## § 9*.  Eine asymptotische Darstellung für die Bergman-Projektion

In den vorigen Paragraphen hatten wir die Regularität der Bergman-Projektion glatt berandeter Gebiete aus dem Satz von Painlevé-Warschawski hergeleitet; deshalb brauchten wir direkt nur den leicht zugänglichen Bergman-Projektor des Einheitskreises zu untersuchen, mußten aber dafür den Riemannschen Abbildungssatz zum Beweis heranziehen. Logisch einfacher ist der umgekehrte Weg: Beweis der Regularität von $\mathbb{K}$ für glatt berandete Gebiete und hieraus Herleitung des Satzes von Painlevé-Warschawski mittels des Satzes von Bell. Dieser Weg steht auch in der Theorie mehrerer komplexer Veränderlicher offen. Wir zeigen in diesem Paragraphen, wie man hierbei vorzugehen hat, indem wir als wesentliches Hilfsmittel die Satz 6.4 entsprechende Aussage für glatt berandete Gebiete beweisen. Die dann noch erforderlichen Abschätzungen sind aber erheblich schwieriger als die entsprechenden Überlegungen für den Einheitskreis und sollen hier nicht mehr diskutiert werden.

Der Inhalt dieses Paragraphen wird in den folgenden Teilen des Kapitels nicht benutzt werden.

Es sei $G = \{z: r(z) < 0\}$ ein beschränktes glatt berandetes Gebiet, gegeben durch eine in einer Umgebung $U$ von $\partial G$ glatte streng subharmonische Randfunktion $r: \mathbb{C} \to \mathbb{R}$, deren Differential auf $U$ nullstellenfrei ist. Wir werden aus $r$ allein eine Integraldarstellung für holomorphe Funktionen gewinnen, die „fast" mit der Bergmanschen Darstellung übereinstimmt.

Für $(\zeta, z) \in U \times \mathbb{C}$ gilt nach der Taylorschen Formel

$$r(z) = r(\zeta) - F_0(\zeta, z) - \overline{F_0(\zeta, z)} + r_{\zeta\bar{\zeta}}(\zeta)|\zeta - z|^2 + \mathscr{E}_3(\zeta, z) \tag{1}$$

mit

$$F_0(\zeta, z) = P_0(\zeta, z)(\zeta - z) \tag{2}$$

$$P_0(\zeta, z) = r_\zeta(\zeta) - \frac{1}{2} r_{\zeta\zeta}(\zeta)(\zeta - z), \tag{3}$$

wobei wir mit $\mathscr{E}_j(\zeta, z)$ grundsätzlich glatte Funktionen von zwei Veränderlichen bezeichnen, die lokal im Produktraum einer Ungleichung

$$\mathscr{E}_j(\zeta, z) \leqslant \text{const} \, |\zeta - z|^j \tag{4}$$

genügen. Setzen wir

$$U(\epsilon) = \{(\zeta, z): |r(\zeta)| < \epsilon, |\zeta - z| < \epsilon\}, \tag{5}$$

so folgt wegen $r_{\zeta\bar{\zeta}}(\zeta) \geqslant 2\gamma > 0$ für hinreichend kleines $\epsilon > 0$ aus (1):

$$2 \operatorname{Re} F_0(\zeta, z) \geqslant r(\zeta) - r(z) + \gamma|\zeta - z|^2 \quad \text{auf } U(\epsilon). \tag{6}$$

Die Funktion

$$F_1(\zeta,z) = F_0(\zeta,z) - r(\zeta) \tag{7}$$

genügt also auf $U(\epsilon)$ der Ungleichung

$$2\,\mathrm{Re}\,F_1(\zeta,z) \geqslant -r(\zeta) - r(z) + \gamma\,|\zeta - z|^2. \tag{8}$$

Wir wählen nun eine glatte Funktion

$$\chi\colon \mathbb{C} \times \mathbb{C} \to \mathbb{R}$$

mit

$$\chi(\zeta,z) = \begin{cases} 1 & \text{für} \quad |\zeta - z| < \frac{\epsilon}{2} \\ 0 & \text{für} \quad |\zeta - z| > \epsilon, \end{cases} \tag{9}$$

$$0 < \chi < 1 \text{ sonst,}$$

und setzen

$$\phi(\zeta,z) = \chi(\zeta,z)\,F_1(\zeta,z) + (1 - \chi(\zeta,z))\,|\zeta - z|^2. \tag{10}$$

Dann ist

$$\mathrm{Re}\,\phi(\zeta,z) > 0 \tag{11}$$

auf der Menge

$$M = \{(\zeta,z)\colon -\epsilon < r(\zeta) \leqslant 0, z \in \overline{G}\} - \Delta, \tag{12}$$

wobei

$$\Delta = \{(\zeta,\zeta) \in \partial G \times \partial G\} \tag{13}$$

die „Randdiagonale" ist. Schließlich setzen wir noch

$$P(\zeta,z) = \chi(\zeta,z)\,P_0(\zeta,z) + (1 - \chi(\zeta,z))\,(\overline{\zeta} - \overline{z}) \tag{14}$$

und beachten, daß für $\zeta \in \partial G$, also $r(\zeta) = 0$, die Gleichung

$$\phi(\zeta,z) = P(\zeta,z)\,(\zeta - z) \tag{15}$$

gilt.

Wir brauchen noch eine weitere „Verheftungsfunktion" $\varphi \in \mathscr{C}^\infty(\mathbb{C})$ mit kompaktem Träger und

$$\varphi(\zeta) = \begin{cases} 1 & \text{für} \quad |r(\zeta)| < \frac{\epsilon}{8} \\ 0 & \text{für} \quad |r(\zeta)| > \frac{\epsilon}{4} \end{cases} \tag{16}$$

und definieren auf $\overline{G} \times \overline{G} - \Delta$:

$$F(\zeta,z) = \varphi(\zeta)\,\frac{P(\zeta,z)}{\phi(\zeta,z)}. \tag{17}$$

Nach (15) und (16) gilt auf $\partial G \times \overline{G}$ die Gleichung

$$F(\zeta,z) = \frac{1}{\zeta - z}; \tag{18}$$

$F$ ist eine dem Gebiet angepaßte glatte Fortsetzung des Cauchy-Kernes von $\partial G \times \overline{G} - \Delta$ nach $\overline{G} \times \overline{G} - \Delta$; im Falle des Einheitskreises (also $r(z) = z\bar{z} - 1$) kann man $F(\zeta, z) = \bar{\zeta}/(1 - \bar{\zeta}z)$ setzen und auf $\varphi$ verzichten.

Nun sei $f$ eine auf $\overline{G}$ stetig differenzierbare Funktion und $z$ ein Punkt von $G$. Die inhomogene Cauchy-Formel liefert

$$2\pi i f(z) = \int\limits_{\partial G} \frac{f(\zeta)}{\zeta - z} d\zeta + \int\limits_{G} \frac{f_{\bar{\zeta}}(\zeta)}{\zeta - z} d\zeta \wedge d\bar{\zeta}$$

$$= \int\limits_{\partial G} f(\zeta) F(\zeta, z) d\zeta + \int\limits_{G} \frac{f_{\bar{\zeta}}(\zeta)}{\zeta - z} d\zeta \wedge d\bar{\zeta}$$

$$= \int\limits_{G} f(\zeta) F_{\bar{\zeta}}(\zeta, z) d\bar{\zeta} \wedge d\zeta + \int\limits_{G} f_{\bar{\zeta}}(\zeta) \left[ F(\zeta, z) - \frac{1}{\zeta - z} \right] d\bar{\zeta} \wedge d\zeta. \qquad (19)$$

Wir führen die Integraloperatoren

$$\Pi f = \frac{1}{2\pi i} \int\limits_{G} f(\zeta) F_{\bar{\zeta}}(\zeta, z) d\bar{\zeta} \wedge d\zeta \qquad (20)$$

und

$$T[g] = \frac{1}{2\pi i} \int\limits_{G} g(\zeta) \left[ F(\zeta, z) - \frac{1}{\zeta - z} \right] d\bar{\zeta} \wedge d\zeta \qquad (21)$$

ein und erhalten

**Satz 9.1.** *Für* $f \in \mathscr{C}^1(\overline{G})$ *ist*

$$f = \Pi f + T[f_{\bar{\zeta}}]. \qquad (22)$$

Im Falle des Einheitskreises ist $\Pi$ die Bergman-Projektion, und (22) stimmt bis auf die Bezeichnungen mit Satz 6.4 überein. Im allgemeinen Fall reproduziert $\Pi$ natürlich holomorphe Funktionen, doch ist $\Pi f$ für beliebiges $f \in \mathscr{C}^1(\overline{G})$ nicht holomorph. Wir wollen aber zeigen, daß $\Pi$ „fast" die Bergman-Projektion ist. Dazu nutzen wir die Holomorphie von $F$ bezüglich $z$ in der Nähe der Diagonalen aus.

**Hilfssatz 1.** *Es gibt eine Funktion* $B \in \mathscr{C}^\infty(\overline{G} \times \overline{G})$, *so daß durch*

$$\mathbb{B}f(z) = \frac{1}{2\pi i} \int\limits_{G} f(\zeta) B(\zeta, z) d\bar{\zeta} \wedge d\zeta \qquad (23)$$

*ein Integraloperator mit folgender Eigenschaft definiert wird: für jedes* $f \in \mathscr{C}^1(\overline{G})$ *ist* $\Pi f + \mathbb{B}f$ *holomorph.*

**Beweis:** Die Funktion

$$E(\zeta, z) = \frac{\partial}{\partial \bar{z}} F_{\bar{\zeta}}(\zeta, z)$$

läßt sich zu einer glatten Funktion in eine Umgebung von $\bar{G} \times \bar{G}$ fortsetzen: zwar ist in $\zeta = z \in \partial G$ der Nenner $\phi$ von $F$ Null, hängt aber holomorph von $z$ ab, und damit ist

$$\frac{\partial}{\partial \bar{z}} F_{\bar{\zeta}}(\zeta, z) \equiv 0$$

in einer Umgebung von $\Delta$. Wir lösen in einer Umgebung $V(G)$ für festes $\zeta \in \bar{G}$ die Gleichung

$$\frac{\partial B}{\partial \bar{z}} = - \frac{\partial}{\partial \bar{z}} F_{\bar{\zeta}}(\zeta, z)$$

durch das Cauchysche Flächenintegral

$$B(\zeta, z) = - \frac{1}{2\pi i} \int\limits_{V} \frac{E(\zeta, u)}{u - z} \, du \wedge d\bar{u}$$

und erhalten eine Funktion $B$, die auf $\bar{G} \times \bar{G}$ glatt ist. Wegen

$$\frac{\partial}{\partial \bar{z}} [F_{\bar{\zeta}}(\zeta, z) + B(\zeta, z)] \equiv 0$$

leistet dann $B$ das Verlangte.                                                     □

Der Vergleich von $\Pi$ und $\mathbb{K}$ erfordert die Einführung einer geeigneten Klasse von Integraloperatoren.

**Definition 9.1.** *Ein zulässiger Kern ist eine Funktion* $A \in \mathscr{C}^{\infty} (\bar{G} \times \bar{G} - \Delta)$, *die in der Nähe eines jeden Punktes* $(z, z) \in \Delta$ *eine Summe von Ausdrücken der Gestalt*

$$A_{jkl} = \frac{\mathscr{E}_j(\zeta, z)}{\phi^k \phi^{*l}} \tag{24}$$

*(mit* $j, l, k \geqslant 0$) *ist. Dabei ist* $\phi^*(\zeta, z) = \overline{\phi(z, \zeta)}$, *und* $\phi$ *wurde in* (10) *definiert.*

Das *Gewicht* von $A_{jkl}$ ist die Zahl

$$j - k - l. \tag{25}$$

Das Minimum aller auftretenden Gewichte heißt Gewicht von $A$. Ein Integraloperator

$$\mathbb{A}f(z) = \int\limits_{G} f(\zeta) A(\zeta, z) \, dV(\zeta) \tag{26}$$

mit zulässigem Kern $A$ vom Gewicht $m$ heißt selbst *zulässig vom Gewicht* $m$.

Man sieht sofort, daß $\Pi$ zulässig vom Gewicht $\geqslant -2$ ist und $\mathbb{B}$ zulässig vom Gewicht

$\geq 0$. Der Operator $T$ in (21) ist aber nicht zulässig. Die wesentlichen Eigenschaften zulässiger Operatoren beruhen auf der folgenden elementaren Abschätzung.

**Hilfssatz 2.** *i) Es gibt eine positive Konstante* $\gamma$, *so daß gilt:*

$$|\phi(\zeta,z)| \geq \gamma |\zeta - z|, \tag{27}$$

$$|\phi^*(\zeta,z)| \geq \gamma |\zeta - z|. \tag{28}$$

*ii)* $\quad \phi(\zeta,z) - \phi^*(\zeta,z) = \mathscr{E}_3(\zeta,z).$ $\tag{29}$

Aus diesen Informationen kann man insbesondere herleiten, daß zulässige Operatoren vom Gewicht $\geq -2$ stetige lineare Abbildungen von $L^2(G)$ in sich definieren. Ist $\mathbb{A}$ ein solcher Operator mit Kern $A(\zeta,z)$, so hat der adjungierte Operator $\mathbb{A}^*$ den Kern

$$A^*(\zeta,z) = \overline{A(z,\zeta)},$$

wie man dem Satz von Fubini entnimmt.

Wir kommen nun zum Hauptergebnis dieses Paragraphen.

**Satz 9.2.** *Es sei* $\mathbb{K}$ *die Bergman-Projektion des Gebietes* $G$, *die Operatoren* $\Pi$ *und* $\mathbb{B}$ *seien durch (20) und (23) erklärt, und* $N \in \mathbb{N} \cup \{0\}$ *sei eine beliebige natürliche Zahl. Dann gilt*

$$\mathbb{K} = \Pi^* + \mathbb{B}^* + \sum_{\nu=1}^{N} \mathbb{A}^\nu (\Pi^* + \mathbb{B}^*) + \mathbb{A}^{N+1} \mathbb{K}, \tag{30}$$

*wobei der Operator*

$$\mathbb{A} = \Pi - \Pi^* - \mathbb{B}^*$$

*zulässig vom Gewicht* $\geq -1$ *ist.*

(Die Produkte bedeuten Hintereinanderausführung von Operatoren.)

**Beweis:** Ist $f$ holomorph, so liefert (22) $f = \Pi f$; also gilt für jedes $f \in L^2$ die Beziehung $\mathbb{K}f = \Pi \mathbb{K}f$, das heißt

$$\mathbb{K} = \Pi \mathbb{K}. \tag{32}$$

Da nach Hilfssatz 1 die Funktion $(\Pi + \mathbb{B})f$ stets holomorph ist, haben wir auch

$$\Pi + \mathbb{B} = \mathbb{K}(\Pi + \mathbb{B}). \tag{33}$$

Durch Übergang zu den adjungierten Operatoren folgt wegen $\mathbb{K} = \mathbb{K}^*$ aus (33)

$$\Pi^* + \mathbb{B}^* = (\Pi^* + \mathbb{B}^*)\mathbb{K}. \tag{34}$$

Aus (32) und (34) ergibt sich durch Subtraktion

$$\mathbb{K} = \Pi^* + \mathbb{B}^* + (\Pi - \Pi^* - \mathbb{B}^*)\mathbb{K} = \Pi^* + \mathbb{B}^* + \mathbb{A}\mathbb{K}, \tag{35}$$

also (30) für $N = 0$. Iteration der Formel (35) liefert dann (30) für jedes $N$. − Die letzte
Aussage des Satzes folgt aus der Symmetrieaussage (29).                                    □

Satz 9.2 ist die gesuchte asymptotische Entwicklung der Bergman-Projektion. Sie zeigt,
daß $\mathbb{K}$ mit dem explizit gegebenen Integraloperator $\Pi^*$ „im wesentlichen" übereinstimmt:
die auftretenden weiteren Summanden enthalten jeweils Operatoren von Gewicht $\geq -1$,
während $\Pi^*$ von Gewicht $\geq -2$ ist. Ein genaues Studium der Regularitätseigenschaften
zulässiger Operatoren führt hier zu weit: wir begnügen uns damit, eine wichtige Folgerung
für die Bergman-Projektion anzugeben. Dazu führen wir die $\mathscr{C}^{k,\epsilon}$-Norm einer Funktion
auf $G$ ein:

$$\|f\|_{\mathscr{C}^0} = \sup_{z \in G} |f(z)| \tag{36}$$

$$\|f\|_{\mathscr{C}^\epsilon} = \|f\|_{\mathscr{C}^0} + \sup_{\zeta \neq z \in G} \frac{|f(\zeta) - f(z)|}{|\zeta - z|^\epsilon} \tag{37}$$

$$\|f\|_{\mathscr{C}^{k,\epsilon}} = \sum_{D:|D|<k} \|Df\|_{\mathscr{C}^0} + \sum_{D:|D|=k} \|Df\|_{\mathscr{C}^\epsilon}. \tag{38}$$

Die erste Summe ist über alle partiellen Ableitungen $Df$ von $f$ der Ordnung $< k$ zu erstrek-
ken, die zweite Summe über alle partiellen Ableitungen $Df$ von $f$ der Ordnung $|D| = k$. Es
ist $k \geq 0$ ganz und $0 < \epsilon < 1$.

Elementare, aber langwierige und schwierige Abschätzungen zulässiger Kerne liefern dann
mittels Satz 9.2 über $\mathbb{K}$ die Information von

**Satz 9.3.** *Es sei $k \geq 0$ und $0 < \epsilon < 1$. Dann existiert eine Konstante $C_{k,\epsilon}$, so daß für
alle $f \in \mathscr{C}^{k,\epsilon}(\overline{G})$*

$$\|\mathbb{K}f\|_{\mathscr{C}^{k,\epsilon}} \leq C_{k,\epsilon} \|f\|_{\mathscr{C}^{k,\epsilon}}$$

*ist. Insbesondere ist $\mathbb{K}$ regulär.*


## § 10*.  Der Szegö-Kern

Es sei $G$ ein einfach zusammenhängendes beschränktes Gebiet mit glattem (unendlich oft
differenzierbarem) Rand $C = \partial G$. Wir bezeichnen mit $A$ den Raum der auf $\overline{G}$ stetigen
und in $G$ holomorphen Funktionen. Nach dem Maximum-Prinzip ist jede Funktion in $A$
bereits durch ihre Restriktion auf $C$ festgelegt: $A$ kann wahlweise als Funktionenraum
auf $G$ oder $\overline{G}$ oder $C$ angesehen werden − wir schreiben $A = A(G) = A(C)$. $A(C)$ ist
ein linearer nicht abgeschlossener Unterraum des Hilbert-Raumes $L^2(C)$ der bezüglich
des Bogenlängenmaßes $|dz|$ auf $C$ meßbaren quadratintegrablen Funktionen; das Skalar-
produkt auf $L^2(C)$ ist

$$(f, g) = \frac{1}{L} \int_C f(z)\overline{g(z)}\, |dz|,$$

wobei $L$ die Länge von $C$ ist.

**Definition 10.1.** *Der Abschluß von $A(C)$ in $L^2(C)$ heißt der Hardy-Raum $H^2(C)$.*

Damit ist $H^2(C)$ wieder ein Hilbertraum, allerdings kein Hilbertscher Funktionenraum auf $C$. Wir wollen seine Elemente aber nun als holomorphe Funktionen auf $G$ interpretieren — so wie wir das für $A(C) = A(G)$ definitionsgemäß schon können. Dazu beweisen wir eine recht allgemeine Version der Cauchyschen Integralformel:

**Satz 10.1.**

*i)*   *Durch*

$$F(z) = \mathbb{H}f(z) = \frac{1}{2\pi i} \int\limits_C \frac{f(\zeta)}{\zeta - z}\, d\zeta, \quad f \in H^2(C), \quad z \in G,$$

*wird eine injektive lineare Abbildung*

$$\mathbb{H}: H^2(C) \to \mathcal{O}(G)$$

*definiert.*

*ii)*   *Ist $F$ im Bild von $\mathbb{H}$, so existiert für $|dz|$-fast alle $z_0 \in C$ der nichttangentiale Limes*

$$\text{n.t.} \lim_{z \to z_0} F(z) = F^*(z_0);$$

*die Funktion $F^*$ gehört zu $H^2(C)$, und $\mathbb{H}F^* = F$.*

*iii)*   *$\mathbb{H}$ ist auf $A$ die identische Abbildung, d.h. für jedes $f \in A(G)$ und jedes $z \in G$ gilt die Cauchysche Integralformel*

$$f(z) = \frac{1}{2\pi i} \int\limits_C \frac{f(\zeta)}{\zeta - z}\, d\zeta.$$

Zunächst bemerken wir, daß wir im Falle des Einheitskreises durch Definition 10.1 gerade den früher eingeführten Hardyraum $H^2(T)$ zurückerhalten: in der Tat ist $H^2(T)$ der Hilbertraum-Abschluß des Raumes $\mathcal{O}(\overline{D})$ der in einer Umgebung von $\overline{D}$ holomorphen Funktionen (nach Kapitel V, Satz 3.4). Aus den Ergebnissen des erwähnten Kapitels folgt dann aber die Aussage von Satz 10.1 für den Einheitskreis $D$ und die Kreislinie $T$. Insbesondere ist für $f \in H^2(T)$

$$\int\limits_T f(\zeta)\, d\zeta = 0.$$

Wir verwenden nun den Satz von Painlevé-Warschawski (und den Riemannschen Abbildungssatz), um die Aussage von Satz 10.1 auf den Fall des Einheitskreises zu reduzieren. Dadurch können wir die (in höheren Dimensionen notwendige) Diskussion singulärer Integrale vermeiden. Die Definition von $\mathbb{H}$ soll sofort auf den ganzen Raum $L^2(C)$ ausgedehnt werden, also

$$\mathbb{H}_G f(z) = \frac{1}{2\pi i} \int\limits_C \frac{f(\zeta)}{\zeta - z}\, d\zeta, \quad z \in G, \quad f \in L^2(C).$$

Sicher ist $\mathbb{H}_G f$ eine auf $G$ holomorphe Funktion. Entsprechend verfahren wir auf dem Einheitskreis; nach den Ergebnissen des fünften Kapitels ist das Cauchy-Integral $\mathbb{H}_D$ ein stetiger Projektionsoperator von $L^2(T)$ auf den Hardyraum $H^2(D)$ — sogar die orthogonale Projektion.

Nun sei $\varphi\colon D \to G$ eine konforme Abbildung. Nach dem Satz von Painlevé-Warschawski setzt sich $\varphi$ zu einem — genauso bezeichneten — Diffeomorphismus $\varphi\colon \overline{D} \to \overline{G}$ fort. Die Abbildung

$$\phi[f](t) = (f \circ \varphi)(t) \cdot (\varphi'(t))^{1/2} \cdot \left(\frac{2\pi}{L}\right)^{1/2}$$

liefert dann einen Hilbertraum-Isomorphismus

$$\phi\colon L^2(C) \to L^2(T)$$

und Vektorraum-Isomorphismen

$$\phi\colon \mathcal{O}(G) \to \mathcal{O}(D), \quad \phi\colon A(G) \to A(D);$$

$(\varphi')^{1/2}$ ist dabei eine fest gewählte auf $\overline{D}$ glatte Bestimmung der Quadratwurzel aus $\varphi'$. Um $\mathbb{H}_G$ zu studieren, berechnen wir für $f \in L^2(C)$ die Differenz

$$\phi\mathbb{H}_G f - \mathbb{H}_D \phi f.$$

**Hilfssatz 1.** *Es gibt eine unendlich oft differenzierbare Funktion $F$ auf $\overline{D} \times \overline{D}$, die auf* $D \times D$ *holomorph ist, so daß für alle $f \in L^2(C)$ die Formel*

$$\phi\mathbb{H}_G f(t) - \mathbb{H}_D \phi f(t) = \int_T (f \circ \varphi)(\tau)\,\varphi'(\tau)^{1/2}\,F(\tau, t)\,d\tau$$

*gilt.*

Da $\phi$ nach Konstruktion die Räume $H^2(C)$ und $H^2(T)$ isomorph aufeinander abbildet, ist mit $f \in H^2(C)$ auch für jedes feste $t \in D$

$$(f \circ \varphi)(\tau)\,\varphi'(\tau)^{1/2}\,F(\tau, t)$$

eine Funktion in $H^2(T)$; in diesem Fall verschwindet das Integral auf der rechten Seite, und wir haben

**Hilfssatz 2.**  $\phi\mathbb{H}_G f = \mathbb{H}_D \phi f, \; f \in H^2(C)$.

**Beweis** von Hilfssatz 1: Einsetzen der Definition und eine Variablensubstitution $\zeta = \varphi(\tau)$ liefert

$$\phi\mathbb{H}_G f(t) - \mathbb{H}_D \phi f(t)$$

$$= \left(\frac{2\pi}{L}\right)^{1/2} \frac{1}{2\pi i} \int_T f(\varphi(\tau))\,\varphi'(\tau)^{1/2} \left[\frac{(\varphi'(t) \cdot \varphi'(\tau))^{1/2}}{\varphi(\tau) - \varphi(t)} - \frac{1}{\tau - t}\right] d\tau.$$

Wir zeigen, daß $F = (2\pi/L)^{1/2} (2\pi i)^{-1} \cdot F_0$ mit

$$F_0(\tau, t) = \frac{(\varphi'(t)\,\varphi'(\tau))^{1/2}}{\varphi(\tau) - \varphi(t)} - \frac{1}{\tau - t}$$

die gewünschten Eigenschaften hat. Taylorentwicklung von $\varphi$ um $t$ ergibt

$$\varphi(\tau) - \varphi(t) = \varphi'(t)(\tau - t) + (\tau - t)^2\,\psi(\tau, t)$$

mit einer glatten und im Innern von $\overline{D} \times \overline{D}$ holomorphen Funktion $\psi$. Wir bezeichnen im folgenden verschiedene derartige Funktionen, über die wir sonst keine Information brauchen, mit demselben Symbol $\psi$. Mit dieser Konvention wird

$$\frac{1}{\varphi(\tau) - \varphi(t)} = \frac{1}{\varphi'(t)(\tau - t)\,[1 + (\tau - t)\,\psi(\tau, t)]}$$

$$= \frac{1}{\varphi'(t)(\tau - t)}\,[1 + (\tau - t)\,\psi(\tau, t)]$$

(mit immer neuem $\psi$). Entsprechend gilt

$$\varphi'(\tau)^{1/2} = \varphi'(t)^{1/2} + (\tau - t)\,\psi(\tau, t),$$

damit

$$F_0(\tau, t) = \frac{\varphi'(\tau)^{1/2}}{\varphi'(t)^{1/2}(\tau - t)}\,[1 + (\tau - t)\,\psi(\tau, t)] - \frac{1}{\tau - t}$$

$$= \frac{1 + (\tau - t)\,\psi(\tau, t)}{\tau - t} - \frac{1}{\tau - t} = \psi(\tau, t).$$

Das war zu beweisen. $\qquad\qquad\qquad\qquad\qquad\qquad\qquad\qquad\qquad\qquad\square$

Wir kommen nun zum

**Beweis** von Satz 10.1: Aussage *i)* ergibt sich nun unmittelbar aus dem Hilfssatz 2, da $\mathbb{H}_D$ injektiv und $\phi$ ein Isomorphismus ist. Ist weiter $f \in H^2(C)$ und $F = \mathbb{H}_G f$, so setzen wir $f_1 = \phi f$, $F_1 = \phi F$. Nach Hilfssatz 2 ist dann auch $F_1 = \mathbb{H}_D f_1$. Es sei $T_0$ die Menge der Punkte $t_0$ von $T$, für die

$$\text{n.t. } \lim_{t \to t_0} F_1(t) = f_1(t_0)$$

gilt. $T_0$ hat nach dem Satz von Fatou (V.2.3) volles Maß, und damit hat auch die Menge $C_0 = \varphi(T_0)$ auf $C$ bezüglich $|dz|$ volles Maß. Strebt $z$ nichttangential gegen $z_0 \in C_0$, so strebt $\varphi^{-1}(z) = t$ nichttangential gegen $t_0 = \varphi^{-1}(z_0)$, da $\varphi'$ auf $\overline{D}$ nullstellenfrei ist. Somit ist bei dieser Annäherung

$$\lim_{t \to t_0} F_1(t) = f_1(t_0),$$

also

$$\lim_{z \to z_0} F(z) = f(z_0).$$

Aussage *ii)* ist damit bewiesen, Aussage *iii)* folgt sofort aus *i)* und *ii)*.                    □

Eine unmittelbare Konsequenz von Kap. V, § 6, ist nun

**Satz 10.2.** *Ist* $f \in H^2(C)$ *und* $f = 0$ *auf einer Menge positiven Maßes bezüglich* $|dz|$, *so ist* $f = 0$.

Wir können aufgrund von Satz 10.1 die Funktionen $f \in H^2(C)$ auch als holomorphe Funktionen auf $G$ ansehen, indem wir sie mit ihren Cauchy-Integralen identifizieren. Auf diese Weise erhalten wir einen Unterraum $H^2(G)$ des Raumes aller holomorphen Funktionen, der in natürlicher Weise ein Hilbertraum ist: den Hardy-Raum $H^2$ von $G$. Der Raum $H^2(C)$ ist einfach der Raum aller Randfunktionen der Funktionen aus $H^2(G)$. Es ist bequem, die Räume zu identifizieren: $H^2 = H^2(C) = H^2(G)$; diese Identifikation ist mit der schon durchgeführten $A = A(C) = A(G)$ verträglich.

Fundamental sind die folgenden Ungleichungen:

**Satz 10.3.** *Zu jedem* $n \geqslant 0$ *und jeder kompakten Menge* $K \subset G$ *existieren Konstanten* $c_{n,K}$, *so daß*

$$|f^{(n)}(z)| \leqslant c_{n,K} \, \|f\|, \qquad z \in K$$

*für alle* $f \in H^2$ *gilt.* ($\| \cdot \|$ ist die Hilbertraum-Norm von $H^2$.)

**Beweis:** Es gibt eine stetige Funktion $h$ auf $C$ mit

$$d\zeta = h(\zeta)|d\zeta| \qquad \text{(auf } C).$$

Weiter sei für festes $z \in K$

$$g_{(z)}(\zeta) = \frac{1}{\zeta - z}.$$

Dann ist $g_{(z)} \in L^2(C)$, und

$$\|g_{(z)} h\|^2 = \frac{1}{L} \int\limits_C \frac{|h|^2 \, |d\zeta|}{|\zeta - z|^2} \leqslant c'_K,$$

wobei $c'_K$ vom Randabstand von $K$ und der Gestalt von $C$ abhängt. Nun sei $f \in H^2(G)$ und $z \in K \subset G$. Nach Satz 10.1 ist

$$f(z) = \frac{1}{2\pi i} \int\limits_C \frac{f(\zeta)}{\zeta - z} \, d\zeta = \frac{1}{2\pi i} \int\limits_C f(\zeta) g_{(z)}(\zeta) h(\zeta) |d\zeta| = \frac{L}{2\pi i} (f, \overline{g_{(z)} h}).$$

Die Schwarzsche Ungleichung liefert dann die Behauptung für $n = 0$. Die Aussage für beliebiges $n$ ergibt sich entsprechend.                    □

Wir sehen damit, daß $H^2$-Konvergenz die kompakte Konvergenz zur Folge hat, und notieren weiter

**Satz 10.4.** *$H^2$ genügt auf $G$ der Bergman-Bedingung.*

Die in § 1 und 2 entwickelte Theorie der Kernfunktionen läßt sich somit anwenden.

**Definition 10.2.** *Der reproduzierende Kern für $H^2$ heißt der Szegö-Kern $S$ des Gebietes $G$.*

Wir können nun in Anlehnung an die ersten beiden Paragraphen die wesentlichen Eigenschaften des Szegö-Kernes zusammenstellen.

**Satz 10.5.**

i) *Die orthogonale Projektion $\mathbb{S}: L^2(C) \to H^2(G)$ (Szegö-Projektion) wird durch*

$$\mathbb{S}f(z) = \frac{1}{L} \int_C f(\zeta)\,\overline{S(z,\zeta)}\,|d\zeta| = (f, S(z, \cdot)), \quad z \in G$$

*gegeben.*

ii) *$S$ ist antiholomorph in der ersten, holomorph in der zweiten Variablen und reellanalytisch auf $G \times G$.*

iii) *$S(z, \zeta) = \overline{S(\zeta, z)}$.*

iv) *Für jede Orthonormalbasis $h_j$ von $H^2$ gilt*

$$S(z, \zeta) = \sum_j \overline{h_j(z)}\, h_j(\zeta),$$

*wobei die Reihe für festes $z \in G$ in der Norm von $L^2(C)$ konvergiert und auf $G \times G$ lokal gleichmäßig konvergent ist.*

v) *$S(z, z) > 0$ für jedes $z \in G$.*

Der Beweis ist mit dem Beweis von Satz 2.4 identisch.

Wir erinnern nun an ein Resultat aus Kapitel V:

**Satz 10.6.** *Die Funktionen $z^k$, $k = 0, 1, 2, \dots$ bilden eine Orthonormalbasis von $H^2(\mathbf{D})$, und der Szegö-Kern des Einheitskreises $\mathbf{D}$ ist*

$$S_{\mathbf{D}}(z, \zeta) = \frac{1}{1 - \bar{z}\,\zeta}.$$

Man sieht, daß auf $\mathbf{D}$ die Szegö-Projektion mit der Cauchy-Projektion übereinstimmt:
für $f \in L^2(T)$ ist (mit $z \in \mathbf{D}$)

$$\mathbb{S}f(z) = (f, S_{\mathbf{D}}(z, \cdot)) = \frac{1}{2\pi} \int_T f(\zeta)\,\frac{|d\zeta|}{1 - z\,\bar{\zeta}} = \frac{1}{2\pi i} \int_T \frac{f(\zeta)}{\zeta - z}\,d\zeta$$

wegen $d\zeta = i\zeta\,|d\zeta|$ und $\zeta\bar{\zeta} = 1$ auf $T$. Insbesondere liefert das Cauchy-Integral eine $L^2$-beschränkte Abbildung von $L^2(T)$ auf $H^2$. Die folgenden Paragraphen sind dem Zusammenhang zwischen Cauchy-Projektion und Szegö-Projektion bei allgemeinen Gebieten gewidmet. Vorher aber wollen wir den Zusammenhang mit konformen Abbildungen herstellen.

Es sei also $\varphi: G \to G^*$ eine konforme Abbildung einfach zusammenhängender beschränkter glatt berandeter Gebiete; die auf $G^*$ bezüglichen Daten werden durch einen $*$ markiert: $C^*$, $L^2(C^*)$, $L^* = L(C^*)$ usw. Wir definieren

$$\phi f(z) = \left( \frac{L}{L^*}\, \varphi'(z) \right)^{1/2} \cdot (f \circ \varphi)(z)$$

und erhalten so Hilbertraum-Isomorphismen

$$\phi: L^2(C^*) \to L^2(C), \quad \phi: H^2(G^*) \to H^2(G).$$

Damit gilt für die Szegö-Projektionen $\mathbb{S}_G$ bzw. $\mathbb{S}_{G^*}$ die Transformationsformel

**Satz 10.7.** $\mathbb{S}_G \circ \phi = \phi \circ \mathbb{S}_{G^*}.$

Wie in Satz 4.2 übersetzt sie sich in eine Formel für die Szegö-Kerne:

**Satz 10.8.** $L^* \cdot S_G(z, \zeta) = L \cdot \overline{\varphi'(z)}^{1/2}\, S_{G^*}(\varphi(z), \varphi(\zeta))\, \varphi'(\zeta)^{1/2}.$

Wieder wie in § 4 ergibt diese Transformationsformel den Zusammenhang zwischen dem Szegö-Kern $S(z, \zeta)$ und der Riemannschen Abbildungsfunktion $\varphi: G \to \mathbf{D}$, die durch $\varphi(z) = 0$, $\varphi'(z) > 0$ normiert ist (wir bezeichnen sie mit $\varphi(z; \zeta)$):

**Satz 10.9.** $\varphi'(z, \zeta) = \dfrac{2\pi}{L}\, \dfrac{1}{S(z, z)}\, S(z, \zeta)^2.$

Vergleich mit Satz 4.3 liefert einen direkten Zusammenhang zwischen Bergman-Kern und Szegö-Kern:

**Satz 10.10.** $K(z, \zeta) = \dfrac{4\pi}{L^2}\, S(z, \zeta)^2.$

**Aufgaben:**

1. Führe die Rechnungen, die zum Beweis der Sätze 10.8 bis 10.10 benötigt werden, aus.

2. Zeige: $H^2(G)$ besitzt eine Orthonormalbasis, die aus Polynomen besteht. Vergleiche hierzu auch Aufgabe 3.

3. Die Algebra $\mathcal{O}(\overline{G})$ liegt $L^2(C)$-dicht in $H^2(C)$: Beweis!

4. Zeige: Es sei $h_j$ eine Orthonormalbasis für $H^2(G)$. Dann gehört eine holomorphe Funktion $f$ genau dann zu $H^2$, wenn

$$f = \sum_{j=1}^{\infty} a_j h_j, \qquad a_j \in \mathbb{C},$$

mit $\Sigma\, |a_j|^2 < \infty$ gilt. Die Reihe konvergiert in $G$ lokal gleichmäßig.

5*. Übertrage in Analogie zu den Überlegungen dieses Paragraphen die Theorie der $H^p$-Räume, $1 \le p \le \infty$, auf glatt berandete einfach zusammenhängende Gebiete $G$.

6*. Entwickle eine Theorie von $H^p$-Räumen auf glatt berandeten beschränkten Gebieten beliebigen Zusammenhangs.

## § 11*. Die Cauchy-Projektion

Der Szegö-Kern eines Gebietes $G$ ist auf $G \times G$ definiert. Da er für festes $z \in G$ eine Funktion in $H^2(G)$ (bezüglich der Variablen $\zeta$) darstellt, setzt er sich zu einer Funktion $(z, \zeta) \mapsto S(z, \zeta)$ auf $G \times \overline{G}$ durch Hinzunahme der Randwerte fort; die Formel $S(z, \zeta) = \overline{S(\zeta, z)}$ erlaubt es dann, ihn als Funktion auf $(\overline{G} \times G) \cup (G \times \overline{G})$ zu betrachten. Andererseits ist das Skalarprodukt in $H^2$ durch Integration über den Rand $C$ von $G$ definiert; es wäre wünschenswert, den Szegö-Kern so als Funktion auf $C \times C$ definieren zu können, daß sogar für $z \in C$ und $f \in L^2(C)$ die orthogonale Projektion durch die Formel

$$\mathbf{S}f(z) = \frac{1}{L} \int_C f(\zeta) \overline{S(z, \zeta)} \, |d\zeta|$$

gegeben werden könnte. Schon im Einheitskreis aber stößt man, wenn man den Szegö-Kern

$$S(z, \zeta) = \frac{1}{1 - \bar{z}\,\zeta}$$

auf $T \times T$ betrachtet, auf ein divergentes Integral. Der Grund ist, daß $H^2$ eben kein Hilbertscher Funktionenraum auf $C$, sondern auf $G$ ist.

Wir werden in diesem und den folgenden Paragraphen diese Unvollkommenheit des Szegö-Kerns in gewisser Weise beheben, indem wir

a)  ihn mit dem Cauchy-Kern vergleichen,

b)  für den Cauchy-Kern eine Interpretation finden, die der Formel

$$\mathbb{H}f(z) = \frac{1}{2\pi i} \int_C \frac{f(\zeta)}{\zeta - z} \, d\zeta$$

auch für $z \in C$ in gewissen Fällen einen Sinn gibt.

Als Anwendung der folgenden Überlegungen kann man „die" Riemannsche Abbildungsfunktion mittels Cauchyscher Integrale ausdrücken.

Wir hatten die „Cauchy-Projektion"

$$\mathbb{H}_G : L^2(C) \to \mathcal{O}(G)$$

durch

$$\mathbb{H}_G f(z) = \frac{1}{2\pi i} \int_C \frac{f(\zeta)}{\zeta - z} \, d\zeta, \quad f \in L^2(C),$$

erklärt. Jetzt zeigen wir, daß $\mathbb{H}_G f$ wieder zu $H^2(G)$ gehört. Gemäß der Methode des vorigen Paragraphen wählen wir eine konforme Abbildung $\varphi \colon \mathbf{D} \to G$, die einen Isomorphismus

$$\phi \colon H^2(C) \to H^2(T)$$

durch

$$\phi f(t) = (f \circ \varphi)(\tau)\,\varphi'(\tau)^{1/2} \left(\frac{2\pi}{L}\right)^{1/2}$$

definiert. Es genügt, $\phi\mathbb{H}_G f \in H^2(\mathbf{D})$ zu beweisen. Nun ist nach § 10, Hilfssatz 1,

$$\phi\mathbb{H}_G f(t) = \mathbb{H}_{\mathbf{D}}\, \phi f(t) + \left(\frac{L}{2\pi}\right)^{1/2} \int\limits_{T} \phi f(\tau) F(\tau, t)\, d\tau.$$

Das Integral hängt auf $\mathbf{D}$ holomorph von $t$ ab und ist auf $\overline{\mathbf{D}}$ noch beliebig oft differenzierbar, also sicher ein Element von $H^2(\mathbf{D})$. Ebenso gehört $\mathbb{H}_{\mathbf{D}}\, \phi f$ zu $H^2(\mathbf{D})$, da $\mathbb{H}_{\mathbf{D}}$ die Szegö-Projektion ist. Darüberhinaus entnehmen wir der obigen Formel die Abschätzung

$$\|\phi\mathbb{H}_G f\| \leqslant \|\phi f\| + \mathrm{const}\, \|\phi f\|,$$

wobei die Normen die $L^2$-Normen auf $T$ sind. Nun ist aber $\phi: L^2(C) \to L^2(T)$ eine Isometrie, also gilt auch in der Norm von $L^2(C)$:

$$\|\mathbb{H}_G f\| \leqslant \|f\| + \mathrm{const}\, \|f\| \leqslant \mathrm{const}\, \|f\|.$$

Damit haben wir

**Satz 11.1.**

*i)*      *Für jede Funktion $f \in L^2(C)$ gehört die Funktion $\mathbb{H}f$ mit*

$$\mathbb{H}f(z) = \frac{1}{2\pi i} \int\limits_{C} \frac{f(\zeta)}{\zeta - z}\, d\zeta, \quad z \in G,$$

*zu $H^2(G)$.*

*ii)*     *Die Cauchy-Projektion $\mathbb{H}$ bildet $L^2(C)$ stetig auf $H^2(G)$ ab und ist auf $H^2$ die Identität.*

(Den letzten Teil von Aussage *ii)* hatten wir schon im vorigen Paragraphen bewiesen.)

Damit haben wir zwei Projektionsoperatoren von $L^2(C)$ auf $H^2$ definiert: die Szegö-Projektion $\mathbb{S}$ und die Cauchy-Projektion $\mathbb{H}$. Beide reproduzieren Funktionen in $H^2$:

$$\mathbb{S}f = f, \quad \mathbb{H}f = f \quad \text{für } f \in H^2.$$

Beide sind $L^2$-beschränkt. Während aber die Szegö-Projektion als orthogonale Projektion selbstadjungiert ist:

$$\mathbb{S}^* = \mathbb{S}, \quad \text{d.h.} \quad (\mathbb{S}f, g) = (f, \mathbb{S}g),$$

gilt das für die Cauchy-Projektion keineswegs: im allgemeinen ist

$$(\mathbb{H}f, g) \neq (f, \mathbb{H}g).$$

Der Vorteil der Cauchy-Projektion andererseits ist ihre Explizitheit: der Kern $H(z, \zeta)$ ist bekannt, durch eine einfache Formel gegeben, die für alle Gebiete dieselbe ist. Dagegen sind uns explizite Formeln für den Szegö-Kern nicht bekannt.

Um den Zusammenhang zwischen $\mathbb{H}$ und $\mathbb{S}$ zu erkennen, müssen wir zunächst den Kern des adjungierten Operators $\mathbb{H}^*$ von $\mathbb{H}$ berechnen. Erinnern wir uns daran, daß die Selbstadjungiertheit von $\mathbb{S}$ sich in der Formel

$$S(z, \zeta) = \overline{S(\zeta, z)}$$

spiegelt. Da nun der Kern von $\mathbb{H}$ die Funktion

$$H(z, \zeta) = \frac{1}{2\pi i} \, \frac{1}{\zeta - z} \, \gamma'(\sigma)$$

ist, wobei wir $\zeta = \gamma(\sigma)$, $d\zeta = \gamma'(\sigma) d\sigma$ gesetzt und die Bogenlänge $\sigma$ als Parameter verwendet haben, könnten wir hoffen, daß der Kern von $\mathbb{H}^*$ durch die Funktion

$$H^*(z, \zeta) = \overline{H(\zeta, z)} = \frac{1}{2\pi i} \, \frac{1}{\overline{\zeta - \overline{z}}} \, \overline{\gamma'(s)}$$

gegeben wird, mit $z = \gamma(s)$, $dz = \gamma'(s) ds$.

Leider ist diese Überlegung nicht stichhaltig, da weder $H(z, \zeta)$ noch $H^*(z, \zeta)$ auf $C \times C$ integrable Funktionen sind. Wir müssen also erst einmal den Kern von $\mathbb{H}$ auf $C \times C$ (und nicht auf $G \times C$) bestimmen, ebenso den Kern von $\mathbb{H}^*$ dort, und dann die Differenz untersuchen.

Trotzdem bleibt das Ergebnis dasselbe, als wenn wir uns mit der fehlerhaften Überlegung begnügt hätten, nämlich

**Satz 11.2.**

*i)*   *Die Funktion*

$$A(z, \zeta) = H(z, \zeta) - H^*(z, \zeta) = \frac{1}{2\pi i} \left[ \frac{\gamma'(\gamma^{-1}(\zeta))}{\zeta - z} - \frac{\overline{\gamma'(\gamma^{-1}(z))}}{\overline{\zeta} - \overline{z}} \right], \; \textit{für } \zeta \neq z,$$

$$A(z, z) \equiv 0,$$

*ist auf $C \times C$ unendlich oft differenzierbar. Dabei ist $\gamma : [0, L] \to \mathbb{C}$ die Parametrisierung von $C$ durch die Bogenlänge.*

*ii)*   *Für den adjungierten Operator $\mathbb{H}^*$ von $\mathbb{H}$ gilt die Formel*

$$\mathbb{H}^* f(z) = \mathbb{H} f(z) - \int_C f(\zeta) A(z, \zeta) \, |d\zeta|,$$

*mit $z \in C$.*

**Beweis:** i) Wir denken uns $\gamma$ periodisch mit Periode $L$ auf $\mathbb{R}$ fortgesetzt; die Mehrdeutigkeit von $\gamma^{-1}$ in der Formel des Satzes wird durch die Periodizität von $\gamma'$ ausgeglichen. Es reicht nachzuweisen daß

$$A(\sigma, s) = \frac{1}{2\pi i} \left[ \frac{\gamma'(\sigma)}{\gamma(\sigma) - \gamma(s)} - \frac{\overline{\gamma'(s)}}{\overline{\gamma(\sigma)} - \overline{\gamma(s)}} \right]$$

auf $\mathbb{R} \times \mathbb{R}$ glatt ist, wobei wir uns auf Punkte in der Nähe der Diagonalen $\sigma = s$ beschränken können. In der folgenden Rechnung schreiben wir wieder $\psi(\sigma, s)$ für jede auf $\mathbb{R} \times \mathbb{R}$ glatte Funktion, die auf der Diagonalen verschwindet. Taylorentwicklung liefert

$$\gamma'(\sigma) = \gamma'(s) + \gamma''(s)(\sigma - s) + \psi(\sigma, s)(\sigma - s)$$

$$\gamma(\sigma) - \gamma(s) = \gamma'(s)(\sigma - s) \left[ 1 + \frac{1}{2} \frac{\gamma''(s)}{\gamma'(s)}(\sigma - s) + \psi(\sigma, s)(\sigma - s) \right].$$

In der Nähe von $\sigma = s$ folgt

$$\frac{1}{\gamma(\sigma)-\gamma(s)} = \frac{1}{\gamma'(s)\,(\sigma-s)}\left[1 - \frac{1}{2}\frac{\gamma''(s)}{\gamma'(s)}\,(\sigma-s) + \psi\,(\sigma,s)\,(\sigma-s)\right],$$

also

$$\frac{\gamma'(\sigma)}{\gamma(\sigma)-\gamma(s)} = \frac{1}{\sigma-s}\left[1 - \frac{1}{2}\frac{\gamma''(s)}{\gamma'(s)}\,(\sigma-s)\right] + \frac{\gamma''(s)}{\gamma'(s)} + \psi\,(\sigma,s).$$

Entsprechend ist

$$\frac{\overline{\gamma'(s)}}{\overline{\gamma(\sigma)}-\overline{\gamma(s)}} = \frac{1}{\sigma-s}\left[1 - \frac{1}{2}\left(\overline{\frac{\gamma''(s)}{\gamma'(s)}}\right)(\sigma-s)\right] + \psi\,(\sigma,s)$$

und insgesamt

$$\frac{\gamma'(\sigma)}{\gamma(\sigma)-\gamma(s)} - \frac{\overline{\gamma'(s)}}{\overline{\gamma(\sigma)}-\overline{\gamma(s)}} = \operatorname{Re}\frac{\gamma''(s)}{\gamma'(s)} + \psi\,(\sigma,s).$$

(Die Bedeutung von $\psi$ hat sich in der Rechnung mehrfach geändert, immer aber ist $\psi\,(\sigma,\sigma)=0$.)

Man sieht, daß die Singularitäten $\dfrac{1}{\sigma-s}$ sich weggehoben haben. Schließlich ist wegen

$$|\gamma'(s)| \equiv 1$$

$$\gamma''(s)\,\overline{\gamma'(s)} + \gamma'(s)\,\overline{\gamma''(s)} = 0,$$

also

$$\operatorname{Re}\gamma''/\gamma' \equiv 0.$$

Damit ist Teil *i)* des Satzes bewiesen. Den zweiten Teil können wir erst im übernächsten Paragraphen beweisen, da er die Berechnung des Kernes von $\mathbb{H}$ auf $C \times C$ erfordert.   $\square$

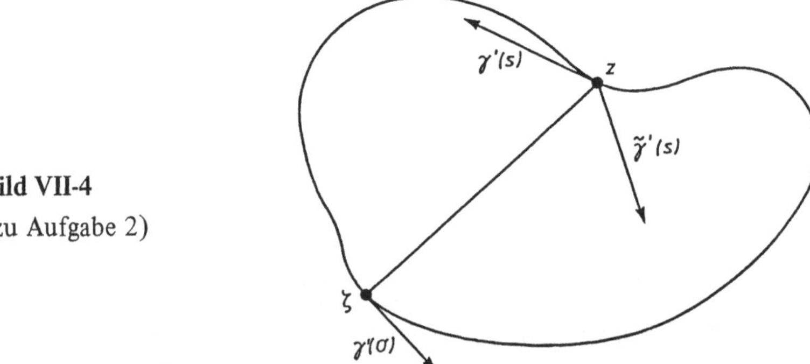


**Bild VII-4**

(zu Aufgabe 2)

**Aufgaben:**

1.   Zeige, daß für die Kreislinie die in Satz 11.2 eingeführte Funktion $A\,(z,\zeta) \equiv 0$ ist.

2.   Die Funktion $A\,(z,\zeta)$ läßt sich folgendermaßen geometrisch deuten:

$$A\,(z,\zeta) = \frac{1}{2\pi i}\,\frac{1}{\zeta - z}\,[\gamma'(\sigma) - \tilde{\gamma}'(s)],$$

wobei $\zeta = \gamma(\sigma)$, $z = \gamma(s)$ und $\tilde{\gamma}'(s)$ der Vektor ist, der durch Spiegelung des Vektors $\gamma'(s)$ an der Verbindungsstrecke von $\zeta$ nach $z$ entsteht. Beweis!

3*.    Der Kreis ist die einzige einfach geschlossene Kurve, für die $A(z, \zeta) \equiv 0$ ist. Beweis! Anleitung: Verwende Aufgabe 2.

## § 12*. Plemeljsche Formeln

Wir studieren in diesem Abschnitt die Randwerte des Cauchy-Integrals

$$\mathbb{H}f(z) = \frac{1}{2\pi i} \int\limits_C \frac{f(\zeta)}{\zeta - z}\, d\zeta,$$

wobei wir versuchen, dem Integral auch im Falle $z \in C$ einen Sinn zu geben. Die Bezeichnungen des vorigen Paragraphen sollen noch einmal zusammengestellt werden:

$C$ ist die positiv orientierte unendlich glatte Randkurve eines einfach zusammenhängenden beschränkten Gebietes $G$, parametrisiert über die Bogenlänge

$$\gamma: [0, L] \to \mathbb{C} \quad \text{mit} \quad \sigma \mapsto \gamma(\sigma).$$

Auf $C$ gilt $d\zeta = \gamma'(\sigma)\, d\sigma$ und $|d\zeta| = d\sigma$. Es gibt eine positive Zahl $\alpha$, so daß $C$ in jedem Kreis $D_\epsilon(z)$, für $z \in C$ und $\epsilon \leq \alpha$, von Rand zu Rand läuft und auf die Weise in 2 Teilwege $C_\epsilon(z)$ und $C^\epsilon(z)$ zerfällt, wobei der erste innerhalb $\overline{D_\epsilon(z)}$ und der zweite außerhalb $D_\epsilon(z)$ verläuft. Im folgenden sei immer $\epsilon \leq \alpha/2$ vorausgesetzt.

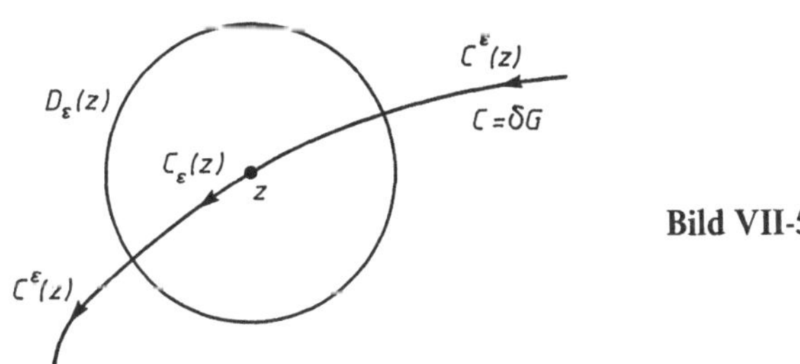


**Bild VII-5**

**Definition 12.1.** *Es sei* $z \in C$ *und* $F$ *eine auf* $C - \{z\}$ *bezüglich des Bogenmaßes* $|d\zeta|$ *lokal integrierbare Funktion. Die Grenzwerte*

$$\lim_{\epsilon \to 0} \int\limits_{C^\epsilon(z)} F(\zeta)\, |d\zeta|, \quad \lim_{\epsilon \to 0} \int\limits_{C^\epsilon(z)} F(\zeta)\, d\zeta, \quad \lim_{\epsilon \to 0} \int\limits_{C^\epsilon(z)} F(\zeta)\, d\overline{\zeta}$$

*heißen Hauptwerte der betreffenden Integrale über* $C$ *und werden, falls sie existieren, mit*

$$\text{pv} \int\limits_C F(\zeta)\, |d\zeta| \quad bzw. \quad \text{pv} \int\limits_C F(\zeta)\, d\zeta \quad und \quad \text{pv} \int\limits_C F(\zeta)\, d\overline{\zeta}$$

*bezeichnet* (pv steht für „principal value").

An sich müßte man genauer $\mathrm{pv}_z$ schreiben; falls aber klar ist, welchen Punkt $z$ man auszeichnet, verzichten wir auf diesen Hinweis.

Offenbar existieren die Hauptwerte der obigen Integrale für jedes $z$, wenn $F$ über ganz $C$ integrierbar ist, und liefern das Integral über $C$. Der folgende Satz zeigt, daß auch im nichtintegrablen Fall Hauptwerte existieren können.

**Satz 12.1.** *Es ist gleichmäßig in* $z \in C$

$$\frac{1}{2\pi i}\,\mathrm{pv}\int\limits_C \frac{d\zeta}{\zeta - z} = \frac{1}{2}\,.$$

Die Aussage lautet also ausführlich: zu jedem $\eta > 0$ existiert ein $\epsilon_0 > 0$, so daß für alle $\epsilon \leqslant \epsilon_0$ und alle $z \in C$

$$\left|\frac{1}{2\pi i}\int\limits_{C^\epsilon(z)} \frac{d\zeta}{\zeta - z} - \frac{1}{2}\right| < \eta$$

wird.

**Beweis:** Es sei $z \in C$. Wir wählen dann einen Kreisbogen $C'_\epsilon$ vom Radius $\epsilon$ um $z$ so, daß $C^\epsilon + C'_\epsilon$ ein einfach geschlossener Weg ist, der $z$ im Innern enthält — vgl. Bild VII-6.

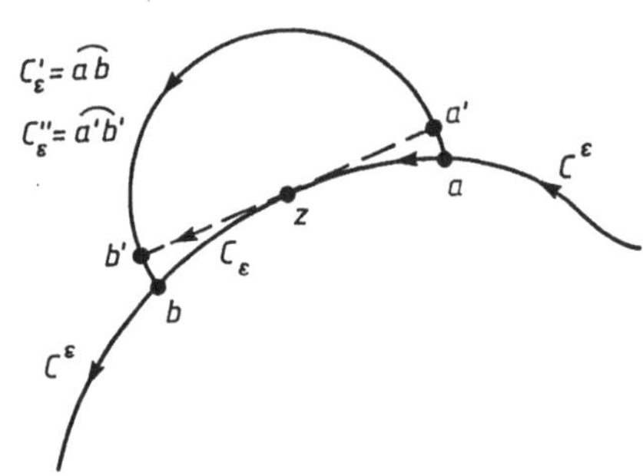


**Bild VII-6**

Dann ist

$$\frac{1}{2\pi i}\int\limits_{C^\epsilon} \frac{d\zeta}{\zeta - z} + \frac{1}{2\pi i}\int\limits_{C'_\epsilon} \frac{d\zeta}{\zeta - z} = 1\,.$$

Ferner sei $C''_\epsilon$ der Halbkreisbogen, der aus der Peripherie des Kreises $D_\epsilon(z)$ durch die Tangente in $z$ an $C$ herausgeschnitten wird, rechts von der Tangente liegt und so orientiert ist, daß $-C''_\epsilon$ mit der Tangente einen geschlossenen Weg bildet — in der Skizze der Kreisbogen von $a'$ nach $b'$ im Äußeren von $C$. Dann ist

$$\lim_{\epsilon \to 0}\frac{1}{2\pi i}\int\limits_{C'_\epsilon} \frac{d\zeta}{\zeta - z} = \lim_{\epsilon \to 0}\frac{1}{2\pi i}\int\limits_{C''_\epsilon} \frac{d\zeta}{\zeta - z} = \frac{1}{2}\,.$$

In der Tat wächst der Integrand wie $1/\epsilon$, während die Länge der Bögen $aa'$, $bb'$ durch $K \cdot \epsilon^2$ beschränkt wird, wobei die Konstante $K$ von der Krümmung von $C$ abhängt und wegen der Beschränktheit der Krümmung unabhängig von $z$ gewählt werden kann: damit ist die Konvergenz sogar gleichmäßig in $z$. — Hieraus folgt nun die Behauptung des Satzes. $\square$

Ist $f$ eine beliebige stetige Funktion auf $C$, so wird der Hauptwert von

$$\int_C \frac{f(\zeta)}{\zeta - z} \, d\zeta$$

nicht existieren. Wir betrachten daher hölderstetige Funktionen.

**Definition 12.2.** *Eine Funktion $f$ heißt auf einer Teilmenge $M \subset \mathbb{R}^n$ gleichmäßig hölderstetig vom Exponenten $\mu > 0$ (kurz: $\mu$-hölderstetig), wenn es eine Konstante $K$ gibt, so daß für alle $x$ und $y$ in $M$*

$$|f(x) - f(y)| \leqslant K|x - y|^\mu$$

*ist*.

$|\circ|$ steht hierbei für die euklidische Norm. Offenbar sind stetig differenzierbare Funktionen auf jeder kompakten Teilmenge ihres Definitionsbereiches gleichmäßig hölderstetig vom Exponenten 1.

**Satz 12.2.** *Es sei $0 < \mu < 1$. Ist $f$ auf $C$ gleichmäßig $\mu$-hölderstetig, so existiert für jedes $z \in C$ der Hauptwert*

$$\mathrm{pv} \, \frac{1}{2\pi i} \int_C \frac{f(\zeta)}{\zeta - z} \, d\zeta$$

*(gleichmäßig in $z$) und ist eine auf $C$ gleichmäßig $\mu$-hölderstetige Funktion.*

**Beweis:** Wir zerlegen

$$\int_{C^\epsilon} \frac{f(\zeta)}{\zeta - z} \, d\zeta = \int_{C^\epsilon} \frac{f(\zeta) - f(z)}{\zeta - z} \, d\zeta + f(z) \int_{C^\epsilon} \frac{d\zeta}{\zeta - z}$$

und lassen $\epsilon \to 0$ gehen. Aus der Abschätzung

$$|f(\zeta) - f(z)| \leqslant K |\zeta - z|^\mu$$

folgt die Integrierbarkeit von $(f(\zeta) - f(z))/(\zeta - z)$, also

$$\lim_{\epsilon \to 0} \int_{C^\epsilon} \frac{f(\zeta) - f(z)}{\zeta - z} \, d\zeta = \int_C \frac{f(\zeta) - f(z)}{\zeta - z} \, d\zeta.$$

Auf das zweite Integral rechts wenden wir Satz 12.1 an und erhalten somit die Existenz des Hauptwertes und die Formel

$$\frac{1}{2\pi i}\,\mathrm{pv}\int\limits_C \frac{f(\zeta)}{\zeta-z}\,d\zeta = \frac{1}{2\pi i}\int\limits_C \frac{f(\zeta)-f(z)}{\zeta-z}\,d\zeta + \frac{1}{2}f(z).$$

Es bleibt die Abhängigkeit des Integrals auf der rechten Seite von $z$ zu untersuchen. Es seien $z_1$ und $z_2$ Punkte auf $C$; wir setzen $|z_1-z_2|=\epsilon$ und zerlegen

$$C = C^{2\epsilon}(z_1) + C_{2\epsilon}(z_1).$$

Natürlich brauchen wir im folgenden nur sehr kleine $\epsilon$ zu betrachten, die auftretenden Konstanten werden von $\epsilon$ unabhängig sein. Dann wird

$$\left|\int\limits_C \frac{f(\zeta)-f(z_1)}{\zeta-z_1}\,d\zeta - \int\limits_C \frac{f(\zeta)-f(z_2)}{\zeta-z_2}\,d\zeta\right|$$

$$\leqslant \left|\int\limits_{C^{2\epsilon}(z_1)}\cdots - \int\limits_{C^{2\epsilon}(z_1)}\cdots\right| + \int\limits_{C_{2\epsilon}(z_1)}\left|\frac{f(\zeta)-f(z_1)}{\zeta-z_1}\right||d\zeta| + \int\limits_{C_{2\epsilon}(z_1)}\left|\frac{f(\zeta)-f(z_2)}{\zeta-z_2}\right||d\zeta|.$$

Die beiden letzten Integrale werden durch

$$\mathrm{const}\int\limits_{C_{2\epsilon}(z_1)}|\zeta-z_1|^{\mu-1}|d\zeta| \quad \text{bzw.} \quad \mathrm{const}\int\limits_{C_{2\epsilon}(z_1)}|\zeta-z_2|^{\mu-1}|d\zeta|$$

dominiert. Die Länge des Weges $C_{2\epsilon}(z_1)$ ist nun $\leqslant \mathrm{const}\,\epsilon$; damit wird jedes der beiden obigen Integrale durch

$$\mathrm{const}\int\limits_0^{a\epsilon} r^{\mu-1}\,dr = \mathrm{const}\,\epsilon^\mu$$

nach oben abgeschätzt. — Es bleibt die Ungleichung

$$\left|\int\limits_{C^{2\epsilon}(z_1)}\left[\frac{f(\zeta)-f(z_1)}{\zeta-z_1} - \frac{f(\zeta)-f(z_2)}{\zeta-z_2}\right]d\zeta\right| \leqslant \mathrm{const}\,\epsilon^\mu$$

zu beweisen. Dazu schreiben wir den Integranden als

$$\frac{f(z_2)-f(z_1)}{\zeta-z_1} + (f(\zeta)-f(z_2))\left[\frac{1}{\zeta-z_1} - \frac{1}{\zeta-z_2}\right]$$

und erhalten

$$[f(z_2)-f(z_1)]\int\limits_{C^{2\epsilon}(z_1)}\frac{d\zeta}{\zeta-z_1} + (z_1-z_2)\int\limits_{C^{2\epsilon}(z_1)}\frac{f(\zeta)-f(z_2)}{(\zeta-z_1)(\zeta-z_2)}\,d\zeta.$$

Ist $\epsilon$ klein genug, so ist nach Satz 12.1

$$\left| \int_{C^{2\epsilon}(z_1)} \frac{d\zeta}{\zeta - z_1} \right| \leqslant 2\pi,$$

und der erste Summand kann durch

$$2\pi \, |f(z_2) - f(z_1)| \leqslant \text{const } \epsilon^\mu$$

abgeschätzt werden. Im zweiten Summanden beachten wir

$$|\zeta - z_1| \geqslant \frac{2}{3} \, |\zeta - z_2|,$$

damit wird der Summand dominiert durch

$$\frac{3}{2} \, |z_2 - z_1| \int_{C^{2\epsilon}(z_1)} \left| \frac{f(\zeta) - f(z_2)}{(\zeta - z_2)^2} \right| \, |d\zeta| \leqslant C \cdot \epsilon \int_{C^{2\epsilon}(z_1)} \frac{|d\zeta|}{|\zeta - z_2|^{2-\mu}}$$

$$\leqslant C_1 \cdot \epsilon \left[ \int_{c_1 \epsilon}^{c_2} \frac{dr}{r^{2-\mu}} \right] \leqslant C_2 \, \epsilon \cdot \epsilon^{\mu-1} = C_2 \, \epsilon^\mu$$

mit geeigneten Konstanten $C, C_1, C_2, c_1, c_2$. Damit ist der Satz vollständig bewiesen. $\square$

Als Folgerung notieren wir: *die Hauptwerte von*

$$\int_C \frac{f(\zeta)}{\zeta - z} \, d\zeta, \qquad \int_C \frac{f(\zeta)}{\zeta - z} \, |d\zeta|, \qquad \int_C \frac{f(\zeta)}{\zeta - z} \, d\overline{\zeta}$$

*existieren für jede $\mu$-hölderstetige Funktion.* — In der Tat ist mit $\zeta = \gamma(\sigma)$:

$$\text{pv} \int_C \frac{f(\zeta)}{\zeta - z} \, |d\zeta| = \text{pv} \int_C \frac{f(\zeta)}{\gamma'(\gamma^{-1}(\zeta))} \cdot \frac{d\zeta}{\zeta - z}$$

und die Funktion $f/\gamma'$ ist wieder $\mu$-hölderstetig (wegen der Glattheit der Kurve $C$). Analoges gilt für das dritte Integral.

Hauptergebnis dieses Paragraphen ist

**Satz 12.3.** *Es sei $f$ eine gleichmäßig $\mu$-hölderstetige Funktion auf $C$. Die Funktionen $F^+$ und $F^-$ seien durch*

$$\left. \begin{array}{c} F^+(z) \\ F^-(z) \end{array} \right\} = \frac{1}{2\pi i} \int_C \frac{f(\zeta)}{\zeta - z} \, d\zeta \quad \text{für} \quad \left\{ \begin{array}{c} z \in G \\ z \notin \overline{G} \end{array} \right.$$

*erklärt. Dann sind beide Funktionen stetig nach $\overline{G}$ bzw. $\mathbb{C} - G$ fortsetzbar, und auf dem gemeinsamen Definitionsbereich $C$ gelten die Beziehungen*

$$F^+(z) + F^-(z) = 2\,\mathrm{pv}\,\frac{1}{2\pi i}\int_C \frac{f(\zeta)}{\zeta - z}\,d\zeta$$

$$F^+(z) - F^-(z) = f(z).$$

Diese *Plemeljschen Formeln* sind natürlich mit

$$\lim_{\substack{z \to z_0 \\ z \in G}} \frac{1}{2\pi i}\int_C \frac{f(\zeta)}{\zeta - z}\,d\zeta = \frac{1}{2}f(z_0) + \mathrm{pv}\,\frac{1}{2\pi i}\int_C \frac{f(\zeta)}{\zeta - z_0}\,d\zeta$$

$$\lim_{\substack{z \to z_0 \\ z \notin \overline{G}}} \frac{1}{2\pi i}\int_C \frac{f(\zeta)}{\zeta - z}\,d\zeta = -\frac{1}{2}f(z_0) + \mathrm{pv}\,\frac{1}{2\pi i}\int_C \frac{f(\zeta)}{\zeta - z_0}\,d\zeta$$

gleichwertig.

**Beweis:**  1. Wir untersuchen zunächst für festes $z_0 \in C$ das Verhalten der Differenz

$$\int_C \frac{f(\zeta) - f(z_0)}{\zeta - z}\,d\zeta - \int_C \frac{f(\zeta) - f(z_0)}{\zeta - z_0}\,d\zeta$$

bei nichttangentialer Annäherung $z \to z_0$. Dabei möge $z$ entweder immer in $G$ oder immer außerhalb $\overline{G}$ liegen.

Es sei $\eta > 0$ gegeben. Wir wählen ein $\delta \leqslant \alpha$ und betrachten den Bogen $C_\delta(z_0)$. Unsere Annahme über nichttangentiale Annäherung kann so präzisiert werden: $z$ liegt in einer Wegkomponente des schraffierten Winkelraumes $W_\varphi(z_0)$ für einen geeigneten Öffnungswinkel $\varphi$. Ist daher $\delta$ klein genug gewählt, so gilt für alle $\zeta \in C_\delta(z_0)$:

$$|\zeta - z| \geqslant a\,|z_0 - z|$$

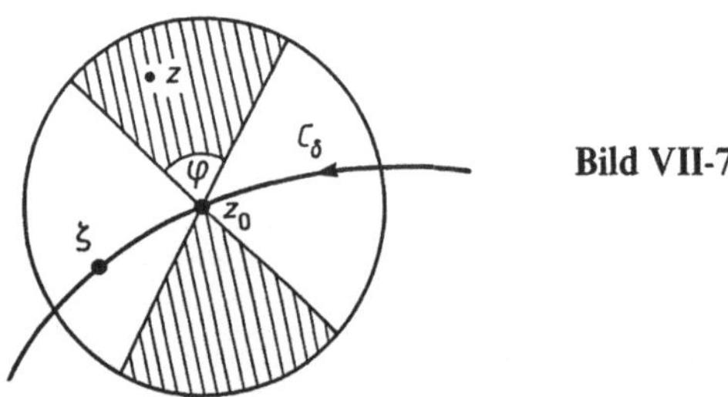

**Bild VII-7**

mit einer positiven nur von $\varphi$ und $\delta$ abhängigen Konstanten $a$. Dabei kann $\delta$ wegen der Stetigkeit der Krümmungsfunktion unabhängig von $z_0$ gewählt werden.

Die Funktionen werden zunächst über $C_\epsilon(z_0) = C_\epsilon$ mit $\epsilon \leqslant \delta$ integriert:

$$I_\epsilon(z_0) = \int\limits_{C_\epsilon} (f(\zeta) - f(z_0)) \left[ \frac{1}{\zeta - z} - \frac{1}{\zeta - z_0} \right] d\zeta = (z - z_0) \int\limits_{C_\epsilon} \frac{f(\zeta) - f(z_0)}{(\zeta - z)(\zeta - z_0)} d\zeta,$$

also

$$|I_\epsilon(z_0)| \leqslant |z - z_0| \int\limits_{C_\epsilon} \frac{C|\zeta - z_0|^\mu}{a|z - z_0| |\zeta - z_0|} |d\zeta| = \frac{C}{a} \int\limits_{C_\epsilon} \frac{|d\zeta|}{|\zeta - z_0|^{1 - \mu}}.$$

Wählt man $\epsilon$ klein genug, so ist damit

$$|I_\epsilon(z_0)| \leqslant \frac{\eta}{2}$$

erreichbar, und zwar unabhängig von $z_0$.

$C^\epsilon(z_0)$ ist der zu $C_\epsilon(z_0)$ komplementäre Teilweg von $C$; somit ist trivialerweise

$$\lim_{z \to z_0} \int\limits_{C^\epsilon(z_0)} \frac{f(\zeta) - f(z_0)}{\zeta - z} d\zeta = \int\limits_{C^\epsilon(z_0)} \frac{f(\zeta) - f(z_0)}{\zeta - z_0} d\zeta.$$

Es folgt: zu jedem $\eta > 0$ existiert ein $\epsilon > 0$, so daß für alle $z_0 \in C$ und $z \in W_\varphi(z_0)$ mit $|z - z_0| < \epsilon$ gilt:

$$\left| \int\limits_C \frac{f(\zeta) - f(z_0)}{\zeta - z} d\zeta - \int\limits_C \frac{f(\zeta) - f(z_0)}{\zeta - z_0} d\zeta \right| < \eta.$$

2. Jetzt ergibt sich leicht die wesentliche Behauptung des Satzes: es ist

$$\frac{1}{2\pi i} \int\limits_C \frac{f(\zeta)}{\zeta - z} d\zeta = \frac{1}{2\pi i} \int\limits_C \frac{f(\zeta) - f(z_0)}{\zeta - z} d\zeta + f(z_0) \frac{1}{2\pi i} \int\limits_C \frac{d\zeta}{\zeta - z}$$

$$= \frac{1}{2\pi i} \int\limits_C \frac{f(\zeta) - f(z_0)}{\zeta - z} d\zeta + \begin{cases} f(z_0), \\ 0 \end{cases},$$

je nachdem, ob $z$ im Innern oder im Äußern von $C$ liegt. Nach Teil 1 des Beweises existiert der nichttangentiale Limes für $z \to z_0$ gleichmäßig in $z_0$, also

$$\text{n.t. } \lim_{z \to z_0} \frac{1}{2\pi i} \int\limits_C \frac{f(\zeta)}{\zeta - z} d\zeta = \frac{1}{2\pi i} \int\limits_C \frac{f(\zeta) - f(z_0)}{\zeta - z_0} d\zeta + \begin{cases} f(z_0) \\ 0 \end{cases}.$$

Andererseits liefert Satz 12.2 die Identität

$$\frac{1}{2\pi i} \int\limits_C \frac{f(\zeta) - f(z_0)}{\zeta - z_0} d\zeta = -\frac{1}{2} f(z_0) + \text{pv} \frac{1}{2\pi i} \int\limits_C \frac{f(\zeta)}{\zeta - z_0} d\zeta,$$

also hat man in der Tat

$$\text{n.t.}\lim_{\substack{z\to z_0\\ z\in G}}\frac{1}{2\pi i}\int_C\frac{f(\zeta)}{\zeta-z}\,d\zeta=\frac{1}{2}f(z_0)+\text{pv}\,\frac{1}{2\pi i}\int_C\frac{f(\zeta)}{\zeta-z_0}\,d\zeta$$

$$\text{n.t.}\lim_{\substack{z\to z_0\\ z\notin\overline{G}}}\frac{1}{2\pi i}\int_C\frac{f(\zeta)}{\zeta-z}\,d\zeta=-\frac{1}{2}f(z_0)+\text{pv}\,\frac{1}{2\pi i}\int_C\frac{f(\zeta)}{\zeta-z_0}\,d\zeta.$$

3. Wir müssen uns noch von der Annahme der nichttangentialen Konvergenz befreien. Dazu zeigen wir sofort die Stetigkeit der durch

$$F^{\pm}(z)=\pm\frac{1}{2}f(z)+\text{pv}\,\frac{1}{2\pi i}\int_C\frac{f(\zeta)}{\zeta-z}\,d\zeta,\qquad z\in C,$$

nach $\overline{G}$ bzw. $\mathbb{C}-G$ fortgesetzten Funktionen $F^+$ bzw. $F^-$. Es genügt, $F^+$ zu betrachten. Es sei $\eta>0$ gegeben. Wir wählen $\delta>0$ so klein, daß

$$|F^+(z)-F^+(z^0)|<\eta$$

wird, falls $z\in G$ von $C$ um weniger als $\delta$ entfernt ist. Dabei ist $z^0\in C$ der $z$ nächstgelegene Punkt auf $C$ (für sehr kleines $\delta$ ist $z^0$ eindeutig bestimmt und entsteht durch orthogonale Projektion von $z$ auf $C$, d.h. $z^0=\pi(z)$ mit einer differenzierbaren Abbildung $\pi$). Das ist nach den bisherigen Überlegungen wegen der Gleichmäßigkeit der nichttangentialen Konvergenz möglich. Da nach Satz 12.2 aber $F^+$ auf $C$ stetig ist, können wir $\delta$ so klein wählen, daß für alle $z_1,z_2\in\overline{G}$, die einen Randabstand $<\delta$ haben und für die $|z_1-z_2|<\delta$ gilt, die Ungleichung

$$|F^+(\pi(z_1))-F^+(\pi(z_2))|<\eta$$

besteht. Es folgt

$$|F^+(z_1)-F^+(z_2)|\leqslant|F^+(z_1)-F^+(\pi z_1)|+|F^+(\pi z_1)-F^+(\pi z_2)|$$
$$+|F^+(\pi z_2)-F^+(z_2)|<3\eta$$

und damit die Stetigkeit von $F^+$.

**Aufgabe:**

1.    Folgere aus den bisherigen Überlegungen: ist $f$ auf $C$ gleichmäßig $\mu$-hölderstetig, so gilt für

$$F(z)=\text{pv}\,\frac{1}{2\pi i}\int_C\frac{f(\zeta)}{\zeta-z}\,d\zeta$$

die $L^2$-Abschätzung

$$\|F\|_{L^2(C)}\leqslant\text{const}\,\|f\|_{L^2(C)}.$$

## § 13*. Cauchy-Kern, Szegö-Kern und Riemannsche Abbildungsfunktion

Fassen wir die bisherigen Überlegungen zusammen! Es sei $0 < \mu < 1$ und $\mathscr{C}^\mu(C)$ der Raum der auf $C$ gleichmäßig $\mu$-hölderstetigen Funktionen. Für $f \in \mathscr{C}^\mu(C)$ ist die Cauchy-Projektion $F = \mathbb{H}f$ ein Element von $H^2(C)$, welches wieder in $\mathscr{C}^\mu(C)$ liegt und durch die Formel

$$\mathbb{H}f(z) = \frac{1}{2}f(z) + \mathrm{pv}\,\frac{1}{2\pi i}\int_C \frac{f(\zeta)}{\zeta - z}\,d\zeta, \qquad z \in C,$$

gegeben wird.

Jetzt können wir für den zu $\mathbb{H}$ adjungierten Operator $\mathbb{H}^*$ eine analoge Formel aufstellen. Wir wählen $f \in \mathscr{C}^\mu(C)$ und $g \in \mathscr{C}^\alpha(C)$ und berechnen das Skalarprodukt $(\mathbb{H}f, g)$:

$$(\mathbb{H}f, g) = \frac{1}{L}\int_C \mathbb{H}f(z)\overline{g(z)}\,|dz| = \frac{1}{L}\int_C \left[\frac{1}{2}f(z) + \mathrm{pv}\,\frac{1}{2\pi i}\int_C \frac{f(\zeta)}{\zeta - z}\,d\zeta\right]\overline{g(z)}\,|dz|$$

$$= \left(f, \frac{1}{2}g\right) + \frac{1}{L}\int_C \lim_{\epsilon \to 0}\frac{1}{2\pi i}\int_{C^\epsilon(z)} \frac{f(\zeta)}{\zeta - z}\,d\zeta\,\overline{g(z)}\,|dz|.$$

Wir definieren auf $C \times C$ die Funktion $\chi_\epsilon(\zeta, z)$ durch

$$\chi_\epsilon(\zeta, z) = \begin{cases} 1 & \text{für } \zeta \in C^\epsilon(z) \\ 0 & \text{sonst,} \end{cases}$$

also $\chi_\epsilon(\zeta, z) = \chi_\epsilon(z, \zeta)$, und erhalten weiter

$$(\mathbb{H}f, g) = \left(f, \frac{1}{2}g\right) + \frac{1}{L}\int_C \lim_{\epsilon \to 0}\frac{1}{2\pi i}\int_C \frac{\chi_\epsilon(\zeta, z)f(\zeta)}{\zeta - z}\,d\zeta\,\overline{g(z)}\,|dz|.$$

Für $\epsilon \to 0$ konvergieren die Funktionen

$$h_\epsilon(z) = \frac{1}{2\pi i}\int_C \frac{\chi_\epsilon(\zeta, z)f(\zeta)}{\zeta - z}\,d\zeta$$

gemäß Satz 12.2 gleichmäßig auf $C$ gegen die $\mu$-hölderstetige Funktion

$$h(z) = \mathrm{pv}\,\frac{1}{2\pi i}\int_C \frac{f(\zeta)}{\zeta - z}\,d\zeta;$$

Integration und Grenzübergang lassen sich also vertauschen:

$$(\mathbb{H}f, g) = \left(f, \frac{1}{2}g\right) + \lim_{\epsilon \to 0}\frac{1}{L}\int_C \frac{1}{2\pi i}\int_C \frac{\chi_\epsilon(\zeta, z)f(\zeta)}{\zeta - z}\,d\zeta\,\overline{g(z)}\,|dz|$$

$$= \left(f, \frac{1}{2}g\right) + \lim_{\epsilon \to 0}\frac{1}{L}\frac{1}{2\pi i}\int_{C \times C} \frac{\chi_\epsilon(\zeta, z)f(\zeta)\overline{g(z)}}{\zeta - z}\,d\zeta \times |dz|$$

$$= \left(f, \frac{1}{2}g\right) + \lim_{\epsilon \to 0}\frac{1}{L}\int_C f(\zeta)\frac{1}{2\pi i}\int \frac{\chi_\epsilon(\zeta, z)\overline{g(z)}}{\zeta - z}\,|dz|\,d\zeta$$

nach zweimaliger Anwendung des Satzes von Fubini. Wegen der Voraussetzung $g \in \mathscr{C}^\alpha (C)$ existiert auch der Hauptwert

$$\mathrm{pv}\,\frac{1}{2\pi i} \int\limits_C \frac{\overline{g(z)}}{\zeta - z}\,|dz|$$

gleichmäßig in $\zeta$; wir können also den Grenzübergang wieder unter das Integral holen und erhalten

$$(\mathbb{H}f, g) = \left(f, \frac{1}{2}g\right) + \frac{1}{L}\int\limits_C f(\zeta)\,\mathrm{pv}\,\frac{1}{2\pi i}\int\limits_C \frac{\overline{g(z)}}{\zeta - z}\,|dz|\,|d\zeta|.$$

Indem wir die Integrationsvariablen umbenennen und noch $dz = \gamma'(s)\,|dz|$ beachten, liefert die Rechnung unsere Endformel

$$(\mathbb{H}f, g) = \left(f, \frac{1}{2}g\right) + \frac{1}{L}\int\limits_C f(z)\,\mathrm{pv}\,\frac{1}{2\pi i}\int\limits_C \overline{\frac{g(\zeta)\,\overline{\gamma'(s)}}{\overline{\zeta} - \overline{z}}}\,|d\zeta|\,|dz|.$$

Es folgt

**Satz 13.1.** *Für $g \in \mathscr{C}^\alpha (C)$ wird die adjungierte Cauchy-Transformierte durch*

$$\mathbb{H}^*g(z) = \frac{1}{2}g(z) + \mathrm{pv}\,\frac{1}{2\pi i}\int\limits_C \overline{\frac{g(\zeta)\,\overline{\gamma'(\gamma^{-1}(z))}}{\overline{\zeta} - \overline{z}}}\,|d\zeta|$$

*gegeben.*

**Beweis:** Es sei $\widetilde{\mathbb{H}}g$ die auf der rechten Seite der Gleichung stehende Funktion. Sicher gilt $\widetilde{\mathbb{H}}g \in L^2 (C)$. Für $f \in \mathscr{C}^\mu (C)$ ist nun

$$(f, \widetilde{\mathbb{H}}g) = (\mathbb{H}f, g)$$

nach der obigen Rechnung, d.h. die durch

$$f \mapsto (f, \widetilde{\mathbb{H}}g), \quad f \mapsto (f, \mathbb{H}^*g) \quad \text{für}\ \ f \in L^2$$

definierten stetigen linearen Funktionale stimmen auf dem in $L^2$ dichten Unterraum $\mathscr{C}^\mu$ überein. Dann sind sie überhaupt identisch. $\qquad\square$

Jetzt kann der Beweis von Satz 11.2 zu Ende geführt werden: ist $f \in \mathscr{C}^\mu (C)$, so gilt

$$\mathbb{H}f(z) - \mathbb{H}^*f(z) = \mathrm{pv}\,\frac{1}{2\pi i}\int\limits_C \frac{f(\zeta)\,\gamma'(\gamma^{-1}(\zeta))}{\zeta - z}\,|d\zeta|$$

$$- \,\mathrm{pv}\,\frac{1}{2\pi i}\int\limits_C \overline{\frac{f(\zeta)\,\overline{\gamma'(\gamma^{-1}(z))}}{\overline{\zeta} - \overline{z}}}\,|d\zeta|$$

nach Satz 12.2 und 13.1. Nach dem schon bewiesenen Teil von Satz 11.2 läßt sich diese Gleichung als

$$\mathbb{H}f(z) - \mathbb{H}^* f(z) = \int_C f(\zeta)\, A\,(z,\zeta)\,|d\zeta|$$

mit der dort beschriebenen glatten Funktion $A$ auf $C \times C$ schreiben. Da nun $\mathscr{C}^\mu$ dicht in $L^2$ liegt und alle auftretenden Operatoren linear und stetig sind, gilt die Formel auf ganz $L^2$ $\qquad\qquad\square$

Wir bezeichnen den durch

$$f \mapsto \int_C f(\zeta)\, A\,(z,\zeta)\,|d\zeta|$$

auf $L^2\,(C)$ definierten Integraloperator mit $\mathbb{A}$. Da der Kern $A\,(z,\zeta)$ von $\mathbb{A}$ eine glatte Funktion auf $C \times C$ ist, ist $\mathbb{A}$ nicht nur $L^2$-beschränkt, sondern genügt den Abschätzungen

$$\max_{z \in C} |D^\alpha \mathbb{A} f(z)| \leqslant C_\alpha \, \|f\|_{L^2\,(C)}$$

(siehe Aufgabe 3). Der Operator $\mathbb{A}$, der allein durch die Randkurve von $G$ bestimmt ist, kann nun zur Darstellung der Szegö-Projektion

$$\mathbb{S} : L^2\,(C) \to H^2\,(C)$$

benutzt werden. Es ist nämlich

$$\mathbb{S}\mathbb{H} = \mathbb{H}, \qquad \mathbb{H}\mathbb{S} = \mathbb{S},$$

da Szegö- und Cauchy-Projektion auf $H^2$ die Identität darstellen. Übergang zum Adjungierten liefert wegen $\mathbb{S} = \mathbb{S}^*$:

$$\mathbb{H}^* \mathbb{S} = \mathbb{H}^*, \qquad \mathbb{S}\mathbb{H}^* = \mathbb{S}.$$

Hieraus erhält man

$$\mathbb{S} = \mathbb{H}^* + (\mathbb{H} - \mathbb{H}^*)\,\mathbb{S} = \mathbb{H}^* + \mathbb{A}\mathbb{S}$$

und wegen $\mathbb{A}^* = -\mathbb{A}$:

$$\mathbb{S} = \mathbb{H} + \mathbb{S}\mathbb{A}^* = \mathbb{H} - \mathbb{S}\mathbb{A}.$$

Nun ist der Operator $i\mathbb{A}$ selbstadjungiert, hat somit reelles Spektrum. Das zeigt, daß $I \pm \mathbb{A}$, wobei $I$ die identische Abbildung von $L^2$ in sich ist, invertierbar ist. Auflösung der obigen Formeln nach $\mathbb{S}$ führt zu

**Satz 13.2.** (Kerzman-Stein). *Für die Szegö-Projektion* $\mathbb{S}: L^2 \to H^2$ *gelten die Formeln*

*a)* $\quad \mathbb{S} = \mathbb{H}^* + \mathbb{A}\mathbb{S}$;

*b)* $\quad \mathbb{S} = \mathbb{H}^* + \sum_{\nu=1}^{N} \mathbb{A}^\nu \mathbb{H}^* + \mathbb{A}^{N+1}\mathbb{S}, \quad N \in \mathbb{N}$ *beliebig*;

*c)* $\quad \mathbb{S} = (I - \mathbb{A})^{-1}\mathbb{H}^*$;

*d)* $\quad \mathbb{S} = \mathbb{H}(I + \mathbb{A})^{-1}$;

(Formel b) folgt aus a) durch Iteration).

Um diese Informationen zur „Berechnung" der Riemannschen Abbildungsfunktion gemäß Satz 10.9 anwenden zu können, müssen wir die Szegösche Kernfunktion durch die Szegö-Projektion ausdrücken. Das kann mittels der Cauchyschen Integralformel so geschehen: Für $f \in H^2(G)$ und $z \in G$ ist (mit $\zeta = \gamma(\sigma)$)

$$f(z) = \frac{1}{2\pi i} \int_C \frac{f(\zeta)}{\zeta - z}\, d\zeta = \frac{1}{L} \int_C f(\zeta)\, \frac{L}{2\pi i}\, \frac{1}{\zeta - z}\, \gamma'(\sigma)|d\zeta| = (f, \phi_{(z)}),$$

wobei $\phi_{(z)}$ die durch

$$\phi_{(z)}(\zeta) = -\frac{L}{2\pi i}\, \frac{\overline{\gamma'(\sigma)}}{\zeta - \bar{z}}$$

definierte Funktion in $L^2(C)$ ist. Es folgt

$$f(z) = (f, \phi_{(z)}) = (f, \mathbb{S}\,\phi_{(z)}), \qquad f \in H^2,$$

mit $\mathbb{S}$ als Szegö-Projektion. Dann muß aber $\mathbb{S}\,\phi_{(z)}$ der Szegö-Kern an der Stelle $z$ sein, d.h. wir haben

**Satz 13.3.** $S(z, \zeta) = (\mathbb{S}\phi_{(z)})(\zeta)$ *mit*

$$\phi_{(z)}(\zeta) = -\frac{L}{2\pi i}\, \frac{\overline{\gamma'(\sigma)}}{\zeta - \bar{z}}\,.$$

Damit stehen folgende Möglichkeiten zur Berechnung der in Satz 10.9 auftauchenden Riemannschen Abbildungsfunktion $\varphi$ zur Verfügung:

a) $\varphi'(z, \zeta)$ wird durch $S(z, \zeta)$ ausgedrückt.

b) $S(z, \zeta)$ kann näherungsweise durch $(\mathbb{S}\phi_{(z)})(\zeta)$ ausgedrückt werden, indem für die Projektion $\mathbb{S}$ entweder Satz 13.2b) oder im Falle von $\|\mathbb{A}\| < 1$ die aus 13.2.d) folgende Formel

$$\mathbb{S} = \mathbb{H} \sum_{j=0}^{\infty} (-\mathbb{A})^j$$

verwandt wird. Man beachte, daß im Prinzip $\varphi$ durch explizite, wenn auch überaus komplizierte, Formeln gegeben wird, die nur von der Gleichung des Randes von $G$ abhängen.

Die Formeln sind umso leichter zu verwenden, je kleiner die Operatornorm von $A$ ist; die numerische Anwendbarkeit der Sätze 10.9, 13.2 und 13.3 wird in [H] und [21] diskutiert.

**Aufgaben:**

1*.  Gib Gebiete an, für die $\| A \| < 1$ wird („kreisartige Gebiete").

2*.  Benutze Satz 13.2 zur Untersuchung von Regularitätseigenschaften der Szegö-Projektion. Zeige insbesondere: $S$ bildet $\mathscr{C}^\infty(C)$ in $\mathscr{C}^\infty(\overline{G}) \cap \mathcal{O}(G)$ ab.

3.  Ist $F(\zeta, z)$ eine glatte Funktion auf $C \times C$, so gilt für den Integraloperator $F$ mit

$$F f(z) = \int_C f(\zeta)\, \overline{F(\zeta, z)}\, |d\zeta|$$

die Abschätzung $\| F f \|_{\mathscr{C}^k} \leqslant \mathrm{const}_k \| f \|_{L^2}$. Beweis!

# Zitierte Bücher


[Ah]  *Ahlfors, L. V.:* Conformal invariants. Topics in geometric function theory. McGraw-Hill, New York 1973.

[Be]  *Bergman, S.:* The kernel function and conformal mapping. Am. Math. Soc., Providence R. I., 1970 ($2^{nd}$ ed.).

[Ca]  *Carathéodory, C.:* Funktionentheorie, Bd. 2. Birkhäuser, Basel 1960 (2. Aufl.).

[Ch]  *Chandrasekharan, K.:* Elliptic functions. Springer, Berlin 1985.

[CM]  *Coxeter, H. S. M.,* und *W. O. J. Moser:* Generators and relations for discrete groups. Springer, Berlin 1965 (2. Auf.).

[DL]  *Diederich, K.,* und *I. Lieb:* Konvexität in der komplexen Analysis. Birkhäuser, Basel 1981.

[Do]  *Dold, A.:* Lectures on algebraic topology. Springer, Berlin 1972.

[Du]  *Duren, P.:* Theory of $H^p$-spaces. Acad. Press, New York 1970.

[FK]  *Farkas, H. M.,* und *I. Kra:* Riemann surfaces. Springer, New York, 1980.

[FL]  *Fischer, W.,* und *I. Lieb:* Funktionentheorie. Vieweg, Braunschweig 1988 (5. Aufl.).

[Fo]  *Forster, O.:* Riemannsche Flächen. Springer, Berlin 1977.

[Go]  *Golusin, G. M.:* Geometrische Funktionentheorie. Dt. Verl. d. Wiss., Berlin 1957.

[GL]  *Grauert, H.,* und *I. Lieb:* Differential- und Integralrechnung III. Springer, Berlin 1977 (2. Aufl.).

[H]  *Henrici, P.:* Applied and computational complex analysis III. Wiley, New York 1986.

[Hu]  *Hurwitz, A.:* Mathematische Werke. 2 Bde. Birkhäuser, Basel 1962/63.

[Ko]  *Koosis, P.:* Introduction to $H^p$-spaces. With an appendix on Wolff's proof of the corona theorem. Cambr. Univ. Press, Cambridge (U.K.) 1980.

[Na]  *Narasimhan, R.:* Complex analysis in one variable. Birkhäuser, Boston 1985.

[Ra]  *Range, R. M.:* Holomorphic functions and integral representations in several complex variables. Springer, New York 1986.

[Ri]  *Riemann, B.:* Gesammelte mathematische Werke. Dover, New York 1953 (Nachdr. der 2. Aufl.).

[Ru]  *Rudin, W.:* Real and complex analysis. McGraw-Hill, New York 1974 ($2^{nd}$ ed.).

[S]  *Schwarz, H. A.:* Gesammelte mathematische Abhandlungen. Springer, Berlin 1890.

[Ts]  *Tsuji, M.:* Potential theory in modern function theory. Chelsea, New York 1975 ($2^{nd}$ ed.).

[We]  *Weyl, H.:* Die Idee der Riemannschen Fläche. Teubner, Stuttgart 1955 (3. Aufl.; 1. Aufl. 1913).

# Eine Auswahl von Arbeiten aus Zeitschriften


[1] *Ahlfors, L. V.:* An extension of Schwarz's lemma. Trans. Am. Math. Soc. 43 (1938) 359–364.

[2] *Ahlfors, L. V.,* und *H. Grunsky:* Über die Blochsche Konstante. Math. Z. 42 (1937) 671–673.

[3] *Bell, S.:* Biholomorphic mappings and the $\bar\partial$-problem. Ann. Math. 114 (1981) 103–113.

[4] *Bell, S.,* und *S. Krantz:* Smoothness to the boundary of conformal maps. Rocky Mountain J. Math. 17 (1987) 23–40.

[5] *Bloch, A.:* Les théorèmes de M. G. Valiron sur les fonctions entières et la théorie de l'uniformisation. Ann. Toulouse (3) 17 (1925) 1–22.

[6] *Carleson, L.:* Interpolations by bounded analytic functions and the corona problem. Ann. Math. 76 (1962) 547–559.

[7] *Fatou, P.:* Séries trigonométriques et séries de Taylor. Acta math. 30 (1906) 335–400.

[8] *Fefferman, C.:* The Bergman kernel and biholomorphic mappings of pseudoconvex domains. Inv. math. 26 (1974) 1–65.

[9] *Gamelin, T. W.:* Wolff's proof of the corona theorem. Israel J. Math. 37 (1980) 113–119.

[10] *Grauert, H.,* und *H. Reckziegel:* Hermitesche Metriken und normale Familien holomorpher Abbildungen. Math. Z. 89 (1965) 108–125.

[11] *Hartogs, F.:* Zur Theorie der analytischen Funktionen mehrerer unabhängiger Veränderlichen... Math. Ann. 62 (1906) 1–88.

[12] *Heins, M.:* The conformal mapping of simply connected Riemann surfaces. Ann. of Math. 50 (1949) 686–690.

[13] *Heins, M.:* On a class of conformal metrics. Nagoya Math. J. 21 (1962) 1–60.

[14] *Henkelmann, J.:* $\mathscr{C}^k$-Abschätzungen für den Cauchy-Riemann-Komplex auf streng $q$-konvexen und streng $q$-konkaven Gebieten (249 pp). Bonner math. Schr. 182 (1987).

[15] *Hörmander, L.:* Generators of some rings of analytic functions. Bull. Am. Math. Soc. 73 (1967) 943–949.

[16] *Huber, H.:* Über analytische Abbildungen Riemannscher Flächen in sich. Comm. Math. Helv. 27 (1953) 1–72.

[17] *Jensen, J. L.:* Sur un nouvel et important théorème de la théorie des fonctions. Acta Math. 22 (1899) 359–364.

[18] *Kellogg, O. D.:* Harmonic functions and Green's integrals. Trans. Am. Math. Soc. 13 (1912) 109–132.

[19] *Kerzman, N.:* A Monge-Ampère equation in complex analysis. Proc. Symp. Pure Math. XXX, vol. 1, 161–167; Providence R. I. 1977.

[20] *Kerzman, N.,* und *E. Stein:* The Cauchy kernel, the Szegö kernel, and the Riemann mapping function. Math. Ann. 236 (1978) 85–93.

[21] *Kerzman, N.,* und *M. Trummer:* Numerical conformal mapping via the Szegö kernel. J. Comp. Appl. Math. 14 (1985) 111–125.

[22] *Klein, F.:* Neue Beiträge zur Riemannschen Functionentheorie. Math. Ann. 21 (1883) 141–218, = Ges. math. Abh. 3, 630–710.

[23] *Koebe, P.:* Über die Uniformisierung beliebiger analytischer Kurven. Nachr. Ges. Wiss. Göttingen 1907 u. folgende.

[24]  *Landau, E.:* Über die Blochsche Konstante und zwei verwandte Weltkonstanten. Math. Z. **30** (1929) 608–634.

[25]  *Leschinger, K.:* Über Fixpunkte holomorpher Automorphismen. Man. math. **25** (1978) 391–396.

[26]  *Lieb, I.,* und *R. M. Range:* On integral representations and a priori Lipschitz estimates for the canonical solution of the $\bar{\partial}$-equation. Math. Ann. **265** (1983) 221–251.

[27]  *Ligocka, E.:* The Hölder continuity of the Bergman projection and proper holomorphic mappings. Stud. math. **80** (1984) 89–107.

[28]  *Montel, P.:* Sur les familles de fonctions analytiques qui admettent des valeurs exceptionnelles dans un domaine. Ann. Sci. ENS **29** (1912) 487–535.

[29]  *Osgood, W. F.:* On the existence of Green's function for the most general simply connected plane region. Trans. Am. Math. Soc. **1** (1900) 310–314.

[30]  *Painlevé, P.:* Sur la théorie de la représentation conforme. Comptes Rendus Acad. Sci. Paris **112** (1891) 653–657.

[31]  *Perron, O.:* Eine neue Behandlung der ersten Randwertaufgabe für $\Delta u = 0$. Math. Zeitschr. **18** (1923) 42–54.

[32]  *Plemelj, J.:* Ein Ergänzungssatz zur Cauchyschen Integraldarstellung analytischer Funktionen, Randwerte betreffend. Monatsh. Math. Phys. **19** (1908) 205–210.

[33]  *Poincaré, H.:* Sur l'uniformisation des fonctions analytiques. Acta Math. **31** (1907) 1–64, = Oeuvres **4**, 70–139.

[34]  *Remak, R.:* Über potentialkonvexe Funktionen. Math. Z. **20** (1924) 126–130.

[35]  *Riesz, F.:* Über die Randwerte einer analytischen Funktion. Math. Z. **18** (1923) 87–95.

[36]  *Riesz, F.:* Über subharmonische Funktionen und ihre Rolle in der Funktionentheorie. Acta Sci. Math. Szeged. **2** (1925) 87–100.

[37]  *Riesz, F.,* und *M. Riesz:* Über die Randwerte einer analytischen Funktion. 4$^{\mathrm{me}}$ Congrès math. Scand., Stockholm 1925.

[38]  *Schwarz, H. A.:* Über einige Abbildungsaufgaben. J. r. a. Math. **70** (1870) 105–120.

[39]  *Seeley, R. T.:* Extension of $\mathscr{C}^{\infty}$-functions defined in a half-space. Proc. Am. Math. Soc. **15** (1964) 625–626.

[40]  *Szegö, G.:* Über orthogonale Polynome, die zu einer gegebenen Kurve der komplexen Ebene gehören. Math. Z. **9** (1921) 218–270.

[41]  *Warschawski, S.:* Über das Randverhalten der Ableitung der Abbildungsfunktionen bei konformer Abbildung. Math. Z. **35** (1932) 321–456.

[42]  *Warschawski, S.:* Über einen Satz von O. D. Kellogg. Nachr. Ges. Wiss. Göttingen (1932).

# Wichtige Bezeichnungen

$ds$ 1

$L_{ds}(C), L_\lambda(C)$ 1, 2

$ds \circ f$ 3

$K(ds; z)$ 5

$ds_1 \leqslant ds_2$ 6

$\gamma_0 \sim \gamma_1, \gamma_0 \sim_U \gamma_1$ 27

$\pi_1(U, z_0)$ 30

$\mathcal{O}_{z_0}$ 36

$\rho_z(f)$ 36

$\mathcal{O}_{\mathbb{C}}$ 36

$\mathbb{C}/\Gamma$ 42

$\mathcal{O}(G)$ 44

$\mathcal{M}(G)$ 45

$\alpha \wedge \beta$ 48

$d\alpha$ 48

$\int_\gamma \alpha$ 49

$\int_G \omega$ 49

$\mathcal{D}(\widetilde{X}, X)$ 58

$\mathscr{C}^k, \mathscr{C}^k(\overline{G})$ 68

$\|f\|_{\mathscr{C}^k}$ 68

$\mathbf{n}(z)$ 68

$P_R(\zeta, z)$ 72, 138

$P_\Delta v$ 77

$\mathscr{P}_\varphi$ 83

$\delta_G(z)$ 89

$\mathscr{C}^{1+\alpha}$ 90

$*\alpha$ 91

$g_G(x, x_0)$ 95

$\|F\|_p, \|F\|_\infty$ 134

$\langle F, G \rangle$ 134

$L^p(T)$ 134

$\mathbb{P} F, P(\zeta, z), \mathscr{P}(r, \varphi)$ 138

$\mathscr{H}^p, \|u\|_p$ 143

n.t. lim 147

$H^p$ 152

$L^p_+$ 154

$\mathbb{H}$ 157

$\mathbf{S}$ 157, 299

$N$ 165

$\log^+ u$ 165

$\mu_r(f), \mu^*(f)$ 169

$\lambda(z)$ 203

$\{f, z\}$ 209

$H_{\alpha\beta\gamma}$ 215

$F(\alpha, \beta, \gamma; z)$ 216

$\Gamma_0, \Gamma(2)$ 229

$\Gamma$ 232

$J(z)$ 234

$J(z)$ 235

$\mathcal{O}^2(G)$ 257

$K(z, \zeta)$ 259

$\mathbb{K}$ 259

$\mathbb{H}$ 278, 295

$A(C), A(G)$ 294

$H^2(C)$ 295

$\mathbf{S}, S(z, \zeta)$ 299

$\mathrm{pv}\int$ 305

$\mathbb{A}$ 315

# Namen- und Sachverzeichnis

Abbildung durch elliptische Funktionen 242 ff.
—, eigentliche 61
—, holomorphe 34, 43
— von Dreiecken 244 ff.
— von Kreisbogendreiecken 224 f., 247 ff.
— von Rechtecken 242 ff.
Abbildungsfunktion, Riemannsche 199, 224 f.,
   242 f., 244 ff., 247 ff.
Abbildungssatz, Riemannscher
   s. Uniformisierungssatz
Ableitung, äußere 47 f.
Abschätzungen für die Cauchy-Riemannschen
   Differentialgleichungen 267 f.
absolute Invariante 241, s. a. Modulfunktion
Abstandsfunktion 2, 126
abzählbar im Unendlichen 109
adjungierter Operator der Cauchy-Projektion
   303, 314
*Ahlfors, L. V.* (∗ 1907) 1, 5, 7, 10, 187, 225
   Lemma von — 5 ff.
   Lemma von — / Schwarz 8
Ahlfors-Grunsky-Funktion 227
akzessorische Parameter 207, 212
analytisch berandet 193
analytische Fortsetzung 24 ff., 35, 37 f.
— —, vollständige 33, 38 f.
   s. a. verzweigte meromorphe Fortsetzung
— Kreisscheibe 42
analytischer Kurvenbogen 193
— —, offener 193
— Rand 193
analytisches Polygon 198
Antiisomorphismus 135
Approximationssatz in $L^p$-Normen 263, 268
—, Rungescher 262
äquivalent, biholomorph 44
—, konform 44
äquivalente Gitter 236 f.
*Arzelà, C.* (1847–1912)
*Ascoli, G.* (1843–1896)
   Satz von — / Arzelà 75
asymptotische Darstellung, s. asymptotische
   Entwicklung
— Entwicklung der Bergman-Projektion 293
— — der Szegö-Projektion 316

Atlas 41
äußere Ableitung 47 f.
— Randkurve 197
Äußeres einer Jordankurve 189
automorph 230

*Banach, St.* (1892–1945)
   Satz von Banach/Alaoglu 137
Banachraum 136
Barriere 67
—, lokale 84
—, schwache 87
*Bell, St.* 253, 275
   Satz von — 273
Bell-Operator 277
*Bergman, St.* (1898–1977) 254
Bergman-Bedingung 255, 299
Bergman-Kern 253 f., 258
—, Transformationsformel 269
Bergman-Metrik 270
Bergman-Projektion 253
— —, asymptotische Entwicklung 293
— —, reguläre 272 f., 283, 294
— —, Transformationsformel 269
Bergman-Raum 258
— —, Orthonormalbasis 262 ff., 268
Bergmansche Ungleichung 258
beschränkt 75
beschränkte holomorphe Funktion 133, 152
— lokal — 75
biholomorph 35, 44
— äquivalent 44
— verträglich 41
Blätterzahl 53
*Blaschke, W.* (1885–1962)
Blaschke-Bedingung 163
Blaschke-Produkt 164
*Bloch, A.* (1893–1948) 1, 10
   Satz von Bloch 9 ff.
Blochsche Konstante 10, 187, 225 ff.
*v. Brill, A.* (1842–1935) 109

*Carathéodory, C.* (1873–1950) 187
   Satz von — 192, 198
*Carleson, L.* (∗ 1918) 133

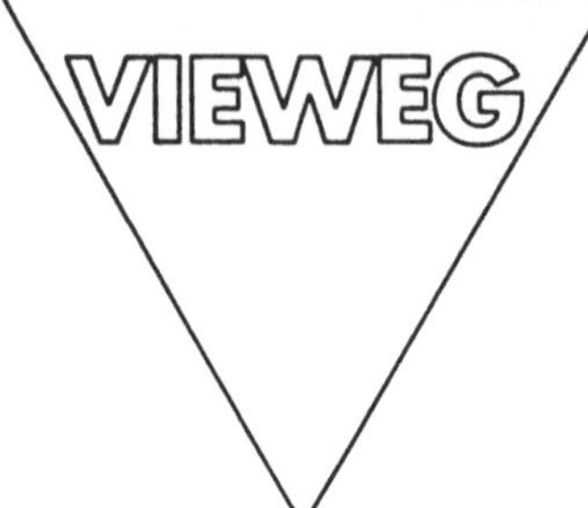


Wolfgang Fischer und Ingo Lieb

## Funktionentheorie

*5., neubearbeitete Auflage 1988. X, 266 Seiten mit 47 Abbildungen. 16,2 x 22,9 cm. (vieweg studium, Bd. 47, Aufbaukurs Mathematik; hrsg. von Gerd Fischer.) Paperback.*

Dieses Buch ist einem klassischen Teilgebiet der Mathematik gewidmet. Sein Inhalt wird durch die folgenden Stichworte beschrieben: Holomorphe Funktionen einer komplexen Veränderlichen, homogene und inhomogene Cauchy-Riemannsche Differentialgleichungen, Cauchysche Integralsätze und -formeln, isolierte Singularitäten und Residuentheorie, Sätze von Mittag-Leffler und Weierstraß für beliebige Bereiche, doppeltperiodische Funktionen, rationale Approximation, konforme Abbildung, nichteuklidische Geometrie, Riemannscher Abbildungssatz. Es werden sowohl klassische als auch neuere Ergebnisse ausführlich dargestellt.